Photoshop CS3 平面设计师从新手到高手

锐艺视觉／编著

律师声明

图书在版编目（CIP）数据

Photoshop CS3平面设计师从新手到高手/锐艺视觉编著. —北京：中国青年出版社，2008
ISBN 978-7-5006-8155-7
I.P… II.锐… III.图形软件，Photoshop CS3 IV. TP391.41
中国版本图书馆CIP数据核字（2008）第060017号

Photoshop CS3平面设计师从新手到高手

锐艺视觉 编著

出版发行：中国青年出版社
地　　址：北京市东四十二条21号
邮政编码：100708
电　　话：（010）84015588
传　　真：（010）64053266
企　　划：中青雄狮数码传媒科技有限公司

责任编辑：肖　辉　刘海芳　郑　荃
封面设计：刘　娜

印　　刷：中国农业出版社印刷厂
开　　本：889×1194　1/16
印　　张：27.75
版　　次：2008年8月北京第1版
印　　次：2008年8月第1次印刷
书　　号：ISBN 978-7-5006-8155-7
定　　价：55.00元（附赠1CD）

本书如有印装质量等问题，请与本社联系　电话：(010) 84015588
读者来信: reader@21books.com
如有其他问题请访问我们的网站：www.21books.com

前言

随着现代社会的飞速发展，人们的生活和工作节奏也越来越快。对于一名职场人员来说，为了适应当今这种快节奏的工作，必须具备快速掌握知识和技能的能力，才能在激烈的职场竞争中不被淘汰。本书面向想要学习 Photoshop 平面设计的初学者，兼具技术手册和实例手册的双重功能，省去了读者同时购买好几本书进行学习的时间和费用，能够帮助初学者在较短的时间内学会 Photoshop 软件的基本操作，并掌握平面设计工作的相关职业技能，实现从零起飞、一步到位的学习目标。

一本书从新手快速跨入高手行列

本书将 Photoshop 功能的基础知识和平面设计的应用实例紧密结合，既是全面的 Photoshop 技术手册，也是极具参考和实用价值的实例手册。本书共分为 11 个章，第 1 ~ 4 章为软件基础部分，包括 Photoshop CS3 基础知识、工具箱全面剖析、菜单命令详解和面板功能详解，这 4 章的内容基本囊括了以往至少一本书才能全部讲解的知识点，涵盖初学者学习 Photoshop 必须掌握的所有重点功能、操作方法和应用技巧，这种知识点的高度浓缩和提炼使得读者的学习更高效，为读者节省了更多宝贵的学习时间。

第 5 ~ 11 章为应用实例部分，从平面设计行业的实际应用出发，精心选取了 48 个典型实例，涵盖特效文字、材质纹理、数码照片处理、图像特效与合成、CG 插画、平面广告、网页设计等 7 大 Photoshop 应用领域，能够满足不同行业读者的学习需求，让读者在实例制作过程中深刻体会如何对软件的各项功能进行实际应用，并培养读者的设计能力和行业技能，从而迅速完成从新手到高手的超越。

一本书两种不同的学习方法

本书采用大开本，版面编排充实紧凑，信息容量更大，能够为读者提供物超所值的学习体验。在学习时，可以根据自己的习惯采取不同的学习方法。对于习惯从基础知识入手的读者，可以从本书的第 1 章开始学习，在全面了解 Photoshop 的各项功能后，利用后面的实例对理论知识进行实际运用，达到巩固和提高的目的。对于习惯从实例入手的读者，可以直接从本书的第 5 章开始学习，在对软件的各项功能有感性认识后，利用前面的基础知识进行补充和扩展。

一本书适合各个层次的读者

本书虽然针对 Photoshop 的初学者编写，但对于已经具备一定的实践经验，并有志于在平面设计领域有所发展，需要为今后的从业储备更多就业技能的读者，本书也能起到很好的指导作用。相信读者通过本书的学习，一定能大幅度提高实战技能，更加从容不迫地面对各种实际工作的挑战。

作 者

目 录

Chapter 01 Photoshop CS3 基础知识

Chapter 02 工具箱全面剖析

目录

Photoshop CS3 基础知识

Adobe 公司推出的 Photoshop 是目前使用最广泛、功能最强大的图形图像处理软件，广泛应用于平面设计制作领域。Photoshop 是真正独立于显示设备的图形图像处理软件，使用该软件可以非常方便地绘制、编辑、修复图像以及创建图像特效。

本章内容索引

调整图层的混合模式

旋转画布

转换颜色模式

变换图像

1.1 Photoshop 的重要功能及应用领域

Adobe Photoshop CS3 软件是专业图像编辑标准，也是Photoshop 数字图像主力产品系列新的旗舰，是划时代的图像制作工具，可帮助用户实现品质卓越的效果，借助其前所未有的灵活性，提供前所未有的便捷和效率。

1.1.1 Photoshop 的重要功能

在 Photoshop 中将功能和工具相结合会出现意想不到的特殊效果。所以要学好 Photoshop，就必须要能灵活运用其中的功能和工具。例如，在 Photoshop 中对图像的所有调整和编辑都是基于图层之上的。在制作图像文件时，最好是将所有元素的添加都放置于不同的图层，以方便修改和调整。下面列举几个 Photoshop 的重要功能。

1. 图层

对图像进行处理时分别在不同图层中编辑图像，可以方便对图像的调整和修改。如下图所示的是图像文件的图层示意图。

图层示意图

2. 滤镜

为图像添加滤镜，可以快捷地使图像具有特殊艺术效果。Photoshop 中有自带的滤镜库，可以直接从库中为图像添加不同的滤镜，也可以使用外挂滤镜。如下图所示的是为图像添加滤镜前后的效果。

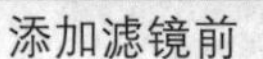

添加滤镜前

添加滤镜后

3. 调色

使用 Photoshop 的渐变添加、调整颜色、画笔工具和图层混合模式功能，可以将一张普通的数码照片调整成为色彩绚丽且富有唯美感觉的艺术图像，如下图所示。

调色示意图

4. 文字处理

在 Photoshop 中，文字也是增强图像效果的重要手段。为图像添加适当的文字，可以对图像的艺术效果进行烘托，使图像更有美感。如下图所示的是使用文字为图像添加艺术效果的示意图。在该图像中，形式多样的文字说明增强了图像的功能性。

文字效果示意图

1.1.2 Photoshop 的应用领域

Photoshop 的应用领域非常广泛，如可以对数码照片进行调色、修复、美化和抠图，可以制作户外广告平面展示图、数码产品、包装、宣传海报等的平面设计图，可以绘制各种卡通插画、写实插画和 CG 插画。总的来说，所有平面图像的制作和编辑都可以运用 Photoshop 来实现。Photoshop 已经成为现代生活中不可缺少的一部分，它正不断地为人们的生活增添乐趣。

1. 数码照片处理

通过 Photoshop 可以对数码照片进行特殊处理，可以使原本普通平常的照片变得色彩艳丽、意境深远。如下图所示，将一张普通的郊游时拍下的照片，通过 Photoshop 中的调色功能制作成为富有特殊艺术意境的照片效果。

数码照片处理效果

2. 商业广告制作

通过 Photoshop 可以进行各种商业平面广告的制作。如下图所示，将一些日常生活中的普通照片，利用 Photoshop 的合成、变形和绘图功能制作成为一张富有奇幻意境的产品宣传海报。

商业宣传海报效果

3. 插画绘制

通过 Photoshop 可以进行各种写实、卡通和 CG 风格的插画绘制。如下图所示，使用 Photoshop 的画笔工具，再选择不同的颜色混合模式和不同的笔触效果绘制了一幅 CG 插画作品。用户可根据自己的喜好，使用 Photoshop 绘制不同风格的插画。

CG 插画效果

4. 包装设计

通过 Photoshop 可以进行各种不同风格的包装设计。如下图所示，使用 Photoshop 的高级路径编辑功能，并结合丰富的渐变填充功能等，制作了一幅酒品包装设计作品。

包装设计效果

1.2 Photoshop CS3 的启动与退出

启动与退出 Photoshop CS3 的方法很多，用户可以运用自己习惯的方式来启动或者退出 Photoshop CS3。这里介绍一些常用的快捷方法。

1.2.1 启动 Photoshop CS3

在 Photoshop CS3 中制作图像效果之前，首先需要启动 Photoshop CS3。下面将介绍 3 种启动 Photoshop CS3 的方法。

方法 01 双击桌面快捷方式图标

Photoshop CS3 安装完成后，桌面上会出现软件的快捷方式图标，双击 Photoshop CS3 图标，即可启动 Photoshop CS3，如下图所示。

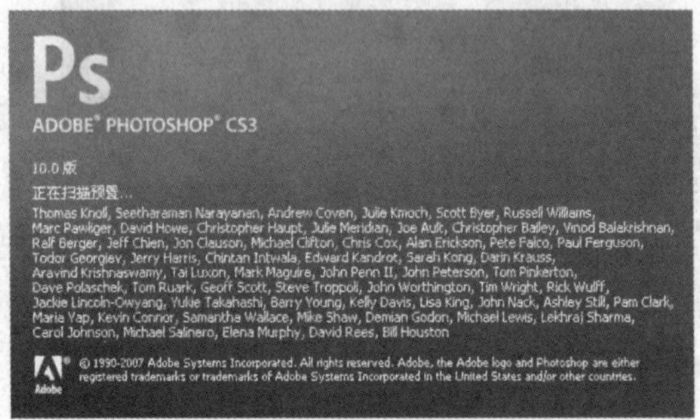

Photoshop CS3 启动界面

方法 02 单击“开始”菜单中的启动图标

在桌面左下角单击“开始”按钮，在弹出的“开始”菜单中执行“所有程序 >Adobe Photoshop CS3>Adobe Photoshop CS3 Extended”命令，如下图所示，即可启动 Photoshop CS3。

Photoshop CS3 启动图标

方法 03 双击 Photoshop 文件图标

直接双击 Photoshop CS3 文件图标，如下图所示，同样可以打开 Photoshop CS3。

Photoshop CS3 文件图标

1.2.2 退出 Photoshop CS3

退出 Photoshop CS3 的方法也有很多，这里主要介绍 3 种常用的方法。

方法 01 执行菜单命令

在 Photoshop CS3 中执行“文件 > 退出”命令，如下图所示，即可退出 Photoshop CS3。

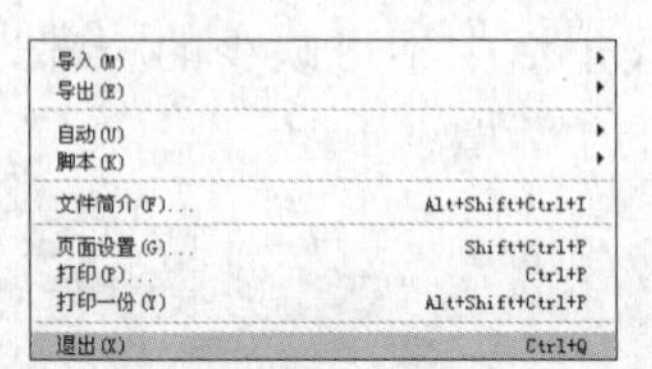

执行菜单命令

方法 02 单击“关闭”按钮

单击界面右上角的“关闭”按钮 ☒，可以退出 Photoshop CS3。

方法 03 按快捷键

按下 Ctrl+Q 快捷键或者 Alt+F4 快捷键，同样可以退出 Photoshop CS3。

1.3 Photoshop CS3 的工作界面

启动 Photoshop CS3 后，可以看到一个全新的 Photoshop 工作界面。Photoshop CS3 的界面由 6 个大的区域构成，它们分别为菜单栏、选项栏、工具箱、工作区、状态栏和面板。Photoshop CS3 工作界面的具体构成如下图和下表所示。

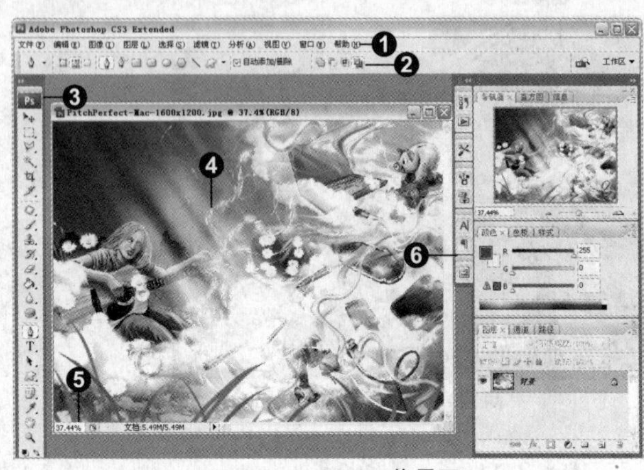

Photoshop CS3 工作界面

编 号	名 称	说 明
❶	菜单栏	包含 Photoshop CS3 中所有的菜单命令
❷	选项栏	显示 Photoshop CS3 中所有工具的选项
❸	工具箱	包括 Photoshop CS3 中所有应用工具
❹	工作区	对图像进行操作和显示图像效果的区域
❺	状态栏	显示图像当前状态
❻	面板	各种面板的伸缩区域

1.3.1 菜单

在 Photoshop CS3 操作界面中执行菜单命令时，可以通过菜单栏、快捷菜单、扩展菜单等实现，下面说明介绍。

1. 菜单栏

菜单栏位于 Photoshop CS3 界面的上部。Photoshop CS3 的菜单栏中包括“文件”菜单、“编辑”菜单、“图像”菜单、“图层”菜单等。在这些菜单中，用户可以执行各种操作来对图像进行编辑。下面以“文件”菜单和“帮助”菜单为例进行介绍。

● 执行“文件”命令，打开“文件”菜单。利用该菜单中的命令可以“新建”、“打开”和“存储”图像文件，还可以批处理图像、自定义界面等。

新建(N)... Ctrl+N
打开(O)... Ctrl+O
浏览(B)... Alt+Ctrl+O
打开为(A)... Alt+Shift+Ctrl+O
打开为智能对象...
最近打开文件(T)
Device Central...
关闭(C) Ctrl+W
关闭全部 Alt+Ctrl+W
关闭并转到 Bridge... Shift+Ctrl+W
存储(S) Ctrl+S
存储为(V)... Shift+Ctrl+S
签入...
存储为 Web 和设备所用格式(D)... Alt+Shift+Ctrl+S
恢复(V) F12
置入(L)...
导入(M)
导出(E)
自动(U)
脚本(K)
文件简介(F)... Alt+Shift+Ctrl+I
页面设置(G)... Shift+Ctrl+P
打印(P)... Ctrl+P
打印一份(Y) Alt+Shift+Ctrl+P
退出(X) Ctrl+Q

“文件”菜单

● 执行“帮助”命令，打开“帮助”菜单。利用该菜单可以获得关于 Photoshop 的所有帮助。

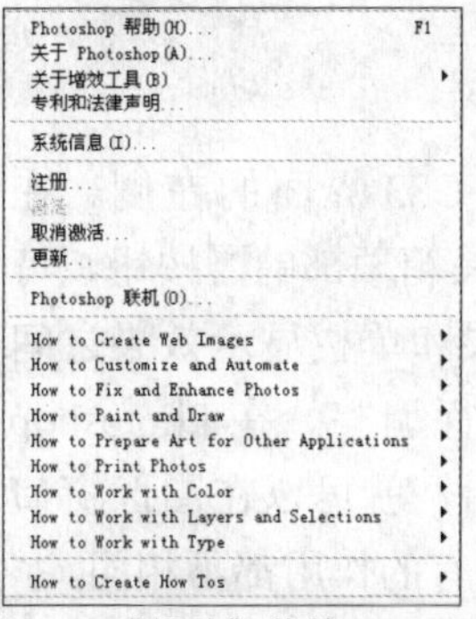

“帮助”菜单

2. 快捷菜单

在 Photoshop 中不同的区域右击后，会弹出不同的快捷菜单。利用不同快捷菜单中的命令，可以对图像进行一些快捷操作。下面以常见的快捷菜单为例介绍。

● 使用选框工具组在图像中创建选区，然后右击鼠标，弹出的快捷菜单如下图所示。

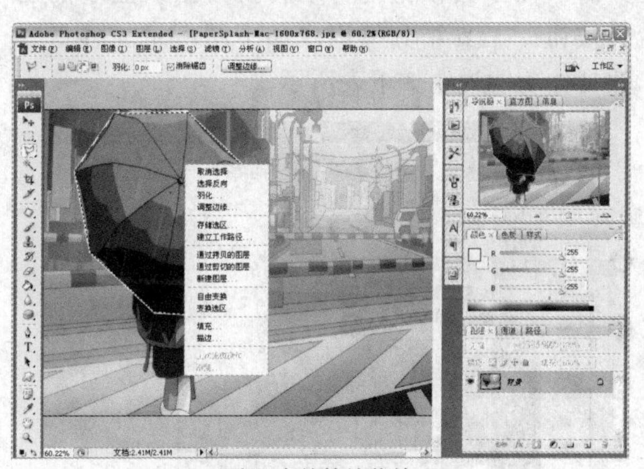
选区中的快捷菜单

● 在“图层”面板中的普通图层上单击鼠标右键后，弹出的快捷菜单如下图所示。

“图层”面板中的快捷菜单

1.3.2 工具箱

工具箱位于Photoshop CS3界面的左侧。在Photoshop CS3中，单击工具箱顶部的▸▸按钮，可以让工具箱在双栏显示效果和单栏显示效果之间切换。用户可根据需要进行调整。在Photoshop CS3的工具箱中选择工具后，就可以在图像窗口中进行编辑。不同的工具具有的作用都不相同。

1. 工具功能介绍

Photoshop CS3的工具箱中显示的均为默认显示工具按钮。单击工具按钮，即可选择该工具对图像进行编辑。在工具箱中，部分按钮的右下角带有下三角，鼠标在该下三角上悬停，或者在工具按钮上单击鼠标右键，会弹出工具列表，该列表中显示隐藏的工具。选择隐藏工具后，该工具按钮会自动转换为默认显示的工具按钮。工具箱具体构成如下图所示。各工具的具体功能说明如下表所示。

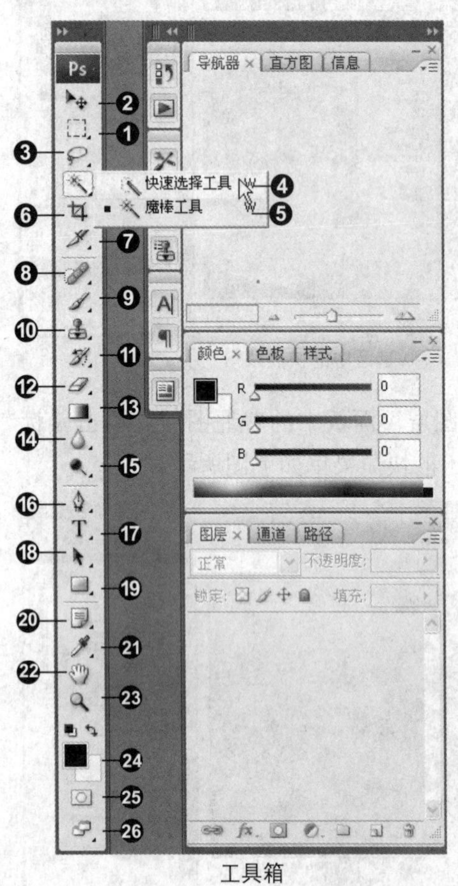

工具箱

编号	名称	说明
❶	矩形选框工具	使用矩形选框工具，可以在图像中创建矩形选区
❷	移动工具	使用移动工具，可以移动图像窗口中的图像
❸	套索工具	使用套索工具，可以在图像中创建复杂形状的自定义选区
❹	快速选择工具	使用快速选择工具，可以快速选择图像
❺	魔棒工具	使用魔棒工具，可以在图像中选择颜色一致的区域
❻	裁剪工具	使用裁剪工具，可以自定义裁剪图像边缘
❼	切片工具	使用切片工具，可以将图像进行切片处理
❽	污点修复画笔工具	使用污点修复画笔工具，可以修复图像中的瑕疵
❾	画笔工具	使用画笔工具，可以绘制任意复杂的图像
❿	仿制图章工具	使用仿制图章工具，可以修复图像和仿制图像
⓫	历史记录画笔工具	使用历史记录画笔工具，可以恢复图像到上次保存的状态
⓬	橡皮擦工具	使用橡皮擦工具，可以对图像进行擦除
⓭	渐变工具	使用渐变工具，可以对图像或选区进行渐变填充
⓮	模糊工具	使用模糊工具，可以对图像局部进行模糊处理
⓯	减淡工具	使用减淡工具，可以对图像局部进行增亮处理
⓰	钢笔工具	使用钢笔工具，可以在图像中绘制复杂的路径
⓱	横排文字工具	使用横排文字工具，可以在图像中输入横排文字
⓲	路径选择工具	使用路径选择工具，可以选择路径中的锚点
⓳	矩形工具	使用矩形工具，可以在图像中绘制矩形形状路径
⓴	注释工具	使用注释工具，可以为图像添加注释
㉑	吸管工具	使用吸管工具，可以吸取图像中的颜色
㉒	抓手工具	使用抓手工具，可以调整放大后的图像显示位置

（续表）

编 号	名 称	说 明
㉓	缩放工具	使用缩放工具，可以对图像进行放大和缩小
㉔	拾色器	在“拾色器”中，可以设置前景色和背景色
㉕	以快速蒙版模式编辑	单击该按钮，可以为选区或图像添加快速蒙版
㉖	更改屏幕模式	单击该按钮，可以切换屏幕显示模式

2. 切换屏幕显示模式

在工具箱中单击“更改屏幕模式”按钮，按下F键或按下Tab键，即可切换屏幕显示模式。具体操作步骤如下所示。

步骤 01 按下F键调整图像的显示模式

打开任意一张图像，单击图像窗口上的“最大化”按钮，可以将图像窗口转换为最大化模式显示，如下图所示。

最大化显示模式

第一次按下F键，可以将界面转换为“带菜单栏的全屏模式”显示，如下图所示。

带菜单栏的全屏模式

第二次按下F键，可以将界面转换为“全屏模式”显示，如下图所示。

全屏模式

步骤 02 按下Tab键调整界面的显示模式

按下Tab键，可以将界面中的浮动面板、选项栏和工具箱全部隐藏，如下图所示。

完全的全屏模式

按下Tab键，然后按下F键，可以将界面转换为窗口模式，如下图所示。

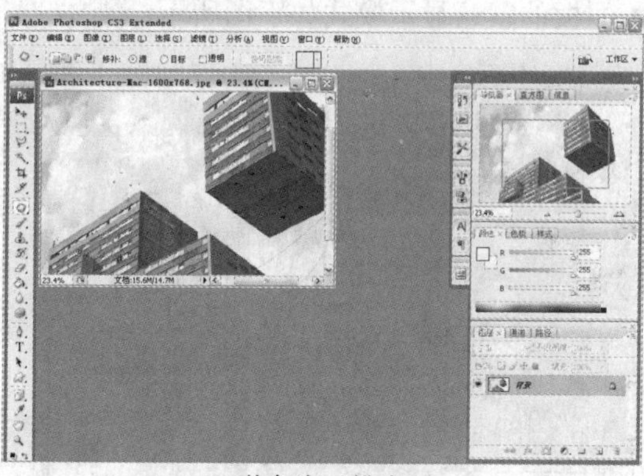

恢复窗口模式

1.3.3 选项栏

在 Photoshop CS3 中，选择不同的工具，在选项栏上会出现该工具相对应的属性。在工具的选项栏中，可以对其进行各项设置，这样可以改变该工具作用于图像的参数，以便更精确地对图像进行编辑。这里列举几个比较有代表性的工具选项栏，如下图所示。

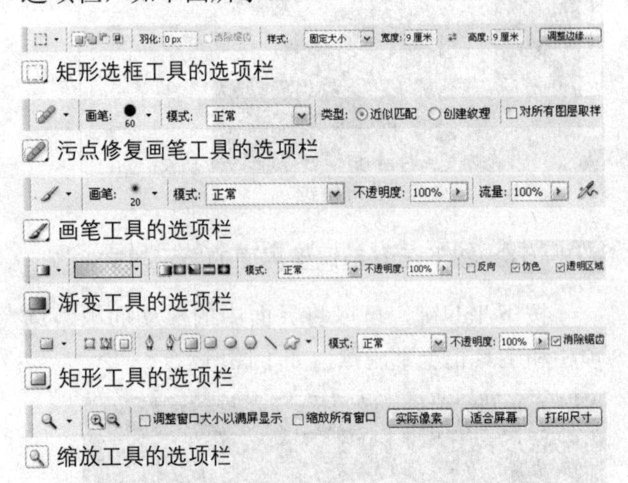

1.3.4 面板

面板位于 Photoshop 界面的右侧。Photoshop CS3 的面板可以镶嵌在面板区域中，也可以单独拖动到界面中使用。

1. 面板的显示模式

Photoshop CS3 与以前所有版本不同的是，可以对面板进行随意调整和显示模式转换，使对图像文件的操作更方便。

- 面板的默认显示模式如下图所示。

默认显示模式

- 单击任何以最小化模式镶嵌模式的面板，都可以在镶嵌模式下打开该面板，如下图所示。

镶嵌模式下的面板

- 拖动镶嵌模式下的面板到工作界面中，可以使其脱离镶嵌状态，如下图所示。

脱离镶嵌形式显示

- 单击面板的顶部区域，可以将该面板转换为非镶嵌状态下的最小化显示状态，如下图所示。

最小化显示

- 单击面板上的 ▶▶ 按钮，可以将面板在镶嵌状态下以最小化显示，如下图所示。

镶嵌模式下的最小化显示

2. 面板的种类

面板中包括“图层”、“通道”、“路径”、“颜色”、“色板”、“样式”等面板，下面列举几个比较常用的面板。

● 执行“窗口 > 图层”命令，可以打开“图层”面板，在“图层”面板中除了放置所有的图层以外，还可以调整图层的“不透明度”、“填充”、“图层混合模式”和对图层进行锁定等。如下图所示的是“图层”面板。

“图层”面板

● 执行“窗口 > 字符”命令，可以打开“字符”面板。在“字符”面板中可设置文字的字体样式、大小、颜色、间距等。如下图所示的是“字符”面板。

“字符”面板

● 执行“窗口 > 历史记录”命令，可以打开“历史记录”面板，在“历史记录”面板中保存对图像进行的最近 20 步操作。如下图所示的是“历史记录”面板。

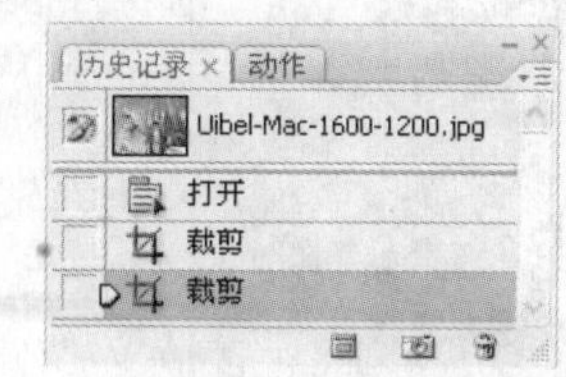

“历史记录”面板

1.4 图像相关概念

图像分为位图图像和矢量图形，本节将介绍图像的基本概念、“位图图像”和“矢量图形”的区别以及“像素”和“分辨率”的区别。其中不同性质的图像，所表现出来的特性都不相同。

1.4.1 位图图像

位图也就是点阵图和栅格图像，是由像素描述的。编辑位图时，具体操作对象是像素，而不是形状或者对象。位图的优势在于表现阴影和颜色的细微层次变化，因此位图被广泛应用于照片和数字绘画中。像素的多少决定了位图图像的显示质量和文件大小。在放大和缩小位图后，图像的清晰度会受到一定的影响。当图像放大到一定程度时，就会出现锯齿一样的边缘。下面举例对位图进行介绍。

步骤 01 打开图像文件

在 Photoshop CS3 中，执行“文件 > 打开”命令，打开任意一张 JPG 格式的图像，如下图所示。

打开的图像文件

步骤 02 放大图像

将该图像放大，出现了锯齿一样的边缘，如下图所示。

放大后出现锯齿的图像

1.4.2 矢量图形

矢量图形的图形元素被称为对象，每一个对象都是自成一体的实体。对象具有颜色、形状、轮廓、大小、屏幕位置等属性。多次移动和改变对象的属性不会影响图中其他对象。矢量图形的图像质量和分辨率无关，可以将它缩放到任意大小，都不会影响清晰度，可以任意分辨率从输出设备打印出来。一般的矢量图形的文件格式为AI、PDF等。下面举例对矢量图形进行介绍。

步骤 01 打开图像文件

使用制作矢量图形的软件（如Illustrator）打开任意一张矢量图像，如下图所示。

打开图像

步骤 02 放大图像

将该图像放大，不会出现锯齿一样的边缘，如下图所示。

放大图像

1.4.3 像素

像素是构成图像最基本的单位，是一种虚拟的单位，只能存在于计算机中。一张位图图像可以当作是由无数个颜色的网格或者带颜色的小方块组成。这些小方块被称作像素。计算机的显示器也是利用网格显示图像，所以矢量图形和位图在屏幕上都会显示为像素。像素的大小是可以改变的。下面举例对像素进行介绍。

步骤 01 打开图像文件

在Photoshop CS3中打开任意一张像素图像，如下图所示。

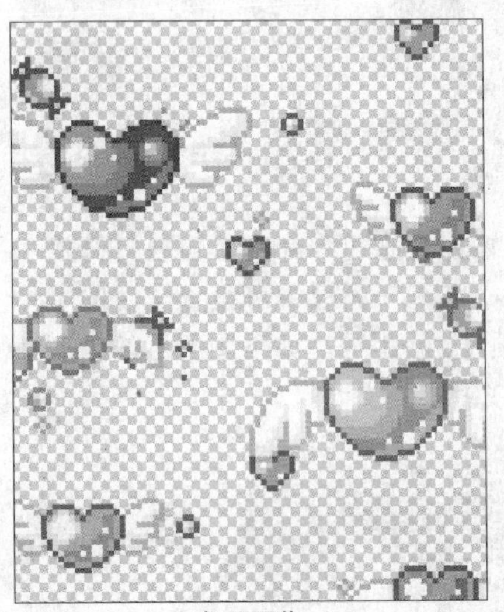
打开图像

步骤 02 放大图像

将图像任意放大，便会出现锯齿一样的边缘，如下图所示。

放大图像

1.4.4 分辨率

分辨率是和图像相关的一个重要概念，它是衡量图像细节表现力的技术参数。较高的分辨率不仅意味着图像有较高的清晰度，而且表示在同样的区域可以显示更多内容。分辨率的类型有很多种，下面介绍几种常见的类型。

1. 图像分辨率

图像分辨率就是每英寸图像所含的点或像素的多少。图像分辨率和图像文件的大小决定了图像输出的质量，图像文件的大小和分辨率成正比。如果保持图像大小不变，将分辨率提高 1 倍，其文件大小则增大为原来的 3 倍。分辨率越高，其中所含的像素就越多。

2. 屏幕分辨率和打印机分辨率

计算机屏幕的分辨率就是指屏幕上每单位长度所显示的像素点的数量。屏幕分辨率的大小取决于显示器的大小及其像素的设置，如下图所示。打印机分辨率以打印机产生的每英寸的油墨点数（dpi）为度量单位。

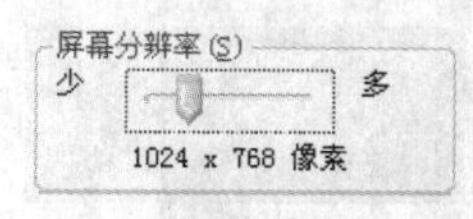

屏幕分辨率

3. 扫描分辨率

扫描分辨率是指在扫描图像之前所设定的分辨率，它将影响所生成的图像文件的质量和使用的性能，它决定图像以何种方式显示或打印。如果扫描图像用于 1024 像素 ×768 像素的屏幕显示，扫描分辨率则不必大于一般显示器屏幕的设备分辨率，即一般不要超过 120 点 / 英寸（dpi）。

在大多数情况下，扫描图像是为了在高分辨率的设备中输出。如果图像扫描分辨率过低，就会导致输出的效果非常粗糙。反之，数字图像中就会产生超出打印所需的信息，不但会减小打印的速度，而且在打印输出时会使图像色调的细节过度丢失。

4. 数码相机分辨率

数码相机分辨率的高低决定了所拍摄的照片最终能打印出的高质量画面的大小，或在计算机显示器上所能显示画面的大小。数码相机分辨率的高低取决于相机中芯片上像素的多少，像素越多，分辨率越高。

5. 商业印刷领域的分辨率

在商业印刷领域，分辨率用每英寸上等距离排列多少条网线，即线 / 英寸（lpi）表示。在传统商业印刷制版的过程中，制版时要在原始图像的前面加一个网屏，这一网屏由呈方格状的透明与不透明部分相等的网线构成。这些网线也就是光栅，其作用是切割光线解剖图像。由于光线具有衍射的物理特性，因此光线通过网线后会形成反映原始图像影像变化的大小不同的点，这些点就是半色调点。一个半色调点最大不会超过一个网格的面积。网线越多，表现图像的层次越多，图像的质量也就越好。因此在商业印刷行业中采用 lpi 表示分辨率。

1.5 文件的管理

在 Photoshop CS3 中，可以对原有图像文件进行编辑，也可以新建图像文件。在进行这些操作之前，需要来学习如何管理文件，即如何新建、打开和保存图像。养成良好的新建、打开和保存图像的习惯，可以避免新建了不适合的图像，打开错误的图像或在图像未保存前将 Photoshop 关闭等失误，造成无法挽回的损失。

1.5.1 新建文件

需要在 Photoshop 中进行创作和将原有图像载入到新窗口中编辑时，首先需要新建图像文件。新建图像文件的具体操作步骤如下。

步骤 01 设置新建参数

在 Photoshop CS3 中执行“文件 > 新建”命令，弹出“新建”对话框，如下图所示。

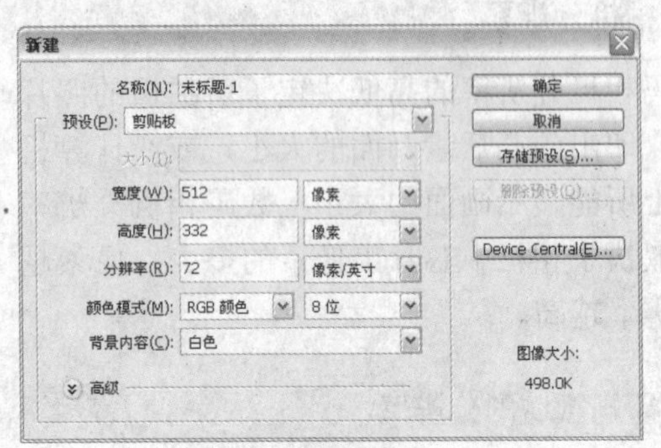

“新建”对话框

设置“名称”为“新的开始”，设置“宽度”为“10 厘米”，设置“高度”为“7 厘米”，设置“分辨率”为“300 像素 / 英寸”，设置“背景内容”为“透明”，如下图所示。完成后，单击“确定”按钮。

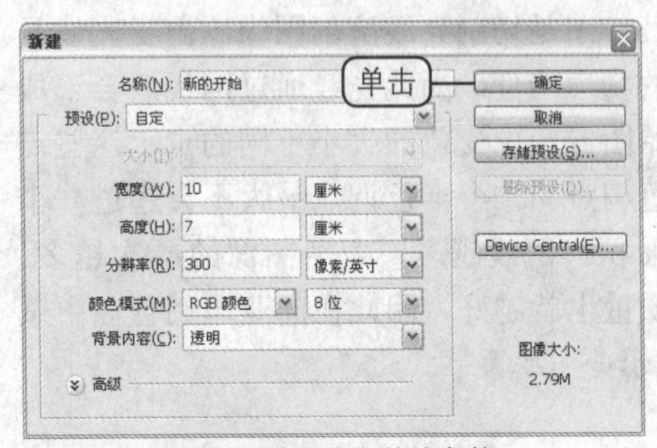

设置新建图像文件的参数

步骤 02 完成新建

完成上步操作后，界面中便可自动生成参数如前面所设置的图像文件，如下图所示。

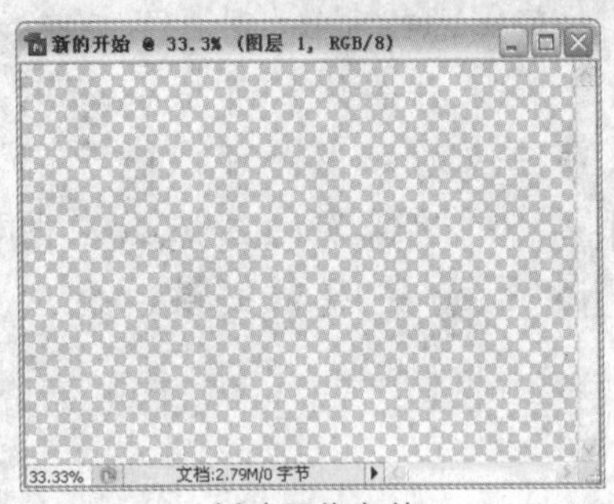

新建图像文件

1.5.2 新建图像窗口

新建图像窗口，可以方便对图像效果进行比较和备份。新建窗口和新建图像文件不同的是，新建窗口会在原有图像窗口的基础上，备份一个和原有窗口相同属性的图像窗口，而不是空白的图像窗口。具体操作步骤如下所示。

步骤 01 打开图像

在 Photoshop CS3 中打开本书配套光盘中第 1 章 \media\001.jpg 文件，如下图所示。

打开图像文件

步骤 02 复制图像窗口

执行“窗口 > 排列 > 为‘001.jpg’新建窗口”命令，将自动生成与原有图像窗口同样属性的图像窗口，效果如下图所示。

复制图像窗口

1.5.3 打开文件

对图像文件进行编辑之前，需要在 Photoshop 中打开图像文件。可以使用菜单命令、快捷键、Adobe Bridge 等方式打开文件。

方法 01 使用菜单命令打开

执行"文件 > 打开"命令，弹出"打开"对话框，如下图所示。

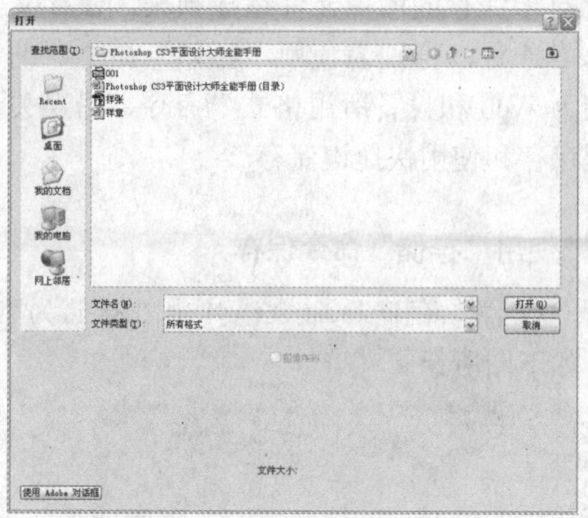

"打开"对话框

在"查找范围"下拉列表中选择图像文件所在的文件夹，再选择图像文件，如下图所示。完成后，单击"打开"按钮。

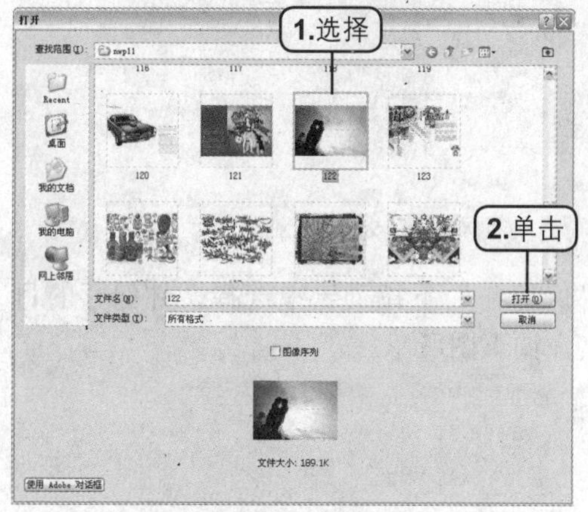

找到需要打开的图像

完成前面的操作后，打开的图像文件如下图所示。

打开的文件

方法 02 使用快捷键打开

按下 Ctrl + O 快捷键，也可弹出"打开"对话框，然后参考方法 01 打开文件。

方法 03 拖动文件打开

将图像文件拖入到 Photoshop 界面中，可以将其在 Photoshop 中打开。

方法 04 使用"最近打开文件"命令打开

执行"文件 > 最近打开文件"命令，然后在级联菜单中选择文件的名称，可以打开最近打开过的图像文件。

方法 05 双击工作界面空白区域打开

在 Photoshop CS3 的空白区域双击，如下图所示，也可弹出"打开"对话框。

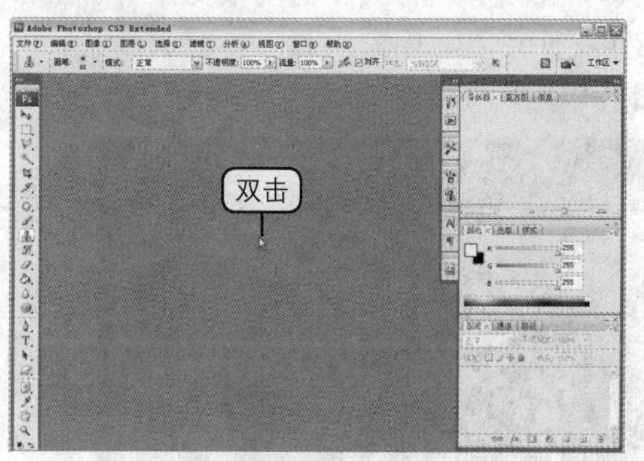

双击空白界面

方法 06 使用"打开为"命令打开

执行"文件 > 打开为"命令，在弹出的"打开为"对话框中选择文件和格式，如下图所示，然后单击"打开"按钮，即可打开该文件。

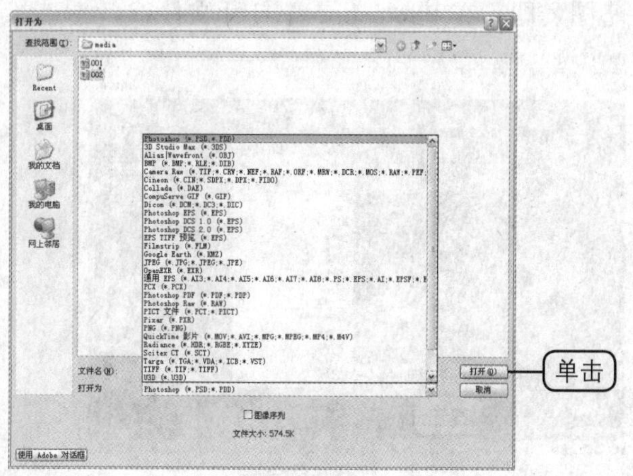

"打开为"对话框

方法 07 **使用 Adobe Bridge 打开**

执行“文件 > 浏览”命令，可以打开 Adobe Bridge 窗口，如下图所示。

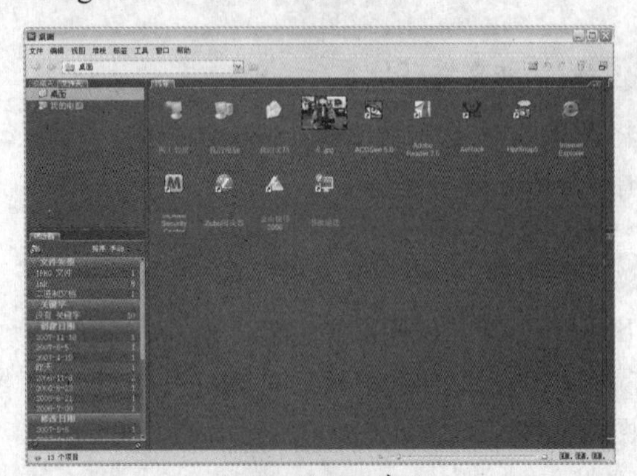

Adobe Bridge 窗口

在 Adobe Bridge 窗口左上角的“文件夹”窗格中选择图像所在文件夹后，在“内容”窗格中即可出现该文件夹中的图像文件缩略图和所有子文件夹，如下图所示。

选择文件夹

在“内容”窗格中，右击需要打开的图像文件，然后在弹出的快捷菜单中执行“打开”命令，如下图所示。或者双击该图像文件的缩略图，即可在 Photoshop 中打开文件。

选择“打开”命令

1.5.4 保存文件

及时保存文件，可避免死机、不正常关闭软件等情况对未保存的图像文件造成损失。保存文件的方法有 4 种，分别为使用“存储”命令、使用“存储为 Web 和设备所用格式”命令、错误关闭时提醒保存和使用快捷键保存。

方法 01 **使用“存储”命令保存**

执行“文件 > 存储”命令，弹出“存储为”对话框，如下图所示。

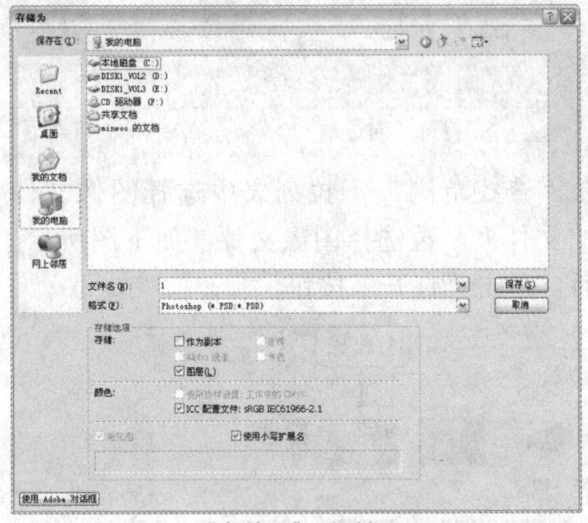

“存储为”对话框

在“保存在”下拉列表中选择文件保存的目标文件夹，如下图所示。

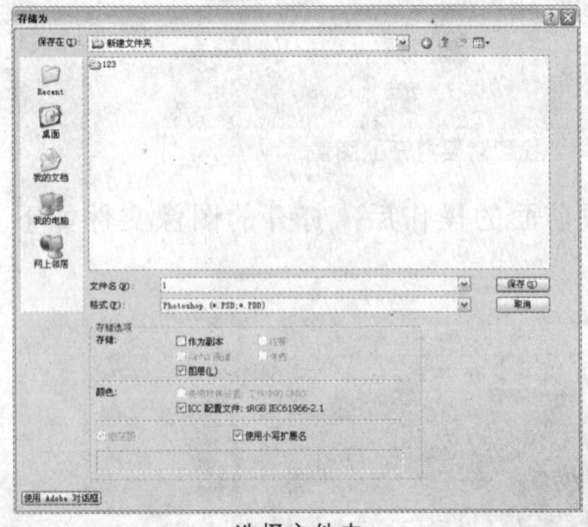

选择文件夹

在“格式”下拉列表中选择文件的保存格式，如下图所示。完成后，单击“保存”按钮，即可完成对该文件的保存。

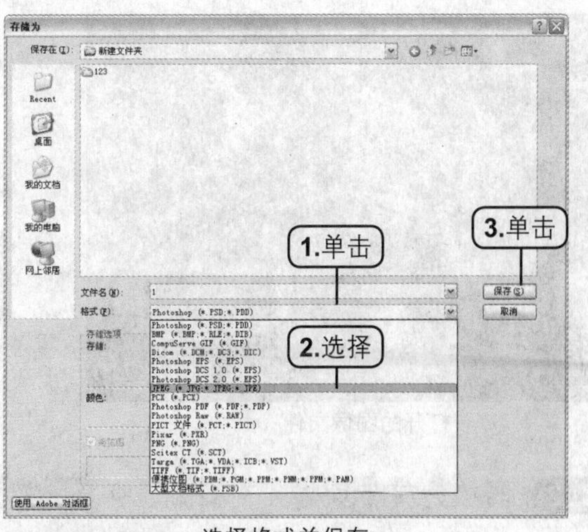

选择格式并保存

方法 02 错误时提示保存

如果未保存图像文件，而人为错误地关闭Photoshop，系统会自动弹出提示是否保存已编辑文件的提示框，在该提示框中单击“是”按钮，如下图所示，即可弹出“存储为”对话框。

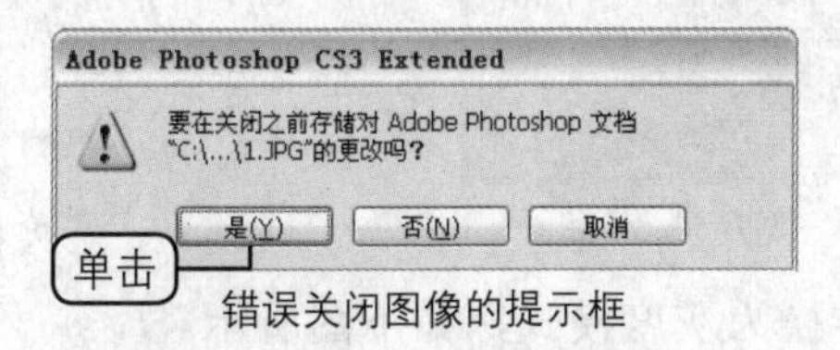

错误关闭图像的提示框

方法 03 使用“存储为 Web 和设备所用格式”命令保存

执行“文件 > 存储为 Web 和设备所用格式”命令，弹出“存储为 Web 和设备所用格式”对话框，如下图所示。

“存储为 Web 和设备所用格式”对话框

在“预设”选项组中设置文件存储的格式、属性等。单击“图像大小”标签，切换至“图像大小”选项卡，在该选项卡中设置保存后的图像大小，如下图所示。最后单击“应用”按钮。

设置图像参数

完成上步操作后，单击“存储”按钮，如下图所示，可以弹出“存储为”对话框，然后参考方法 01 保存图像。

完成编辑

1.5.5 另存文件

如果要将图像文件保存到其他位置或者需要保存文件的副本文件，可使用将图像另存的方法对图像进行保存。具体操作步骤如下所示。

步骤 01 打开对话框

执行“文件 > 存储为”命令，弹出“存储为”对话框，如下图所示。

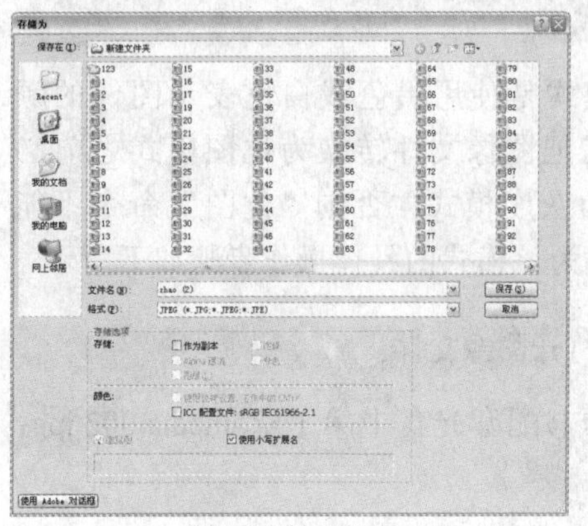

“存储为”对话框

步骤 02 设置参数

在“文件名”文本框中输入与原文件名不同的文件名，完成后单击“保存”按钮。如下图所示。可以将文件另存为不同的图像文件。

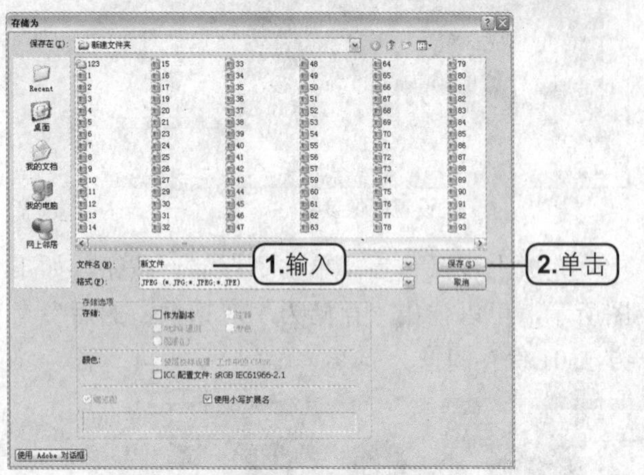

设置参数

1.6 图像的相关操作

在 Photoshop 中，可以进行转换图像的颜色模式、改变窗口大小、调整画布尺寸等操作。通过这些操作，可以方便地编辑文件，使利用 Photoshop 处理图像文件的操作更加自主。

1.6.1 图像的颜色模式及转换

在 Photoshop 中，可以将图像转换为 8 种不同的颜色模式，以方便对图像文件进行操作。利用各个颜色模式的优点，灵活地将图像转换为适合编辑的颜色模式，使 Photoshop 制作的图像文件更具多样性。

1. 位图模式

位图模式是使用黑色或白色表示图像的颜色模式。在把图像文件转换为位图模式之前必须先转换为灰度模式，否则“位图”命令不能使用。转换为该模式的具体操作步骤如下所示。

步骤 01 打开图像文件

打开本书配套光盘中第 1 章 \media\002.jpg，如下图所示。

打开的图像文件

步骤 02 转换为灰度模式

执行“图像 > 模式 > 灰度”命令。在弹出的“信息”对话框中，单击“扔掉”按钮，扔掉原图像的颜色信息，如下图所示。

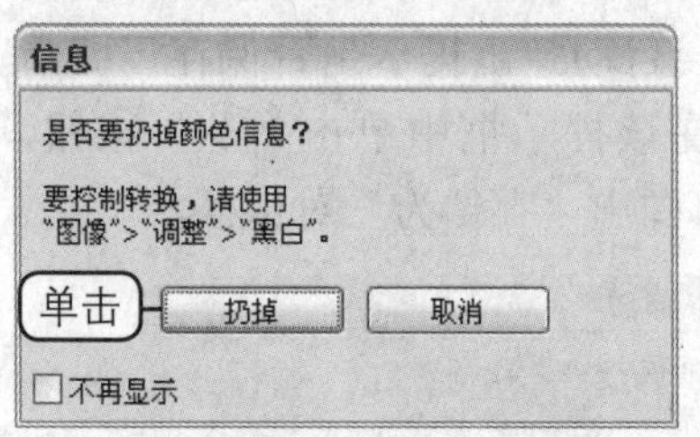

“信息”对话框

将图像转换为灰度模式，如下图所示。

“灰度”模式效果

步骤 03 转换为位图模式

执行“图像 > 模式 > 位图”命令，弹出位图对话框，在该对话框中设置如下图所示的参数。

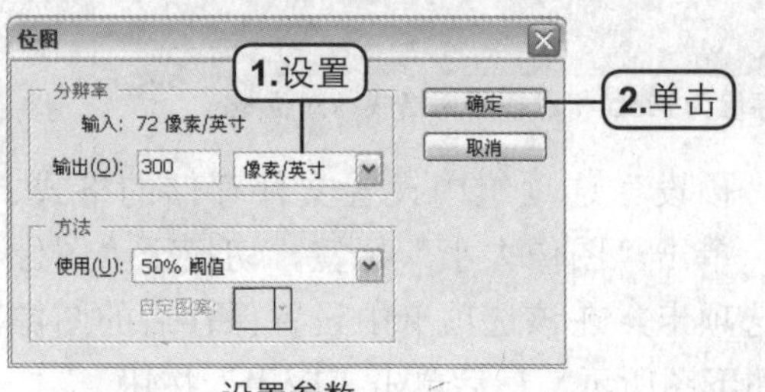

设置参数

将图像转换为位图模式，如下图所示。

完成转换

2. 灰度模式

灰度模式就是由黑、白、灰 3 种颜色组合的色彩模式。在 Photoshop 中，灰度模式只有一种颜色通道，可根据它设置色阶的级别。转换为该模式的具体操作步骤如下所示。

打开本书配套光盘中第 1 章 \media\003.jpg 文件，如左下图所示。执行“图像 > 模式 > 灰度”命令，将图像转换为灰度模式，如右下图所示。

原图

灰度模式效果

3. 双色调模式

将图像转换为双色调模式后，可以通过多个色调为图像从新添加颜色。在将图像转换为双色调模式之前，要将图像先转换为灰色模式。转换为该模式的具体操作步骤如下所示。

光盘路径：第 1 章 \Complete\ 双色调 .psd

步骤 01　转换为灰度模式

打开本书配套光盘中第 1 章 \media\004.jpg，如左下图所示。执行“图像 > 模式 > 灰度”命令，将图像转换为灰度模式，如右下图所示。

原图

转换为灰度模式

步骤 02　设置双色调参数

执行“图像 > 模式 > 双色调”命令，弹出“双色调选项”对话框，在“类型”下拉列表中选择“四色调”选项，如下图所示。

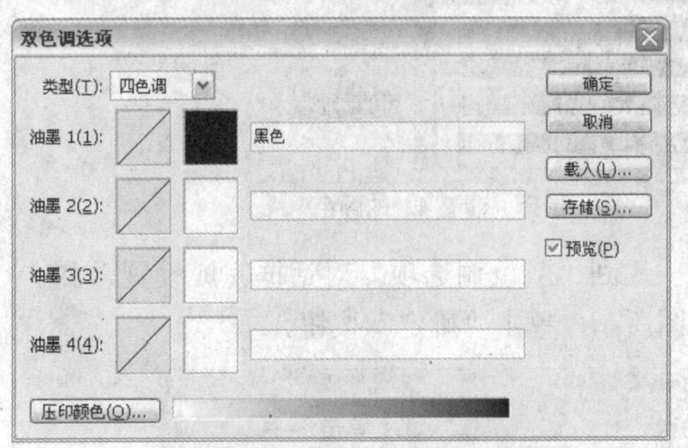

“双色调选项”对话框

单击“油墨 2”的缩览图，在弹出的“颜色库”对话框中设置颜色为 PANTONE 7541 C，完成后单击“确定”按钮，如下图所示。

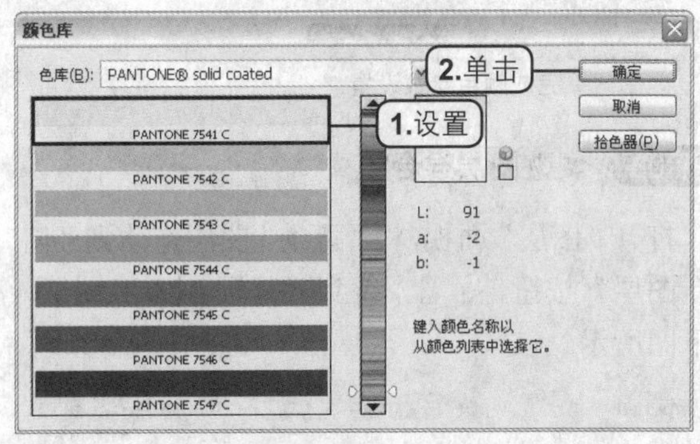

选择“油墨 2”的颜色

单击“油墨 3”的缩览图，在弹出的“颜色库”对话框中设置颜色为 PANTONE 113 C，完成后单击“确定”按钮，如下图所示。

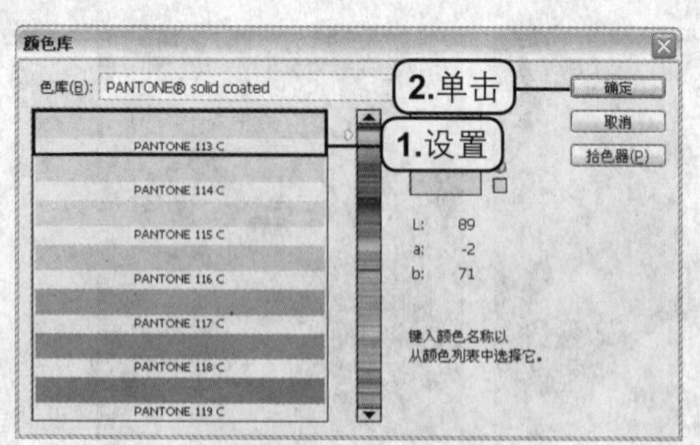

选择"油墨 3"的颜色

单击"油墨 4"的缩览图，在弹出的"颜色库"对话框中，设置颜色为 PANTONE 210 C，完成后单击"确定"按钮，如下图所示。

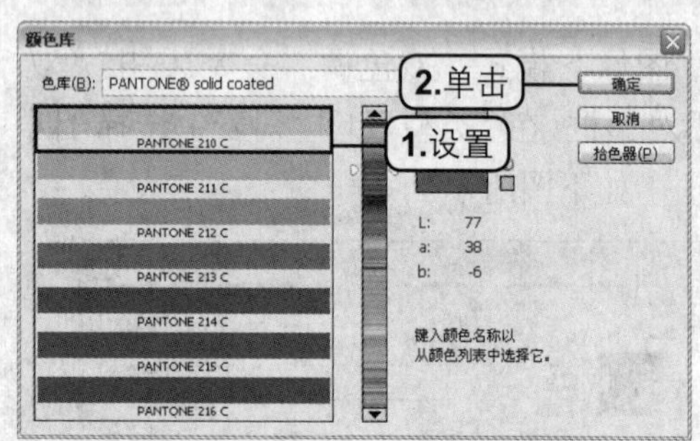

选择"油墨 4"的颜色

返回"双色调选项"对话框完成设置，如下图所示，单击"确定"按钮。

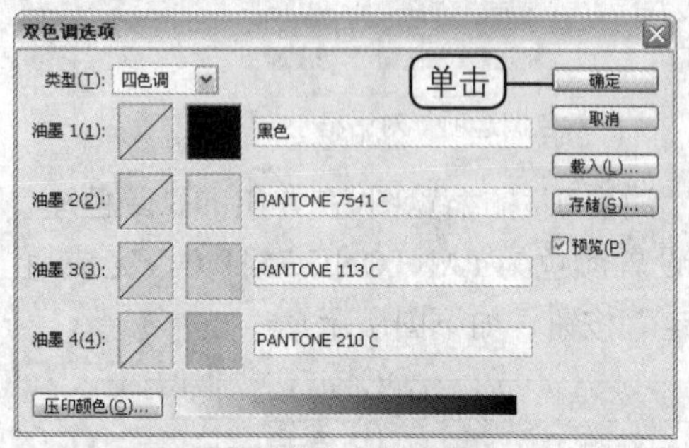

完成颜色参数设置

步骤 03 调整图层混合模式

打开"图层"面板，将"背景"图层拖动到"创建新图层"按钮 上，得到"背景 副本"图层，如下图所示。

"图层"面板　　拖动图层　　完成复制

调整"背景 副本"图层的混合模式为"滤色"，增加了图像的亮度。效果如下图所示。

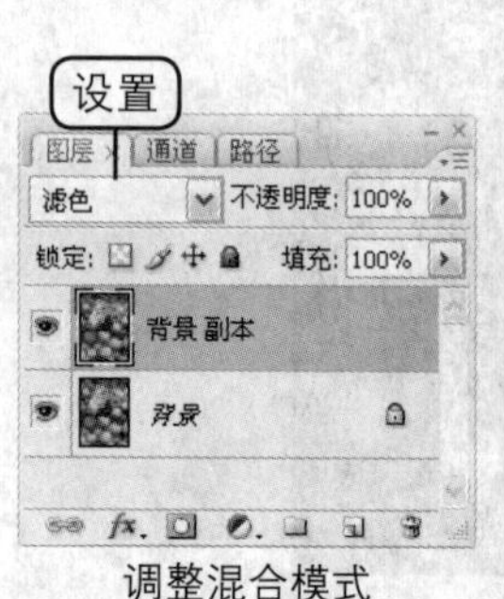

调整混合模式　　完成效果

4. 索引颜色模式

索引颜色模式是一种专业的网络图像颜色模式，在这种模式下，图像只能显示 256 种颜色，因此常常会出现颜色失真现象，但可以极大地减小图像文件的存储空间，同时该颜色模式的显示效果真彩色模式基本相同，转换为该模式的具体操作步骤如下所示。

步骤 01 打开图像文件

打开本书配套光盘中第 1 章 \media\005.jpg 文件，如下图所示。

打开的图像文件

步骤 02 转换颜色模式

执行"图像 > 模式 > 索引颜色"命令，在弹出的对话框中设置如下图所示的参数。完成后单击"确定"按钮。

设置索引参数

完成上述操作后，图像的颜色模式转换为索引颜色模式。效果如下图所示。

索引颜色模式效果

5. RGB 颜色模式

在使用 Photoshop 处理图像文件时，一般使用 RGB 颜色模式，在该模式中编辑图像文件相较于其他模式要方便一些。图像文件的默认颜色模式为 RGB 模式。执行“图像 > 模式 >RGB 颜色”命令，可以将图像转化为 RGB 颜色模式。

在 Photoshop 中，有一些功能只有在 RGB 模式下才能实现。所以一般情况下，都使用 RGB 模式编辑图像，再转存为其他颜色模式。这样可以使图像更清晰。RGB 颜色模式中的“颜色”面板如下图所示。

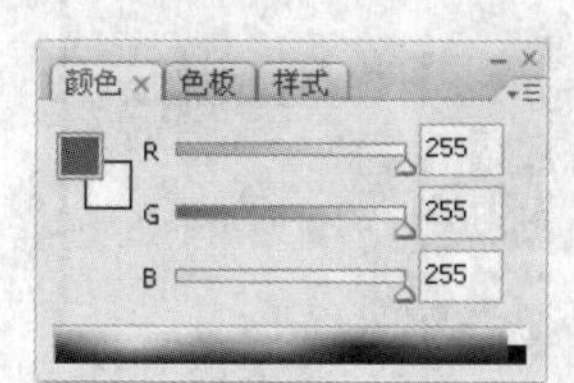

RGB 颜色模式中的“颜色”面板

6. CMYK 颜色模式

CMYK 颜色模式是一种印刷模式，图像文件印刷时最常用的颜色模式就是 CMYK 颜色模式。在这种模式下印刷得到的图像文件打印出来后，纸上的油墨光线的吸收特性较佳。但这种模式下的图像文件占用的存储空间较大，而且其显示的颜色相对 RGB 颜色模式要少一些。该模式中的“颜色”面板如下图所示。

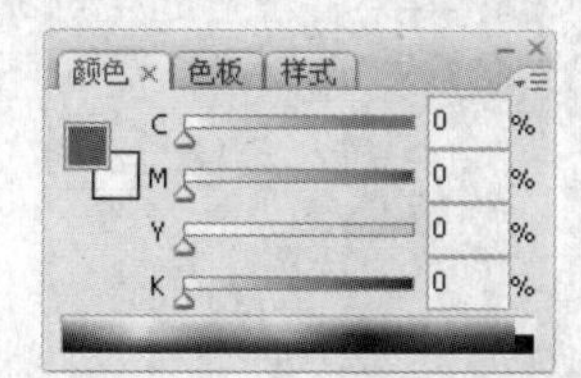

CMYK 颜色模式中的“颜色”面板

由于将图像文件转换为 CMYK 颜色模式时会产生分色。所以，可以在使用 RGB 模式对图像文件进行编辑，然后单击菜单栏中的“视图 > 校样设置 > 工作中的 CMYK”命令，预览颜色分色效果，再进行转换。

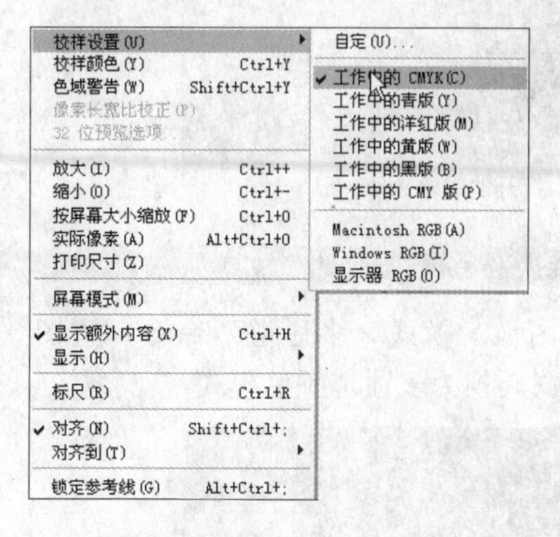

7. Lab 颜色模式

Lab 颜色模式是 Photoshop 内部的颜色模式，也是目前所有的颜色模式中包含色彩范围最广的颜色模式，且在进行模式转换时不会造成任何色彩误失，在不同系统和平台之间转换图像文件时，为了保持图像色彩的真实度，一般将图像文件转换为 Lab 颜色模式。

Lab 模式中的“颜色”面板如下图所示。

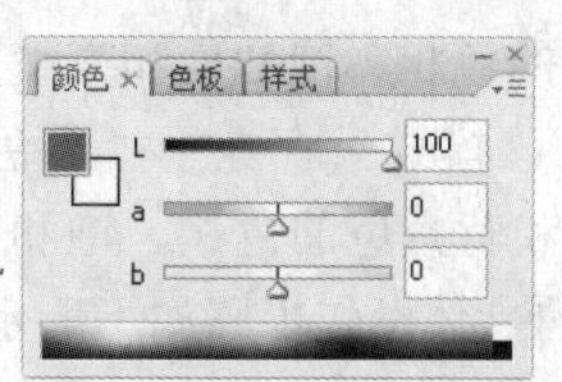

Lab 颜色模式中的“颜色”面板

8. 多通道模式

多通道模式是通过转换颜色模式和删除原有图像的颜色通道得到新的图像。也就是为图像文件创建添加专色预览的专色颜色通道，并构成图像。由于多通道模式的每个通道均为 256 级灰度，所以在进行特殊打印时，多通道模式非常有用。转换为该模式的具体操作步骤如下所示。

步骤 01　打开图像文件

打开本书配套光盘中第 1 章 \media\006.jpg 文件，如下图所示。

打开的图像文件

步骤 02 转换颜色模式

执行“图像 > 模式 > 多通道”命令，将图像的颜色模式转换为多通道颜色模式。

转换颜色模式后的效果

9. HSB 模式

HSB 模式是以颜色的色相、饱和度和亮度为基础的颜色动态模式。该模式只存在于“颜色”面板上，可调整前景色和背景色的色相、饱和度和亮度。转换为该模式的具体操作步骤如下所示。

步骤 01 打开“颜色”面板

执行“窗口 > 颜色”命令，打开“颜色”面板，如下图所示。

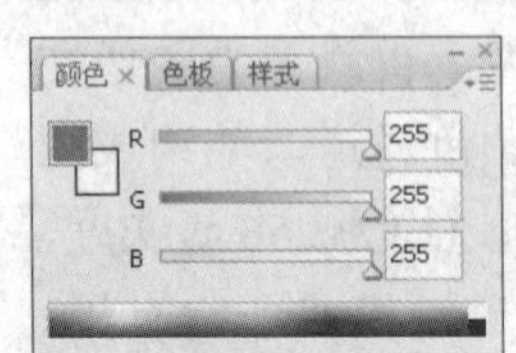

“颜色”面板

步骤 02 转换到 HSB 模式的“颜色”面板

单击“颜色”面板右上角的 按钮，在弹出的菜单中执行“HSB 模式”命令，如左下图所示。打开“HSB 模式”的“颜色”面板，如右下图所示。

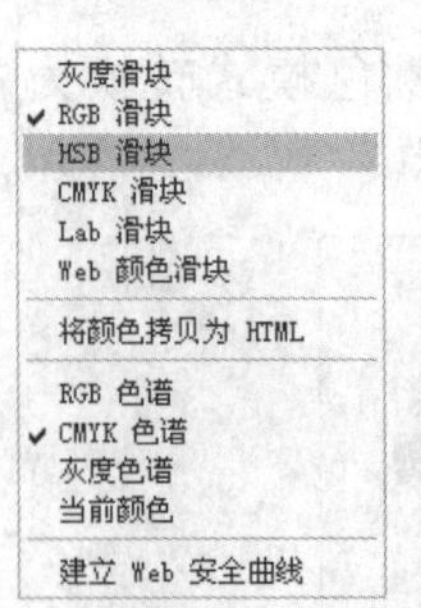

执行命令

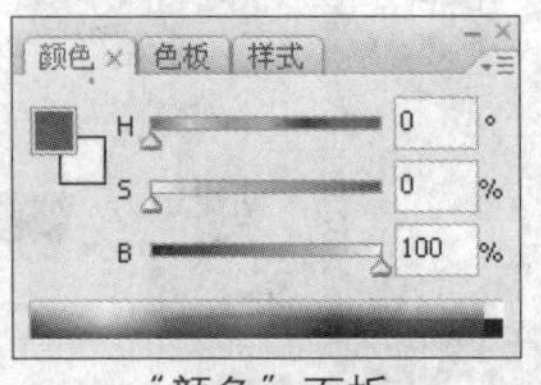

“颜色”面板

1.6.2 改变窗口的位置和大小

在 Photoshop 中可将图像窗口的位置和大小进行自定义调整，以方便查看图像和调整图像。改变窗口的位置和大小的具体操作步骤如下所示。

步骤 01 打开图像文件

在 Photoshop 中打开一个图像文件，如下图所示。

打开图像文件

步骤 02 调整图像窗口的位置

将鼠标光标移动到图像窗口的标题栏上，按住鼠标左键，向左移动。可以将图像拖移到左边，如下图所示。

拖动图像至界面左边

再次将鼠标光标移动到图像窗口的标题栏上，按住鼠标左键，向右移动。可以将图像拖移到图像的右边，如下图所示。用相同的方法，可以将图像移动到图像中的任意位置显示。

拖动图像至界面右边

步骤 03 调整图像窗口的大小

执行“编辑 > 首选项 > 常规”命令，在弹出的“首选项”对话框中选中“缩放时调整窗口大小”复选框，如下图所示。完成后单击“确定”按钮。

☐自动启动 Bridge(G)　☑使用 Shift 键切换工具(U)
☐自动更新打开的文档(A)　☑在粘贴/置入时调整图像大小(I)
☐完成后用声音提示(E)　☑缩放时调整窗口大小(Z)
☑动态颜色滑块(D)　☐用滚轮缩放(S)
☑导出剪贴板(X)

选中“缩放时调整窗口大小”复选框

按 Ctrl+- 快捷键，对图像窗口进行缩小，如下图所示。同样，按 Ctrl++ 快捷键，也可以对图像窗口进行放大。

按快捷键调整图像窗口的大小

将鼠标光标移动到图像窗口的任意一个角上，当光标变成↘形态时，拖动图像窗口的边框。可以在不改变图像显示大小的情况下，调整图像窗口的大小。效果如下图所示。

改变图像窗口大小

步骤 04 在全屏模式中调整图像窗口的位置

按 3 次 F 键，将图像全屏显示，如下图所示。

全屏显示

按住空格键，当光标变成🖑形态时，在画布中可以随意调整图像的显示位置，如下图所示。

调整图像显示位置

步骤 05 在全屏模式中调整图像的显示大小

在“导航器”面板中的左下角的文本框中输入数字，或者拖动右下角“缩放”滑块，可以调整图像的缩放比例。此方法在其他显示模式下同样适用。

"导航器"面板

按下 Ctrl++ 快捷键，可以在任何显示模式下将图像进行放大，如下图所示。

在全屏模式下放大图像

步骤 06 按照屏幕大小缩放图像

按下 Ctrl+) 快捷键，可以使图像在任何显示模式下，按照屏幕大小缩放图像的显示大小，如下图所示。

默认－按屏幕大小缩放

最大化－按屏幕大小缩放

带菜单全屏－按屏幕大小缩放

隐藏操作界面

全屏－按屏幕大小缩放

隐藏操作界面

1.6.3 调整画布的尺寸

需要为图像整体添加边框效果，或者画布大小不够理想时，可以对画布大小进行适当的调整，具体操作步骤如下所示。

步骤 01 打开图像文件

打开一个图像文件，如下图所示。

打开的图像文件

步骤 02 调整画布大小

在图像窗口的标题栏上右击，在弹出的快捷菜单中执行"画布大小"命令，如下图所示。

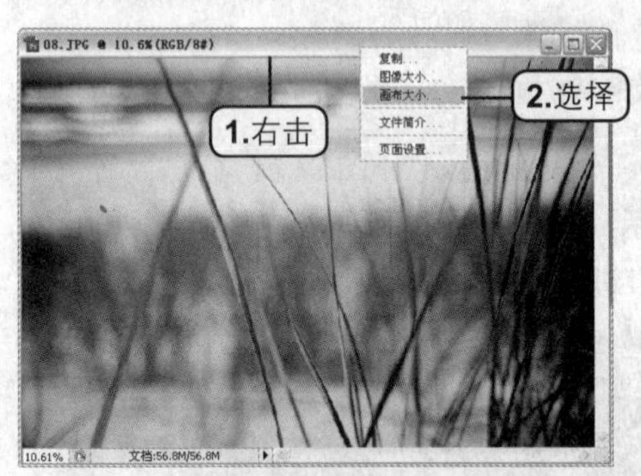

执行菜单命令

在弹出的"画布大小"对话框中选中"相对"复选框，然后在"宽度"和"高度"文本框中分别输入 3，单位为"厘米"，如下图所示。

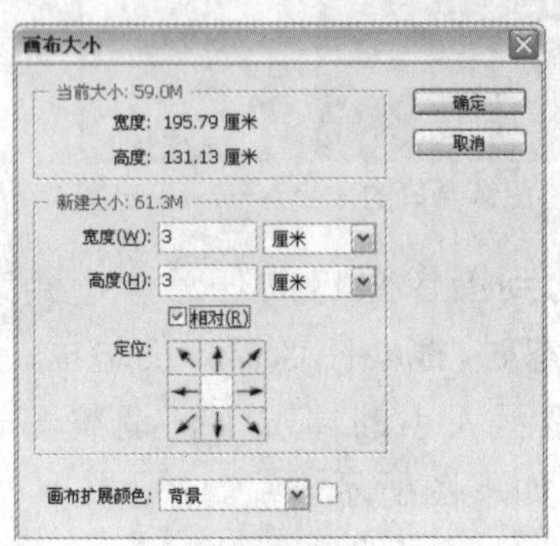

设置画布大小

在“画布扩展颜色”下拉列表中选择“其他”选项，如下图所示，然后单击“确定”按钮。

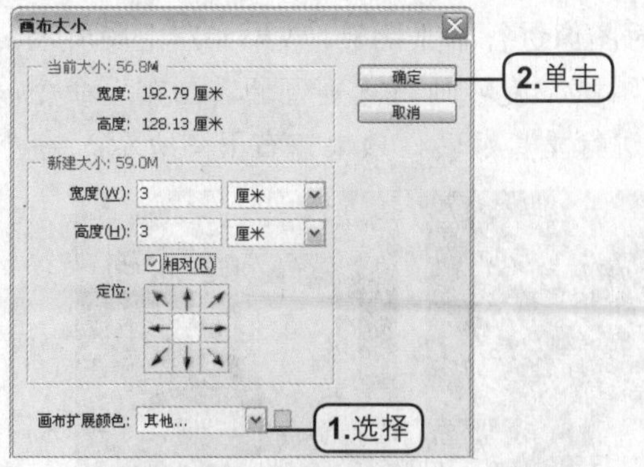

设置画布填充颜色方式

在弹出的“选择画布扩展颜色”对话框中设置颜色为R254、G239、B0，完成后单击“确定”按钮。

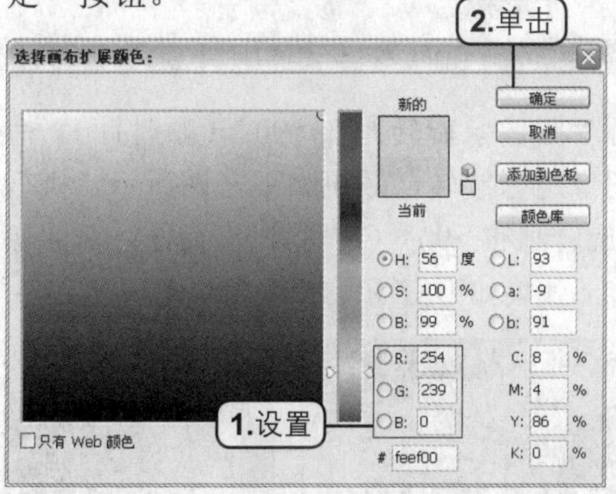

设置画布颜色

完成上述操作后，调整了画布的颜色，效果如下图所示。

调整画布大小的效果

1.6.4 改变图像尺寸

在Photoshop中，可以通过改变图像的尺寸来对图像进行放大和缩小。这样可方便对图像进行缩小像素保存、扩大像素编辑等操作。具体操作步骤如下所示。

步骤01 打开图像文件

打开一个图像文件，如下图所示。

打开的图像文件

步骤02 调整图像大小

在图像窗口的标题栏上右击，在弹出的快捷菜单中执行“图像大小”命令，如下图所示。

执行菜单命令

弹出“图像大小”对话框，如下图所示。

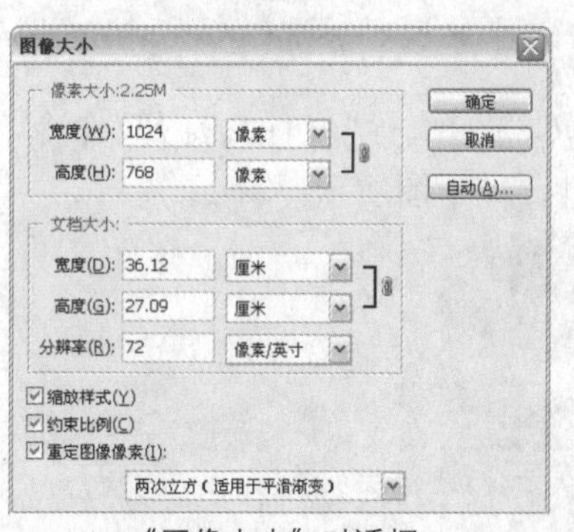

“图像大小”对话框

在该对话框中取消“约束比例”复选框的勾选，再设置“宽度”为“45厘米”，然后单击“确定”按钮，如下图所示。

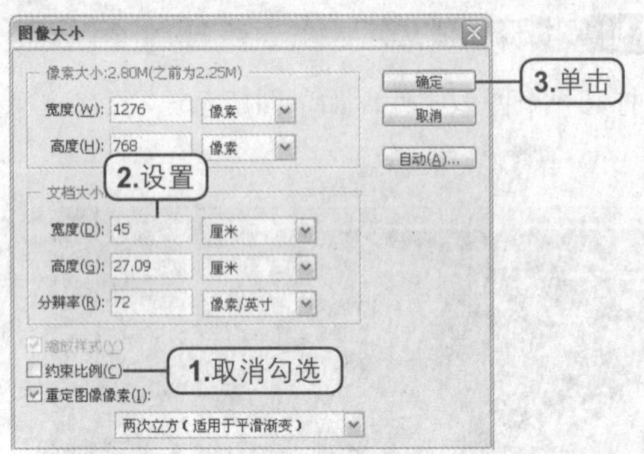

设置图像大小的参数

完成上述操作后，调整了图像的大小，效果如下图所示。

完成图像大小调整

1.6.5 旋转画布

在旋转整体图像和转换纵横显示模式时，可以通过旋转画布的方法实现。可以对图像窗口中的所有图像进行旋转，不能对单一的图层进行旋转。具体操作步骤如下所示。

步骤 01 打开图像文件

在 Photoshop CS3 中执行“文件 > 打开”命令，打开一个图像文件，如下图所示。

打开图像文件

步骤 02 水平翻转和垂直旋翻转

执行“图像 > 旋转画布 > 水平翻转画布”命令，对图像进行水平翻转，效果如左下图所示。执行“图像 > 旋转画布 > 垂直翻转画布”命令，对图像进行垂直翻转，效果如右下图所示。

水平翻转

垂直翻转

步骤 03 顺时针 90° 旋转和逆时针 90° 旋转

执行“图像 > 旋转画布 >90°（顺时针）”命令，对图像进行旋转，效果如下左图所示。执行“图像 > 旋转画布 >90°（逆时针）”命令，对图像进行旋转，效果如下右图所示。

90°（顺时针）

90°（逆时针）

步骤 04 180° 旋转

执行“图像 > 旋转画布 >180° ”命令，效果如下图所示，图像恢复为最初的状态。

180° 旋转

1.6.6 变换

下面介绍如何使用 Photoshop 中的自由变换和变换功能对图像的局部和图层进行变换。具体操作步骤如下所示。

光盘路径：第 1 章 \Complete\ 变换 .psd

步骤 01 打开图像文件

打开本书配套光盘中 \ 第 1 章 \media\007.tif 文件，如下图所示。

打开的图像文件

步骤 02 自由变换

在“图层”面板中选中“图层 1”图层，然后执行“编辑 > 变换 > 垂直翻转”命令，翻转图像中的花朵，效果如下图所示。

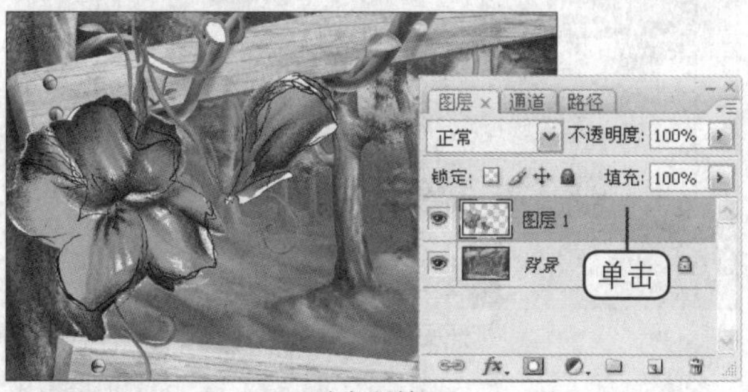

垂直翻转

按下 Ctrl+T 快捷键，弹出自由变换框，如下图所示。

显示自由变换框

在自由变换框中右击，在弹出的快捷菜单中执行“透视”命令，如左下图所示，然后将光标移动到自由变换框的任意边附近。当光标变成 ▸‡ 形态时，轻微拖动鼠标，对图像进行透视变形，如右下图所示。

快捷菜单

透视变形效果

再次在自由变换框中右击，在弹出的快捷菜单中执行“变形”命令，自由变换框变成如下图所示的形态。

显示自由变换框

拖动自由变换框的各个控制点 ↗，对图像进行变形处理，如下图所示。

变形图像

在图像中再次右击，在弹出的快捷菜单中执行“自由变换”命令，将光标移动到自由变换框的任意一个角上，当光标变成 ⤢ 形态时，拖动自由变换框，调整图像的大小，如下图所示。

调整图像大小

将光标移动到自由变换框的任意一角周围，当光标变成 形态时，拖动鼠标，对图像进行旋转。然后将图像拖动到如下图所示的位置。

调整图像的位置

步骤 03 复制图像

按住 Ctrl+Alt 快捷键，当光标变成 形态时，在图像中拖动花朵，复制得到花朵图像的副本，如下图所示。

复制花朵图像

对花朵的副本进行调整，如下图所示。

对花朵副本图像进行变换

参照前面的方法，在图像中复制多个花朵图像的副本，然后分别调整其位置和大小。选择移动工具 ，在图像中右击，可以在弹出的快捷菜单中选择需要选中的图层。效果如下图所示。

完成花朵图像的添加

1.6.7 切换图像窗口层叠方式

在 Photoshop 中打开多个图像后，可以调整图像窗口的层叠方式和多个图像窗口的缩放比例，以便查找和编辑。具体操作步骤如下所示。

步骤 01 统一排列

打开多个图像文件，如下图所示。

打开图像文件

执行“窗口 > 排列 > 层叠”命令，使图像层叠排列，效果如下图所示。

层叠排列

执行“窗口 > 排列 > 水平平铺”命令，使图像呈水平状平铺在界面中。效果如下图所示。

水平平铺排列

执行“窗口 > 排列 > 垂直平铺”命令，使图像呈垂直状平铺在界面中。效果如下图所示。

垂直平铺排列

步骤 02 匹配缩放

选中下方中间的图像文件，按下 Ctrl+– 快捷键，对其进行缩放，效果如下图所示。

缩放图像文件

执行“窗口 > 排列 > 匹配缩放和位置”命令，使其余的图像根据该图像进行匹配缩放，并根据该图像所显示的图像区域进行图像的显示。效果如下图所示。

匹配缩放和位置

1.6.8 浏览图像

Photoshop 自带了一个 Adobe Bridge 浏览器，Adobe Bridge 是 Adobe Creative Suite2 套件中开始新增的功能之一。它可以用来查看、批量修改图像文件。Adobe Bridge 界面的具体组成部分如下图所示。各部分的说明如下表所示。

Adobe Bridge 浏览器

编 号	名 称	说 明
❶	菜单栏	包括菜单命令
❷	文件夹	可以选择图像文件所在的文件夹
❸	收藏夹	提供收藏图像的路径位置
❹	创建日期	显示当前文件夹中所有图像的创建日期，以方便查找
❺	图像显示区	可对图像进行放大、缩小、批量重命名、设置、排序和删除
❻	预览	显示当前选中图像文件的预览图
❼	元数据	显示当前选中图像文件的元数据
❽	文件属性	显示当前选中图像文件的属性
❾	缩放滑块	对当前窗口中显示的图像进行缩放

下面以使用 Adobe Bridge 浏览器对图像进行批量重命名为例，对 Adobe Bridge 浏览器进行进一步介绍。具体操作步骤如下所示。

步骤 01 打开 Adobe Bridge 浏览器

在 Photoshop CS3 中单击“转到 Bridge”按钮 ，或者执行“文件 > 浏览”命令，弹出 Adobe Bridge 窗口，如下图所示。第一次打开 Adobe Bridge 浏览器时，默认显示的文件夹为桌面。

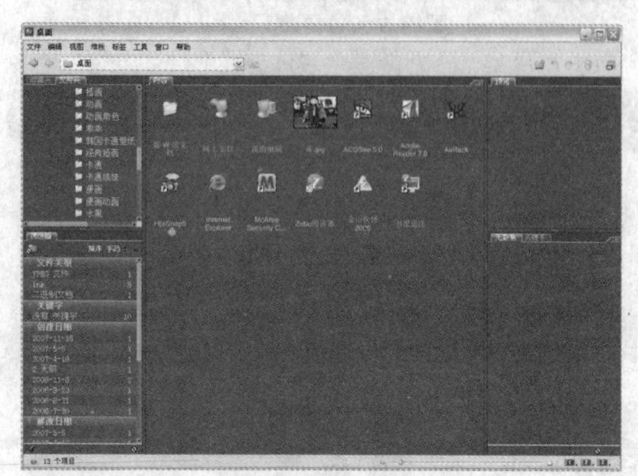

Adobe Bridge 浏览器

步骤 02 打开文件夹

在 Adobe Bridge 浏览器中双击文件夹的图标，或者在“文件夹”窗格中直接选择需要显示的文件夹。找到需要进行批量重命名的文件所在的文件夹，如下图所示。

选择文件所在的文件夹

步骤 03 批量重命名

按住 Shift 键，在图像显示区中需要进行重命名处理的第一个文件和最后一个文件上分别单击，这样可以选中多个文件，如下图所示。

选中文件

在任意一个已经选中的文件上右击，在弹出的快捷菜单中执行“批重命名”命令，如下图所示。

执行菜单命令

弹出“批重命名”对话框，如下图所示。

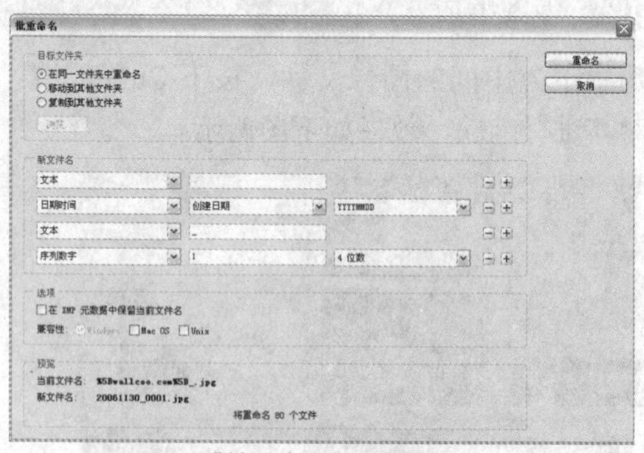

“批重命名”对话框

在该对话框中，设置图像的新文件名，如下图所示。设置图像的新文件名时，可以参考对话框下方的“预览”显示区域的文件名。

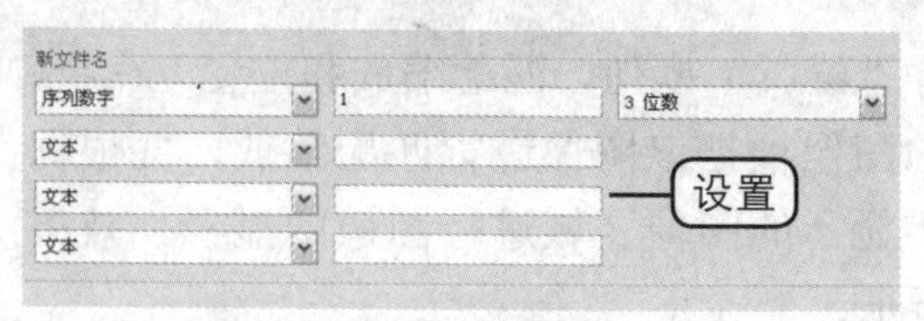

设置文件名

完成上述操作后，单击“重命名”按钮。回到Adobe Bridge浏览器中，可以看到文件的文件名已经被改变了，如下图所示。

完成文件名的修改

1.7 自定义工作环境

在Photoshop中，可自定义界面的颜色、快捷键、光标显示模式等，以便用户按照自己的习惯和喜好调整工作界面，使处理图像更快捷。

1.7.1 首选项

在Photoshop的“首选项”对话框中可设置基础界面的颜色、光标样式、参考线颜色和通道显示模式等。“首选项”对话框如下图所示。各选项的说明如下表所示。

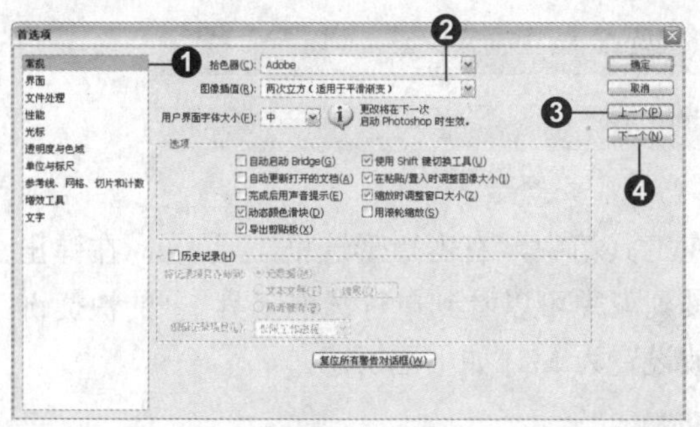

“首选项”对话框

编号	名称	说明
❶	选项	选择需要进行调整的选项
❷	调整区域	对当前选项进行设置和调整的区域
❸	上一个	可以直接切换至上一个选项的调整界面中
❹	下一个	可以直接切换至下一个选项的调整界面中

下面以使用“首选项”对话框改变通道显示模式为例，对“首选项”对话框进行进一步介绍。具体操作步骤如下所示。

步骤01 打开“首选项”对话框

执行“编辑>首选项>常规”命令，打开“首选项”对话框，如下图所示。

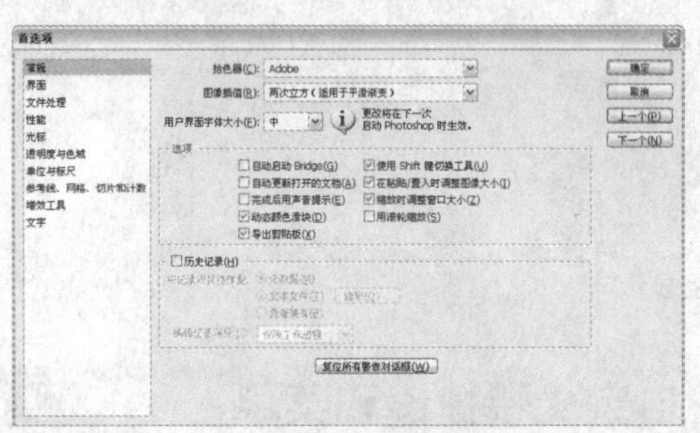

“首选项”对话框

步骤02 调整通道显示

在左侧选择“界面”选项，右侧显示界面调整的选项，如下图所示。

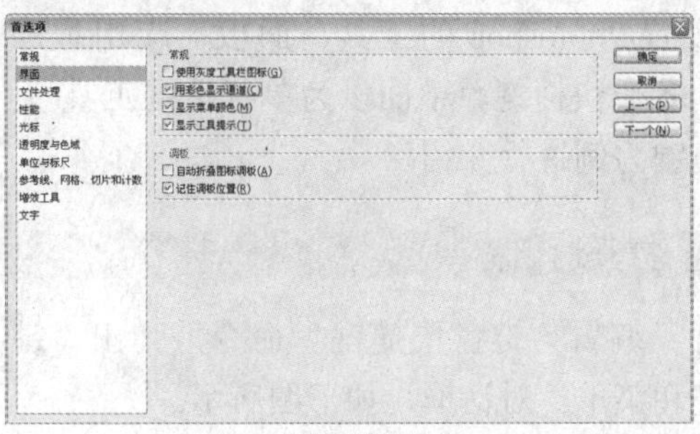

界面设置

选中“用彩色显示通道”复选框，然后单击“确定”按钮。通过上一步的操作，可以看到“通道”面板中每一个颜色通道所显示的颜色都不相同，效果如下图所示。

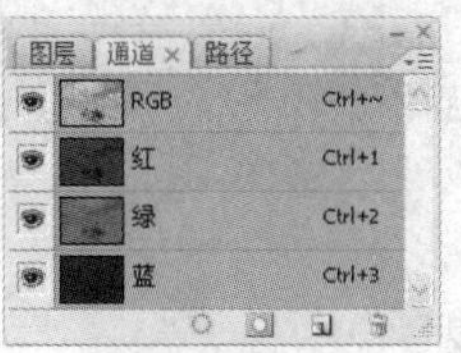

查看通道显示

步骤 03 恢复通道显示

执行“编辑 > 首选项 > 界面”命令，在弹出的对话框中取消“用彩色显示通道”复选框的勾选，完成后单击“确定”按钮。

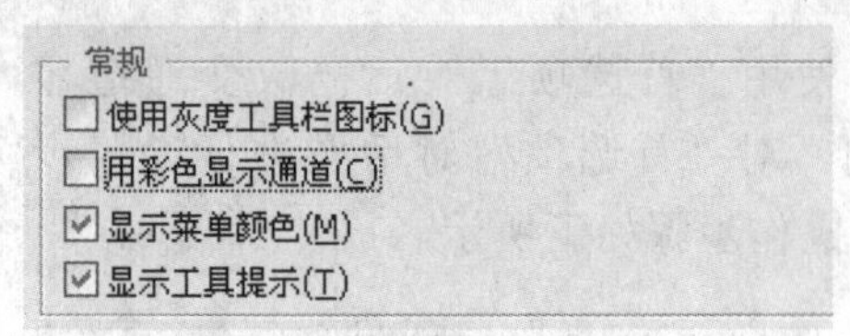

取消勾选

通过上述的操作，通道恢复到了原始的状态，效果如下图所示。

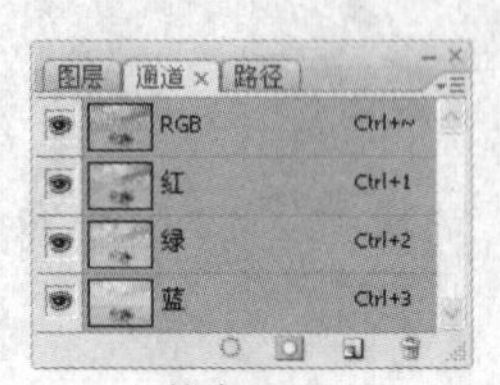

恢复显示

1.7.2 自定义快捷键和菜单

用户可根据个人习惯更换 Photoshop 中的快捷键和菜单的显示颜色，从而使 Photoshop 操作更加方便和自主化。

在“键盘快捷键”面板中，用户可根据需要改变和设置 Photoshop 的工具、面板、应用程序菜单中的各个快捷键。下面以为单行选框工具 添加快捷键为例进行介绍。

步骤 01 打开对话框

执行“编辑 > 键盘快捷键”命令，弹出“键盘快捷键和菜单”对话框，如下图所示。

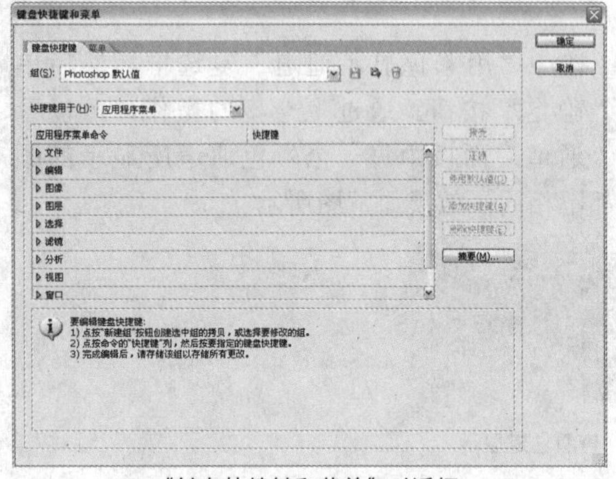

“键盘快捷键和菜单”对话框

在“快捷键用于”下拉列表中选择“工具”选项，如下图所示。

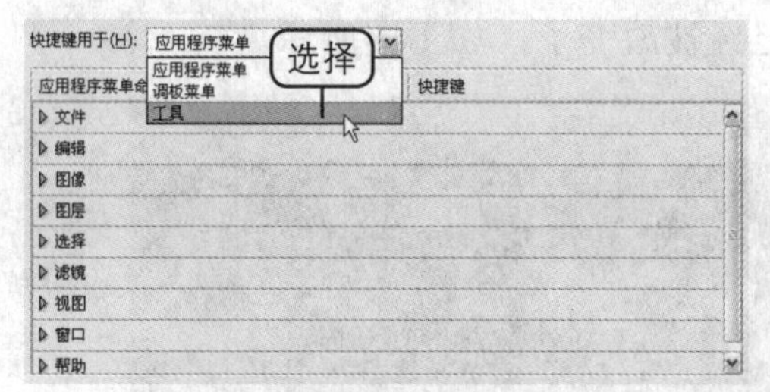

选择快捷键区域

设置了前面的参数后，界面中弹出“工具”快捷键的设置区域，如下图所示。

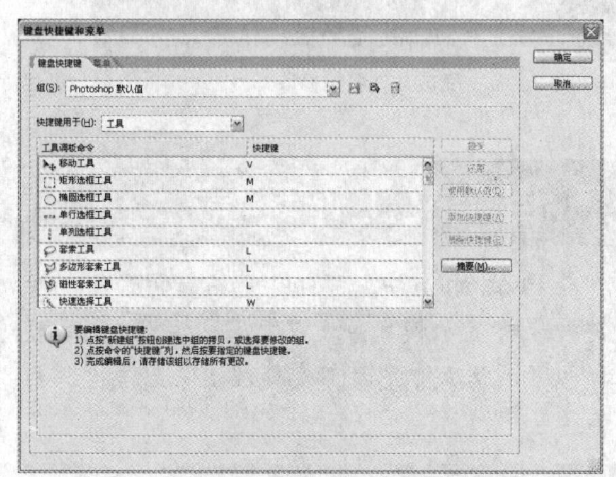

显示快捷键设置区域

步骤 02 设置快捷键

在单行选框工具 的快捷键区域单击鼠标，然后在出现的文本框中输入 M，将该工具的快捷键设置为 M，如下图所示。

设置快捷键

在工具箱中，右击矩形选框工具 ，在弹出的工具列表中可以看到单行选框工具 的快捷键已经被设置为 M，如下图所示。

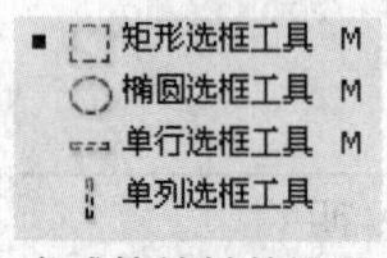

完成快捷键的设置

1.7.3 自定义画布颜色

在 Photoshop 中，可以随意设置画布的颜色。自定义画布颜色的具体操作步骤如下所示。

步骤 01　设置画布颜色为黑色

在界面中拖动图像窗口的边框，显示图像窗口的画布部分，然后在该区域右击，在弹出的快捷菜单中执行“黑色”命令，如下图所示。

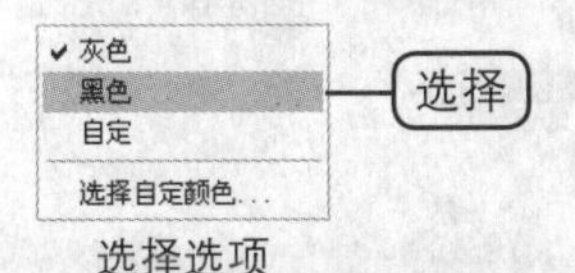

选择选项

完成设置后，图像中的画布颜色转变为黑色，效果如下图所示。

设置画布颜色为黑色

步骤 02　设置画布颜色为自定颜色

在画布区域右击后，在弹出的快捷菜单中执行“选择自定颜色”命令，如下图所示。

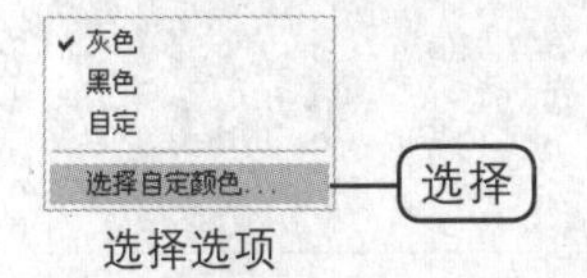

选择选项

完成设置后，弹出“选择自定背景色”对话框，在该对话框中设置颜色为R255、G184、B226，如下图所示。完成后单击“确定”按钮。

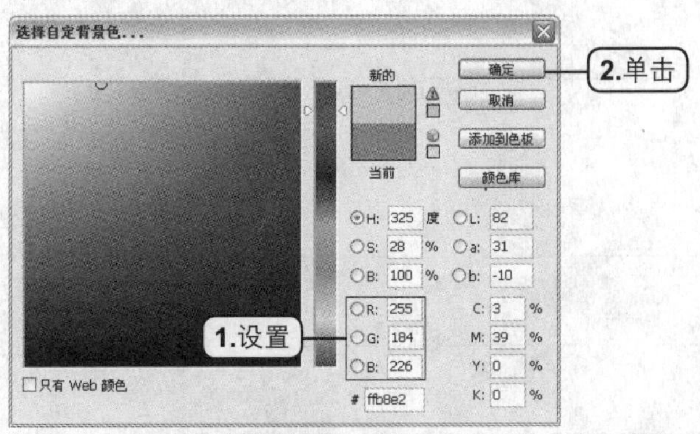

设置画布颜色

完成设置后，图像中的画布颜色转变为粉红色，效果如下图所示。

设置画布颜色为粉红色

步骤 03　恢复画布颜色

再次在画布上右击，在弹出的快捷菜单中执行“灰色”命令。将画布的颜色恢复到默认的颜色，效果如下图所示。

恢复画布颜色

1.7.4　自定义界面颜色

在Photoshop CS3的界面中，除了可以自定义快捷键、画布颜色、面板组合方式等，还可以自定义界面的颜色。具体操作步骤如下所示。

步骤 01　打开对话框

执行“编辑 > 菜单”命令，显示“键盘快捷键和菜单”对话框中的“菜单”面板，如下图所示。

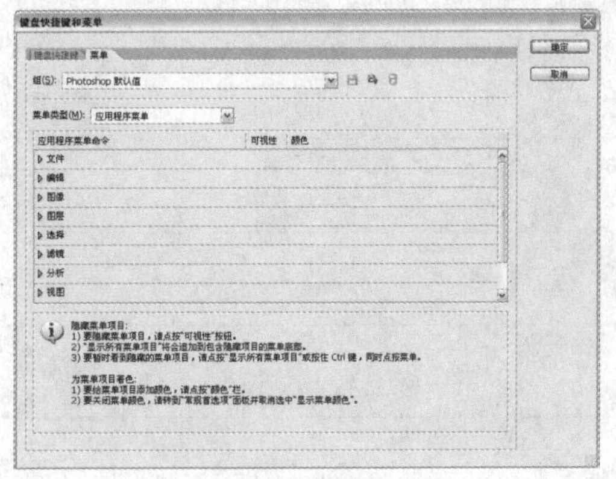

“键盘快捷键和菜单”对话框

步骤 02 设置菜单颜色

在“菜单类型”下拉列表中选择“应用程序菜单”选项，然后在下方的列表框中单击“滤镜”左边的▶按钮。在弹出的下拉列表中单击各个滤镜菜单命令右边的“无”选项，在弹出的下拉列表中设置颜色，如下图所示。

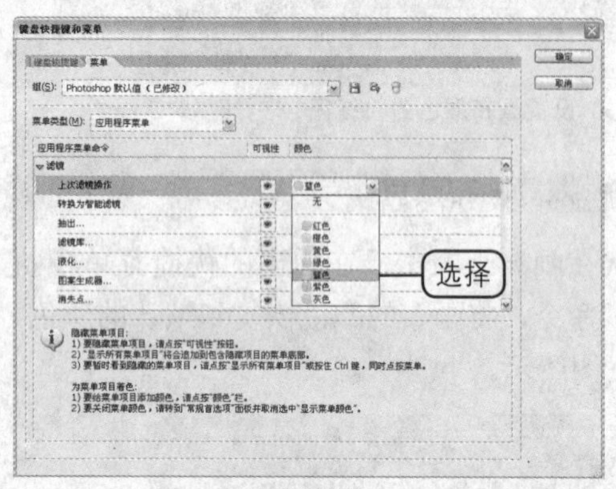

设置颜色

完成操作后，可以看到滤镜命令的颜色被设置为蓝色，用同样的方法设置其他命令的颜色，如下图所示。完成后单击“确定”按钮。

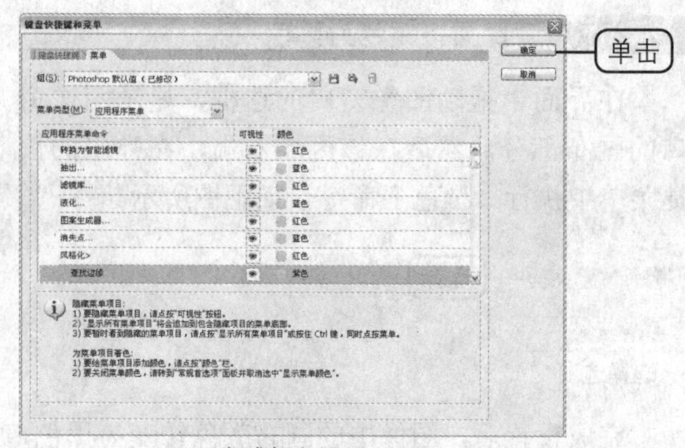

完成颜色设置

执行“滤镜”命令，打开“滤镜”菜单，可以看到滤镜命令的颜色效果，如下图所示。

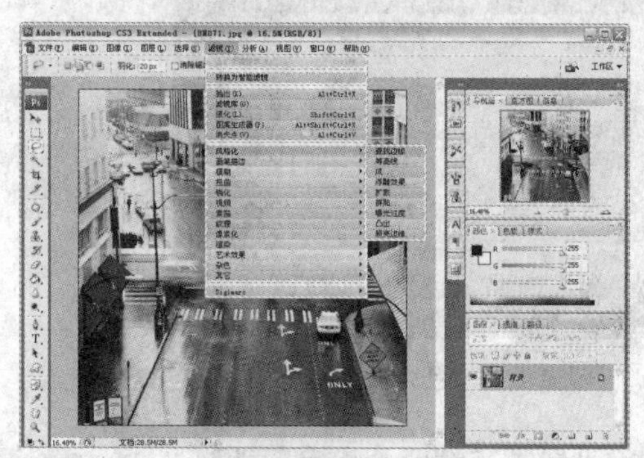

菜单命令的颜色效果

Chapter

工具箱全面剖析

Photoshop CS3 的工具箱包括各种辅助工具、选区创建工具、绘图类工具、修饰修补类工具、历史记录画笔工具、文字工具等。这些工具是在 Photoshop 中处理图像和创建特效的基础，灵活运用工具是学习 Photoshop 的基本操作和技能。

本章内容索引

减淡工具的使用

椭圆选框工具的使用

仿制图章工具的使用

套索工具的使用

添加路径文字

铅笔工具的使用

2.1 辅助类工具

在 Photoshop 中处理图像时可以通过一些辅助功能和工具准确调整位置、尺寸、方向等。根据需要可选择适合的辅助功能和工具进行编辑。

2.1.1 标尺

标尺可用来精确地确定图像或元素的位置。标尺的位置在图像窗口的顶部和左侧。显示标尺后，当光标在窗口中移动的时候会在标尺上显示两条虚线，表示当前光标所处位置的坐标。

1. 显示标尺

执行“视图 > 标尺”命令或者按下 Ctrl+R 快捷键，显示标尺，如下图所示。

显示标尺

2. 图像定位

在左上角水平标尺和垂直标尺交会处的矩形区域单击并拖动鼠标到目标位置，如下图所示。

定位

3. 重新定位原点

释放鼠标后，图像窗口中的标尺位置被重新定位，如下图所示。

重新定位原点

2.1.2 参考线

在绘制图像时使用的辅助线即是参考线。参考线显示于图像文件上，打印时不可见，可以移动、删除、锁定，以避免在对图像进行其他操作时误移动，而导致不必要的错误。

1. 创建参考线

在 Photoshop 中，可以利用“新建参考线”命令和标尺创建参考线。创建方法如下所示。

方法 01 利用“新建参考线”命令创建

执行“视图 > 新建参考线”命令，在弹出的“新建参考线”对话框中设置参考线的方向和位置，再单击“确定”按钮，如下图所示。

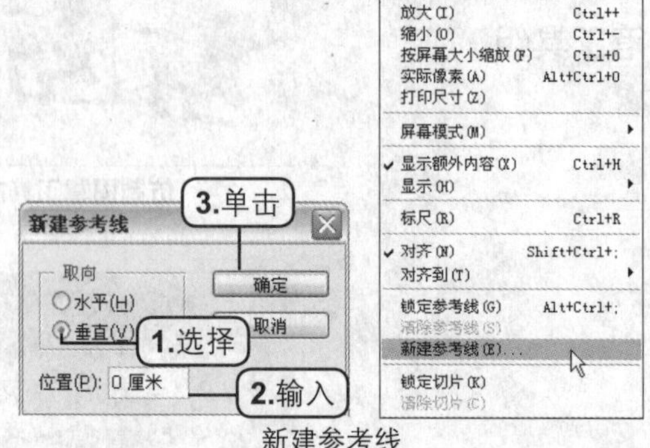

新建参考线

方法 02 利用标尺新建参考线

按下 Ctrl+R 快捷键，显示标尺。在标尺上按住鼠标并拖动鼠标至图像中适合的位置后释放鼠标，创建一条参考线，如下图所示。

垂直参考线

水平参考线

2. 移动参考线和改变参考线方向

在图像窗口中，可以对参考线进行移动和改变其方向，以便创建更准确的参考线，具体操作步骤如下所示。

步骤 01 改变参考线的位置

按下 Ctrl+R 快捷键，显示标尺。在标尺上单击并拖动鼠标至图像中适合的位置后释放鼠标，改变参考线的位置，如下图所示。

创建参考线

拖动参考线

步骤 02 改变参考线的方向

按住 Alt 键，将鼠标光标移动到参考线上，当鼠标光标变成 ≑ 形状时，单击鼠标，改变参考线的方向，效果如下图所示。

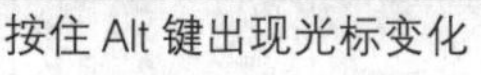

按住 Alt 键出现光标变化

单击鼠标改变方向

2.1.3 网格

Photoshop 中的网格主要用于对称地布置图像。在默认状态下，网格显示为线条，打印时不会显示出来。

1. 显示网格

执行“视图 > 显示 > 网格”命令，或按下 Ctrl+“快捷键，显示网格，如下图所示。

原图

显示网格

2. 对齐网格

执行“视图 > 对齐到 > 网格”命令，当移动图像时就会自动对齐到网格。使用选框工具创建选区时，会自动吸附网格，以便根据网格准确地选取需要的图像范围，如下图所示。

图像对齐网格的效果

2.1.4 度量工具

Photoshop 中的度量工具主要是用来测量图像的长度、宽度、倾斜度和角度，以便对图像文件进行调整。使用该工具的具体操作步骤如下所示。

步骤 01 测量图像

打开一个倾斜的图像，使用度量工具 ，在需要测量的区域单击选择测量区域的起始，拖动至结尾部分释放鼠标，即可获得测量区域的色彩、坐标、长度、角度等信息，如下图所示。

测量图像

在图像倾斜的边缘部分用度量工具测量图像，得到图像倾斜的角度，如下图所示。

导航器 | 直方图 | 信息
R:
G:
B:
8 位
A: -1.5°
L: 23.43
X: 1.02
Y: 0.25
W: 23.42
H: 0.62
文档:18.7M/20.3M
单击并拖动以创建标尺。要用附加选项，使用 Shift。

查看度数

步骤 02 校正图像

执行“编辑 > 变换 > 旋转”命令，在选项栏中输入刚才测量得到的角度的相反数，完成后单击“确定”按钮，如下图所示。

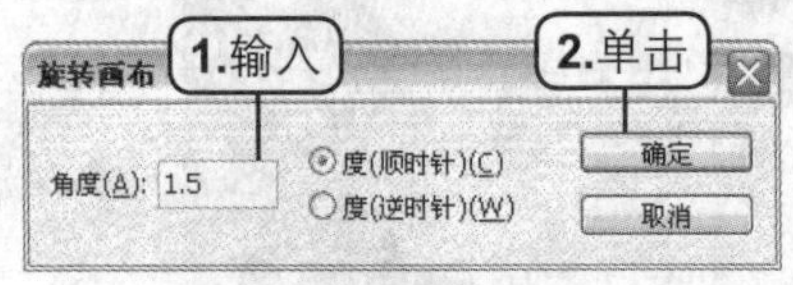

输入度数

通过上述操作，调整了图像的角度，效果如下图所示。

校正图像

2.1.5 缩放工具与抓手工具

Photoshop 中的缩放工具和抓手工具都用于查看图像局部。

1. 缩放工具

使用缩放工具，可以对界面中的图像窗口进行放大、缩小和以特殊比例显示等。灵活地使用缩放工具，可以随意调整画布中图像的显示大小。可以利用快捷菜单和快捷键实现图像的缩放，具体操作方法如下所示。

方法 01 使用快捷菜单

选择缩放工具，在图像窗口中右击后，在弹出的快捷菜单中执行“放大”、“缩小”等命令，即可对图像进行缩放，如下图所示。

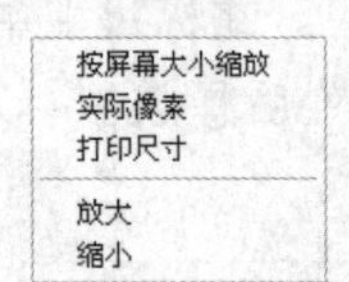

缩放工具的快捷菜单

方法 02 使用快捷键

按住 Ctrl+ 空格键，单击鼠标可以放大图像。按住 Alt+ 空格键，单击鼠标可以缩小图像，如下图所示。

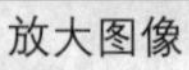

放大图像　　缩小图像

2. 抓手工具

在图像文件放大到图像窗口无法完全显示图像的时候，可以使用抓手工具拖动图像，以便查看到图像窗口显示区域以外的图像信息。具体操作步骤如下所示。

步骤 01 放大图像

打开一个图像文件，如下图所示。

打开的图像文件

多次按下 Ctrl++ 快捷键，如下图所示，使图像在界面中无法完整显示。

放大图像

步骤 02 调整图像显示区域

选择抓手工具 ，在图像中单击并拖动鼠标，即可改变图像显示区域，如下图所示。

调整图像显示区域

2.2 选区创建类工具

在 Photoshop CS3 中可以对局部图像进行编辑，这时就需要在图像中建立选区，这样进行填充、调色、改变位置、应用滤镜等操作后，不会影响选区外的图像。

2.2.1 选框工具

使用选框工具可以在图像中创建矩形选区、椭圆选区、单行选区和单列选区。

1. 矩形选框工具

使用矩形选框工具 ，可以在图像窗口中建立一个矩形选区，该工具是区域选框工具中最基本最常用的工具。单击工具箱中的矩形选框工具按钮 ，或者按下 M 键，即可选取矩形选框工具 。使用该工具的具体操作步骤如下所示。

步骤 01 创建选区

打开本书配套光盘中第 2 章 \media\001.jpg 文件，如左下图所示。选择矩形选框工具 ，在图像中沿图像窗口的边缘创建一个选区，如右下图所示。

打开图像

创建选区

步骤 02 羽化选区

执行“选择 > 修改 > 羽化”命令，或者按下 Ctrl+Alt+D 快捷键，弹出“羽化选区”对话框，如下图所示。

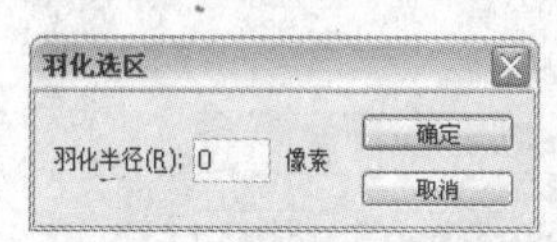

“羽化选区”对话框

在“羽化半径”文本框中输入参数。数字越大，所形成的选区越模糊。这里输入 30，如下图所示。完成后单击“确定”按钮。

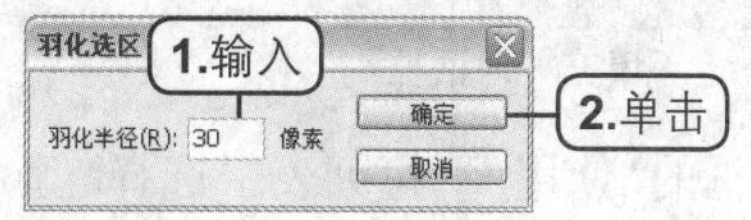

设置羽化半径

通过上述操作，可以看到图像中选区的边缘变得圆润了，这表示选区已经变得不太精确，如下图所示。

羽化选区

步骤 03 反选选区

执行“选择 > 反向”命令，或者按下 Ctrl+Shift+I 快捷键，对选区进行反向，这样可以选中矩形选区以外的图像，如下图所示。

反选

步骤 04 填充选区

保持选框工具处于选择状态，在选区中右击，在弹出的如左下图所示的快捷菜单中执行“填充”命令，弹出如右下图所示的“填充”对话框。

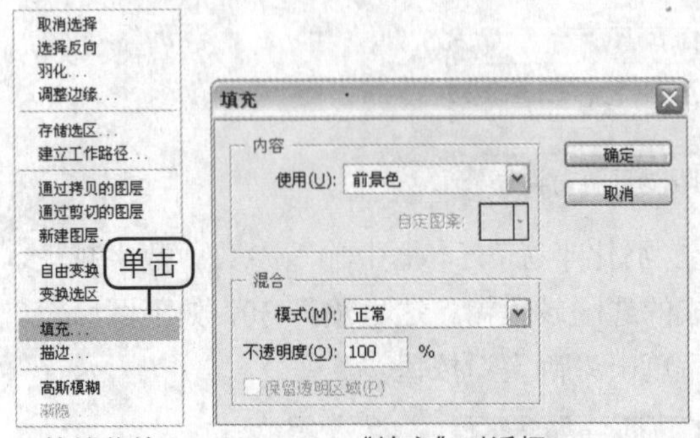

快捷菜单　　“填充”对话框

在“填充”对话框的“使用”下拉列表中选择“颜色”选项，如下图所示。

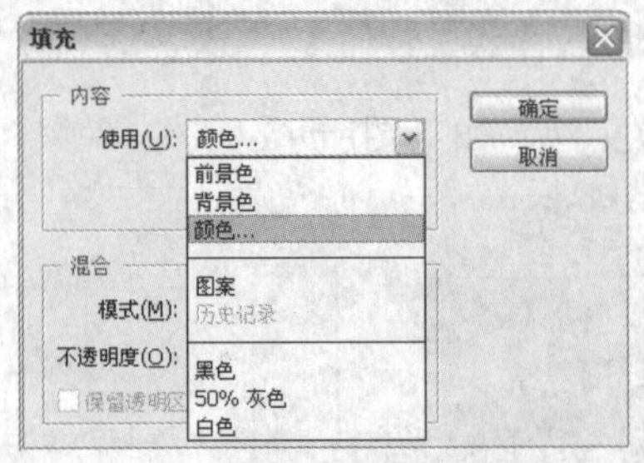

选择填充方式

弹出“选取一种颜色”对话框，设置颜色为 R255、G254、B239，完成后单击“确定”按钮，如下图所示。

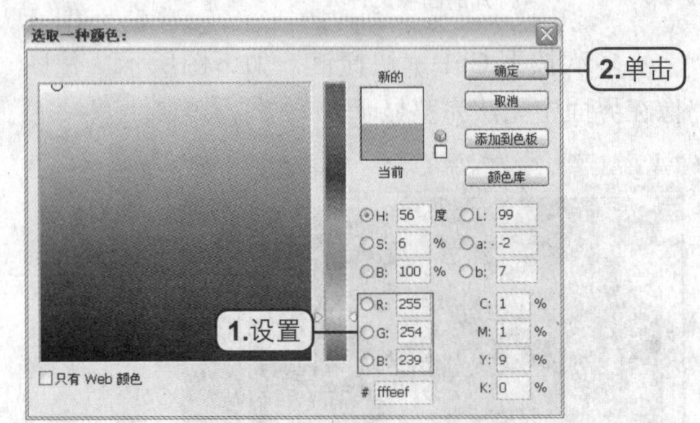

设置填充颜色

回到“填充”对话框，再单击“确定”按钮。为图像中的选区填充了颜色，效果如左下图所示，然后执行“选择 > 取消选择”命令，或者按下 Ctrl+D 快捷键，取消选区，效果如右下图所示。

完成填充

取消选区

2. 椭圆选框工具

使用椭圆选框工具，可以在图像中创建椭圆形和正圆形的选区。在工具箱中右击矩形选框工具，可在弹出的工具列表中选择该工具。使用该工具的具体操作步骤如下所示。

步骤 01 创建选区

打开本书配套光盘中第 2 章 \media\002.jpg 文件，如下图所示。

打开的图像文件

选择椭圆选框工具 ，按住 Shift 键，在图像中拖动鼠标，创建一个正圆选区，如下图所示。

创建选区

步骤 02 羽化选区

按下 Ctrl+Shift+I 快捷键，对选区进行反向，如下图所示。

反选

按下 Ctrl+Alt+D 快捷键，在弹出的“羽化选区”对话框中设置“羽化半径”为 50 像素，如下图所示。完成后单击“确定”按钮。

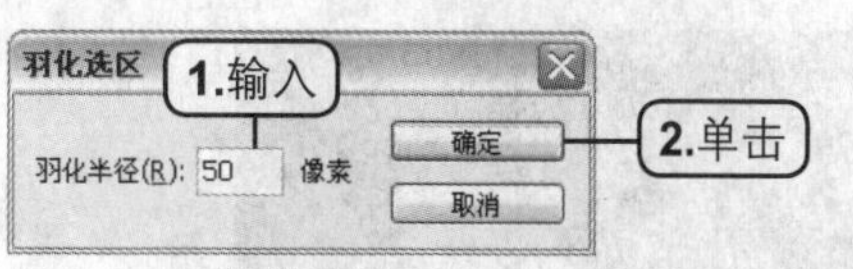

羽化选区

通过上述操作，图像中的选区的边缘变得圆滑了，效果如下图所示。

羽化效果

步骤 03 填充选区

在工具箱中单击“设置前景色”按钮，在弹出的“拾色器（前景色）”对话框中设置颜色为 R0、G34、B0，完成后单击“确定”按钮。将前景色设置为墨绿色。

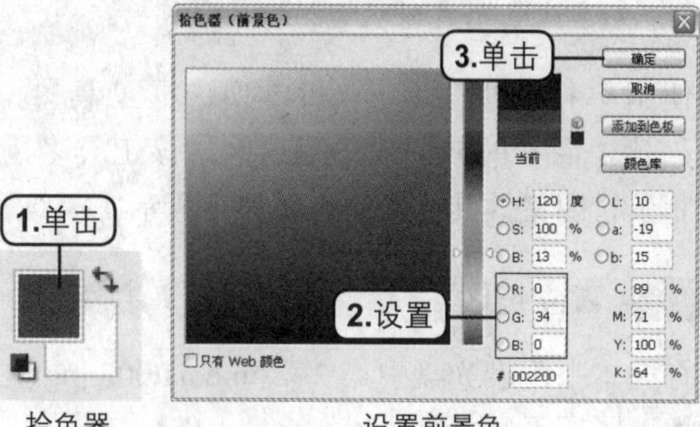

拾色器　　设置前景色

回到图像窗口中，执行“编辑 > 填充”命令，在弹出的“填充”对话框中设置“使用”为“前景色”，完成后单击“确定”按钮，如下图所示。或者按下 Alt+Delete 快捷键将选区填充为前景色。

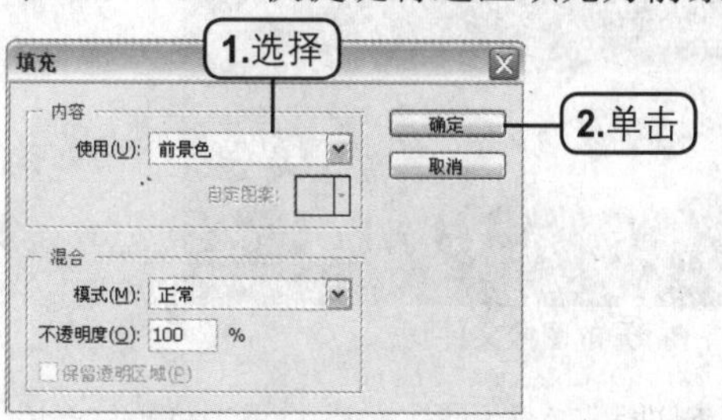

“填充”对话框

通过上述操作后，选区已经被填充为前景色，效果如下图所示。

填充选区

按下 Ctrl+D 快捷键，取消选区，然后在图像中添加文字，如下图所示。

3. 单行选框工具和单列选框工具

使用单行选框工具 和单列选框工具 ，可以创建 1 像素的单行或单列选区。该工具多用于绘制条状图案，具体操作步骤如下所示。

步骤 01 建立选区

打开本书配套光盘中第 2 章 \media\003.jpg 文件，如下图所示。

打开的图像文件

选择单列选框工具 ，在选项栏中单击“添加到选区”按钮 。在图像中多次单击鼠标，创建如下图所示的选区。

创建选区

步骤 02 调整选区

执行“选择 > 修改 > 扩展”命令，在弹出的“扩展选区”对话框中设置“扩展量”为“20 像素”，如下图所示。完成后单击“确定”按钮。

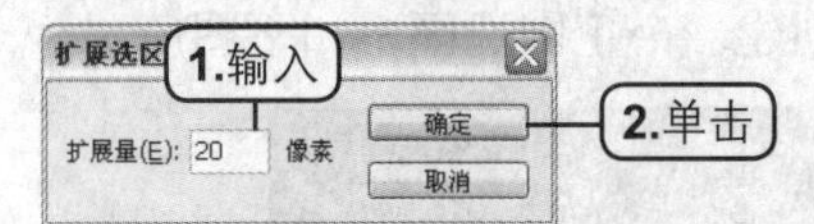

“扩展选区”对话框

通过上述操作，图像中的选区变大了，效果如下图所示。

选区变换后

步骤 03 填充选区

在选区中右击，在弹出的快捷菜单中执行“填充”命令，在弹出的“填充”对话框中设置“使用”为“白色”，设置“不透明度”为 20%，如下图所示。完成后单击“确定”按钮。

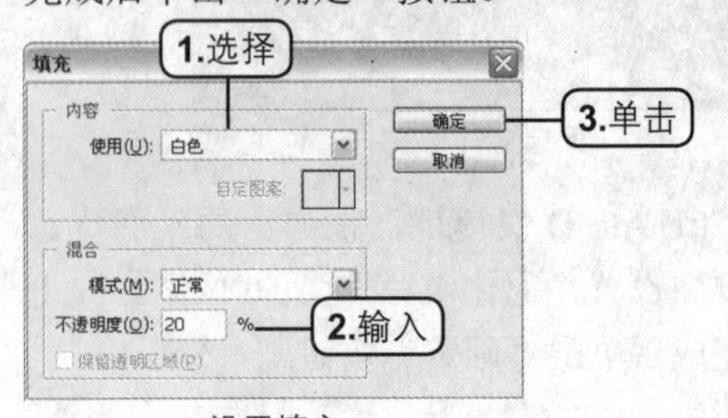

设置填充

完成上述操作后，图像中的选区内被填充了透明度为20%的白色，如下图所示。

完成填充

取消选区后的图像效果如下图所示。

取消选区

2.2.2 套索工具

套索工具组位于选框工具的下方，一般用于创建不规则的自由选区、直线型的多边形选区，从而快速选择与背景对比强烈且边缘复杂的对象。

1. 套索工具

套索工具多用于创制简单的自由选区。具体操作步骤如下所示。

步骤 01 创建选区

打开本书配套光盘中第 2 章 \media\004.jpg 文件，如下图所示。

打开的图像文件

选择套索工具，在选项栏上单击“添加到选区”按钮，在图像中随意创建几个云朵状的选区，如下图所示。

创建选区

按下 Ctrl+Alt+D 快捷键，在弹出的“羽化选区”对话框中设置“羽化半径”为“20 像素”，如下图所示。完成后单击“确定”按钮。

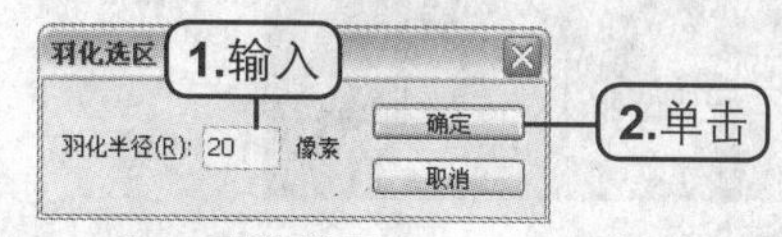

羽化选区

完成上述操作后，图像中的选区的边缘变得圆滑了，效果如下图所示。

羽化后的选区

步骤 02 填充选区

按下 D 键，恢复默认的前景色与背景色，然后按下 Ctrl+Delete 快捷键，将选区填充为白色，效果如下图所示。

填充选区

执行"选择 > 修改 > 扩展"命令，在弹出的"扩展选区"对话框中设置"扩展量"为"20 像素"，如下图所示。完成后单击"确定"按钮。

设置"扩展量"

通过上述操作，图像中的选区变得更大了，效果如下图所示。

扩展选区效果

步骤 03 添加白晕

按下 Ctrl+Alt+D 快捷键，在弹出的"羽化选区"对话框中设置"羽化半径"为"50 像素"，如下图所示。完成后单击"确定"按钮。

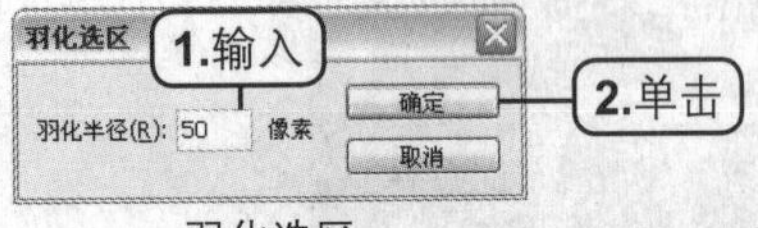

羽化选区

通过上述操作，图像中的选区变成如下图所示的形态。

羽化后的选区

在选区中右击，在弹出的快捷菜单中执行"填充"命令，弹出"填充"对话框，设置如下图所示的参数。完成后单击"确定"按钮。

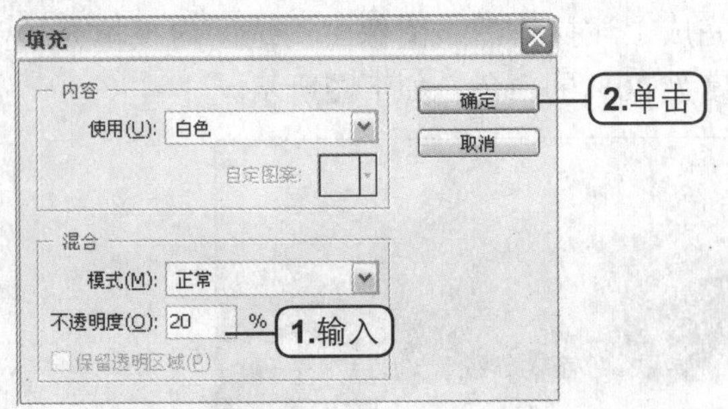

"填充"对话框

通过上述操作，为白云周围添加了白晕效果，使图像和白云更自然地融合，如下图所示。

完成白云的添加

2. 多边形套索工具

多边形索套工具 用于创建直线型的多边形选区。在图像中，沿图像边缘单击并移动，自动创建选区。当终点与起点重合时，光标会显示为小圆圈，单击鼠标就可形成完整的选区。具体操作步骤如下所示。

步骤 01 创建选区

打开本书配套光盘中第 2 章 \media\005.jpg 文件，如左下图所示。选择多边形套索工具 ，在图像中沿建筑的边缘依次单击鼠标，终点与起点重合时，光标变成 形态，创建的选区如右下图所示。

原图

创建的选区

按下 Ctrl+Shift+I 快捷键，对选区进行反向，选中图像中原选区以外的图像，效果如左下图所示。按下 Alt+Ctrl+D 快捷键，在弹出的“羽化选区”对话框中设置“羽化半径”为“20 像素”，完成后单击“确定”按钮，如右下图所示，使选区变模糊。

反选

羽化选区

步骤 02 描边选区

在选区中右击，在弹出的快捷菜单中执行“描边”命令。如左下图所示。弹出“描边”对话框。如右下图所示。

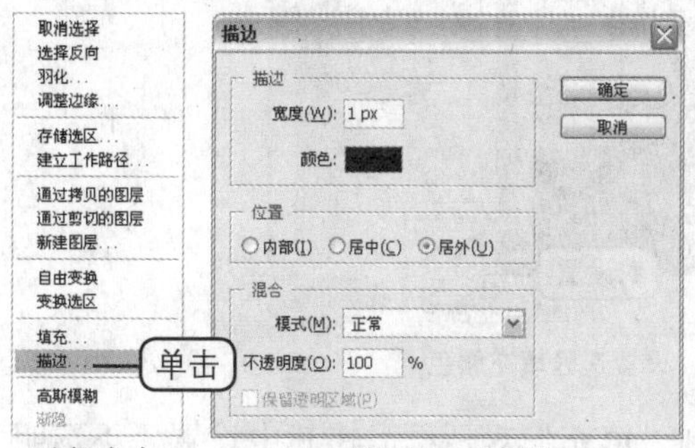

选择命令　　“描边”对话框

在“描边”对话框中单击“颜色”缩览图，在弹出的对话框中设置颜色为 R0、G234、B255，如下图所示。完成后单击“确定”按钮。

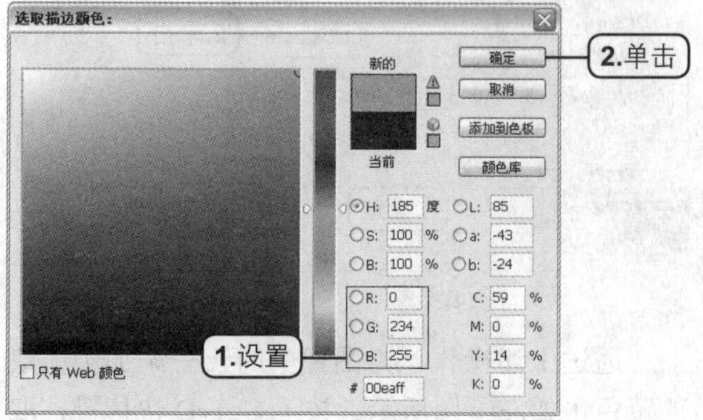

“选取描边颜色”对话框

回到“描边”对话框，设置描边的“宽度”为 5px，完成后单击“确定”按钮。

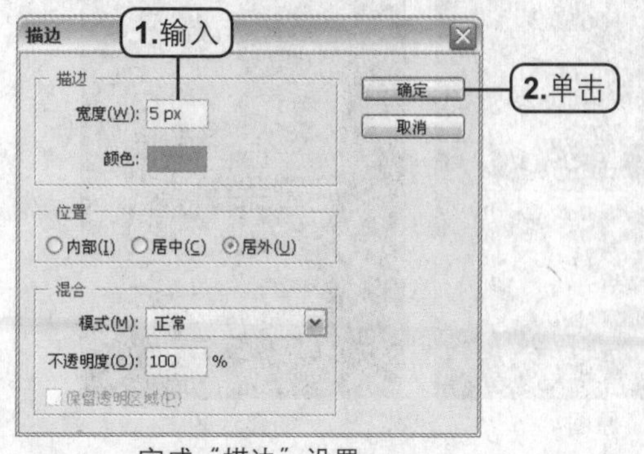

完成“描边”设置

完成上述操作后，为图像中的选区进行了描边处理，效果如左下图所示，然后按下 Ctrl+D 快捷键，取消选区，效果如右下图所示。

完成描边处理

取消选区

3. 磁性套索工具

磁性套索工具 一般用于快速选择与背景对比强烈，并且边缘复杂的对象。可沿着图像的边缘创建选区。磁性套索工具的频率还会受鼠标移动的速度影响。鼠标移动速度越快，频率越低。使用该工具的具体操作步骤如下所示。

步骤 01 建立选区

打开本书配套光盘中第 2 章 \media\006.jpg 文件，如左下图所示。选择磁性套索工具 ，在图像中的黑色阴影区域边缘单击鼠标，再沿阴影图像边缘移动光标，如右下图所示。选区不需要太精细。在创建过程中，如果磁性套索工具 的某些节点的位置不合适，可以按下 Delete 键，向后返回到上一步操作，重新进行选区的创建。

原图

创建选区

当光标位置与原点重合时，光标变成形态，再次单击鼠标，完成选区的创建，如左下图所示。按下 Ctrl+Alt+D 快捷键，在弹出的“羽化选区”对话框中设置“羽化半径”为“20 像素”，效果如右下图所示。

完成选区创建

羽化选区

步骤 02 调整选区亮度

按下 Ctrl+M 快捷键，在弹出的“曲线”对话框中的曲线上单击并拖动鼠标，如左下图所示。完成后单击“确定”按钮，使选区中的图像变亮。取消选区后的效果如右下图所示。

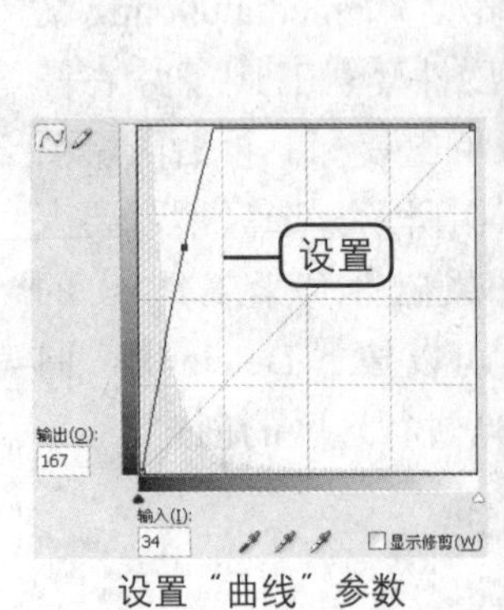

设置“曲线”参数

增亮选区

步骤 03 调整选区颜色

参照前面的方法，将图像中的天空部分也创建为选区，如左下图所示。根据前面的方法，打开“填充”对话框，如右下图所示。

创建选区

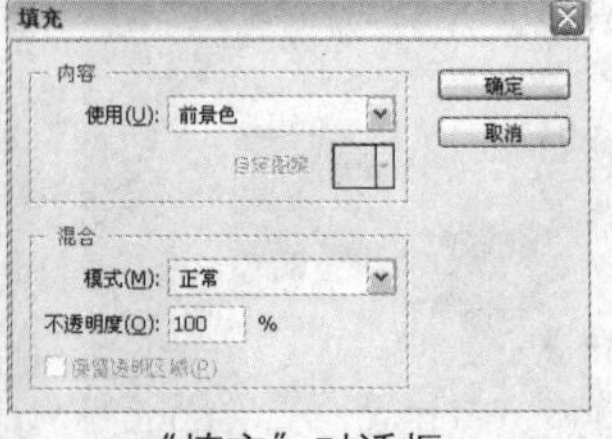

“填充”对话框

单击“填充”对话框中的“颜色”缩览图，在弹出的“选取一种颜色”对话框中设置颜色为 R255、G240、B0，如下图所示。完成后单击“确定”按钮。

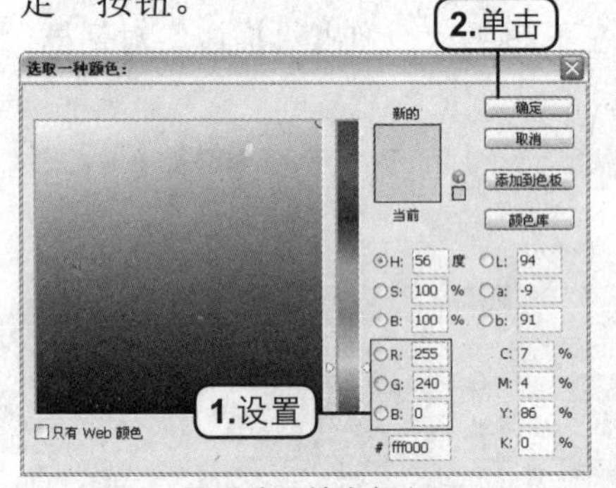

设置选区填充颜色

回到“填充”对话框，在其中设置“不透明度”为 20%，降低填充颜色的透明度，如下图所示。以免填充后图像变成一个色块。完成后单击“确定”按钮。

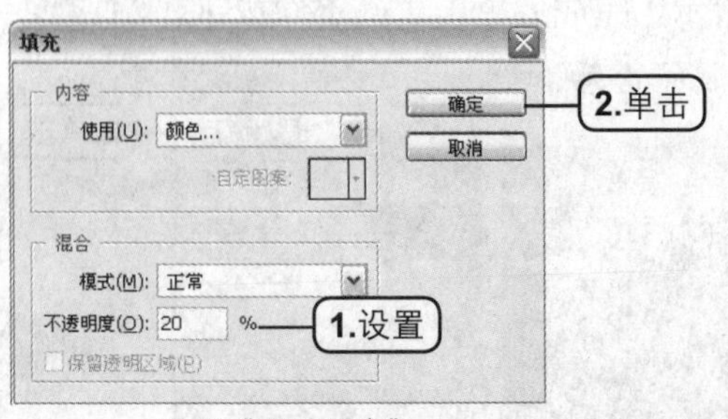

设置“不透明度”

通过上述操作，为图像中的天空添加了淡淡的黄色，如左下图所示。按下 Ctrl+D 快捷键，取消选区，效果如右下图所示。

填充颜色

取消选区

2.2.3 魔棒工具

魔棒工具用于选择图像中颜色相似的不规则区域，多用于去掉比较简单的图像背景颜色。使用该工具的具体操作步骤如下所示。

步骤 01 创建选区

打开本书配套光盘中第 2 章 \media\007.jpg 文件，如下图所示。

打开图像文件

选择魔棒工具，在选项栏中设置如下图所示的参数。其中容差越大，选区的范围越广。

容差: 30 ☑消除锯齿 ☑连续 □对所有图层取样

设置选项

在图像中的白色区域单击鼠标，将图像中的白色区域创建为选区，如下图所示。

创建选区

步骤 02 羽化选区

在选区中右击，在弹出的快捷菜单中执行“羽化”命令，如左下图所示。在弹出的“羽化选区”对话框中设置“羽化半径”为“20 像素”，完成后单击“确定”按钮，如右下图所示。

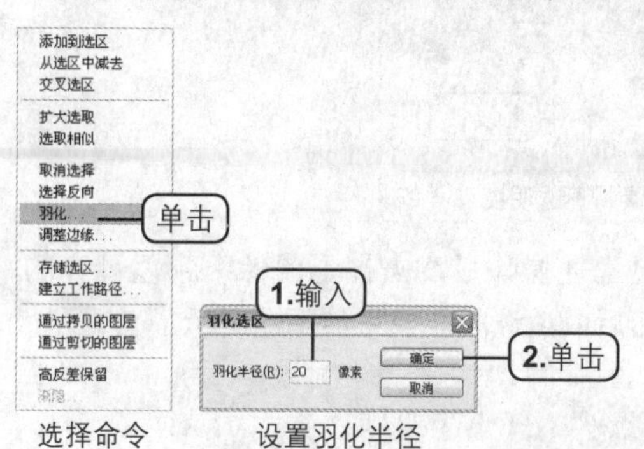

选择命令　设置羽化半径

完成上述操作后，图像中的选区变模糊了，效果如下图所示。

羽化选区效果

步骤 03 填充选区

选择任意一个选框工具，然后在选区中右击，在弹出的快捷菜单中执行“填充”命令，弹出“填充”对话框，单击“颜色”缩览图。在弹出的“选取一种颜色”对话框中设置颜色为 R230、G241、B255，如下图所示。完成后单击“确定”按钮。

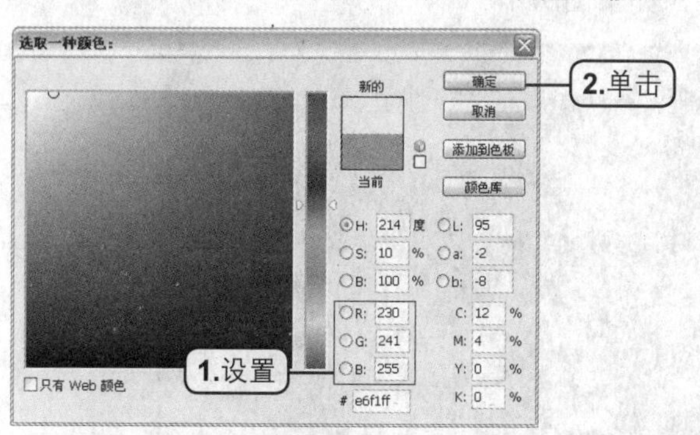

设置填充颜色

完成上述操作后，回到“填充”对话框中，设置“不透明度”为50%，如下图所示。完成后单击“确定”按钮。

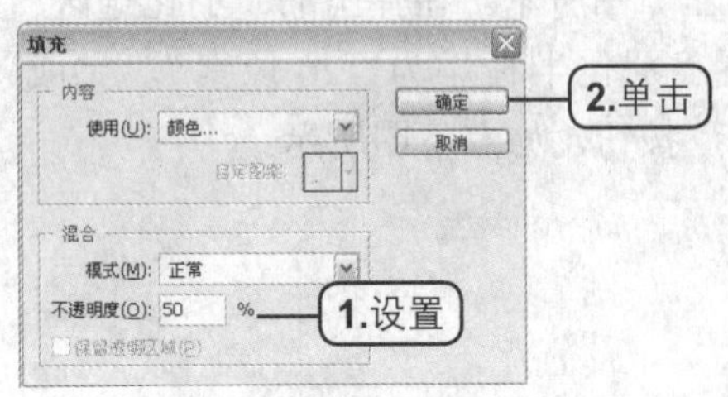

设置“不透明度”

通过上述操作后，去掉了图像中颜色过亮的区域，然后取消选区，效果如下图所示。

完成颜色填充

2.2.4 快速选择工具

快速选择工具是Photoshop CS3的新增功能，适合对不规则选区进行涂抹式快速选取。按住鼠标不放可以像绘画一样选择区域。选择颜色差异大的图像会非常直观、快捷。具体操作步骤如下所示。

步骤01 创建选区

打开本书配套光盘中第2章\media\008.jpg文件，如下图所示。

打开图像文件

选择快速选择工具，按下[键和]键，调整画笔的大小至50 px左右。在图像中的天空部分进行涂抹，可以选中图像中的天空部分，如下图所示。

创建选区

在快毡选择工具的选项栏中单击“从选区减去”按钮和“添加到选区”按钮，与在选框工具选项栏中单击“添加到选区”按钮和“从选区减去”按钮的功能一样。

按下Ctrl+Alt+D快捷键，在弹出的“羽化选区”对话框中设置“羽化半径”为“30像素”，如下图所示。完成后单击“确定”按钮。

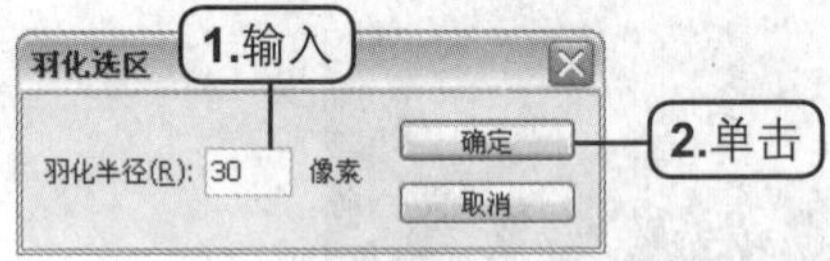

“羽化选区”对话框

完成上述操作后，图像中的选区变模糊了，如下图所示。

羽化后的选区

步骤02 调整选区颜色

按下Ctrl+B快捷键，或者执行“图像>调整>色彩平衡”命令，在弹出的“色彩平衡”对话框中拖动各个滑块，设置“色阶”为-100、+100、+100，如下图所示。完成后单击“确定”按钮。

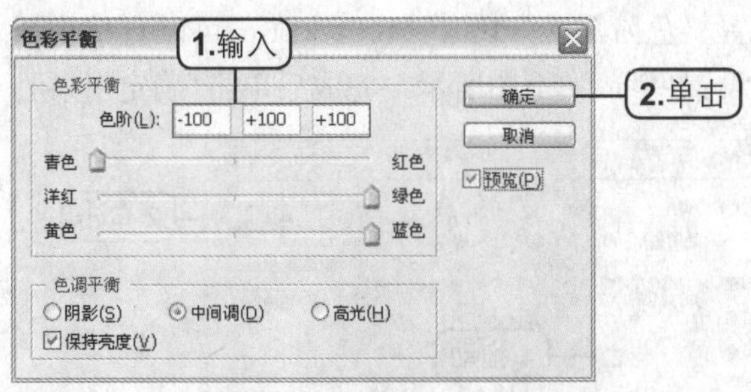

“色彩平衡”对话框

完成上述操作后，按下 Ctrl+D 快捷键，取消选区，图像中的天空颜色发生了变化，效果如下图所示。

变换了天空的颜色

2.2.5 创建高级选区

在 Photoshop 中创建选区时，除了使用前面介绍的创建选区工具以外，还可以通过选区的高级创建命令进行创建。了解和掌握选区的高级创建命令，能帮助用户更快捷和准确地在图像中创建选区。下面就介绍几种创建高级选区的方法。

1. 色彩范围

“色彩范围”命令一般用于对现有选区或整个图像内指定颜色或颜色子集进行选取。使用该命令创建选区时，可以一边预览，一边调整，还可以随意调整选区范围。“色彩范围”对话框的选项如下图所示，各选项的说明如下表所示。

“色彩范围”对话框

编 号	名 称	说 明
❶	选择	选择要选取的范围
❷	颜色容差	设置选取范围的颜色容差
❸	预览图	显示当前选中区域的预览图
❹	显示形式	选择以选区或者图像的形式来显示预览图
❺	选区预览	显示选区在图像中的预览形式
❻	吸管工具	在图像中选择选取范围
❼	添加到取样	在图像中单击后，可以在图像中选中多种颜色
❽	从取样中减去	在图像中单击后，可以在当前选中的多种颜色中减去颜色区域
❾	反相	可以对选区进行反向

下面结合使用“色彩范围”功能和“色彩平衡”功能，为图像中添加红色的花朵效果，具体操作步骤如下所示。

步骤 01 创建选区

打开本书配套光盘中第 2 章 \media\009.jpg 文件，如下图所示。

打开的图像文件

执行“选择 > 色彩范围”命令，弹出如下图所示的“色彩范围”对话框。

“色彩范围”对话框

在图像中的白色区域单击鼠标，将图像中的白色区域创建为选区，如下图所示。

载入选区

拖动“颜色容差”选项的滑块至35，或者直接在文本框中输入35，降低选区的颜色容差，减少选中的图像区域，如下图所示。完成后单击“确定”按钮。

减少颜色容差

通过上述操作，在图像中创建了如下图所示的选区。

创建选区

步骤 02 调整选区颜色

按下 Ctrl+B 快捷键，或者执行“图像 > 调整 > 色彩平衡”命令，在弹出的“色彩平衡”对话框中设置“色阶”为 +100、-100、-36，可以直接拖滑块设置色阶，如下图所示。完成后单击“确定”按钮。

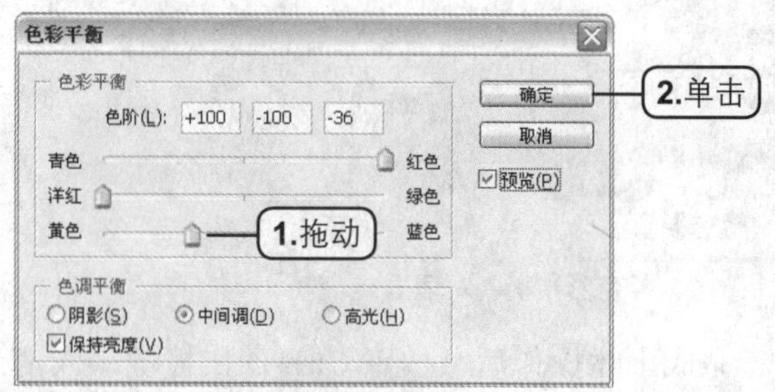

设置“色彩平衡”参数

通过上述操作，为图像添加了红色花朵的颜色，减少了冬天的寒冷气息。按下 Ctrl+D 快捷键，取消选区。效果如下图所示。

为图像添加了红色的花朵

步骤 03 调整图像亮度

按下 Ctrl+L 快捷键，或者执行“图像 > 调整 > 色阶”命令，弹出“色阶”对话框，如下图所示。

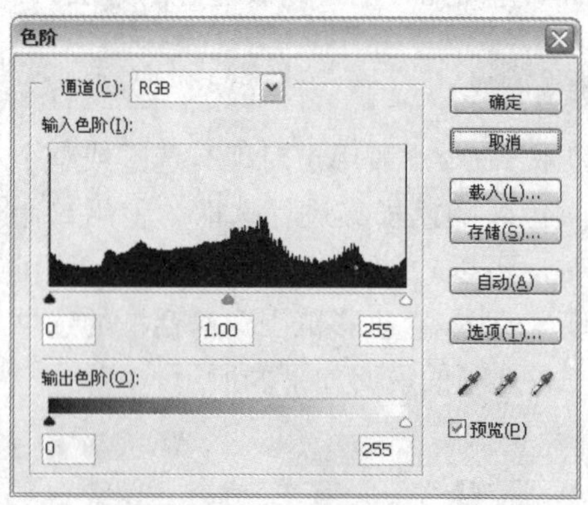

“色阶”对话框

在该对话框中拖动“白色”滑块至219的位置，增加图像的亮度。然后拖动“灰色”滑块至1.24的位置，降低图像的对比度，如下图所示。完成后单击“确定”按钮。

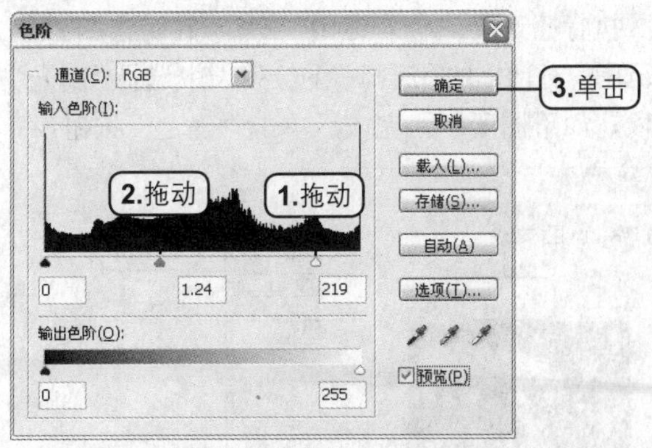

设置"色阶"值

完成上述操作后，图像变得明亮且柔和，效果如下图所示。

增加图像亮度

2. 快捷创建选区的方法

在 Photoshop 中创建选区时，有一些快速简便的创建方法。将这些方法和前面所学的知识结合使用，可以提高在图像中创建选区的速度。下面分别介绍这些方法。

方法 01　全选

执行"选择 > 全选"命令，或者按下 Ctrl+A 快捷键，可将整个图像窗口中所有图像创建为选区，其中包括透明像素，如下图所示。

原图　　全选

方法 02　反选

执行"选择 > 反向"命令，或者按下 Shift+Ctrl+I 快捷键。可以选择与当前所选区域相反的部分。若当前选择区域为全选区域，则不能进行反选。

选中背景区域

反选

方法 03　重新选取

在取消对图像窗口中图像区域的选取后，可以通过执行"选择 > 重新选择"命令，或者按下 Shift+Ctrl+D 快捷键，将最后编辑的选区进行重新载入，如下图所示。

选择(S)　滤镜(T)　分析(A)　视图(V)
全部(A)　Ctrl+A
取消选择(D)　Ctrl+D
重新选择(E)　Shift+Ctrl+D

"重新选择"菜单命令

方法 04　隐藏和显示选区

在图像中创建选区后，可以在不隐藏选区中图像的情况下，通过执行"视图 > 显示 > 选区边缘"命令，对当前选区的边缘进行隐藏和显示，如下图所示。

显示(H)　图层边缘(E)
标尺(R)　Ctrl+R　选区边缘(S)
目标路径(P)　Shift+Ctrl+H

隐藏和显示选区

3. 调整边缘

Photoshop 中的选框工具的选项栏上的"调整边缘"按钮是 Photoshop CS3 的新增功能。可以定义边缘的半径、对比度、羽化程度等，可以对选区进行收缩和扩展，也可以选择多种显示模式，如"快速蒙版模式"和"蒙版模式"等。"调整边缘"对话框的选项如下图所示，各选项的说明如下表所示。

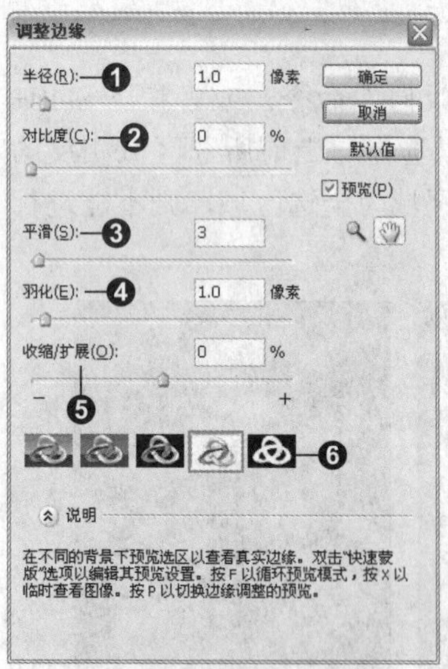

"调整边缘"对话框

编 号	名 称	说 明
❶	半径	增加"半径"，可以改善包含柔化过渡或细节的区域中的边缘
❷	对比度	增加对比度，使柔化边缘变得犀利，并去除边缘模糊的不自然感
❸	平滑	可以去除选区边缘的锯齿状边缘
❹	羽化	可以使用平均模糊柔化边缘
❺	收缩 / 扩展	减小以收缩选区边缘，增大以扩展选区边缘
❻	预览形式	可选择图像以何种形式表现选区

下面使用"调整边缘"功能调整图像的选区，再使用"曲线"命令调整图像的亮度，具体操作步骤如下所示。

步骤 01 创建选区

打开本书配套光盘中第 2 章 \media\010.jpg 文件，如下图所示。

打开的图像文件

执行"选择 > 色彩范围"命令，在弹出的"色彩范围"对话框的"选择"下拉列表中选择"高光"选项，如下图所示。完成后单击"确定"按钮。

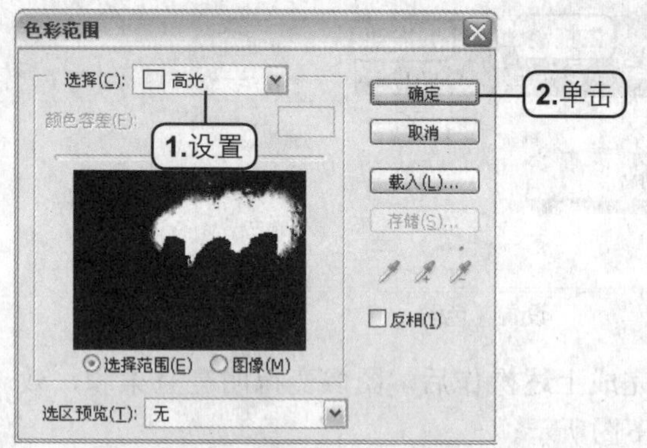

选择色彩范围

完成上述操作后，选中了图像中的高光部分，如下图所示。

创建选区

对图像进行反选，如下图所示。

反选图像

步骤 02 调整选区

单击选项栏上的"调整边缘"按钮，这时图像中只显示被选中的区域，如下图所示。

打开"调整边缘"对话框时的图像

在“调整边缘”对话框中设置参数，如左下图所示。使图像中的选区更加柔和和模糊，效果如右下图所示。

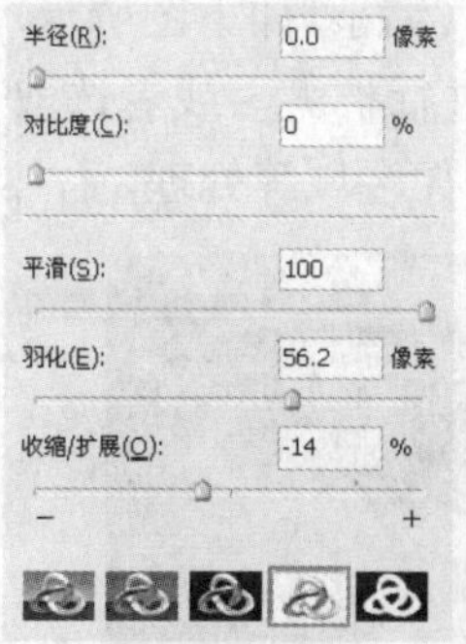

设置参数

变换后的选区

步骤 03 调整选区亮度

完成以上操作后，按下 Ctrl+M 快捷键，在弹出的“曲线”对话框中调整曲线，如下图所示。完成后单击“确定”按钮，调整图像中选区的亮度。

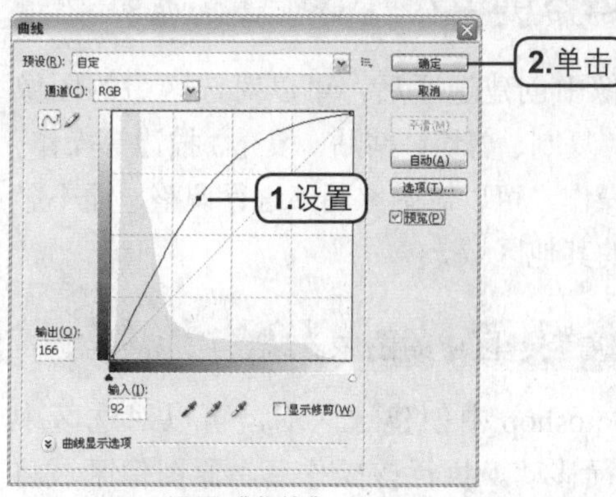

设置“曲线”

通过上述操作，图像中选区的部分变得明亮了，然后取消选区，效果如下图所示。

部分图像变亮

2.2.6 选区的基本操作

在图像窗口中可以对选区进行增加、减少、移动、交换和羽化等操作，使选区更准确。

1. 增加和减少选区

在图像窗口中创建选区后，可以对其进行增加和减少，以方便对图像窗口多个区域进行相同的操作，也可以减去不需要进行操作的区域。下面介绍具体的方法。

方法 01 增加选区

在图像中选中了一个区域后，可以在选框工具的选项栏上单击“添加到选区”按钮，再在图像中创建选区，将新的选区添加到原选区中。

原选区

组合后的选区

方法 02 减少选区

在图像中选中了一个区域后，可以在选框工具的选项栏中单击“从选区减去”按钮，在图像的原选区中创建选区，从原选区中减去新选区的部分。

原选区

减去后的选区

方法 03 交叉选区

在图像中创建一个选区后，可以在选框工具的选项栏中单击“与选区交叉”按钮，然后在图像中创建和原选区相交的选区，将在图像中只保留两个选区相交的部分，如下图所示。

原选区

相交后的选区

2. 移动选区

在 Photoshop 中创建选区后，单击“新选区”按钮 ，可以对选区边缘进行移动，如下图所示，以方便对图像窗口中的其他区域进行同样的选取。

原选区

移动后的选区

3. 变换选区

在 Photoshop 中创建选区后，再在选区中右击，在弹出的快捷菜单中执行“变换选区”命令，可以对其进行放大、缩小、旋转和自由变换等处理，如下图所示，以便对选区进行修正和完善。

创建选区

变换选区

2.2.7 调整选区

在 Photoshop 中创建选区后，可执行“选择 > 修改”命令对该选区进行放大、缩小，如下图所示，以便根据图像的像素对图像进行扩大，或者选取与当前所选区域颜色相似的图像区域等处理。

创建选区

调整选区

2.2.8 选区的应用

在图像中创建选区后，可以对选区中的图像进行移动、复制、剪切、粘贴、填充、描边等操作。使用这些操作，可以对图像局部进行调整，而不影响图像中的其他区域。

1. 移动和复制选区中的图像

在 Photoshop 中创建选区后，可以对选区中的图像进行移动。执行该操作后，原图像区域将被填充为背景色。具体操作步骤如下所示。

步骤 01 创建选区

打开本书配套光盘中第 2 章 \media\011.jpg 文件，如下图所示。

打开的图像文件

选择套索工具 ，在图像中将蘑菇部分创建为选区，如下图所示。

创建的选区

步骤 02 变换选区

按住 Ctrl+Alt 快捷键，拖动鼠标复制蘑菇图像，如下图所示。当图像位于非背景图层时，可以在选区中右击，在弹出的快捷菜单中执行“自由变换”命令，直接进行复制和变换。

复制图像

按下 Ctrl+T 快捷键，对图像进行自由变换，如下图所示。

改变图像大小

参照前面的方法，复制得到多个蘑菇图像，效果如下图所示。

完成图像复制

2. 剪切和粘贴选区中的图像

在 Photoshop 中可以通过选区对图像窗口中的局部图像进行剪切、粘贴、复制等操作。具体操作步骤如下所示。

步骤 01 创建选区

打开本书配套光盘中第 2 章 \media\012.jpg 文件，如下图所示。

打开的图像文件

选择套索工具，在选项栏中设置“羽化”为 50 px，然后在图像中的蒲公英部分创建如下图所示的选区。

创建选区

步骤 02 拷贝图像

执行“编辑 > 拷贝”命令，然后执行“编辑 > 粘贴”命令，然后按住 Ctrl 键，在图像中拖动鼠标，得到一个蒲公英图像的副本，如下图所示。

拷贝图像

按下 Ctrl+T 快捷键，对图像进行自由变换，然后按下 Enter 键，完成编辑，效果如下图所示。

变换图像

步骤 03 添加图像

参照前面的方法，为图像中添加一个蒲公英图像，如下图所示。

添加蒲公英

根据画面效果，为图像中添加多个蒲公英的图像，效果如下图所示。

添加多个蒲公英

2.3 绘图类工具

在 Photoshop CS3 中提供了许多绘图工具与高级填充工具。通过这些工具，可以在图像中绘制精美的图像，或者为图像填充变换丰富的颜色和图案效果。

2.3.1 画笔工具

画笔工具除了具备日常生活中毛笔、水粉笔等笔的功能外，还可用于直接绘制简单的图案。使用画笔工具在图像中绘制图案时，默认情况下使用前景色。调整画笔工具的硬度，可以在图像中绘制柔和或者精确的边缘。具体操作步骤如下所示。

光盘路径：第 2 章 \Complete\ 画笔工具 .psd

步骤 01 设置画笔

打开本书配套光盘中第 2 章 \media\013.jpg 文件，如左下图所示。单击“图层”面板上的“创建新图层”按钮，创建一个新图层，如右下图所示。

打开的图像文件

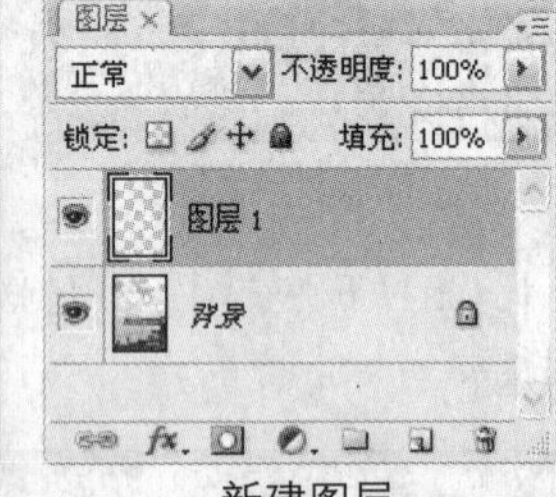

新建图层

设置前景色为 R255、G57、B208，选择画笔工具，在选项栏上单击画笔的缩览图，在弹出的面板中设置如下图所示的参数。

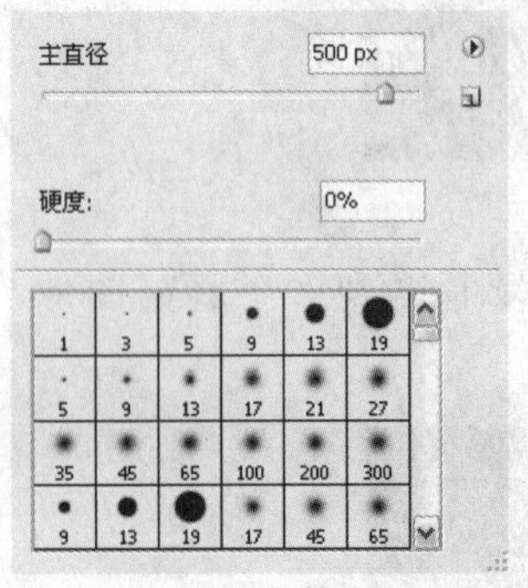

设置画笔

步骤 02 绘制彩虹

在图像的天空部分绘制一条弧线，如左下图所示。设置前景色为 R255、G238、B0，在红色弧线的下方绘制一条黄色的弧线，如右下图所示。

绘制弧线 1

绘制弧线 2

设置前景色为 R0、G244、B255，在图像中的黄色弧线下方绘制如左下图所示的弧线，然后设置前景色为 R186、G0、B255，在图像中绘制如右下图所示的弧线。

绘制弧线 3

绘制弧线 4

步骤 03　调整混合模式

设置“图层 1”图层的混合模式为“叠加”，如左下图所示。图像中的彩虹图像和原图像融合到了一起，如右下图所示。

设置混合模式

混合效果

选择橡皮擦工具，参照步骤 1 设置画笔工具的参数，在图像中擦除多余的彩虹部分，如左下图所示。复制“图层 1”图层得到“图层 1 副本”图层，增强彩虹的效果，如右下图所示。

擦除多余图像

增强图像效果

2.3.2 铅笔工具

Photoshop 中的铅笔工具和日常生活中的铅笔一样，可用于绘制各种硬边线条。而 Photoshop 中的铅笔工具的功能更多，可以自由调整大小。使用铅笔工具的具体操作步骤如下所示。

步骤 01　设置铅笔

打开本书配套光盘中第 2 章 \media\014.jpg 文件，如下图所示。

打开的图像文件

设置前景色为 R255、G0、B156，选择铅笔工具，设置“主直径”为 20 px，选择画笔笔触为尖角，如下图所示。

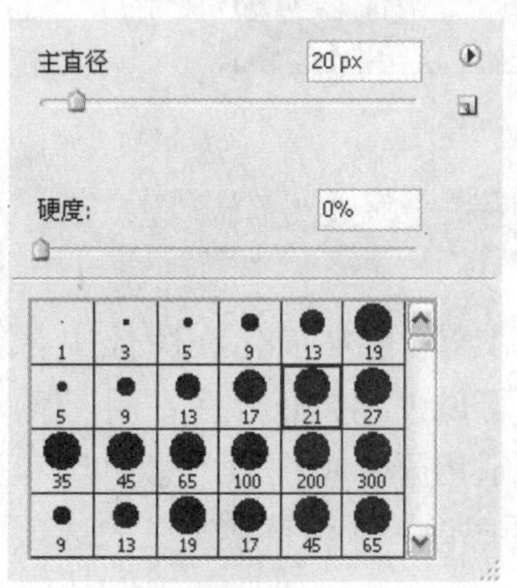

设置铅笔

步骤 02　绘制图案

在图像中多次拖动鼠标，绘制如下图所示桃心的图案。

绘制图像 1

根据画面效果在图像中的桃心图像中部绘制一个箭头形状的图像，如下图所示。

绘制图像 2

在图像的右下角绘制两个追逐嬉戏的简笔画人像，如下图所示。

绘制图像 3

2.3.3 颜色替换工具

利用颜色替换工具能够简化在图像中替换特定颜色的操作。可以使用校正颜色在目标颜色上绘画。该工具不适用于“位图”、“索引”和“多通道”颜色模式的图像。颜色替换工具的选项栏如下图所示。

模式: 颜色　限制: 不连续　容差: 100%　消除锯齿

颜色替换工具的选项栏

编 号	名 称	说 明
❶	模式	可选择替换图像的模式
❷	取样工具	选择取样工具
❸	限制	限制取样是否连续
❹	容差	设置替换的容差值

下面以为图像中的草地改变亮度为例，对颜色替换工具进行详细的介绍，具体操作步骤如下所示。

步骤 01　打开图像文件

打开本书配套光盘中第 2 章 \media\015.jpg 文件，如下图所示。

打开图像文件

步骤 02　设置颜色并替换

在工具箱中单击“设置背景色”按钮，在弹出的“拾色器（背景色）”对话框中设置颜色和图像中较暗的颜色相似，如下图所示。完成后单击“确定”按钮。

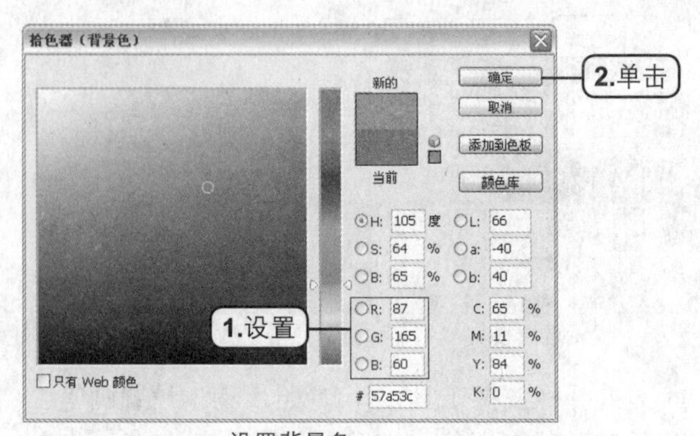

设置背景色

在工具箱中单击“设置前景色”按钮，在弹出的“拾色器（前景色）”对话框中设置颜色和图像中较亮的颜色相似，如下图所示。完成后单击“确定”按钮。

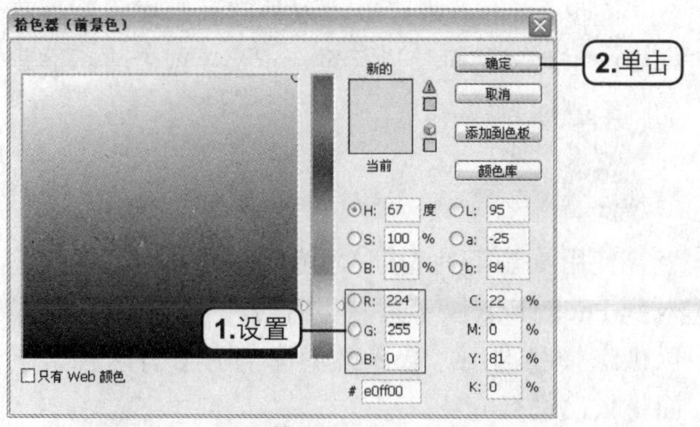

设置前景色

选择颜色替换工具，在选项栏上设置参数，然后对整个图像进行涂抹，效果如下图所示。

调整图像亮度效果

2.3.4 “画笔”面板

在 Photoshop 的“画笔”面板中可以预设画笔样式、调整画笔样式和创建自定义画笔。使用这些功能，可以使在 Photoshop 中绘制图像更加方便。具体操作步骤如下所示。

步骤 01 打开图像文件

打开本书配套光盘中第 2 章 \media\016.jpg 文件，如下图所示。

打开图像文件

步骤 02 设置画笔参数

执行“窗口 > 画笔”命令，打开“画笔”面板。如果该面板呈打开状态，可以在界面右边的面板镶嵌区域找到。在“画笔”面板左侧选择“画笔预设”选项，再选择需要的柔边画笔，然后拖动下方的“主直径”选项的滑块，设置画笔的直径为 150 px，如左下图所示。在“画笔”面板左侧选择“画笔笔尖形状”选项，然后设置“画笔笔尖形状”，其中“间距”为 143%，如右下图所示，使画笔呈连续的点状。

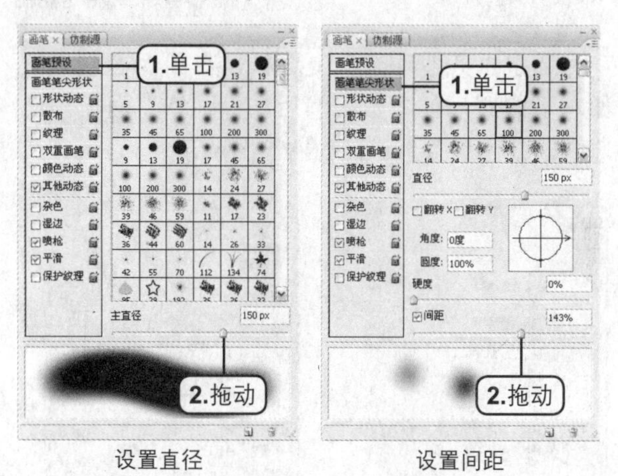

设置直径　　设置间距

选中“形状动态”复选框，在面板右侧设置“大小抖动”为 100%，然后选中“散布”复选框，设置如右下图所示的参数。

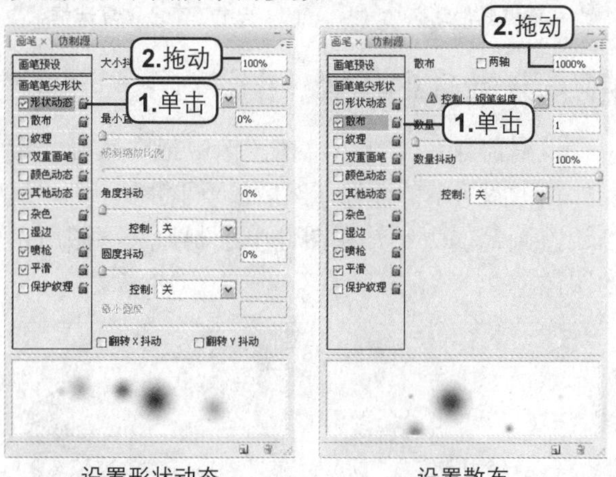

设置形状动态　　设置散布

选中“纹理”复选框，在面板右侧单击纹理缩览图，在弹出的面板中选择“褶皱”图案，如左下图所示，然后设置其他各项参数，如右下图所示。

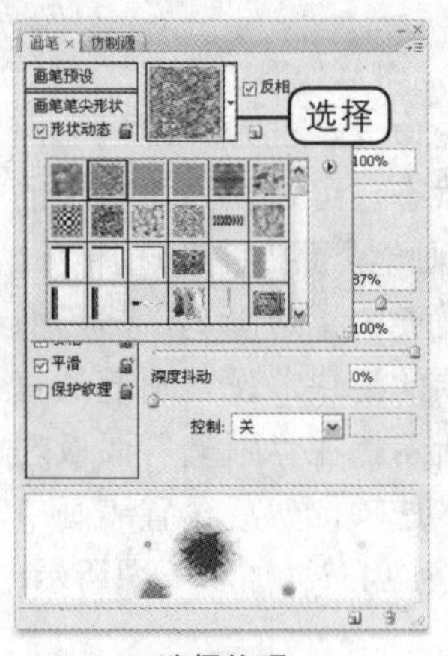

选择纹理

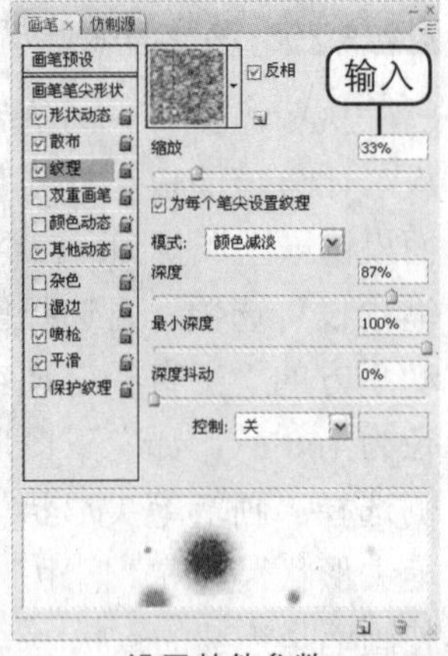

设置其他参数

选中“其他动态”复选框，在面板右侧设置如左下图所示的参数，然后在“画笔”面板左侧选中“杂色”复选框，如右下图所示。

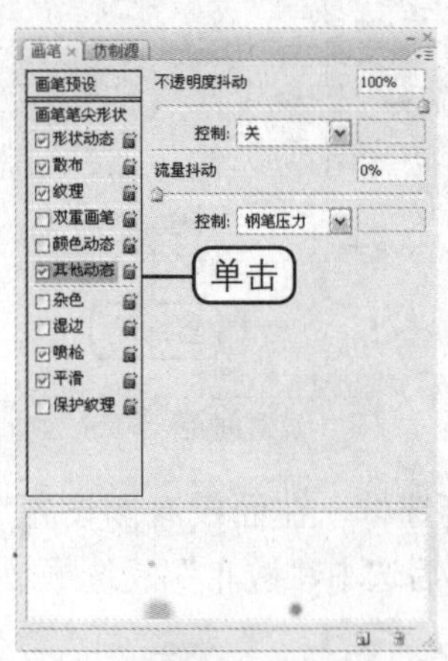

设置其他动态

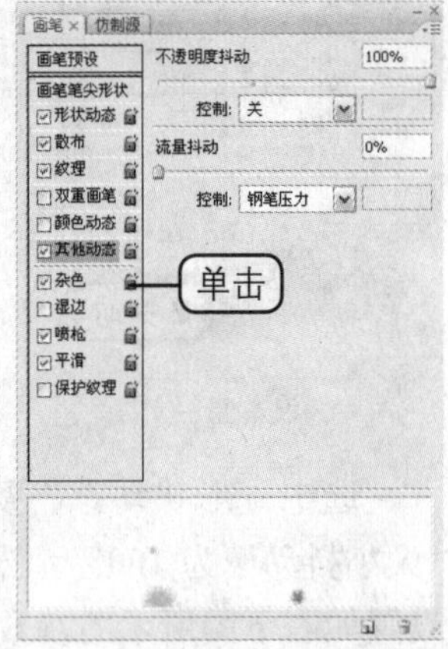

选中“杂色”复选框

步骤 03 绘制图像

设置前景色为红色，在图像中拖动鼠标，绘制如左下图所示的图像，然后按下] 键和 [键，适当调整画笔的大小，在图像中绘制如右下图所示的图像。

绘制小圆点

绘制大圆点

2.3.5 画笔库

在 Photoshop 中可以载入外部画笔样式到画笔库中；也可以将画笔进行重新定义；或者将不需要的画笔删除等。

1. 载入画笔库

使用画笔工具时，可以将外部画笔样式载入到 Photoshop 画笔库中，增加更多的画笔样式以供选择和调用。载入画笔库的方法有两种，下面将依次进行介绍。

方法 01 通过扩展菜单载入

单击“画笔”面板右上角的按钮，在弹出的扩展菜单中执行“载入画笔”命令，如下图所示。

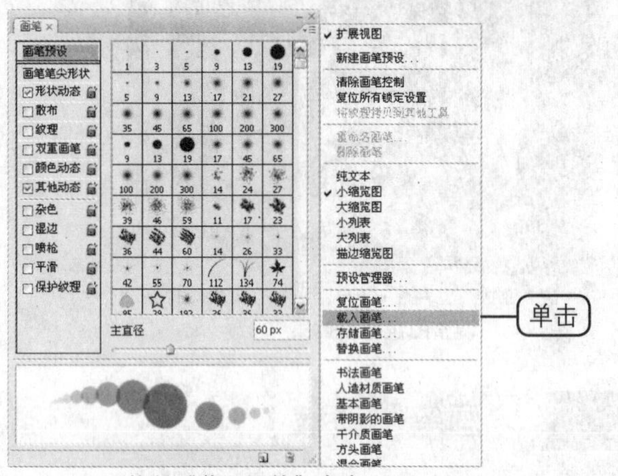

执行“载入画笔”命令

弹出“载入”对话框，在该对话框中选择画笔样式所在的文件夹，然后选择所需载入的画笔样式。完成后单击“载入”按钮，即可载入该画笔。

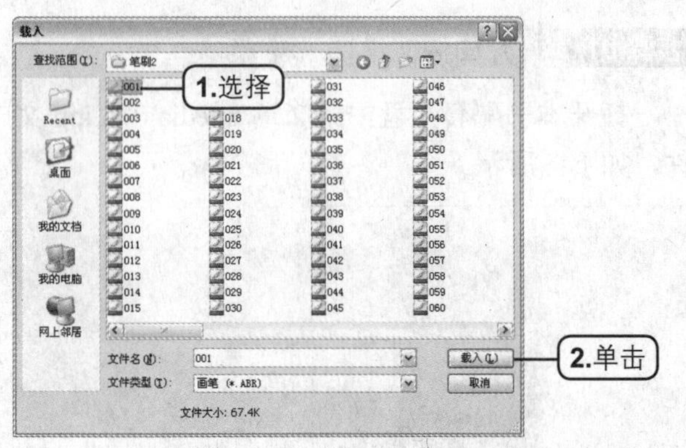

“载入”对话框

方法 02 通过预设管理器载入

执行“编辑 > 预设管理器”命令，弹出“预设管理器”窗口，在“预设类型”下拉列表中选择“画笔”选项，如下图所示。

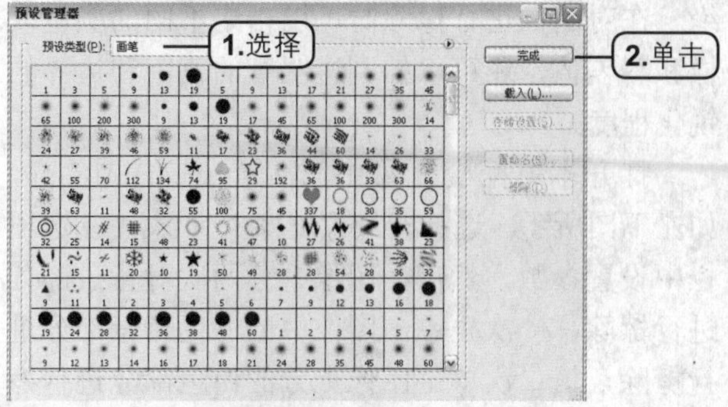

“预设管理器”窗口

单击“载入”按钮，弹出“载入”对话框。在该对话框中选择画笔样式所在的文件夹，然后选择所需要载入的画笔样式。完成后，单击“载入”按钮，即可载入该画笔。

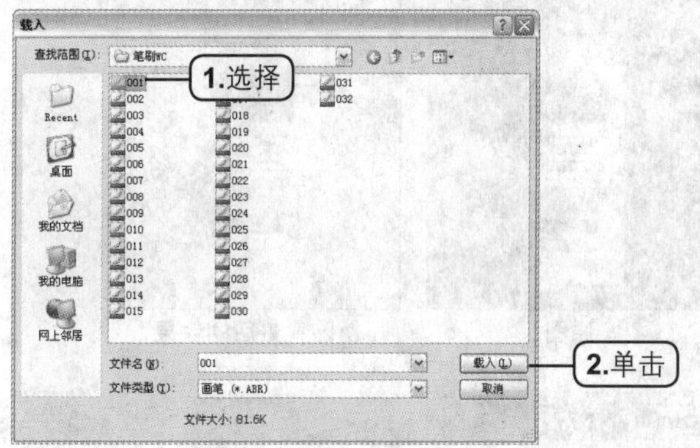

“载入”对话框

2. 创建和删除画笔

在 Photoshop 中，可以重新定义现有的画笔样式，然后创建为新的画笔；还可以自定义创建画笔和将现有画笔删除。创建画笔的方法有两种，下面将依次进行介绍。

方法 01 利用“创建新画笔”按钮创建

在“画笔”面板中对画笔进行重新定义后，单击“画笔”面板上的“创建新画笔”按钮 ，即可将当前调整后的画笔样式创建为新的画笔样式。

方法 02 利用扩展菜单创建

单击“画笔”面板右上角的 按钮，在弹出的扩展菜单中执行“新建画笔预设”命令。将当前调整后的画笔样式创建为新的画笔样式。

在 Photoshop 中，可以将不需要的画笔样式删除，以便查找画笔样式时更加方便和清晰。删除画笔的方法有 3 种，下面将依次进行介绍。

方法 01 利用扩展菜单删除

单击“画笔”面板右上角的 按钮，在弹出的扩展菜单中执行“删除画笔”命令，可以将当前所选的画笔删除。

方法 02 利用快捷键删除

按住 Alt 键，在选择“画笔预设”选项后，移动光标到画笔缩略图上。鼠标光标变成剪刀形状时，单击画笔缩略图可以删除画笔。

方法 03 利用“删除画笔”按钮删除

在“画笔”面板中选择不需要的画笔样式后，单击该面板右下角的“删除画笔”按钮 ，可以将当前所选画笔删除。

3. 保存画笔库

在 Photoshop 中自定义创建画笔和对画笔进行重新定义后，需要将该画笔样式保存到画笔库中，以防止替换计算机或升级软件后，丢失画笔样式。保存画笔样式的方法有两种，下面将依次进行介绍。

方法 01 保存自定义画笔

选择需要保存的画笔，然后单击“画笔”面板右上角的 按钮，在弹出的扩展菜单中执行“储存画笔”命令，在弹出的“存储”对话框中将画笔存入画笔库，如下图所示。

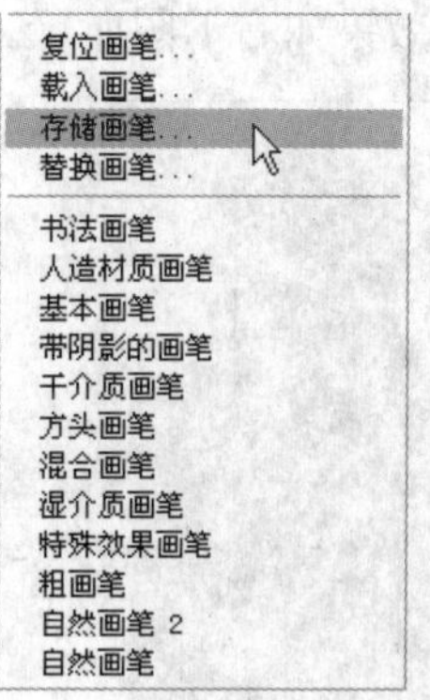

执行“存储画笔”命令

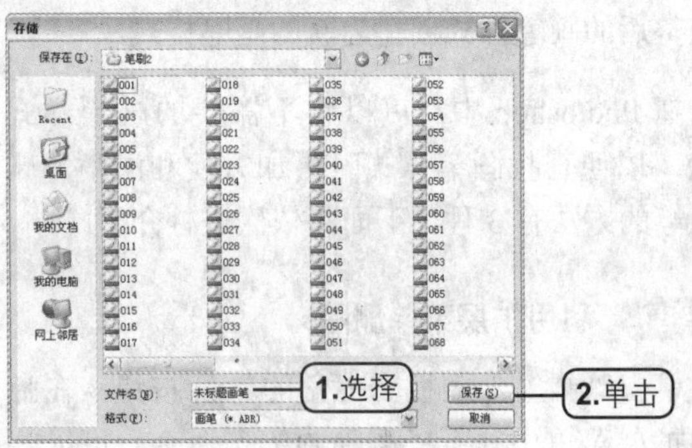

“存储”对话框

方法 02 直接将画笔存入画笔库

从网上或者其他途径得到画笔样式后，可用存储文件的方式，将画笔文件直接存入 Photoshop CS3 画笔库中，以便载入。

2.3.6 清除工具

清除工具包含橡皮擦工具、背景色橡皮擦工具和魔术橡皮擦工具，用于对不同的图像进行清除。

1. 橡皮擦工具

橡皮擦工具与日常生活中的橡皮擦的功能相似。Photoshop 中的橡皮擦工具，可以任意调整它的大小、透明度等。当擦除对象所在图层为“背景”图层时，被擦去的图像部分将被填充为背景色。当擦除对象所在图层为普通图层时，被擦去的图像部分将变成透明像素。使用该工具的具体操作步骤如下。

打开本书配套光盘中第 2 章 \media\017.jpg，如左下图所示，按下 D 键，恢复默认前景色和背景色。选择橡皮擦工具，按下 [键和] 键，适当调整画笔的大小，在图像中的背景部分进行涂抹，擦除图像中的部分背景，效果如右下图所示。

原图

擦除背景后的效果

2. 背景色橡皮擦工具

使用背景色橡皮擦工具，可以擦除图层中指定颜色的图像区域，并将带有该颜色的区域涂抹成透明状态，在擦除颜色的同时保留对象的边缘。在对图像进行擦除时可以指定不同的颜色取样和容差值，还可以控制透明度的范围和边界的锐化程度。

打开本书配套光盘中第 2 章 \media\018.jpg，如左下图所示。选择背景橡皮擦工具，在选项栏中设置参数，然后在图像中分两次对背景部分进行擦除，一次先单击图像中的深色背景部分进行擦除，第二次单击图像上方的白色部分进行擦除。效果如右下图所示。

画笔: 500 限制: 不连续 容差: 50% 保护前景色

设置选项

原图

擦除背景后的效果

3. 魔术橡皮擦工具

选择魔术橡皮擦工具，在图像中单击鼠标，可以擦去与鼠标单击处相同颜色的区域。在图像背景中或在带有锁定透明区域的图像中涂抹，图像会改变为背景色，否则图像会被涂抹为透明状态。使用该工具的具体操作步骤如下所示。

步骤 01 擦除图像天空

打开书配套光盘中第 2 章 \media\019.jpg 文件，如下图所示。

打开的图像文件

选择魔术橡皮擦工具，在图像的背景处单击鼠标，去除大部分的背景图像，如下图所示。

去除大部分背景

然后在残留的背景图像部分单击鼠标，去除全部的天空背景图像，如下图所示。

去除全部背景图像

步骤 02 填充颜色

选择魔棒工具，在图像擦除的部分单击鼠标，将其创建为选区，如下图所示。

创建选区

设置前景色为 R170、G214、B255，将选区填充为前景色后取消选区，如下图所示。

完成颜色填充

2.3.7 高级填充工具

高级填充工具包括油漆桶工具和渐变工具，用于为图像中的块面进行填充和制作渐变效果，再配合图层混合模式的使用，可以为图像添加丰富多彩的颜色效果。下面以使用渐变工具为图像填充颜色为例，对高级填充工具进行进一步讲解。具体操作步骤如下所示。

步骤 01 创建选区

打开本书配套光盘中第 2 章 \media\020.jpg 文件，如左下图所示。选择椭圆选框工具，然后在该工具的选项栏上单击“添加到选区”按钮，设置“样式”为“固定大小”，然后在“宽度”和“高度”文本框中输入如右下图所示的参数。

打开的图像文件

设置参数

按下 Ctrl+R 快捷键，显示标尺。根据标尺的刻度，在图像中创建距离相等的参考线，如左下图所示。在图像中根据参考线的位置，按住 Shift 键在图像的左上角创建正圆选区，如右下图所示。

添加参考线

创建选区

根据正圆选区的大小，在图像中创建竖排的参考线，如左下图所示，然后根据参考线的分布，在图像中创建如右下图所示的选区。

创建竖排参考线

完成选区的创建

步骤 02 调整选区

执行“视图 > 显示 > 参考线”命令，隐藏所有的参考线，得到如左下图所示的选区。选择魔棒工具，在选项栏中单击“从选区减去”按钮，在图像中人物的头发部分单击鼠标，从选区中减去人物的头发部分。如右下图所示。

隐藏参考线

减少选区

参照上一步的方法，从图像的选区中减去人物的部分，如左下图所示。选择渐变工具，在选项栏上单击渐变缩览图，弹出如右下图所示的“渐变编辑器”对话框。

从选区减去

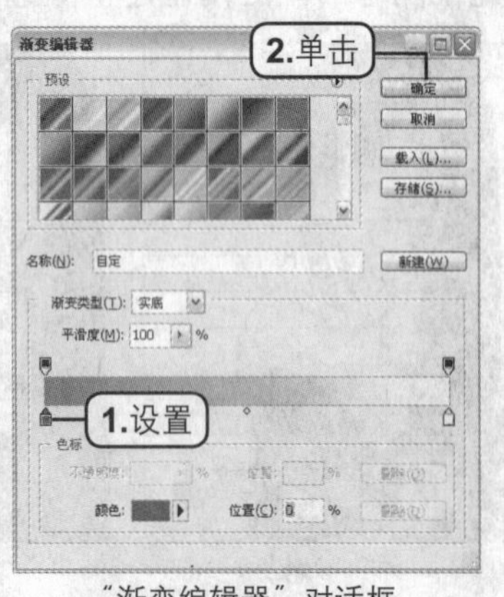

“渐变编辑器”对话框

步骤 03 填充选区

在“渐变编辑器”对话框中单击左边的色标，在弹出的“选择色标颜色”对话框中设置颜色为R227、G0、B125，如下图所示。完成后单击“确定”按钮。

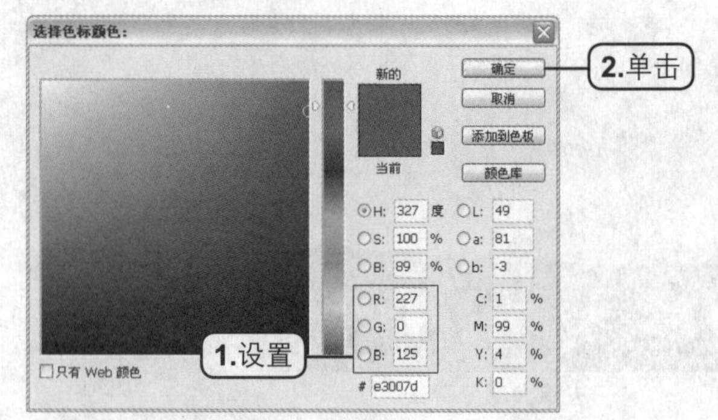

设置左边色标的颜色

设置右方色标为白色，并将其拖动到如下图所示的位置。

拖动色标

完成后单击“确定”按钮。在图像中从上至下拖动创建一条直线，如左下图所示。效果如右下图所示，为选区部分添加了渐变效果。

添加渐变

渐变效果

对选区进行反向，如左下图所示，再在选区中减去人物的部分，如右下图所示。

选区反向

从选区中减去

选择渐变工具，保持该渐变选项设置不变。在图像中由下至上拖动创建一条直线，如左下图所示。为图像添加渐变效果，然后取消选区，效果如右下图所示。

添加渐变

最终效果

2.4 修饰和修补类工具

Photoshop 中的修饰和修补类工具用于去除图像中的瑕疵，还可以添加一些特殊的图像效果。这些工具特别适用于数码照片的修饰。

2.4.1 减淡、加深和海绵工具

使用减淡工具、加深工具和海绵工具，可以使图像局部区域变亮、变暗和改变图像特定区域的饱和度。

1. 减淡工具

使用减淡工具，在图像中的制定区域进行涂抹，可以使该区域的图像颜色减淡，还可以根据需要设置减淡的图像颜色范围。使用该工具的具体操作步骤如下所示。

步骤 01 设置减淡参数

任意打开一个图像文件，选择减淡工具。在选项栏上设置选项，如下图所示。

设置选项

步骤 02 减淡图像

按下] 键，尽量将画笔的笔触调整至布满整个画布，然后在图像中随意涂抹，可以看到图像中的高光部分更加明亮了，如下图所示。

增加高光亮度

2. 加深工具

使用加深工具，在图像中的特定区域进行涂抹，可以使该区域的图像颜色加深。与减淡工具一样，可以根据需要设置加深的图像颜色范围。使用该工具的具体操作步骤如下所示。

步骤 01 设置加深参数

任意打开一个图像文件，选择加深工具。在选项栏上设置选项，如下图所示。

设置选项

步骤 02 加深图像

按下] 键，尽量将画笔的笔触调整至布满整个画布，然后在图像中随意涂抹，可以看到图像中的阴影部分的颜色加深了，如下图所示。

增加阴影深度

3. 海绵工具

海绵工具 主要用于精确地增加或减少图像特定的饱和度。在灰度模式下，该工具通过使灰阶远离或者靠近中间灰色来增加或降低对比度。打开一个图像文件，如左下图所示，选择海绵工具，在选项栏上设置“模式”为“加色”，在图像中进行涂抹，效果如右下图所示。

打开的文件

加色处理

2.4.2 模糊、锐化和涂抹工具

使用模糊工具 、锐化工具 和涂抹工具 ，可以对图像局部区域进行模糊、锐化处理，以及对图像像素进行扭曲。

1. 模糊工具

使用模糊工具 ，在图像中的指定区域进行涂抹，可以使该区域的图像变得模糊。在选项栏中设置选项后，还可以在模糊的基础上对图像进行加深和减淡处理，如左下图和右下图所示。

原图

模糊后

2. 锐化工具

使用锐化工具 ，在图像中的特定区域进行涂抹，可以使该图像区域变得清晰。与模糊工具 一样，在选项栏中设置选项后，还可以在锐化的基础上对图像进行加深和减淡处理，如左下图和右下图所示。

原图

锐化后

3. 涂抹工具

使用涂抹工具 ，在图像中的特定区域进行涂抹后，可以对图像像素进行扭曲。在该工具的选项栏中，选中“手指绘画”复选框，在图像窗口中进行涂抹时，相当于用手指蘸着前景色在图像中涂抹，如左下图和右下图所示。

原图

涂抹后

2.4.3 污点修复画笔工具

使用污点修复画笔工具 ，可快速去除照片中的污点和杂点。利用污点修复画笔工具 可以自动从修饰区域的周围取样，并将样本像素的纹理、光照、透明度和阴影等与所修复的像素相匹配。使用该工具的具体操作步骤如下所示。

步骤 01 打开图像

打开任意一个有雀斑的人物头像，如下图所示。

打开的图像

步骤 02 修复雀斑

选择污点修复画笔工具，调整画笔大小至比图像中的瑕疵稍大后，在瑕疵处单击，去除人物脸上的雀斑，效果如下图所示。

修复雀斑后

2.4.4 修复画笔工具

使用修复画笔工具，可以校正图像中的瑕疵。该工具可以利用图像或图案中的样本像素来绘画，具体操作步骤如下所示。

步骤 01 打开图像

打开任意一个图像文件，如下图所示。

打开的图像文件

步骤 02 修复图像

选择修复画笔工具，按住 Alt 键，在图像中单击取样后，在动物部分单击。重复该操作多次后，效果如下图所示。

去除图像后

2.4.5 修补工具

使用修补工具可以用其他区域或图案中的像素来修复选区中的图像。与修复画笔工具不同，修补工具通过选区来修复图像，还可以仿制图像的隔离区域。具体操作步骤如下所示。

步骤 01 打开图像

打开任意一个有眼袋的人物头像，如下图所示。

打开的图像文件

步骤 02 修复图像

选择修补工具，沿着人物脸部的眼袋位置创建选区，拖动选区修复人物的眼袋，如下图所示。

修复图像

2.4.6 红眼工具

红眼工具用于去除图像中的特殊反光区域，如在使用闪光灯拍摄的人物照片中的红眼、动物照片中的白色或滤色反光等。使用该工具的具体操作步骤如下所示。

任意打开一张有红眼的人物照片，如左下图所示。选择红眼工具，在图像中沿红眼部分拖动。去除红眼后，效果如右下图所示。

打开的照片

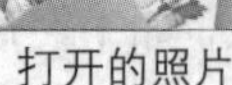

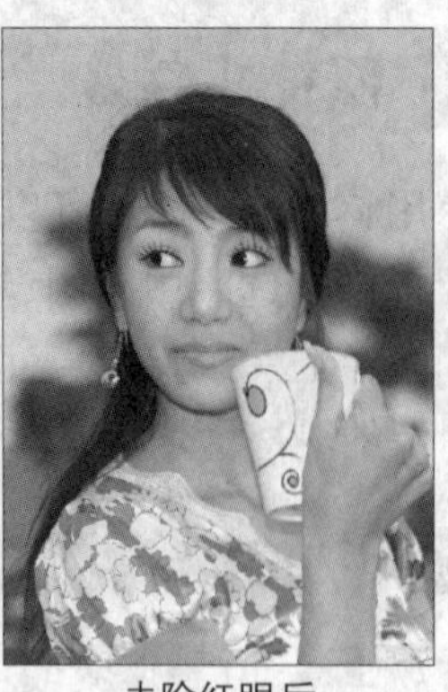
去除红眼后

2.4.7 仿制图章工具

仿制图章工具用于从图像中取样，然后将样本应用到其他的图像或同一个图像的其他部分。也可以将一个图层的部分图像仿制到另一个图层中。仿制图章工具的使用方法与修复画笔工具的使用方法相同，具体操作步骤如下所示。

步骤 01 打开图像

任意打开一个图像文件，如下图所示。

打开的图像文件

步骤 02 仿制图像

按住 Alt 键，在图像中的小狗身上取样后，在其左部进行涂抹，效果如下图所示。

仿制图像

2.4.8 图案图章工具

图案图章工具是直接使用图案进行绘画，可以从图案库中选择图案或者自己创建图案。具体操作步骤如下所示。

步骤 01 添加图案

任意打开一个图像文件，将图像中的背景创建为选区，然后选择图案图章工具，在选项栏中设置参数，再在选区中进行涂抹，完成后按下 Ctrl+D 快捷键，取消选区，效果如右下图所示。

原图　　添加图案后

2.5 历史记录类画笔工具

历史记录类画笔工具包括历史记录画笔工具和历史记录艺术画笔工具，其中历史记录画笔工具用于将图像的局部恢复到最初状态，而历史记录艺术画笔工具用于将图像局部在保持亮度的情况下进行特殊艺术处理。

2.5.1 历史记录画笔工具

使用历史记录画笔工具在图像窗口中的特定区域进行涂抹后，可以将该区域的所有图像信息恢复到打开时的最初状态。使用该工具的具体操作步骤如下所示。

步骤 01 调整图像饱和度

打开本书配套光盘中第 2 章 \media\021.jpg 文件，如下图所示。

打开的图像文件

按下 Ctrl+U 快捷键，在弹出的对话框中设置参数，如下图所示。完成后单击“确定”按钮。

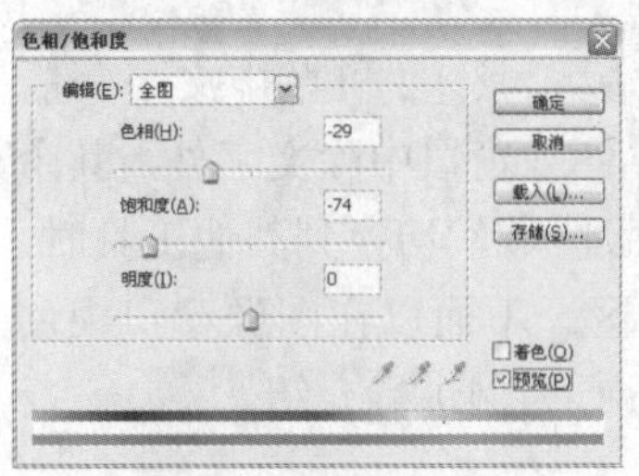

设置参数

通过上述操作，图像中的色相和饱和度都得到了改变，如下图所示。

调整后的效果

步骤 02 恢复图像

选择历史记录画笔工具，只对图像中部的主要人物部分进行涂抹，恢复这个区域的颜色和饱和度。完成后，可以看到图像的中部和周围有了明显的区别，如下图所示。

进行局部恢复后的图像

2.5.2 历史记录艺术画笔工具

历史记录艺术画笔工具是在保持图像原亮度值的基础上对图像进行艺术化处理。使用该工具的具体操作步骤如下所示。

步骤 01 打开图像

任意打开一个图像文件，如下图所示。

打开的图像文件

步骤 02 制作图像

选择历史记录艺术画笔工具，在选项栏中设置各项参数后，在图像中随意涂抹，效果如下图所示，使用原图像中的各个像素进行绘画。

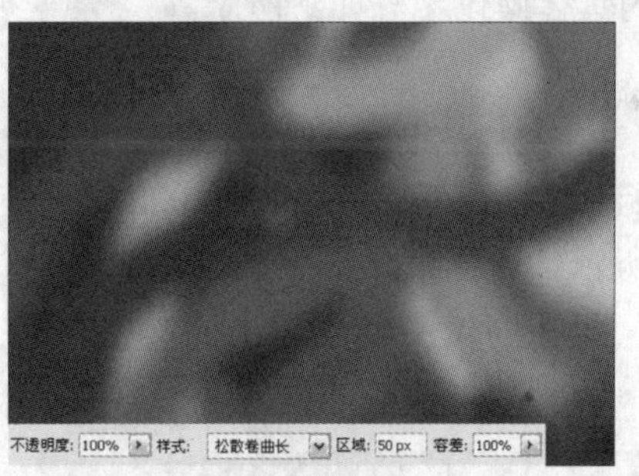

完成效果

2.6 文字工具

在 Photoshop 中可以使用文字工具为图像添加不同属性的文字。文字工具中主要包含横排文字工具、直排文字工具、横排文字蒙版工具和直排文字蒙版工具。

2.6.1 文字工具的选项栏

在使用文字工具时，可以在其选项栏上对文字进行设置，以便输入更加适合的文字。文字工具的选项栏如下图所示，各选项的说明下表所示。

文字工具的选项栏

编 号	名 称	说 明
❶	工具预设	打开“工具预设”选取器
❷	字体	设置字体样式
❸	字体大小	可以直接输入参数，也可以在弹出的下拉列表中选择大小
❹	消除锯齿	选择文字“消除锯齿”的方法
❺	对齐方式	切换文字对齐方式
❻	颜色	设置文字的颜色
❼	变形	对文字进行变形
❽	显示/隐藏字符和段落调板	单击该按钮，弹出“字符”和“段落”面板

2.6.2 横排文字工具和竖排文字工具

使用横排文字工具 在图像中单击后，即可在图像中输入横排文字。使用直排文字工具 在图像中单击后，可以在图像中输入竖排文字。使用这两种工具的具体操作步骤如下所示。

步骤 01 添加文字

打开本书配套光盘中第 2 章 \media\022.jpg 文件，如左下图所示。选择横排文字工具 ，然后在图像中单击，再在图像中输入适当的文字，如右下图所示。

原图

输入文字

步骤 02 调整文字

在文字工具的选项栏上单击“更改文本方向”按钮 ，将横排文字转换为竖排文字，如左下图所示。然后打开“字符”面板，调整文字的大小、样式和字体，效果如右下图所示。

转换为竖排文字

调整文字效果

2.6.3 文字蒙版工具

使用横排文字蒙版工具 和直排文字蒙版工具 创建文字时，图像窗口中除文字外，其余区域被创建为快速蒙版区域，切换到其他工具时，蒙版区域自动形成选区。下面以在图像窗口中创建横排文字蒙版工具 为例进行介绍。

步骤 01 添加文字

打开本书配套光盘中第 2 章 \media\023.jpg 文件，如下图所示。

打开的图像文件

选择横排文字蒙版工具 ，在图像中单击后，图像被自动添加了蒙版。然后根据“字符”面板中的参数，在图像中输入下图所示的文字。

添加文字

步骤 02 调整文字

选择除文字蒙版工具以外的任意一个工具，图像中的文字自动转换为图像中的选区，效果如下图所示。

转换为选区的文字

按下 Ctrl+M 快捷键，在弹出的“曲线”对话框中设置如下图所示的参数，降低选区中图像的亮度，并提高选区中图像的对比度。

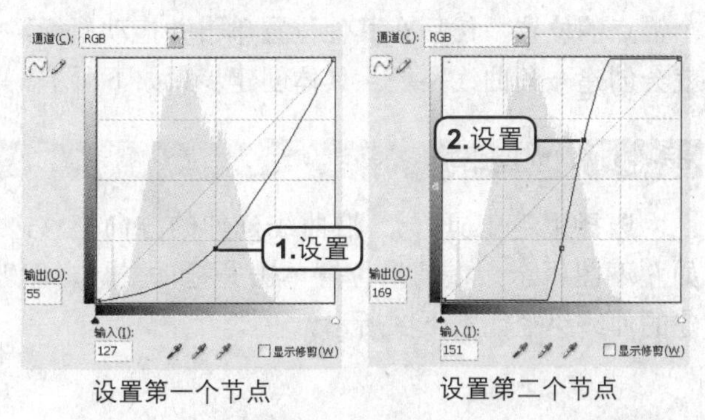

设置第一个节点　　设置第二个节点

完成以上操作后，按下 Ctrl+D 快捷键，取消选区，为图像添加的文字效果，如下图所示。

完成图像编辑效果

2.7 钢笔工具组

在 Photoshop 中可通过路径选择局部图像，或者使用路径直接绘制图像。路径是在选取和绘制复杂的图形时最常用，也是最强大的功能之一。

2.7.1 路径的概念

路径是使用形状工具或钢笔工具绘制的直线和曲线，是矢量图形。因此无论是缩小或者放大图像，都不会影响其分辨率和平滑程度，均会保持清晰的边缘。路径由一条或多条直线或曲线的线段构成，“锚点”是用来标记路径段的端点。在曲线段上，每个选中的“锚点”显示一条或两条方向线，方向线以方向点结束。方向线和方向点的位置决定了曲线段的大小和形状。移动这些因素将会改变路径中曲线的形状。路径的具体构成如下图所示，各部分的说明如下表所示。

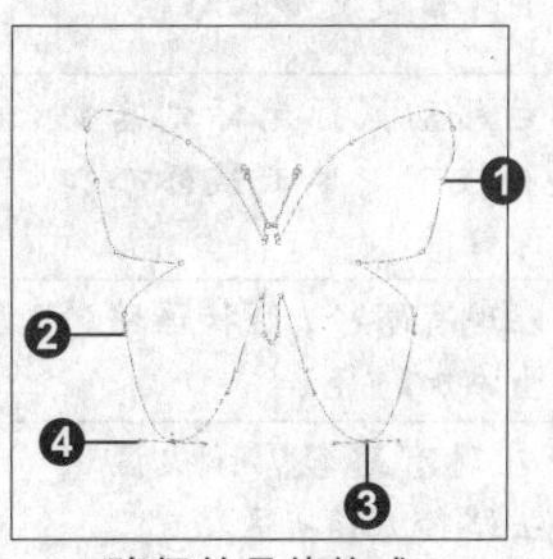

路径的具体构成

编 号	名 称	说 明
❶	锚点	路径上的控制点
❷	曲线段	由一个或者两个锚点确定的一段路径曲线
❸	方向线	延长或者缩短方向线，可以改变曲线段的弯曲度
❹	方向点	移动方向点，可以改变曲线段的角度和形状

2.7.2 钢笔工具

使用钢笔工具，可以在图像中创建各种简单的线条和图形，还可以创建各种复杂的图案、选区等。钢笔工具选项栏如下图所示，各选项的说明如下表所示。

钢笔工具的选项栏

编 号	名 称	说 明
❶	形状图层	用于将路径创建为形状图层
❷	路径	用于创建无填充的路径
❸	填充像素	使用自定形状工具时，单击该按钮可创建填充像素

（续表）

编 号	名 称	说 明
❹	钢笔工具	在图像中以锚点的方式创建路径
❺	自由钢笔工具	在图像中单击并拖动鼠标绘制曲线路径
❻	矩形工具	用于创建矩形路径
❼	圆角矩形工具	用于创建圆角矩形路径
❽	椭圆工具	用于创建椭圆路径
❾	多边形工具	用于创建多边形路径
❿	自定形状工具	用于创建自定义形状路径
⓫	自动添加/删除	选中后移动鼠标光标到需要的路径段中，单击鼠标添加和删除锚点
⓬	添加到路径/形状区域	用于在现有路径/形状区域的基础上添加路径
⓭	从路径/形状区域减去	用于在现有路径/形状区域上减去路径/形状区域
⓮	交叉路径/形状区域	在现有路径/形状区域基础上可得到相交的路径段/形状区域
⓯	重叠路径/形状区域除外	可以在现有路径/形状区域上创建新的路径/形状区域，但不进行合并

1. 创建直线路径

选择钢笔工具后，在图像中光标变成形态时单击确定第一个锚点，然后在图像中的其他位置再次单击，绘制直线段路径，最后将光标移动到起始锚点上，当光标变成形态时，可以将该直线路径闭合。具体创建步骤如下所示。

步骤 01 创建路径

选择钢笔工具，在图像窗口中光标变成形态时单击确定第一个锚点，如左下图所示。在图像中不同的位置多次单击，绘制直线段路径，如右下图所示。

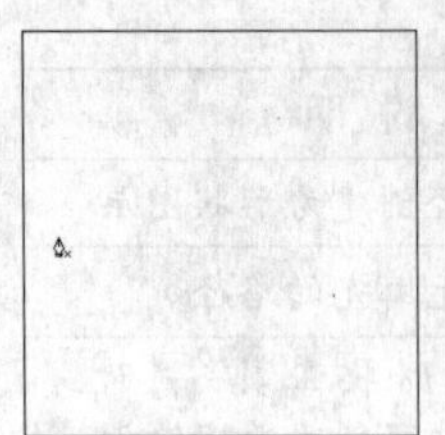

创建第一个锚点

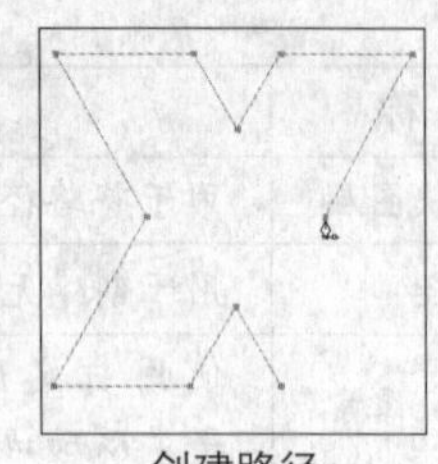

创建路径

步骤 02 闭合路径

将光标移动到起始锚点上，当光标变成形状时，如左下图所示，在起始锚点上单击鼠标，闭合路径，如右下图所示。

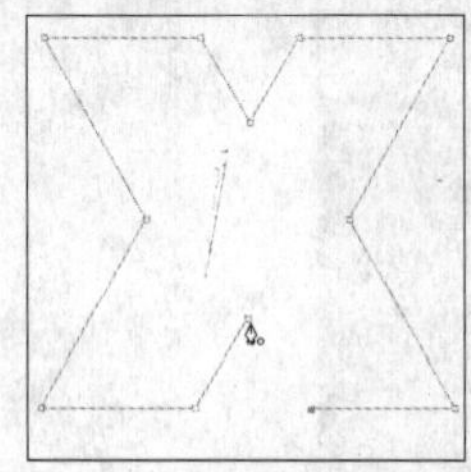

回到原点

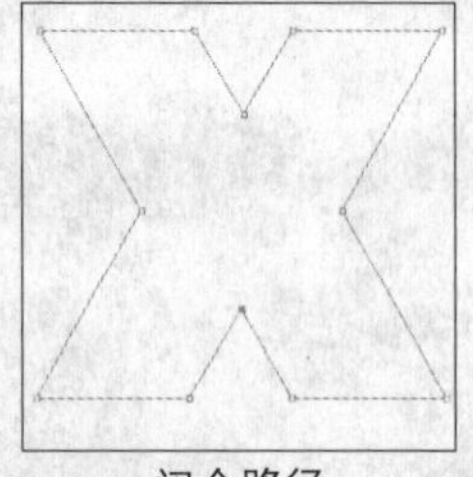

闭合路径

2. 创建曲线路径

使用钢笔工具沿曲线延伸的方向拖移，可以创建曲线路径。曲线路径中的锚点有方向点和方向线。在图像窗口中单击并拖动鼠标确定第一个锚点的位置，然后在其他位置单击并拖动鼠标，就会创建一条曲线路径。具体创建步骤如下所示。

步骤 01 创建路径

选择钢笔工具，沿曲线延伸的方向拖移，如左下图所示，在其他位置单击并拖动鼠标，创建的曲线路径如右下图所示。

创建第一个锚点

创建路径

步骤 02 闭合路径

将鼠标光标移动到起始锚点上，当光标变成形态时，如左下图所示。在起始锚点上单击鼠标，闭合路径，如右下图所示。

回到原点

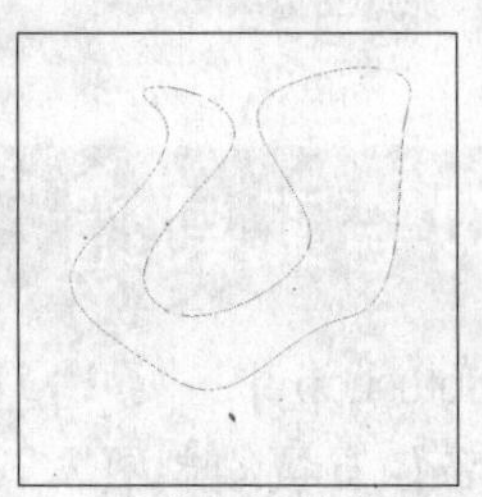

完成路径创建

2.7.3 自由钢笔工具

使用自由钢笔工具 可以在图像中绘制曲线路径。在工具箱中选择自由钢笔工具，然后在选项栏中单击 按钮，弹出“自由钢笔选项”面板，在该面板中包括“曲线拟合”文本框、“磁性的”复选框和“钢笔压力”复选框。“自由钢笔选项”面板如下图所示，各选项的说明如下表所示。

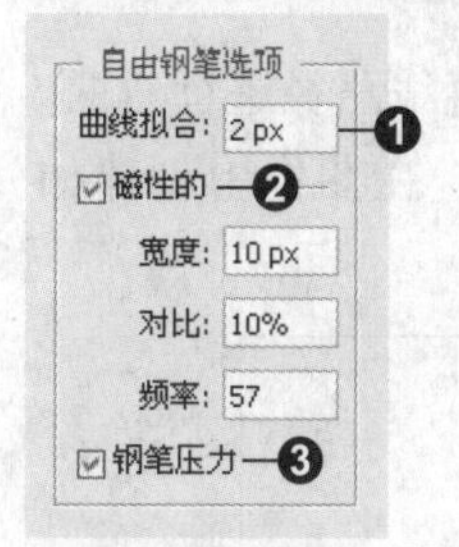

自由钢笔选项

编号	名称	说明
❶	曲线拟合	可设置路径中所包含的锚点数目，参数值越大，路径越简单
❷	磁性的	可以使自由钢笔工具 与磁性套索工具 的功能基本相同，选中该复选框后，可以设“宽度”、“对比”和“频率”
❸	钢笔压力	可根据钢笔压力进行路径创建

下面举例说明使用自由钢笔工具创建路径的方法。具体操作步骤如下所示。

步骤 01 创建路径

打开本书配套光盘中第 2 章 \media\024.jpg 文件，如下图所示。

打开的图像文件

在图像中的桥边缘上单击，释放鼠标并沿该边缘拖动鼠标，创建路径，如下图所示。

创建路径

在桥的内部再次创建路径，如下图所示。

完成路径创建

步骤 02 建立选区

在路径中右击，在弹出的快捷菜单中执行“建立选区”命令，在弹出的对话框中设置如下图所示的参数。完成后单击“确定”按钮。

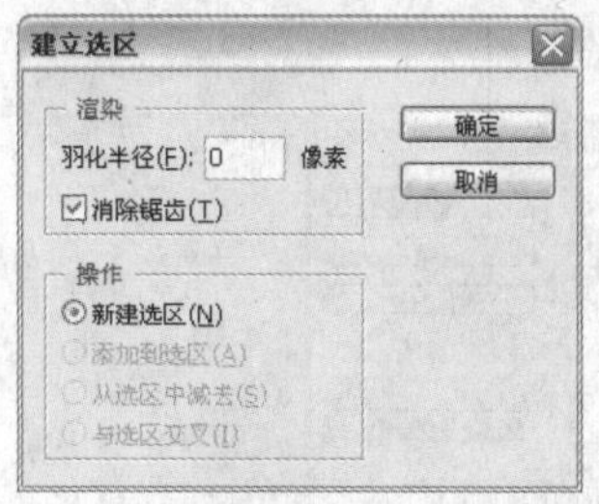

“建立选区”对话框

完成上述操作后，将图像中的背景创建为选区，如下图所示。

建立选区

按下 Delete 键，对选区中的图像进行删除，然后按下 Ctrl+D 快捷键，取消选区，效果如下图所示。

删除图像背景

2.7.4 添加锚点工具和删除锚点工具

通过添加锚点工具 和删除锚点工具 ，可以在现有路径中添加和删除锚点。具体操作步骤如下所示。

光盘路径：第 2 章 \Complete\nvren.psd

步骤 01 新建文件

执行“文件 > 新建”命令，在弹出的“新建”对话框中设置各项参数，如下图所示。完成后单击“确定”按钮。

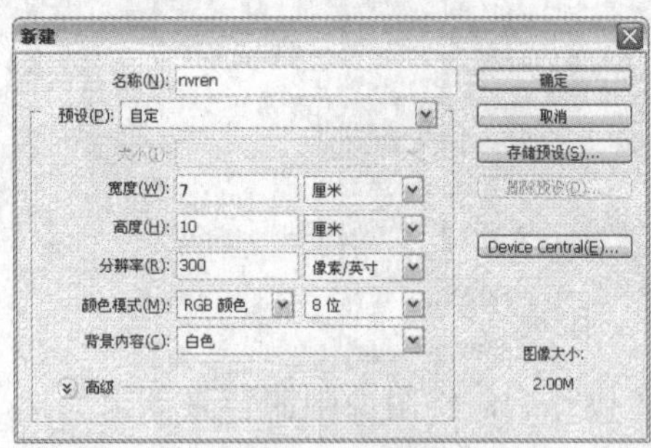

“新建”对话框

步骤 02 创建路径

在“图层”面板中新建一个图层，使用钢笔工具 在图像中绘制一条如左下图所示的路径，然后选择添加锚点工具 ，在选项栏中单击“路径”按钮 ，在直线上单击，添加锚点，如右下图所示。

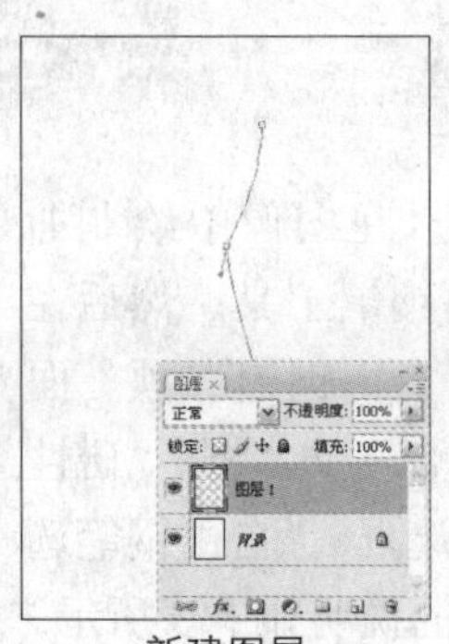

新建图层

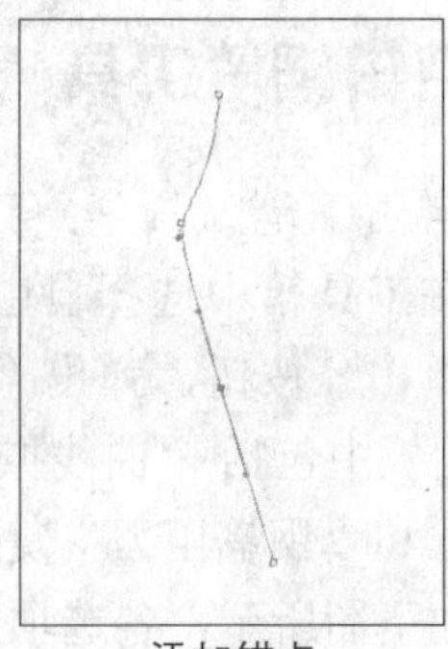

添加锚点

按住 Ctrl 键，拖动锚点，对直线路径进行弯曲，如左下图所示。用同样的方法，在图像中创建如右下图所示的路径。

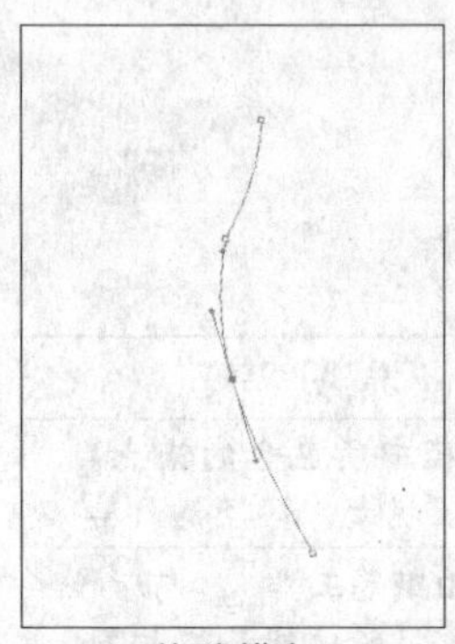

拖移锚点

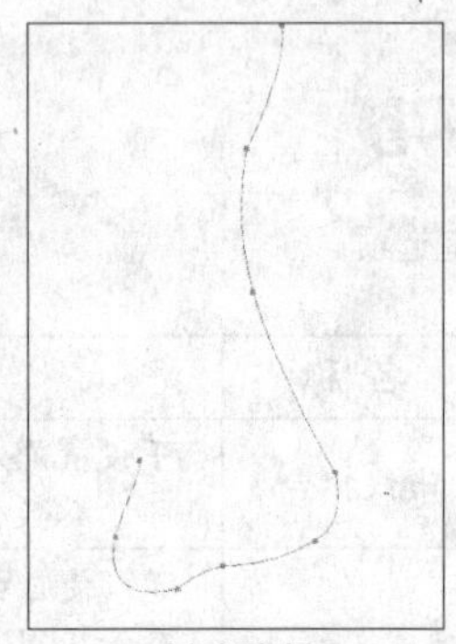

创建路径

步骤 03 填充路径

参照前面的方法，在图像中创建如左下图所示的封闭环形路径，然后按下 Ctrl+Enter 快捷键，将路径转换为选区。将前景色设置为黑色，再按下 Alt+Delete 快捷键，将选区填充为前景色，效果如右下图所示。

完成路径创建

填充路径

2.7.5 编辑路径

可以使用路径选择工具、直接选择工具对路径进行编辑、复制、删除与隐藏。利用这两个工具，可以自定义选择路径和路径段。

1. 选择路径

方法 01 选择和移动一条路径

在路径上单击鼠标，可以对整个路径进行选择和移动。

移动路径

方法 02 选择多条路径

按住 Shift 键不放，还可选择多条路径。

选择多条路径

2. 复制路径

选取路径后，按住 Alt 键，并使用路径选择工具或者直接选择工具可以将拖动后的路径转换为原路径的副本。

步骤 01 选中路径

使用直接选择工具选择图像中的路径，如下图所示。

选中路径

步骤 02 复制路径

按住 Alt 键，拖动路径，创建原有路径的副本，如下图所示。

复制路径

3. 删除路径

利用快捷菜单中的命令，可以删除路径。

步骤 01 全选路径

选择路径选择工具后，按住 Shift 键不放，选择全部路径，然后在路径中右击，如下图所示。

全选路径

步骤 02 删除路径

在弹出的快捷菜单中执行“删除路径”命令，删除所有路径，如下图所示。

删除路径

4. 隐藏路径

在创建路径后，可以对图像中的路径进行显示和隐藏。

步骤 01 创建路径

使用钢笔工具在图像窗口中绘制如下图所示的路径。

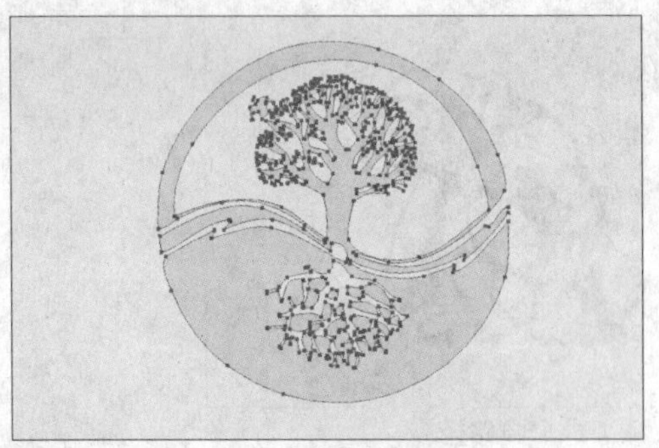

创建路径

步骤 02 隐藏路径

把路径填充为黑色后，按下 Shift+Ctrl+H 快捷键，隐藏路径，如下图所示。

隐藏路径

5. 连接和断开路径

在图像窗口中创建路径后，可以删除路径中的任意锚点，将已创建的路径断开。或者将两个未闭合的路径连接。具体操作步骤如下所示。

步骤 01 创建路径并删除锚点

在工具箱中选择钢笔工具在图像中创建如下图所示的路径。

创建路径

使用直接选择工具，选择该路径中的一个锚点，然后按下 Delete 键删除，效果如下图所示。

删除一个锚点

参照前面的方法，再创建一个未封闭的路径，并删除一个锚点，如下图所示。

删除锚点

步骤 02 合并路径

分别在两个路径未闭合且相连的两个锚点上单击，将两个路径连接，合并为一个路径。效果如下图所示。

连接路径

2.7.6 添加路径文字

在 Photoshop 中可以结合使用文字工具和路径工具，创建出路径文字效果。其中包括在封闭路径和曲线路径中创建文字。下面以创建曲线文字为例进行讲解。具体操作步骤如下所示。

步骤 01 创建路径

打开任意一个图像文件，如下图所示。

打开的图像文件

选择钢笔工具 ，在图像中创建如下图所示的路径。

创建路径

步骤 02 添加文字

选择横排文字工具，将光标移到路径的起始端，当光标变成 形态时单击，如下图所示。

进入文字编辑状态

在路径中输入文字后，参照前面的方法，隐藏路径，即可得到如下图所示的曲线文字效果。

曲线文字效果

NOTE

NOTE

Chapter 03 菜单命令详解

在 Photoshop CS3 界面的菜单栏中包括各种操作的命令。通过菜单栏中的各个命令，可以对图像进行各种不同和特殊的命令操作。在本章中，将针对每一个菜单命令中较重要的命令，进行详细的讲解。使读者对 Photoshop CS3 中的菜单栏有一个更加全面和深入的了解。

本章内容索引

使用“水波”滤镜

添加“外发光”图层样式

使用“龟裂缝”滤镜

使用“曲线”命令调整图像

去色效果

使用“抽出”滤镜

3.1 自动化命令

使用“自动化”命令，可以对图像进行批量处理、分割图像或组合图像。通过这些功能可以帮助用户快速对图像进行批量处理。

3.1.1 批处理

执行“文件 > 自动 > 批处理”命令，可以打开“批处理”对话框。使用“批处理”命令，可以将创建的动作同时运用于多个文件中。“批处理”对话框如下图所示，各选项的说明如下表所示。

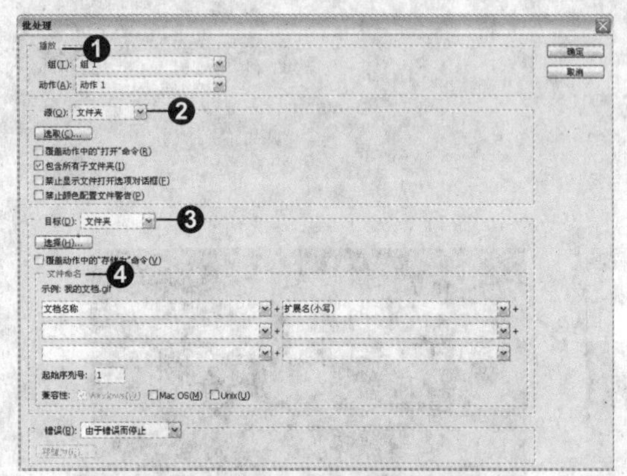

“批处理”对话框

编 号	名 称	说 明
❶	播放	组：可选择动作所在的组 动作：可选择该组中的动作
❷	源	源：可以选择源文件的位置 “选取”按钮：可以选择图像所在的文件夹 覆盖动作中的“打开”命令：源文件仅通过该动作的“打开”步骤从源文件夹中打开，如果没有“打开”步骤，将不打开任何文件 包含所有子文件夹：处理指定源文件夹内所有文件夹中的文件 禁止显示文件打开选项对话框：不显示文件打开对话框 禁止颜色配置文件警告：不显示颜色配置文件警告
❸	目标	目标：可选择将处理过的文件的保存位置 “选择”按钮：可以选择将处理过的文件要保存到的文件夹 覆盖动作中的“存储为”命令：将使用此处指定的“目标”覆盖“存储为”动作
❹	文件命名	文件命令：可设置最终文件的名称格式 起始序列号：设置最终文件的起始序列号

3.1.2 裁剪并修齐照片

使用“裁剪并修齐照片”命令可以将有明显组合痕迹的照片裁剪为几个包含不同原图像区域的新图像。对没有明显组合痕迹的图像，则不能进行创建。具体操作步骤如下所示。

步骤 01 打开图像文件

在 Photoshop 中任意打开一个图像文件，如下图所示。

打开的图像文件

步骤 02 裁剪并修齐照片

执行“文件 > 自动 > 裁剪并修齐照片”命令，系统自动为刚才所打开的图像文件，创建了无数个副本，且每一个副本中所包含的图像区域都不相同。它们分别代表了该图像中的各种颜色区域，如下图所示。

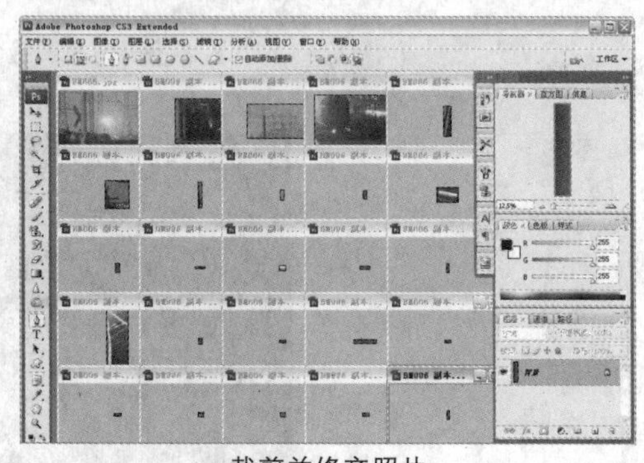

裁剪并修齐照片

3.1.3 联系表

执行“文件 > 自动 > 联系表”命令，可以将多个图像调整至基本相同的大小后，再粘贴到同一图像窗口中。“联系表”对话框如下图所示，各选项的说明如下表所示。

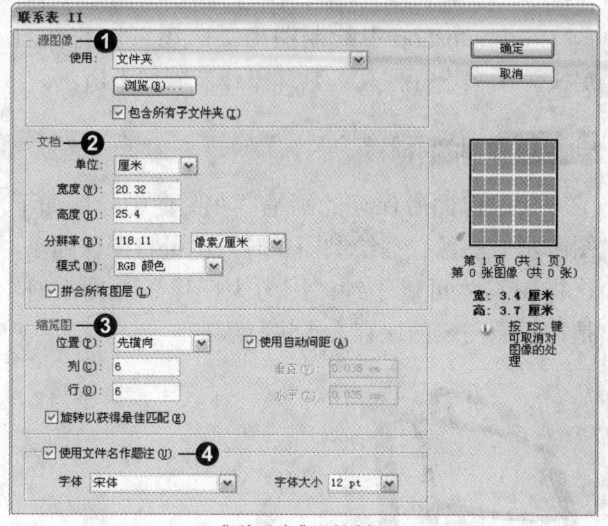

“联系表”对话框

编 号	名 称	说 明
❶	源图像	使用：在下拉列表中可选择源文件所在的文件夹 包含所有子文件夹：选中该复选框，可以将源文件所在的文件夹中的所有文件都作为源文件导入
❷	文档	可设置源文件将粘贴至的图像窗口的各项参数
❸	缩览图	可设置源文件粘贴到新的图像窗口后的统一大小
❹	使用文件名作题注	可以以文件本身的名字作为图标显示到新的图像窗口中，选中该复选框后，选项组中的其他选项可用

3.1.4 图片包

执行“文件 > 自动 > 图片包”命令，可以将一张或多张图像进行排版并粘贴到新的图像窗口中，以便于进行多张打印。“图片包”对话框如下图所示，各选项的说明如下表所示。

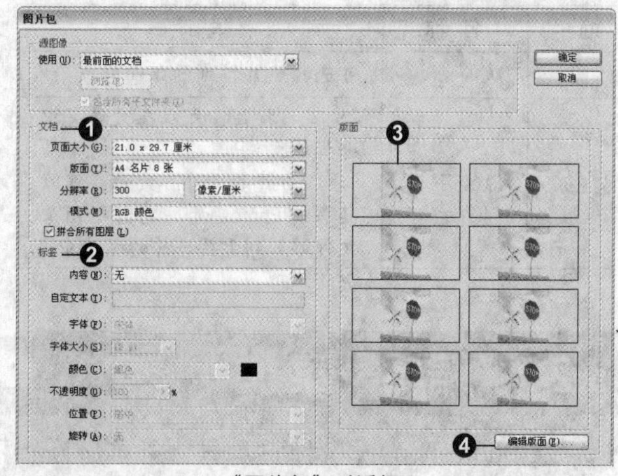

“图片包”对话框

编 号	名 称	说 明
❶	文档	可设置最终图像文件的“页面大小”、“版面”样式、“分辨率”和颜色模式。选中“拼合所有图层”复选框，可以将最终文件中的所有图片拼合到一个图层中
❷	标签	在“内容”下拉列表中选择除“无”以外的选项，该选项组的其他选项可用，再设置标签的各项参数
❸	版面	双击图片缩略图，在弹出的“选择一个图像文件”对话框中选择一个图像文件，用来替换双击的图像文件
❹	“编辑版面”按钮	单击该按钮，在弹出的“图片包编辑版面”对话框中可重新自定义版面

3.1.5 照片合并

执行“文件 > 自动 > Photomerge”命令，可以将多张照片合并到一个图像窗口中。“照片合并”对话框如下图所示，各选项的说明如下表所示。

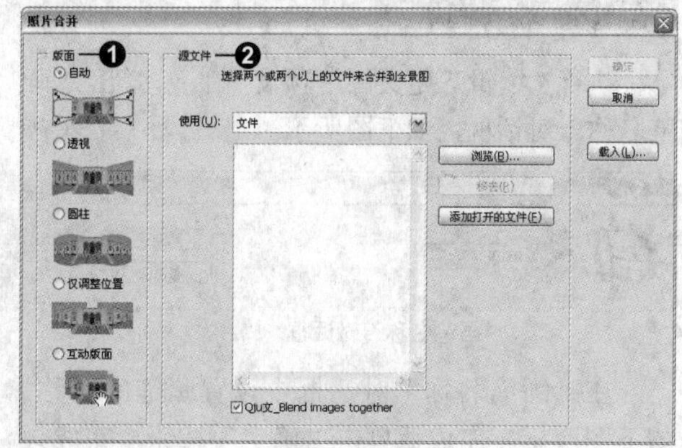

“照片合并”对话框

编 号	名 称	说 明
❶	版面	可选择照片排列的版面样式
❷	源文件	“浏览”按钮：可以在文件夹中选择源文件 “添加打开的文件”按钮：可以将当前 Photoshop 中打开的图像文件添加到需要合并的照片中

3.2 “编辑”菜单

在 Photoshop 中，利用“编辑”菜单中的命令除了可以对图像进行粘贴、复制、变形、填充等基本的操作，还可以自定义画笔、图案、自定义形状等。

3.2.1 定义画笔预设

在图像中绘制图像后，可以将其保存为画笔。具体操作步骤如下所示。

步骤 01 绘制图像

在 Photoshop 中新建一个背景为白色的空白文档，如左下图所示。设置前景色为黑色，在图像中绘制出图像，如右下图所示。

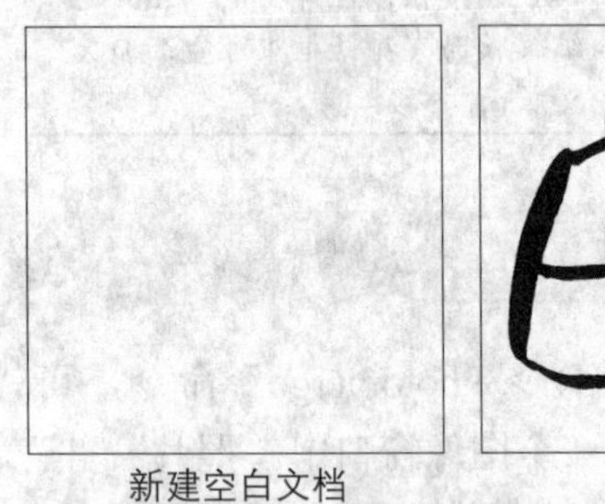

新建空白文档　　绘制图像

步骤 02 保存画笔

执行“编辑＞定义画笔预设”命令，弹出“画笔名称”对话框，如下图所示。

“画笔名称”对话框

在“画笔名称”对话框中设置画笔的名称，如下图所示。完成后单击“确定”按钮，完成画笔的创建。

完成画笔创建

3.2.2 定义图案

在 Photoshop 中绘制图像后，还可以将其自定义为图案进行保存。具体操作步骤如下所示。

步骤 01 绘制图像

使用前面所保存的画笔，在图像中绘制如下图所示的图像。在绘制图像时，尽量将图像缩小，这样图案才可以平铺。因为为图像添加图案时，是按照原图案的保存大小进行添加。

绘制图像

执行“编辑＞定义图案”命令，在弹出的“图案名称”对话框中设置图案的名称后，单击“确定”按钮，如下图所示。

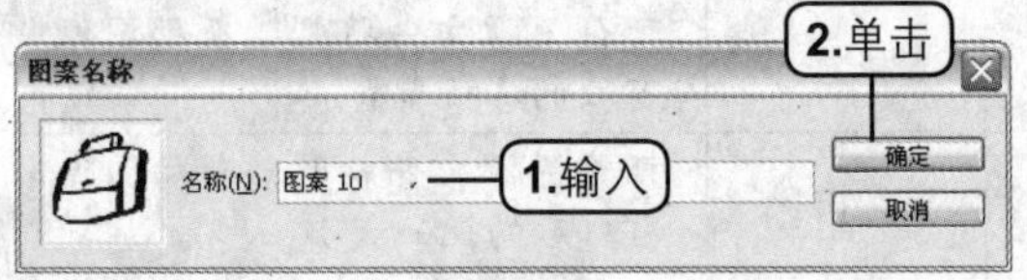

保存图案

步骤 02 填充图案

任意新建一个较大的图像文件，执行“编辑＞填充”命令，弹出如下图所示的“填充”对话框。

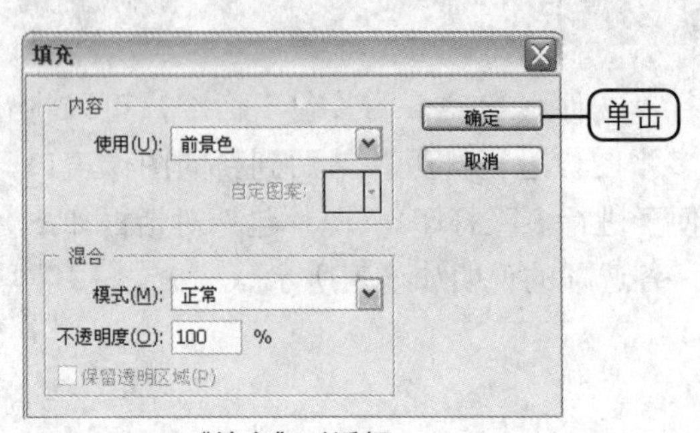

“填充”对话框

在“填充”对话框中设置“使用”为“图案”，并选择前面所保存的图案，如下图所示。完成后单击“确定”按钮。

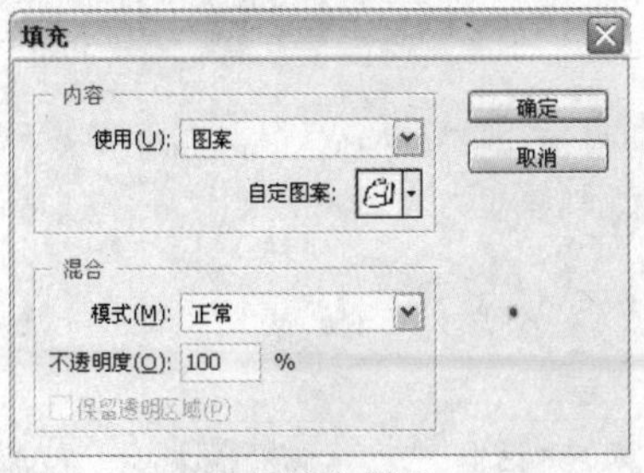

选择填充样式

完成前面的操作后，在图像中填充了如下图所示的图案。

填充图案

3.2.3 定义自定形状

与保存画笔和保存图案不同的是，只有在图像中创建的路径才能保存为自定义形状。具体操作步骤如下所示。

步骤 01 创建路径

在 Photoshop 中任意创建一个空白的文件，如左下图所示。然后选择钢笔工具，在图像中绘制如右下图所示的路径。

新建图像文件　　创建路径

步骤 02 创建自定义形状

执行“编辑 > 定义自定形状”命令，弹出如下图所示的“形状名称”对话框。在该对话框中设置形状的名称后，单击“确定”按钮，完成对形状的创建。

完成形状的创建

3.3 “图像”菜单

在 Photoshop 利用“图像”菜单中的命令可以调整图像的颜色、亮度等，还可以利用“应用图像”和“计算”等命令为图像添加特殊效果。

3.3.1 应用图像

利用“应用图像”命令可以将图像的图层和通道（源）与现用图像（目标）的图层和通道混合。图像的像素尺寸必须与“应用图像”对话框中出现的图像名称匹配。如果两个图像的颜色模式不同，则可以在图像之间将单个通道复制到其他通道，但不能将复合通道复制到其他图像中的复合通道。具体操作步骤如下所示。

步骤 01 使用“应用图像”命令调整图像

打开本书配套光盘中第 3 章 \media\001.jpg 文件，如左下图所示。执行“图像 > 应用图像”命令，弹出如右下图所示的“应用图像”对话框。

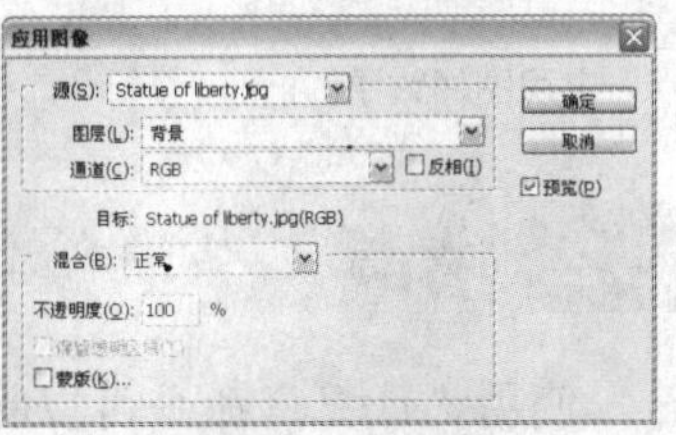

打开的图像文件　　“应用图像”对话框

在“应用图像”对话框中设置“通道”为“蓝”通道，设置“混合”为“叠加”，如下图所示，调整图像中“蓝”通道的色彩参数。

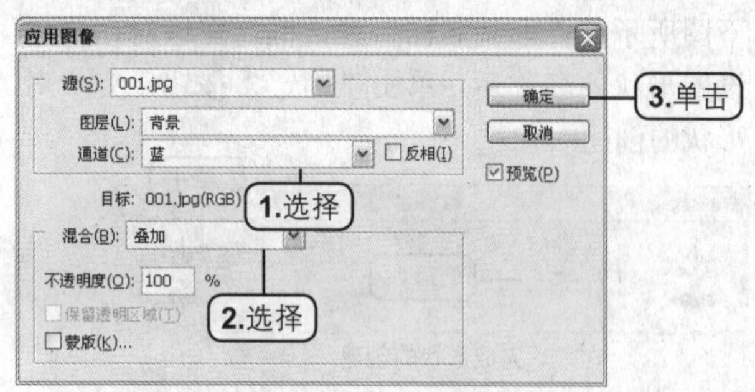

调整"蓝"通道

选择"通道"为"红"，保持"混合"不变，如下图所示。完成后单击"确定"按钮。

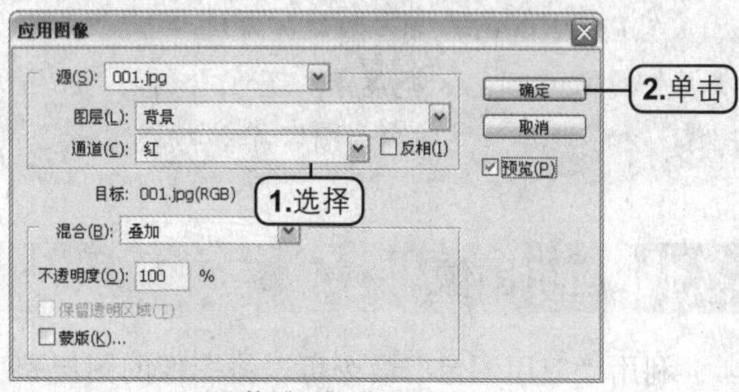

调整"红"通道

步骤 02 调整图像亮度

完成上述操作后，图像变成如左下图所示的状态。按下 Ctrl+L 快捷键，在弹出的"色阶"对话框中拖动白色滑块至 211 的位置，增加图像的亮度，如右下图所示。

应用图像效果

调整图像亮度

3.3.2 计算

使用"计算"命令可以将来自一个或多个源图像的两个独立通道混合，然后将合成后的结果保存到一个新图像中，或运用到当前图像的新通道或选区中。"计算"对话框如下图所示，各选项的说明如下表所示。

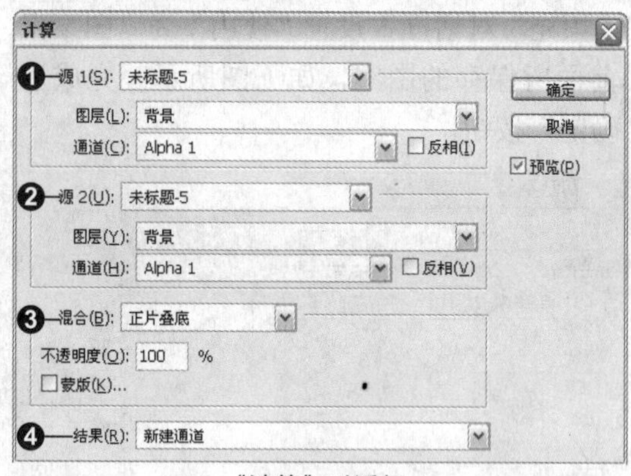

"计算"对话框

编 号	名 称	说 明
❶	源 1	设置源文件 1 的名称、图层和通道
❷	源 2	设置源文件 2 的名称、图层和通道
❸	混合	包括 Photoshop CS3 中所有应用工具
❹	结果	将混合后的结果生成通道、文档或选区

下面介绍如何使用"计算"命令，将两个图像文件混合到一个图像文件中。具体操作步骤如下所示。

步骤 01 拖入图像

打开本书配套光盘中第 3 章 \media 文件夹中的 002.jpg 文件和 003.jpg 文件。如下图所示。

打开的图像文件 1

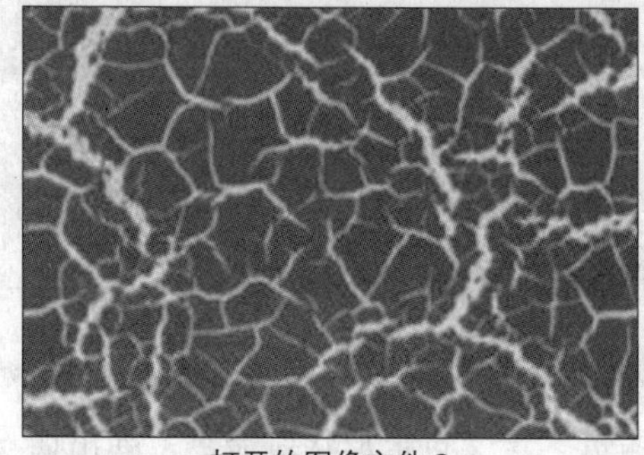

打开的图像文件 2

将003.jpg图像文件拖入到002.jpg图像文件窗口中，并使用自由变换操作调整其大小至布满整个画布为止。执行“图像 > 计算”命令，弹出如下图所示的“计算”对话框。

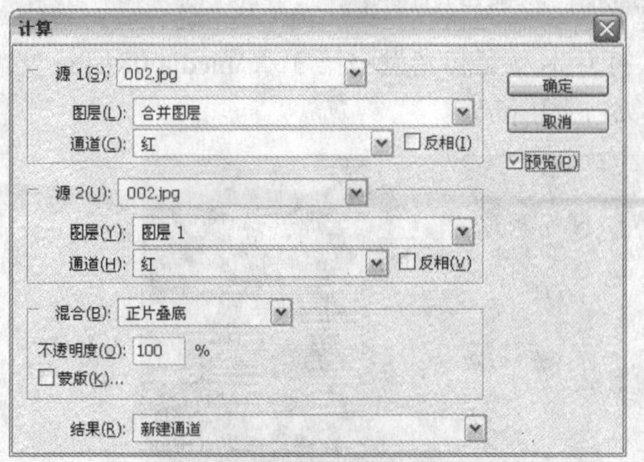

“计算”对话框

步骤 02　使用计算制作效果

在“计算”对话框中，分别设置“源 1”和“源 2”中的“图层”为“图层 1”和“背景”，再设置“混合”为“颜色加深”，如下图所示。完成后单击“确定”按钮。

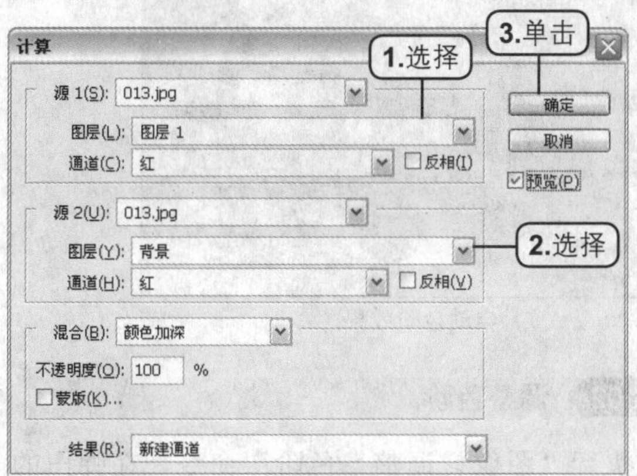

设置参数

完成上述操作后，图像窗口中的两个图层混合到了一起，效果如下图所示。

“计算”效果

3.3.3　色调调整

对图像进行简单的色彩调整时，可以利用“图像”菜单中的“自动颜色”、“自动色阶”、“自动对比度”等命令快速对图像的整体颜色进行调整，并赋予图像特殊的颜色效果，还可以使用“色阶”、“曲线”、“色彩平衡”、“色相/饱和度”、“替换颜色”、“照片滤镜”、“曝光度”等命令对图像的色调进行更加精确的调整。

1. 自动颜色和可选颜色

对图像执行“图像 > 调整自动颜色”命令后，图像会按照自动颜色校正，以默认的RGB灰色值为中间调，对图像的阴影和高光进行减切。这样可以自动调整图像的颜色。利用“可选颜色”命令可以修改任何图像中主要颜色中的印刷色。具体操作步骤如下所示。

步骤 01　自动颜色

打开本书配套光盘中第3章\media\080.jpg文件，如下图所示。

打开的图像文件

执行“图像 > 调整 > 自动颜色”命令，对图像的颜色进行自动调整。效果如下图所示。

“自动颜色”效果

步骤 02 可选动颜色

执行“图像 > 调整 > 可选颜色”命令，在弹出的“可选颜色”对话框中选择“颜色”为“红色”，然后设置其他各项参数，如下图所示。

设置“红色”参数

选择“颜色”为“绿色”，再设置其他各项参数，如下图所示。完成后单击“确定”按钮，就可以调整图像的颜色。

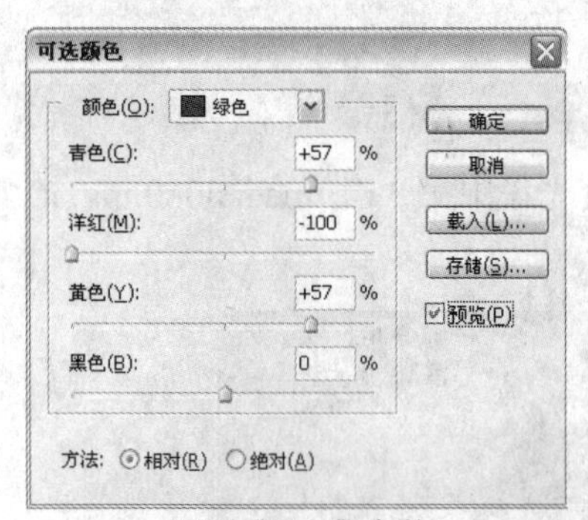

设置“绿色”参数

完成上述操作后，改变了图像中的红色和绿色值，效果如下图所示。

完成图像颜色调整

2. 自动色阶和色阶

利用“自动色阶”命令可以增强图像的对比度，使像素值平均分布的同时，按照自动颜色校正白色和黑色像素的百分比。利用“色阶”命令可以精确调整图像的阴影、中间调和高光的强度级别，校正图像的色调范围和色彩平衡。具体操作步骤如下所示。

步骤 01 调整自动色阶

打开本书配套光盘中第 3 章 \media\081.jpg 文件，如下图所示。

打开的图像文件

执行“图像 > 调整 > 自动色阶”命令，对图像的颜色进行自动调整。效果如下图所示。

自动色阶效果

步骤 02 调整色阶

执行“图像 > 调整 > 色阶”命令，在弹出的“色阶”对话框中设置如下图所示的参数。完成后单击“确定”按钮，调整图像的色阶值。

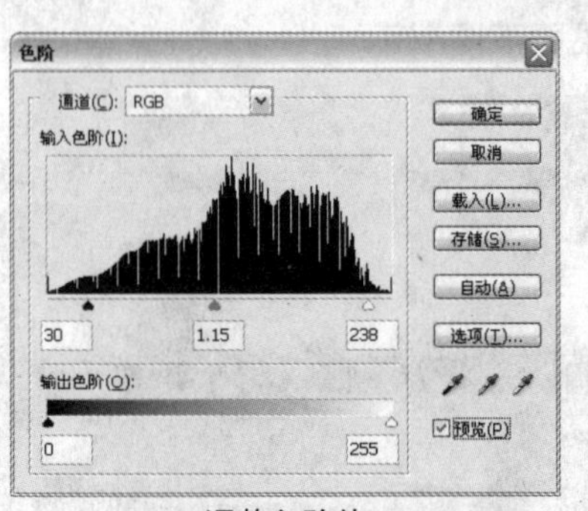

调整色阶值

完成上述操作后，调整了图像的色阶。效果如下图所示。

图像调整效果

3. 自动对比度和亮度 / 对比度

利用“自动对比度”命令可以按照自动颜色校正值白色和黑色像素的百分比，可修改许多摄影或连续色调图像的外观。利用“亮度 / 对比度”命令，可以对图像的亮度和对比度进行调整，在高精度的图像中使用该命令，会使图像丢失细节元素。

步骤 01 调整自动对比度

打开本书配套光盘中第 3 章 \media\082.jpg 文件，如下图所示。

打开的图像文件

执行“图像 > 调整 > 自动对比度”命令，对图像的颜色进行自动调整。效果如下图所示。

自动对比度调整效果

步骤 02 调整亮度 / 对比度

执行“图像 > 调整 > 亮度 / 对比度”命令，在弹出的对话框中设置如下图所示的参数。完成后单击“确定”按钮。

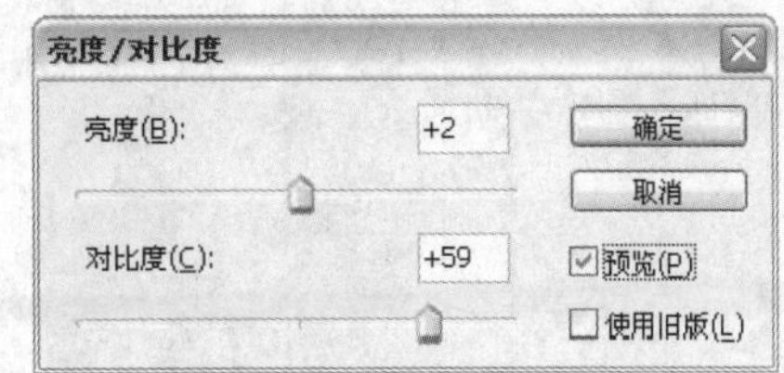

设置“亮度 / 对比度”值

完成上述操作后，调整了图像的亮度和对比度。效果如下图所示。

最终效果

4. 曲线

利用“曲线”命令可以对图像的整个色调范围进行调整，可通过该命令对个别颜色通道进行精确的调整。具体操作步骤如下所示。

步骤 01 打开图像文件

打开本书配套光盘中第 3 章 \media\083.jpg 文件，如下图所示。

打开的图像文件

步骤 02 调整图像的亮度

按下 Ctrl+M 快捷键，在弹出的“曲线”对话框中调整曲线，如下图所示。

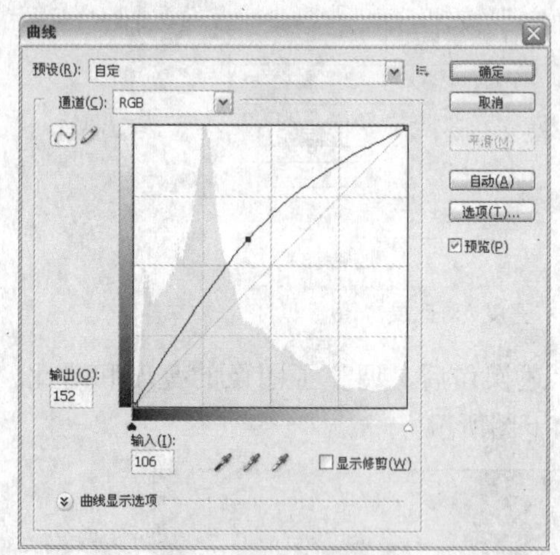

调整曲线

再次在“曲线”对话框中调整曲线，加强图像的对比度。完成后单击“确定”按钮。

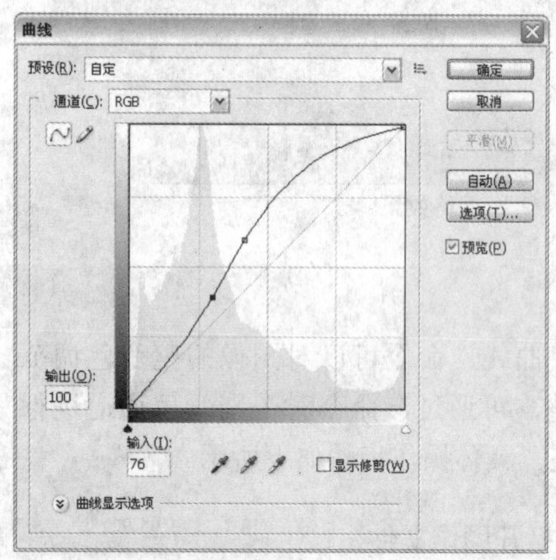

再次调整曲线

完成上述操作后，调整了图像的亮度。效果如下图所示。

最终效果

5. 色彩平衡

利用“色彩平衡”命令可修改图像整体的颜色混合，修正图像的色彩偏差，还可以制作有特殊色彩的艺术图像。具体操作步骤如下所示。

步骤 01 打开图像文件

打开本书配套光盘中第 3 章 \media\084.jpg 文件，如下图所示。

打开的图像文件

步骤 02 调整图像的色调

执行“图像 > 调整 > 色彩平衡”命令，在弹出的“色彩平衡”对话框中设置如下图所示的参数。

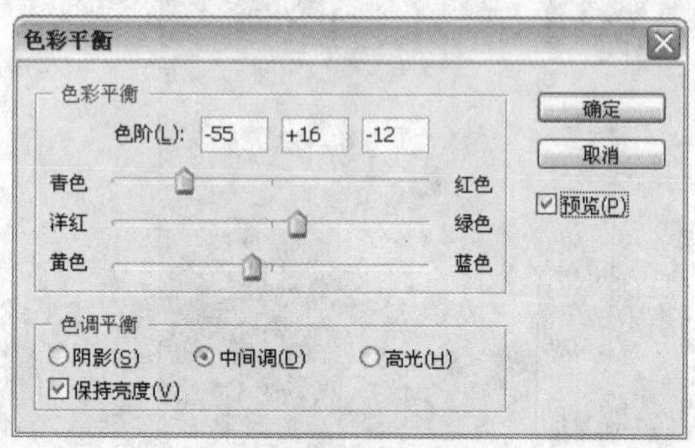

设置“中间值”参数

在“色调平衡”选项组中选择“阴影”单选按钮，其他设置如下图所示。

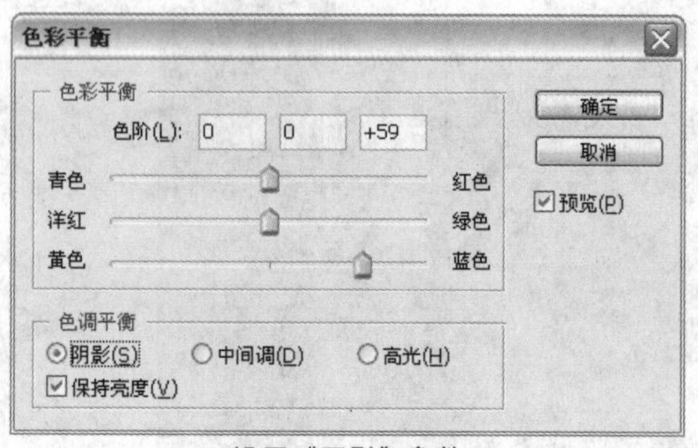

设置“阴影”参数

选择“高光”单选按钮，设置如下图所示的

参数。完成后单击“确定”按钮。

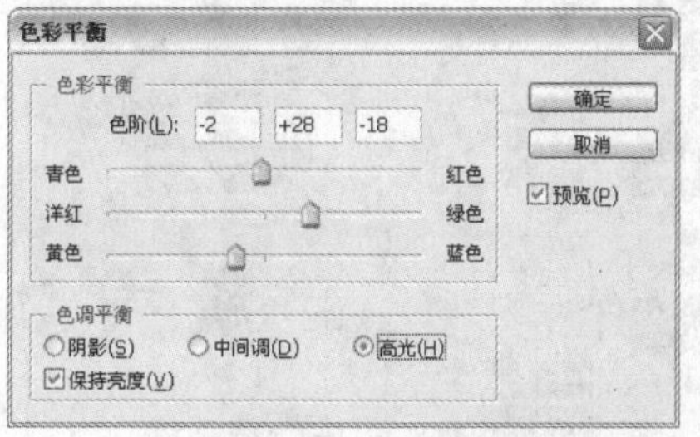

设置“高光”参数

完成上述操作后，调整了图像的色调。效果如下图所示。

调整了图像的色调

6. 去色和色相 / 饱和度

利用“去色”命令，可以将当前所选图像转换为灰度图像。利用“色相 / 饱和度”命令，可以调整图像的色相和饱和度。在“色相 / 饱和度”对话框的“编辑”下拉列表中可以选择“全图”和不同的颜色，对图像进行调整。具体操作步骤如下所示。

步骤 01 去色

打开本书配套光盘中第 3 章 \media\085.jpg 文件，如下图所示。

打开的图像文件

执行“图像 > 调整 > 去色”命令，对图像进行去色处理，效果如下图所示。

去色效果

步骤 02 色相 / 饱和度

执行“图像 > 调整 > 色相 / 饱和度”命令，在弹出的对话框中选中“着色”复选框，然后设置如下图所示的参数，完成后单击“确定”按钮。

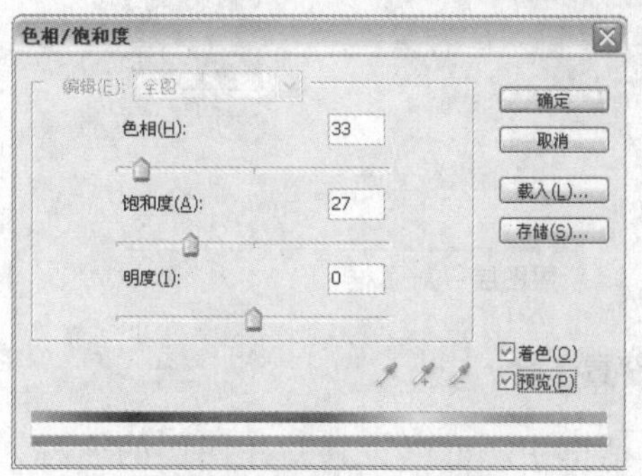

设置“色相 / 饱和度”参数

完成上述操作后，为图像添加了一种单色，效果如下图所示。

单色效果

3.4 “图层”菜单

处理图像文件时，除了直接在“图层”面板中新建、删除以及调整图层以外，还可以利用“图层”菜单中的命令进行以上操作。

3.4.1 新建

执行“图层 > 新建 > 图层”命令，或者按下Shift+Ctrl+N 快捷键，可以新建一个图层。这样可以在不影响“图层”面板上其他图层中图像信息的情况下，在新建的图层中进行图像添加或编辑，并将这些图像信息保存在新建的图层中。新建图层的具体操作步骤如下所示。

步骤 01 打开“新建图层”对话框

任意打开一个或新建一个图像文件后，执行“图层 > 新建 > 图层”命令，弹出如下图所示的“新建图层”对话框。

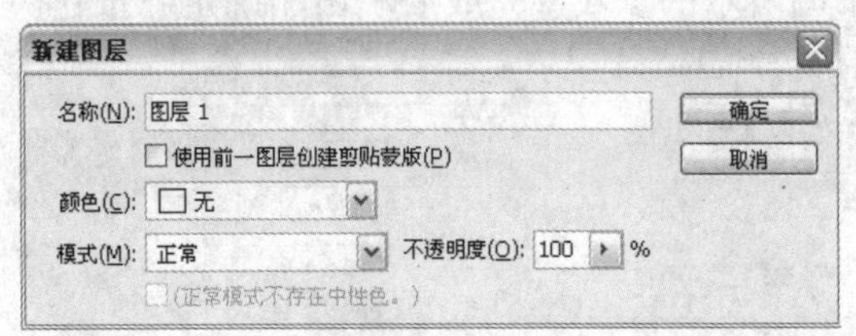

“新建图层”对话框

步骤 02 设置参数

在该对话框中，可以设置新建图层的名称、颜色、模式等，如下图所示。完成后单击“确定”按钮，可以在“图层”面板中查看参数。

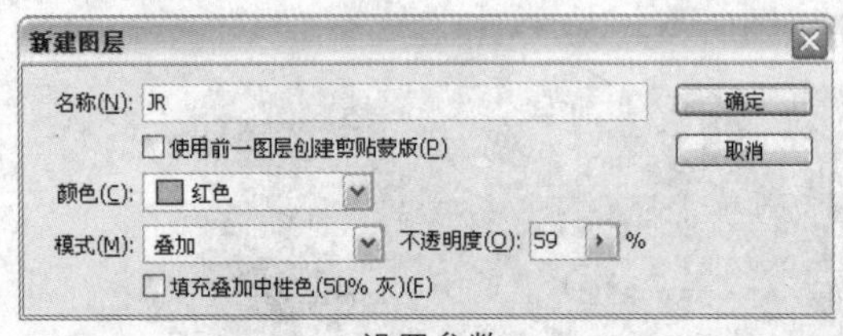

设置参数

3.4.2 图层样式

在图层中可以为图像添加阴影、发光、斜面和浮雕、光泽、颜色叠加、渐变叠加、图案叠加、描边等特殊效果。将这些效果配合使用，可以将图像制作为各种不同质感的特效作品。

1. 图层样式对话框

所有图层样式的添加操作都需要通过在“图层样式”对话框中完成。在普通图层和文字图层上右击后，在弹出的快捷菜单中执行“混合选项”命令，弹出“图层样式”对话框，如下图所示，各选项的说明如下表所示。

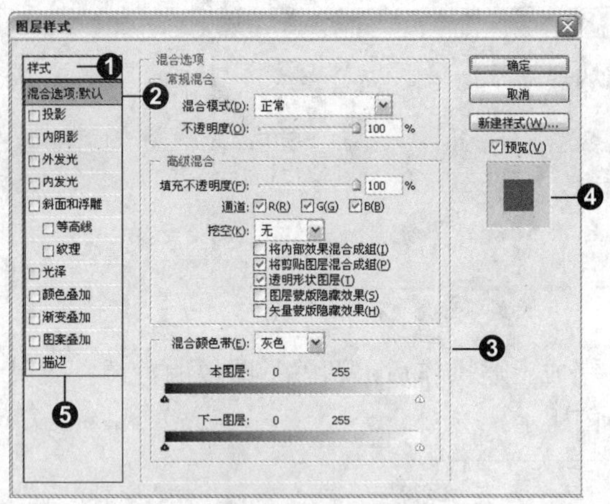

“图层样式”对话框

编 号	名 称	说 明
❶	样式	打开“样式”面板，可以为图像添加系统自带的样式
❷	混合选项	打开“混合选项”面板，可以对图层进行各项参数设置
❸	面板	显示当前面板的参数设置区域
❹	缩览图	显示当前为图像添加的样式预览
❺	复选框	选中任意复选框，可以切换至该复选框相对应参数设置面板

2. 投影

选中“投影”复选框，再单击“投影”选项，切换至“投影”面板。在“投影”面板中可以设置图像投影的“混合模式”、“不透明度”“角度”、“大小”等。为图像添加投影的具体操作步骤如下所示。

步骤 01 打开图像文件

打开本书配套光盘中第 3 章 \media\004.tif 文件，如下图所示。

打开的图像文件

步骤 02 添加图层样式

在“图层”面板中的“图层 1”图层上单击，选中该图层，如下图所示。

选中图层

执行“图层 > 图层样式 > 投影”命令，弹出如下图所示的“图层样式”对话框，已经自动切换到“投影”面板中。

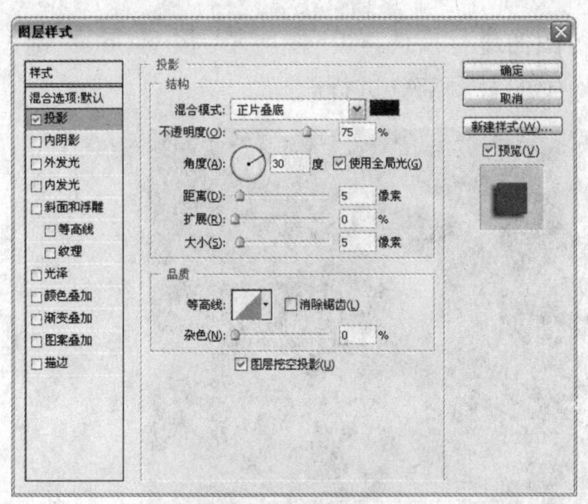
“图层样式”对话框

在“投影”面板中，设置“颜色”为“黑色”，再设置其他各项参数，如下图所示。完成后单击“确定”按钮。

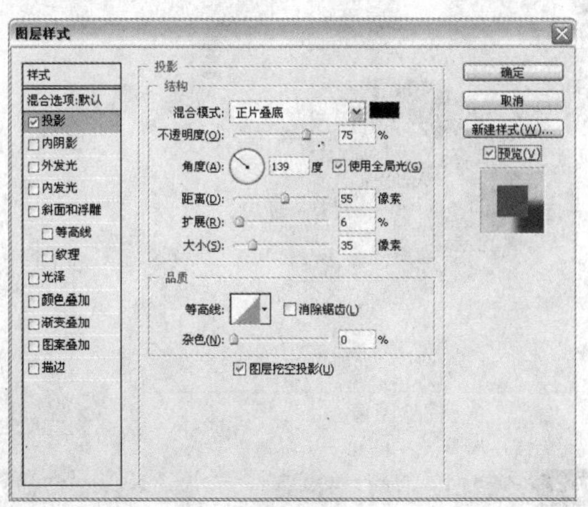
设置参数

通过前面的操作，为图像添加了投影效果，如下图所示。在“图层”面板中也可以看到为该图层添加的图层样式。

添加“投影”效果后

3. 内阴影

选中“内阴影”复选框，再单击“内阴影”选项，切换至“内阴影”面板，为图像的内部添加投影，制作向内凹陷的特殊效果。为图像添加内阴影的具体操作步骤如下所示。

步骤 01 打开图像文件

打开本书配套光盘中第 3 章 \media\005.jpg 文件，如下图所示，并复制“背景”图层得到“背景 副本”图层。

打开的图像文件

步骤 02 设置内阴影效果

执行“图层 > 图层样式 > 内阴影”命令，弹出如下图所示的对话框。

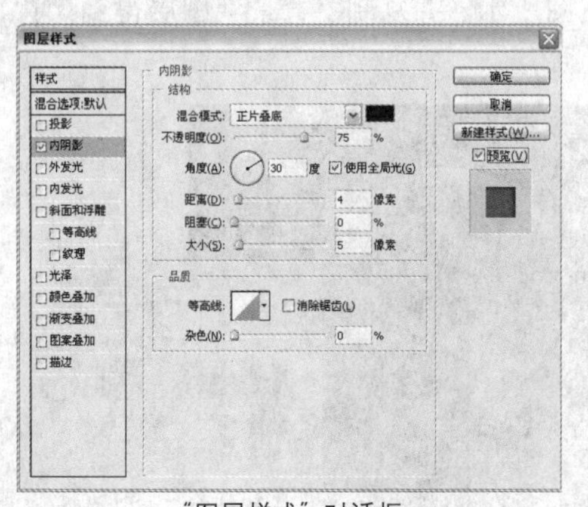
“图层样式”对话框

在“内阴影”面板中设置“颜色”为“黑色”，如下图所示。完成后单击“确定”按钮。

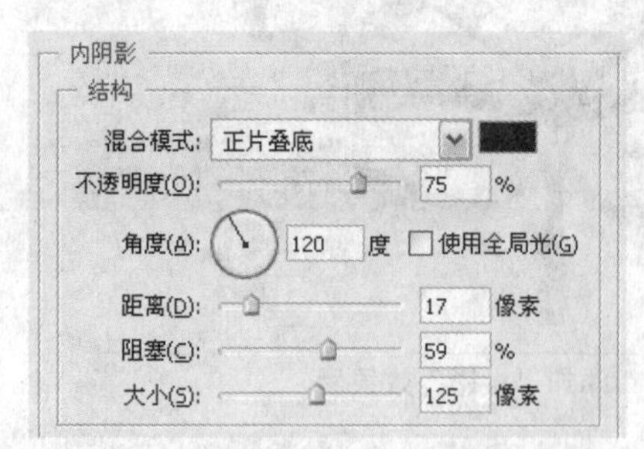

设置“内阴影”参数

完成上述操作后，为图像添加了内阴影效果，如下图所示。

内阴影效果

4. 外发光

选中“外发光”复选框，再单击“外发光”选项，切换至“外发光”面板。在“外发光”面板中，可以为图像边缘添加各种颜色的光芒效果。为图像添加外发光效果的具体操作步骤如下所示。

步骤 01 打开图像文件

打开本书配套光盘中第 3 章 \media\006.jpg 文件，如下图所示，并复制“背景”图层得到“背景 副本”图层。

打开的图像文件

步骤 02 调整图像

选择椭圆选框工具，在图像中根据中心物体创建如下图所示的选区，如下图所示。

创建选区

对图像进行反选，如下图所示。按下 Delete 键，对图像中的背景部分进行删除。

删除背景图像

隐藏“背景”图层，再选择橡皮擦工具，在图像中擦除图像中水下的部分，如下图所示。

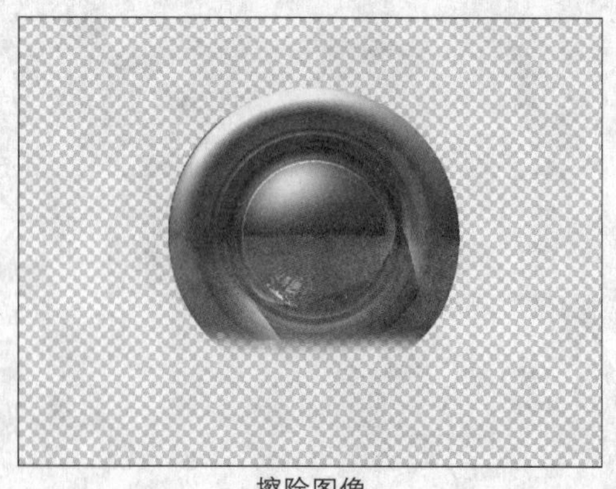

擦除图像

步骤 03 添加图层样式效果

执行“图层 > 图层样式 > 外发光”命令，弹出“图层样式”对话框，并自动切换到“外发光”面板中，如下图所示。

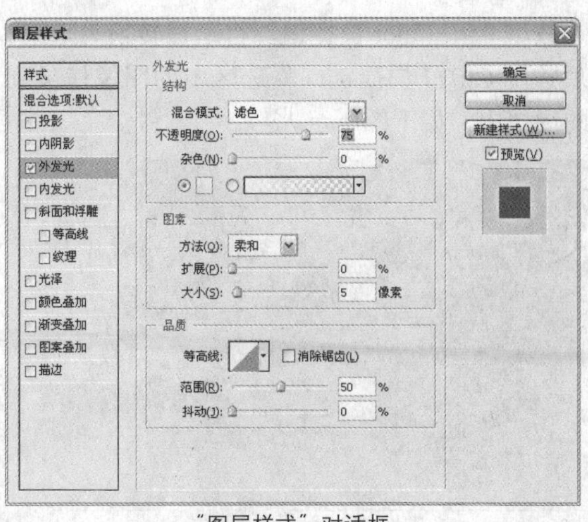

"图层样式"对话框

在"外发光"面板中单击颜色缩览图，弹出如下图所示的"拾色器"对话框。在其中设置颜色为R105、G239、B255，完成后单击"确定"按钮。

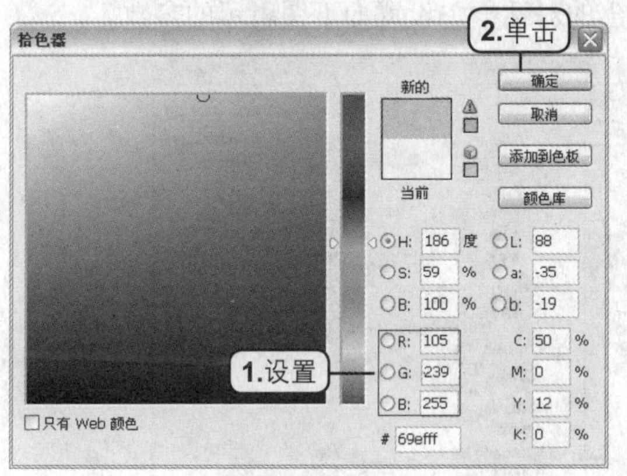

设置外发光颜色

在"外发光"面板中设置其他参数。完成后单击"确定"按钮。

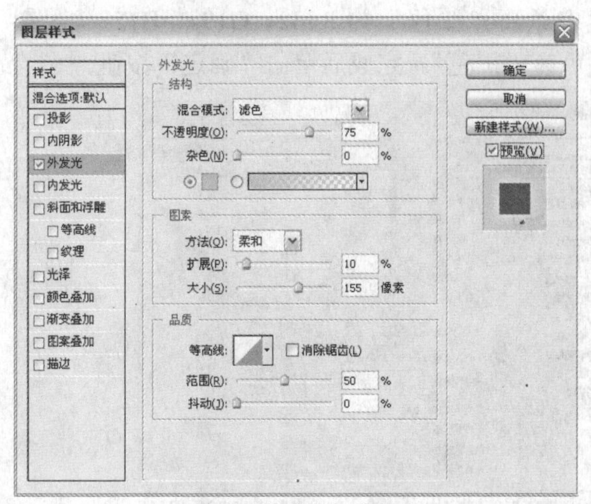

设置"外发光"参数

显示"背景"图层后，可以看到图像中添加的外发光效果，如下图所示。

外发光效果

5. 内发光

选中"内发光"复选框，再单击"内发光"选项，切换至"内发光"面板为图像的内部添加发光效果，具体操作步骤如下所示。

步骤 01 打开图像文件

打开本书配套光盘中第3章\media\007.jpg文件，如下图所示，复制得到"背景 副本"图层。

打开的图像文件

步骤 02 设置内发光

执行"图层>图层样式>内发光"命令，在弹出的对话框中保持默认设置不变，如下图所示。

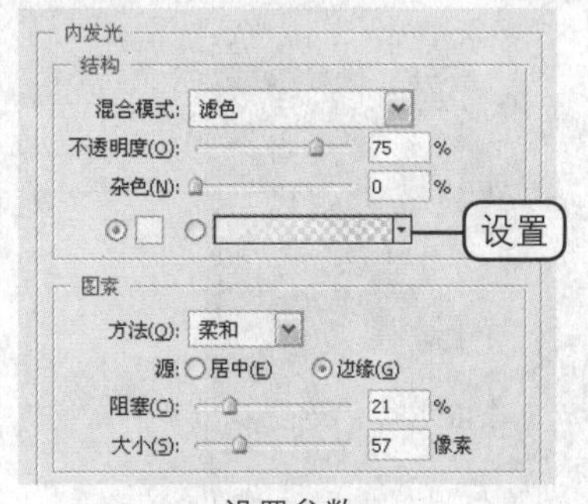

设置参数

完成上述操作后，为图像添加了内发光效果，如下图所示。

内发光效果

6. 斜面和浮雕

选中“斜面和浮雕”复选框，再单击“斜面和浮雕”选项，切换至“斜面和浮雕”面板。在该面板中，可以为图像添加 5 种浮雕效果，具体操作步骤如下所示。

光盘路径：第 3 章 \Complete\ 斜面与浮雕 .psd

步骤 01 打开图像文件并创建选区

打开本书配套光盘中第 3 章 \media\008.jpg 文件，如下图所示。

打开的图像文件

选择钢笔工具，在图像中沿贝壳的边缘创建如下图所示的路径。

创建路径

按下 Ctrl+Enter 快捷键，将路径转换为选区。然后按下 Ctrl+J 快捷键，将选区中的图像拷贝到新的图层中，如下图所示。

拷贝图像

步骤 02 添加图层样式

执行“图层 > 图层样式 > 斜面和浮雕”命令，在弹出的对话框中设置如下图所示的参数。

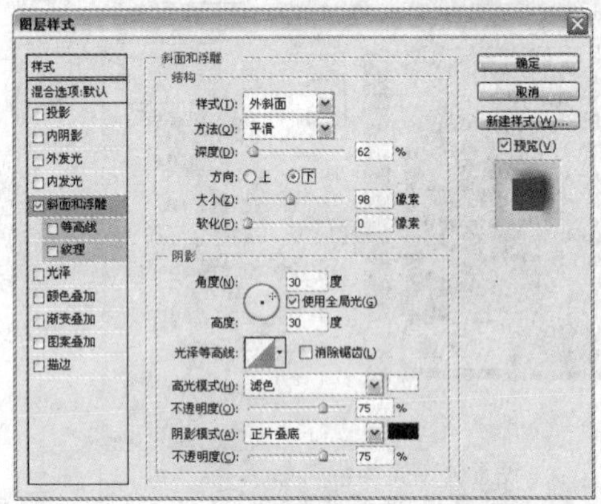

设置参数

然后在该面板的下方设置如下图所示的参数。其中“高光颜色”为 R232、G192、B157，阴影颜色为“黑色”。完成后单击“确定”按钮。

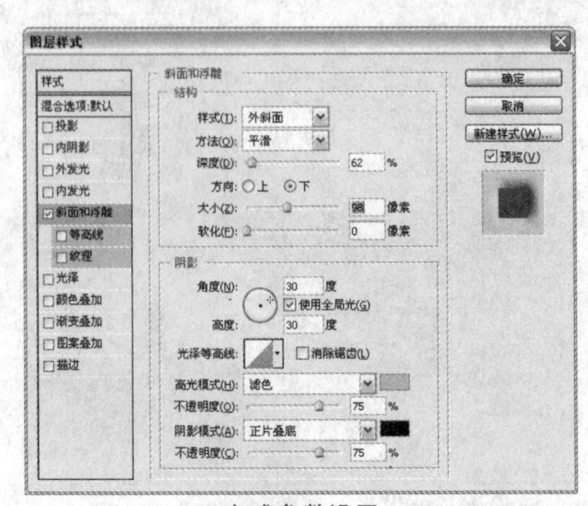

完成参数设置

完成上述操作后，为图像添加了“斜面和浮雕”效果，如下图所示。

斜面和浮雕效果

7. 光泽

选中“光泽”复选框，再单击“光泽”选项，切换到“光泽”面板。在该面板中，可以为图像添加真实且漂亮的光照效果。具体操作步骤如下所示。

光盘路径：第 3 章 \Complete\ 光泽 .psd

步骤 01 调整图像文件

打开本书配套光盘中第 3 章 \media\009.jpg 文件，如下图所示。

打开的图像文件

选择套索工具，在选项栏上设置“羽化”为 50 px，在图像中沿汽车创建一个选区，这个选区不用太精确，如下图所示。

创建选区

按下 Ctrl+J 快捷键，将选区中的图像拷贝到新的图层，如下图所示。

拷贝图像

步骤 02 设置光泽

执行“图层 > 图层样式 > 光泽”命令，在弹出的对话框中设置如下图所示的参数，并设置光泽颜色为 R255、G132、B204。

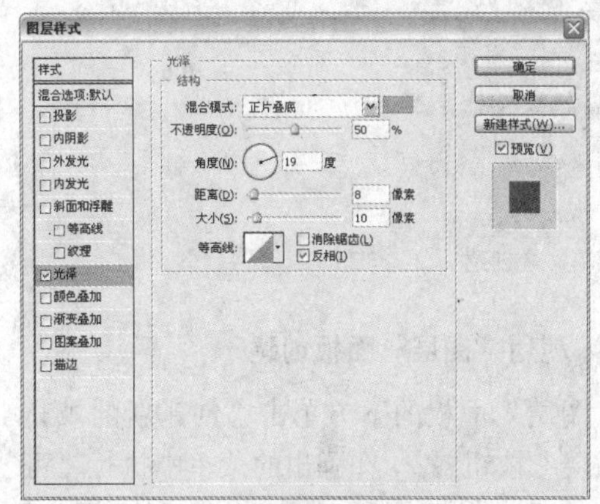

设置参数

完成上述操作后，为图像中的车子添加了光泽效果，如下图所示。

光泽效果

3.4.3 新建填充和调整图层

为图像添加调整图层和填充图层，可以方便多次调整图像效果、删除图像效果以及查找所添加图像效果的参数。

1. 创建填充和调整图层

在 Photoshop 中使用填充和调整图层可以为该图层以下的所有图层添加效果。使用普通的填充和调整方式，只对当前所选图层起作用。创建填充或调整图层的方法有两种，下面以添加“可选颜色”调整图层的方法为例进行介绍。

方法 01 利用“图层”菜单创建

执行“图层 > 新建调整图层 > 可选颜色”命令，弹出“可选颜色”对话框，在该对话框中进行设置后，“图层”面板中可自动生成调整图层，如下图所示。

利用菜单命令创建

方法 02 利用“图层”面板创建

在“图层”面板的下方单击“创建新的填充或调整图层”按钮 ，在弹出的菜单中执行“可选颜色”命令，如下图所示，弹出“可选颜色”对话框。进行设置后，同样会在“图层”面板中生成调整图层。

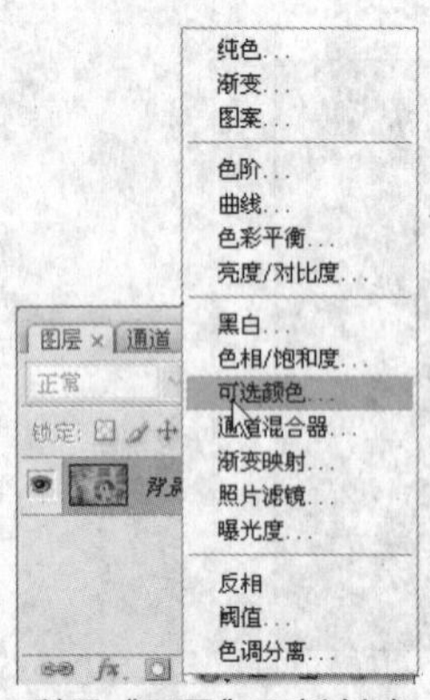

利用“图层”面板创建

2. 编辑填充和调整图层

创建填充图层和调整图层后，可以对其进行重复编辑。下面以重复编辑“亮度 / 对比度”调整图层为例进行介绍。

光盘路径 第 3 章 \Complete\ 填充和调整图层 .psd

步骤 01 添加调整图层

打开本书配套光盘中第 3 章 \media\010.jpg 文件，如下图所示。

打开的图像文件

单击“图层”面板上的“创建新的填充或调整图层”按钮 ，在弹出的菜单中执行“亮度 / 对比度”命令，在弹出的“亮度 / 对比度”对话框中设置如下图所示的参数。完成后单击“确定”按钮。

设置“亮度 / 对比度”参数

完成上述操作后，增加了图像的亮度和对比度，如下图所示。

调整效果

完成上述调整后，图像太过明亮，看不清图像中的细节。双击“图层”面板中的“亮度 / 对比度 1”图层中的按钮，如下图所示。下面对图像进行重新调整。

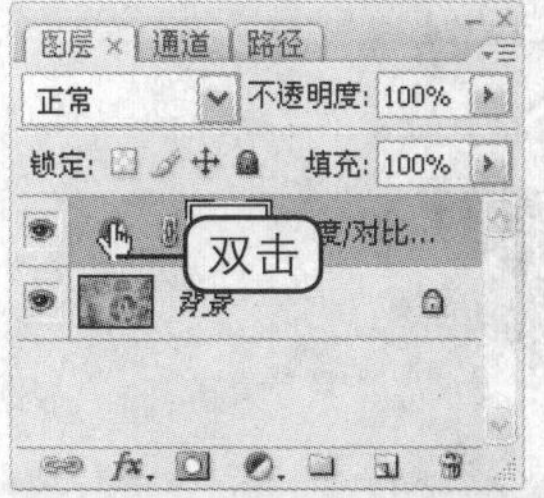

双击编辑按钮

步骤 02 再次添加调整图层

再次弹出“亮度 / 对比度”对话框，重新设置如下图所示的参数。完成后单击“确定”按钮。

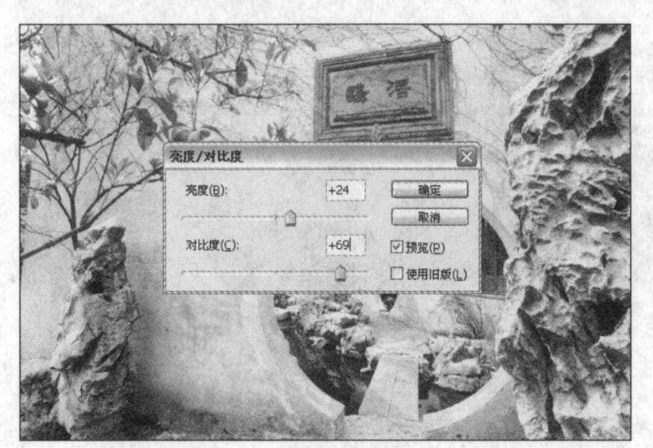

重新设置参数

完成上述操作后，为图像重新调整的效果如下图所示。

完成图像操作的效果

3.5 特殊滤镜

在 Photoshop 中，可通过滤镜功能为图像中的某一图层、通道或选区添加丰富多彩的艺术效果。在滤镜中提供了 5 个特殊的滤镜，依次为抽出、滤镜库、液化、图案生成器和消失点，用于为图像添加抽出、变形、特殊效果等。

3.5.1 “抽出”滤镜

利用“抽出”滤镜，可以快捷地提取复杂的图像，如羽毛、动物等。“抽出”滤镜可将图像从背景中分离出来，并将背景涂抹成透明状态。“抽出”对话框如下图所示，各选项的说明如下表所示。

“抽出”对话框

编号	名称	说明
❶	边缘高光器工具	用于在图像中绘制边界，以便将图像从背景中分离出来
❷	油漆桶工具	用于填充需要抠出的图像区域，以便系统区分
❸	橡皮擦工具	用于擦除边缘高光区域
❹	吸管工具	用于吸取图像颜色，并利用不同的颜色将背景和抽出对象分离出来
❺	清除工具	用于擦除不需要的背景区域
❻	边缘修饰工具	用于修复对象边缘像素、修饰选区
❼	高光	在“高光”下拉列表中可选择一种颜色作为高光颜色
❽	填充	在“填充”下拉列表中可选择一种颜色作为选区的填充颜色
❾	智能高光显示	保持选区边缘的高光，只应用刚好覆盖住边缘的高光量

下面举例说明使用“抽出”滤镜抠图的方法，具体操作步骤如下所示。

步骤 01 打开图像文件

打开本书配套光盘中第 3 章 \media\011.jpg 文件，如下图所示。

打开的图像文件

步骤 02 抽出图像

执行“滤镜 > 抽出”命令，弹出“抽出”对话框，如下图所示。

“抽出”对话框

在该对话框中选择边缘高光器工具 ，按下] 键和 [键，适当调整画笔的大小。在图像中沿牛的边缘进行涂抹，如下图所示，直至将牛的图像全部包围。

创建抽出区域

选择油漆桶工具 ，在图像中的牛图像上单击，进行填充，效果如下图所示。完成后单击“确定”按钮。

填充抽出区域

完成上述操作后，在图像中抽出了牛的部分。效果如下图所示。

抽出图像效果

3.5.2 “液化”滤镜

通过“液化”滤镜，可以对图像任何区域进行推、拉、旋转、反射、折叠、膨胀等操作，以便制作出特殊、奇异的图像效果。“液化”对话框如下图所示，各选项的说明如下表所示。

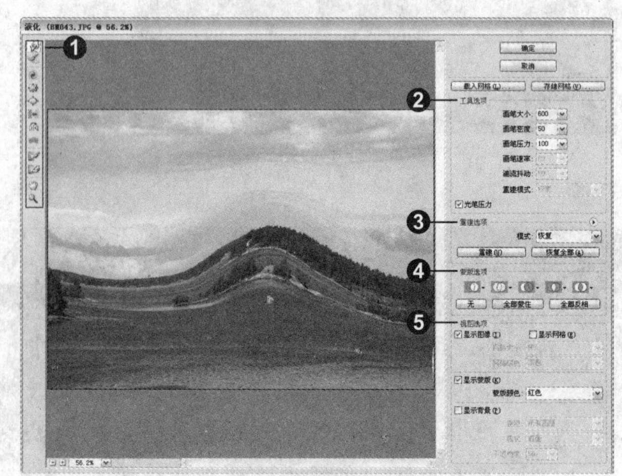

“液化”对话框

编号	名称	说明
❶	工具栏	向前变形工具：用于在图像预览图中单击并拖动鼠标镶嵌推动图像局部 重建工具：用于完全或部分的恢复改改的图像 顺时针旋转扭曲工具：在按住或者拖动鼠标时，可以旋转图像局部 褶皱工具：在按住或者拖动鼠标时，可以使图像朝着画笔区域的中心移动 膨胀工具：在按住或者拖动鼠标时，可以使图像局部朝着离开画笔区域中心的方向移动 左推工具：在拖动鼠标垂直向上时，可以使图像向左移动，在拖动鼠标平行移动时，使图像向下移动 镜像工具：可以将图像拷贝到画笔区域，在图像中创建镜像效果 湍流工具：可以平滑地拼凑图像，多用于创建火焰、云彩、波浪等效果 冻结蒙版工具：在需要保护的区域上拖移，即可冻结该区域 解冻蒙版工具：在需要解冻的区域上拖移，即可解冻已冻结的区域
❷	工具选项	画笔大小：设置画笔的大小 画笔密度：设置画笔的密度 画笔压力：设置画笔的压力大小 画笔速率：可设置扭曲图像的画笔的速度 湍流抖动：可以控制湍流工具对图像混杂的密度。在使用重建工具时，可以重建模式为选取重建的模式 光笔压力：可以使用数位板中的压力读数对图像进行调整
❸	重建选项	模式：可选择重建构建的模式 “重建”按钮：可以根据所设定的重建模式来重建图像 “恢复全部”按钮：可以将预览图像恢复到最初的状态
❹	蒙版选项	“替换选区”按钮：可以显示原图像中的选区、蒙版或透明度 “添加到选区”按钮：显示原图像中的蒙版，并可使用冻结蒙版工具将其添加到选区 “从选区中减去”按钮：可以从当前的冻结区域中减去多余的选区

（续表）

编号	名称	说明
❹	蒙版选项	“与选区相交”按钮：可以只使用当前处于冻结状态的图像区域 “反相选区”按钮：使用当前选定的图像区域，时冻结区域反相 “全部蒙住”按钮：可以将整个图像冻结 “全部反相”按钮：可以将所有冻结区域和解冻区域进行反相
❺	视图选项	显示图像：显示图像预览效果图 显示网格：可以在预览图中显示网格 网格大小：可以设置网格的显示大小为大、中、小 网格颜色：可以设置网格显示的颜色 显示蒙版：可以显示或隐藏冻结区域 蒙版颜色：可以设置蒙版的显示颜色 显示背景：预览图中将以半透明状态显示图像中的其他图层

下面以为普通图像添加镜像效果为例，介绍“液化”滤镜的功能。具体操作步骤如下所示。

步骤 01 打开图像文件

打开本书配套光盘中第 3 章 \media\012.jpg 文件，如下图所示。

打开的图像文件

步骤 02 液化图像

执行“滤镜 > 液化”命令，弹出“液化”对话框，如下图所示。

"液化"对话框

在该对话框中选择向前变形工具，在图像中进行涂抹，效果如下图所示。完成后单击"确定"按钮。

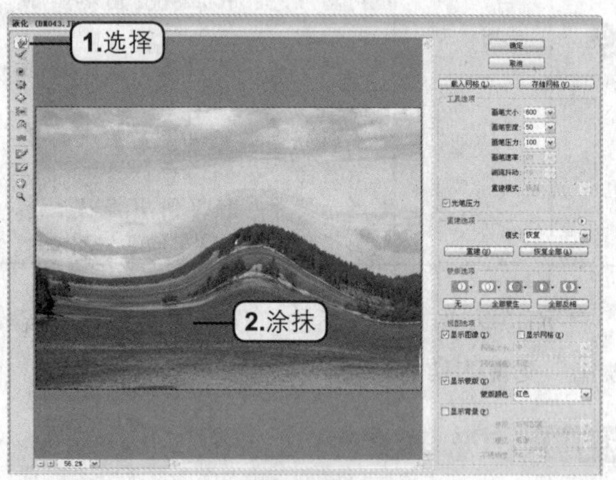

液化图像

完成上述操作后，图像变成了如下图所示的形态。

变形后

3.5.3 "图案生成器"滤镜

使用"图案生成器"滤镜可以将图像进行重新拼贴后生成图案。"图案生成器"对话框如下图所示，各选项的说明如下表所示。

"图案生成器"对话框

编号	名称	说明
❶	矩形选框工具	在图像预览图中创建选区
❷	缩放工具	对预览图进行缩放
❸	抓手工具	方便查看预览图局部
❹	拼贴生成	使用剪贴板作为样本：将在打开"图案生成器"对话框之前拷贝的某个图像作为平铺图案的来源 "使用图像大小"按钮：将图像大小用作拼贴大小，利用该按钮可以产生具有单个拼贴的图案 宽度：设置形成最终图案的拼贴块宽度 高度：设置形成最终图案的拼贴块高度 位移：设置形成最终图案的拼贴块间相错位的一个方向 数量：指定拼贴的位移数量 平滑度：设置平滑值。增加平滑值，可以降低生成拼贴内边界的突出程度 样本细节：设置拼贴块的细腻程度
❺	预览	显示：设定显示原稿，还是图案效果 拼贴边界：设置在图像预览中显示平铺边界
❻	拼贴历史记录	更新图案预览：可以在预览区域中查看拼贴显示为重复图案的效果 "第一个拼贴"按钮：用于查看第一次拼贴的图案效果 "上一个拼贴"按钮：用于查看上一次拼贴的图案效果 "存储预设图案"按钮：用于打开"图案名称"对话框，在该对话框中设置名称后，即可对该图案进行保存

下面举例介绍“图案生成器”滤镜的使用，具体操作步骤如下所示。

步骤 01 打开图像文件

打开本书配套光盘中第 3 章 \media\013.jpg 文件，如下图所示。

打开的图像文件

步骤 02 生成图案

执行“滤镜 > 图案生成器”命令，弹出如下图所示的对话框。

“图案生成器”对话框

利用矩形选框工具绘制选区，如下图所示。

创建选区

单击“生成”按钮，将选区中的图像生成图案，如下图所示。

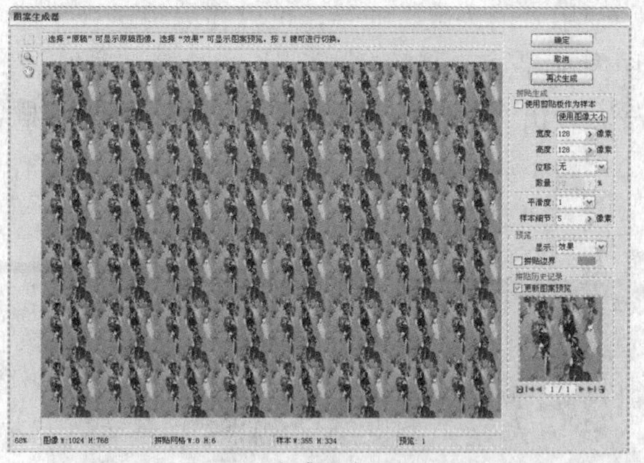

生成图案

单击“再次生成”按钮。可以在现有图案的基础上进行再次生成，如下图所示。完成后单击“确定”按钮。

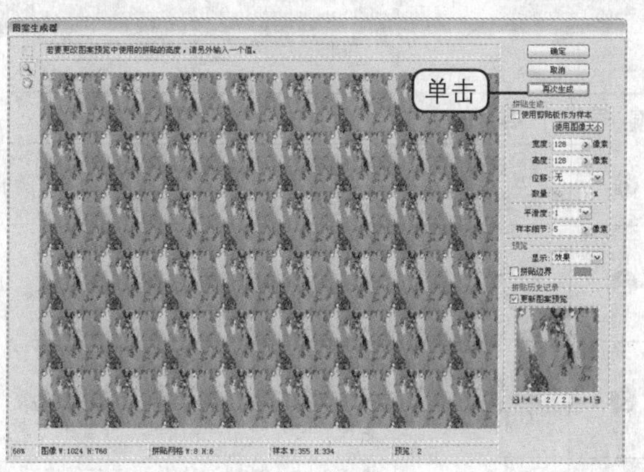

再次生成图案

完成上述操作后，将图像转换为了图案，效果如下图所示。

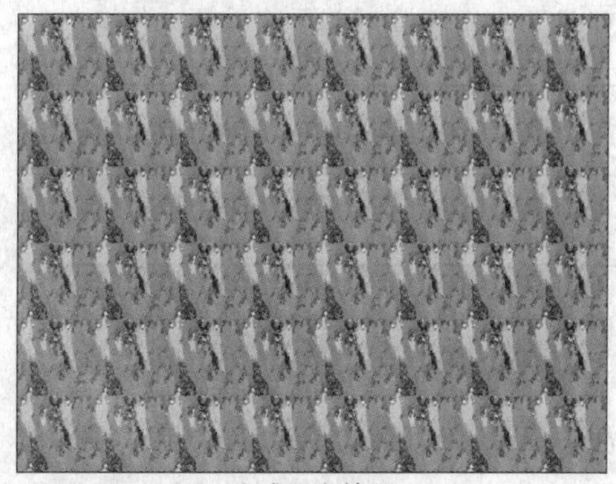

生成图案效果

如果需要将图案进行保存，可以在“图案生成器”对话框中单击“存储预设图案”按钮，在弹出的“图案名称”对话框中设置图案的名称，再单击“确定”按钮。

3.5.4 “消失点”滤镜

使用“消失点”滤镜，可以在编辑透视平面的图像时，保留正确的透视。执行“滤镜 > 消失点”命令，弹出“消失点”对话框。“消失点”对话框如下图所示，各选项的说明如下表所示。

“消失点”对话框

编 号	名 称	说 明
❶	编辑平面工具	用于选择、编辑和移动透视网格并调整透视网格的大小
❷	创建平面工具	用于定义透视网格的4个角的节点，同时调整查视网格的大小和形状
❸	选框工具	可以建立矩形的选区，在网格中可以建立与网格同样形状的选区
❹	图章工具	其用法与Photoshop工具箱中的仿制图章工具 的用法一样
❺	画笔工具	用于在透视网格中使用选定的颜色进行绘制
❻	变换工具	用于对选区中图像进行缩放、旋转或移动
❼	吸管工具	用于在图像或网格中选取颜色
❽	标尺工具	用于测量网格的边界长度、角度等

下面以使用“消失点”滤镜修复图像中的缺陷为例，介绍“消失点”滤镜的使用方法，具体操作步骤如下所示。

步骤 01 打开图像

打开本书配套光盘中第3章\media\014.jpg文件，如下图所示。

打开的图像文件

步骤 02 使用消失点去除图像中的叶子

执行“滤镜 > 消失点”命令，弹出如下图所示的对话框。

“消失点”对话框

在该对话框中选择创建平面工具，在图像中依次单击鼠标4次，绘制一个矩形的平面，如下图所示。

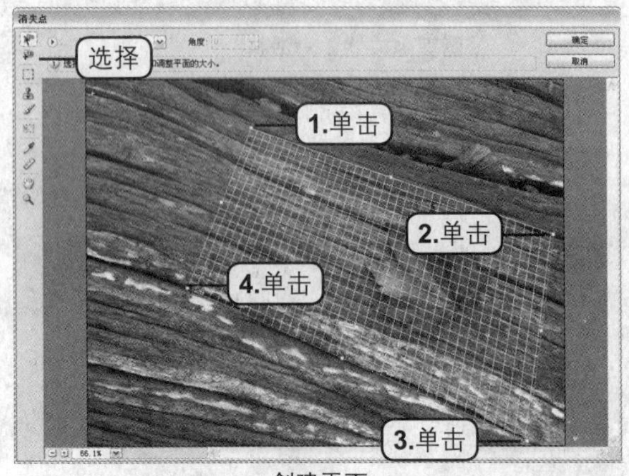

创建平面

选择选框工具，在界面中沿平面的边缘创建同样大小的矩形选区，如下图所示。

创建选区

选择图章工具，按住Alt键，在选区中没有叶子的部分单击鼠标，进行取样，然后将光标移动到需要掩盖的区域，如下图所示。

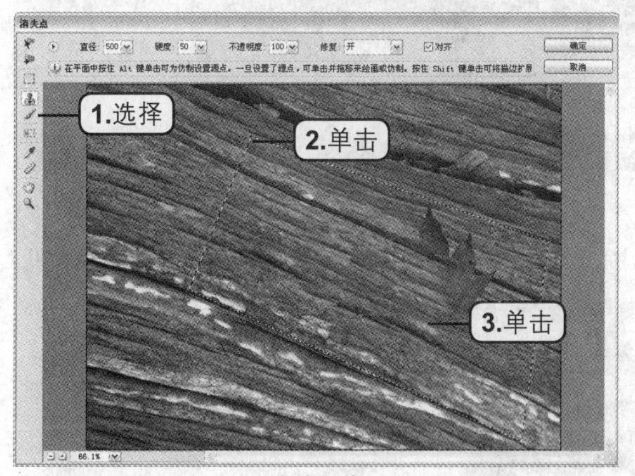

掩盖图像

根据前面的方法，在图像中掩盖所有的叶子图像，效果如下图所示。完成后单击“确定”按钮。

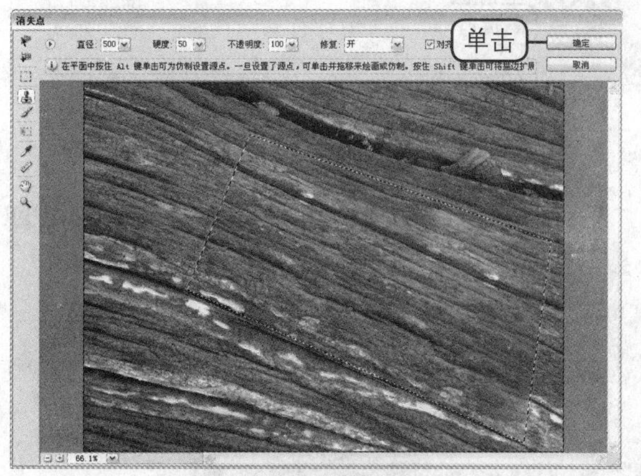

完成图像掩盖

完成上述操作后，回到图像窗口中。可以看到图像中的叶子图像不见了。效果如下图所示。

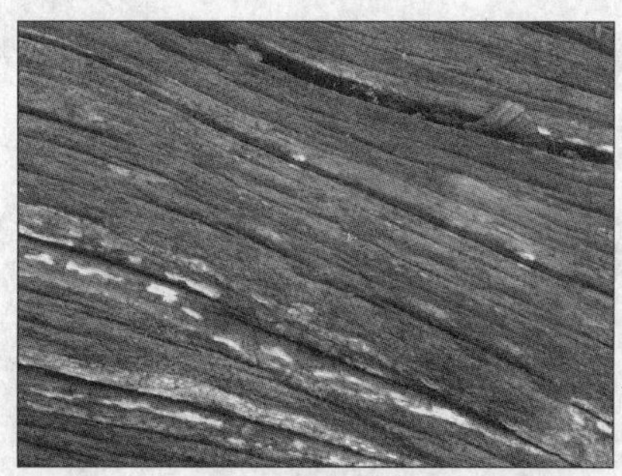

完成图像掩盖

3.6 滤镜组滤镜

在Photoshop CS3中有100多个滤镜，其中又分为14个种类，每个种类包括许多不同的滤镜。通过这些滤镜功能，可以为图像添加不同的滤镜效果。

3.6.1 风格化滤镜组

风格化滤镜组中包括“查找边缘”滤镜、“等高线”滤镜、“风”滤镜、“浮雕效果”滤镜、“扩散”滤镜、“拼贴”滤镜、“曝光过度”滤镜、“凸出”滤镜和“照亮边缘”滤镜。利用这些滤镜可以为图像添加特殊的风格化效果。

1. 查找边缘与等高线

使用“查找边缘”滤镜，可以查找对比强烈的图像边缘，然后将其突出。用于黑白照片的效果比较明显。使用“等高线”滤镜，可以查找图像中的同样亮度的区域，并勾勒边缘，以获得类似等高线图中的线条效果。具体操作步骤如下所示。

步骤01 打开图像文件

打开本书配套光盘中第3章\media\015.jpg文件，如下图所示。

打开的图像文件

步骤 02 添加查找边缘效果

执行“滤镜 > 风格化 > 查找边缘”命令，为图像添加查找边缘效果，如下图所示。

查找边缘效果

步骤 03 添加等高线效果

执行“滤镜 > 风格化 > 等高线”命令，在弹出的“等高线”对话框中设置“色阶”为 114，选择“较高”和“较底”单选按钮，使查找的颜色值分别高于和低于指定的色阶边缘。这里选择“较高”单选按钮，如下图所示。完成后单击“确定”按钮。

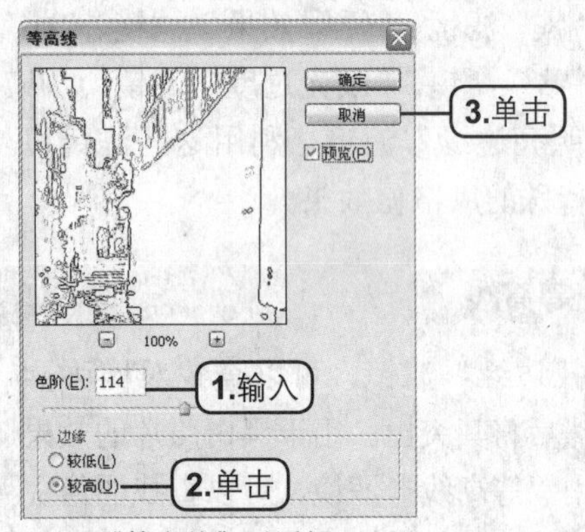

“等高线”对话框

完成上述操作后，图像以等高线的形式表现其颜色分区，效果如下图所示。

等高线效果

2. 风

使用“风”滤镜，可以为图像添加被风吹动的效果。具体操作步骤如下所示。

步骤 01 打开图像文件

打开本书配套光盘中第 3 章 \media\016.jpg 文件，如下图所示。

打开的图像文件

步骤 02 添加风吹的效果

执行“滤镜 > 风格化 > 风”命令，弹出“风”对话框，参数设置如下图所示。完成后单击“确定”按钮。

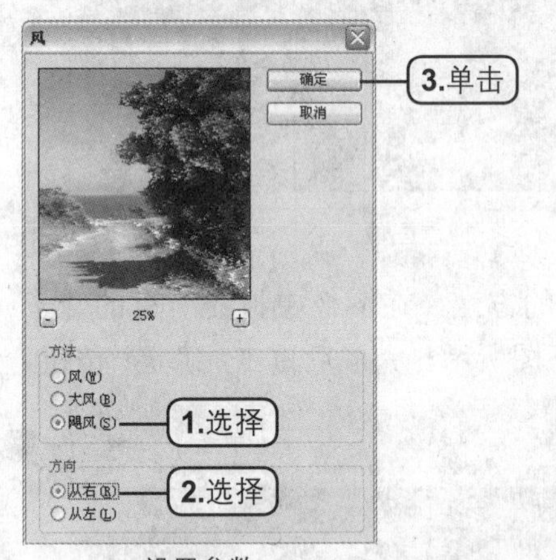

设置参数

完成上述操作后，为图像添加了被风吹动的效果，如下图所示。

风吹的效果

如果效果太不明显时，可以按下 Ctrl+F 快捷键，为图像重复添加滤镜效果。

3. 浮雕效果

利用“浮雕效果”滤镜可以将图像转换为灰色凸起或压低效果。具体操作步骤如下所示。

步骤 01 打开图像文件

打开本书配套光盘中第 3 章 \media\017.jpg 文件，如下图所示。

打开的图像文件

步骤 02 添加浮雕效果

执行“滤镜 > 风格化 > 浮雕效果”命令，弹出“浮雕效果”对话框。在该对话框中设置“角度”为“135 度”，确定浮雕的方向。设置“高度”为“5 像素”，确定浮雕的厚度。设置“数量”为 114%，确定浮雕的范围，如下图所示。完成后单击“确定”按钮。

设置参数

完成上述操作后，为图像添加了浮雕效果，如下图所示。

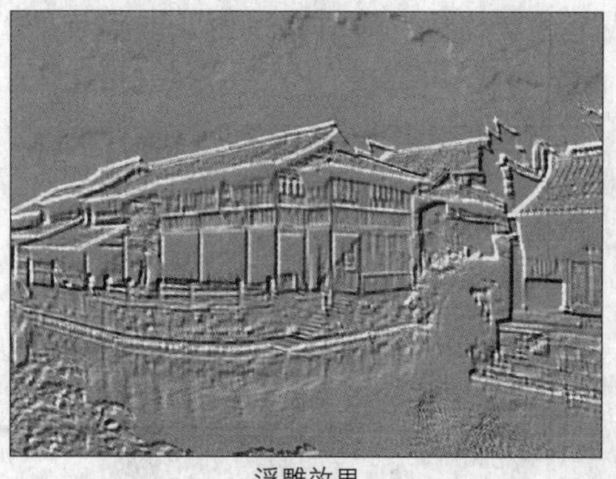

浮雕效果

4. 扩散

利用“扩散”滤镜可以为图像添加模糊的玻璃覆盖效果。具体操作步骤如下所示。

步骤 01 打开图像文件

打开本书配套光盘中第 3 章 \media\018.jpg 文件，如下图所示。

打开的图像文件

步骤 02 添加扩散效果

执行“滤镜 > 风格化 > 扩散”命令，在弹出“扩散”对话框中选择“模式”为“正常”，如下图所示。完成后单击“确定”按钮。

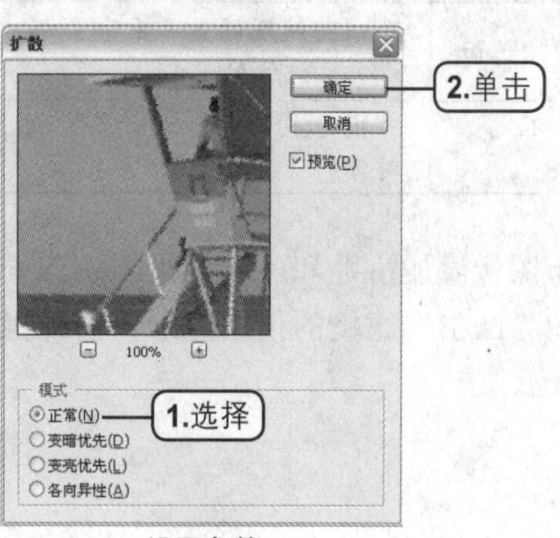

设置参数

完成上述操作后，为图像添加了扩散效果，如下图所示。

扩散效果

5. 拼贴与凸出

利用“拼贴”滤镜可以将图像分解为拼凑图像。利用“凸出”滤镜可以为图像添加立方体或锥形的3D纹理效果。“凸出”对话框如下图所示，各选项的说明如下表所示。

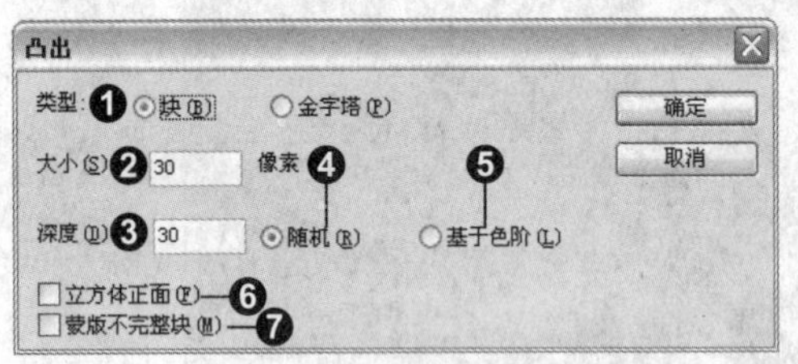

“凸出”对话框

编 号	名 称	说 明
❶	类型	可以设置“凸出”滤镜的样式
❷	大小	可以设置纹理基底的边长
❸	深度	可以设置纹理凸出的深度
❹	随机	可以随机产生每个纹理的深度
❺	基于色阶	可以使纹理的深度与亮度相对应
❻	立方体正面	可以使纹理的最凸出部分都成为立方体的正面
❼	蒙版不完整块	可以隐藏所有延伸处选区的对像

下面以为图像添加拼贴和凸出效果为例，介绍“拼贴”和“凸出”滤镜的使用方法。具体操作步骤如下所示。

步骤 01 打开图像文件

打开本书配套光盘中第3章\media\019.jpg文件，如下图所示。

打开的图像文件

步骤 02 添加拼贴效果

执行“滤镜 > 风格化 > 拼贴”命令，在弹出的“拼贴”对话框中设置如下图所示的参数。完成后单击“确定”按钮。在“拼贴数”文本框中输入数值，可以设置图像分割块的数量。在“最大位移”文本框中输入数值，可以设置方块偏移的距离。在“填充空白区域用”选项组中可设置“拼贴”滤镜所产生的缝隙处的填充内容。

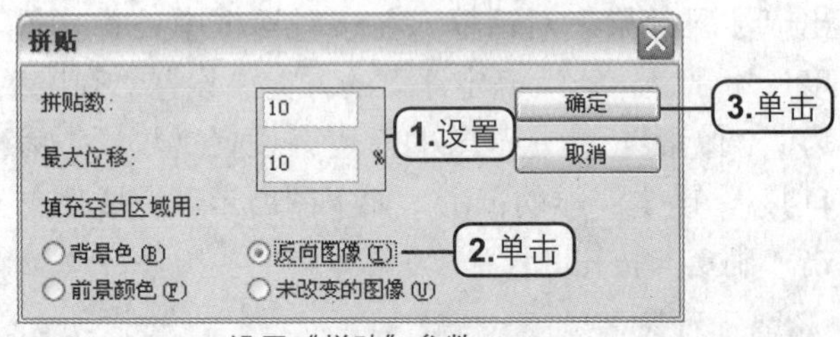

设置“拼贴”参数

完成上述操作后，为图像添加了拼贴效果，如下图所示。

拼贴效果

步骤 03　添加凸出效果

按下 Ctrl+Z 快捷键，将图像恢复到添加拼贴效果之前的状态。执行“滤镜 > 风格化 > 凸出”命令，在弹出的“凸出”对话框中设置如下图所示的参数，完成后单击“确定”按钮。

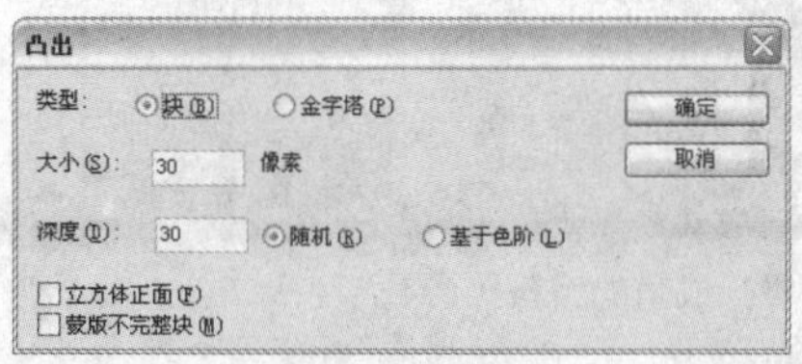

设置“凸出”参数

完成上述操作后，为图像添加了凸出效果，如下图所示。

凸出效果

6. 曝光过度

利用“曝光过度”滤镜可使图像产生过度曝光的效果。具体操作步骤如下所示。

打开本书配套光盘中第 3 章 \media\020.jpg 文件，如下图所示。

打开的图像文件

执行“滤镜 > 风格化 > 曝光过度”命令，为图像添加曝光过度的效果，如下图所示。

曝光过度效果

7. 照亮边缘

利用“照亮边缘”滤镜可以将图像的边缘突出，并添加类似霓虹灯的光亮。具体操作步骤如下所示。

步骤 01　打开图像文件

打开本书配套光盘中第 3 章 \media\021.jpg 文件，如下图所示。

打开的图像文件

步骤 02　添加照亮边缘效果

执行“滤镜 > 风格化 > 照亮边缘”命令，在弹出的“滤镜库”对话框中设置如下图所示的参数。完成后单击“确定”按钮。

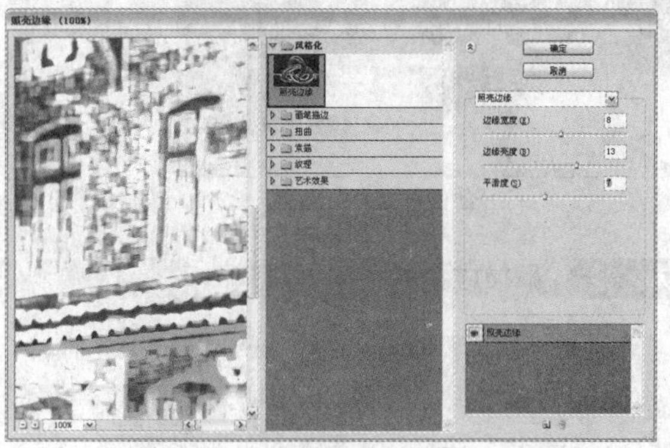

设置“照亮边缘”参数

完成上述操作后，为图像添加了“照亮边缘”效果，如下图所示。

照亮边缘效果

3.6.2 画笔描边滤镜组

画笔描边滤镜组中包括“成角的线条”滤镜、“墨水轮廓”滤镜、“喷溅”滤镜、“喷色描边”滤镜、“强化的边缘”滤镜、“深色线条”滤镜、“烟灰墨”滤镜和“阴影线”滤镜，通过这些滤镜可以为图像添加自然绘画的效果。

1. 成角的线条

使用“成角的线条”滤镜，可以按照图像亮区和暗区的反方向来重新绘制图像。具体操作步骤如下所示。

步骤 01 打开图像文件

打开本书配套光盘中第 3 章 \media\022.jpg 文件，如下图所示。

打开的图像文件

步骤 02 添加成角的线条效果

执行“滤镜 > 画笔描边 > 成角的线条”命令，在弹出的对话框中设置如下图所示的参数。完成后单击“确定”按钮。

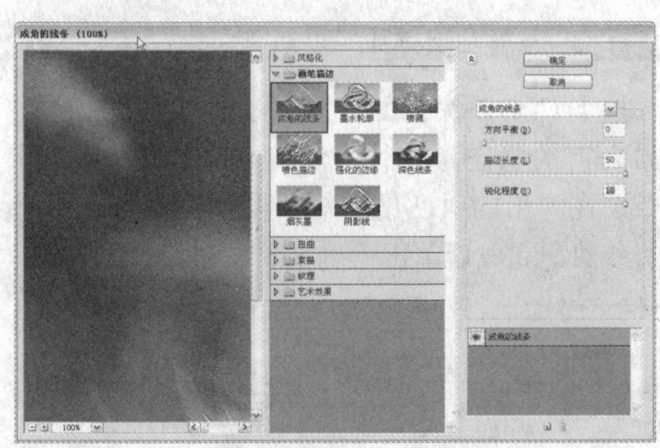

设置“成角的线条”参数

完成上述操作后，为图像添加了成角的线条效果，如下图所示。

成角的线条效果

2. 墨水轮廓

使用“墨水轮廓”滤镜，可以为图像添加钢笔画的风格。具体操作步骤如下所示。

步骤 01 打开图像文件

打开本书配套光盘中第 3 章 \media\023.jpg 文件，如下图所示。

打开的图像文件

步骤 02 添加墨水轮廓效果

执行“滤镜 > 画笔描边 > 墨水轮廓”命令，

在弹出的对话框中设置如下图所示的参数。完成后单击“确定”按钮。

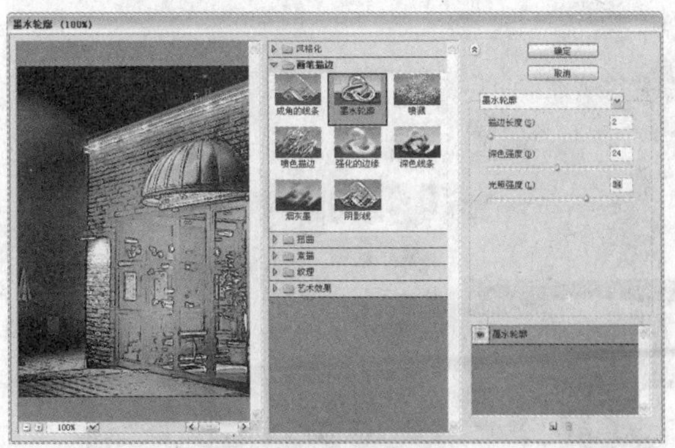

设置“墨水轮廓”参数

完成上述操作后，为图像添加了墨水轮廓的效果，如下图所示。

墨水轮廓效果

3. 喷溅和喷色描边

使用“喷溅”滤镜，可以模拟喷枪的效果，对图像的像素进行重新组合。使用“喷色描边”滤镜，可以使用图像的主色调成喷溅状的线条重新绘制图像。具体操作步骤如下所示。

步骤 01 打开图像文件

打开本书配套光盘中第 3 章 \media\024.jpg 文件，如下图所示。

打开的图像文件

步骤 02 添加喷溅效果

执行“滤镜 > 画笔描边 > 喷溅”命令，在弹出的对话框中设置如下图所示的参数。完成后单击“确定”按钮。

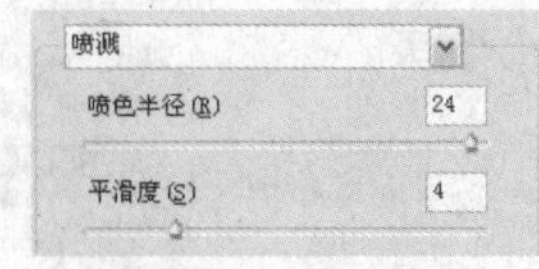

设置“喷溅”参数

完成上述操作后，为图像添加了喷溅效果，如下图所示。

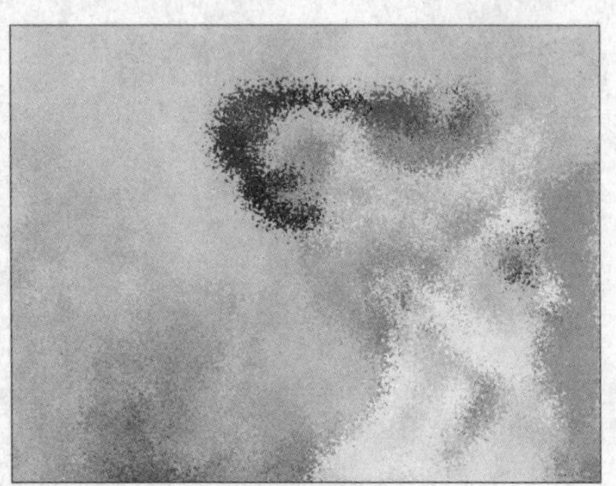

喷溅效果

步骤 03 添加喷色描边效果

按下 Ctrl+Z 快捷键，取消上步操作，执行“滤镜 > 画笔描边 > 喷色描边”命令，在弹出的对话框中设置如下图所示的参数。完成后单击“确定”按钮。

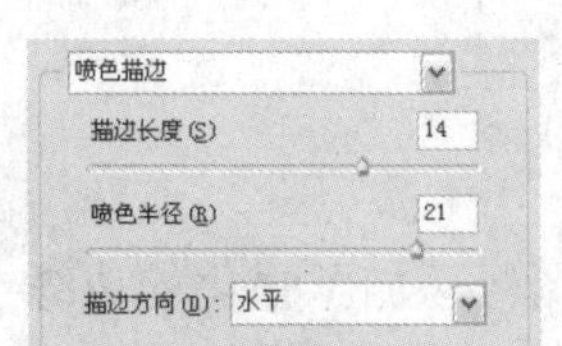

设置“喷色描边”参数

完成上述操作后，为图像添加了喷色描边效果，如下图所示。

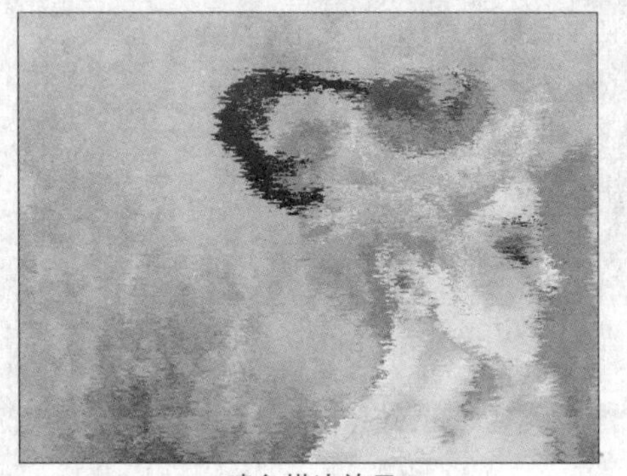

喷色描边效果

4. 强化的边缘与深色线条

使用“强化的边缘”滤镜，强调图像的边缘，可以在图像的边缘形成颜色对比的效果。使用“深色线条”滤镜，可以利用图像的阴影表现不同的笔画长度。具体操作步骤如下所示。

步骤 01 打开图像文件

打开本书配套光盘中第 3 章 \media\025.jpg 文件，如下图所示。

打开的图像文件

步骤 02 添加强化的边缘效果

执行“滤镜 > 画笔描边 > 强化的边缘”命令，在弹出的对话框中设置如下图所示的参数。完成后单击“确定”按钮。

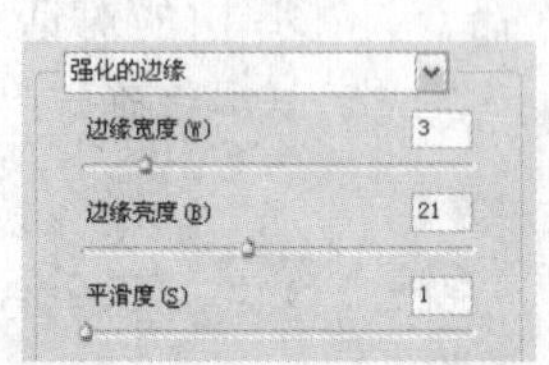

设置“强化的边缘”参数

完成上述操作后，为图像添加了强化的边缘效果，如下图所示。

强化的边缘效果

步骤 03 添加深色线条效果

按下 Ctrl+Z 快捷键，取消上述操作。执行“滤镜 > 画笔描边 > 深色线条”命令，在弹出的对话框中设置如下图所示的参数。完成后单击“确定”按钮。

设置“深色线条”参数

完成上述操作后，为图像添加了深色线条效果，如下图所示。

深色线条效果

5. 烟灰墨

利用“烟灰墨”滤镜可以为图像添加黑色油墨形态的柔和且模糊的边缘。具体操作步骤如下所示。

步骤 01 打开图像文件

打开本书配套光盘中第 3 章 \media\026.jpg 文件，如下图所示。

打开的图像文件

步骤 02　添加烟灰墨效果

执行“滤镜 > 画笔描边 > 烟灰墨”命令，在弹出的对话框中设置如下图所示的参数。完成后单击“确定”按钮。

烟灰墨
描边宽度(S) 11
描边压力(P) 7
对比度(C) 0

设置“烟灰墨”参数

完成上述操作后，为图像添加了烟灰墨效果，如下图所示。

烟灰墨效果

6. 阴影线

使用“阴影线”滤镜可以在保留原图细节和特征的基础上，添加类似铅笔阴影线的纹理，并使边缘变得粗糙。具体操作步骤如下所示。

步骤 01　打开图像文件

打开本书配套光盘中第 3 章 \media\027.jpg 文件，如下图所示。

打开的图像文件

步骤 02　添加阴影线效果

执行“滤镜 > 画笔描边 > 阴影线”命令，在弹出的对话框中设置如下图所示的参数。完成后单击“确定”按钮。

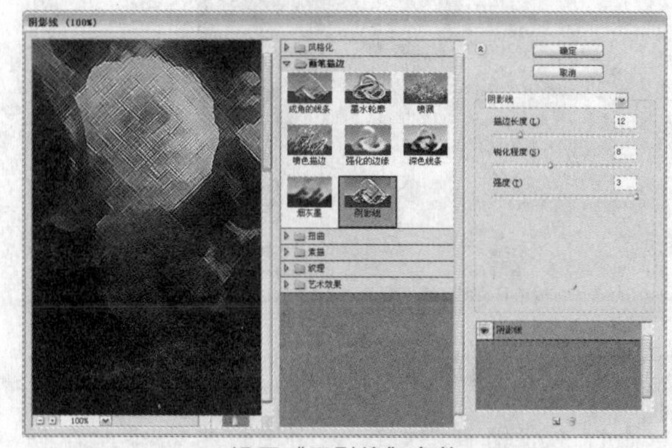

设置“阴影线”参数

完成上述操作后，为图像添加了阴影线效果，如下图所示。

阴影线效果

3.6.3　模糊滤镜组

模糊滤镜组中包括“表面模糊”滤镜、“动感模糊”滤镜、“方框模糊”滤镜、“高斯模糊”滤镜、“进一步模糊”滤镜、“径向模糊”滤镜、“镜头模糊”滤镜、“模糊”滤镜、“平均”滤镜、“特殊模糊”滤镜和“形状模糊”滤镜。使用这些滤镜可以对图像或选区进行自定义的模糊。

1. 表面模糊

使用“表面模糊”滤镜可以在保留图像边缘的情况下，模糊图像。主要用于创建特殊效果和消除杂色或颗粒。具体操作步骤如下所示。

步骤 01　打开图像文件

打开本书配套光盘中第 3 章 \media\028.jpg 文件，如下图所示。

打开的图像文件

步骤 02 添加表面模糊效果

执行“滤镜 > 模糊 > 表面模糊”命令，在弹出的对话框中设置如下图所示的参数。完成后单击“确定”按钮。

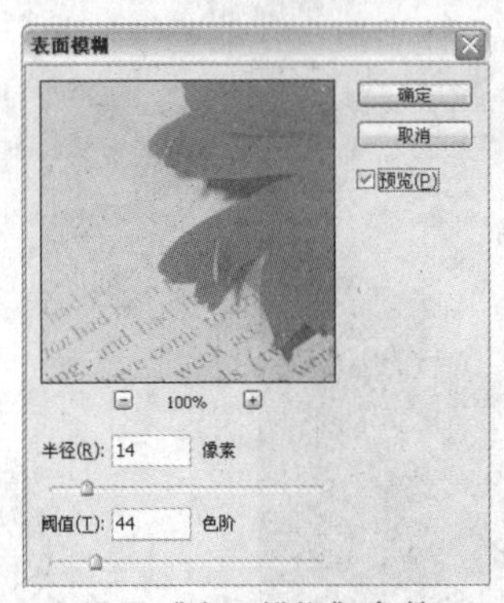

设置“表面模糊”参数

完成上述操作后，为图像添加了表面模糊的效果，如下图所示。

表面模糊效果

2. 动感模糊与径向模糊

使用“动感模糊”滤镜可以将图像按照指定方向进行模糊。使用“径向模糊”滤镜可以使图像模拟旋转或移动的效果进行模糊。具体操作步骤如下所示。

步骤 01 打开图像文件

打开本书配套光盘中第 3 章 \media\029.jpg 文件，如下图所示。

打开的图像文件

步骤 02 添加动感模糊效果

执行“滤镜 > 模糊 > 动感模糊”命令，在弹出的对话框中设置如下图所示的参数。完成后单击“确定”按钮。

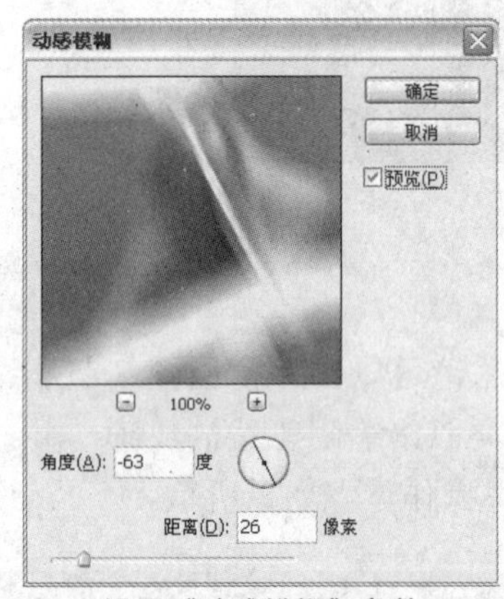

设置“动感模糊”参数

完成上述操作后，为图像添加了动感模糊效果，如下图所示。

动感模糊效果

步骤 03 添加径向模糊效果

取消上步操作，然后执行“滤镜 > 模糊 > 径向模糊”命令，在弹出的对话框中设置如下图所示的参数。完成后单击“确定”按钮。

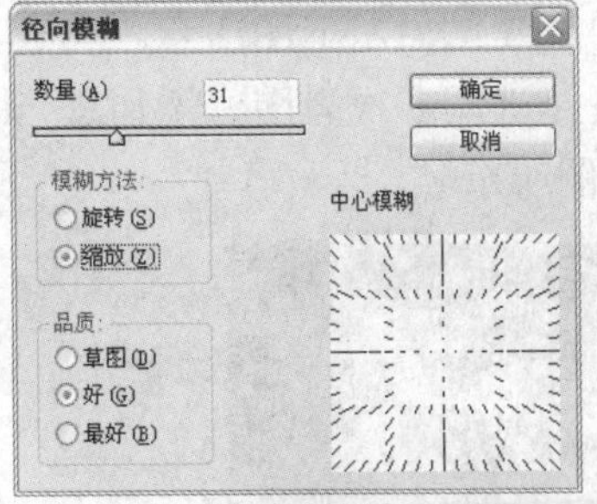

设置“径向模糊”参数

完成上述操作后，为图像添加了径向模糊效果，如下图所示。

径向模糊效果

3. 方框模糊

使用“方框模糊”滤镜可以用图像中相邻的像素来模糊图像。具体操作步骤如下所示。

步骤 01 打开图像文件

打开本书配套光盘中第 3 章\media\030.jpg 文件，如下图所示。

打开的图像文件

步骤 02 添加方框模糊效果

执行“滤镜 > 模糊 > 方框模糊”命令，在弹出的对话框中设置如下图所示的参数。完成后单击“确定”按钮。

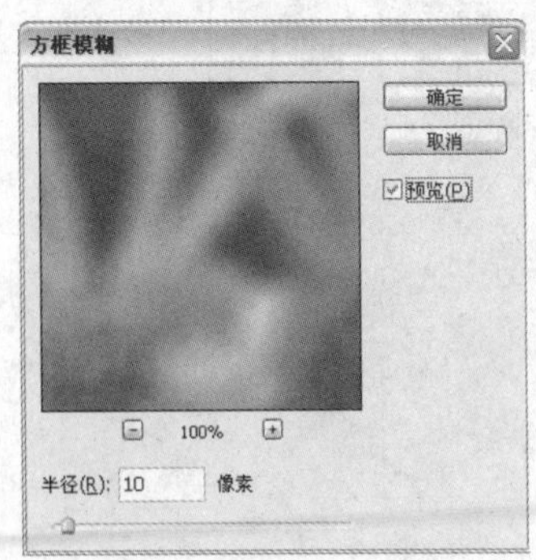

设置“方框模糊”参数

完成上述操作后，为图像添加了方框模糊效果，如下图所示。

方框模糊效果

4. 高斯模糊

使用“高斯模糊”滤镜可以在控制半径的基础上对图像进行模糊。具体操作步骤如下所示。

步骤 01 打开图像文件

打开本书配套光盘中第 3 章\media\031.jpg 文件，如下图所示。

打开的图像文件

步骤 02 添加高斯模糊效果

执行“滤镜 > 模糊 > 高斯模糊”命令，在弹出的对话框中设置如下图所示的参数。完成后单击“确定”按钮。

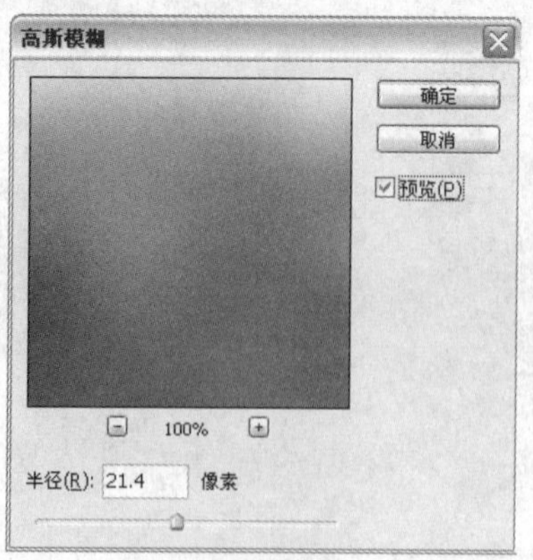

设置"高斯模糊"参数

完成上述操作后，为图像添加了高斯模糊效果，如下图所示。

高斯模糊效果

5. 模糊与进一步模糊

使用"进一步模糊"滤镜可以消除图像中有明显颜色变化部分的杂色并产生轻微的模糊效果。"模糊"滤镜的效果与"进一步模糊"滤镜的效果相似，但效果更柔和，去除杂点的效果没有"进一步模糊"滤镜明显。具体操作步骤如下所示。

步骤 01 打开图像文件并模糊图像

打开本书配套光盘中第 3 章 \media\032.jpg 文件，如左下图所示。执行"滤镜 > 模糊 > 模糊"命令，添加了微弱的效果如右下图所示。

打开的图像文件

第一次模糊

步骤 02 添加进一步模糊效果

执行"滤镜 > 模糊 > 进一步模糊"命令，对图像进行进一步模糊，效果如左下图所示。完成后多次按下 Ctrl+F 快捷键，多次为图像添加进一步模糊效果，如右下图所示。

进一步模糊

多次模糊

6. 镜头模糊

使用"镜头模糊"滤镜可以为图像添加景深效果，使图像中的一部分在焦点内，而其他区域内图像变模糊。"镜头模糊"对话框如下图所示，各选项的说明如下表所示。

"镜头模糊"对话框

编 号	名 称	说 明
❶	预览	更快：可以提高预览的速度 更加准确：可以查看图像的更准确的模糊预览效果
❷	深度映射	源：可选取一个图像来源 模糊焦距：可设置位于焦点内的像素的深度
❸	光圈	形状：可选取光圈类型 叶片弯度：可以对图像光圈边缘进行平滑处理 旋转：可以对图像中的光圈进行旋转
❹	镜面高光	亮度：可以增加或减少高光的亮度 阈值：可选择亮度的截止点

（续表）

编 号	名 称	说 明
❺	杂色	拖动“数量”滑块，可增加或减少图像中的杂色

下面举例说明“镜头模糊”滤镜的使用方法。具体操作步骤如下所示。

步骤 01 打开图像文件

打开本书配套光盘第3章\media\033.jpg文件，如下图所示。

打开的图像文件

步骤 02 添加镜头模糊效果

执行“滤镜 > 模糊 > 镜头模糊”命令，在弹出的对话框中设置如下图所示的参数。完成后单击“确定”按钮。

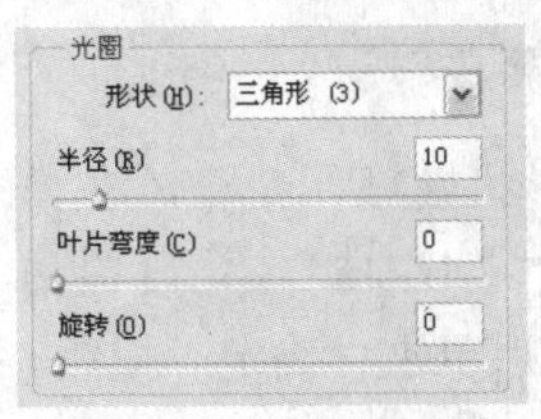

设置“镜头模糊”参数

完成上述操作后，为图像添加了镜头模糊效果，如下图所示。

镜头模糊效果

7. 平均

利用“平均”滤镜可以将图像选区中的图像颜色进行平均分布。具体操作步骤如下所示。

步骤 01 打开图像文件

打开本书配套光盘中第3章\media\034.jpg文件，如下图所示。

打开的图像文件

步骤 02 建立选区

执行“选择 > 色彩范围”命令，在弹出的“色彩范围”对话框中设置如下图所示的参数。完成后单击“确定”按钮。

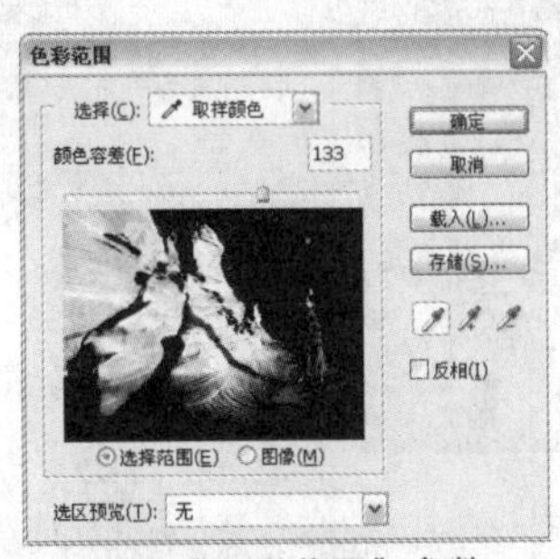

设置“色彩范围”参数

完成上述操作后，在图像中创建了如下图所示的选区。

创建选区

步骤 03 **添加平均效果**

执行“滤镜＞模糊＞平均”命令，为选区中的图像添加平均效果，完成后按下Ctrl+D快捷键，取消选区。效果如下图所示。

平均效果

8. 特殊模糊

使用“特殊模糊”滤镜可以精确地对图像进行模糊。具体操作步骤如下所示。

步骤 01 **打开图像文件**

打开本书配套光盘中第3章\media\035.jpg文件，如下图所示。

打开的图像文件

步骤 02 **添加特殊模糊效果**

执行“滤镜＞模糊＞特殊模糊”命令，在弹出的对话框中设置如下图所示的参数。完成后单击“确定”按钮。

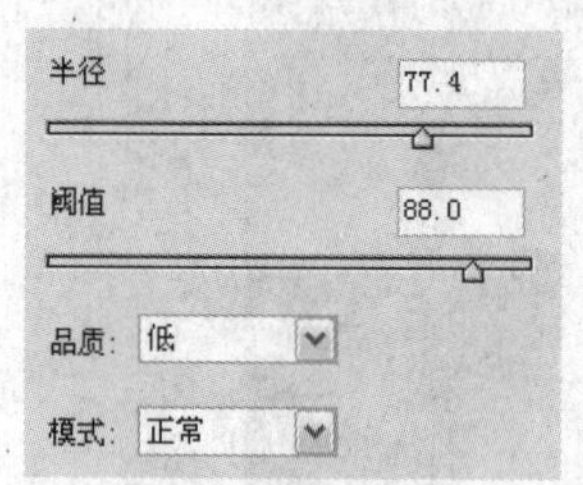

设置“特殊模糊”参数

完成上述操作后，为图像添加了特殊模糊效果，如下图所示。

特殊模糊效果

9. 形状模糊

使用“形状模糊”滤镜可以使用指定形状来对图像创建模糊效果。具体操作步骤如下所示。

步骤 01 **打开图像文件**

打开本书配套光盘中第3章\media\036.jpg文件，如下图所示。

打开的图像文件

步骤 02 **添加形状模糊效果**

执行“滤镜＞模糊＞形状模糊”命令，在弹出的对话框中设置形状为“箭头15”，并设置其他参数，如下图所示。完成后单击“确定”按钮。

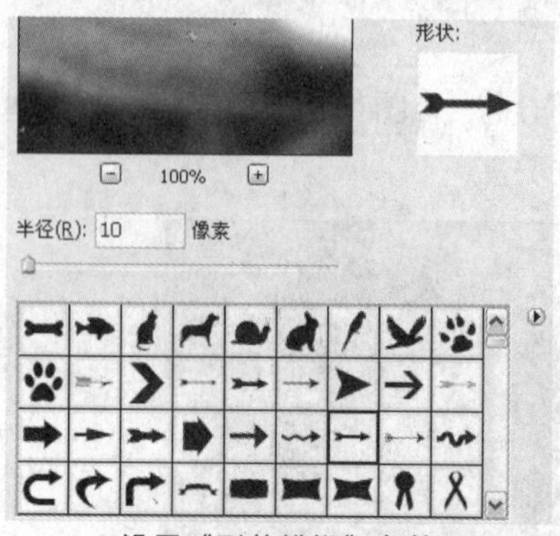

设置“形状模糊”参数

完成上述操作后，为图像添加了形状模糊效果，如下图所示。

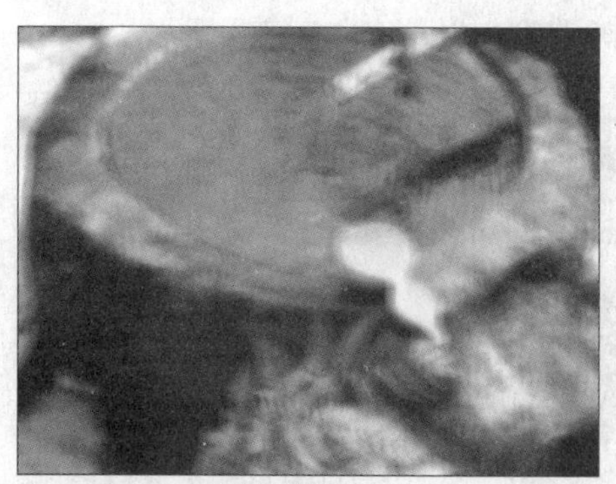

形状模糊效果

3.6.4 扭曲滤镜组

扭曲滤镜组用于对图像进行几何扭曲、创建3D或其他图形效果。

1. 波浪

使用“波浪”滤镜可以为图像添加水中波浪的形状效果。“波浪”对话框如下图所示，各选项的说明如下表所示。

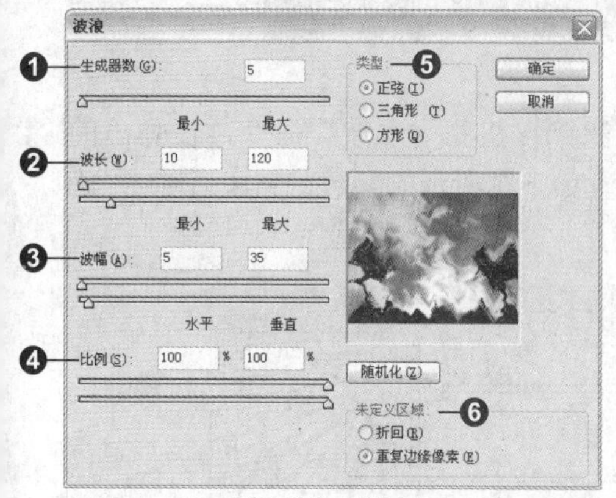

“波浪”对话框

编号	名称	说明
❶	生成器数	可以调整波浪的生成数目
❷	波长	可以调整波浪的最小波长和最大波长
❸	波幅	可以调整波浪的最小波幅和最大波幅
❹	比例	可以调整垂直和水平波动效果所占波幅的比例
❺	类型	可以设置波浪的类型
❻	未定义区域	折回：使用图像另一边的内容填充未定义区域 重复边缘像素：按照指定方向沿图像边缘扩展像素的颜色

下面举例说明“波浪”滤镜的使用方法，具体操作步骤如下所示。

步骤 01　打开图像文件

打开本书配套光盘中第3章\media\037.jpg文件，如下图所示。

打开的图像文件

步骤 02　添加波浪效果

执行“滤镜 > 扭曲 > 波浪”命令，在弹出的对话框中设置如下图所示的参数。完成后单击“确定”按钮。

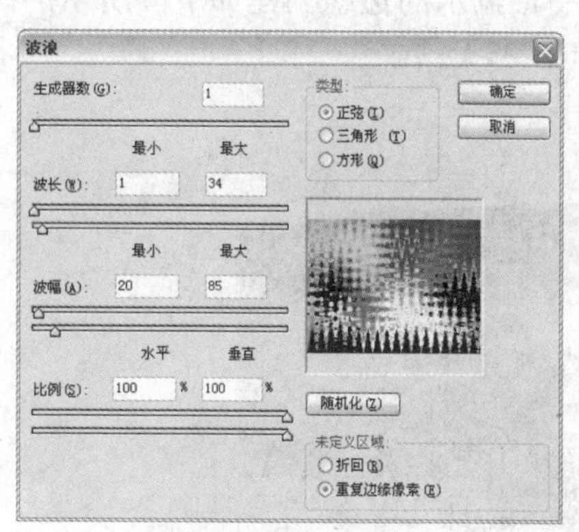

设置“波浪”参数

完成上述操作后，为图像添加了波浪效果，如下图所示。

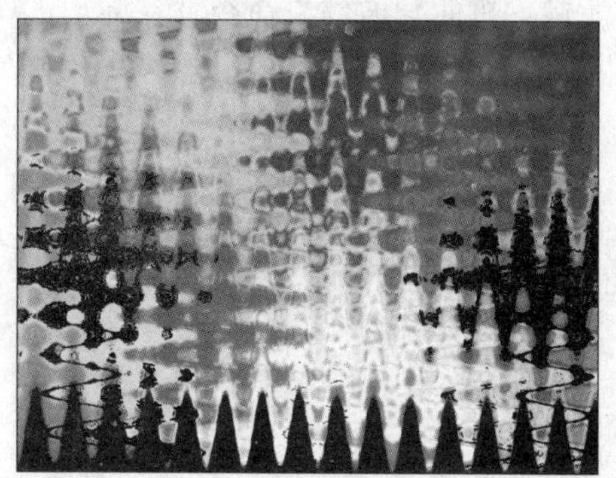

波浪效果

2. 波纹与水波

使用“波纹”滤镜可以为图像添加水面波纹效果。使用“水波”滤镜可以根据图像的半径进行逆向扭曲，从而产生水波的效果。具体操作步骤如下所示。

步骤 01 建立选区

打开本书配套光盘中第 3 章 \media\038.jpg 文件，如下图所示。

打开的图像文件

选择套索工具，在选项栏上设置“羽化”为 10 px，在图像中沿湖水的边缘创建如下图所示的选区。该选区不需要太精确。

创建选区

步骤 02 添加波纹效果

执行“滤镜 > 扭曲 > 波纹”命令，在弹出的对话框中设置如下图所示的参数。完成后单击“确定”按钮。

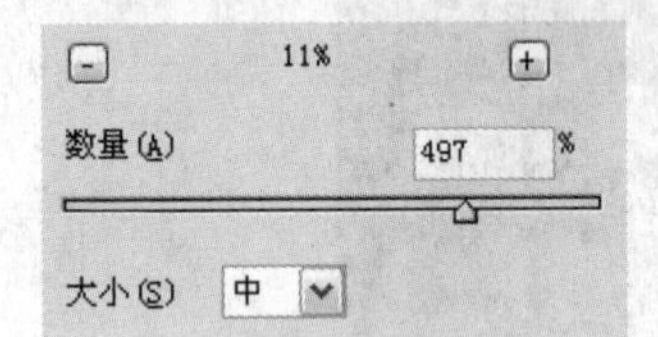

设置“波纹”参数

完成上述操作后，为图像添加了波纹效果，如下图所示。

波纹效果

步骤 03 添加水波效果

选择椭圆选框工具◯，在图像中的湖水中部随意创建一个椭圆形的选区，如下图所示。

创建选区

执行“滤镜 > 扭曲 > 水波”命令，在弹出的对话框中设置如下图所示的参数。完成后单击“确定”按钮。

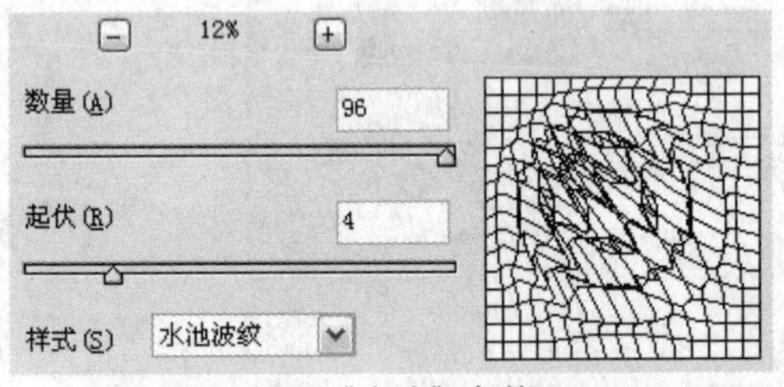

设置“水波”参数

完成上述操作后，为图像的湖水中部添加了水波效果，如下图所示。

水波效果

3. 玻璃

利用“玻璃”滤镜可以为图像添加透过玻璃显示的效果。具体操作步骤如下所示。

步骤 01 打开图像文件

打开本书配套光盘中第 3 章 \media\039.jpg 文件，如下图所示。

打开的图像文件

步骤 02 添加玻璃效果

执行“滤镜 > 扭曲 > 玻璃”命令，在弹出的对话框中设置如下图所示的参数。完成后单击“确定”按钮。

设置“玻璃”参数

完成上述操作后，为图像添加了玻璃效果，如下图所示。

玻璃效果

4. 海洋波纹

使用“海洋波纹”滤镜可以为图像添加随机分隔的波纹。使图像具有像是从水中透出来的效果。具体操作步骤如下所示。

步骤 01 打开图像文件

打开本书配套光盘中第 3 章 \media\040.jpg 文件，如下图所示。

打开的图像文件

步骤 02 添加海洋波纹效果

执行“滤镜 > 扭曲 > 海洋波纹”命令，在弹出的对话框中设置如下图所示的参数。完成后单击“确定”按钮。

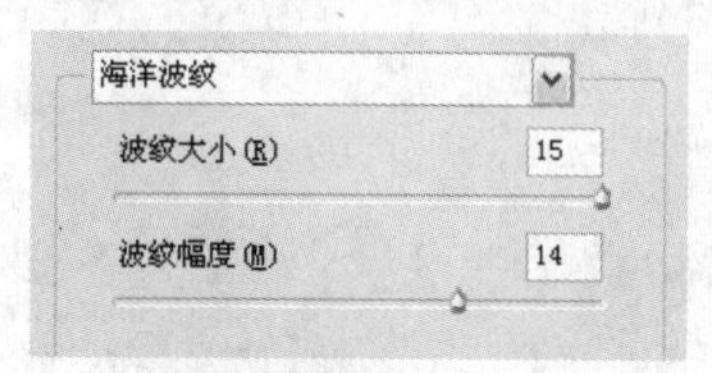

设置“海洋波纹”参数

完成上述操作后，为图像添加了海洋波纹效果，如下图所示。

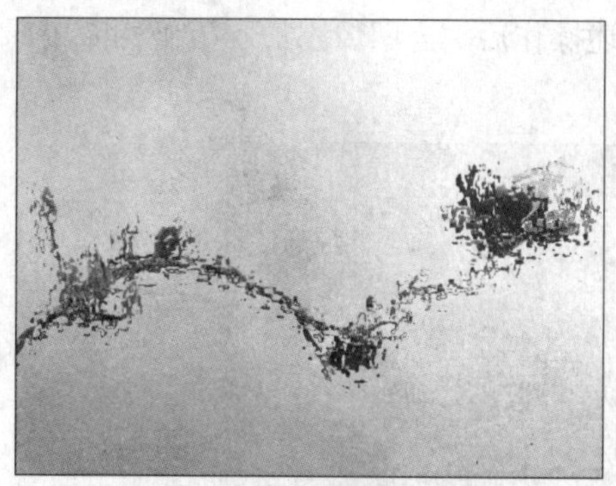

海洋波纹效果

5. 极坐标

利用“极坐标”滤镜可以产生扭曲变形的图像效果。具体操作步骤如下所示。

步骤 01 打开图像文件

打开本书配套光盘中第 3 章 \media\041.jpg 文件，如下图所示。

打开的图像文件

步骤 02 添加极坐标效果

执行“滤镜 > 扭曲 > 极坐标”命令，在弹出的对话框中设置如下图所示的参数。完成后单击“确定”按钮。在“极坐标”对话框中，选择“平面坐标到极坐标”单选按钮，可以为图像添加从中部扭曲变形的效果。

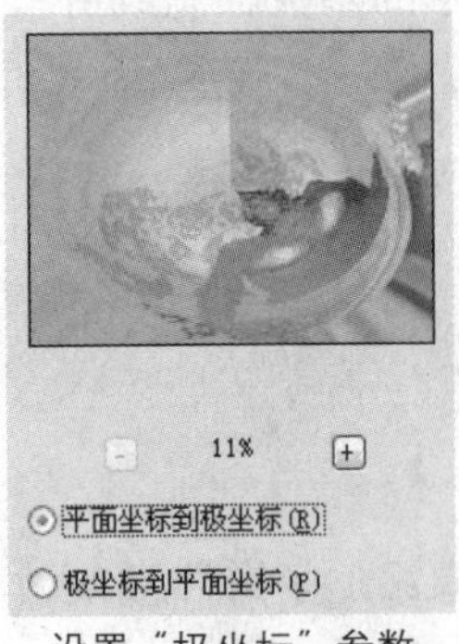

设置“极坐标”参数

完成上述操作后，为图像添加了极坐标效果，如下图所示。

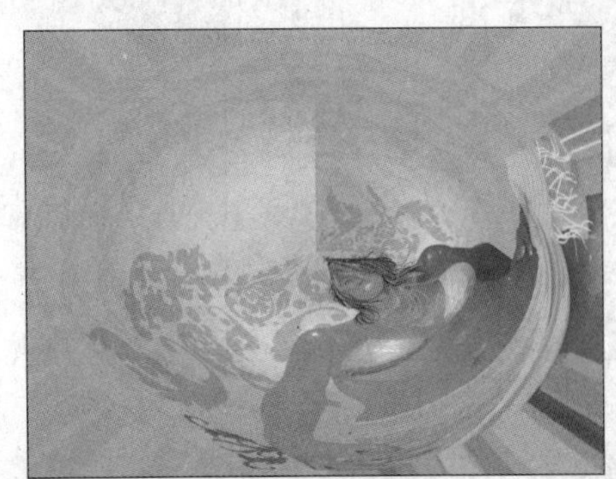
极坐标效果

6. 挤压与球面化

使用“挤压”滤镜可以对图像进行挤压，使图像产生凸起或凹陷的效果。使用“球面化”滤镜可以在图像的中心产生球星的凸起或凹陷效果。具体操作步骤如下所示。

步骤 01 打开图像文件

打开本书配套光盘中第 3 章 \media\042.jpg 文件，如下图所示。

打开的图像文件

步骤 02 添加挤压效果

执行“滤镜 > 扭曲 > 挤压”命令，在弹出的“挤压”对话框中设置如下图所示的参数，完成后单击“确定”按钮。

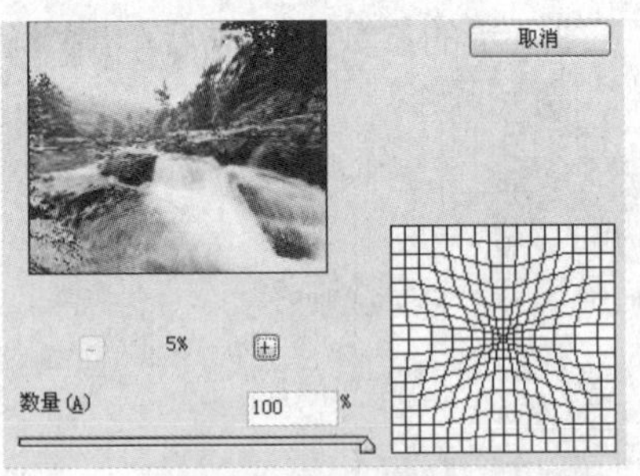

设置“挤压”参数

完成上述操作后，为图像添加了挤压的效果，如下图所示。

挤压效果

步骤 03 添加球面化效果

取消上步操作，然后执行“滤镜 > 扭曲 > 球面化”命令，在弹出的“球面化”对话框中设置如下图所示的参数，完成后单击“确定”按钮。

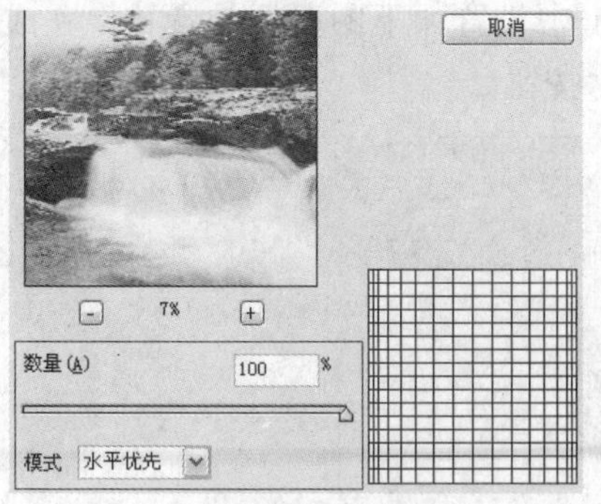

设置“球面化”参数

完成上述操作后，为图像添加了球面化效果，如下图所示。

球面化效果

7. 扩散亮光

使用“扩散亮光”滤镜可以扩散图像中的白色区域为背景色，使图像产生朦胧效果。具体操作步骤如下所示。

步骤 01 打开图像文件

打开本书配套光盘中第 3 章 \media\043.jpg 文件，如下图所示。

打开的图像文件

步骤 02 添加扩散亮光效果

执行“滤镜 > 扭曲 > 扩散亮光”命令，在弹出的对话框中设置如下图所示的参数。完成后单击“确定”按钮。

设置“扩散亮光”参数

完成上述操作后，为图像添加了扩散亮光效果，如下图所示。

扩散亮光效果

为图像添加“扩散亮光”效果时，使用当前背景色的颜色作为亮光颜色进行添加。

8. 切变和旋转扭曲

使用“切变”滤镜可以根据该滤镜中的曲线来扭曲图像。使用“旋转扭曲”滤镜可以将图像从中心向外依次递减的方式进行旋转。具体操作步骤如下所示。

步骤 01 打开图像文件

打开本书配套光盘中第 3 章 \media\044.jpg 文件，如下图所示。

打开的图像文件

步骤 02 添加切变效果

执行“滤镜 > 扭曲 > 切变”命令，在弹出的对话框中设置如下图所示的参数。完成后单击“确定”按钮。

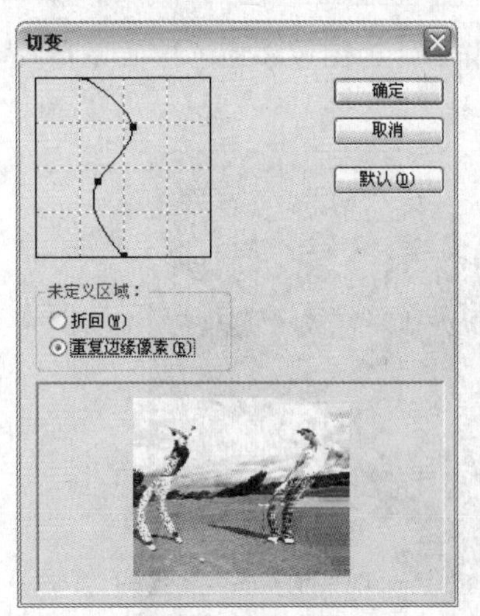

设置“切变”参数

完成上述操作后，为图像添加了切变效果，如下图所示。

切变效果

步骤 03 添加旋转扭曲效果

按下 Ctrl+Z 快捷键，取消上步操作，然后执行“滤镜 > 扭曲 > 旋转扭曲”命令，在弹出的“旋转扭曲”对话框中设置如下图所示的参数，完成后单击“确定”按钮。

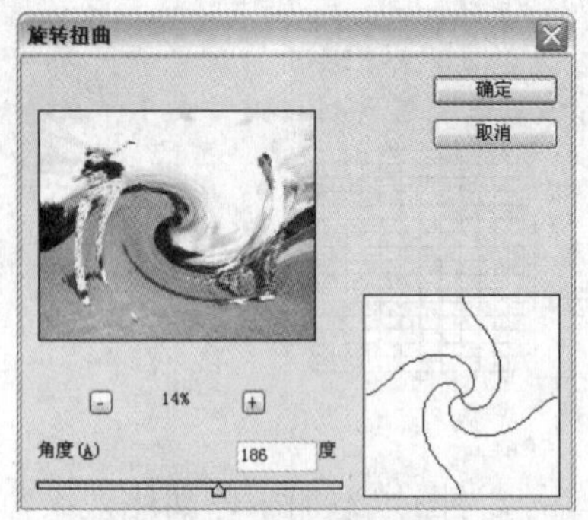

设置“旋转扭曲”参数

完成上述操作后，为图像添加了旋转扭曲效果，如下图所示。

旋转扭曲效果

这里使用“切变”滤镜使图像在垂直方向上形成扭曲，使用“旋转扭曲”滤镜让图像以中心为基准形成旋转扭曲。

9. 置换

使用“置换”滤镜可以将 PSD 格式的图像作为置换图，然后对源图像中的图像进行置换。执行“滤镜 > 扭曲 > 置换”命令，弹出的“置换”对话框如下图所示，各选项的说明如下表所示。

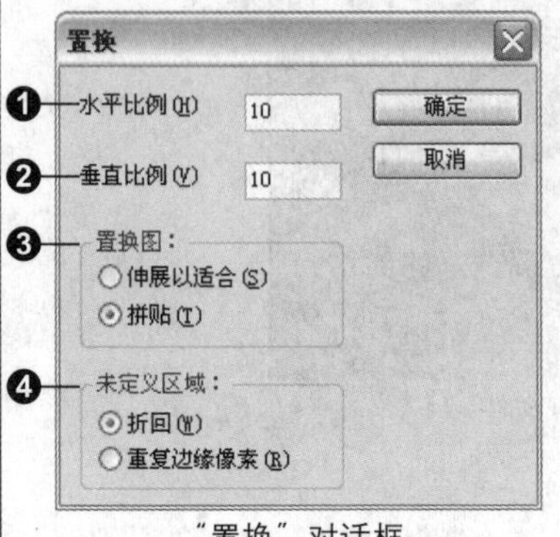

“置换”对话框

编 号	名 称	说 明
❶	水平比例	可以设置置换图的颜色值将源图像的像素在水平方向上移动的值
❷	垂直比例	可以设置置换图的颜色值将源图像的像素在垂直方向上移动的值
❸	置换图	伸展以适合：将以置换图的大小匹配图像的尺寸 拼贴：将重复置换图重复覆盖原图像
❹	未定义区域	折回：可以将图像中未变形的部分反卷到图像的对边 重复边缘像素：将图像中未变形的部分分布到图像的边界上

下面以利用“置换”滤镜为图像添加特殊效果为例，介绍“置换”滤镜的使用方法。具体操作步骤如下所示。

步骤 01 制作置换素材

执行“文件 > 新建”命令，在弹出的“新建”对话框中，设置“宽度”和“高度”均为“10 像素”，再设置其他各项参数，如下图所示。完成后单击“确定”按钮。

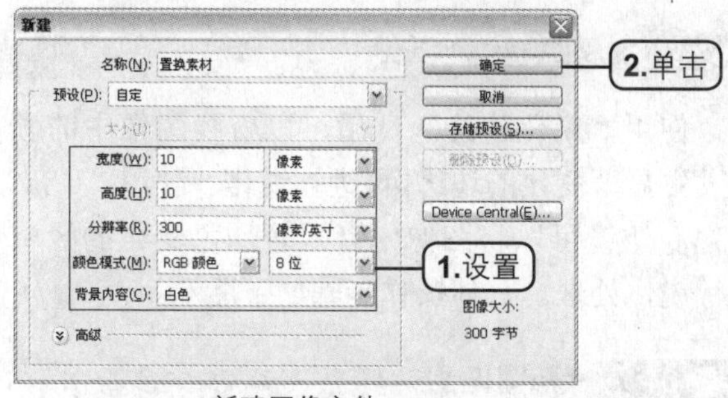

新建图像文件

选择渐变工具，设置渐变为系统默认的“中色谱”，在图像中从左上角到右下角拖动，添加如左下图所示的渐变效果。完成后保存文件，如右下图所示。

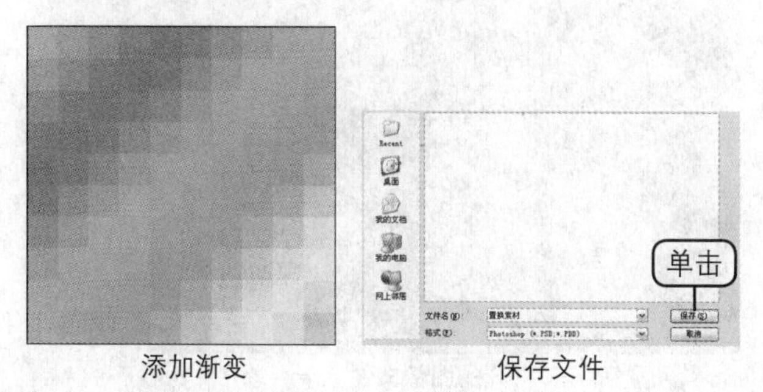

添加渐变　　保存文件

步骤 02 制作置换效果

打开本书配套光盘中第 3 章 \media\045.jpg 文件，如下图所示。

打开的图像文件

执行“滤镜 > 扭曲 > 置换”命令，在弹出的“置换”对话框中设置如下图所示的参数，完成后单击“确定”按钮。

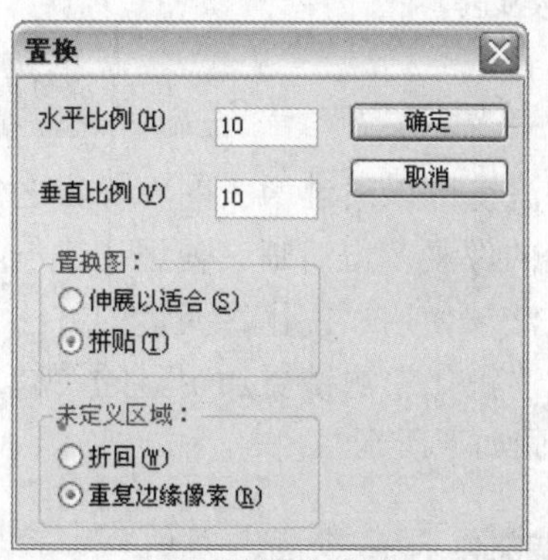

设置“置换”参数

在弹出的“选择一个置换图”对话框中，选择刚才保存的“置换素材”文件。这里选择本书配套光盘中第 3 章 \media\ 置换素材 .psd 文件，完成后单击“打开”按钮，对图像进行置换。

选择置换素材

完成上述操作后，为图像添加了置换效果，如下图所示。

置换效果

3.6.5 锐化滤镜组

锐化滤镜组包括“USM锐化”滤镜、“进一步锐化”滤镜、“锐化”滤镜、“锐化边缘”滤镜和“智能锐化”滤镜。通过这些滤镜，可以将图像进行自定义锐化处理。

1. 锐化与进一步锐化

使用“锐化”滤镜可以通过增大图像像素之间的反差来使模糊的像素变得清晰。使用“进一步锐化”滤镜的方法与使用“锐化”滤镜的方法相同，可以得到比“锐化”滤镜更加明显的图像效果。具体操作步骤如下所示。

步骤01 打开图像文件

打开本书配套光盘中第3章\media\046.jpg文件，如下图所示。

打开的图像文件

步骤02 锐化图像和进一步锐化

执行“滤镜 > 锐化 > 锐化”命令，对图像进行锐化，效果如下图所示。

锐化图像

执行“滤镜 > 锐化 > 进一步锐化”命令，对图像进行进一步锐化，效果如下图所示。

进一步锐化图像

2. 锐化边缘与USM锐化

使用“锐化边缘”滤镜可以查找图像中的颜色发生显著变化的边缘，再进行锐化。使用“USM锐化”滤镜可以将图像中有显著颜色变化的区域进行锐化处理。具体操作步骤如下所示。

步骤01 打开图像文件

打开本书配套光盘中第3章\media\047.jpg文件，如下图所示。

打开的图像文件

步骤 02 锐化边缘

执行“滤镜 > 锐化 > 锐化边缘”命令，对图像的边缘进行锐化，效果如下图所示。可以按下 Ctrl+F 快捷键，进行多次该效果的添加。

锐化边缘效果

步骤 03 USM 锐化

执行“滤镜 > 锐化 >USM 锐化”命令，在弹出的“USM 锐化”对话框中设置如下图所示的参数。完成后单击“确定”按钮。

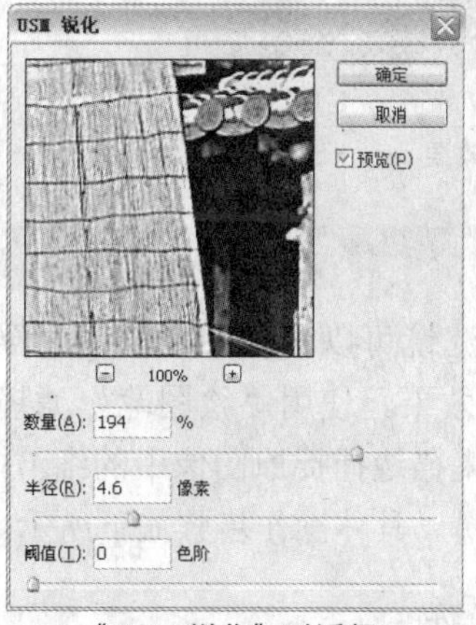

“USM 锐化”对话框

完成上述操作后，使图像更加锐化了，效果如下图所示。

USM 锐化效果

3. 智能锐化

执行“滤镜 > 锐化 > 智能锐化”命令，可以通过设置锐化算法来锐化图像。“智能锐化”对话框如下图所示，各选项的说明如下表所示。

“智能锐化”对话框

编号	名称	说明
❶	基本	可显示基本的设置选项
❷	高级	可显示高级的设置选项
❸	移去	可设置对图像进行锐化的算法
❹	更加准确	将用更长的时间处理文件，以便精确地移去模糊

下面举例介绍“智能锐化”滤镜的使用方法。具体操作步骤如下所示。

步骤 01 打开图像文件

打开本书配套光盘中第 3 章 \media\048.jpg 文件，如下图所示。

打开的图像文件

步骤 02 锐化图像

执行“滤镜 > 锐化 > 智能锐化”命令，在弹出的“智能锐化”对话框中设置如下图所示的参数。完成后单击“确定”按钮。

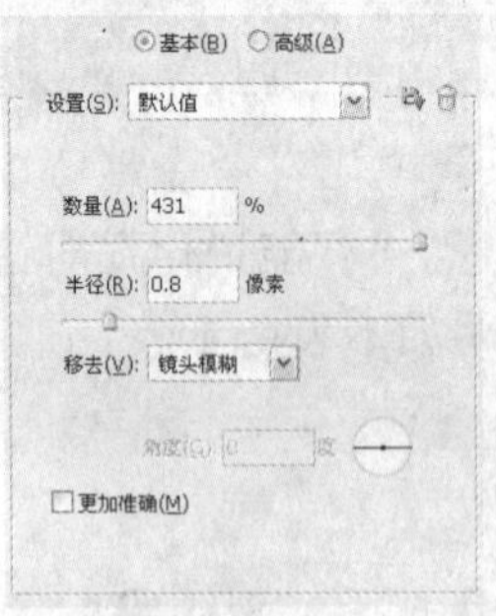

设置“智能锐化”参数

完成上述操作后，使图像变得更加清晰了，效果如下图所示。

智能锐化效果

3.6.6 素描滤镜组

素描滤镜组用于将纹理添加到图像上，从而制作手绘效果。

1. 半调图案

通过“半调图案”滤镜可以在保持图像中连续色调范围的情况下，使图像模拟半调网屏效果。具体操作步骤如下所示。

步骤 01 打开图像文件

打开本书配套光盘中第 3 章 \media\049.jpg 文件，如下图所示。

打开的图像文件

步骤 02 添加半调图案效果

执行“滤镜 > 素描 > 半调图案”命令，在弹出的“半调图案”对话框中设置如下图所示的参数。完成后单击“确定”按钮。

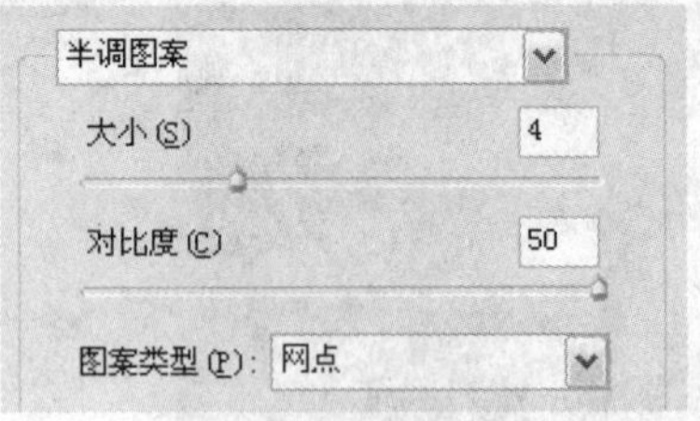

设置“半调图案”参数

完成上述操作后，为图像添加了半调图案效果，如下图所示。

半调图案效果

2. 便条纸和绘图笔

使用“便条纸”滤镜可以简化图像，创建浮雕凹陷和纸张纹理的效果。使用“绘图笔”滤镜可以使用细线状的油墨描边捕捉原图像中的细节，并使用前景色作为油墨。具体操作步骤如下所示。

步骤 01 打开图像文件

打开本书配套光盘中第 3 章 \media\050.jpg 文件，如下图所示。

打开的图像文件

步骤 02 添加便条纸效果

执行“滤镜 > 素描 > 便条纸”命令，在弹出的对话框中设置如下图所示的参数。完成后单击“确定”按钮。

设置“便条纸”参数

完成上述操作后，为图像添加了便条纸效果，如下图所示。

便条纸效果

步骤 03 添加绘图笔效果

按下 Ctrl+Z 快捷键，然后执行“滤镜 > 素描 > 绘图笔”命令，在弹出的对话框中设置如下图所示的参数。完成后单击“确定”按钮。

设置“绘图笔”参数

完成上述操作后，为图像添加了绘图笔效果，如下图所示。

绘图笔效果

3. 粉笔和炭笔

使用“粉笔和炭笔”滤镜可以重绘图像的高光和中间调，并使用粗糙粉笔绘制纯中间调的灰色背景部分，使用黑色对角炭笔线条替换图像的阴影部分。

步骤 01 打开图像文件

打开本书配套光盘中第 3 章 \media\051.jpg 文件，如下图所示。

打开的图像文件

步骤 02 添加粉笔和炭笔效果

执行“滤镜 > 素描 > 粉笔和炭笔”命令，在弹出的“粉笔和炭笔”对话框中设置如下图所示的参数。完成后单击“确定”按钮。

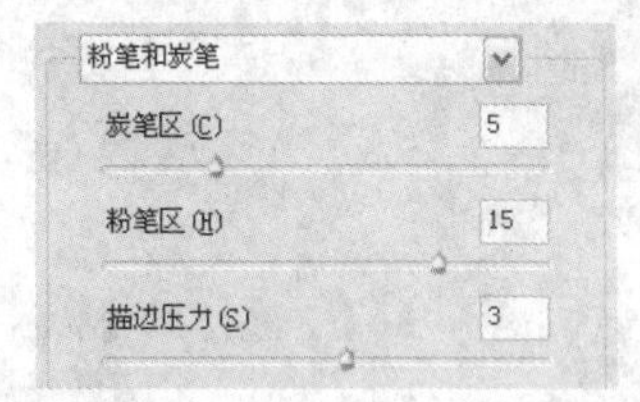

设置“粉笔和炭笔”参数

完成上述操作后，为图像添加了粉笔和炭笔效果，如下图所示。

粉笔和炭笔效果

4. 基底凸现和塑料效果

使用“基底凸现”滤镜可以使图像呈现比较细腻的浮雕效果。使用“塑料效果”滤镜可以为图像添加暗区凸起且亮区凹陷的塑料效果，并使用背景色为图像着色。

步骤 01 打开图像文件

打开本书配套光盘中第 3 章 \media\052.jpg 文件，如下图所示。

打开的图像文件

步骤 02 添加基底凸现效果

执行“滤镜 > 素描 > 基底凸现”命令，在弹出的“基底凸现”对话框中设置如下图所示的参数。完成后单击“确定”按钮。

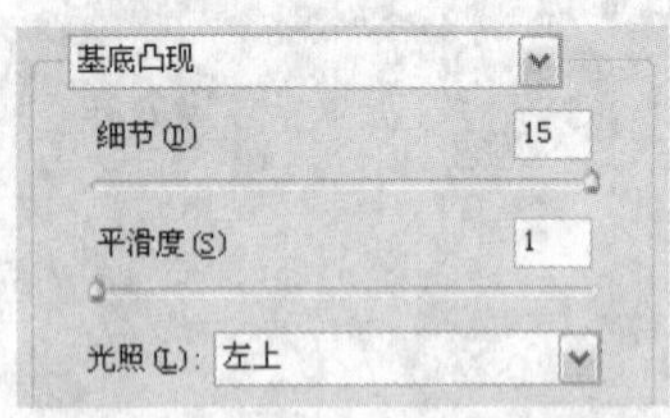

设置“基底凸现”参数

完成上述操作后，为图像添加了基底凸现效果，如下图所示。

基底凸现效果

步骤 03 添加塑料效果

取消上步操作，然后执行“滤镜 > 素描 > 塑料效果”命令，在弹出的“塑料效果”对话框中设置如下图所示的参数。完成后单击“确定”按钮。

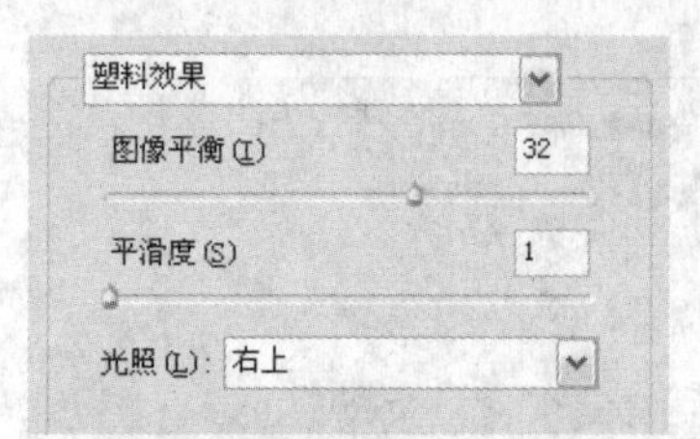

设置“塑料效果”参数

完成上述操作后，为图像添加了塑料效果，如下图所示。

塑料效果

5. 水彩画纸

利用“水彩画纸”滤镜可以为图像添加潮湿的水彩画效果。具体操作步骤如下所示。

步骤 01 打开图像文件

打开本书配套光盘中第 3 章 \media\053.jpg 文件，如下图所示。

打开的图像文件

步骤 02 添加水彩画纸效果

执行“滤镜 > 素描 > 水彩画纸”命令，在弹出的“水彩画纸”对话框中设置如下图所示的参数。完成后单击“确定”按钮。

水彩画纸
纤维长度(F) 3
亮度(B) 58
对比度(C) 83

设置“水彩画纸”参数

完成上述操作后，为图像添加了水彩画纸效果，如下图所示。

水彩画纸效果

6. 图章和撕边

使用“图章”滤镜可以将图像转换为简化的图像效果。使用“撕边”滤镜可以重建图像，为其添加粗糙、撕破的纸张效果。

步骤 01 打开图像文件

打开本书配套光盘中第 3 章 \media\054.jpg 文件，如下图所示。

打开的图像文件

步骤 02 添加图章效果

执行“滤镜 > 素描 > 图章”命令，在弹出的“图章”对话框中设置如下图所示的参数。完成后单击“确定”按钮。

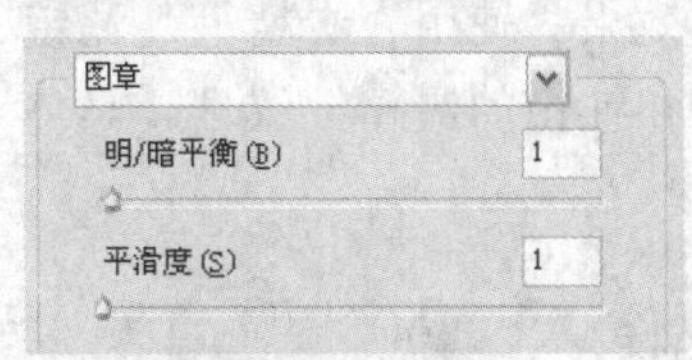

设置“图章”参数

完成上述操作后，为图像添加了图章效果，如下图所示。

图章效果

步骤 03 添加撕边效果

取消上步操作，然后执行“滤镜 > 素描 > 撕边”命令，在弹出的“撕边”对话框中设置如下图所示的参数。完成后单击“确定”按钮。

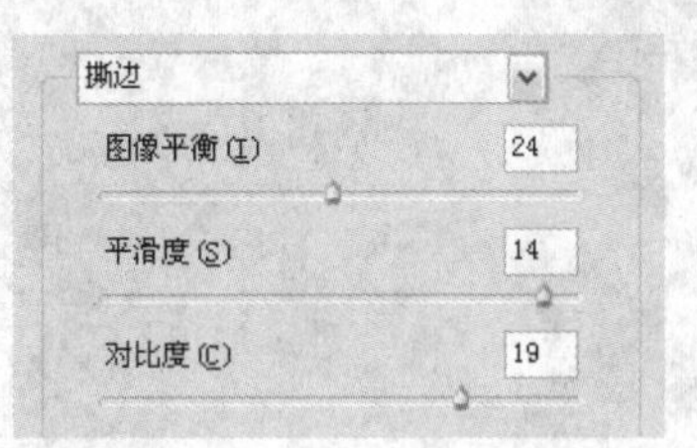

设置“撕边”参数

完成上述操作后，为图像添加了撕边效果，如下图所示。

撕边效果

7. 炭笔和炭精笔

使用“炭笔”滤镜可以为图像添加粗线条边缘的色调分离的涂抹效果。使用“炭精笔”滤镜可以使图像模拟浓黑和纯白的炭精笔纹理。具体操作步骤如下所示。

步骤 01 打开图像文件

打开本书配套光盘中第 3 章 \media\055.jpg 文件，如下图所示。

打开的图像文件

步骤 02 添加炭笔效果

执行“滤镜 > 素描 > 炭笔”命令，在弹出的“炭笔”对话框中设置如下图所示的参数。完成后单击“确定”按钮。

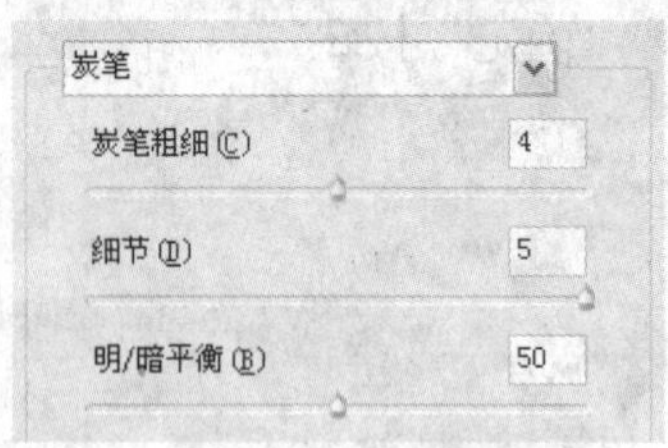

设置“炭笔”参数

完成上述操作后，图像效果如下图所示。

炭笔效果

步骤 03 添加炭精笔效果

执行“滤镜 > 素描 > 炭精笔”命令，在弹出的对话框中设置如下图所示的参数后，单击“确定”按钮。为图像添加炭精笔效果。

炭精笔效果

8. 影印和网状

利用“影印”滤镜可为图像添加复印图像的效果。使用“网状”滤镜可以模拟胶片乳胶效果来重建图像，然后覆盖原图，具体操作步骤如下所示。

步骤 01 打开图像文件

打开本书配套光盘中第 3 章 \media\056.jpg 文件，如下图所示。

打开的图像文件

步骤 02 添加影印效果

执行“滤镜 > 素描 > 影印”命令，在弹出的“影印”对话框中设置如下图所示的参数。完成后单击“确定”按钮。

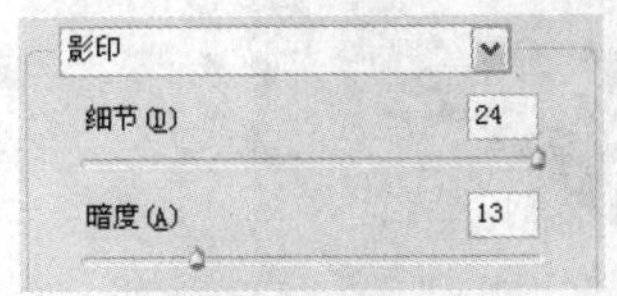

设置“影印”参数

完成上述操作后，为图像添加了影印效果，如下图所示。

影印效果

步骤 03 添加网状效果

取消上步操作，执行“滤镜 > 素描 > 网状”命令，在弹出的“网状”对话框中设置如下图所示的参数。完成后单击“确定”按钮。

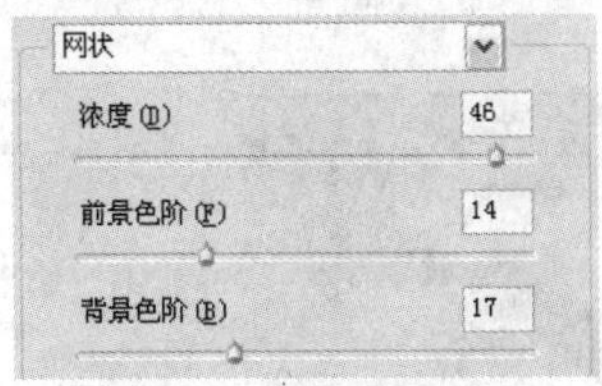

设置“网状”参数

完成上述操作后，为图像添加了网状效果，如下图所示。

网状效果

3.6.7 纹理滤镜组

纹理滤镜组中包括“龟裂缝”滤镜、“颗粒”滤镜、“马赛克拼贴”滤镜、“拼缀图”滤镜、“染色玻璃”滤镜和“纹理化”滤镜。使用这些滤镜，可以为图像添加具有深度或物质感的纹理外观效果。

1. 龟裂缝和马赛克拼贴

使用“龟裂缝”滤镜可以为图像添加高凸现的石膏边面效果。使用“马赛克拼贴”滤镜可以为图像添加碎片或拼贴的组成效果。操作步骤如下所示。

步骤 01 打开图像文件

打开本书配套光盘中第 3 章 \media\057.jpg 文件，如下图所示。

打开的图像文件

步骤 02 添加龟裂缝效果

执行“滤镜 > 纹理 > 龟裂缝”命令，在弹出的“龟裂缝”对话框中设置如下图所示的参数。完成后单击“确定”按钮。

设置“龟裂缝”参数

完成上述操作后，为图像添加了龟裂缝效果，如下图所示。

龟裂缝效果

步骤 03 添加马赛克拼贴效果

按下 Ctrl+Z 快捷键，取消上步操作。执行“滤镜 > 纹理 > 马赛克拼贴”命令，在弹出的“马赛克拼贴”对话框中设置如下图所示的参数。完成后单击“确定”按钮。

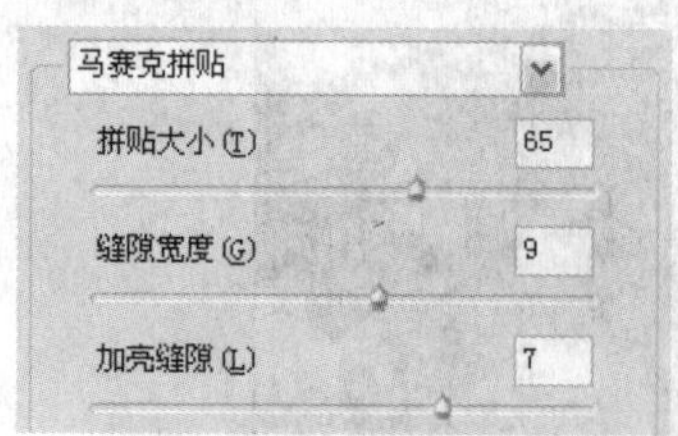

设置“马赛克拼贴”参数

完成上述操作后，为图像添加了马赛克拼贴效果，如下图所示。

马赛克拼贴效果

2. 颗粒和纹理化

使用“颗粒”滤镜可以图像添加不同的颗粒或斑点。使用“纹理化”滤镜可以将所选纹理应用于图像中。具体操作步骤如下所示。

步骤 01 打开图像文件

打开本书配套光盘中第 3 章 \media\058.jpg 文件，如下图所示。

打开的图像文件

步骤 02 添加颗粒效果

执行“滤镜 > 纹理 > 颗粒”命令，在弹出的“颗粒”对话框中设置如下图所示的参数。完成后单击“确定”按钮。

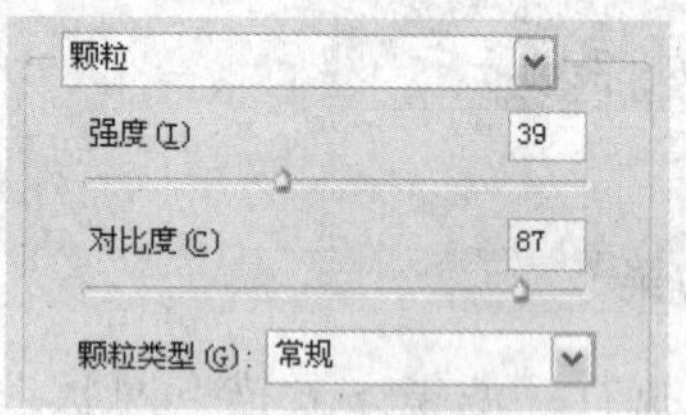

设置“颗粒”参数

完成上述操作后，为图像添加了颗粒效果，如下图所示。

颗粒效果

步骤 03 添加纹理化效果

按下 Ctrl+Z 快捷键，取消上步操作。执行“滤镜 > 纹理 > 纹理化”命令，在弹出的“纹理化”对话框中设置各项参数。完成后单击“确定”按钮。为图像添加了纹理化效果，如下图所示。

纹理化效果

拼缀图效果

3. 拼缀图和染色玻璃

使用“拼缀图”滤镜可以将图像分解为若干个正方形。。使用“染色玻璃”滤镜可以为图像添加模拟玻璃块的图像效果。具体操作步骤如下所示。

步骤 01 打开图像文件

打开本书配套光盘中第 3 章 \media\059.jpg 文件，如下图所示。

打开的图像文件

步骤 02 添加拼缀图效果

执行“滤镜 > 纹理 > 拼缀图”命令，在弹出的“拼缀图”对话框中设置如下图所示的参数。完成后单击“确定”按钮。

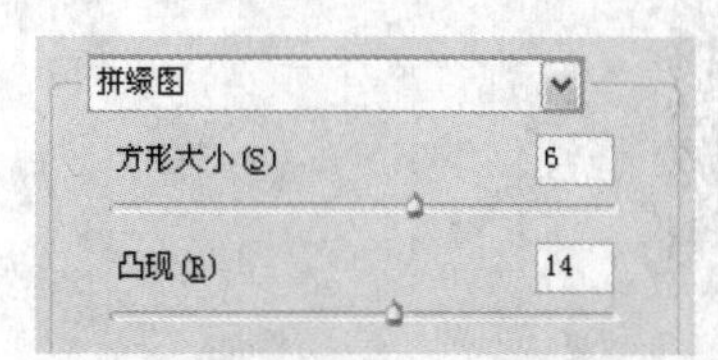

设置“拼缀图”参数

完成上述操作后，为图像添加了拼缀图效果，如下图所示。

步骤 03 添加染色玻璃效果

取消上步操作，再执行“滤镜 > 纹理 > 染色玻璃”命令，在弹出的“染色玻璃”对话框中设置各项参数。完成后单击“确定”按钮。为图像添加了“染色玻璃”效果，如下图所示。

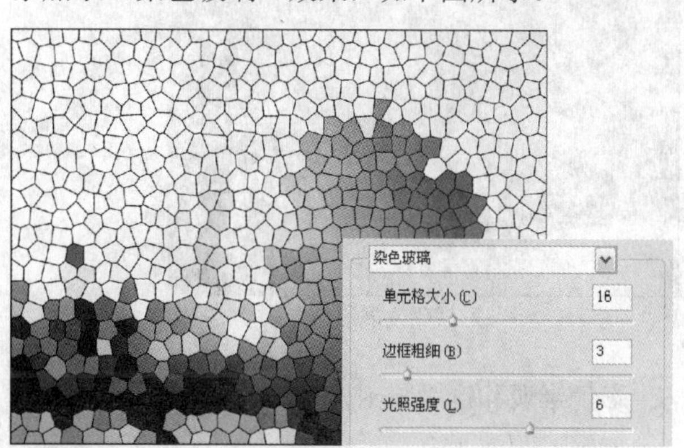

染色玻璃效果

3.6.8 像素化滤镜组

像素化滤镜组包括“彩块化”、“彩色半调”、“点状化”、“晶格化”、“马赛克”、“碎片”和“铜版雕刻”等滤镜。通过这些滤镜可以将图像中颜色值相近的像素结成块，并重新定义图像或选区，从而产生晶格状、点状、马赛克等特殊效果。

1. 彩块化

使用“彩块化”滤镜可以使图像中相近的像素结成像素块，从而使扫描图像看起来像手绘图像，具体操作步骤如下所示。

步骤 01 打开图像文件

打开本书配套光盘中第 3 章 \media\060.jpg 文件，如下图所示。

打开的图像文件

步骤 02 添加彩块化效果

执行“滤镜 > 像素化 > 彩块化”命令，为图像添加彩块化效果，如下图所示。

彩块化效果

2. 彩色半调和铜版雕刻

使用“彩色半调”滤镜可以将图像划分为矩形，并使用圆形替换每个矩形，且圆形的大小与矩形的大小成正比。使用“铜版雕刻”滤镜可以将黑白图像转换为随机图案，将彩色图像转换为完全饱和颜色的随机图案。具体操作步骤如下所示。

步骤 01 打开图像文件

打开本书配套光盘中第 3 章\media\061.jpg 文件，如下图所示。

打开的图像文件

步骤 02 添加彩色半调效果

执行“滤镜 > 像素化 > 彩色半调”命令，在弹出的“彩色半调”对话框中设置如下图所示的参数。完成后单击“确定”按钮。

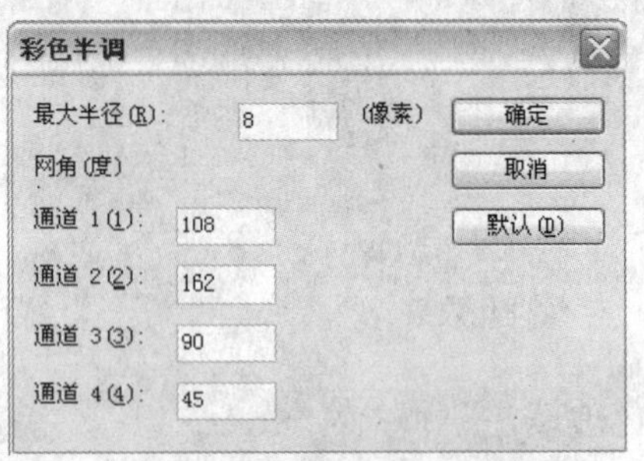

设置“彩色半调”参数

完成上述操作后，为图像添加了彩色半调效果，如下图所示。

彩色半调效果

步骤 03 添加铜版雕刻效果

按下 Ctrl+Z 快捷键，取消上步操作。执行“滤镜 > 像素化 > 铜版雕刻”命令，在弹出的“铜版雕刻”对话框中设置如下图所示的参数。完成后单击“确定”按钮。

设置“铜版雕刻”参数

完成上述操作后，为图像添加了铜版雕刻效果，如下图所示。

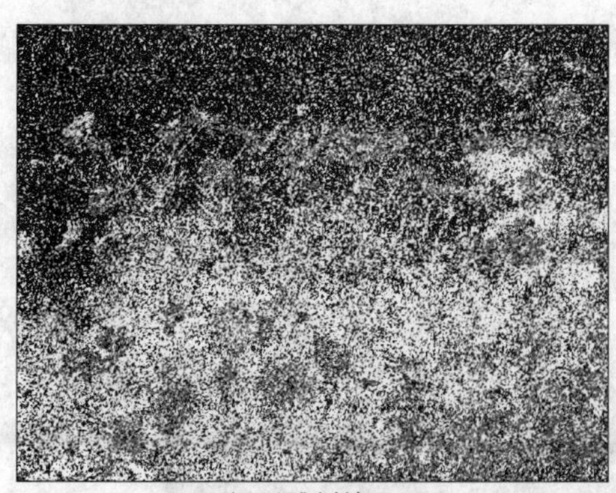
铜版雕刻效果

3. 点状化和晶格化

利用“点状化”滤镜可以将图像中的颜色分解为随机分布的小块。使用“晶格化”滤镜可以使图像中的像素结成多边形纯色块。具体操作步骤如下所示。

步骤 01 打开图像文件

打开本书配套光盘中第 3 章 \media\062.jpg 文件，如下图所示。

打开的图像文件

步骤 02 添加点状化效果

执行“滤镜 > 像素化 > 点状化”命令，在弹出的“点状化”对话框中设置如下图所示的参数。完成后单击“确定”按钮。

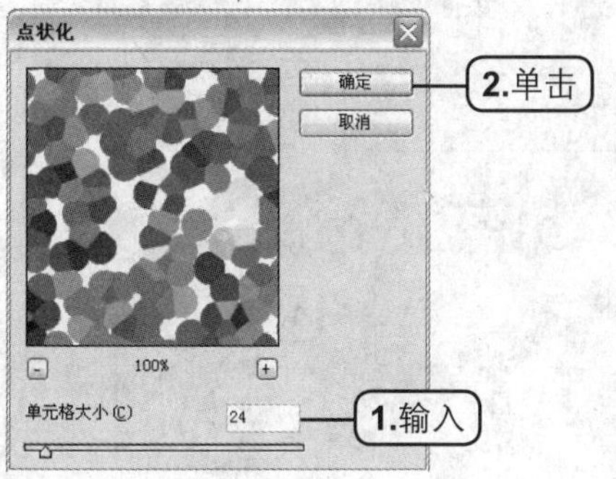

设置“点状化”参数

完成上述操作后，为图像添加了点状化效果，如下图所示。

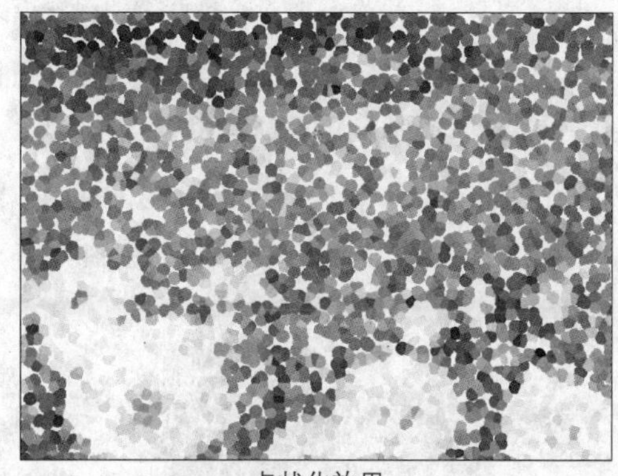
点状化效果

步骤 03 添加晶格化效果

取消上步操作，执行“滤镜 > 像素化 > 晶格化”命令，在弹出的“晶格化”对话框中设置如下图所示的参数。完成后单击“确定”按钮。

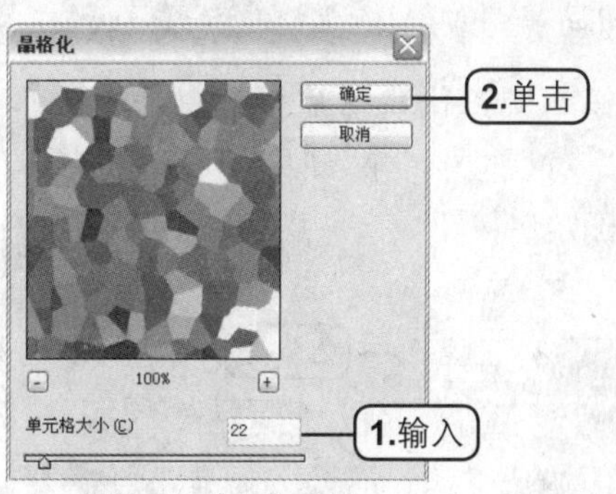

设置“晶格化”参数

完成上述操作后，为图像添加了晶格化效果，如下图所示。

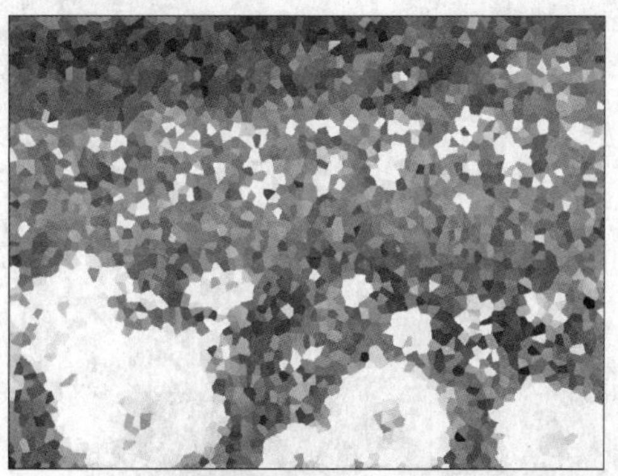
晶格化效果

4. 马赛克和碎片

使用“马赛克”滤镜可以为图像添加方形块像素效果，而且单元格越大，效果越明显。使用“碎片”滤镜可以为图像添加不聚焦的模糊效果。具体操作步骤如下所示。

步骤 01 打开图像文件

打开本书配套光盘中第 3 章 \media\063.jpg 文件，如下图所示。

打开的图像文件

步骤 02 添加马赛克效果

执行“滤镜 > 像素化 > 马赛克”命令，在弹出的“马赛克”对话框中设置如下图所示的参数。完成后单击“确定”按钮。

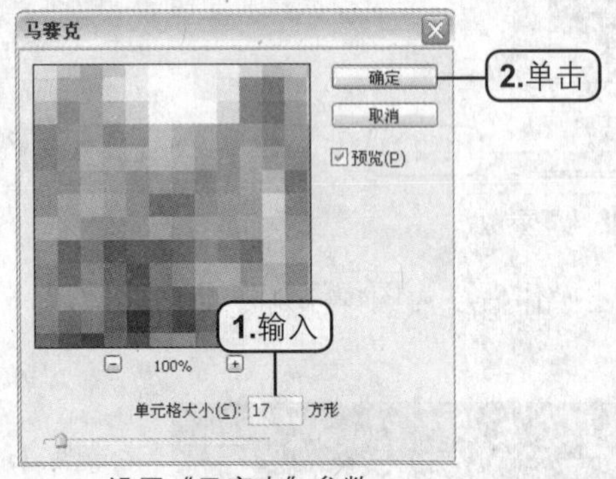

设置“马赛克”参数

完成上述操作后，为图像添加了马赛克效果，如下图所示。

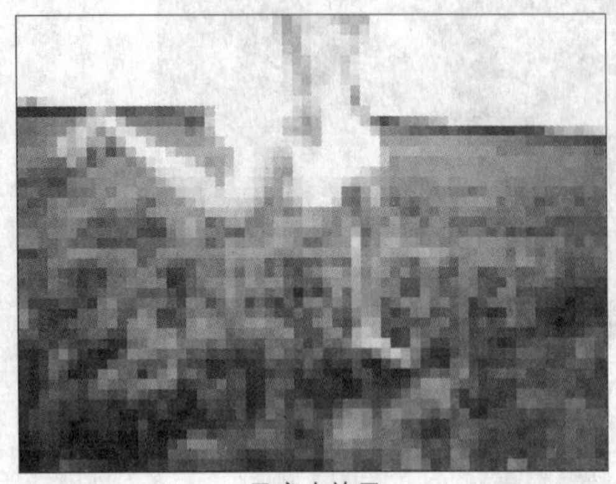
马赛克效果

步骤 03 添加碎片效果

执行“滤镜 > 像素化 > 碎片”命令，为图像添加碎片效果，如下图所示。

碎片效果

3.6.9 渲染滤镜组

渲染滤镜组包括“分层云彩”滤镜、“光照效果”滤镜、“镜头光晕”滤镜、“纤维”滤镜和“云彩”滤镜。通过这些滤镜，可以为图像添加云彩图案、折射图案和模拟光反射等效果。

1. 云彩与分层云彩

使用“云彩”滤镜可以使用介于前景色与背景色之间的随机值生成柔和的云彩图案。使用“分层云彩”滤镜。可以使用前景色与背景色的反相颜色随机形成云彩图案。具体操作步骤如下所示。

步骤 01 新建图像文件

执行“文件 > 新建”命令，在弹出的“新建”对话框中，设置如下图所示的参数。完成后单击“确定”按钮。

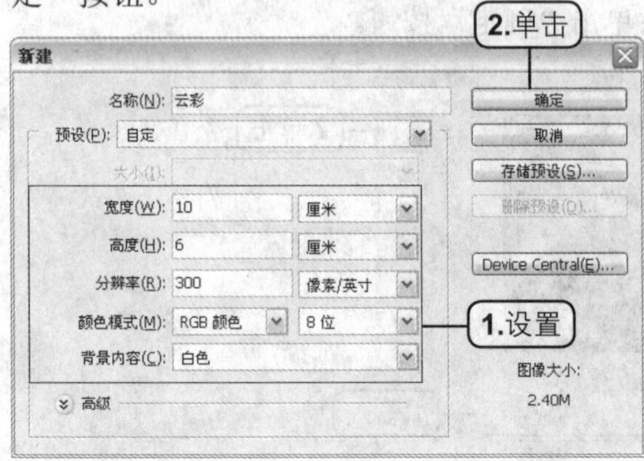

新建图像文件

步骤 02　添加云彩效果

按下D键，恢复默认前景色和背景色。执行“滤镜 > 渲染 > 云彩”命令，为图像添加“云彩”效果，如下图所示。

云彩效果

执行“滤镜 > 渲染 > 分层云彩”命令，为图像添加分层云彩效果，如下图所示。

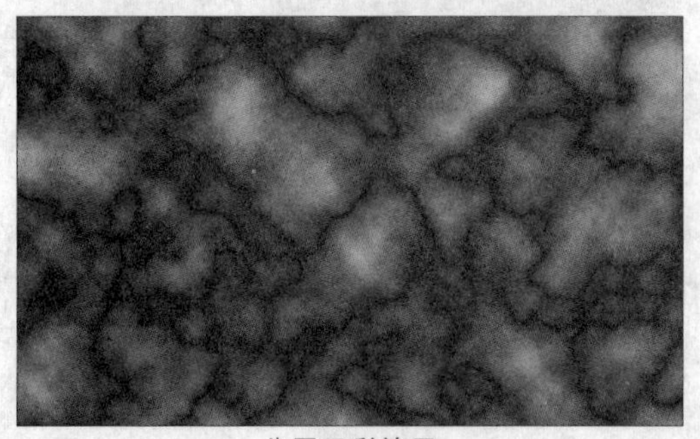

分层云彩效果

由于“云彩”滤镜和“分层云彩”滤镜的效果有很大的随机性，每次添加的效果都不相同，因此按下Ctrl+F快捷键，对其效果进行变换，如下图所示。

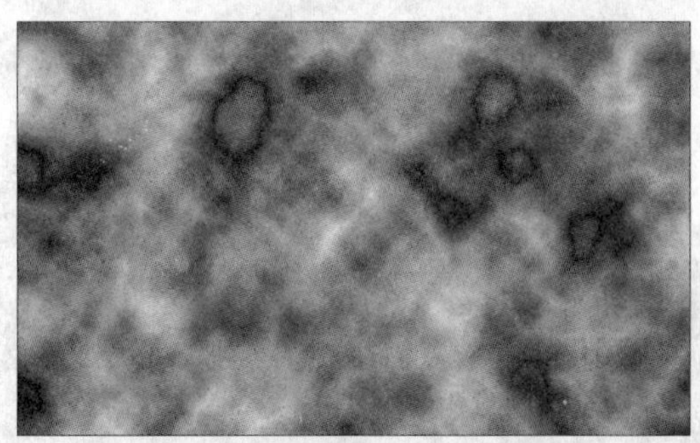

变换分层云彩效果

2. 光照效果

使用“光照效果”滤镜可为图像添加不同的光照效果，还可为灰度图像添加3D效果。“光照效果”对话框如下图所示，各选项的说明如下表所示。

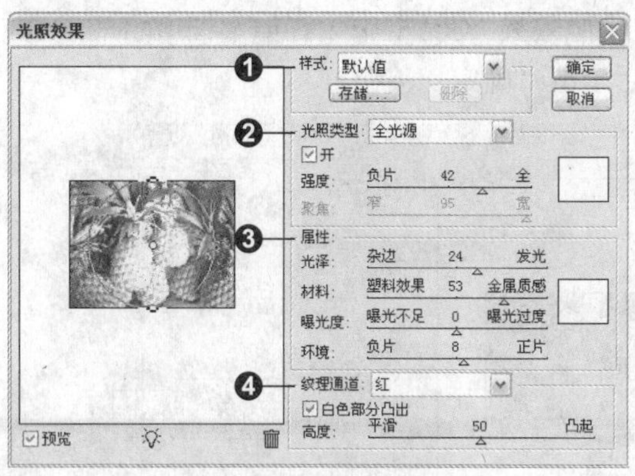

“光照效果”对话框

编 号	名 称	说 明
❶	样式	样式：可选择光照样式 “存储”按钮：可以将自定义的光照效果进行保存 “删除”按钮：可以将现有的光照样式删除
❷	光照类型	光照类型：可选择光照的光源类型 强度：可设置光照的强度 聚焦：可设置光照的大小
❸	属性	光泽：可以设置反射光的多少 材料：可设置反射率的高低 曝光度：可以增加或减少光照效果的正负值 环境：可以设置环境光的多少
❹	纹理通道	可以选择纹理填充的通道

下面举例说明“光照效果”滤镜的使用方法。具体操作步骤如下所示。

步骤 01　打开图像文件

打开本书配套光盘中第3章\media\064.jpg文件，如下图所示。

打开的图像文件

步骤 02　添加光照效果

执行“滤镜 > 渲染 > 光照效果”命令，在弹出的“光照效果”对话框中设置如下图所示的参数。完成后单击“确定”按钮。

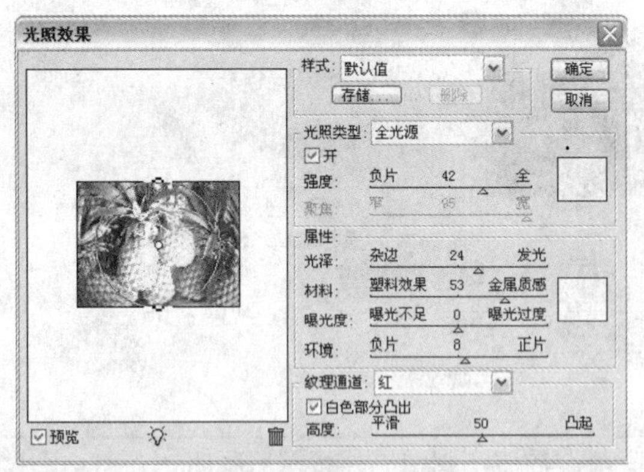

设置“光照效果”参数

完成上述操作后，为图像添加了光照效果，如下图所示。

光照效果

3. 镜头光晕

使用“镜头光晕”滤镜可以在图像中添加光照到摄像机和在图像上产生的折射效果。具体操作步骤如下所示。

步骤 01 打开图像文件

打开本书配套光盘中第 3 章 \media\065.jpg 文件，如下图所示。

打开的图像文件

步骤 02 添加镜头光晕效果

执行“滤镜 > 渲染 > 镜头光晕”命令，在弹出的“镜头光晕”对话框中，设置如下图所示的参数。完成后单击“确定”按钮。

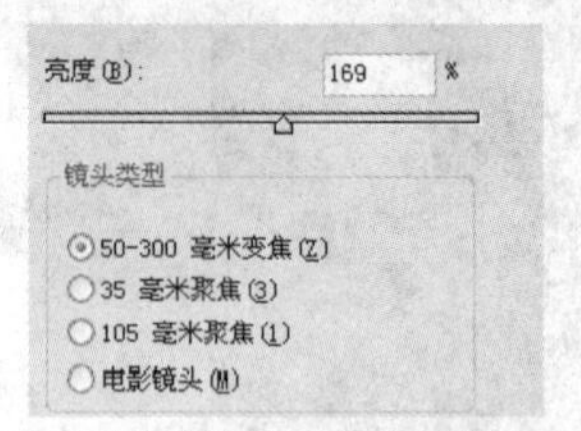

设置“镜头光晕”参数

完成上述操作后，为图像添加了镜头光晕效果，如下图所示。

镜头光晕效果

4. 纤维

使用“纤维”滤镜可以为图像添加用前景色与背景色创建的编制纤维外观效果。具体操作步骤如下所示。

光盘路径：第 3 章 \Complete\ 纤维 .psd

步骤 01 打开图像文件

打开本书配套光盘中第 3 章 \media\066.jpg 文件，如下图所示。新建一个图层，再填充为白色。

打开的图像文件

步骤 02 添加纤维效果

执行“滤镜 > 渲染 > 纤维”命令，在弹出的“纤维”对话框中设置如下图所示的参数。完成后单击“确定”按钮。

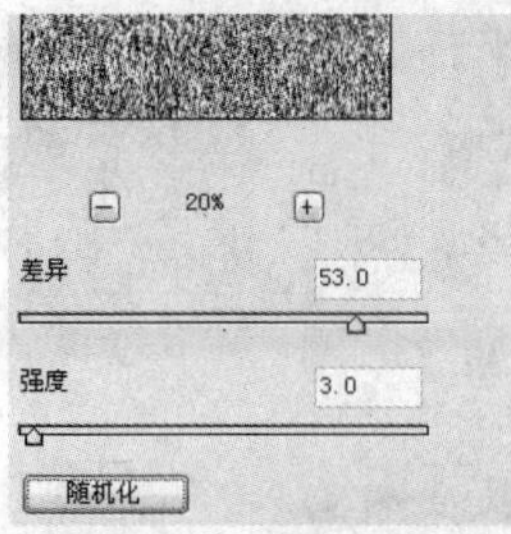

设置“纤维”参数

完成上述操作后，为图像添加了如下图所示的纤维效果。

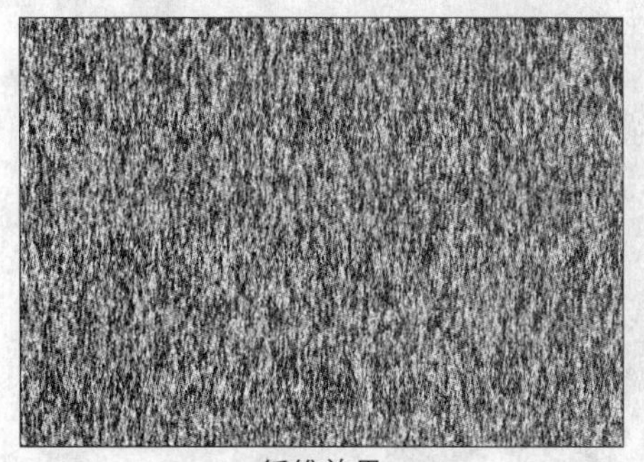

纤维效果

将“图层 1”图层的混合模式调整为“叠加”，将纤维效果叠加在图像上，效果如下图所示。

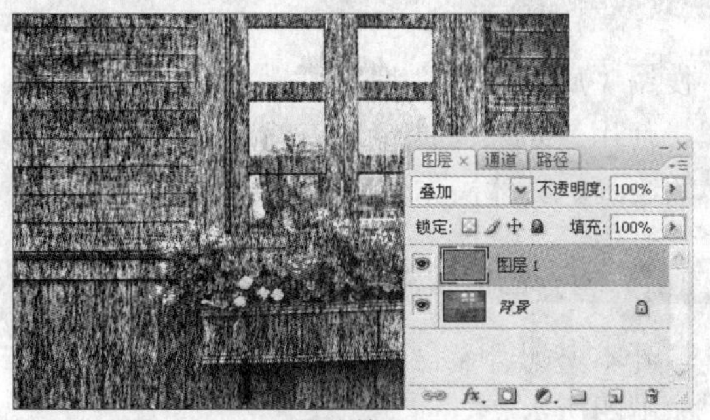

最终效果

3.6.10 艺术效果滤镜组

艺术效果滤镜组包括“壁画”、“彩色铅笔”、“粗糙蜡笔”、“底纹效果”、“调色刀”、“干画笔”、“海报边缘”、“海绵”、“绘画涂抹”、“胶片颗粒”、“木刻”、“霓虹灯光”、“水彩”、“塑料包装”和“涂抹棒”等滤镜。通过这些滤镜，可以图像添加绘画效果或艺术效果。

1. 壁画和海报边缘

使用“壁画”滤镜可利用一小块颜料以短而圆的粗略涂抹的笔触重新绘制一种粗糙风格的图像。使用“海报边缘”滤镜可以减少图像中的颜色数量，查找图像边缘，并在边缘上绘制黑色线条。具体操作步骤如下所示。

步骤 01 打开图像文件

打开本书配套光盘中第 3 章 \media\067.jpg 文件，如下图所示。

打开的图像文件

步骤 02 添加壁画效果

执行“滤镜 > 艺术效果 > 壁画”命令，在弹出的“壁画”对话框中设置各项参数，完成后单击“确定”按钮，为图像添加壁画效果，如下图所示。

设置“壁画”参数

壁画效果

步骤 03 添加海报边缘效果

取消上步操作，然后执行“滤镜 > 艺术效果 > 海报边缘”命令，在弹出的对话框中设置各项参数。完成后单击“确定”按钮。为图像添加海报边缘效果，如下图所示。

海报边缘效果

2. 彩色铅笔和粗糙蜡笔

使用“彩色铅笔”滤镜可以将图像转换为使用彩色铅笔在纯色背景上绘制图像的效果。使用“粗糙蜡笔”滤镜可以将图像转换为使用粗糙的彩色蜡笔进行绘制的效果。使用这两个滤镜的具体操作步骤如下所示。

步骤 01 打开图像文件

打开本书配套光盘中第 3 章 \media\068.jpg 文件，如下图所示。

打开的图像文件

步骤 02 添加彩色铅笔效果

执行“滤镜 > 艺术效果 > 彩色铅笔”命令，在弹出的“彩色铅笔”对话框中设置各项参数。完成后单击“确定”按钮，为图像添加“彩色铅笔”效果，如下图所示。

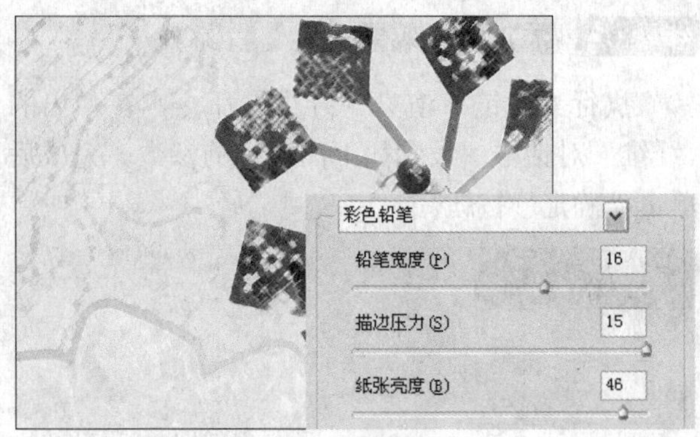

彩色铅笔效果

步骤 03 添加粗糙蜡笔效果

取消上步操作，然后执行“滤镜 > 艺术效果 > 粗糙蜡笔”命令，在弹出的对话框中设置如下图所示的参数。完成后单击“确定”按钮。

粗糙蜡笔效果

3. 底纹效果和水彩

使用“底纹效果”滤镜可以在原图像上绘制纹理。使用“水彩”滤镜可以将图像转换为水彩风格的绘画。具体操作步骤如下所示。

步骤 01 打开图像文件

打开本书配套光盘中第 3 章 \media\069.jpg 文件，如下图所示。

打开的图像文件

步骤 02 添加底纹效果

执行“滤镜 > 艺术效果 > 底纹效果”命令，在弹出的对话框中设置各项参数。完成后单击“确定”按钮。为图像添加底纹效果，如下图所示。

底纹效果

步骤 03 添加水彩效果

按下 Ctrl+Z 快捷键，取消上步操作，然后执行“滤镜 > 艺术效果 > 水彩”命令，在弹出的对话框中设置各项参数。完成后单击“确定”按钮。为图像添加水彩效果，如下图所示。

水彩效果

4. 调色刀、干画笔和木刻

使用“调色刀”滤镜可以减少图像中的细节，并生成描绘很淡的画布效果。使用“干画笔”滤镜可以使用干画笔的绘画方式来绘制原图像边缘，将原图像的颜色范围减少到普通颜色范围，从而简化图像。使用“木刻”滤镜可以将图像转换为由几层边缘粗糙的彩纸剪片组成的效果。具体操作步骤如下所示。

步骤 01 打开图像文件

打开本书配套光盘中第 3 章 \media\070.jpg 文件，如下图所示。

打开的图像文件

步骤 02 添加调色刀效果

执行“滤镜 > 艺术效果 > 调色刀”命令，在弹出的“调色刀”对话框中设置各项参数。完成后单击“确定”按钮。为图像添加调色刀效果，如下图所示。

调色刀效果

步骤 03 添加干画笔效果

取消上步操作，然后执行“滤镜 > 艺术效果 > 干画笔”命令，在弹出的对话框中设置各项参数。完成后单击“确定”按钮，为图像添加干画笔效果，如下图所示。

干画笔效果

步骤 04 添加木刻效果

按下 Ctrl+Z 快捷键，取消上步操作，然后执行“滤镜 > 艺术效果 > 木刻”命令，在弹出的对话框中设置各项参数。完成后单击“确定”按钮，为图像添加木刻效果，如下图所示。

木刻效果

5. 海绵和霓虹灯光

使用“海绵”滤镜可以使用颜色对比强烈、纹理较重的区域绘制图像，从而生成类似海绵绘画的效果。使用“霓虹灯光”滤镜可以为图像添加像霓虹灯一样的发光效果。具体操作步骤如下所示。

步骤 01 打开图像文件

打开本书配套光盘中第 3 章 \media\071.jpg 文件，如下图所示。

打开的图像文件

步骤 02 添加海绵效果

执行“滤镜 > 艺术效果 > 海绵”命令，在弹出的“海绵”对话框中设置各项参数。完成后单击“确定”按钮，为图像添加海绵效果，如下图所示。

海绵效果

步骤 03 添加霓虹灯光效果

取消上步操作，然后在霓虹灯光对话框中设置参数。完成后单击“确定”按钮，为图像添加霓虹灯光效果，如下图所示。

霓虹灯光效果

6. 绘画涂抹和涂抹棒

使用“绘画涂抹”滤镜可以使用各种大小和类型的画笔实现绘画效果。使用“涂抹棒”滤镜可以添加使用黑色线条柔和地涂抹图像中暗部的效果。具体操作步骤如下所示。

步骤 01 打开图像文件

打开本书配套光盘中第 3 章 \media\072.jpg 文件，如下图所示。

打开的图像文件

步骤 02　添加绘画涂抹效果

执行“滤镜 > 艺术效果 > 绘画涂抹”命令，在弹出的“绘画涂抹”对话框中设置各项参数。完成后单击“确定”按钮，为图像添加绘画涂抹效果，如下图所示。

绘画涂抹效果

步骤 03　添加涂抹棒效果

执行“滤镜 > 艺术效果 > 涂抹棒”命令，在弹出的“涂抹棒”对话框中设置各项参数。完成后单击“确定”按钮。为图像添加涂抹效果，如下图所示。

涂抹棒效果

7. 胶片颗粒和塑料包装

使用“胶片颗粒”滤镜可以将平滑的图案应用在图像的阴影和中间色调中，使图像产生摄影胶片颗粒的效果。使用“塑料包装”滤镜可以为图像添加一层光亮的塑料表面效果。具体操作步骤如下所示。

步骤 01　打开图像文件

打开本书配套光盘中第 3 章 \media\073.jpg 文件，如下图所示。

打开的图像文件

步骤 02　添加胶片颗粒效果

执行“滤镜 > 艺术效果 > 胶片颗粒”命令，在弹出的“胶片颗粒”对话框中设置各项参数。完成后单击“确定”按钮，为图像添加胶片颗粒效果，如下图所示。

胶片颗粒效果

步骤 03　添加塑料包装效果

按下 Ctrl+Z 快捷键，取消上步操作，然后执行“滤镜 > 艺术效果 > 塑料包装”命令，在弹出的对话框中各项参数。完成后单击“确定”按钮，为图像添加塑料包装效果，如下图所示。

塑料包装效果

3.6.11 杂色滤镜组

杂色滤镜组中包括“减少杂色”滤镜、“蒙尘与划痕”滤镜、“去斑”滤镜、“添加杂色”滤镜和“中间值”滤镜。通过这些滤镜，可以为图像添加或移除杂色。

1. 减少杂色和添加杂色

使用“减少杂色”滤镜可以在保留边缘的同时减少杂色。使用“添加杂色”滤镜可以为图像添加平均的颗粒状杂色。“减少杂色”对话框如下图所示，各选项的说明如下表所示。

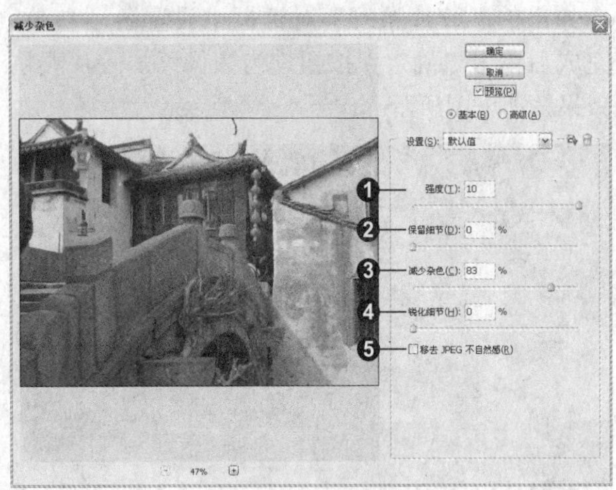

“减少杂色”对话框

编 号	名 称	说 明
❶	强度	可设置减少图像中杂点的数量
❷	保留细节	可以设置保留原图像细节的百分比
❸	减少杂色	可设置移去杂点像素的多少
❹	锐化细节	可以对图像进行锐化
❺	移去 JPG 不自然感	可以移去底像素的图像中的斑驳效果和杂色的色快

下面以使用“减少杂色”滤镜和“添加杂色”滤镜改变图像杂色参数为例，介绍“减少杂色”滤镜和“添加杂色”滤镜的使用方法，具体操作步骤如下所示。

步骤 01 打开图像文件

打开本书配套光盘中第 3 章 \media\074.jpg 文件，如下图所示。

打开的图像文件

步骤 02 减少图像的杂色

执行“滤镜 > 杂色 > 减少杂色”命令，在弹出的“减少杂色”对话框中设置如下图所示的参数。完成后单击“确定”按钮。

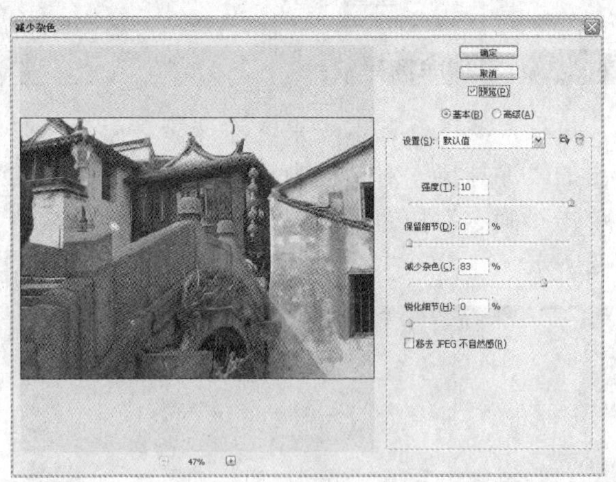

设置“减少杂色”参数

完成上述操作后，图像中的杂色消失了，图像变得柔和了，如下图所示。

减少杂色效果

步骤 03 添加杂色

取消上步操作，然后执行“滤镜 > 杂色 > 添加杂色”命令，在弹出的对话框中设置如下图所示的参数。完成后单击“确定”按钮。

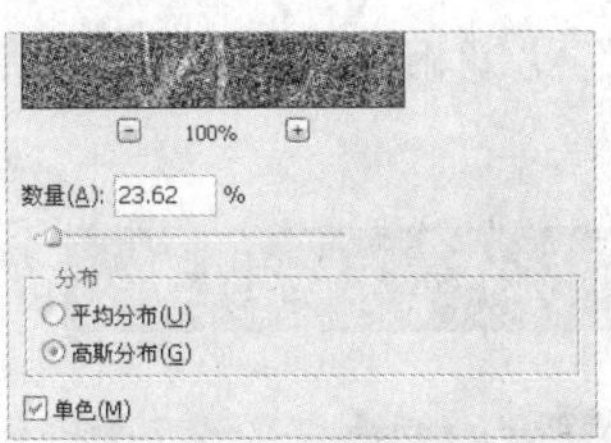

设置"添加杂色"参数

完成上述操作后，为图像添加了杂色效果，如下图所示。

添加杂色效果

2. 蒙尘与划痕和中间值

使用"蒙尘与划痕"滤镜可以通过更改图像中相异的像素来减少图像中的杂色。使用"中间值"滤镜可以通过混合图像的亮度来减少图像的杂色，但不保留图像中的细节部分。具体操作步骤如下所示。

光盘路径：第 3 章 \Complete\075.psd

步骤 01 打开图像文件并复制图层

打开本书配套光盘中第 3 章 \media\075.jpg 文件，如下图所示，然后复制"背景"图层得到"背景 副本"图层。

打开图像文件

步骤 02 添加蒙尘与划痕效果

执行"滤镜 > 杂色 > 蒙尘与划痕"命令，在弹出的"蒙尘与划痕"对话框中，设置如下图所示的参数。完成后单击"确定"按钮。

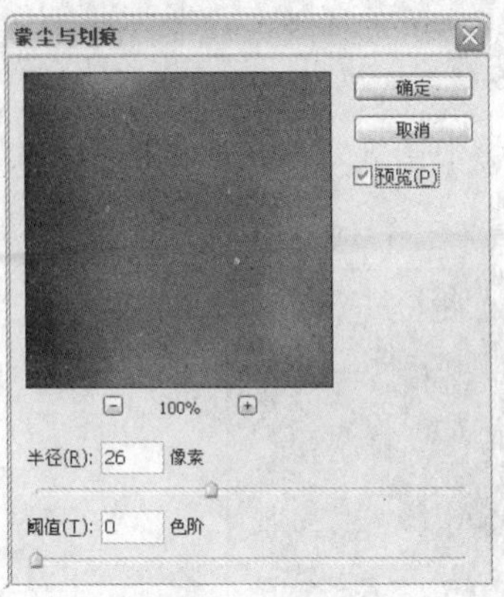

设置"蒙尘与划痕"效果

通过上步操作，为图像中的"背景副本"图层，添加了蒙尘与划痕效果。如下图所示。

蒙尘与划痕效果

将"背景 副本"图层的混合模式调整为"深色"，使蒙尘与划痕效果叠加在原图像上，效果如下图所示。

最终效果

3. 去斑

使用“去斑”滤镜可以检测图像边缘，模糊边缘以外的选区，从而去除杂色且保留细节。具体操作步骤如下所示。

步骤 01 打开图像文件

打开本书配套光盘中第 3 章 \media\076.jpg 文件，如下图所示。

打开的图像文件

步骤 02 对图像去斑

执行“滤镜 > 杂色 > 去斑”命令，对图像进行去斑处理，效果如下图所示。

去斑效果

3.6.12 其他滤镜组

其他滤镜组包括“高反差保留”、“位移”、“自定”、“最大值”、“最小值”等滤镜。通过这些滤镜可以快速调整图像的色调反差。

1. 高反差保留

使用“高反差保留”滤镜可以在有强烈颜色转变的图像部分保留边缘细节，但不显示图像的其余部分。利用该滤镜可以移去图像中的低频细节，效果与“高斯模糊”滤镜相反。具体操作步骤如下所示。

光盘路径：第 3 章 \Complete\ 高反差保留 .psd

步骤 01 打开图像文件并复制图层

打开本书配套光盘中第 3 章 \media\077.jpg 文件，如下图所示，复制“背景”图层。

打开的图像文件

步骤 02 添加高反差保留效果

执行“滤镜 > 其他 > 高反差保留”命令，在弹出的对话框中设置如下图所示的参数。完成后单击“确定”按钮。

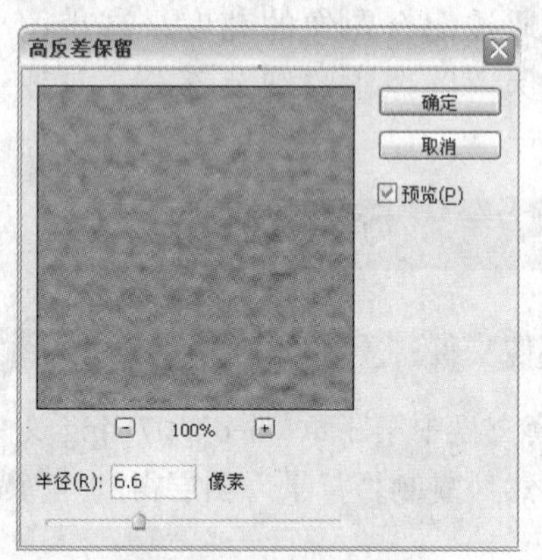

设置“高反差保留”参数

完成上述操作后，为图像添加高反差保留效果，如下图所示。

高反差保留效果

将“背景 副本”图层的混合模式调整为“叠加”，使高反差保留效果叠加在原图像上，使原图像变得更加清晰，效果如下图所示。

最终效果

2. 位移和自定

使用“位移”滤镜可以将图像进行位移处理，并使用所选的填充内容对移动后的原区域进行填充。使用“自定”滤镜可以根据数学运算来更改图像中每个像素的亮度值，然后根据周围的像素值为每个像素重新指定一个值，自定滤镜效果。“位移”对话框如下图所示，各选项的说明如下表所示。

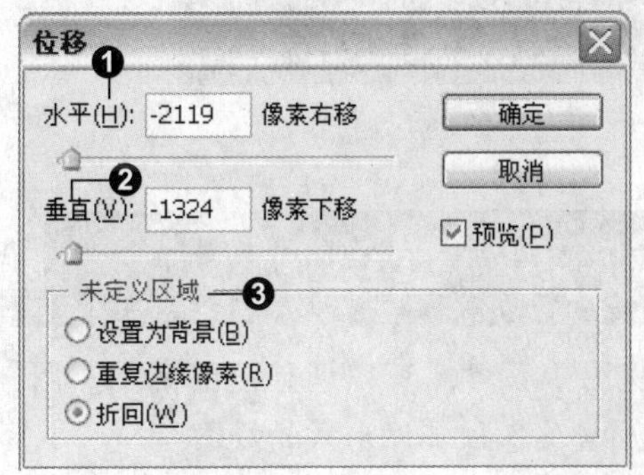

“位移”对话框

编 号	名 称	说 明
❶	水平	可以设置图像在水平方向上进行位移的数值
❷	垂直	可以设置图像在垂直方向上进行位移的数值
❸	未定义区域	可选择未定义区域的填充方式

下面举例说明“位移”滤镜和“自定”滤镜的使用方法。具体操作步骤如下所示。

步骤 01 打开图像文件

打开本书配套光盘中第 3 章 \media\078.jpg 文件，如下图所示。

打开的图像文件

步骤 02 添加位移效果

执行“滤镜 > 其他 > 位移”命令，在弹出的对话框中设置如下图所示的参数。完成后单击“确定”按钮。

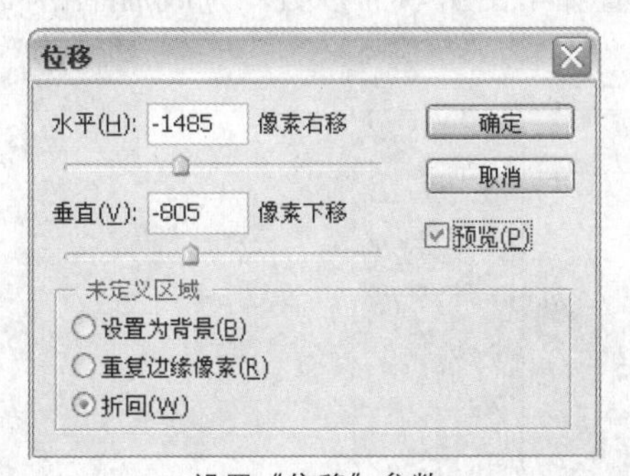

设置“位移”参数

完成上述操作后，为图像添加了位移效果，如下图所示。

位移效果

3. 最大值与最小值

通过“最大值”和“最小值”滤镜，可以在指定半径内，使用周围的像素最高或最底亮度值来替换当前像素的亮度值。具体操作步骤如下所示。

步骤 01 打开图像文件

打开本书配套光盘中第 3 章 \media\079.jpg 文件，如下图所示。

打开的图像文件

步骤 02 添加最大值效果

执行“滤镜 > 其他 > 最大值”命令，在弹出的对话框中设置如下图所示的参数。完成后单击“确定”按钮。

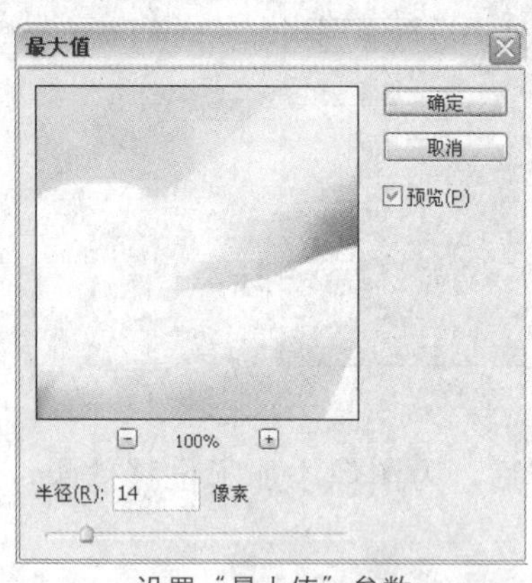

设置“最大值”参数

完成上述操作后，为图像添加了最大值效果，如下图所示。

最大值效果

步骤 03 添加最小值效果

按下 Ctrl+Z 快捷键，取消上步操作，再执行“滤镜 > 其他 > 最小值”命令，在弹出的对话框中设置如下图所示的参数。完成后单击“确定”按钮。

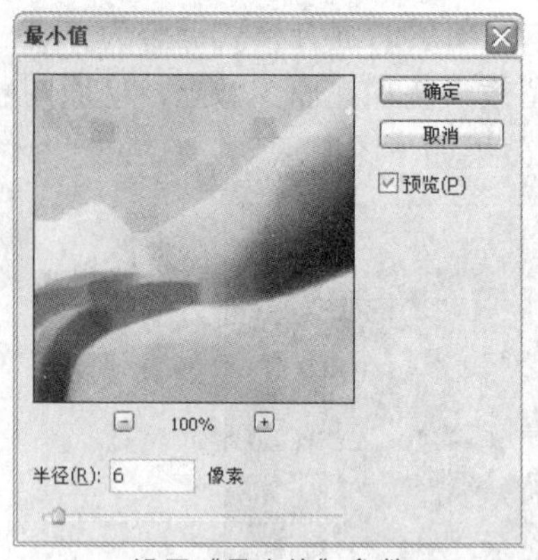

设置“最小值”参数

完成上述操作后，为图像添加了最小值效果，如下图所示。

最小值效果

3.7 “视图”菜单

利用“视图”菜单，可以调整视图模式、图像显示大小，以及各种辅助形式的线条。

1. 调整视图

执行“视图 > 放大 / 缩小 / 按屏幕大小缩放 / 实际像素 / 打印尺寸 / 屏幕模式”命令，可以随意对 Photoshop 中的视图和显示模式进行调整。如下图所示。

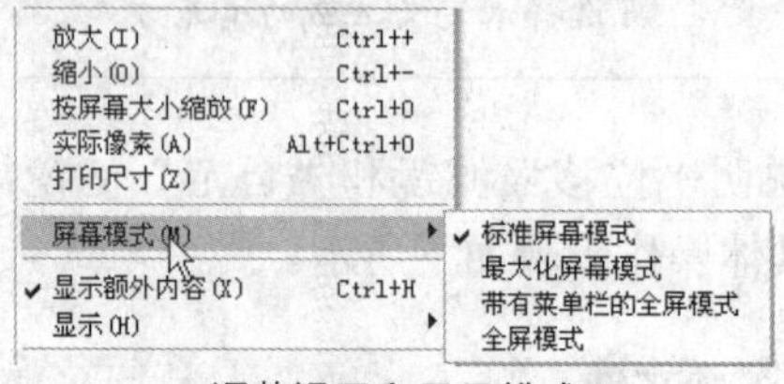

调整视图和显示模式

2. 显示

执行“视图 > 显示”命令，可以隐藏网格、参考线、路径、选区等，如下图所示。被隐藏和未添加的辅助元素会呈现正常状态。被显示的辅助元素会在菜单命令左侧出现☑符号。

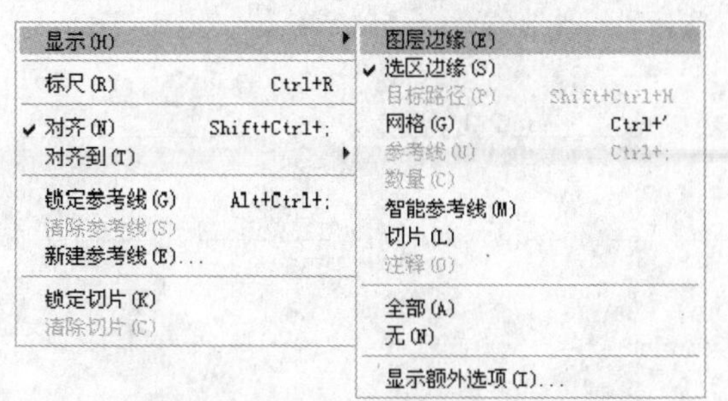

隐藏辅助元素

3.8 “窗口”菜单

利用“窗口”菜单可以对工作界面进行相关操作。

利用“窗口”菜单可以打开和隐藏各种面板，利用“窗口 > 工作区”菜单可以对工作区进行存储、删除等操作，还可以对菜单，快捷键等进行复位和调整。

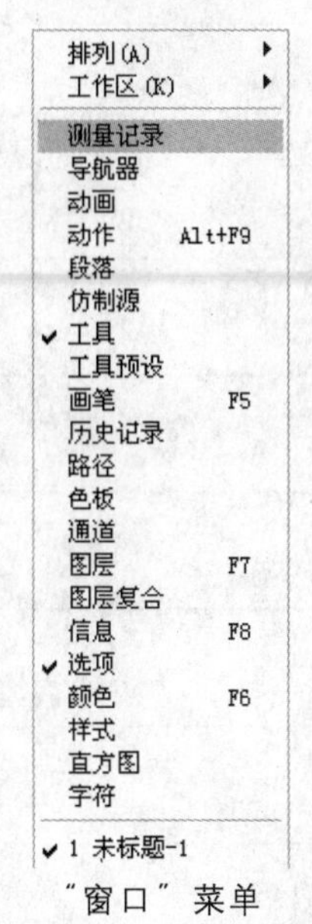

“窗口”菜单

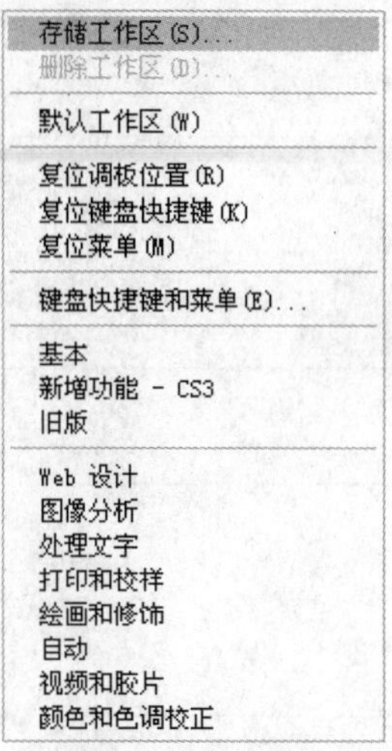

“工作区”级联菜单

NOTE

NOTE

面板功能详解

Photoshop中的“图层”面板、“路径”面板、“通道”面板、“字符”面板等有相当重要的位置。所有图像文件的制作和编辑都会使用“图层”面板，为图像添加一些较复杂的效果时，就要用到“路径”面板、“通道”面板，为图像添加文字效果时，就要用到“字符”面板。本章将详细介绍这些面板的使用方法。

本章内容索引

使用调整图层

创建快速蒙版

使用“亮光”混合模式

使用专色通道

使用“字符”面板

使用“段落”面板

4.1 “图层”面板

在 Photoshop 中的图层功能占有相当重要的位置。所有图像文件的制作和编辑都会运用图层，主要包括创建不同的图层和图层组、调整图层样式和混合模式等。在处理图像时，可以将图像的各部分存放于不同的图层中。

4.1.1 图层的种类

在 Photoshop 中，图层的种类包括普通图层、填充图层、调整图层、蒙版图层、文字图层和形状图层。掌握不同类型图层之间的区别和特点后，有助于巧妙地制作出漂亮的图像效果。

1. 普通图层

图像编辑中最常用到的图层就是普通图层，是存放图像信息最基本的图层。在普通图层中可以对颜色、形状等进行调整，还可添加蒙版来隐藏部分显示区域。单击“图层”面板中的“创建新图层”按钮，可以新建一个普通图层。普通图层如下图所示，各选项的说明如下表所示。

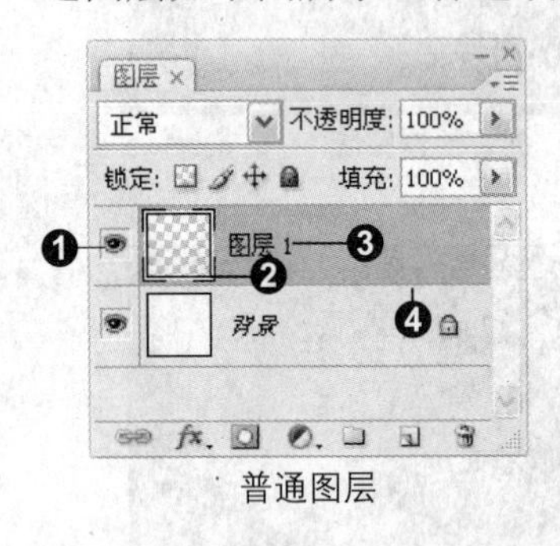

普通图层

编号	名称	说明
❶	“指示图层可见性”按钮	显示和隐藏该图层
❷	图层缩览图	显示该图层中所存放图像的缩览图
❸	图层名称	显示图层名称
❹	灰色区域	双击后打开“图层样式”对话框，右击后弹出快捷菜单

2. 填充图层

在 Photoshop 中，可以将图像或选区进行填充后的数据保存在“图层”面板中，也就是创建填充图层。填充图层包括分别调整颜色、渐变和图案的图层。创建填充图层后，可再次进行调整参数。使用填充图层，除了对单一形状进行填色外，还可以为图像添加单色效果，需要结合图层的“不透明度”和“混合模式”进行调节。填充图层如下图所示，各选项的说明如下表所示。

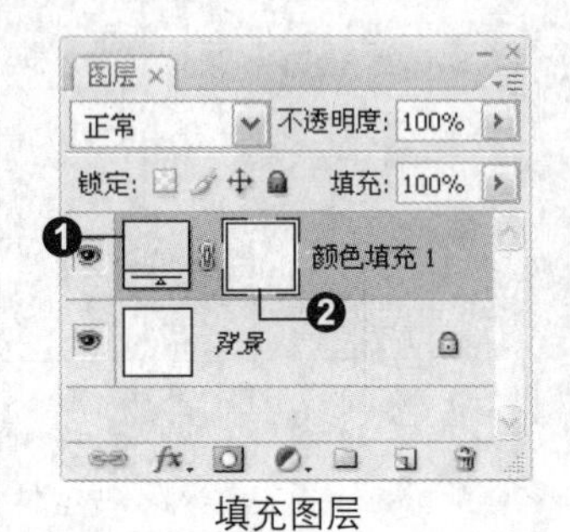

填充图层

编号	名称	说明
❶	图层缩览图	双击后，在弹出的对话框中可对填充参数进行调整
❷	图层蒙版缩览图	可对填充区域进行增加或减少

下面举例说明填充图层的功能。具体操作步骤如下所示。

光盘路径：第 4 章 \Complete\ 填充图层 .psd

步骤 01 打开图像文件

打开本书配套光盘中第 4 章 \media\001.jpg 文件，如下图所示。

打开的图像文件

步骤 02 添加填充图层

单击“创建新的填充或调整图层”按钮，在

弹出的菜单中执行“纯色”命令，在弹出的“拾取实色”对话框中设置颜色，完成后单击“确定”按钮，为图像填充纯色，如下图所示。

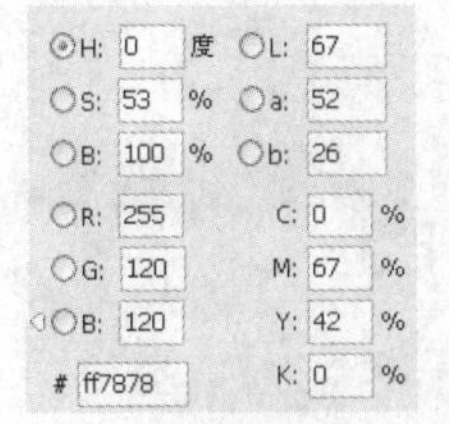

添加纯色

在“图层”面板中设置混合模式为“叠加”，效果如下图所示，为图像添加了红色。

完成编辑

3. 形状图层

选择钢笔工具组和自定形状工具，在选项栏中单击“形状图层”按钮，然后在图像窗口中绘制形状。可以在“图层”面板中自动生成形状图层。具体操作步骤如下所示。

光盘路径：第 4 章 \Complete\ 形状图层 .psd

步骤 01　打开图像文件

打开本书配套光盘中第 1 章 \media\002.jpg 文件，如下图所示。

打开的图像文件

步骤 02　添加形状图层

选择自定形状工具，在选项栏上单击“形状图层”按钮，然后设置前景色为 R255、G146、B200，并选择形状为“时间”，如下图所示。在图像中绘制出如下图所示的形状。

创建形状

继续创建“时间”形状，如下图所示。

继续创建形状

按下 Enter 键，完成形状的编辑。在“图层”面板中自动创建了形状图层，如下图所示。

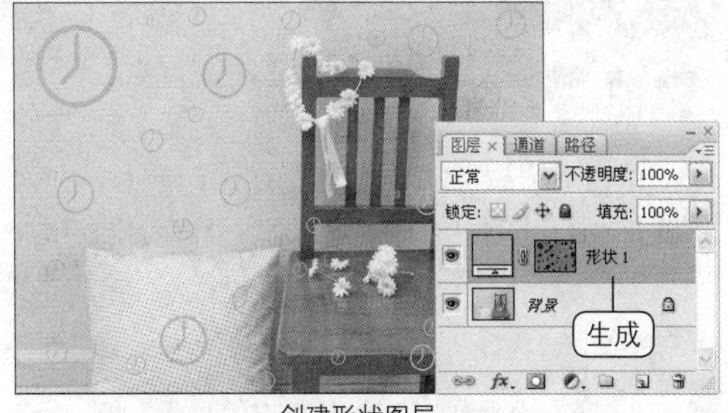

创建形状图层

4. 文字图层

在图像中输入文字后，会在“图层”面板中自动创建文字图层。对文字进行变形后，文字图层的缩览图将自动转换为“指示变形文字图层”缩览图。具体操作步骤如下所示。

光盘路径：第 4 章 \Complete\ 文字图层 .psd

步骤 01 打开图像文件

打开本书配套光盘中第 4 章 \media\003.jpg 文件，如下图所示。

打开的图像文件

步骤 02 添加文字图层

选择横排文字工具，在选项栏上设置字体为“创艺繁标宋”，设置文字大小为 44.35 点，设置前景色为白色，在图像中输入如下图所示的文字。完成后“图层”面板中出现文字图层。

创建文字图层

单击选项栏上的“变形文字”按钮 ，在弹出的“变形文字”对话框中设置如下图所示的参数，完成后单击“确定”按钮。

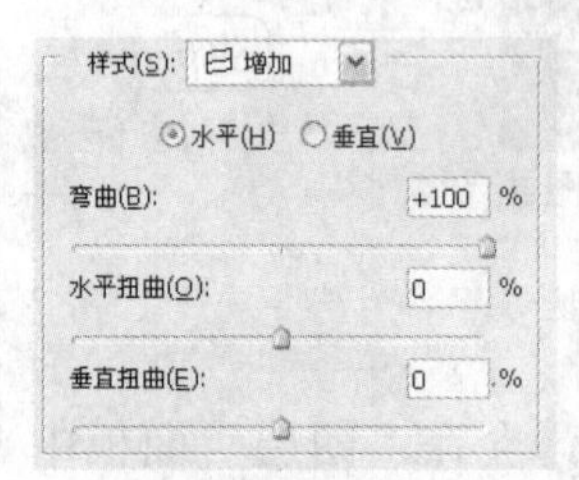

变形文字

完成上述操作后，文字形态发生变化，而且“图层”面板上的文字图层标识也发生变化。

完成编辑

5. 调整图层

在 Photoshop 中，可以将调整参数保存为调整图层。具体操作步骤如下所示。

光盘路径：第 4 章 \Complete\ 调整图层 .psd

步骤 01 打开图像文件

打开本书配套光盘中第 4 章 \media\004.jpg 文件，如下图所示。

打开的图像文件

步骤 02 添加调整图层

单击“创建新的填充或调整图层”按钮 ，在弹出的菜单中执行“色彩平衡”命令，在弹出的“色彩平衡”对话框中设置如下图所示的参数。调整图像中间调的色调。

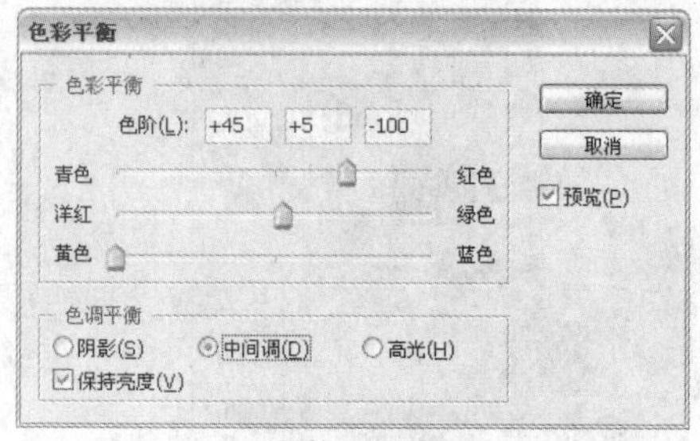

调整中间调

选择“阴影”单选按钮，在对话框中设置如下图所示的参数，调整图像阴影部分的色调。

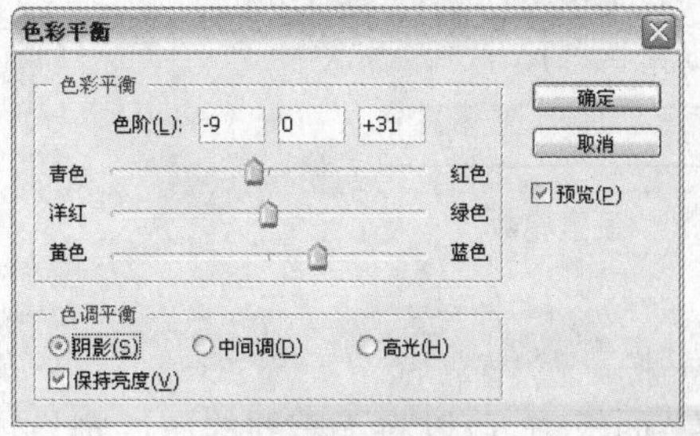

调整阴影

选择“高光”单选按钮，在对话框中设置如下图所示的参数，调整图像的高光部分的色调。完成后单击“确定”按钮。

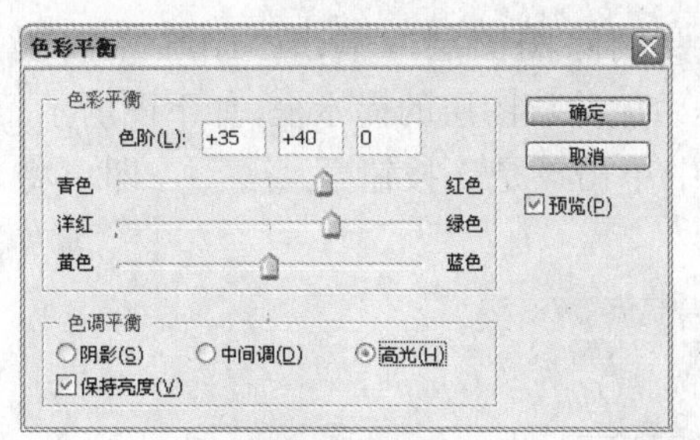

调整高光色调

完成上述操作后，调整了整个图像的色调，效果如下图所示。

完成效果

4.1.2 图层的基本操作

在“图层”面板中，可以进行创建新图层、复制原有图层、删除原有图层、调整现有图层等操作。通过这些操作，可以使图像管理更加直观和便捷。

1. 新建图层

在“图层”面板中新建图层后，在不影响其他图层中信息的情况下，在新建图层中编辑图像，并结进行保存。具体操作步骤如下所示。

光盘路径：第 4 章 \Complete\ 新建图层 .psd

步骤 01　打开图像文件并新建图层

打开本书配套光盘中第 4 章 \media\005.jpg 文件，如下图所示。单击“图层”面板上的“创建新图层”按钮 ，新建“图层 1”图层。

打开图像文件并新建图层

步骤 02　绘制颜色

设置前景色为 R255、G0、B144，在选项栏上设置“模式”为“叠加”，设置“不透明度”为 66%，按下 [键和] 键，适当调整画笔的大小，在图像中的桃花花瓣部分进行涂抹，为桃花添加颜色，如下图所示。

绘制桃花颜色

选择橡皮擦工具，在图像中擦除多余的桃花颜色部分，如下图所示。

修饰画笔涂抹的部分

2. 复制图层

在“图层”面板中可以对现有图层进行复制，以便进行调整和改变。在Photoshop中复制图层的基本方法有3种，下面将依次介绍。

方法01 利用“创建新图层”按钮复制

在“图层”面板中选中需要复制的图层，并将其拖动到“创建新图层”按钮上，即可得到该图层的副本。

方法02 利用菜单命令复制

执行“图层 > 新建 > 通过拷贝的图层”命令，可以得到一个当前所选图层的副本。

方法03 利用快捷菜单复制

利用快捷菜单复制图层的具体步骤如下。

步骤01 右击图层

右击需要复制的图层，在弹出的快捷菜单中执行“复制图层”命令，弹出“复制图层”对话框，如下图所示。

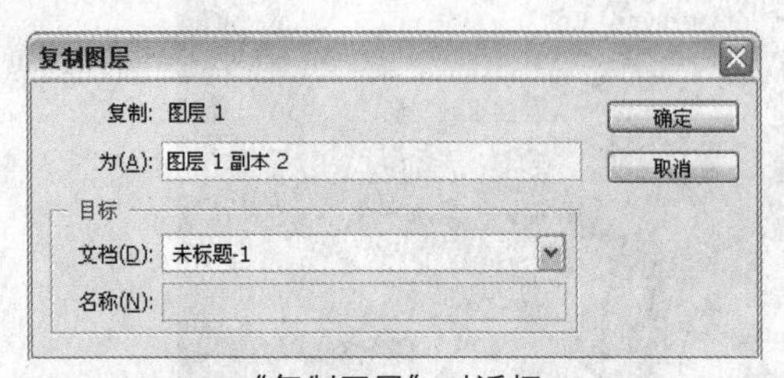

“复制图层”对话框

步骤02 设置参数

在该对话框中设置复制图层的名称、所在文档后，单击“确定”按钮，如下图所示。

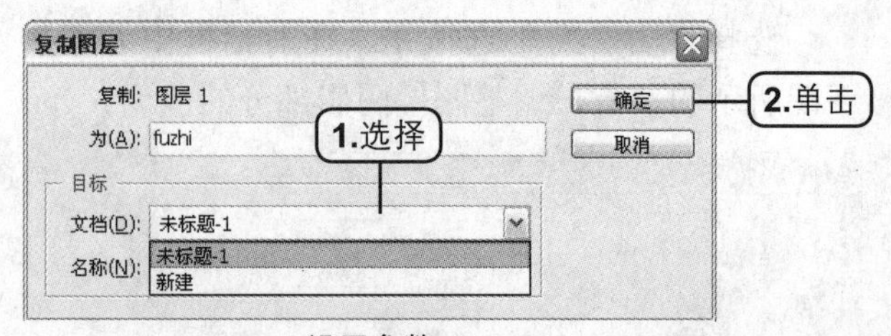

设置参数

3. 删除图层

在“图层”面板中，可以将不需要的图层删除。以方便对图层面板中的图层进行整理。删除图层的方法有4种，下面将依次介绍。

方法01 单击“删除”按钮删除

选中需要删除的图层，单击“删除”按钮，弹出是否删除该图层的提示框，如下图所示。在该提示框中单击“是”按钮，即可将该图层删除。

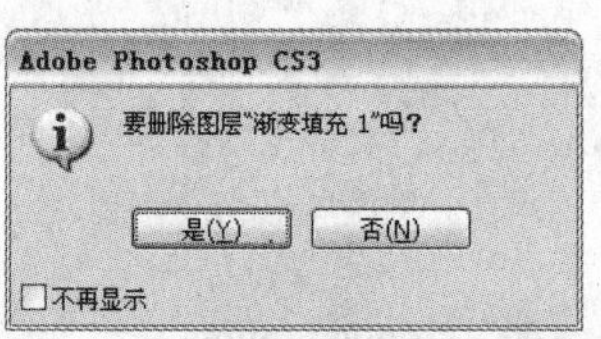

提示信息

方法02 拖动图层删除

将需要删除的图层直接拖动到“删除”按钮上，可将该图层直接删除。

方法03 利用快捷菜单删除

在需要删除的图层上右击，在弹出的快捷菜单中执行“删除图层”命令，弹出是否删除该图层的提示框。在该提示框种单击“是”按钮，即可将该图层删除。

方法04 利用菜单命令删除

执行“图层 > 删除 > 图层”命令，弹出是否删除该图层的提示框。在该提示框种单击“是”按钮，即可将该图层删除。

4. 调整图层的顺序

在“图层”面板中可以随意调整现有图层的顺序，以便调整图像效果。调整图层顺序的方法有3种，下面将依次介绍。

方法 01 拖动调整图层顺序

拖动调整图层顺序的具体操作如下。

步骤 01 选中图层

选中需要调整的图层，如下图所示。

选中图层

步骤 02 调整图层位置

将选中的图层拖动到目标位置，如下图所示。

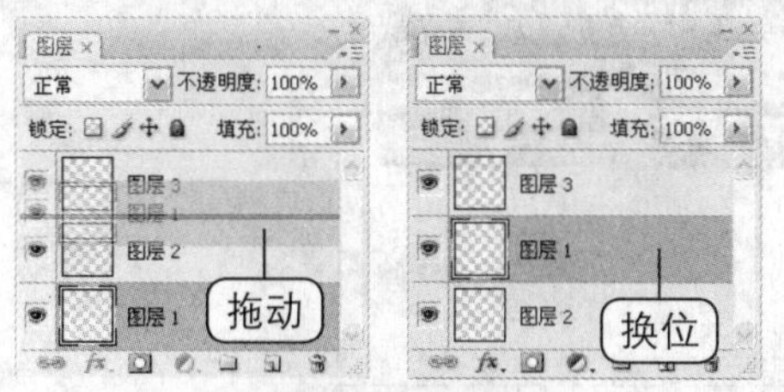

调整图层位置

方法 02 利用快捷键调整图层顺序

按下 Ctrl+] 快捷键，可以将当前所选图层的位置向上调整。按下 Ctrl+[快捷键，可以将当前所选图层的位置向下调整。按下 Ctrl+Shift+] 快捷键，可以将当前所选图层调整至最顶层。按下 Ctrl+Shift+[快捷键，可以将当前所选图层调整至最底层。

5. 链接图层

需要将多个图层进行同时编辑和移动时，可以将这几个图层链接起来，而不必每次都按下 Ctrl 键进行选择。链接图层的方法有 3 种，下面将依次介绍。

方法 01 利用“链接图层”按钮链接

按住 Ctrl 键，将需要链接的图层全部选中后，单击“图层”面板上的“链接图层”按钮 ，即可将这些图层链接起来。

方法 02 利用快捷菜单链接

将需要链接的图层全部选中后，在选中的图层中任意一层上右击后，在弹出的快捷菜单中执行“链接图层”命令，即可将这些图层链接起来。

方法 03 利用菜单命令链接

将需要链接的图层全部选中后，执行“图层 > 链接图层”命令，即可将这些图层链接起来。

6. 锁定图层

在对某图层中的图像文件进行编辑时，可以锁定该图层或其他图层中的透明像素、图像像素、位置等，以防止在编辑图像时出现不必要的误失。锁定图层的 4 种分类如下图所示，各类的说明如下表所示。

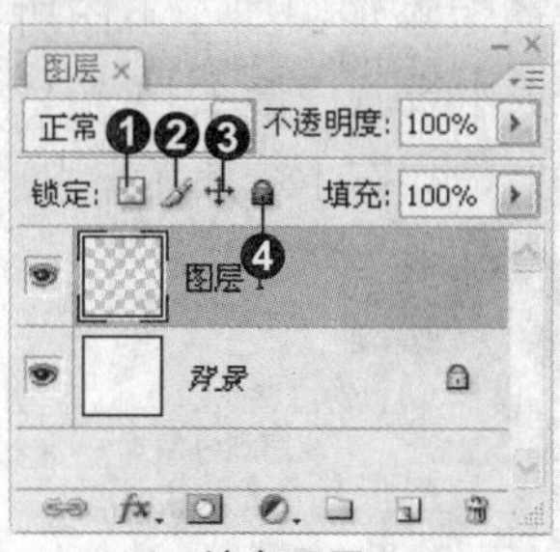

锁定图层

编 号	名 称	说 明
❶	锁定透明像素	锁定透明像素后将不能在该图层中的透明像素中进行编辑
❷	锁定像素	锁定像素后不能在图像中进行绘制
❸	锁定位置	锁定位置后不能移动该图层中的图像
❹	锁定全部	锁定全部后不能对该图层进行任何操作

7. 图层的不透明度

在“图层”面板中，可以调整上层图层的不透明度，来显现下层图层，从而得到图层之间混合的效果。具体操作步骤如下所示。

光盘路径 第 4 章 \Complete\ 图层的不透明度 .psd

步骤 01 打开图像文件

打开本书配套光盘中第 4 章 \media\007.jpg 文件，如左下图所示。在“图层”面板中单击“创建新的填充或调整图层”按钮 ，在弹出的菜单中执行“渐变”命令，在弹出的“渐变填充”对话框中设置如右下图所示的参数。其中设置渐变从左至右为 R255、G62、B194，透明。完成后单击“确定”按钮。

打开图像文件

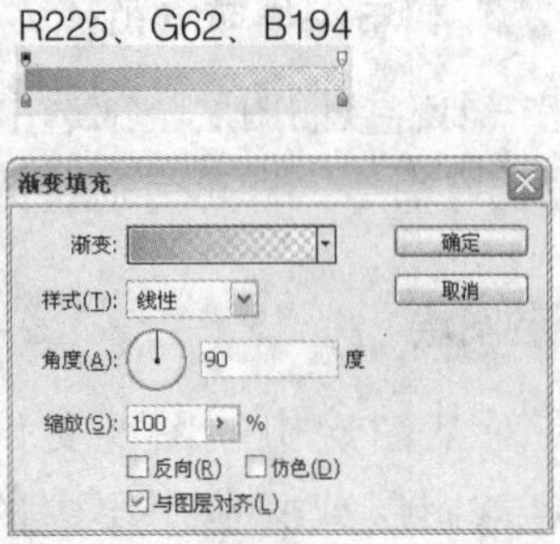

设置渐变

步骤 02　设置不透明度

完成上述操作后，为图像添加了如左下图所示的效果。在“图层”面板中设置“渐变填充 1”图层的“不透明度”为 50%，如右下图所示。

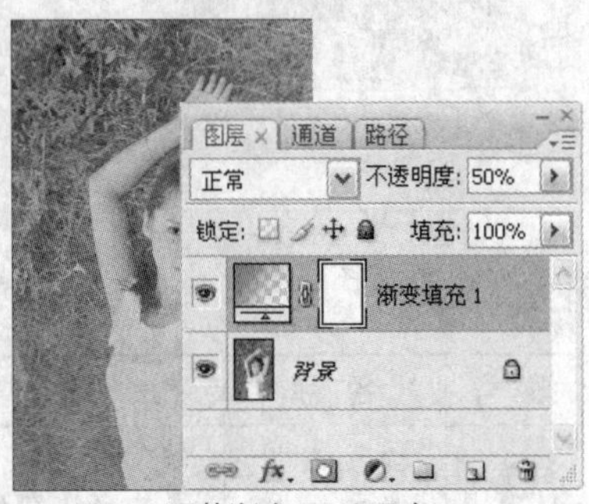
生成渐变

调整渐变不透明度

8. 对齐和分布链接图层

“图层”面板中的链接图层多于两个时，单击移动工具选项栏上的按钮，可以当前所选图层为基准对齐或分布链接的图层。下面以对齐链接图层为例进行介绍。

● 单击“顶对齐”按钮后，链接图层按照当前所选图层为基准进行顶对齐，如下图所示。

顶对齐

● 单击“垂直居中对齐”按钮后，链接图层按照当前所选图层为基准进行垂直居中对齐，如下图所示。

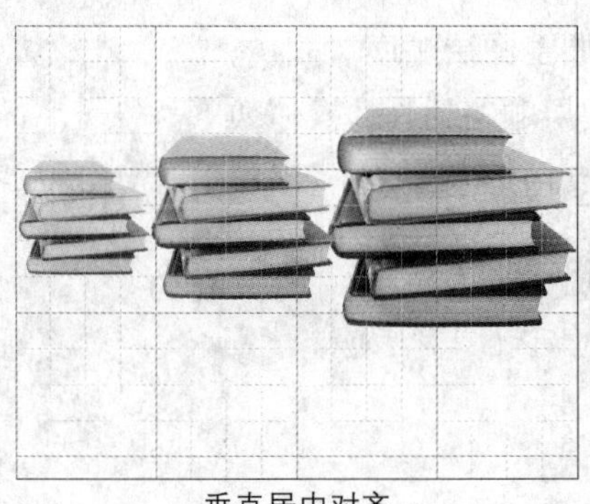
垂直居中对齐

● 单击“底对齐”按钮后，链接图层按照当前所选图层为基准进行底对齐，如下图所示。

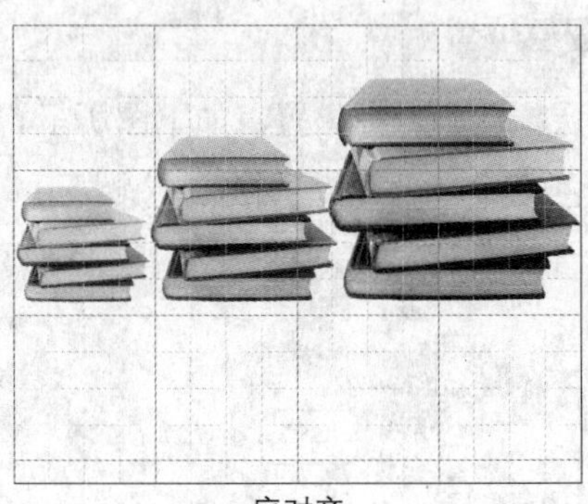
底对齐

● 单击“左对齐”按钮后，链接图层按照当前所选图层为基准进行左对齐，如下图所示。

左对齐

● 单击“水平居中对齐”按钮后，链接图层按照当前所选图层为基准进行水平居中对齐，如下图所示。

水平居中对齐

● 单击“右对齐”按钮后，链接图层按照当前所选图层为基准进行右对齐，如下图所示。

右对齐

9. 合并图层

在对图像进行编辑时，可以将包含相似或相同图像信息的图层进行合并，以避免太多图层后对查找图层带来不便。

● 向下合并

若需要将两个相邻的图层进行合并，可以采用向下合并的方法完成。进行向下合并的方法有两种，下面将依次进行介绍。

方法 01 利用快捷菜单合并

在两个图层中，在位于上方的图层上右击，然后在弹出的快捷菜单中执行“向下合并”命令，即可将这两个相邻的图层合并。

方法 02 利用菜单命令合并

执行“图层 > 向下合并”命令，可以将当前所选图层与其下方相邻的图层进行合并。

● 合并可见图层

在需要合并的图层较多或图层较复杂的情况下，可以将不需要进行合并的图层依次隐藏。然后使用合并可见图层的方法进行合并。具体操作步骤如下所示。

步骤 01 隐藏普通图层

打开一个图层较多的“图层”面板，如左下图所示。将其中的普通图层和背景图层全部隐藏，如右下图所示。

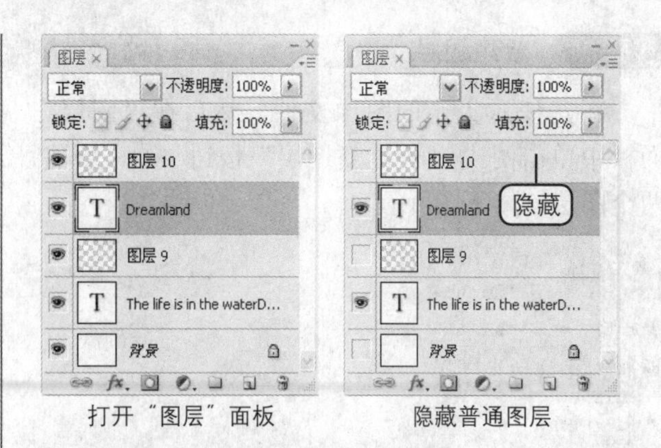

打开“图层”面板　　隐藏普通图层

步骤 02 合并可见图层

选中没有隐藏的图层中的任意一个图层，然后执行“图层 > 合并可见图层”命令，将所有可见图层进行合并。完成后，效果如下图所示。

合并图层

● 合并图像

使用“拼合图像”命令可以将“图层”面板中的所有图层进行合并。适用于图层信息已保存和不需要保留图层信息时。合并图像的方法有两种，下面将依次进行介绍。

方法 01 利用快捷键合并

选择所有图层后，按下 Ctrl+E 快捷键进行合并。

方法 02 利用菜单命令合并

执行“图层 > 合并图像”命令，或者在“图层”面板中的任意图层上右击，在弹出的快捷菜单中执行“拼合图像”命令。

10. 设置图层的属性

在“图层”面板中可以设置图层的名称、显示颜色等，以方便查找。设置图层属性的具体操作步骤如下所示。

步骤 01 新建图层

新建任意大小的图像文件，然后在“图层”面板中单击两次“创建新图层”按钮，新建两个图层，如下图所示。

新建图层

步骤 02 调整图层属性

在“图层2”图层上右击，在弹出的快捷菜单中执行“图层属性”命令，弹出“图层属性”对话框，如下图所示。

"图层属性"对话框

设置“名称”为“新”，设置“颜色”为“紫色”，如下图所示。

设置属性

完成上述操作后，单击“确定”按钮。效果如下图所示。

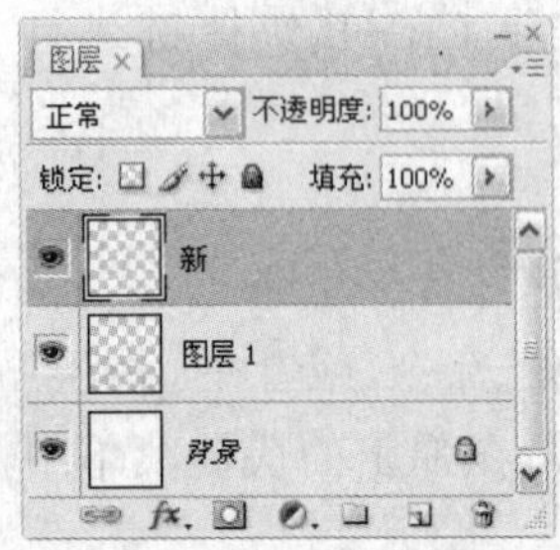

完成图层属性设置

11. 普通图层与背景图层的转换

在 Photoshop 中，可以将普通图层转换为背景图层，也可以将背景图层转换为普通图层，方便用户根据各种需要进行自由调整。具体操作步骤如下所示。

步骤 01 新建图层

新建任意大小的图像文件，然后在“图层”面板中单击“创建新图层”按钮，新建“图层 1”图层，如下图所示。

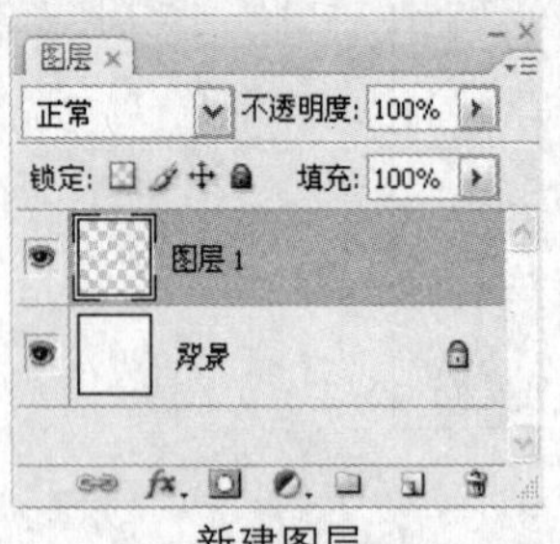

新建图层

步骤 02 替换“背景”图层

在“背景”图层上右击，在弹出的快捷菜单中执行“背景图层”命令，弹出“新建图层”对话框，参数设置如下图所示。最后单击“确定”按钮。

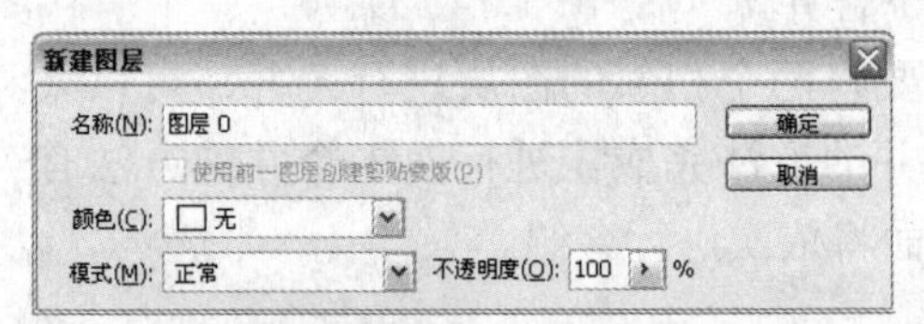

"新建图层"对话框

完成上述操作后，背景图层被转换为了普通图层如下图所示。

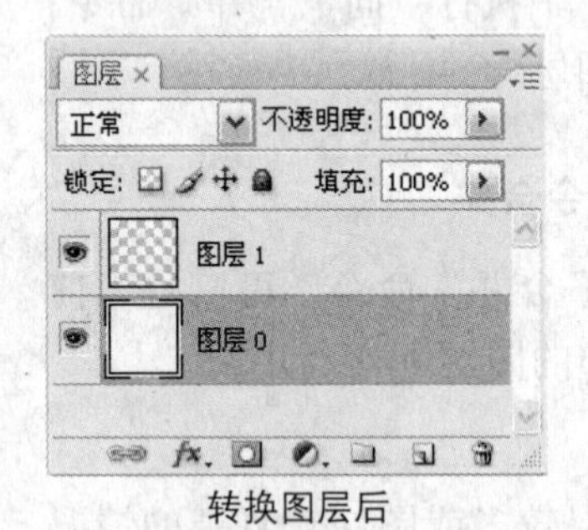

转换图层后

选择“图层 1”图层，如左下图所示。执行“图层 > 新建 > 背景图层”命令，将“图层 1”图层转换为背景图层，如右下图所示。

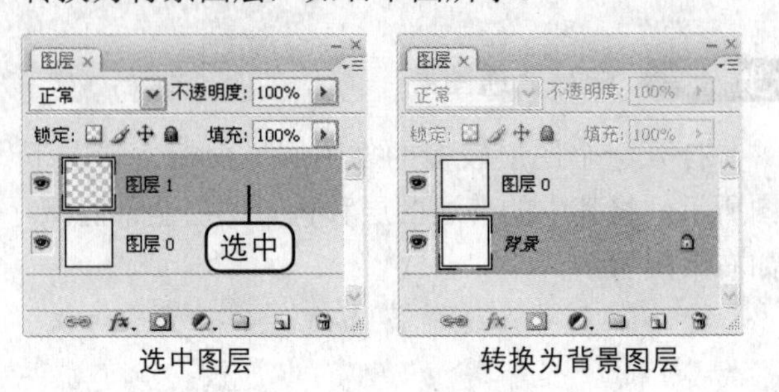

选中图层　转换为背景图层

12. 盖印图层

在对图像进行编辑时，若既需要保留原有图层信息，又需要对多个图层进行多项编辑，可以进行盖印图层操作，这样可以在保留原图层的基础上，得到所有可见图层的合并图层。具体操作步骤如下所示。

步骤 01 新建图层

新建任意大小的图像文件，将“背景”图层拖动到“创建新图层”按钮 上 3 次，复制得到 3 个“背景”图层的副本，如下图所示。

新建图层

步骤 02 盖印图层

隐藏“背景 副本”图层和“背景”图层，如下图所示。

隐藏图层

按下 Ctrl+Shift+Alt+E 快捷键，进行盖应，“图层”面板中即自动得到可见图层的盖印图层。

盖印图层

4.1.3 图层混合模式

在 Photoshop 中，可以利用不同图层的混合模式制作出不同的图像混合效果，可根据需要进行自由调整。

1. 正常

图层混合模式中的“正常”模式为图层的默认的存在模式，也就是不进行任何混合的原始模式。下面对调整图层混合模式的方法进行介绍。

方法 01 利用“图层”面板设置

在“图层”面板的左上角可以打开图层混合模式下拉列表。在该列表中可以设置图层的混合模式，如下图所示。

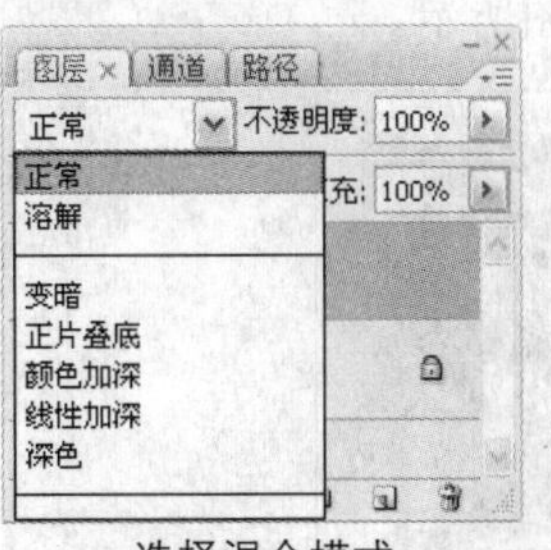

选择混合模式

方法 02 利用“图层样式”对话框设置

在“图层样式”对话框中的“混合模式”下拉列表中可选择图层的混合模式，如下图所示。

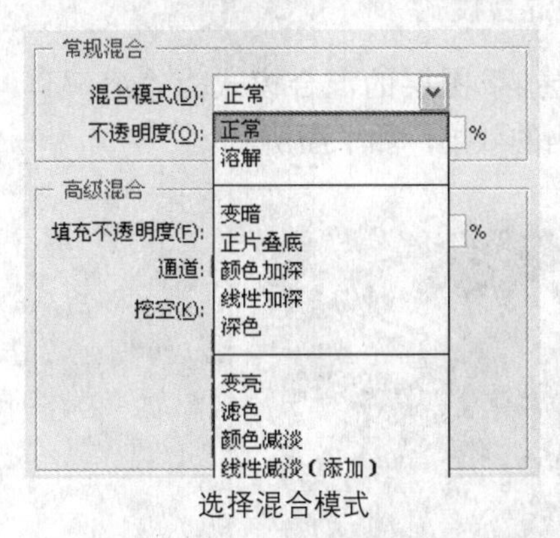

选择混合模式

2. 溶解

将图层的混合模式设置为“溶解”模式，出现图层中的图像呈颗粒状态融入下层图层中的效果。具体操作步骤如下所示。

光盘路径：第 4 章 \Complete\ 溶解 .psd

步骤 01 打开图像文件并新建图层

打开本书配套光盘中第 4 章 \media\007.jpg 文件，如下图所示，然后新建一个空白图层。

打开图像文件并新建图层

选择画笔工具，调整画笔大小为 250 px，再设置前景色为白色。选择柔角画笔，沿图像的边缘进行涂抹。效果如下图所示。

绘制边框

步骤 02 设置混合模式

调整“图层 1”图层的混合模式为“溶解”，为图像添加喷洒的效果，如下图所示。

设置混合模式

3. 变暗

将图层的混合模式设置为“变暗”模式，可以将图层中较亮的颜色隐藏，选择基色和较暗的颜色作为最终色的效果。具体操作步骤如下所示。

光盘路径：第 4 章 \Complete\ 变暗 .psd

步骤 01 打开图像文件

打开本书配套光盘中第 4 章 \media\008.jpg 文件，如下图所示。

打开的图像文件

步骤 02 添加渐变并设置混合模式

单击“创建新的填充或调整图层”按钮，在弹出的菜单中执行“渐变”命令，在弹出的“渐变”对话框中选择“渐变”为系统自带的“亮色谱”，并设置其他各项参数。完成后单击“确定”按钮。为图像添加如下图所示的渐变。

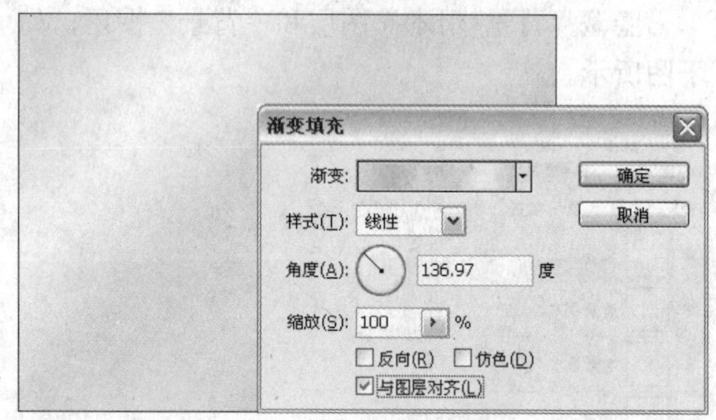

添加渐变

调整“渐变填充 1”图层的混合模式为“变暗”，使渐变效果只叠加在图像中的亮色部分，使图像变暗。效果如下图所示。

调整混合模式

4. 正片叠底

利用“正片叠底”模式可以将图层中的前景色调和背景色调进行混合，得到比较暗的颜色效果。具体操作步骤如下所示。

光盘路径：第 4 章 \Complete\ 正片叠底 .psd

步骤 01　打开图像文件并复制图层

打开本书配套光盘中第 4 章 \media\009.jpg 文件，如下图所示，复制得到“背景 副本”图层。

打开图像文件并复制图层

步骤 02　调整混合模式

将“背景 副本”图层的混合模式为“正片叠底”，效果如下图所示。

最终效果

5. 颜色加深和颜色减淡

这两种模式通过每个通道中的颜色信息使颜色变暗或者减淡。具体操作步骤如下所示。

光盘路径：第 4 章 \Complete\ 颜色加深和减淡 .psd

步骤 01　打开图像文件并复制图层

打开本书配套光盘中第 4 章 \media\010.jpg 文件，如下图所示，复制得到“背景 副本”图层。

打开图像文件并复制图层

步骤 02　调整混合模式

将“背景 副本”图层的混合模式先后设置为“颜色加深”和“颜色减淡”，如下图所示。

颜色加深效果

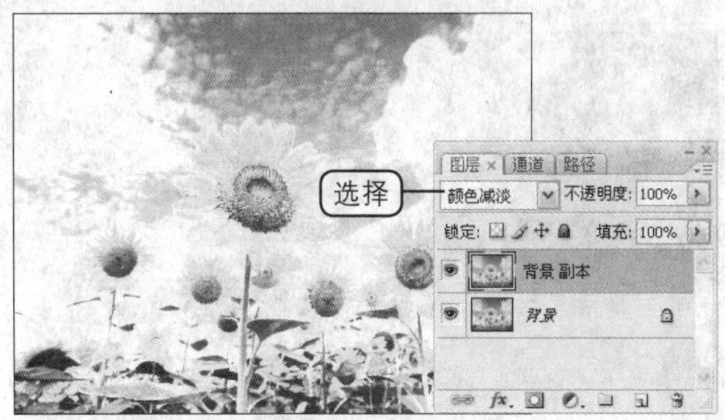

颜色减淡效果

6. 线性加深和线性减淡

这两种模式通过增加或减少亮度使图像变暗或减淡。具体操作步骤如下所示。

光盘路径：第 4 章 \Complete\ 线性加深和减淡 .psd

步骤 01　打开图像文件并复制图层

打开本书配套光盘中第 4 章 \media\011.jpg 文件，如下图所示，复制得到“背景 副本”图层。

打开图像文件并复制图层

步骤 02 调整混合模式

将“背景 副本”图层的混合模式依次设置为“线性加深”和“线性减淡”，如下图所示。

线性加深效果

线性减淡效果

7. 滤色

利用“滤色”模式可以提取每个通道的颜色信息，再将混合色的互补色与原色复合，得到较亮的颜色。具体操作步骤如下所示。

步骤 01 打开图像文件并复制图层

打开本书配套光盘中第 4 章 \media\012.jpg 文件，如下图所示，复制得到“背景 副本”图层。

打开图像文件并复制图层

步骤 02 调整混合模式

将“背景 副本”图层的混合模式为“滤色”，效果如下图所示。

滤色效果

8. 叠加

利用“叠加”模式可以将图层色值混合，但不改变图像颜色的明暗度，具体操作步骤如下所示。

步骤 01 打开图像文件并复制图层

打开本书配套光盘中第 4 章 \media\013.jpg 文件，如下图所示，复制“背景”图层得到“背景副本”图层。

打开图像文件并复制图层

步骤 02　调整混合模式

将“背景 副本”图层的混合模式为“叠加”，效果如下图所示。

叠加效果

9. 强光和亮光

“强光”模式的效果相当于将聚光灯照在图像上的效果，常用于为图像添加高光。“亮光”模式就是通过加强对比度来加深或减淡图像中的颜色值。具体操作步骤如下所示。

步骤 01　打开图像文件并复制图层

打开本书配套光盘中第 4 章 \media\014.jpg 文件，如下图所示，在“图层”面板中复制“背景”图层得到“背景 副本”图层。

打开图像文件并复制图层

步骤 02　调整混合模式

将“背景 副本”图层的混合模式为“强光”，效果如下图所示。

强光效果

将“背景 副本”图层的混合模式为“亮光”，效果如下图所示。

亮光效果

10. 差值和排除模式

利用“差值”模式，可以从每个通道中查看颜色信息，并减去混合色的颜色模式。利用“排除”模式，可以形成与“差值”模式相似，但对比度较低的混合效果。具体操作步骤如下所示。

光盘路径：第 4 章 \Complete\ 差值和排除 .psd

步骤 01　打开图像文件并复制图层

打开本书配套光盘中第 4 章 \media\015.jpg 文件，如下图所示，复制得到“背景副本”图层。

打开图像文件并复制图层

步骤 02 调整混合模式

按下 Ctrl+M 快捷键，在弹出的“曲线”对话框中设置参数，增加“背景 副本”图层的亮度，如下图所示。

增加亮度

设置“背景 副本”图层的混合模式为“差值”，效果如下图所示。

差值效果

设置“背景 副本”图层的混合模式为“排除”，效果如下图所示。

排除效果

11. 色相和饱和度

利用“色相”模式可以得到用原色值的亮度和饱和度以及混合色的色相创建的结果色。利用“饱和度”模式可以得到使用原色值的色相以及混合色的饱和度创建的结果色。具体操作步骤如下所示。

光盘路径：第 4 章 \Complete\ 色相和饱和度 .psd

步骤 01 打开图像文件

打开本书配套光盘中第 4 章 \media\016.jpg 文件，如下图所示。

打开的图像文件

步骤 02 调整混合模式

新建“图层 1”图层，将其填充为 R0、G255、B234，如下图所示。

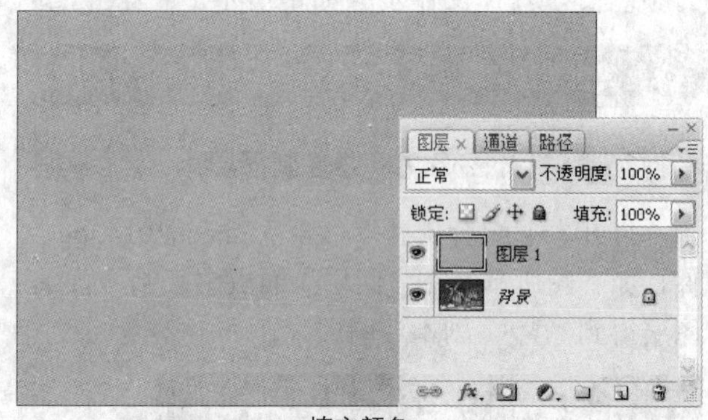

填充颜色

调整“图层 1”图层的混合模式为“色相”，效果如下图所示。

色相效果

调整“图层 1”图层的混合模式为“饱和度”，效果如下图所示。

饱和度效果

12. 颜色和亮度

利用“颜色”模式可以将混合色图像的色相和饱和度应用到基色图像中，效果色保持基色图像的亮度。利用“亮度”模式可以将混合色图像的亮度应用到基色图像中，效果色保持基色图像的色相和饱和度。具体操作步骤如下所示。

光盘路径：第 4 章 \Complete\ 颜色和亮度 .psd

步骤 01 打开图像文件并新建图层

打开本书配套光盘中第 4 章 \media\017.jpg 文件，如下图所示，再新建一个图层。

打开图像文件并新建图层

步骤 02 创建选区

利用钢笔工具 创建如下图所示的路径。

创建路径

按下 Ctrl+Enter 快捷键，将路径直接转换为选区，效果如下图所示。

建立选区

按下 Ctrl+Alt+D 快捷键，在弹出的“羽化选区”对话框中设置“羽化半径”为 50 px，对选区进行羽化，如下图所示。

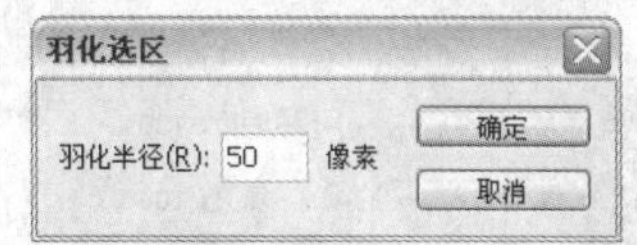

设置“羽化”参数

完成上述操作后，图像中的选区变得模糊了，效果如下图所示。

调整后的选区

步骤 03 调整混合模式

将选区填充为 R255、G0、B186，然后按下 Ctrl+D 快捷键，取消选区。效果如下图所示。

填充选区

设置“图层 1”图层的混合模式为“颜色”，效果如下图所示。

颜色效果

调整“图层 1”图层的混合模式为“亮度”，效果如下图所示。

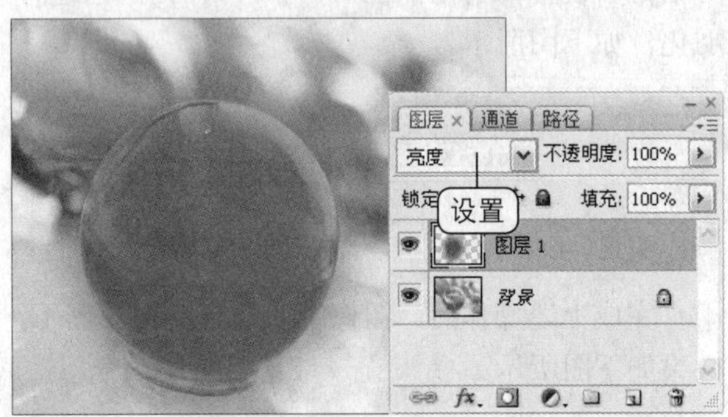

亮度效果

13. 深色和浅色

利用“浅色”模式可以将颜色附着于较暗的部位，产生强反差。利用“深色”模式可以将颜色附着于较亮的部位，替换亮部图像颜色值。具体操作步骤如下所示。

步骤 01 打开图像文件并新建图层

打开本书配套光盘中第 4 章 \media\018.jpg 文件，如下图所示，再新建一个图层。

打开的图像文件

步骤 02 调整混合模式

将“图层 1”图层填充为 R255、G111、B199，如下图所示。

填充图层

调整“图层 1”图层的混合模式为“深色”，效果如下图所示。

深色效果

调整“图层 1”图层的混合模式为“浅色”，效果如下图所示。

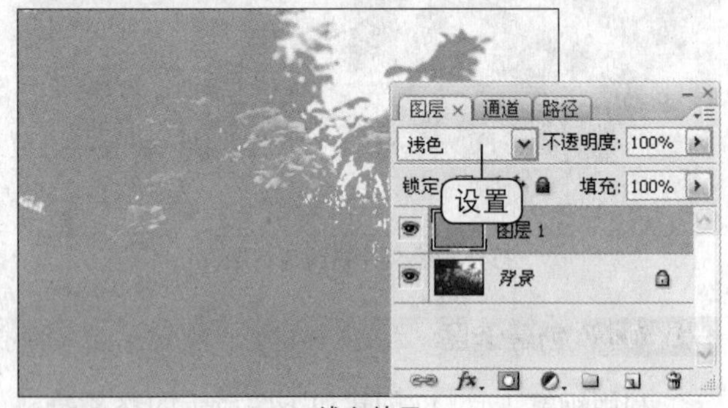

浅色效果

4.1.4 图层蒙版

为图像添加蒙版后，蒙版黑色部分对应的图像将被隐藏，蒙版白色部分对应的图像将会显示，蒙版灰色部分对应的图像将以透明度来显示。蒙版分为图层蒙版和矢量蒙版。为图像添加蒙版，可以隐藏图像的局部，而不删除图像。

1. 蒙版的基本概念

蒙版是一种屏蔽方式，使用它可以将一部分图像区域保护起来。选中“通道”面板中的蒙版通道时，前景色和背景色以灰度显示。Photoshop 提供了 3 种建立和保存蒙版的方法，对蒙版进行编辑，以便能够准确地编辑图像。具体创建方法如下所示。

方法 01 使用 Alpha 通道建立

使用 Alpha 通道存储选区和载入选区，以作为蒙版的选择范围，如下图所示。

使用 Alpha1 通道建立蒙版

方法 02 使用快速蒙版工具建立

使用工具箱中的“以快速蒙版模式编辑”按钮可以为图像建立蒙版，如下图所示。

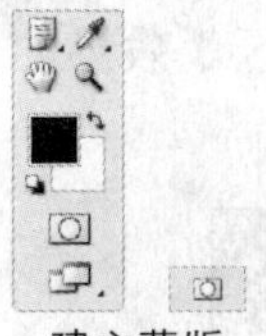

建立蒙版

方法 03 在图层上建立蒙版

在“图层”面板中可以为图层或图层组添加图层蒙版。通过蒙版可以掩盖整个图层或图层组，也可以只掩盖该图层或者图层组中的选区，使其无法编辑。

使用图层建立蒙版

2. 创建快速蒙版

单击工具箱中的“以快速蒙版模式编辑”按钮 ，可以为图像添加快速蒙版，在图像中创建快捷选区。具体操作步骤如下所示。

光盘路径：第 4 章 \Complete\ 创建快速蒙版 .psd

步骤 01 打开图像文件

打开本书配套光盘中第 4 章 \media\019.jpg 文件，如下图所示，并新建一个图层。

打开的图像文件

步骤 02 创建选区

单击“以快速蒙版模式编辑”按钮 ，然后设置前景色为黑色，选择画笔工具 ，适当调整画笔大小后，在图像中部的花瓣部分进行如下图所示的涂抹。

创建蒙版

设置前景色为白色，依然使用画笔工具 ，在超出花瓣边缘的蒙版区域上进行涂抹。使蒙版只覆盖在图像中部的花瓣上，如下图所示。

调整蒙版

再次单击“以快速蒙版模式编辑”按钮 ，蒙版以外的区域自动生成选区，如下图所示。

生成选区

按下 Shift+Ctrl+I 快捷键，对选区进行反向，如下图所示。

对选区进行反向

步骤 03 调整图像的色调

按下 Ctrl+B 快捷键或执行“图像 > 调整 > 色彩平衡”命令，在弹出的“色彩平衡”对话框中设置如下图所示的参数。

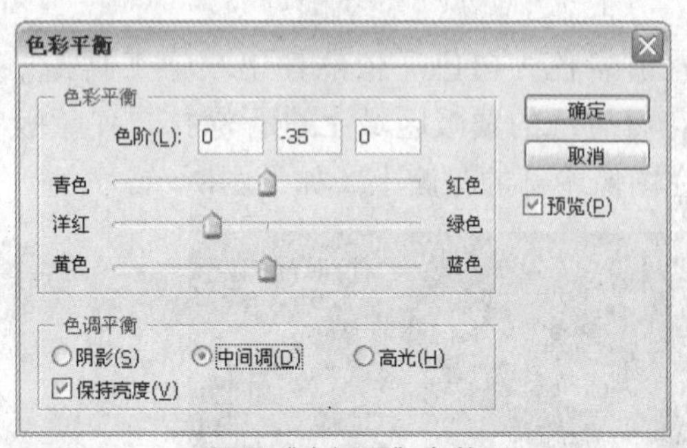

设置“中间调”参数

选择“阴影”单选按钮，在对话框中设置如下图所示的参数。

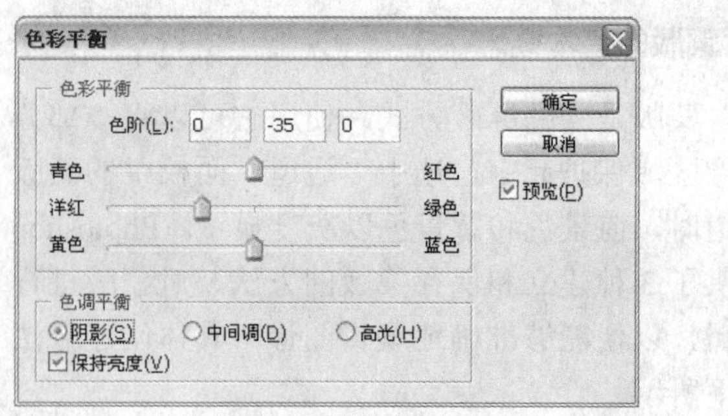

设置“阴影”参数

选择“高光”单选按钮，在对话框中设置如下图所示的参数。完成后单击“确定”按钮，调整选区中图像的色调。

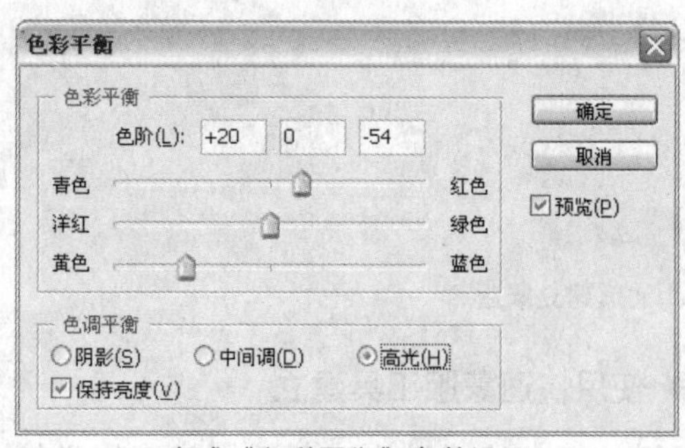

完成“色彩平衡”参数设置

完成上述操作后，调整了图像中部花瓣的色调，然后按下 Ctrl+D 快捷键，取消选区。效果如下图所示。

完成效果

3. 图层蒙版

单击“图层”面板上的“添加矢量蒙版”按钮 ，可以为当前所选图层创建图层蒙版。具体操作步骤如下所示。

光盘路径：第 4 章 \Complete\ 图层蒙版 .psd

步骤 01　打开图像文件

打开本书配套光盘中第 4 章 \media\020.jpg 文件，如下图所示，并新建一个图层。

打开的图像文件

步骤 02　创建蒙版

将“图层 1”图层填充为白色，如左下图所示，然后按住 Alt 键，单击“添加矢量蒙版”按钮，为“图层 1”图层添加一个隐藏整个图层的蒙版，如右下图所示。

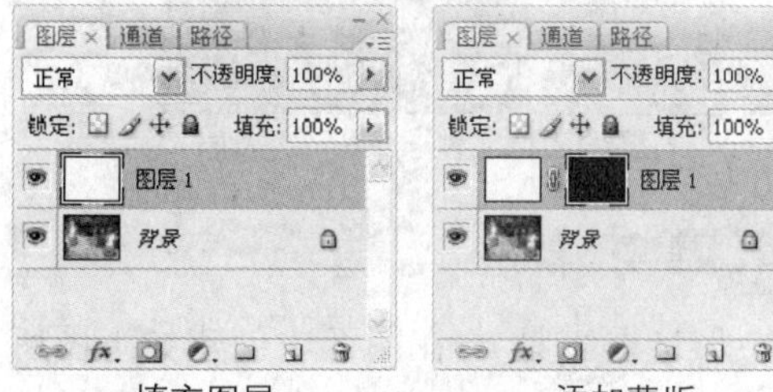

填充图层

添加蒙版

设置前景色为白色，再选择画笔工具，适当调整画笔大小后，在图像的边缘部分进行涂抹，如下图所示，使涂抹后的部分不再被蒙版隐藏。

涂抹图像边缘

完成上述操作后，调整“图层 1”图层的混合模式为“溶解”，为图像添加梦幻的雪绒效果，如下图所示。

混合效果

4. 矢量蒙版

矢量蒙版是通过路径来编辑的，且将选区以路径的方式进行保存。具体操作步骤如下所示。

光盘路径：第 4 章 \Complete\ 矢量蒙版 .psd

步骤 01　打开图像文件并复制图层

打开本书配套光盘中第 4 章 \media\021.jpg 文件，如下图所示，再复制得到“背景 副本”图层。

打开图像文件

步骤 02　创建蒙版

将“背景 副本”图层的混合模式调整为“滤色”，然后单击“添加图层蒙版”按钮，创建一个蒙版，如下图所示。

创建蒙版

设置前景色为黑色，在“背景副本”图层的蒙版上单击，再选择画笔工具，适当设置画笔大小后，在图像中的天空部分进行涂抹。使图像的天空部分不受“滤色”效果的影响，效果如下图所示。

编辑蒙版

按住 Ctrl 键，单击“背景副本”图层的蒙版缩览图，将蒙版中的白色部分创建为选区。通过此操作所创建的选区可以将编辑蒙版时画笔的柔化程度转换为选区的羽化程度，如下图所示。

创建选区

在“路径”面板上单击“将选区生成工作路径”按钮，将刚才创建的选区转换为路径，然后在“图层”面板上单击“添加矢量蒙版”按钮，将该路径作为矢量蒙版进行保存，如下图所示。

创建矢量蒙版

5. 剪贴蒙版

剪贴蒙版由内容层和基层组成，内容层的效果都体现在基层上，而图像的显示效果由基层自身的属性决定。在基层和内容层之间的位置按住 Alt 键，并单击鼠标左键，可以创建剪贴蒙版。具体操作步骤如下所示。

步骤 01 打开图像文件

打开本书配套光盘中第 4 章 \media\022.jpg 文件，如下图所示。

打开的图像文件

步骤 02 创建剪贴蒙版

选择矩形选框工具，在图像中创建如下图所示的选区，然后按下 Ctrl+J 快捷键，将选区中的图像拷贝到新的图层中。

拷贝到新图层

新建一个图层，然后将其填充为白色，并将其混合模式调整为“颜色”，使图像变成黑白的，效果如下图所示。

调整新图层的混合模式

按住 Alt 键，在“图层 1”图层和“图层 2”图层之间单击鼠标，将“图层 2”图层创建为“图层 1”图层的剪贴蒙版。

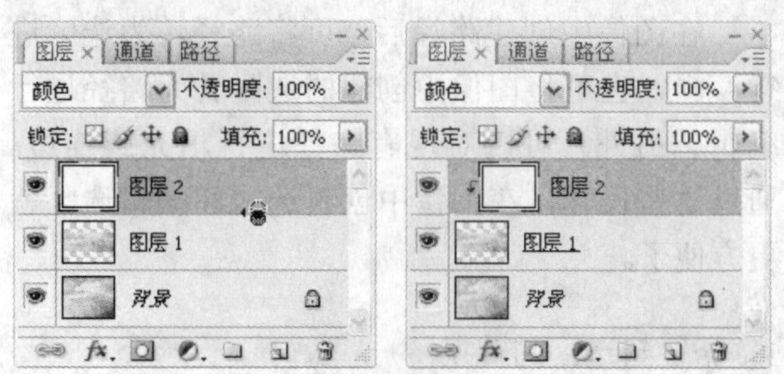

创建剪贴蒙版

创建剪贴蒙版后，使“图层 2”图层的效果只叠加在“图层 1”图层中的图像上，效果如下图所示。

完成图像编辑

6. 编辑蒙版

在图层上创建了蒙版后，还可以对其进行隐藏、启用、删除、编辑等操作。通过这些操作，可以更加方便和轻松地使用蒙版。

● 隐藏蒙版

在图层中创建图层蒙版后，右击图层蒙版缩略图，然后在弹出的快捷菜单中执行“停用图层蒙版”命令，或者执行“图层 > 图层蒙版 > 停用”命令，可以将其隐藏，如下图所示。再次执行该项操作，还可以重新启用隐藏的蒙版。

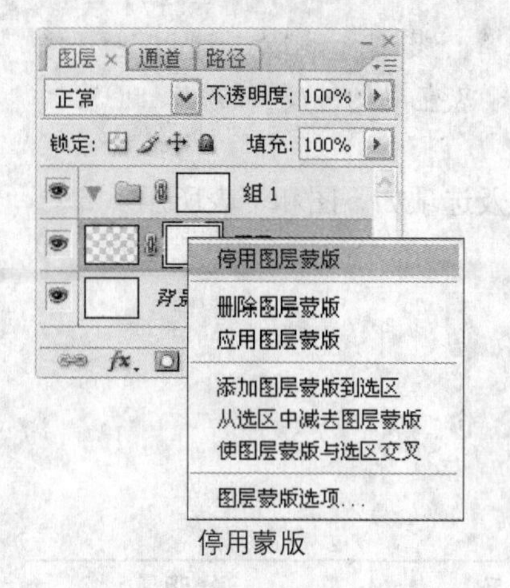

停用蒙版

● 删除蒙版

执行“图层 > 图层蒙版 > 删除”命令，或者右击“图层蒙版”缩略图，在弹出的快捷菜单中执行“删除图层蒙版”命令，可以将图层蒙版进行删除。

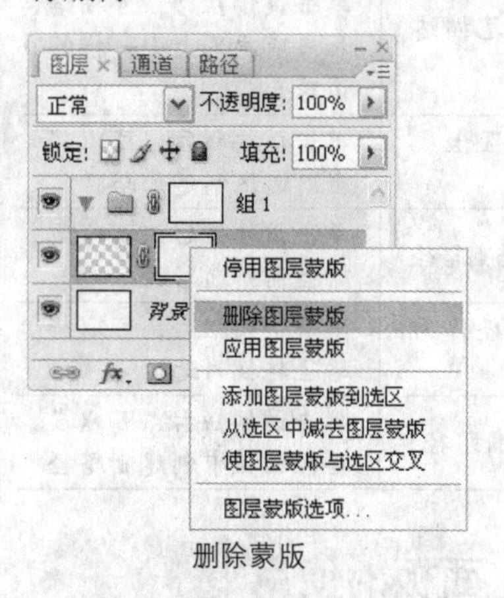

删除蒙版

● 编辑蒙版

在图层中创建蒙版后，选择蒙版后可以在图像中创建新选区，并填充为黑色，这样可以从蒙版中减去该选区中的图像。反之，填充为白色，可以在蒙版中添加该区域。

编辑蒙版

4.2 “路径”面板

在“路径”面板中，可以对路径进行显示、隐藏、创建、保存、复制和删除。通过这些操作可以对路径进行更直观的编辑。

“路径”面板及选项如下图和下表所示。

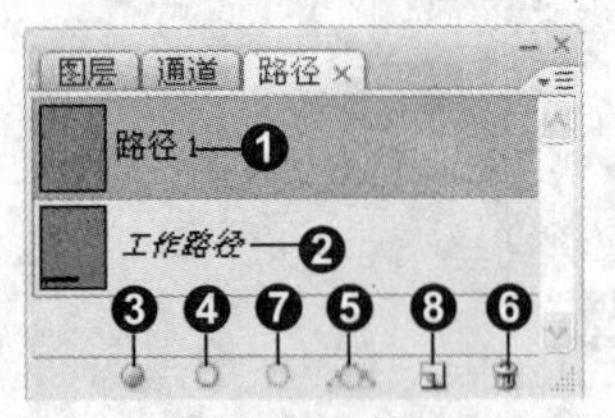

“路径”面板

编 号	名 称	说 明
❶	路径	路径缩略图
❷	工作路径	工作路径缩略图
❸	用前景色填充路径	单击该按钮后，可将当前选中路径填充前景色
❹	用画笔描边路径	单击该按钮后，可描绘和当前画笔大小一样的边缘
❺	从选区生成工作路径	单击该按钮后，可以将当前选区创建为路径
❻	删除当前路径	单击该按钮后，可以删除当前所选路径
❼	将路径作为选区载入	单击该按钮后，可以将路径转换为选区
❽	创建新路径	单击该按钮后，可以在路径面板中创建新路径

4.2.1 “路径”面板的使用

“路径”面板中的操作与“图层”面板中的操作相似。这里介绍与隐藏图层的隐藏路径操作。

● 单击“工作路径”的缩略图，“工作路径”就显示在图像窗口中，如下图所示。

显示路径

● 在“工作路径”的缩略图外的其他区域单击后，该路径被隐藏，如下图所示。

隐藏路径

4.2.2 路径的编辑

在图像中创建路径后，可将路径转为选区进行编辑，也可将图像中创建的选区转为路径进行编辑。另外，可以对现有路径进行填充或描边。通过这些操作，在图像中创建选区和编辑选区就更方便了。

1. 路径与选区的转换

在图像中可以将路径转换为选区，也可以将选区创建为路径。在“路径”面板中单击“从选区生成工作路径”按钮，可以将选区创建为路径。将路径转换为选区的方法有 3 种，下面将依次进行介绍。

方法 01 利用快捷菜单转换

使用钢笔工具创建好路径后，在路径中右击，在弹出的快捷菜单中执行“建立选区”命令，如下图所示，可将路径转换为选区，且不保留路径。

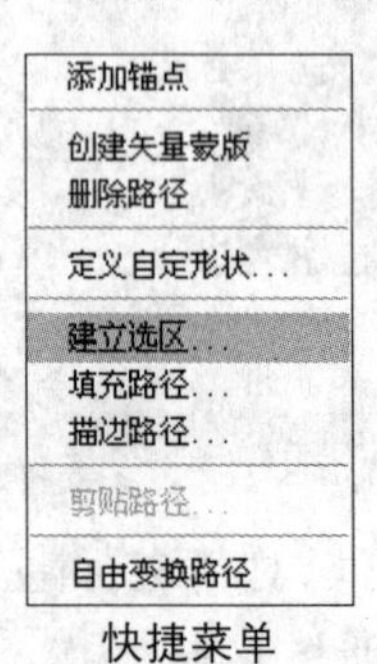

快捷菜单

方法 02 利用路径缩略图转换

在“路径”面板中右击路径缩览图，在弹出的快捷菜单中执行“建立选区”命令，或直接单击“将路径作为选区载入”按钮。可以在保留路径的同时，将路径转换为选区，如下图所示。

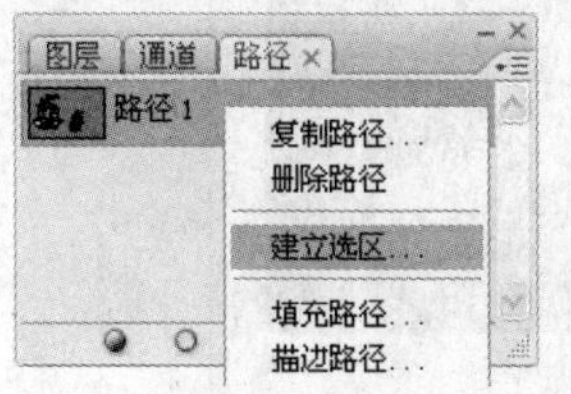

右击缩览图

方法 03 利用快捷键转换

按住Ctrl键，单击路径缩略图，在保留路径的情况下，将路径转换为选区。或者按下Ctrl+Enter快捷键，即可将路径转换为选区，如下图所示。

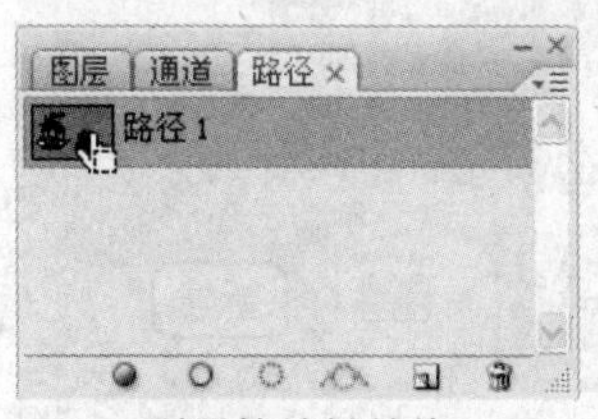

利用快捷键转换

2. 填充路径

在图像窗口中创建路径后，可以将该路径填充为任意颜色，这样方便对复杂的图像区域进行上色。具体的填充方法如下所示。

方法 01 利用快捷菜单填充

使用钢笔工具在图像中创建路径，在路径中右击后，在弹出的快捷菜单中执行“填充路径”命令，然后在弹出的“填充”对话框中设置参数，再单击“确定”按钮，对其进行填充。

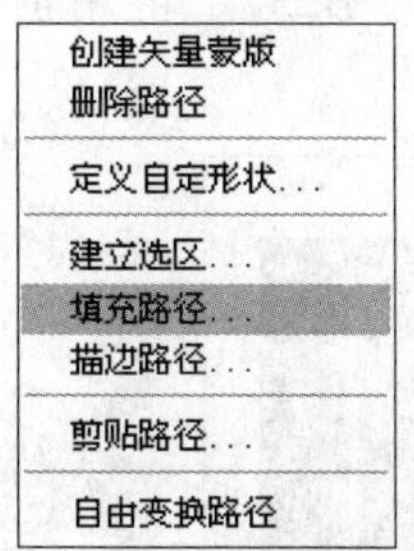

快捷菜单

方法 02 利用路径缩览图填充

在“路径”面板中的路径缩览图上右击，在弹出的快捷菜单中执行“填充路径”命令，然后使用与方法01相同的操作，对该路径进行填充。

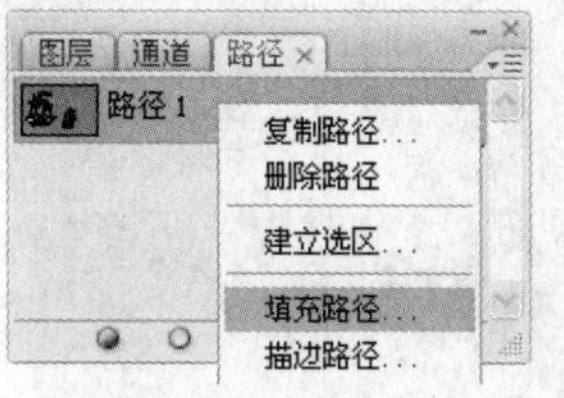

右击缩览图

方法 03 使用前景色填充路径

在图像中创建路径后，在“路径”面板中单击“用前景色填充路径”按钮，将当前所选路径填充为前景色。

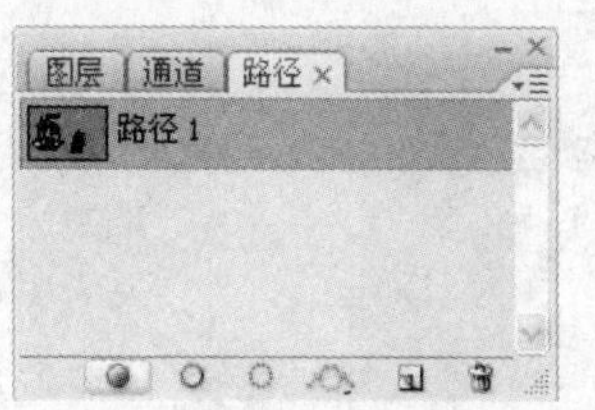

单击“用前景色填充路径”按钮

下面举例说明填充路径的方法。具体操作步骤如下所示。

光盘路径：第 4 章 \Complete\ 填充路径 .psd

步骤 01 新建图像文件

执行“文件 > 新建”命令，在弹出的“新建”对话框中设置如下图所示的参数，完成后单击“确定”按钮。新建一个图像文件。

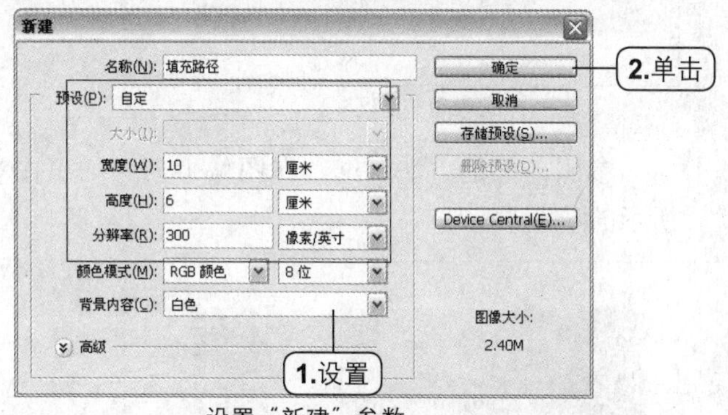

设置“新建”参数

步骤 02 填充选区

新建一个图层，再选择矩形选框工具，在图像中创建一个矩形选区，将其填充为R154、G136、B124，然后取消选区，效果如下图所示。

填充图像

选择矩形选框工具，在选项栏上单击“添加到选区”按钮，创建如下图所示的选区。

创建选区

将创建的选区填充为R126、G110、B100，然后取消选区，效果如下图所示。

填充选区

参照前面的方法，继续在图像中创建如下图所示的选区。

创建选区

将上一步中创建的选区填充为R56、G44、B37，完成后取消选区，效果如下图所示。

填充选区

步骤 03 填充路径

新建一个图层，选择钢笔工具，在图像中创建一个女人头像的外轮廓路径，如下图所示。

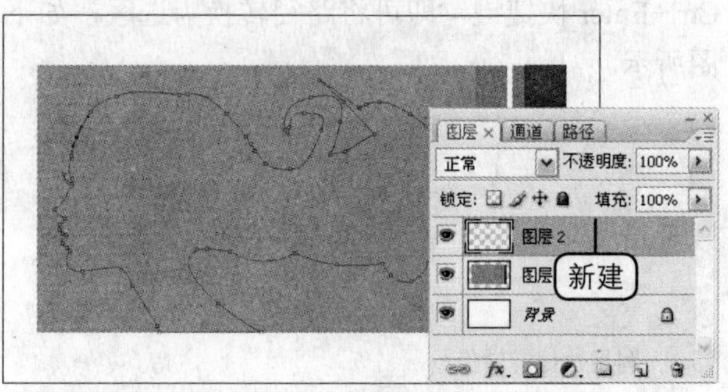

创建路径

创建女人的头发缝隙路径，如下图所示。

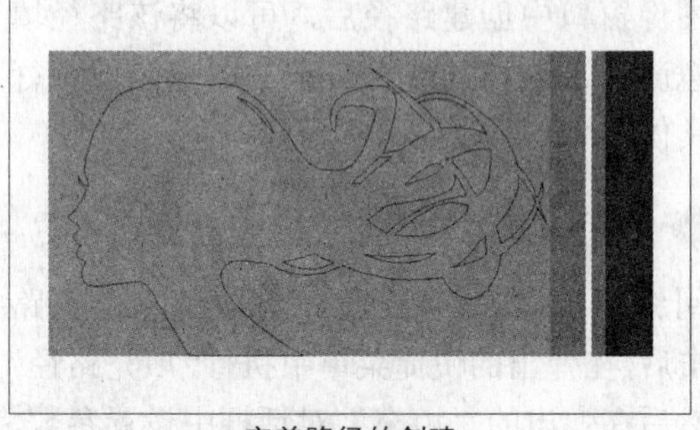
完善路径的创建

设置前景色为R254、G251、B237，再用前景色填充路径，如下图所示。

填充路径

完成上述操作后，隐藏路径，再在图像中添加适当的文字，完成图像的绘制。

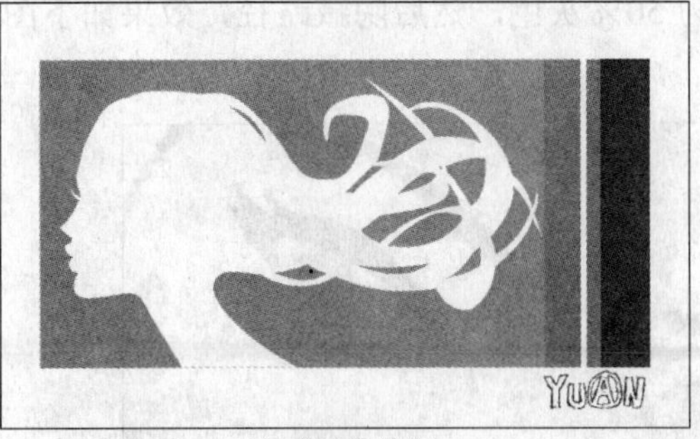

完成图像绘制

3. 描边路径

在 Photoshop 中绘制复杂的图像时，可使用钢笔工具创建路径，再对其进行描边。这样可以绘制出精确的图像。具体描边方法如下所示。

方法 01 利用“用画笔描边路径”按钮描边

在图像中创建路径后，再调整钢笔工具的画笔大小和颜色。单击“用画笔描边路径”按钮，对该路径进行描边。此操作可以重复使用，如下图所示。

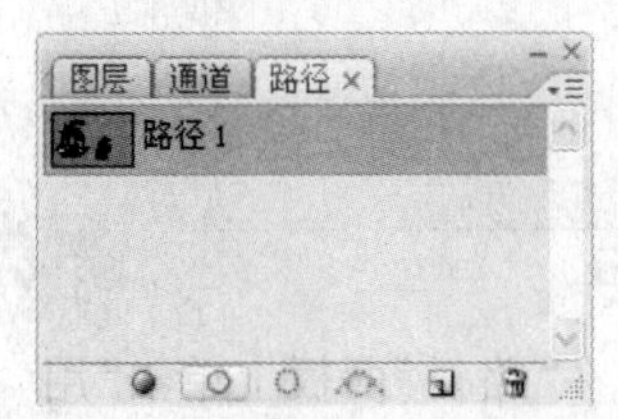

单击“用画笔描边路径”按钮

方法 02 利用“描边路径”对话框描边

使用钢笔工具绘制路径后右击，在弹出的快捷菜单中执行“描边路径”命令，在弹出的“描边路径”对话框中设置参数后，单击“确定”按钮，对路径进行描边，如下图所示。

“描边路径”对话框

下面举例说明描边路径的方法。具体操作步骤如下所示。

步骤 01 新建图像文件

执行“文件 > 新建”命令，在弹出的“新建”对话框中设置如下图所示的参数，完成后单击“确定”按钮，新建一个图像文件。

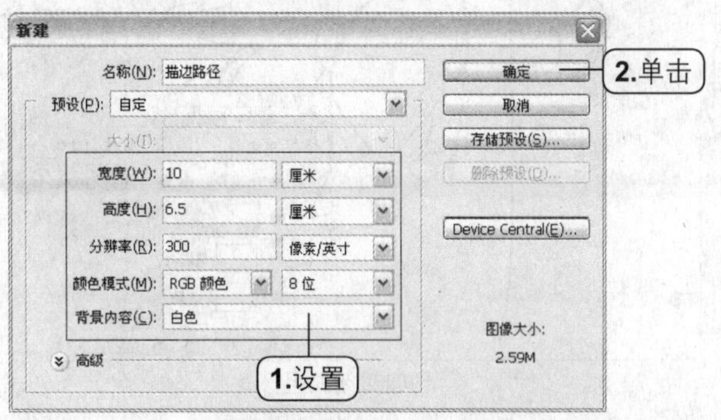

“新建”对话框

步骤 02 创建路径并描边

新建一个图层，再选择钢笔工具，在图像中创建一个类似女人轮廓的路径，如下图所示。

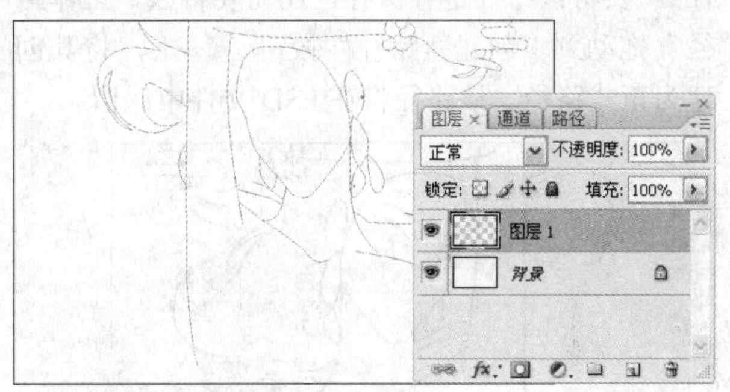

创建路径

设置前景色为黑色，并设置画笔大小为大约 5 px，然后在“路径”面板上单击“用画笔描边路径”按钮，对路径进行描边，如下图所示。在对路径进行描边和填充处理时，要注意钢笔工具选项栏右方的“添加到路径区域”按钮、“从路径区域减去”按钮、“交叉路径区域”按钮 和“重叠路径区域除外”按钮的选中状态。如果单击按钮，将无法对路径进行正确的描边和填充。

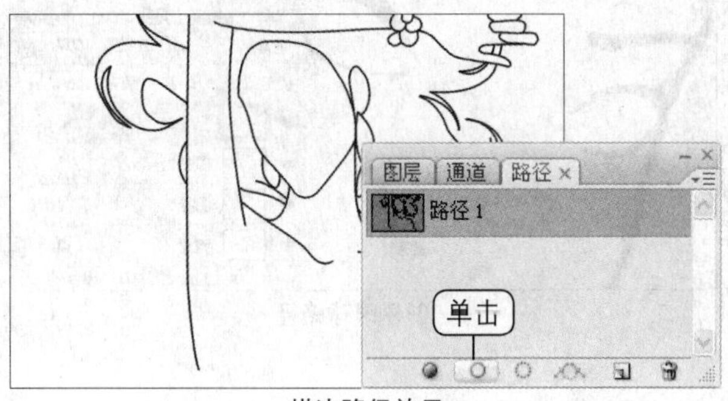

描边路径效果

步骤 03 绘制人物五官

新建一个图层，再选择钢笔工具，在图像中创建人物的五官，即如下图所示的封闭路径。

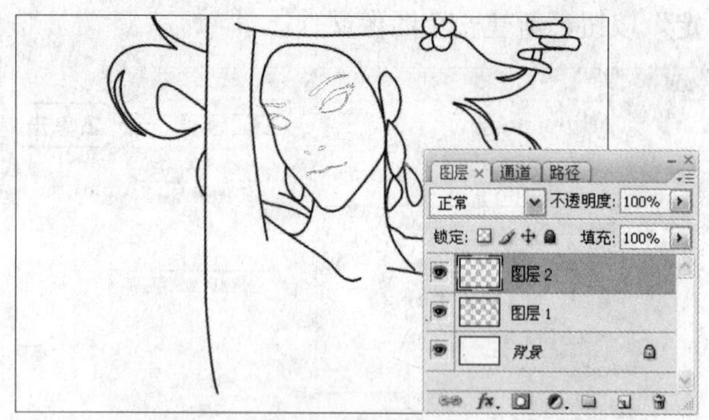

创建封闭路径

在“路径”面板上单击“用前景色填充路径”按钮，将“图层 2”图层中的路径填充为黑色，为人物绘制了五官，然后隐藏路径。效果如下图所示。其中在图像中所创建的路径均为“工作路径”。要将该路径进行保存，还需要将该“工作路径”拖动到“创建新路径”按钮上，将其创建为正式路径。该路径将在 PSD 文件中保留。

绘制人物五官

参照前面的方法，新建一个图层，在图像中创建人物的眼球路径，如下图所示。

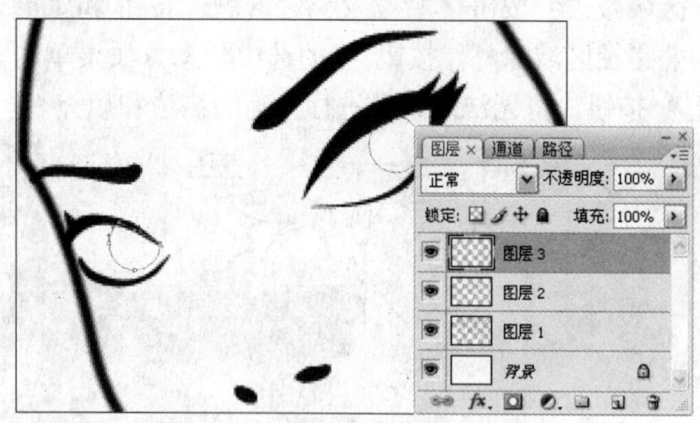

创建眼球路径

设置前景色为 50%灰色。在“路径”面板上单击“用前景色填充路径”按钮，将眼球路径填充为 50%灰色，然后隐藏路径，效果如下图所示。

绘制眼球

再根据前面的方法，在图像中创建人物瞳孔的路径，如下图所示。

创建瞳孔路径

设置前景色为黑色。在“路径”面板上单击“用前景色填充路径”按钮，将人物的瞳孔填充为黑色，完成后隐藏路径，完成人物瞳孔的绘制，如下图所示。

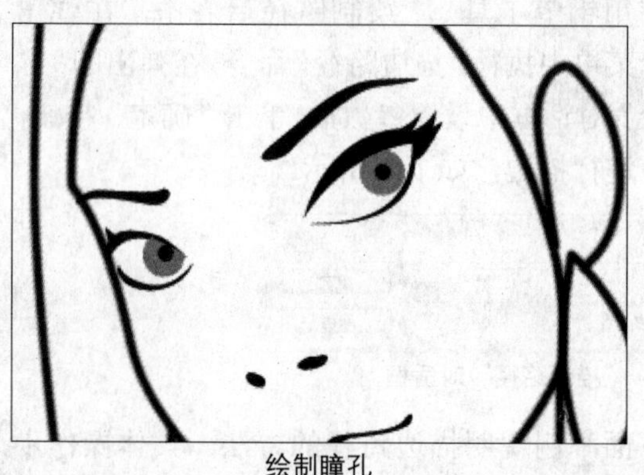

绘制瞳孔

将“图层”面板中的“图层 3”图层调整至“图层 2”图层的下方，使人物的眼球图像出现在眼眶的下方。如下图所示。

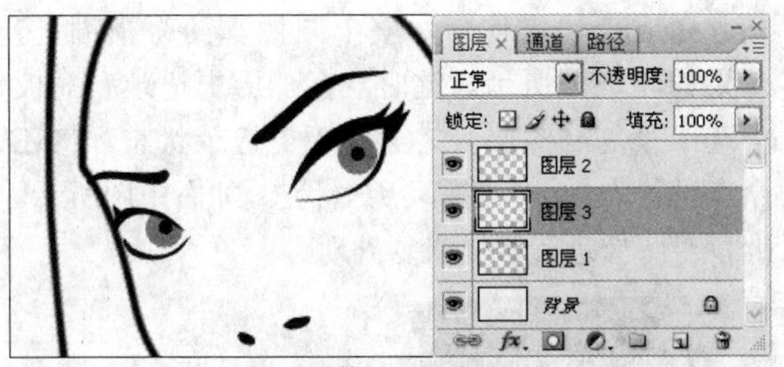

调整图层顺序

步骤 04 绘制皮包

新建一个图层，利用钢笔工具，在图像下方创建一个皮包形状的封闭路径，如下图所示。

创建皮包路径

设置前景色为黑色。将创建的路径填充为黑色，并隐藏路径，效果如下图所示。

填充皮包路径

继续在图像中创建路径，如下图所示。

完善路径

设置前景色为黑色，再对路径进行描边，效果如下图所示，完成图像的绘制。

完成图像的绘制

4.3 “历史记录”面板

“历史记录”面板主要用于保存对图像进行的一切操作步骤。在“历史记录”面板中选中任意步骤，可以将图像恢复到该步骤时的状态。

“历史记录”面板如下图所示，各选项的说明如下表所示。

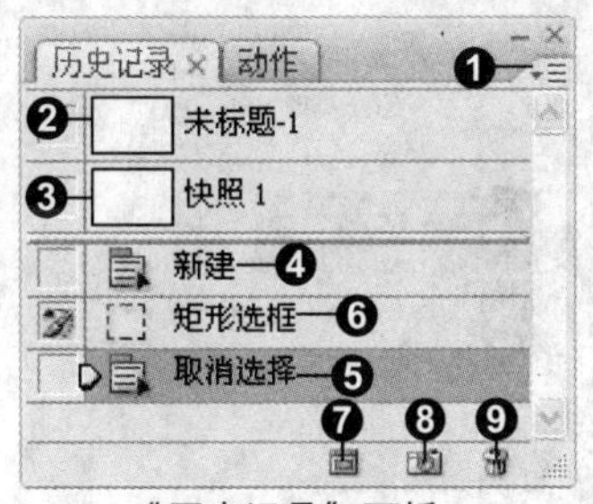

“历史记录”面板

编 号	名 称	说 明
❶	扩展按钮	单击该按钮，可以打开“历史记录”面板的扩展菜单
❷	图像缩览图	原始图像的缩览图
❸	快照缩览图	在“历史记录”面板中创建的快照缩览图
❹	历史记录步骤	记录在图像上所进行的操作
❺	选中步骤	选中该步骤后，图像将恢复到该步骤的状态
❻	恢复步骤	使用历史记录画笔工具在图像中涂抹时，图像将恢复到该步骤中的状态
❼	从当前状态创建新文档	从图像当前的历史记录状态创建新文档

（续表）

编 号	名 称	说 明
❽	创建新快照	为当前历史状态创建快照，以便和原始图像效果进行对比
❾	删除当前状态	删除某个历史记录

下面以使用历史记录画笔工具和“历史记录”面板对人物的皮肤进行柔化为例，说明“历史记录”面板的使用方法。具体操作步骤如下所示。

光盘路径：第 4 章 \Complete\ 历史记录面板 .psd

步骤 01 打开图像文件

打开本书配套光盘中第 4 章 \media\023.jpg 文件，并复制“背景”图层得到“背景 副本”图层，如下图所示。

打开图像文件并复制图层

步骤 02 使用历史记录柔化人物皮肤

执行“滤镜 > 模糊 > 高斯模糊”命令，在弹出的“高斯模糊”对话框中设置“半径”为“8.3 像素”，对图像进行模糊，完成后单击“确定”按钮。

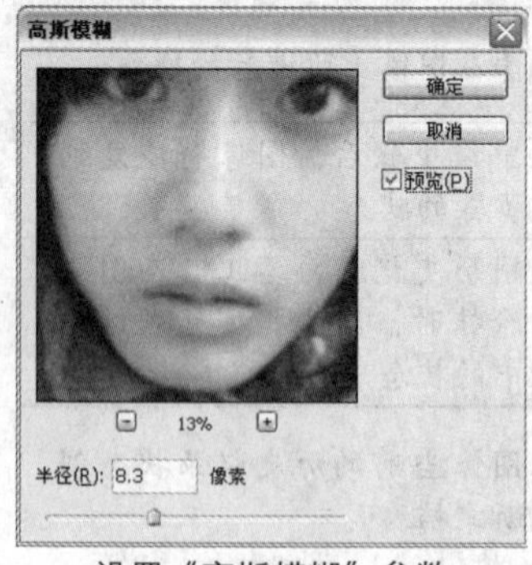

设置“高斯模糊”参数

完成上述操作后，整个图像都变得模糊了，效果如左下图所示。这时，在“历史记录”面板中选中“复制图层”为当前历史记录状态。将还原点设置为“高斯模糊”历史状态，如右下图所示。准备对图像进行历史恢复处理。

模糊效果

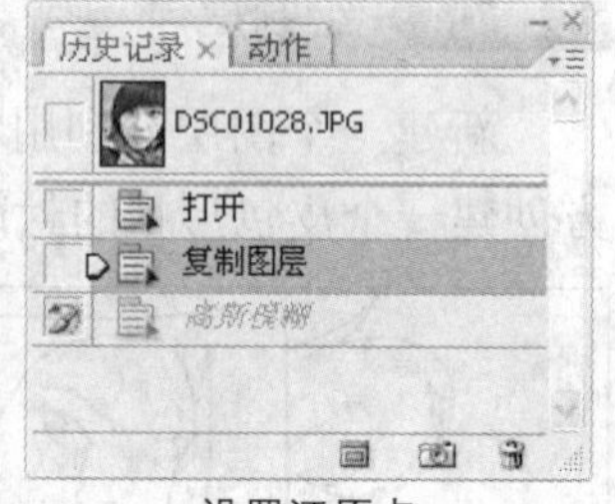

设置还原点

选择历史记录画笔工具，在图像中只对人物的皮肤部分进行涂抹，使高斯模糊效果只叠加在图像中人物的皮肤上。效果如下图所示。

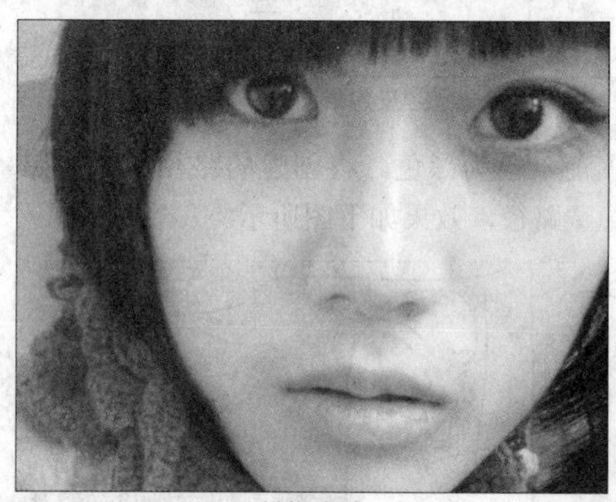

模糊皮肤

按下 Ctrl+L 快捷键，在弹出的“色阶”对话框中设置如下图所示的参数，以增加图像的亮度。

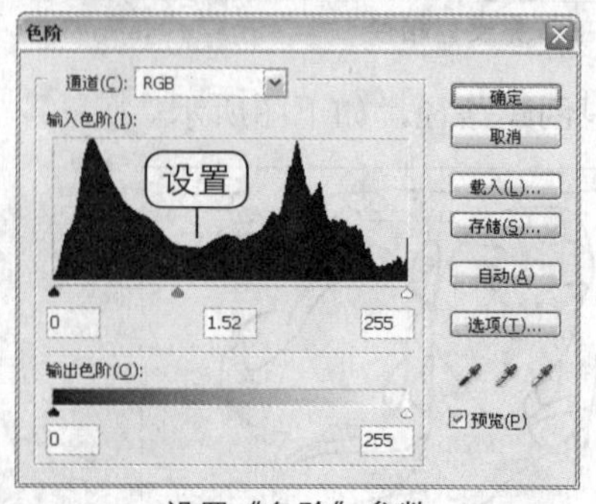

设置“色阶”参数

完成上述操作后，整个图像都变得明亮了，但是部分图像有些反白，如下图所示。

增亮后的图像

在“历史记录”面板中将当前历史记录状态设置为最后一次使用的“历史记录画笔”，将还原点设置为“色阶”，如左下图所示。选择历史记录画笔工具，在图像中人物的皮肤部分进行涂抹。使色阶效果只叠加在图像中人物的皮肤上。通过以上的操作，人物的皮肤变得明亮了。

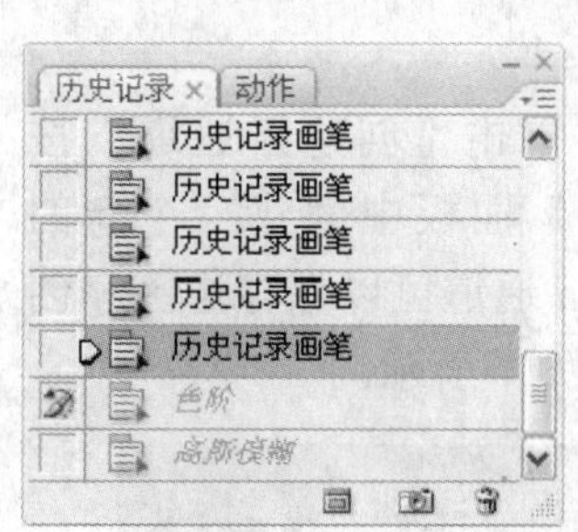

设置历史记录

完成皮肤柔化

4.4 “通道”面板

执行“窗口 > 通道”命令，可以打开“通道”面板。在“通道”面板中可以对各个通道进行新建、复制、合并、分离等操作。

“通道”面板如下图所示，各选项的说明如下表所示。

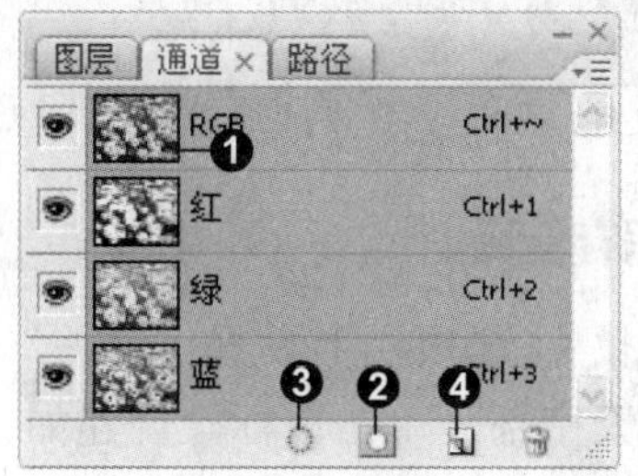

“通道”面板

编号	名称	说明
❶	通道缩略图	显示各个通道的颜色缩略图
❷	将选区储存为通道	将图像窗口中现有选区储存为通道
❸	将通道作为选区载入	将通道中的图像作为选区载入
❹	创建新通道	在“通道”面板中创建一个新的 Alpha 通道

4.4.1 认识通道

通道是 Photoshop 中极为重要的一个功能，是处理图像的有效平台。在打开图像文件时，系统会自动创建颜色信息通道。编辑图像中的各个通道，可以对图像进行一些特殊的编辑。

- 通过通道创建选区和编辑选区

在通道中新建 Alpha 通道，可以创建精确的选区和对选区进行保存。在此项操作的基础上，可以对图像进行特殊处理。

- 通过通道调整图像的颜色

将通道看作原色组成的图层，通过对单个通道的调整来改变图像的颜色、色相、饱和度等。

- 通过通道改善图像效果

利用滤镜对通道进行艺术效果的处理。可以改善图像的品质或创造复杂的艺术效果。

- 将通道和蒙版结合使用

将蒙版与通道结合使用，可大大简化对相同选区的重复操作，并以蒙版形式将选区储存起来，以方便调用。

下面以使用通道调整图像颜色为例对通道知识进行进一步讲解。具体操作步骤如下所示。

光盘路径：第 4 章 \Complete\ 通道的认识 .psd

步骤 01 打开图像文件并复制图层

打开本书配套光盘中第 4 章 \media\024.jpg 文件，如下图所示，并复制“背景”图层得到“背景 副本”图层。

打开图像文件并复制图层

步骤 02　调整图像各个通道的亮度

按下 Ctrl+M 快捷键，在弹出的“曲线”对话框中选择“通道”为“蓝”，然后设置两个节点，如左下图和右下图所示。

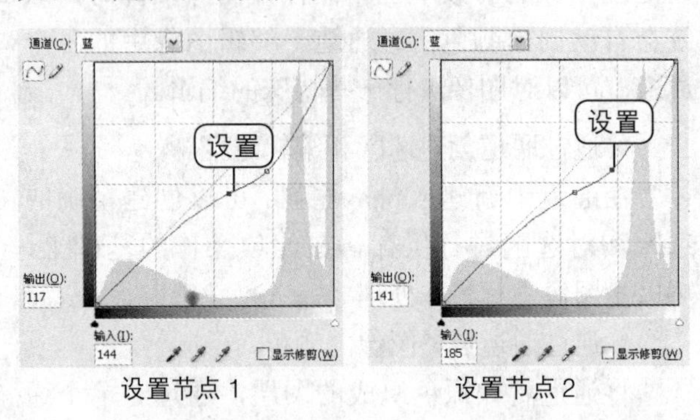

设置节点 1　　设置节点 2

选择“通道”为“红”，然后设置两个节点，如左下图和右下图所示。

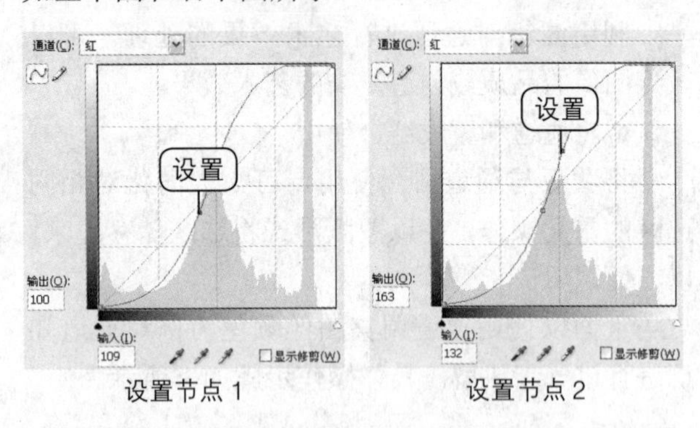

设置节点 1　　设置节点 2

选择“通道”为“绿”，然后设置两个节点，如左下图和右下图所示。再单击“确定”按钮。

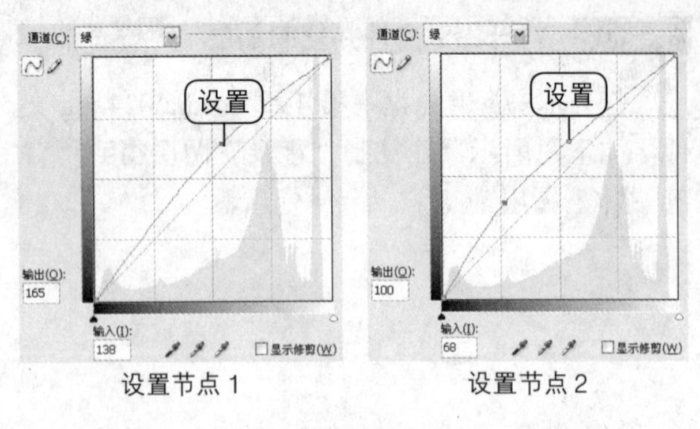

设置节点 1　　设置节点 2

完成上述操作后，调整了图像各个通道的亮度和整个图像的颜色值，效果如下图所示。

完成图像编辑

4.4.2 通道的基本操作

在 Photoshop 中，可通过对通道的复制、分离、合并、新建等，来创建特殊的图像效果和高难度的复杂选区。

1. 创建 Alpha 通道

在“通道”面板中单击“创建新通道”按钮，可以在“通道”面板中创建一个新的 Alpha 通道。使用 Alpha 通道可以保存选区和创建选区。具体操作步骤如下所示。

步骤 01　打开图像文件

打开本书配套光盘中第 4 章 \media\025.jpg 文件，如下图所示。

打开的图像文件

步骤 02　使用通道保存选区

选择魔棒工具，在选项栏上设置“容差”为 2 px，在图像中的天空部分单击鼠标，创建如下图所示的选区。

创建选区

在“通道”面板上单击“创建新通道”按钮 ，创建一个新的 Alpha 通道，如下图所示。

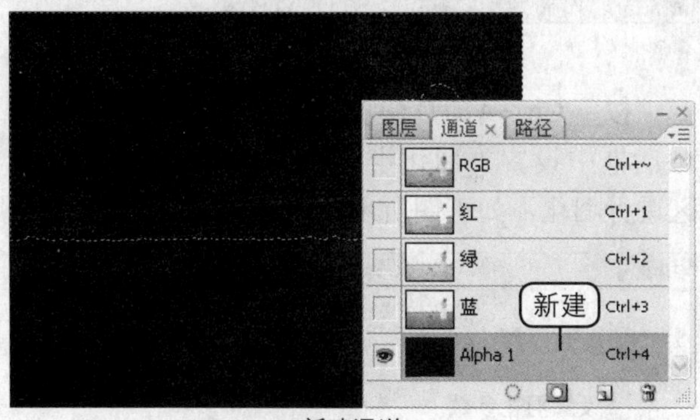

新建通道

设置前景色为白色，选择画笔工具 ，将图像中的选区部分涂抹成白色。完成后取消选区，将选区保存于 Alpha 通道中。

保存选区

步骤 03 改变天空颜色

在“通道”面板中单击 RGB 通道，显示图像，然后按住 Ctrl 键，单击 Alpha1 通道，将该通道中的白色部分创建为选区，如左下图所示。按下 Ctrl+Alt+D 快捷键，在弹出的“羽化”对话框中设置“羽化半径”为“20 像素”，完成后单击“确定”按钮，对选区进行羽化，如右下图所示。

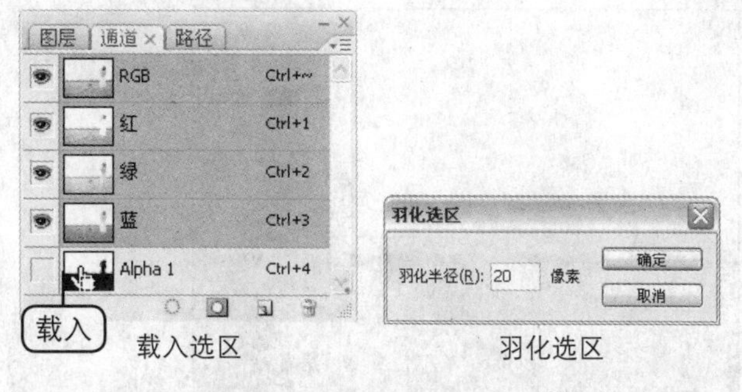

载入选区　　羽化选区

完成上述操作后，图像中的选区变成下图所示的形态。

调整选区效果

按下 Ctrl+B 快捷键，在弹出的“色彩平衡”对话框中选择“阴影”单击按钮，设置如下图所示的参数。

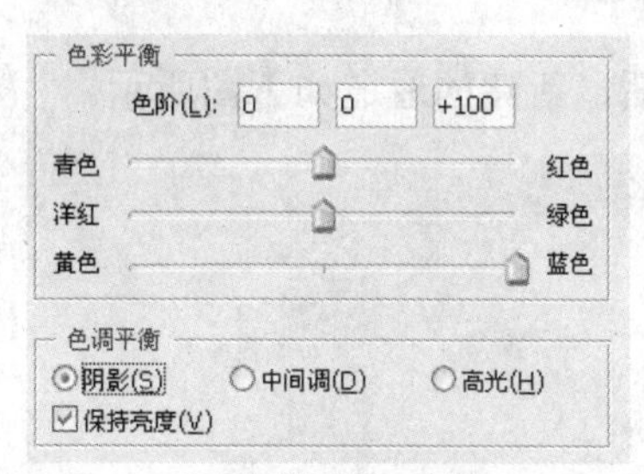

设置“阴影”参数

选择“高光”单选按钮，设置如下图所示的参数。完成后单击“确定”按钮。

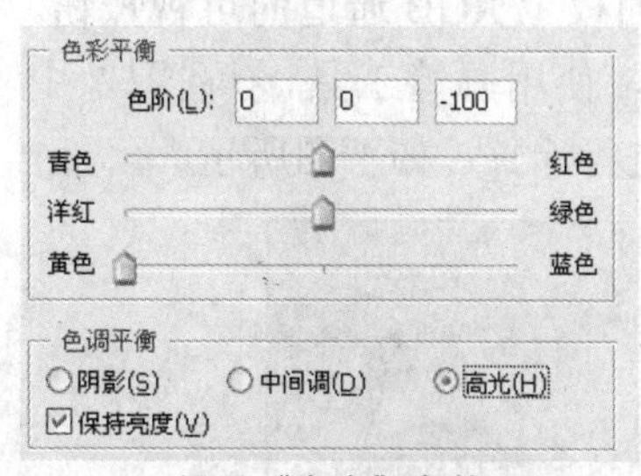

设置“高光”参数

完成上述操作后，调整了天空的颜色，效果如下图所示。

调整天空颜色后的效果

步骤 04 新建通道

单击“通道”面板中的“创建新通道”按钮，在弹出的“新建通道”对话框中设置如下图所示的参数。完成后单击“确定”按钮。

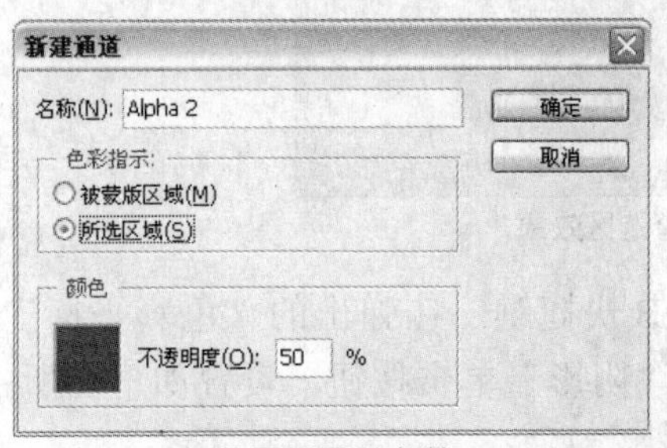

设置新通道参数

完成上述操作后，新建的通道如下图所示。

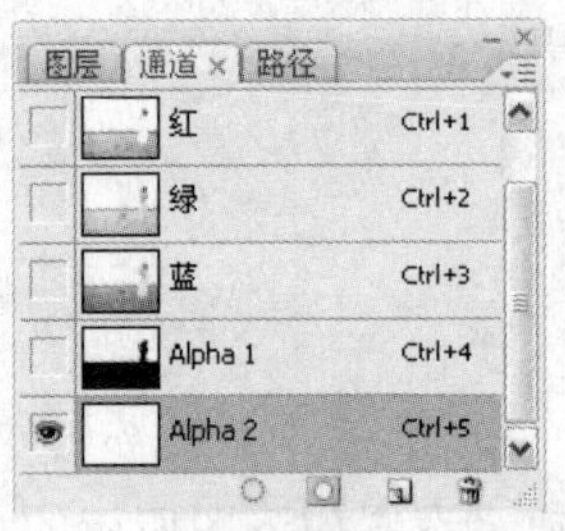

新建通道

单击“通道”面板上 RGB 通道的可视按钮。在蒙版编辑状态下，使用画笔工具在图像中的天空和人物部分进行涂抹，如下图所示。

编辑蒙版

步骤 05 调整草地颜色

隐藏 Alpha2 通道，然后将该通道中的白色部分创建为选区，如下图所示。

建立选区

按下 Ctrl+Alt+D 快捷键，在弹出的“羽化选区”对话框中设置“羽化半径”为“20 像素”，对选区进行羽化，如下图所示。

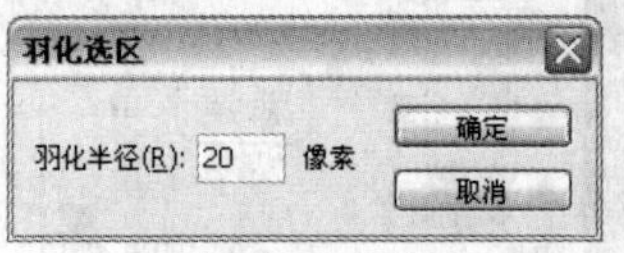

设置羽化参数

完成上述操作后，得到如下图所示的选区。

羽化选区

按下 Ctrl+B 快捷键，在弹出的“色彩平衡”对话框中设置如下图所示的参数。

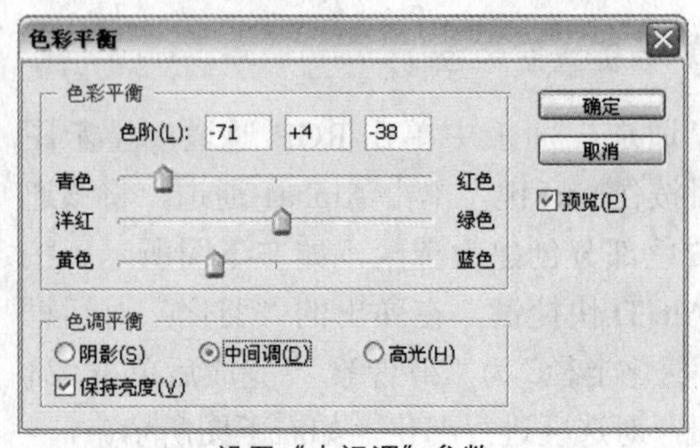

设置“中间调”参数

选择“阴影”单选按钮，并设置如下图所示的参数，对图像中的阴影部分颜色进行调整。

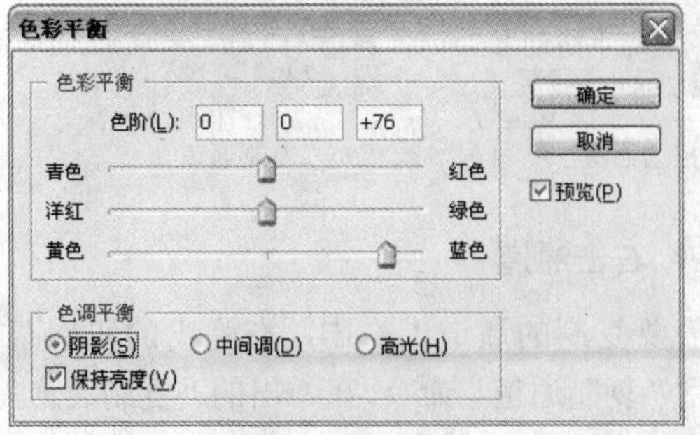

设置“阴影”参数

选择“高光”单选按钮，并设置如下图所示的参数。完成后单击“确定”按钮。

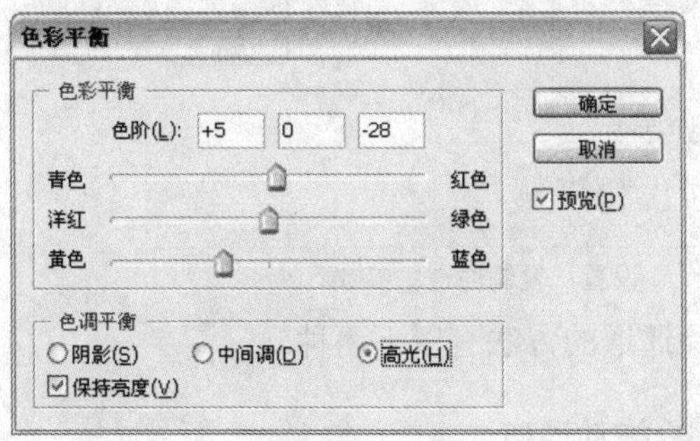

设置“高光”参数

通过前面的操作，调整了图像中草地部分的色调。完成后按下 Ctrl+D 快捷键，取消选区。效果如下图所示。

完成图像操作

2. 创建专色通道

单击“通道”面板右上角的扩展按钮，在弹出的菜单中执行“新建专色通道”命令，弹出“新建专色通道”对话框。“新建专色通道”对话框如下图所示，各选项的说明如下表所示。

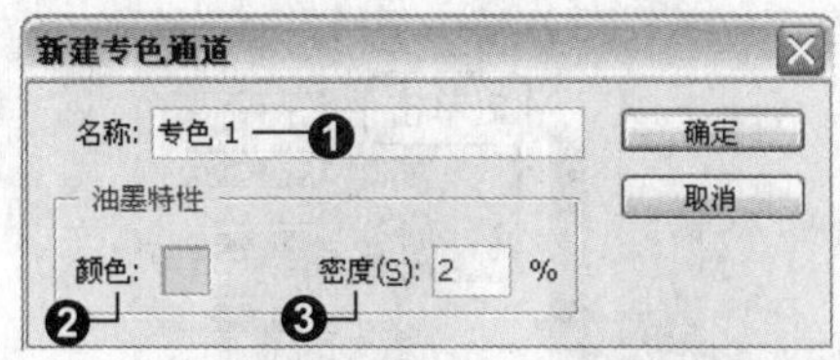

“新建专色通道”对话框

编 号	名 称	说 明
❶	名称	设置专色通道的名称
❷	颜色	单击后，在弹出的“选择专色”对话框中选择一种专色
❸	密度	设置该专色通道颜色的密度

下面以创建一个专色通道为图像添加专色为例，对专色通道知识进行进一步讲解。具体操作步骤如下所示。

步骤 01 打开图像文件

打开本书配套光盘中第 4 章 \media\026.jpg 文件，如下图所示。

打开的图像文件

步骤 02 新建专色通道

单击“通道”面板右上角 按钮，在弹出的菜单中执行“新建专色通道”命令，弹出“新建专色通道”对话框，如下图所示。

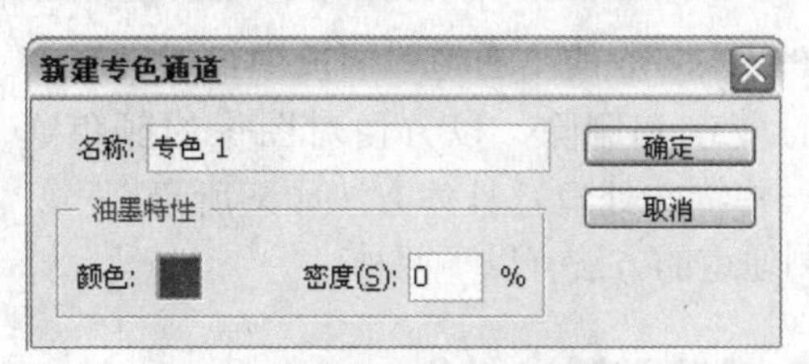

“新建专色通道”对话框

单击“颜色”缩览图，在弹出的“选择专色”对话框中设置颜色为 R240、G160、B0，完成后单击“确定”按钮。

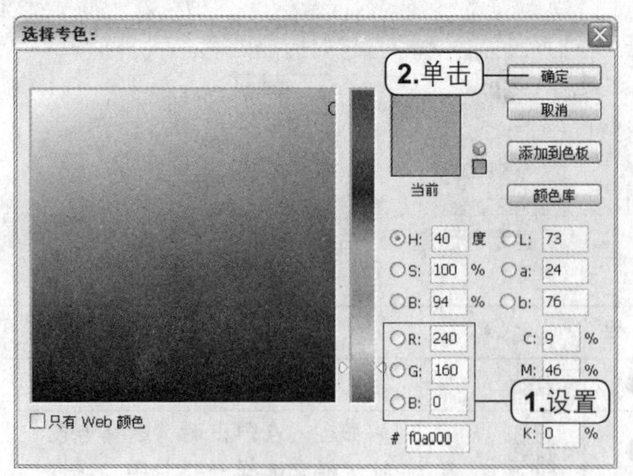

选择颜色

在“新建专色通道”对话框中设置“密度”为2%，完成后单击“确定”按钮。

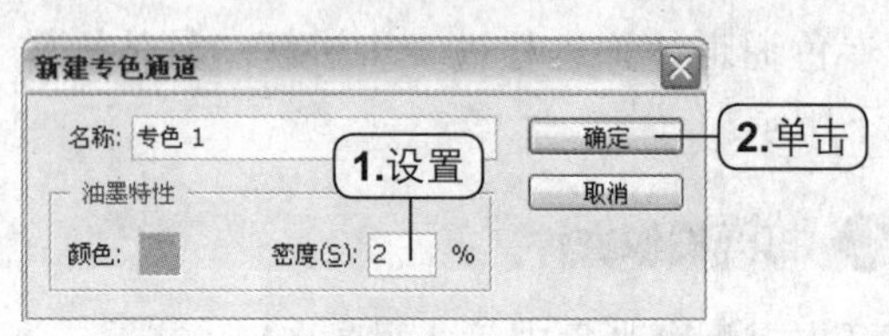

设置参数

完成上述操作后，使用柔边圆角画笔工具对整个图像进行涂抹，为图像添加专色，效果如下图所示。

专色效果

3. 复制和删除通道

在 Photoshop 的“通道”面板中可以对现有通道进行复制和删除，以方便对图像的颜色通道进行一些特殊处理。具体方法如下所示。

复制通道的方法有以下两种。

方法 01 拖动通道

将需要复制的通道拖动到“创建新通道”按钮上，可以复制得到该通道的副本，如下图所示。

拖动通道

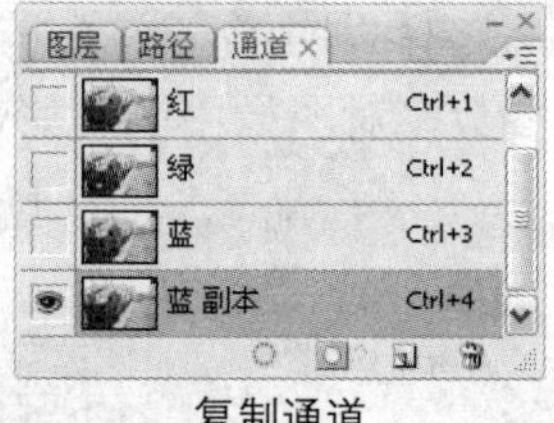

复制通道

方法 02 右击通道

在需要复制的通道上右击，在弹出的快捷菜单中执行“复制通道”命令，在弹出的“复制通道”对话框中设置各项参数后，复制得到该通道的副本，如下图所示。

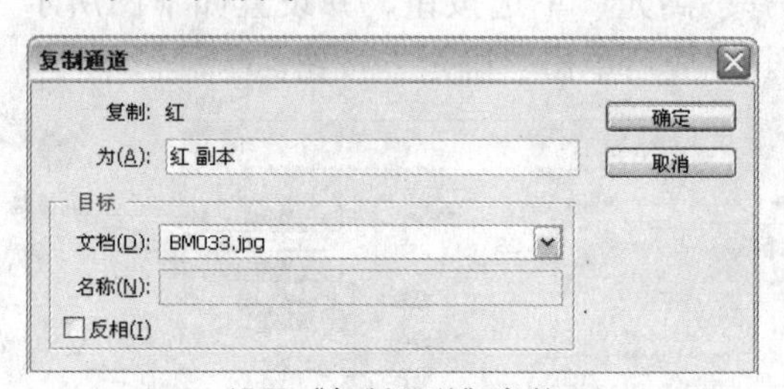

设置“复制通道”参数

删除通道的方法有以下两种。

方法 01 拖动通道

将需要删除的通道拖动到“删除当前通道”按钮上，可以将所选通道删除，如下图所示。

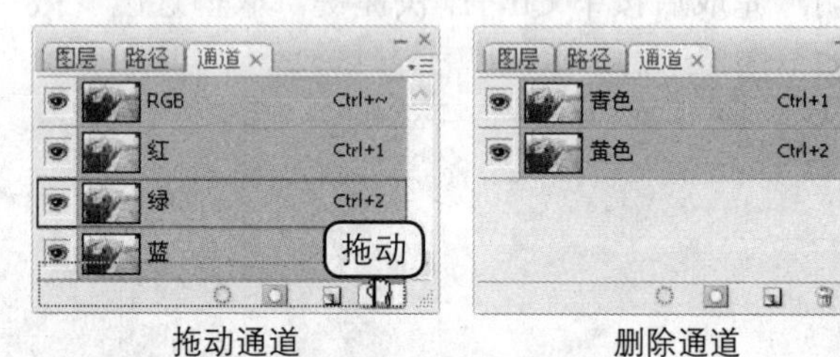

拖动通道　　删除通道

方法 02 右击通道

在需要删除的通道上右击，在弹出的快捷菜单中执行“删除通道”命令，可以将所选通道删除，如下图所示。

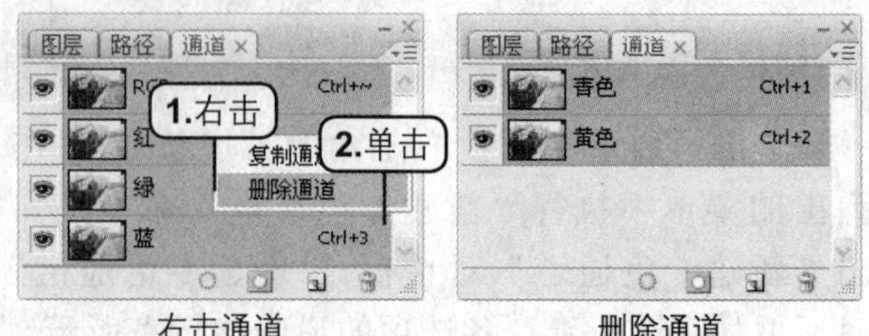

右击通道　　删除通道

4. 分离和合并通道

单击“通道”面板右上角的扩展按钮，在弹出的菜单中执行“分离通道”命令，可以将图像分离为几个灰度图像，每个图像代表一个通道。合并通道就是将多个灰度图像合并成一个彩色的图像。具体操作步骤如下所示。

步骤 01 打开图像文件

打开本书配套光盘中第 4 章 \media\027.jpg 文件，如下图所示。

打开的图像文件

步骤 02 分离通道

单击“通道”面板中的 按钮，在弹出的菜单中执行“分离通道”命令，对图像进行通道分离，如下图所示。

分离通道

步骤 03 合并通道

单击“通道”面板右上角的扩展按钮，在弹出的菜单中执行“合并通道”命令。在弹出的“合并通道”对话框中选择合并后图像的颜色“模式”为 Lab，完成后单击“确定”按钮。

设置合并参数

完成上述操作后，在弹出的“合并 Lab 通道”对话框中根据图像构成，设置原 RGB 通道对应的合并后的 Lab 通道，如下图所示。完成后单击“确定”按钮。对图像进行通道合并。

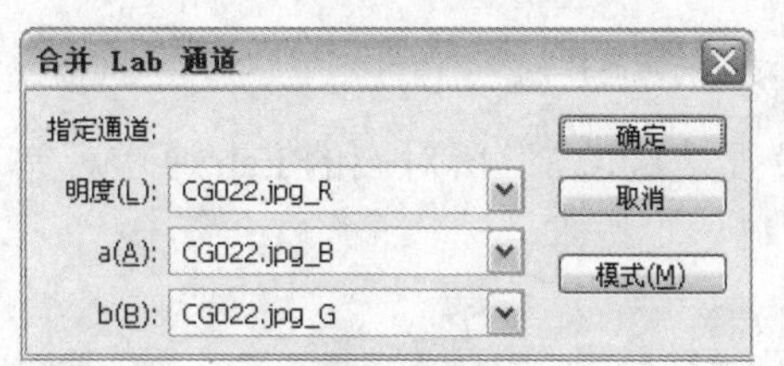

设置合并参数

完成上述操作后，合并后的效果如下图所示。

合并效果

步骤 04 第二次合并

参照前面的操作，对图像进行通道分离。单击“通道”面板中的 按钮，在弹出的快捷菜单中执行“合并通道”命令。在弹出的“合并通道”对话框中选择合并后图像的颜色“模式”为“多通道”，完成后单击“确定”按钮。

设置合并参数

在弹出的“合并多通道”对话框中设定“通道 1”对应的 Lab 通道。完成后单击“下一步”按钮。

设置对应的通道 1

设置“通道 2”通道对应的 Lab 通道。完成后单击“下一步”按钮。

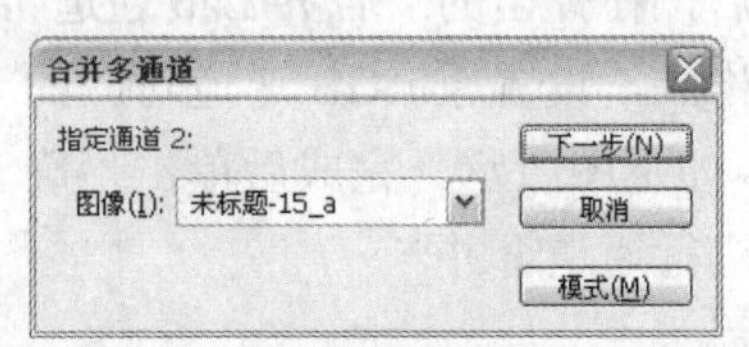

设置对应的通道 2

最后设置“通道 3”所对应的 Lab 通道。完成后单击“确定”按钮。

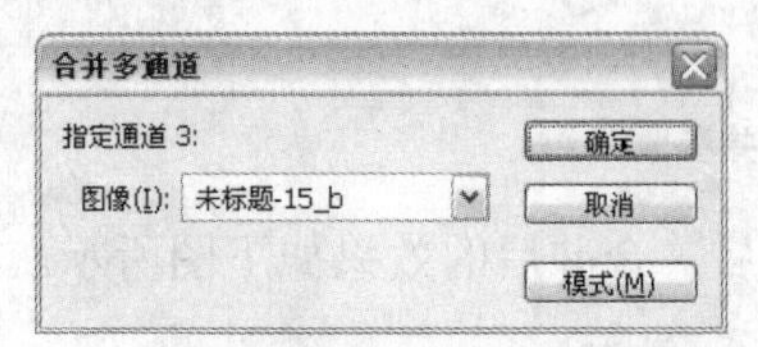

设置对应的通道 3

完成上述操作后，得到的效果如下图所示。

合并后的图像效果

步骤 05 第三次合并

单击“通道”面板中的 按钮，在弹出的菜单中执行“合并通道”命令。在弹出的“合并通道”对话框中选择合并后图像的颜色“模式”为 RGB，完成后单击“确定”按钮。

设置合并通道参数

在弹出的“合并 RGB 通道”对话框中，保留默认设置然后单击“确定”按钮。

合并 RGB 通道
指定通道:
红色(R): 未标题-18_1
绿色(G): 未标题-18_2
蓝色(B): 未标题-18_3
确定
取消
模式(M)

确定设置

完成上述操作后，得到的效果如下图所示。

图像的最终效果

5. 将 Alpha 通道转换为专色通道

在 Photoshop 的“通道”面板中建立 Alpha 通道后，可根据需要将其转换为专色通道。具体操作步骤如下所示。

步骤 01 打开图像文件

打开本书配套光盘中第 4 章 \media\028.jpg 文件，如下图所示。

打开的图像文件

步骤 02 新建通道

新建一个 Alpha 通道，再设置前景色为黑色。

利用画笔工具在该通道中对图像中花朵的部分进行涂抹，如下图所示。

新建 Alpha 通道

步骤 03 转换通道

单击“通道”面板中的扩展按钮，在弹出的菜单中执行“通道选项”命令，弹出“通道选项”对话框，如下图所示。

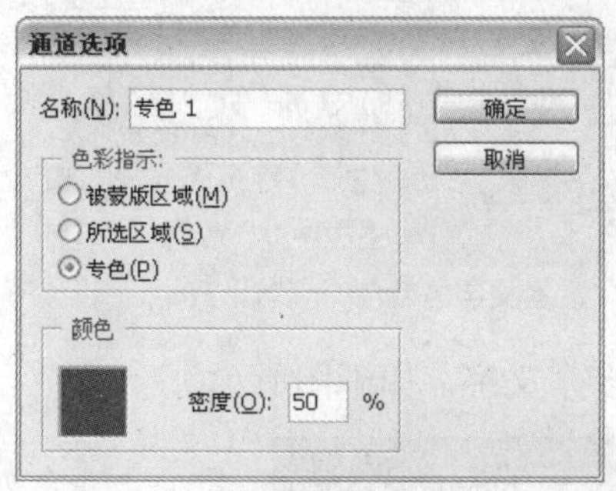

“通道选项”对话框

单击“颜色”缩览图，在弹出的“选择通道颜色”对话框中设置颜色为 R143、G255、B254，如下图所示。完成后单击“确定”按钮。

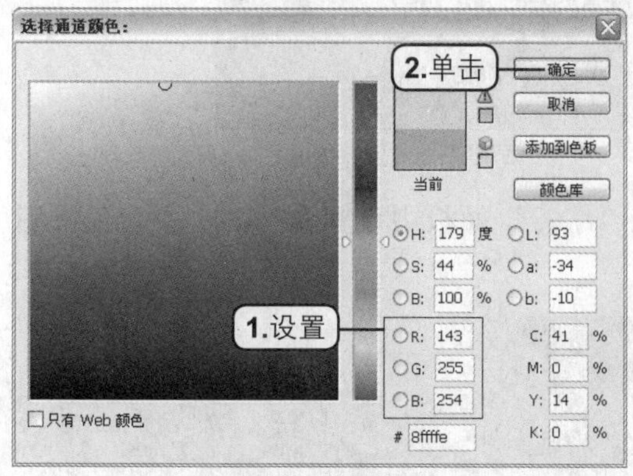

设置通道颜色

在“通道选项”对话框中设置“密度”为 20%，并设置其他各项参数如下图所示。完成后单击“确定”按钮。

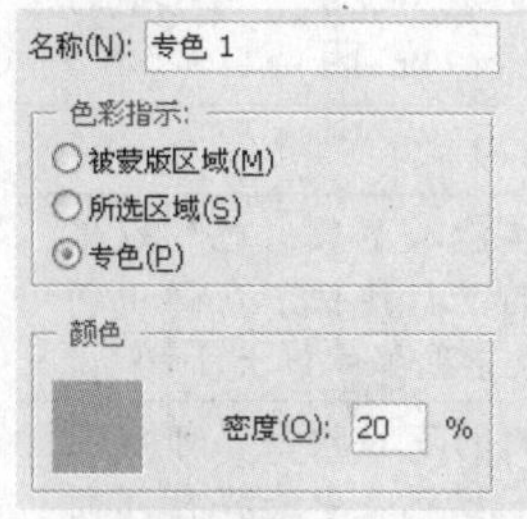

设置“通道选项”参数

完成后，为图像添加的效果如下图所示。

最终图像效果

4.5 “字符”面板和“段落”面板

在 Photoshop 中，可以通过“字符”面板和“段落”面板对文字的字体、大小、段落等各种参数进行调整和设置。

4.5.1 “字符”面板

在“字符”面板中，可以设置文字的字体、大小、颜色、行距、字符微调、字距调整、基线偏移及对齐等，也可以将已经编辑好的文字进行重新调整。“字符”面板如下图所示。各选项的说明如下表所示。

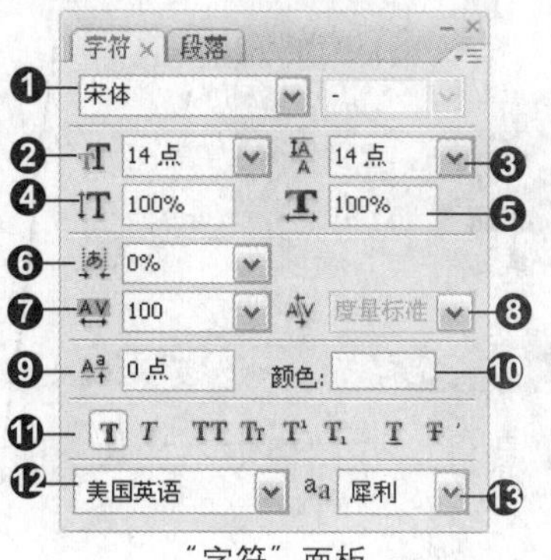

“字符”面板

编 号	名 称	说 明
❶	字体	设置字体样式
❷	字体大小	可以直接输入参数，也可以单击右侧的下拉按钮，在弹出的下拉列表中选择字体大小
❸	行间距	单击右侧的下拉按钮，可以在弹出的下拉列表中选择行间距大小
❹	垂直缩放	设置字体的垂直缩放距离
❺	水平缩放	设置字体的水平缩放距离
❻	比例间距	设置所选字符的比例间距
❼	字符间距	设置字符之间的间距
❽	字符微调	设置两个字符之间的字符微调
❾	基线偏移	设置基线偏移大小
❿	颜色	设置文字的颜色
⓫	文字编辑按钮	设置文字的基本编辑信息
⓬	语言设置	对所选字符进行有关连字符和拼写规则的语言设置
⓭	消除锯齿	设置消除锯齿的方法

下面列举一个使用“字符”面板对现有文字进行编辑的例子，来对“字符”面板进行更深入的讲解。具体操作步骤如下所示。

光盘路径：第 4 章 \Complete\ 字符面板 .psd

步骤 01 打开图像文件

打开本书配套光盘中第 4 章 \media\029.jpg 文件，如下图所示。

打开的图像文件

步骤 02 添加文字

选择横排文字工具 T，在图像中添加如下图所示的文字。

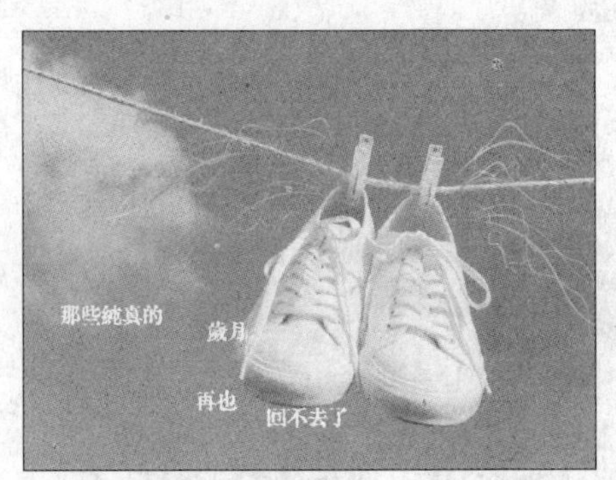

添加文字

步骤 03 调整文字

选中文字，在“字符”面板中单击“颜色”缩览图，设置文字的颜色，如下图所示。

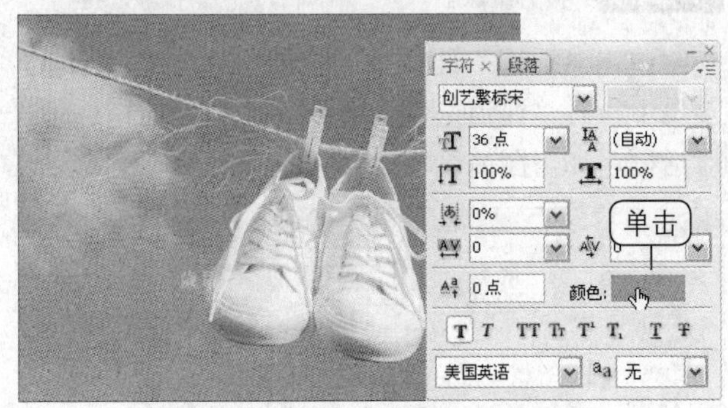

设置文字的颜色

选中单个或多个文字，如下图所示。

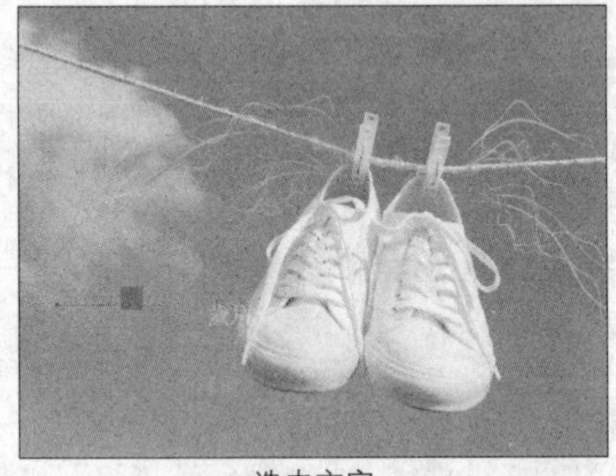

选中文字

在“字符”面板中设置文字的大小，如下图所示。

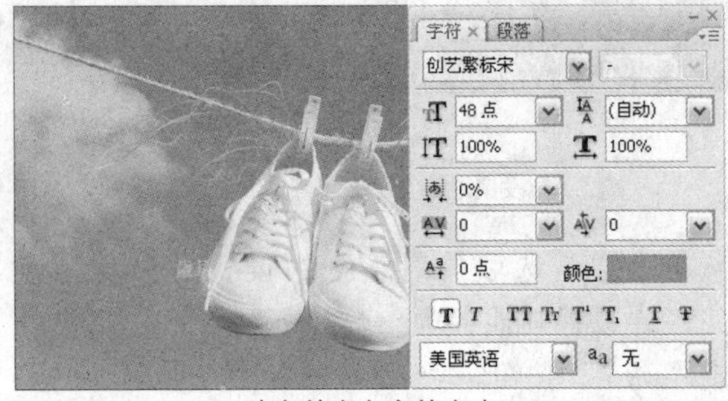

改变单个文字的大小

根据前面的方法，分别设置图像中各个文字的大小，如下图所示。

设置多个文字的大小

步骤 04 调整图像整体效果

根据画面效果，在图像中适当调整文字的位置和排列方式。如下图所示。

调整文字的排列

按下 Ctrl+L 快捷键，在弹出的“色阶”对话框中设置如下图所示的参数，调整图像的亮度。完成后单击“确定”按钮。

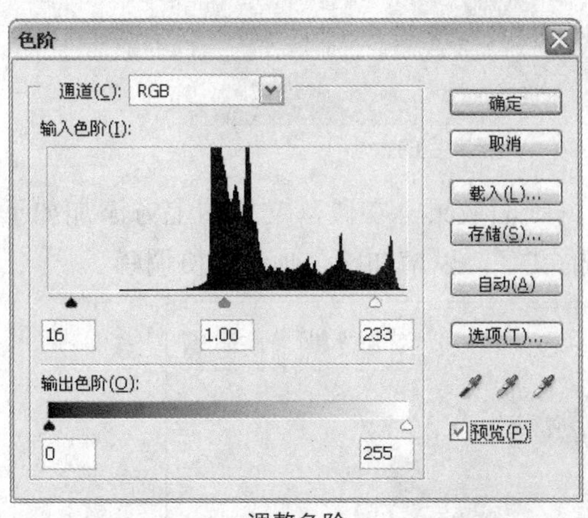

调整色阶

通过上述操作，调整了图像了亮度。效果如下图所示。

最终效果

4.5.2 “段落”面板

在“段落”面板中，可以设置整个段落的选项，如对齐、缩进和文字行间距等。“段落”面板如下图所示。各选项的说明如下表所示。

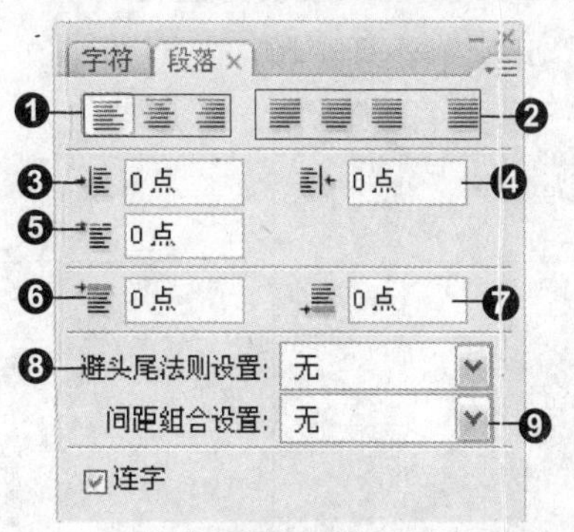

“段落”面板

编 号	名 称	说 明
❶	对齐方式	设置段落文字的对齐方式
❷	末句对齐方式	设置最后一行的对齐方式
❸	左缩进	对文字进行左缩进设置
❹	右缩进	对文字进行右缩进设置
❺	首行缩进	对文字的首行进行缩进处理
❻	段前添加空格	在多段文字的段前添加空格
❼	段后添加空格	在多段文字的段后添加空格
❽	避头尾法则设置	选取换行的集
❾	间距组合设置	选取内部字符间距组合

下面列举一个使用“段落”面板对现有文字段落进行编辑的例子，来对“段落”面板进行更深入的讲解。具体操作步骤如下所示。

光盘路径：第 4 章 \Complete\ 段落面板 .psd

步骤 01 打开图像文件

打开本书配套光盘中第 4 章 \media\030.jpg 文件，如下图所示。

打开的图像文件

步骤 02 输入文字

选择横排文字工具 T，设置前景色为 R176、G177、B177，在图像中输入如下图所示的文字。

输入文字

步骤 03 调整文字

在“段落”面板上单击“右对齐文本”按钮，使图像中的文字右对齐。效果如下图所示。

右对齐文本

在“段落”面板中的“段前添加空格”文本框中输入 -2，调整图像中文字的间距，效果如下图所示。

调整间距

按下 Ctrl+T 快捷键，对文字的大小进行自由变换，如下图所示。

自由变换文字

通过上述操作后，效果如下图所示。

调整文字的大小

根据画面效果，在段落文字的上方添加如下图所示的文字，以增加整个画面的协调感。

完成图像编辑

文字艺术特效

在 Photoshop 中，通过文字工具与选区、渐变、蒙版等工具和功能结合使用，可以制作出各种段落文字、图案文字、图案渐隐文字、网点文字、3D 炫彩文字、金属光泽文字等特殊文字图像。本章将对一些有代表性的文字效果的制作方法进行详细的介绍。

本章内容索引

霓虹灯效果文字

段落文字

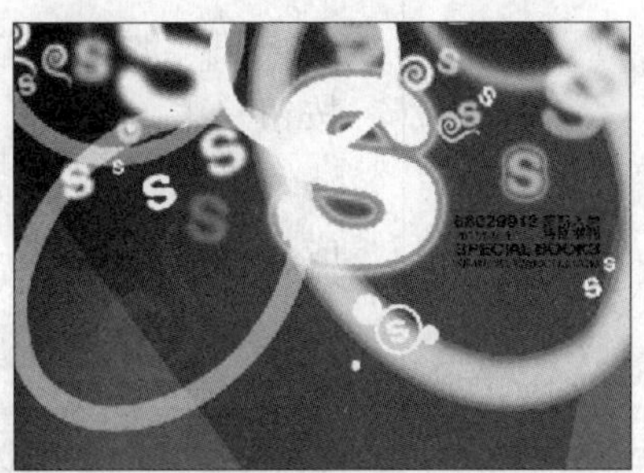

平面渐隐文字

雪景文字

网点文字

3D 炫彩文字

5.1 霓虹灯文字

实例概述 本实例运用 Photoshop 中的“半调图案”滤镜、文字描边、自由变换等功能制作出有透视关系的霓虹灯特效文字。

关键提示 在制作过程中，主要难点在于文字和背景图像透视关系的把握，重点在于文字和背景图像亮度的制作。

应用点拨 本实例的制作方法可用于各种霓虹灯效果的广告牌、灯具的制作。

光盘路径：第 5 章 \Complete\ 霓虹灯文字 .psd

步骤 01 新建图像文件

执行“文件 > 新建”命令，在弹出的“新建”对话框中设置如下图所示的参数。完成后单击“确定”按钮。新建一个图像文件。

设置“新建”参数

步骤 02 制作原点背景效果

设置前景色为黑色，按下 Alt+Delete 快捷键，将“背景”图层填充为黑色，如左下图所示。切换到“通道”面板，单击“创建新通道”按钮 ，新建一个 Alpha 通道，如右下图所示。

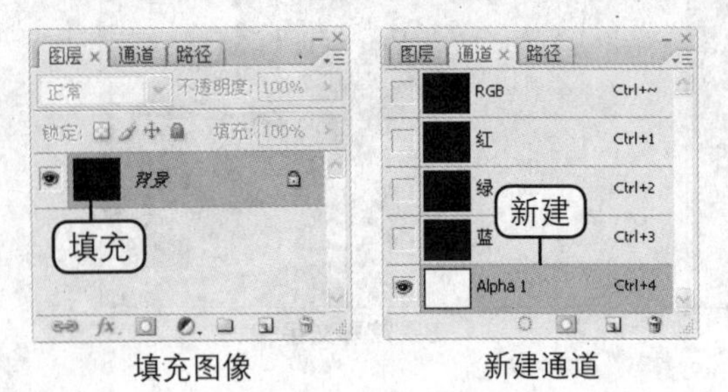

填充图像　　新建通道

执行“滤镜 > 素描 > 半调图案”命令，在弹出的对话框中设置如下图所示的参数，为图像添加半调图案效果。

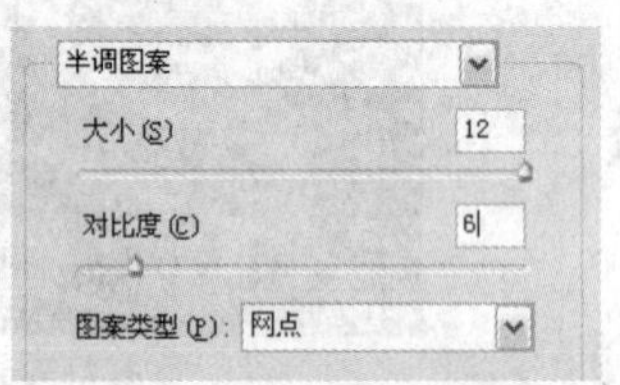

设置“半调图案”效果

在“滤镜库”对话框中单击“创建新滤镜”按钮 ，新建一个滤镜，如左下图所示。选择滤镜为“图章”，并设置如右下图所示的参数。完成后单击“确定”按钮。

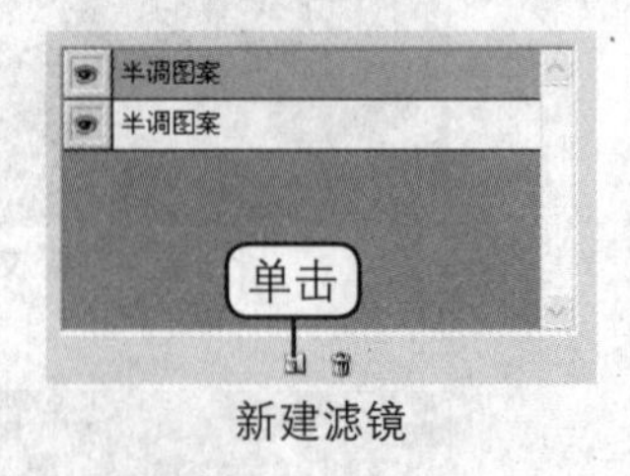

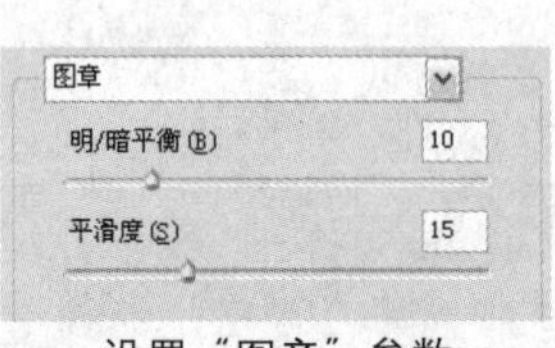

新建滤镜　　设置“图章”参数

通过前面的操作，为图像添加了黑色的原点效果，如左下图所示。按住 Ctrl 键，单击 Aphal 通道的缩览图，将该通道中的黑色部分创建为选区，如右下图所示。

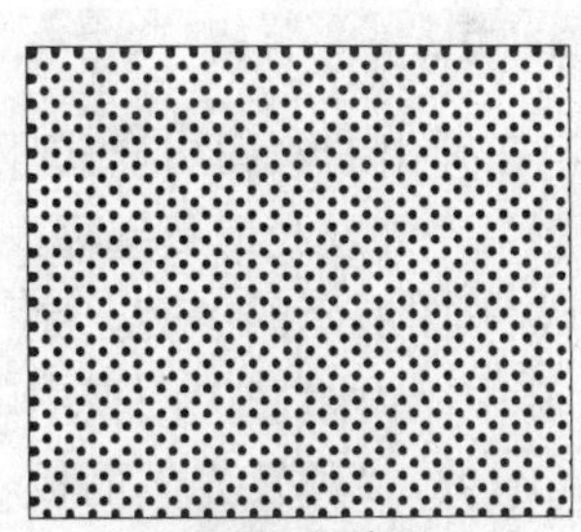
黑色原点效果

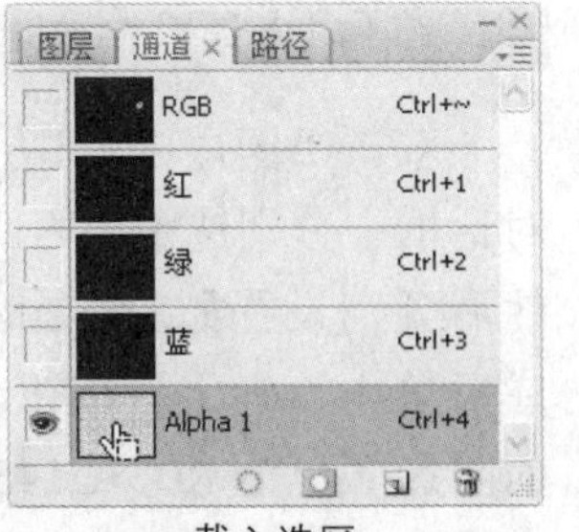

载入选区

在“通道”面板中单击RGB通道。回到“图层”面板中，可以看到图像窗口中已经有了许多圆形的选区，如下图所示。

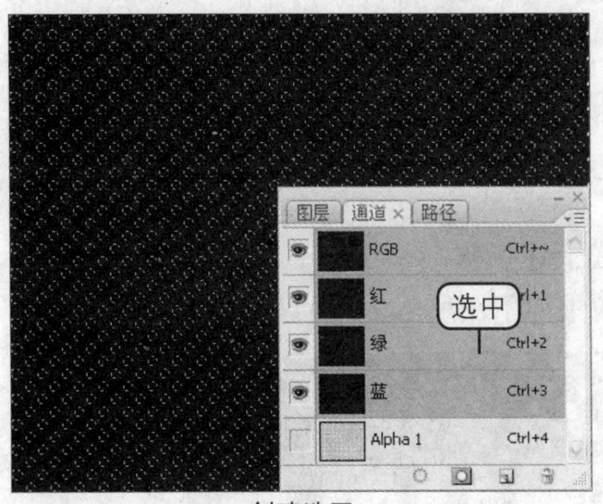

创建选区

新建一个图层，并设置前景色为白色。将选区填充为白色后。按下Ctrl+D快捷键，取消选区。完成白色圆点背景图像的制作。

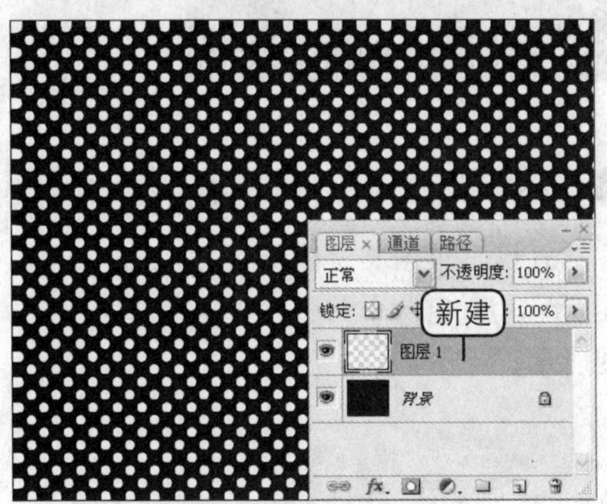

完成白色圆点背景的制作

步骤 03 添加文字

选择横排文字工具 T，在选项栏中设置各项参数后，在图像中输入如下图所示的文字。

输入文字

在“字符”面板中调整字距为-75，使文字之间的间距变小。效果如下图所示。

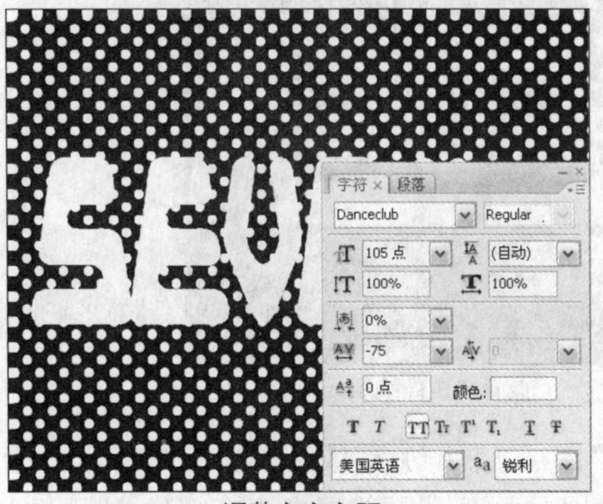

调整文字字距

按下Ctrl+T快捷键，对文字进行自由变换。调整文字到如下图所示的大小。完成后按下Enter键，退出编辑状态。

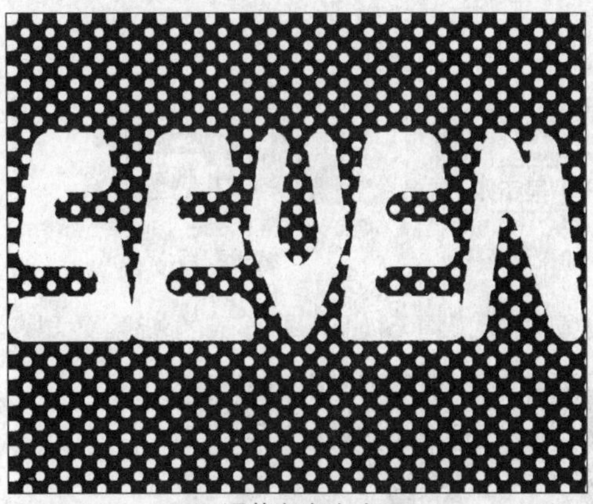

调整文字大小

步骤 04 调整背景图像分布

选中“图层 1”图层，然后按下Ctrl+T快捷键，弹出自由变换框，按住Ctrl键，拖动编辑框的右下角的控制点，如下图所示。

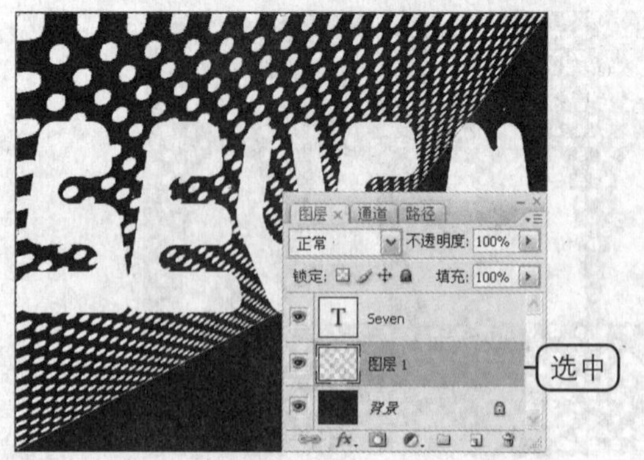

编辑背景图像

完成后，得到如下图所示的效果。

完成背景图像编辑

为“图层 1”添加蒙版，如左下图所示。选择渐变工具，再设置为黑白渐变，在“图层 1”的蒙版上由右下至左上拖动，为其添加渐变，如右下图所示。

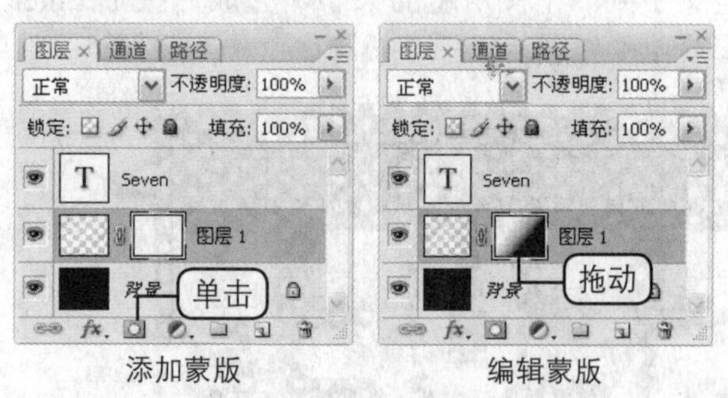

添加蒙版　　　　编辑蒙版

完成操作后，得到如下图所示的渐隐效果。

渐隐效果

步骤 05 为背景圆点添加颜色

双击“图层 1”图层，在弹出的“图层样式”对话框中分别选中“内阴影”、“外发光”复选框，然后分别设置如左下图和右下图所示的参数，完成后单击“确定”按钮。其中“内阴影”面板中的阴影颜色为 R0、G145、B195，“外发光”面板中的发光颜色为 R0、G210、B250。

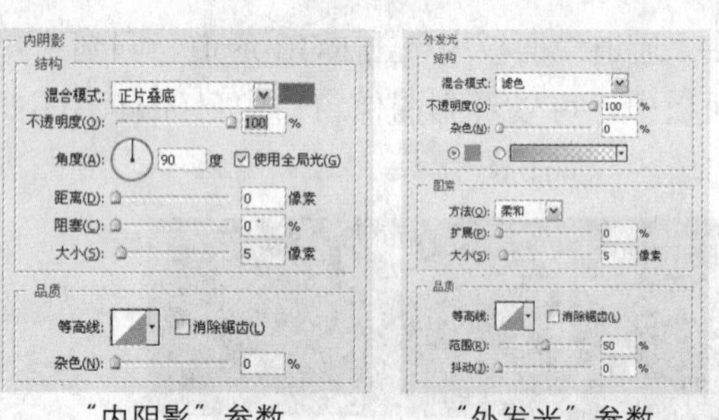

“内阴影”参数　　　　“外发光”参数

完成上述操作后，为背景的圆点图像添加了颜色，效果如下图所示。

为背景圆点图像添加颜色

步骤 06 为文字描边

按住 Ctrl 键，单击文字图层将文字载入选区，如左下图所示。新建一个图层，并隐藏文字图层，如右下图所示。

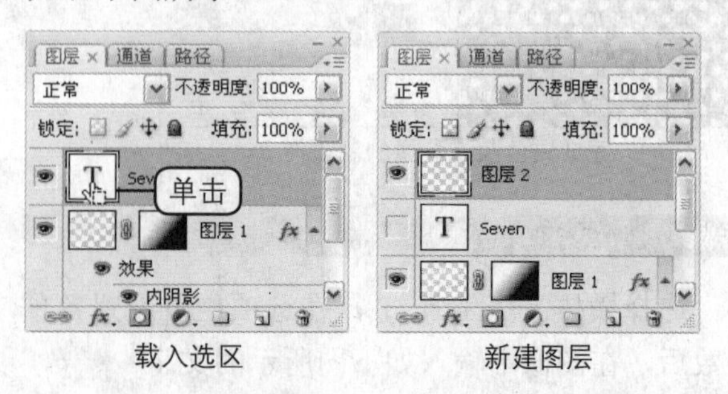

载入选区　　　　新建图层

将文字载入选区后，选区如下图所示。

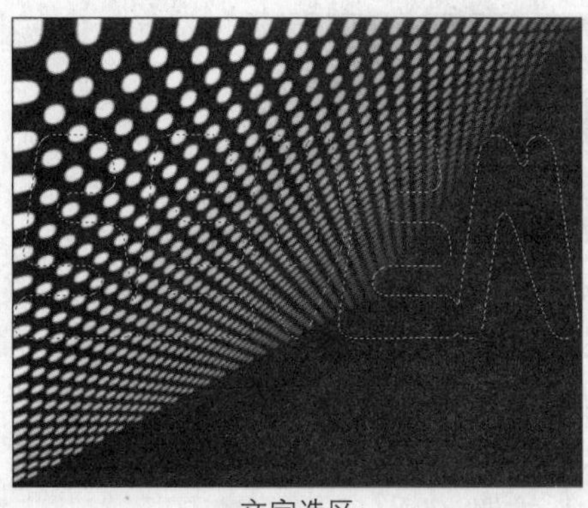

文字选区

执行“编辑 > 描边”命令，在弹出的“描边”对话框中设置如左下图所示的参数。完成后单击“确定”按钮。对文字进行描边，效果如右下图所示。

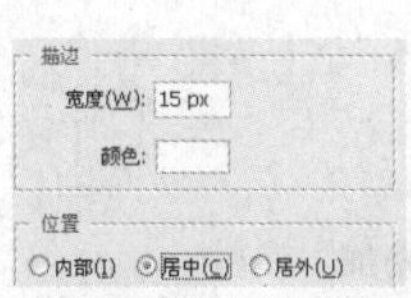

设置“描边”参数 　　描边效果

步骤 07 为文字添加发光效果

为“图层 2”图层添加“内阴影”图层样式和“外发光”图层样式，参数设置如左下图和右下图所示，其中“内阴影”的阴影颜色为 R255、G210、B0，“外发光”的发光颜色为 R255、G80、B0。

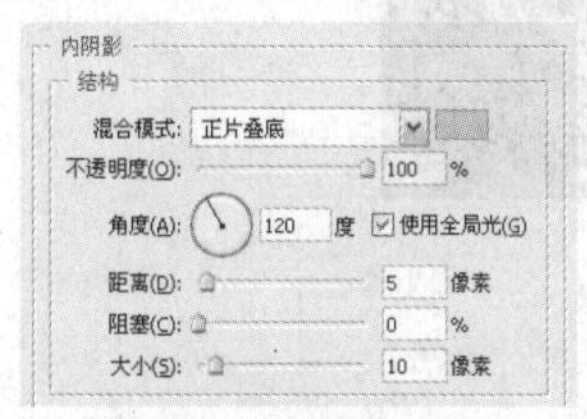

设置“内阴影”参数

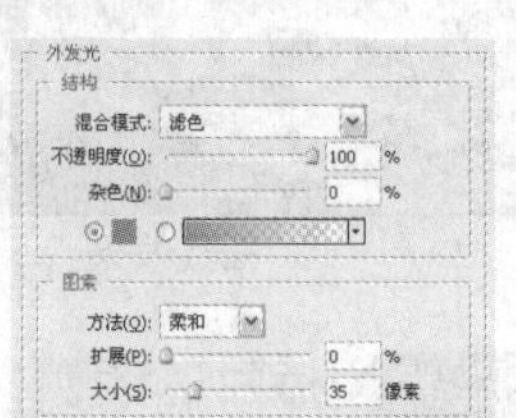

设置“外发光”参数

完成上述操作后，为文字图像添加了发光效果，如下图所示。

文字发光效果

步骤 08 为文字添加灯管效果

执行“编辑 > 变形 > 透视”命令，对文字进行透视变形，如左下图所示。完成后单击右键，在弹出的快捷菜单中执行“自由变换”命令，如右下图所示。

透视变换

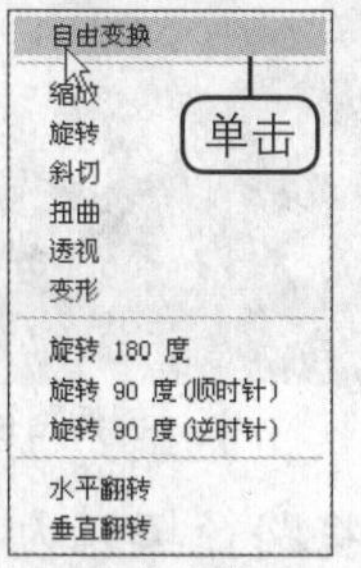

自由变换

完成上述操作后，得到的图像效果如左下图所示，选择橡皮擦工具，在图像中擦除如右下图所示的区域，为图像添加灯管效果。

变换后的文字

灯管效果

按下 Ctrl+Alt 快捷键，拖动文字图像，创建一个文字图像的副本，如左下图所示，然后调整“图层 2”图层的“不透明度”为 35%，效果如右下图所示。

复制图像

调整不透明度

步骤 09 绘制插线头

在“图层”面板中新建“图层 3”图层，如下图所示。

新建图层

选择钢笔工具 ，在图像中创建如下图所示的四边形路径。

创建路径

将路径填充为 R200、G200、B200，效果如下图所示。

填充路径

为“图层 3”图层添加“斜面和浮雕”图层样式，参数设置如左下图所示，效果如右下图所示。

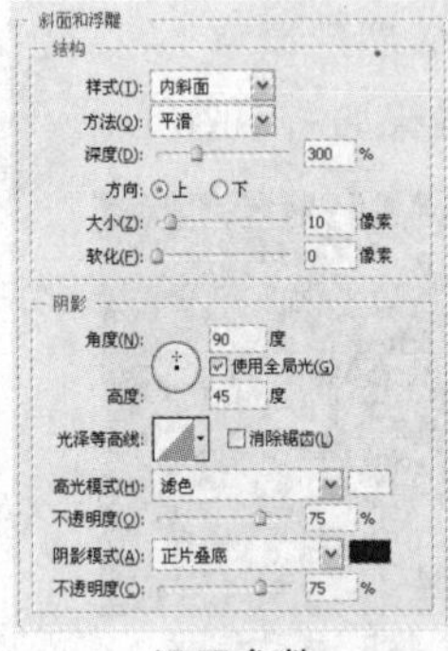

设置参数

立体效果

在“图层 3”图层下方新建图层，再选择钢笔工具，在图像中创建一条类似电线的路径，如下图所示。

创建路径

将路径填充为 R200、G200、B200，效果如下图所示。

填充路径

为“图层 4”图层添加“斜面和浮雕”图层样式和“颜色叠加”图层样式，其中“颜色叠加的颜色”颜色为 R255、G148、B86，如右下图所示。完成后单击“确定”按钮。

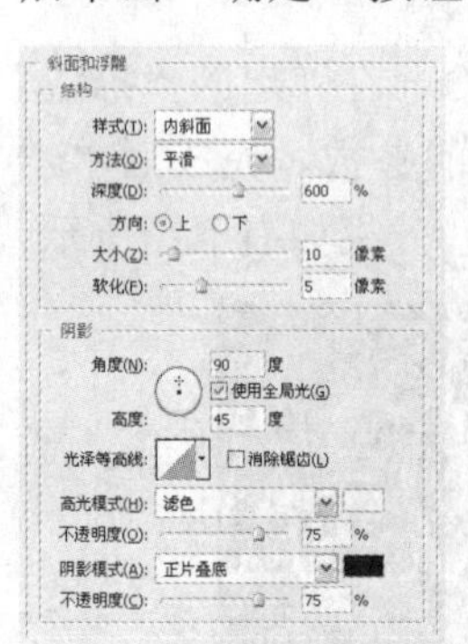

“斜面和浮雕”参数

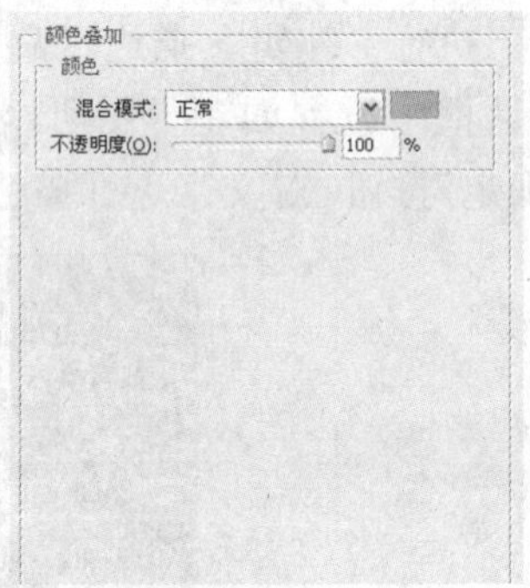

“颜色叠加”参数

完成上述操作后，为图像添加了插线效果，如下图所示。

插线效果

步骤 10 添加素材

打开本书配套光盘中第 5 章 \media\ 纹理 .png 文件，如左下图所示。将其拖动到“霓虹灯文字 .psd”图像窗口中，并适当调整其位置和大小。效果如右下图所示。至此，完成霓虹灯文字的制作。

最终效果

5.2 段落文字的排版

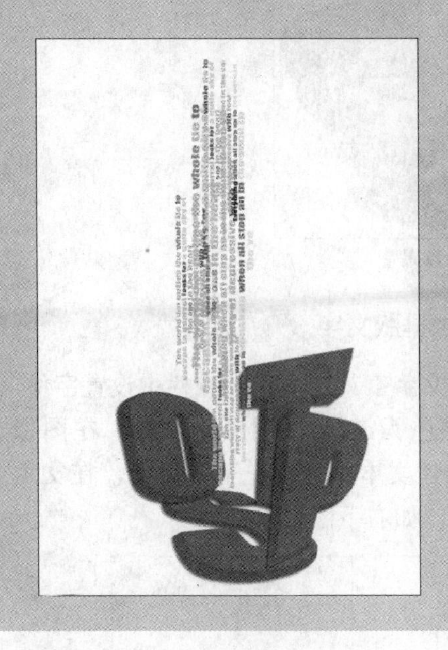

实例概述 本实例中运用Photoshop的图层叠加、文字变形、文字排版、自由变换等功能制作出有特殊效果的段落排版文字特效。

关键提示 在制作过程中，难点在于立体文字的制作和变形，重点在于变形文字和排版文字的组合效果设计。

应用点拨 本实例的制作方法可用于各种特殊变形文字、海报的制作。

光盘路径： 第5章\Complete\段落文字的排版.psd

步骤01 新建图像文件

执行“文件>新建”命令，在弹出的“新建”对话框中设置如下图所示的参数。完成后单击“确定”按钮，新建一个图像文件。

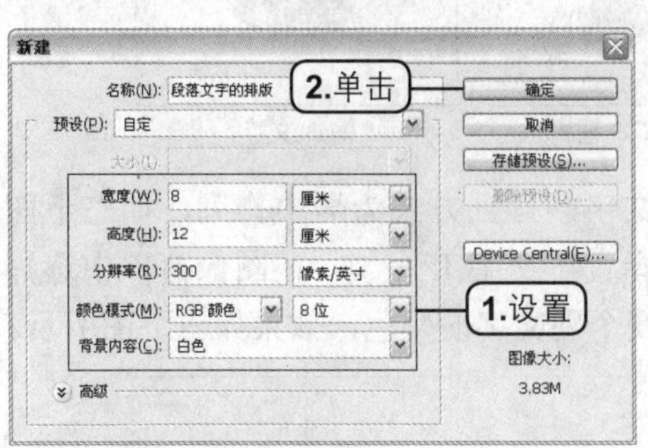

新建文件

步骤02 制作立体文字

选择横排文字工具，再设置前景色为R255、G0、B132，输入如下图所示的文字。

输入文字

选择文字图层，单击右键并在弹出的快捷菜单中执行“栅格化文字”命令，栅格化图层。按下Ctrl+Alt+↑快捷键，复制文字图层，按下Ctrl+→键，向右移动一个像素，使用相同的方法继续进行操作，如左下图和右下图所示。

复制图像

复制效果

保留顶层的文字图层副本并重命名为“图层2”图层，将其余副本图层合并并命名为“图层1”图层，效果如右下图所示。按住Ctrl键单击“图层1”图层的缩略图，载入文字选区，如右下图所示。

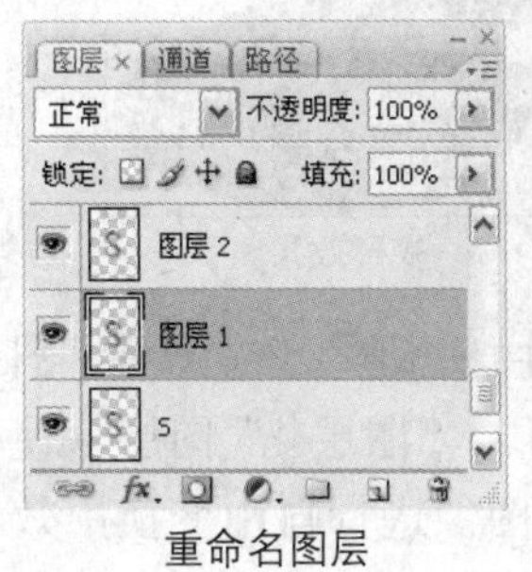

重命名图层

载入选区

设置前景色为 R200、G0、B90，设置背景色为 R255、G0、B130。选择渐变工具，在选项栏中单击“线性渐变”按钮，在选区中添加渐变效果，如左下图所示。按下 Ctrl+D 快捷键，取消选区，按下 Ctrl+E 快捷键，将文字图层进行合并并重命名为“图层 1”图层，效果如右下图所示。

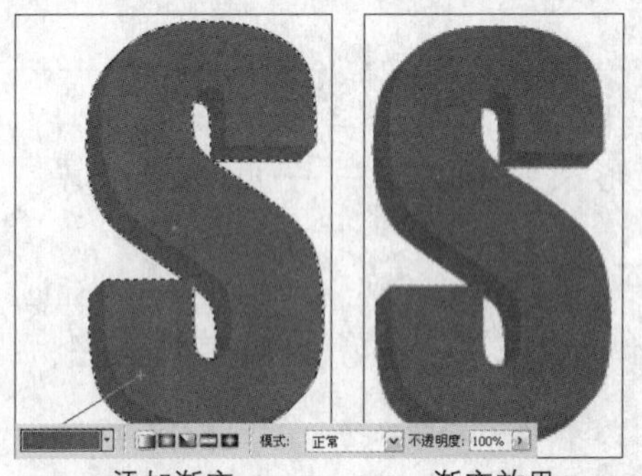

添加渐变　　渐变效果

步骤 03 制作多个立体文字

使用相同的方法制作出立体文字效果，并分别重命名为“图层 2”图层、“图层 3”图层、“图层 4”图层，如下图所示。

制作多个立体文字

步骤 04 变形文字

单击“指示图层可见性”按钮，分别隐藏“图层 2”图层、“图层 3”图层、“图层 4”图层，选择“图层 1”图层，按下 Ctrl+T 快捷键，弹出自由变换框，对图像进行自由变换，如左下图所示，完成后按下 Enter 键确定，效果如右下图所示。

变形文字

变形效果

单击“指示图层可见性”按钮，分别显示“图层 2”图层、“图层 3”图层、“图层 4”图层，使用相同的方法对各图层的图像进行自由变换，效果如下图所示。

变形效果

步骤 05 添加排版文字

选择直排文字工具，在选项栏中设置字体、大小，设置颜色为 R150、G150、B150，在图像窗口中拖动创建文本框，如左下图所示，在文本框中输入文字，如右下图所示。

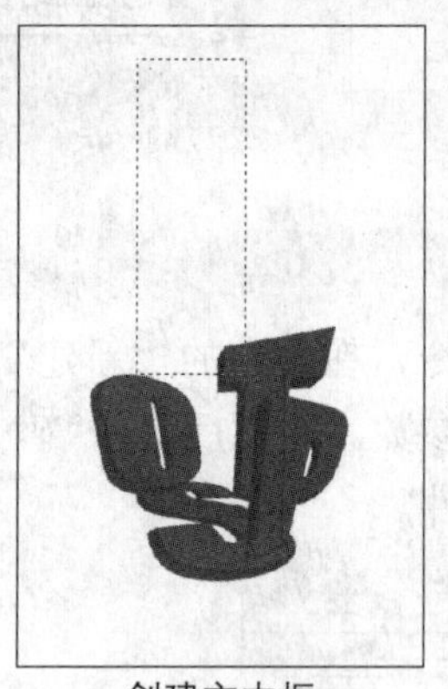

创建文本框

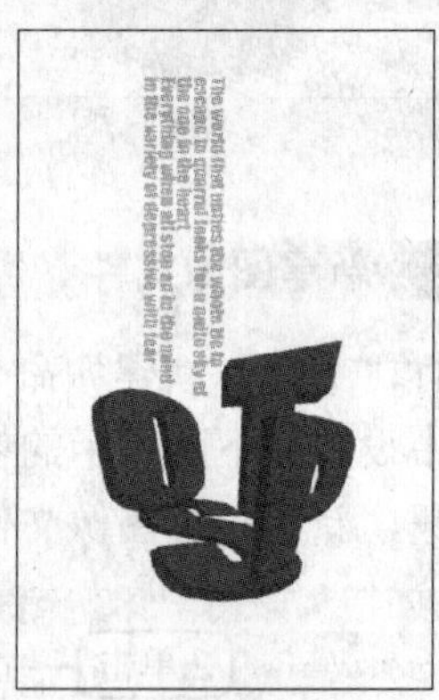

输入文字

调整文字的排列方式为居中排列，如左下图所示。选择直排文字工具，在图像窗口中选择文字，改变个别文字的颜色，效果如右下图所示。

调整文字

改变文字颜色

步骤 06 添加投影效果

选择“图层 1”图层，单击“添加图层样式”按钮，在弹出的菜单中执行“投影”命令，在弹出的对话框中设置各项参数，如左下图所示，完成后单击“确定”按钮，效果如右下图所示。

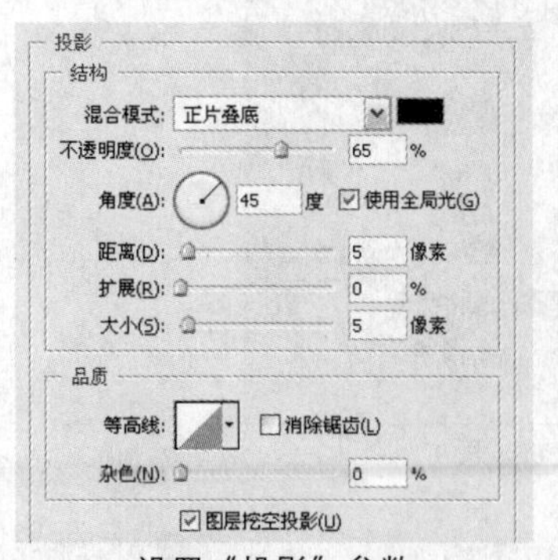

设置“投影”参数

投影效果

使用相同的方法对“图层 2”图层、“图层 3”图层、“图层 4”图层添加投影效果，如左下图所示。

复制文字图层并适当变换文字的大小，得到如右下图所示的效果。至此，本例制作完成。

添加投影效果

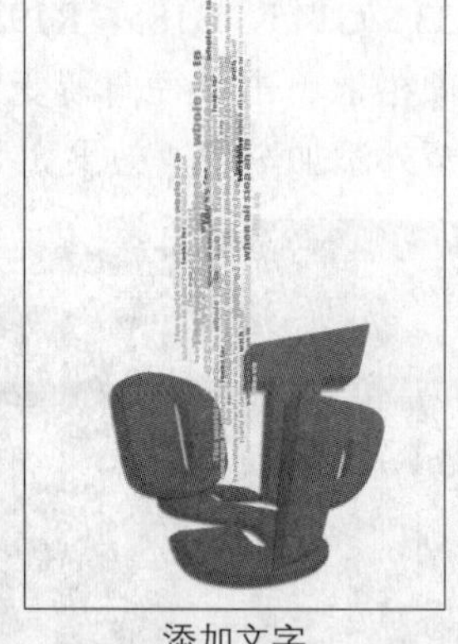
添加文字

5.3 雪景文字

实例概述 本实例运用 Photoshop 的文字功能、钢笔工具、画笔工具、自由变换功能配合制作完成。

关键提示 在制作过程中，难点在于积雪的路径创建，重点在于为雪堆和积雪添加立体效果时要参照真实的雪景。

应用点拨 本实例的制作方法可用于制作圣诞节卡片、雪景特效等。

光盘路径：第 5 章 \Complete\ 雪景文字 .psd

步骤 01 新建图像文件

执行“文件 > 新建”命令，在弹出的“新建”对话框中设置如右图所示的参数。完成后单击“确定”按钮，新建图像文件。

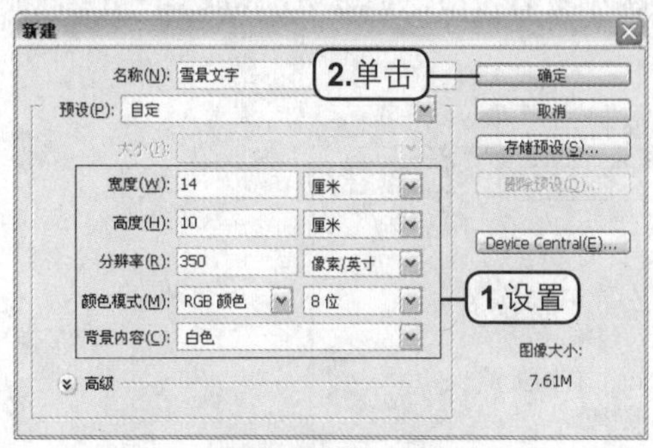

设置“新建”参数

步骤 02 制作背景

选择渐变工具，设置渐变色从左至右为R233、G145、B185，R193、G39、B101，然后在选项栏上单击“径向渐变”按钮，在图像中由内至外添加渐变，效果如下图所示。

添加渐变效果

设置前景色为R212、G167、B77，执行“滤镜 > 纹理 > 染色玻璃”命令，在弹出的对话框中设置各项参数后，为图像添加染色玻璃效果，如下图所示。

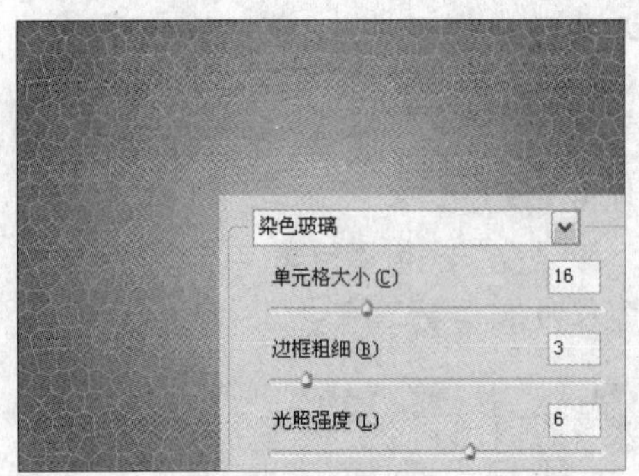

添加滤镜效果

单击“创建新的填充或调整图层”按钮，在弹出的菜单中执行“渐变”命令，在弹出的“渐变”对话框中设置如下图所示的参数。其中设置渐变色标从左至右为白色，透明，完成后单击“确定”按钮。

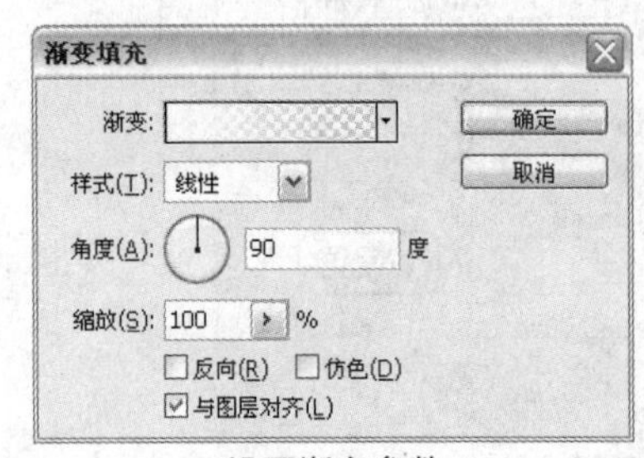

设置渐变参数

完成上述操作后，在图像中由下至上拖动，渐变效果如下图所示。

再次添加渐变效果

步骤 03 制作立体文字

选择横排文字工具，在图像中输入文字，其中设置颜色为R142、G214、B191，设置字体为Cooper Std，如下图所示。

添加文字

双击文字图层，在弹出的“图层样式”对话框中选中“斜面和浮雕”复选框，然后设置如左下图所示的参数。完成后单击“确定”按钮，为文字添加立体效果，如右下图所示。

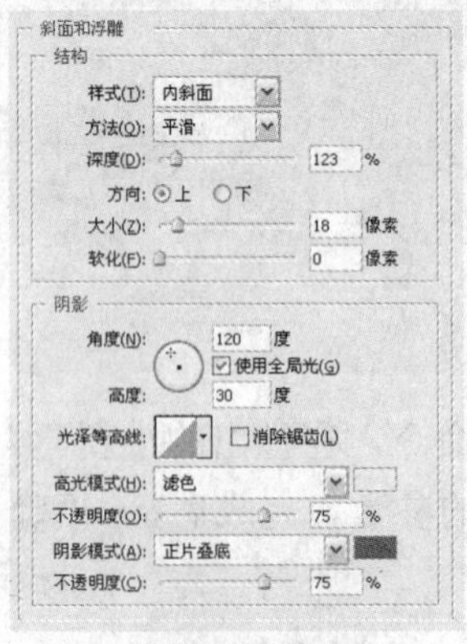

设置图层样式

立体文字

步骤 04 添加白雪

选择钢笔工具，根据文字的走向和实际生活中建筑物上会出现白雪的位置，在该文字上建立如下图所示的路径。

创建路径

新建一个图层，再将该路径填充为白色。效果如下图所示。

填充颜色

为“图层 1”图层添加“斜面和浮雕”图层样式，参数设置如左下图所示。完成后单击“确定”按钮，为白雪添加立体效果，如右下图所示。

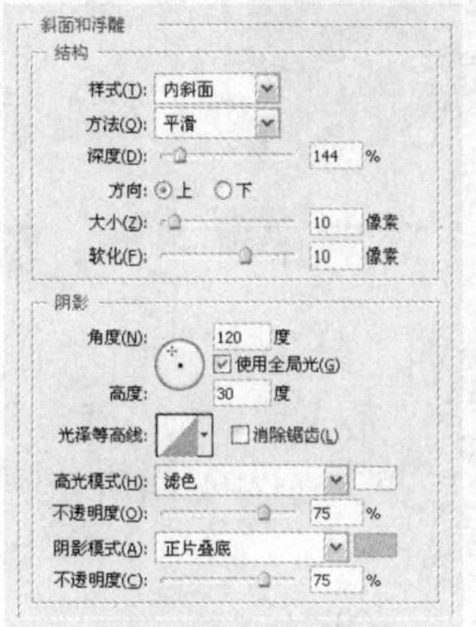

设置参数

立体的白雪

步骤 05 制作雪堆

参照前面的方法，新建一个图层，再创建一个较随意的路径，并将其填充为白色，效果如下图所示。

填充路径

双击“图层 2”图层，在弹出的“图层样式”对话框中选中“斜面和浮雕”复选框，然后设置如左下图所示的参数。完成后单击“确定”按钮，为雪堆添加立体效果，如右下图所示。

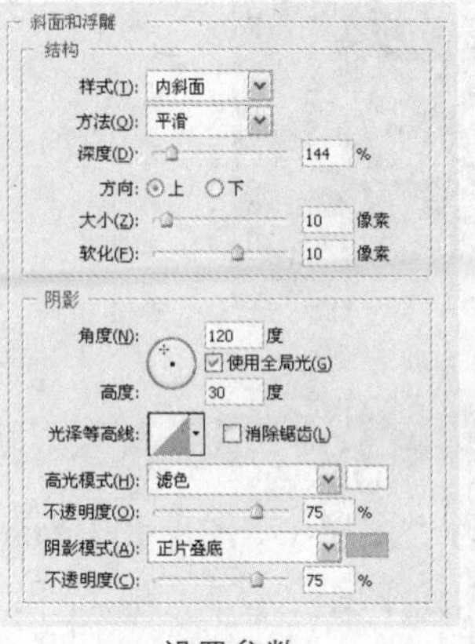

设置参数

立体的雪堆

为增加雪堆的真实感，复制得到多个“图层 2”图层的副本，再按下 Ctrl+T 快捷键，适当调整其位置和大小，效果如下图所示。

增加雪堆真实感

选中“图层 2”图层和所有副本，然后按下 Ctrl+Alt+E 快捷键，得到合并的图层。隐藏“图层 2”图层及其副本，如左下图所示，再按下 Ctrl+T 快捷键，进行自由变换，调整雪堆的大小，如右下图所示。

创建合并图层

调整图像大小

复制得到一个雪堆的副本，并将两个雪堆分别摆放至文字的左右两边，尽量不要让两个雪堆大小一样，如下图所示。

复制雪堆

步骤06 制作投影

参照前面的方法，为“图层1”图层和Fiona图层创建一个合并图层，如下图所示。

创建合并图层

按住Ctrl键，单击合并得到的图层，将其中的图像创建为选区，然后将其填充为R146、G96、B120，取消选区后的效果如下图所示。

填充图像

将“图层1（合并）”图层调整至Fiona图层的下方，并进行自由变换，得到的透视效果如右下图所示。

调整图层顺序

自由变换效果

为“图层1（合并）”图层添加蒙版，然后使用黑色柔边画笔在蒙版中隐藏投影的顶部，为投影添加真实感，效果如下图所示。

为投影添加渐隐效果

步骤07 添加其他文字

选中最上层的图层，再选择横排文字工具T，在图像中添加文字，如下图所示。

添加文字

为“图层2”图层添加“外发光”图层样式，参数设置如左下图所示。完成后单击“确定”按钮，为文字添加外发光效果，如右下图所示。

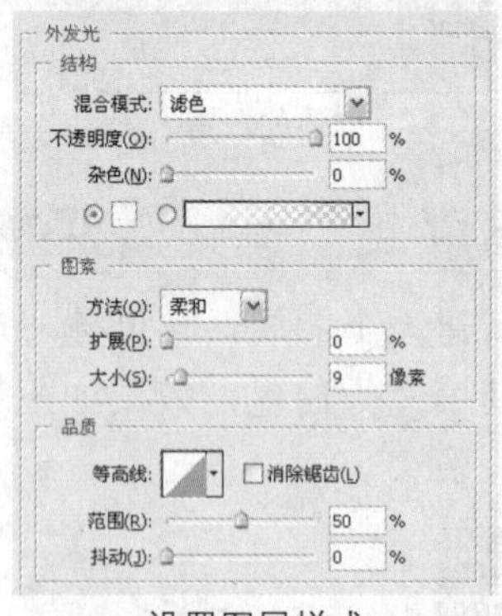

设置图层样式

外发光效果

步骤08 添加雪景效果

选择画笔工具，在“画笔”面板中设置参数，然后按下[键和]键，在图像中拖动鼠标，根据上小下大的规律，在图像中绘制出从上部的文字中散播出雪的效果，参数设置和效果如下图所示。

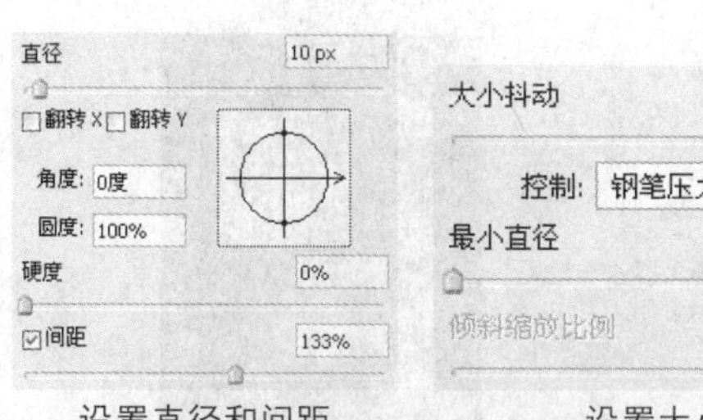

设置直径和间距

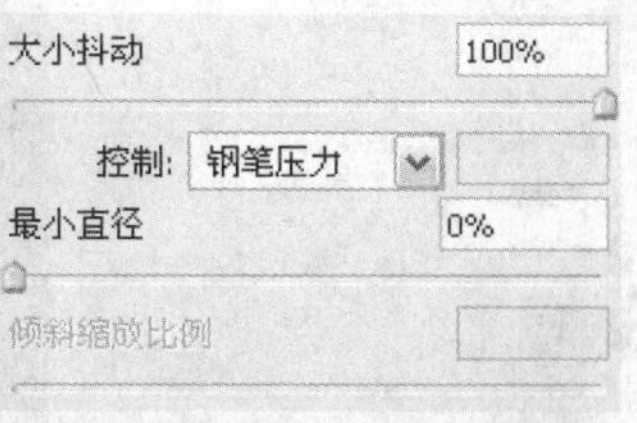

设置大小抖动

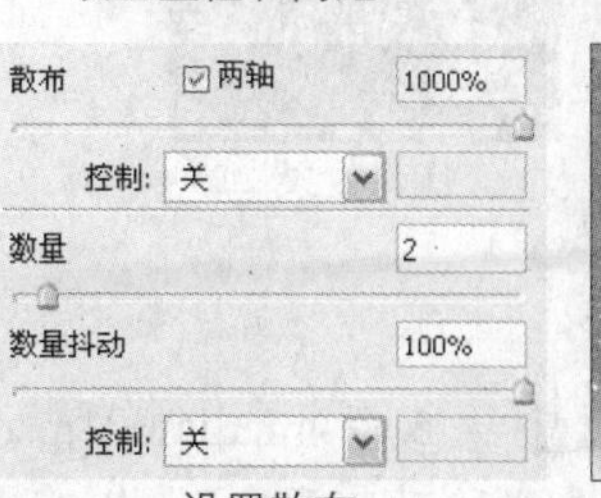

设置散布

绘制雪景

步骤 09 添加最后的文字

根据画面效果，在图像中添加最后的文字，使图像有整体感，效果如下图所示。至此，完成雪景文字的制作。

添加最后的文字

5.4 平面渐隐文字

实例概述 本实例中运用 Photoshop 的图层混合模式、不透明度的设置和自由变换制作出平面渐隐文字特效。

关键提示 在制作过程中，难点在于渐隐文字混合模式、变形和不透明度的设置，重点在于渐隐文字的叠放形式。

应用点拨 本实例的制作方法可用于各种数字化图像、梦幻图像以及文字效果的制作。

光盘路径： 第 5 章 \Complete\ 平面渐隐文字 .psd

步骤 01 新建图像文件

执行“文件 > 新建”命令，打开“新建”对话框，设置“宽度”为“7.5”厘米，设置“高度”为“11 厘米”，设置“分辨率”为“350 像素 / 英寸”，如右图所示，单击“确定”按钮，新建一个图像文件。

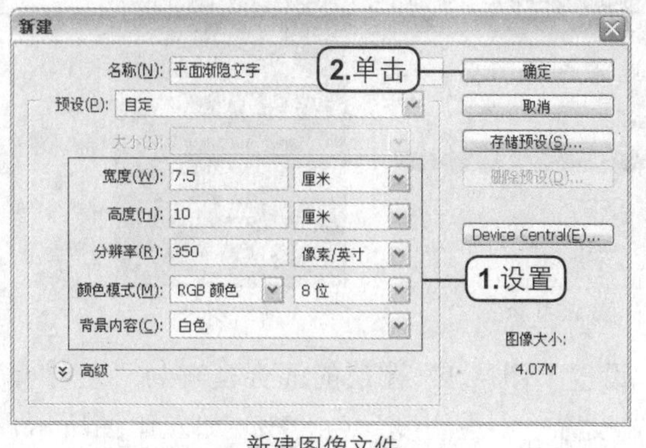

新建图像文件

步骤 02 制作背景

选择渐变工具，在选项栏上的“径向渐变”按钮，再单击选项栏上的颜色条，在弹出的“渐变编辑器”中设置渐变颜色为 R0、G0、B49，R3、G0、B73，R255、G14、B94，如左下图所示，然后对图像进行渐变填充，完成效果如右下图所示。

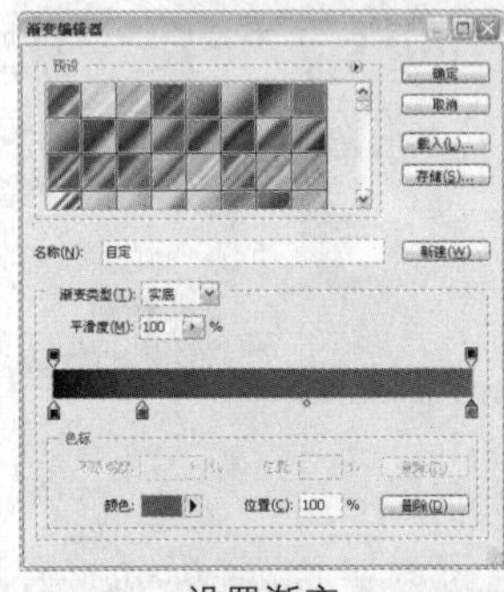
设置渐变

渐变效果

选择多边形套索工具，在画面中创建三角形选区，效果如下图所示。

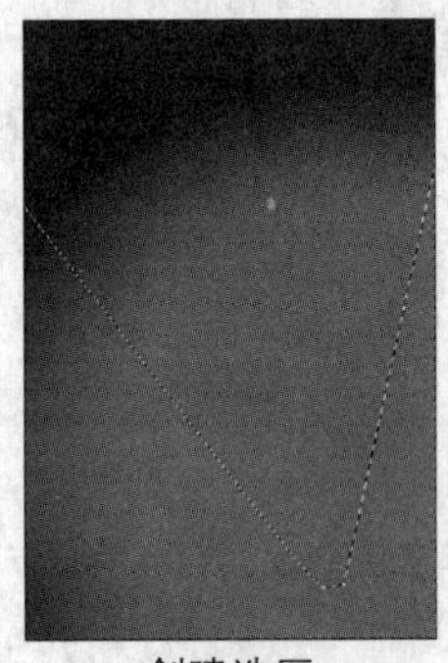
创建选区

新建“图层 1”图层。选择渐变工具，再设置“径向渐变”的渐变颜色为 R26、G0、B60，R1、G21、B152，R129、G1、B29，如左下图所示，然后对先区应用渐变填充，效果如右下图所示。

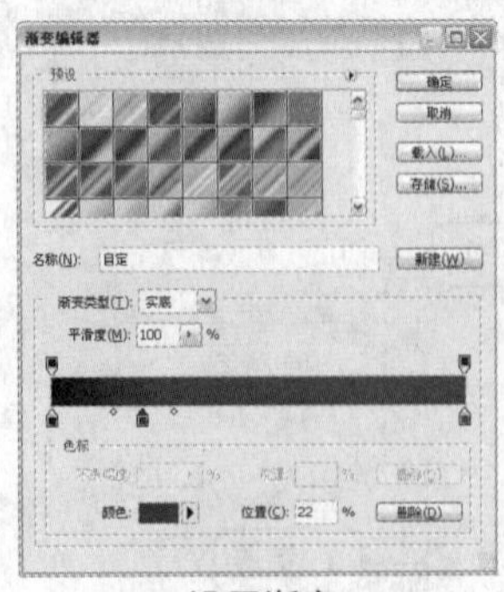
设置渐变

渐变效果

设置“图层 1”图层的混合模式为“正片叠底”，设置“不透明度”为 80%，如左下图所示，效果如右下图所示。

设置图层参数

图像效果

步骤 03 添加素材文件

打开本书配套光盘中第 5 章 \media\001.psd 文件，如左下图所示。选择移动工具，将 001.psd 文件中的图像拖曳至“平面渐隐文字”文件中，再利用上下方向键适当调整图像的位置，如右下图所示。

打开的素材

调整素材

步骤 04 添加文字

选择横排文字工具，在“字符”面板中设置各项参数，如左下图所示，然后在图像窗口中输入文字 S。最后选择移动工具，按下键盘中的上下方向键来适当调整文字的位置，如右下图所示。

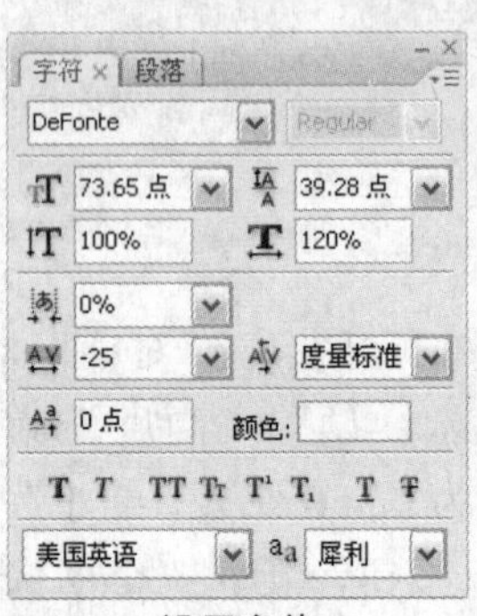

设置字体

添加文字

在 S 图层上右击，在弹出的快捷菜单中执行“栅格化文字”命令，将文字图层转化为一般图层，如左下图所示。复制得到“S 副本”图层，单击S图层左侧的“指示图层可见性”按钮，隐藏该图层，如右下图所示。

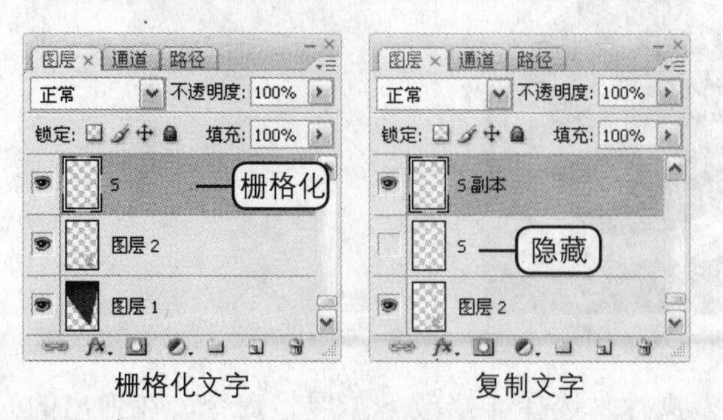

栅格化文字　　复制文字

步骤 05 制作文字效果

执行“滤镜 > 模糊 > 高斯模糊”命令，在弹出的对话框中设置“半径”为“5像素”，如左下图所示，再单击“确定”按钮，效果如右下图所示。

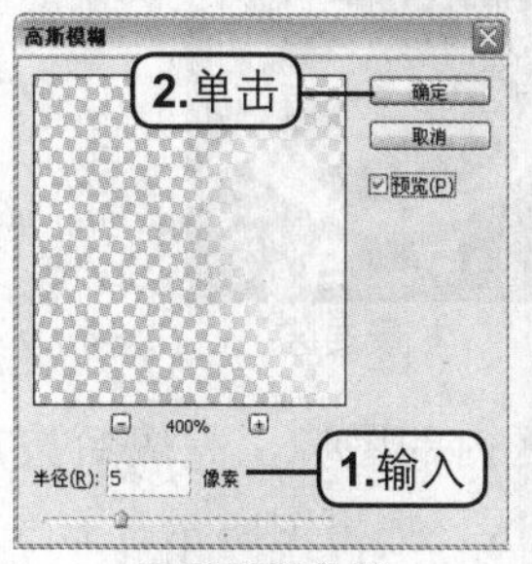

设置模糊参数　　模糊效果

双击“S副本”图层，在弹出的“图层样式”对话框中选中“外发光”复选框，然后在面板中设置各项参数，如左下图所示，再单击“确定”按钮，效果如右下图所示。

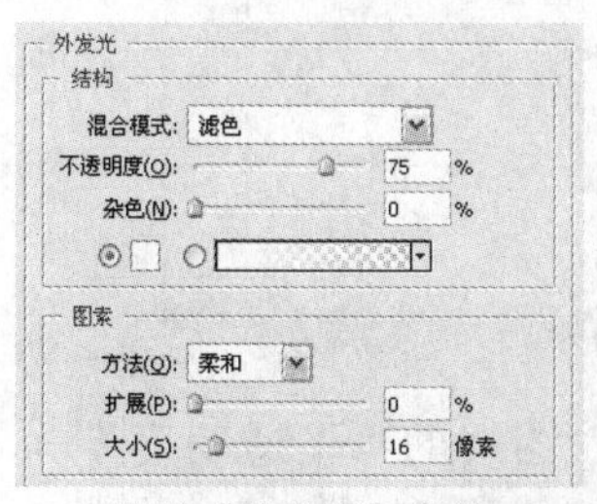

设置“外发光”参数　　外发光效果

步骤 06 添加文字

单击S图层左侧的“指示图层可见性”按钮，显示该图层，如左下图所示。执行“编辑 > 自由变换”命令，对图像进行适当缩小及旋转，完成后按下Enter键确定，效果如右下图所示。

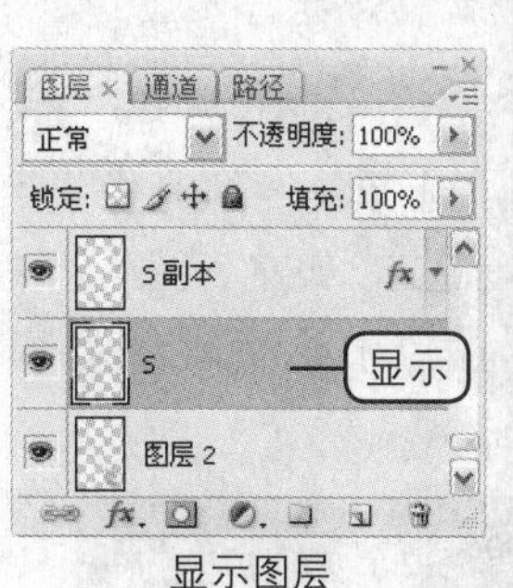

显示图层　　增加文字

复制得到“S副本2”图层，如左下图所示对图像进行适当缩小，完成后按下Enter键确定，效果如右下图所示。

复制图层　　自由变换效果

设置“S副本2”图层的“不透明度”为70%，如左下图所示，效果如右下图所示。

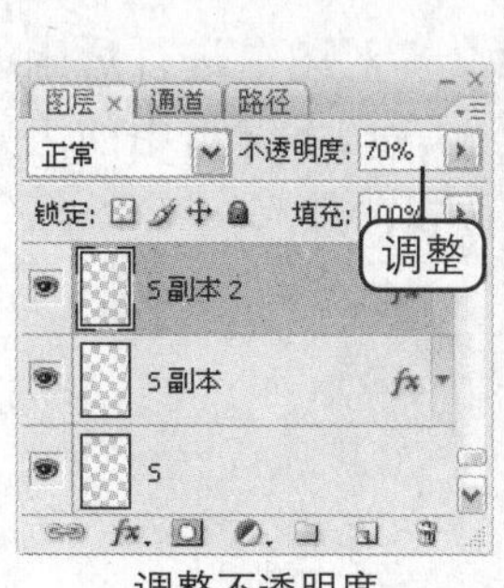

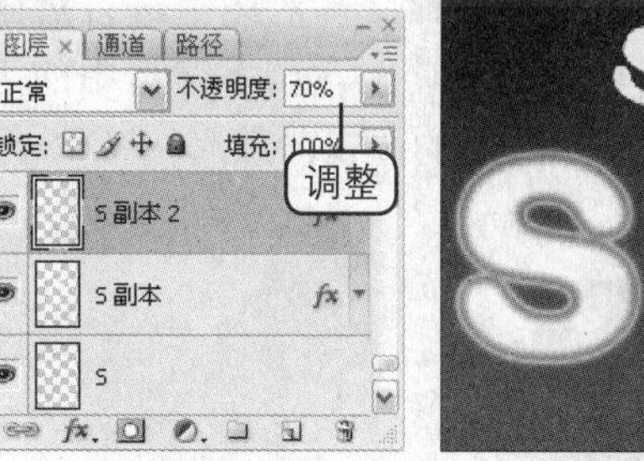

调整不透明度　　调整后的效果

使用相同的方法，分别复制得到S图层及“S副本”图层的副本，并适当进行缩小或旋转，再调整其不透明度和添加图层样式，效果如下图所示。

复制多个文字图像

步骤 07 添加自定义形状

设置前景色为白色，新建“图层 3”图层。选择自定形状工具，在选项栏上单击“填充像素”按钮，选择形状为“版权标志”，如左下图所示。按下 Shift 键，在“图层 3”图层中绘制适当大小的图像，效果如右下图所示。

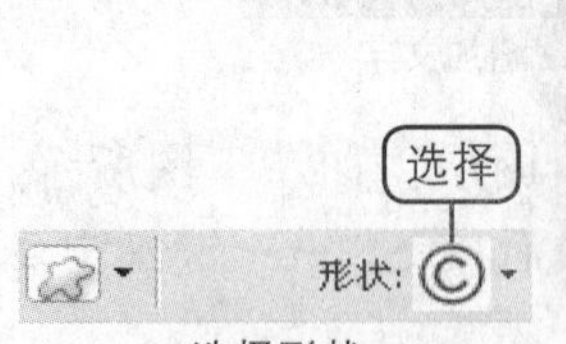

选择形状

绘制形状

选择橡皮擦工具，擦除图像中间部分，效果如下图所示。

擦除图像

复制“图层 3”图层得到“图层 3 副本”图层。执行“编辑 > 自由变换”命令，对图像进行适当放大，完成后选择移动工具，按下键盘中的上下方向键来适当调整图像的位置，最后按下 Enter 键确定，效果如下图所示。

复制图像

步骤 08 调整形状图像

选择魔棒工具，在“图层 3 副本”图层中的图像中央单击，将空白处载入选区，如下图所示。

建立选区

执行“选择 > 修改 > 扩展”命令，在弹出的对话框中设置“扩展量”为“10 像素”，如左下图所示，再单击“确定”按钮，效果如右下图所示。

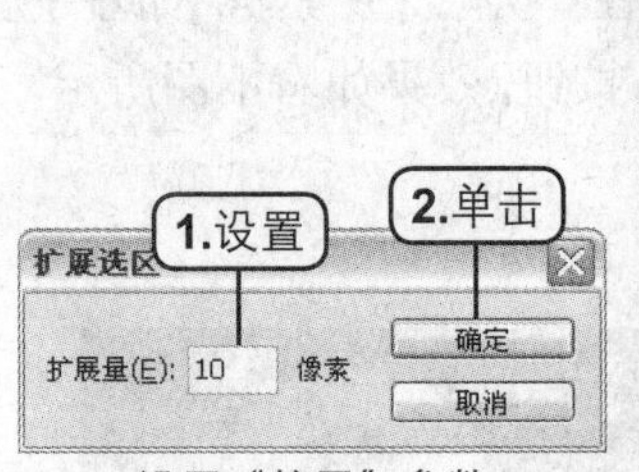

设置“扩展”参数

扩展选区

按下 Delete 键删除选区内的图像，完成后按下 Ctrl + D 快捷键，取消选区，如下图所示。

调整后的圆环图像

步骤 09 添加圆环图像

设置“图层 3 副本”图层的“不透明度”为 50%，如左下图所示，效果如右下图所示。

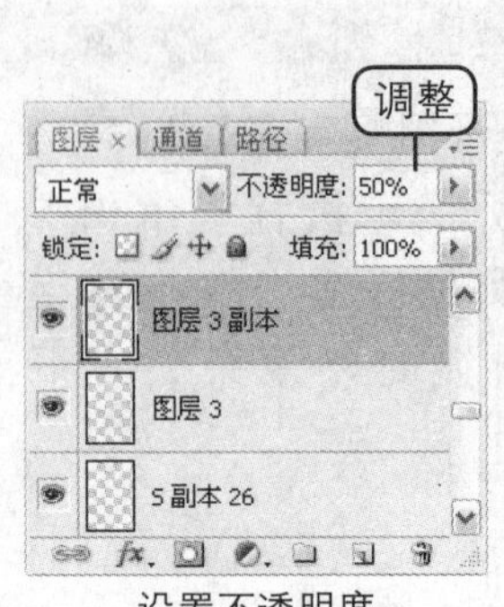

设置不透明度

半透明效果的圆环

步骤 10 变换圆环

复制得到“图层 3 副本 2”图层。执行“编辑 > 自由变换”命令，对图像进行适当变形及旋转，完成后选择移动工具，利用上下方向键适当调整图像的位置，再按下 Enter 键，效果如下图所示。

自由变换

设置“图层 3 副本 2”图层的混合模式为“叠加”，设置“不透明度”为 50%，如左下图所示，效果如右下图所示。

调整图层设置　　图像效果

复制得到“图层 3 副本 3”图层。设置其混合模式为“变亮”，如左下图所示，效果如右下图所示。

设置混合模式　　图像效果

复制得到“图层 3 副本 4”图层。设置其混合模式为“正常”，设置“不透明度”为 100%，如左下图所示，效果如右下图所示。

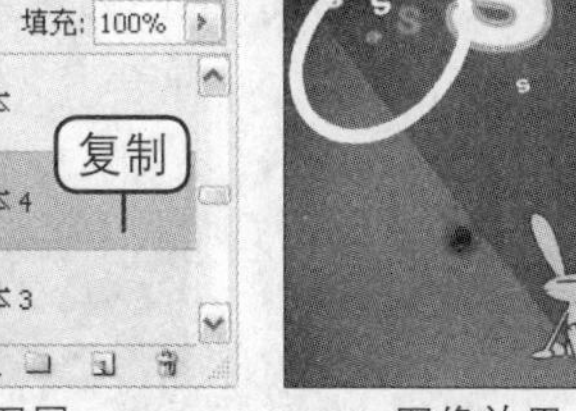

复制图层　　图像效果

对图像进行适当放大及旋转，完成后适当调整图像的位置，效果如下图所示。

自由变换图像

步骤 11 模糊圆环

执行“滤镜 > 模糊 > 高斯模糊”命令，在弹出的对话框中设置“半径”为“5 像素”，如左下图所示，再单击“确定”按钮，效果如右下图所示。

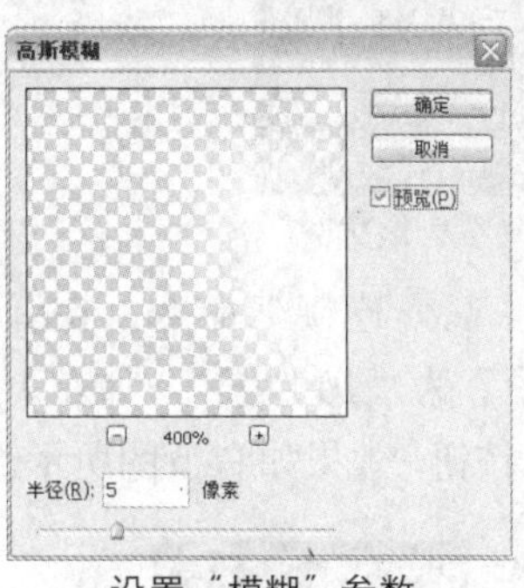

设置“模糊”参数　　图像效果

设置“图层 3 副本 4”图层的“不透明度”为 80%，如左下图所示，效果如右下图所示。

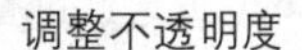

调整不透明度　　调整不透明度后

双击“图层 3 副本 4”图层，在弹出的“图层样式”对话框中选中“外发光”复选框，然后设置各项参数，其中“外发光”颜色为淡紫色（R255、G190、B250），如左下图所示，再单击“确定”按钮，效果如右下图所示。

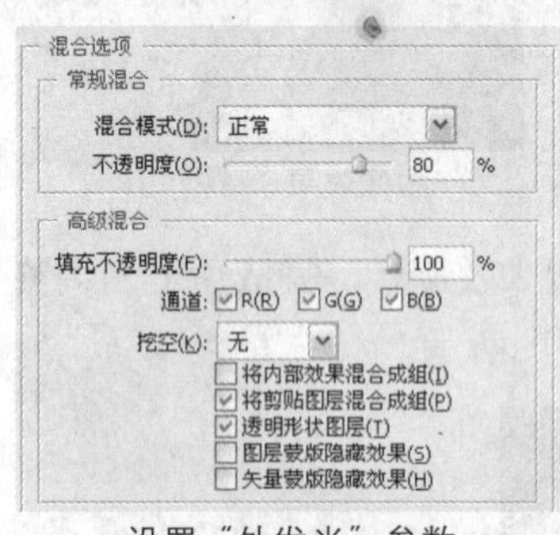

设置“外发光”参数

外发光效果

步骤 12 添加新圆环

新建“图层 4”图层，选择自定形状工具，在选项栏上单击“填充像素”按钮，选择形状为“窄边圆框”，如左下图所示。按住 Shift 键，在“图层 3”图层中绘制形状，效果如右下图所示。

选择形状　　绘制形状

执行“滤镜 > 模糊 > 高斯模糊”命令，在弹出的对话框中设置“半径”为“10 像素”，如左下图所示，再单击“确定”按钮，效果如右下图所示。

设置“模糊”参数

模糊后的图像

使用相同的方法，新建“图层 5”图层，再绘制圆环并调整图层的不透明度，再添加“外发光”图层样式，完成效果如下图所示。

添加圆环

步骤 13 添加新图形

新建“图层 6”图层，再绘制如左下图所示的图形。单击“路径”面板上的“用前景色填充路径”按钮，为路径填充白色，完成后单击“路径”面板的灰色区域，取消路径，效果如右下图所示。

绘制图形

填充图形

设置“图层 6”图层的混合模式为“叠加”，设置“不透明度”为 30%，如左下图所示，效果如右下图所示。

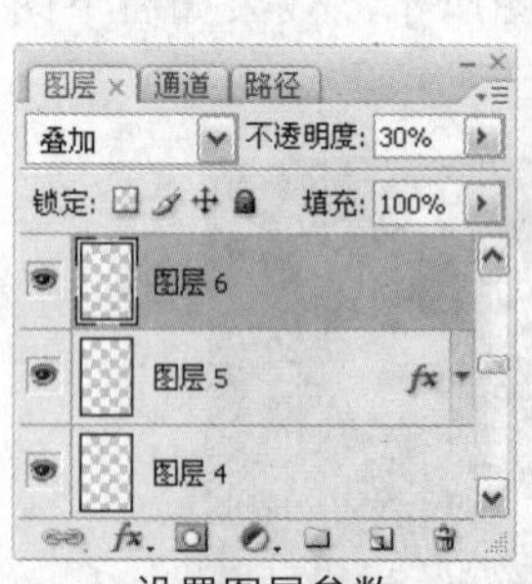

设置图层参数

图像效果

复制“图层 6”图层得到“图层 6 副本”图层。设置“图层 6 副本”图层的混合模式为“正常”，设置“不透明度”为 100%，如左下图所示。对图像进行适当缩小及旋转，完成后适当调整图像的位置，效果如右下图所示。

复制图像　　图像效果

执行“滤镜 > 模糊 > 高斯模糊”命令，在弹出的对话框中设置“半径”为“5 像素”，如左下图所示，再单击“确定”按钮，效果如右下图所示。

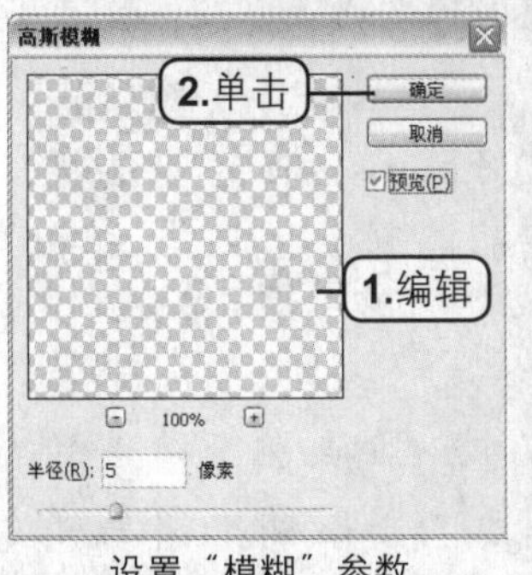

设置“模糊”参数

模糊效果

使用相同的方法，复制图像并适当处理效果，如下图所示。

添加多个图像

步骤 14 添加文字

根据图像效果，为图像添加适当的文字，如左下图所示。新建“图层 9”图层，再选择圆角矩形工具，在选项栏上单击“填充像素”按钮，设置其“半径”为 30px，然后在画面中适当位置绘制矩形圆角图案，如右下图所示。

添加文字

绘制矩形

按住 Ctrl 键单击“图层 9”图层的缩略图，将图像载入选区，再按下 Delete 键，删除选区内图像，效果如左下图所示。执行“编辑 > 描边”命令，在弹出的对话框中设置“宽度”为 5 px，再单击“确定”按钮，完成后取消选区，效果如右下图所示。

建立选区

描边图像

设置“图层 9”图层的“不透明度”为 80%，如左下图所示，效果如右下图所示。

设置不透明度

不透明度效果

复制“图层 9”图层得到“图层 9 副本”图层。设置“图层 9 副本”图层的“不透明度”为 60%，效果如左下图所示。连续复制得到“图层 9 副本 2”图层及“图层 9 副本 3”图层。选择移动工具，按下键盘中的上下方向键适当调整两个图层中图像的位置，效果如右下图所示。

复制图层

调整图像位置

根据图像效果，在图像的左下方添加如左下图所示的文字。新建图层，再选择自定形状工具，在选项栏上单击“填充像素”按钮，选择形状为“爪印”，然后在画面中适当位置绘制形状，如右下图所示。

添加文字

添加形状

选择橡皮擦工具，擦除图像中一个爪印图案。执行“编辑 > 自由变换”命令，对图像进行适当旋转，完成后选择移动工具，按下键盘中的上下方向键来适当调整图像的位置，再按下Enter 键确定，效果如右图所示。至此，本实例制作完成。

擦除图像

调整图像

5.5 网点文字

光盘路径：第 5 章 \Complete\ 网点文字 .psd

实例概述 本实例运用 Photoshop 的图层样式和图案制作与保存功能制作出网点文字特效。

关键提示 在制作过程中，难点在于网点的制作与保存，重点在于文字图层中图层样式的设置。

应用点拨 本实例的制作方法可用于各种卡通文字、饼干文字等的制作。

步骤 01 新建图像文件

执行“文件 > 新建”命令，在弹出的“新建”对话框中设置如下图所示的参数，完成后单击“确定”按钮，新建一个图像文件。

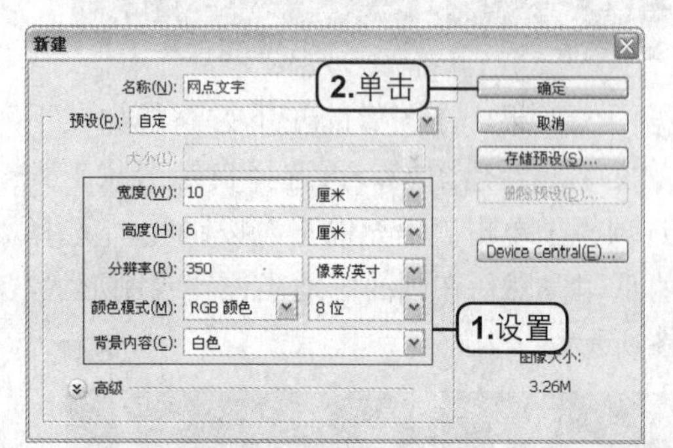

设置“新建”参数

步骤 02 输入文字

选择横排文字工具，在“字符”面板中设置各项参数，其中颜色分别为蓝色（R2、G119、B251），蓝色（R2、G195、B251），绿色（R25、G250、B1），橘红色（R251、G121、B3），紫色（R181、G0、B175），并在图像中输入文字 PLANT。最后选择移动工具，再适当调整文字的位置，效果如下图所示。

输入文字

步骤 03 绘制花朵

新建一个图层。设置前景色为绿色（R224、G254、B133），然后选择自定形状工具，在选项栏的“形状”下拉列表中选择“三叶草”，然后在字母T上进行绘制，效果如右下图所示。

绘制花朵

对“图层1”执行“编辑>描边”命令，在弹出的对话框中设置“颜色”为绿色（R26、G150、B2），如左下图所示，再单击“确定”按钮，效果如右下图所示。

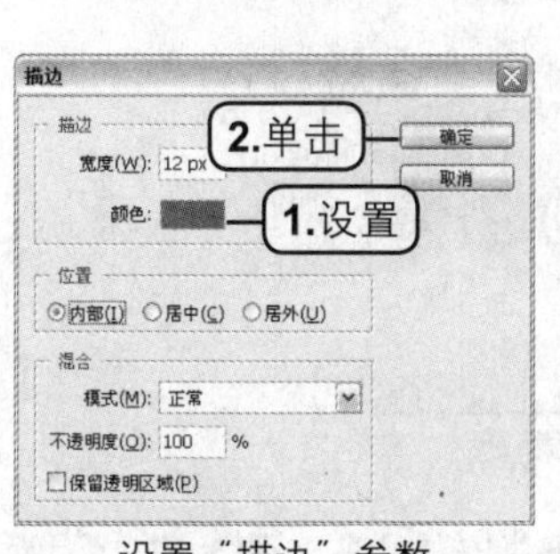

设置“描边”参数

描边效果

双击“图层1”图层，在弹出的“图层样式”对话框中选中“斜面和浮雕”复选框，然后参照左下图设置各项参数，最后单击“确定”按钮，效果如右下图所示。

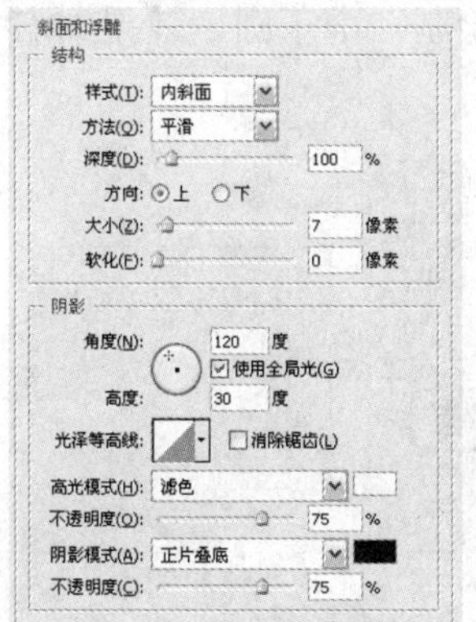

设置参数

浮雕效果

在“图层1”图层下方新建“图层2”图层，然后在按住Ctrl键的同时单击“图层1”图层的缩览图，再执行“选择>修改>扩展选区”命令，在弹出的对话框中设置“扩展量”为“5像素”，如左下图所示。单击“确定”按钮，按下Alt+Delete快捷键填充白色，效果如右下图所示。

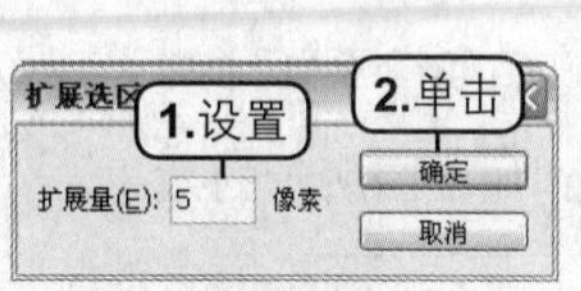

设置参数

填充效果

步骤 04 制作立体文字效果

新建一个图层。使用前面相同的方法，同时载入“图层2”图层和文字图层的图像选区，然后执行“选择>修改>扩展”命令，在弹出的对话框中设置“扩展量”为“9像素”，如左下图所示，再单击“确定”按钮，效果如右下图所示。

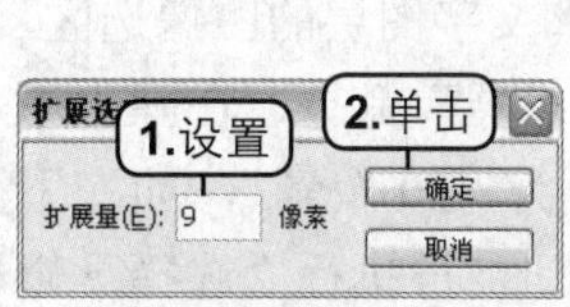

设置参数

扩展后的选区

在“图层3”图层中执行“编辑>描边”命令，在弹出的对话框中设置“宽度”为10 px，设置“颜色”为黄色（R255、G228、B80），如左下图所示，再单击“确定”按钮，效果如右下图所示。

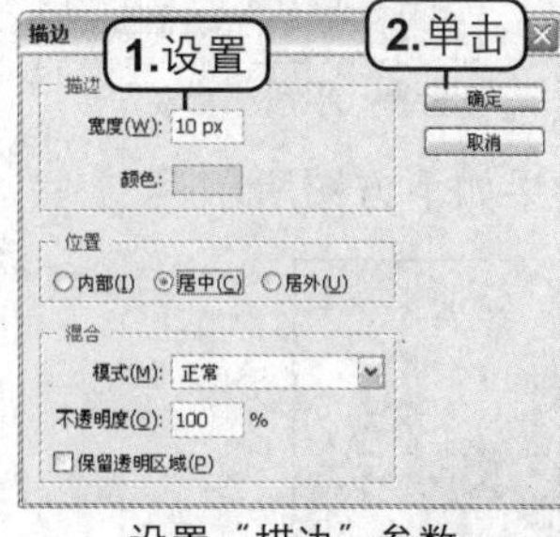

设置“描边”参数

描边效果

双击“图层3”图层，在弹出的“图层样式”对话框中分别选中“斜面和浮雕”、“渐变叠加”复选框，分别参照左下图和右下图设置各项参数，其中“渐变叠加”的渐变色为R252、G232、B15，R33、G193、B2，R3、G120、B251，R3、G196、B251，再单击“确定”按钮。

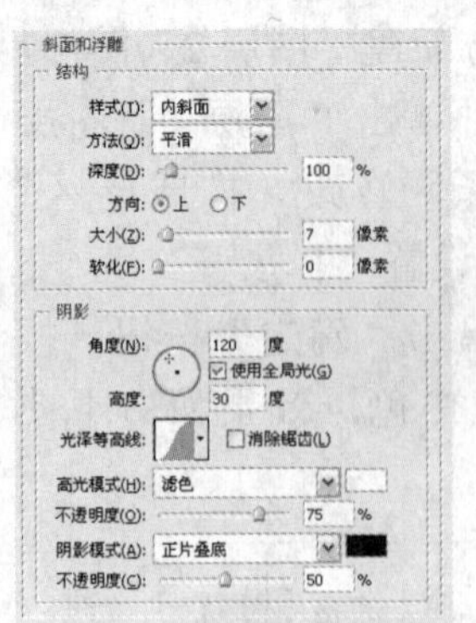
设置“斜面和浮雕”参数

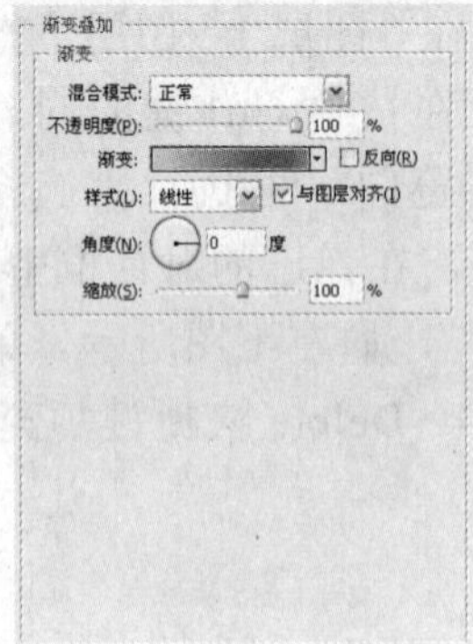
设置“渐变叠加”参数

完成上述操作后，得到如下图所示的效果。

完成的图像效果

新建“图层 4”图层。使用前面相同的方法，同时载入“图层 2”图层和文字图层的图像选区，然后执行“选择 > 修改 > 扩展”命令，在弹出的对话框中设置“扩展量”为“20 像素”，如左下图所示，单击“确定”按钮，再执行“选择 > 修改 > 平滑”命令，在弹出的对话框中设置“取样半径”为“2 像素”，如右下图所示，单击“确定”按钮。

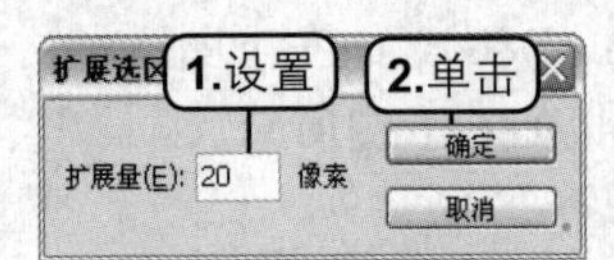

设置“扩展”参数

设置“平滑”参数

填充选区为白色，效果如下方图所示。

填充效果

双击“图层 4”图层，在弹出的“图层样式”对话框中分别选中“投影”、“斜面和浮雕”复选框，然后分别参照左下图和右下图设置各项参数，再单击“确定”按钮。

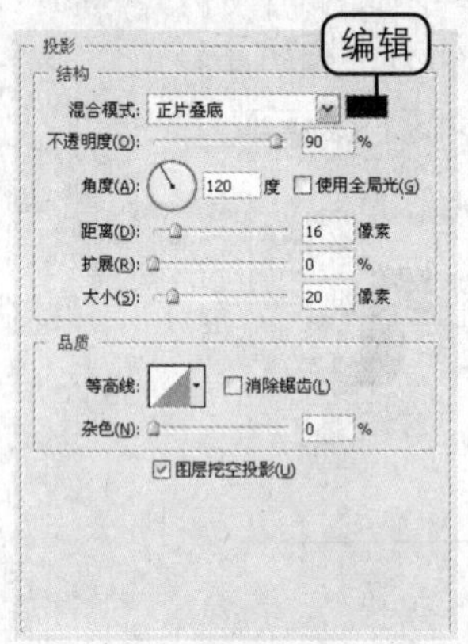

设置“投影”参数

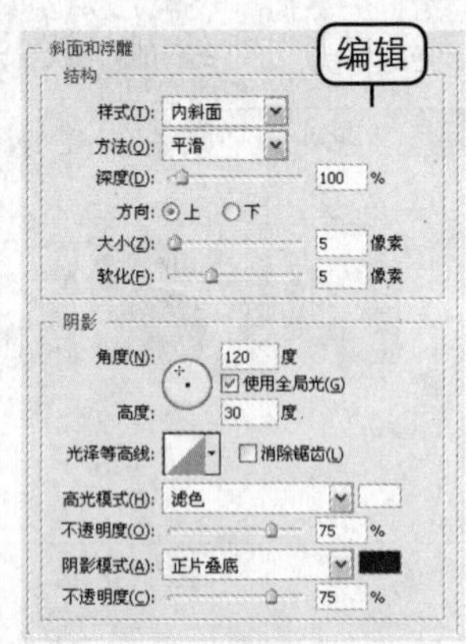

设置“斜面和浮雕”参数

分别按下向右和向下方向键调整图像的位置，效果如下方图所示。

完成的图像效果

步骤 05 制作圆点花纹

新建一个尺寸为 30 像素 ×30 像素的文件，参数设置如左下图所示。新建“图层 1”图层，设置前景色为浅蓝色（R169、G242、B255），然后选择椭圆工具，在选项栏中单击“填充像素”按钮，再沿画面中心绘制一个正圆，效果如右下图所示。

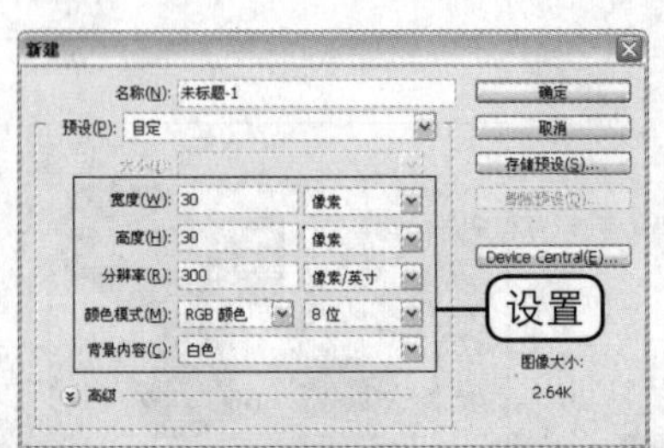

新建图像

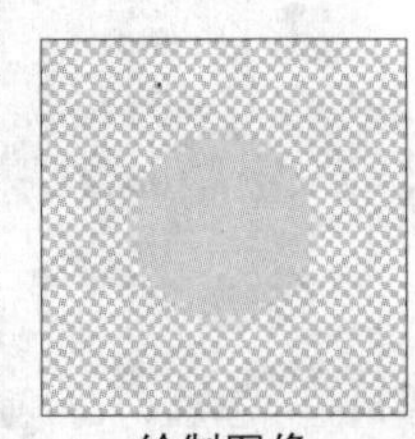
绘制图像

执行“编辑 > 定义图案”命令，在弹出的对话框中设置“名称”为 Circle，如下图所示，再单击“确定”按钮，将图像定义为图案。

自定义图案

切换到“网点文字”的图像窗口中，新建“图层5”图层，然后按下Shift+F5快捷键，在弹出的“填充”对话框中设置“使用”为“图案”，在“自定图案”下拉列表中选择刚才定义的Circle，如左下图所示，单击“确定”按钮，效果如右下图所示。

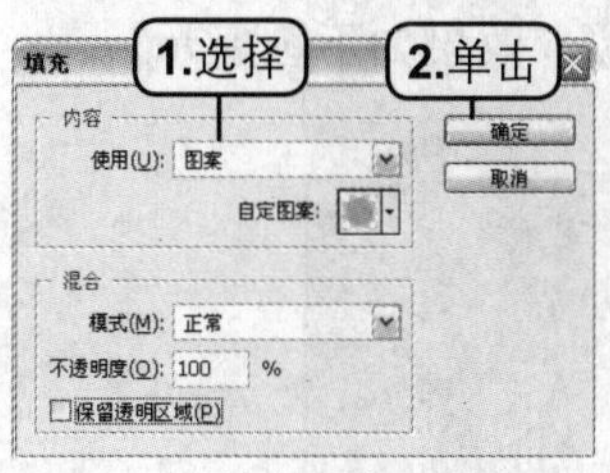

填充图案

填充图案后的效果

按下Ctrl+T快捷键，弹出自由变换框，调整图案的大小和角度，如左下图所示。

添加图案

使用前面相同的方法，载入文字的选区，再选择多边形套索工具，按住Alt键减选字母P外的字母选区，然后单击“添加图层蒙版”按钮，效果如右下图所示。

调整图案

使用前面相同的方法，为其他字母填充图案，根据字母的颜色填充不同的颜色，然后添加图层蒙版，如左下图所示，效果如右下图所示。

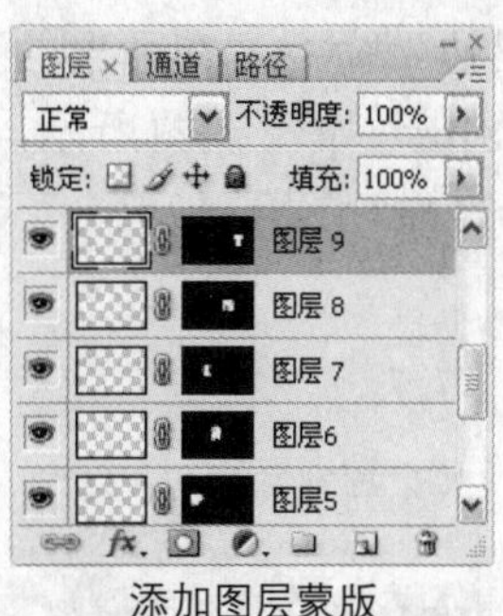

添加图层蒙版

添加图案效果

步骤06 制作文字内部立体效果

双击PLANT图层，在弹出的对话框中选中“斜面和浮雕”复选框，参照左下图设置各项参数，再单击“确定”按钮，效果如右下图所示。

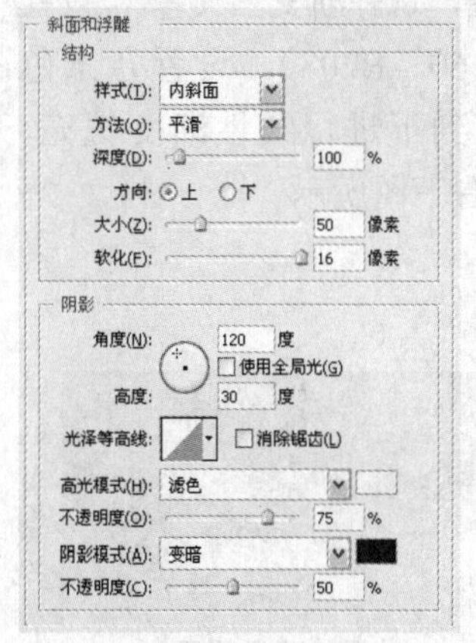

设置参数

浮雕效果

新建“图层10”图层，载入PLANT图层的图像选区，然后执行“选择 > 修改 > 扩展”命令，在弹出的对话框中设置“扩展量”为“2像素”，如左下图所示，再单击“确定”按钮。执行“选择 > 修改 > 平滑”命令，在弹出的对话框中设置“取样半径”为“2像素”，如右下图所示，单击“确定”按钮。

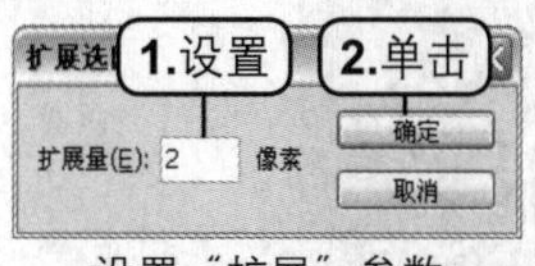

设置“扩展”参数

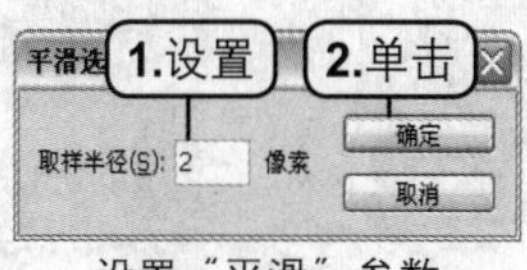

设置“平滑”参数

完成上述操作后，得到的效果如下图所示。

选区效果

对选区执行“编辑 > 描边”命令，在弹出的对话框中设置“宽度”为 8 px，如左下图所示，再单击“确定”按钮，效果如右下图所示。

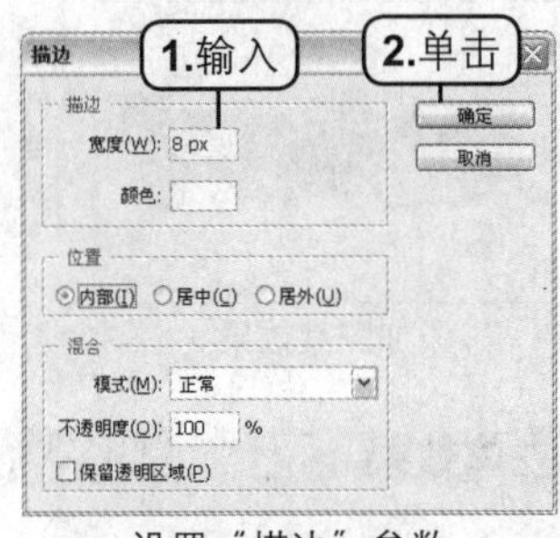

设置“描边”参数

描边效果

步骤 07 绘制背景

新建“图层 11”图层，选择渐变工具，设置前景色为蓝色（R0、G160、B208），设置背景色为白色，在画面中从上到下进行线性渐变填充，如左下图所示，效果如右下图所示。

新建图层

添加背景效果

选择椭圆工具，在选项栏中单击“路径”按钮。在画面的下方绘制一个椭圆路径，将路径作为选区载入，然后设置前景色为绿色（R212、G221、B33），设置背景色为绿色（R169、G208、B54），再使用渐变工具进行线性渐变填充，绘制出一个草坪，调整图像的位置，效果如下图所示。

绘制草坪

选择钢笔工具，在草坪上绘制道路，将路径作为选区载入，然后使用相同的方法，对选区进行线性渐变填充，如下图所示。

绘制道路

使用相同的方法，结合钢笔工具和渐变工具的使用，绘制云彩的图像，效果如下图所示。

绘制云彩

打开本书配套光盘中第 5 章 \media \flower.png 文件，如左下图所示。选择移动工具，将素材图像拖入“网点文字”图像窗口中，再调整图像的大小和位置，然后复制得到多个副本，效果如右下图所示。

打开的素材

添加素材

选择横排文字工具，设置前景色为白色，在画面的右上方输入文字，然后选择自定形状工具，在选项栏中的形状下拉列表中选择“红桃”，在文字中进行绘制，再选择背景图像的所有图层，按下 Ctrl+E 快捷键，合并图层，如下图所示。至此，本实例制作完成。

添加文字

5.6 3D 炫彩文字

实例概述 本实例运用 Photoshop 的图层对齐功能、渐变功能和图层样式制作出 3D 炫彩文字。

关键提示 在制作过程中，难点在于 3D 文字的制作。重点在于文字立体效果的把握。

应用点拨 本实例的制作方法可用于各种立体图像、立体物体的制作和设计。

光盘路径：第 5 章 \Complete\3D 炫彩文字 .psd

步骤 01 新建图像文件

执行“文件 > 新建”命令，在弹出的“新建”对话框中设置如下图所示的参数。完成后单击“确定”按钮，新建一个图像文件。

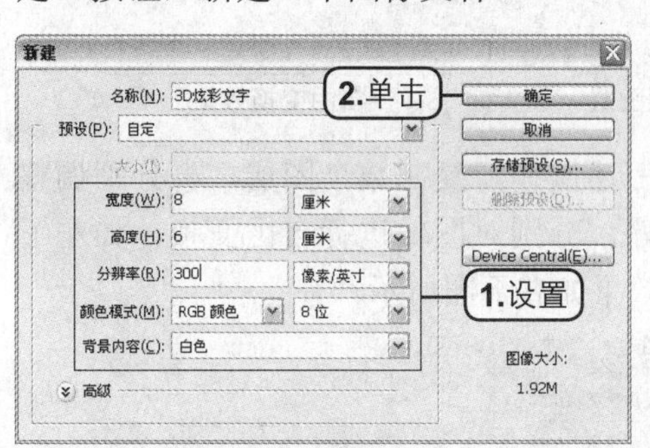

新建图像文件

步骤 02 绘制环形

按下 Ctrl+R 快捷键，显示标尺。在画布中根据标尺上的刻度，创建如左下图所示的参考线。选择圆角矩形工具，在选项栏上设置各项参数后，在画布中根据参考线绘制如右下图所示的矩形路径。

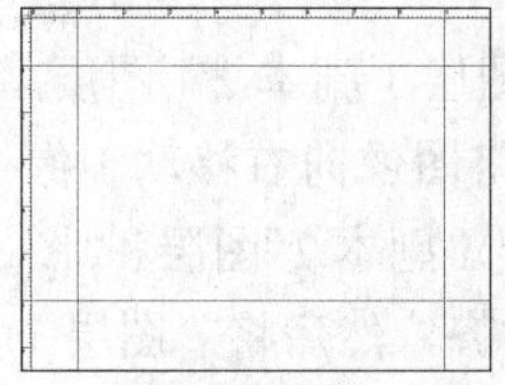

创建参考线　　绘制矩形路径

在画布中根据标尺，再次创建如左下图所示的参考线，然后选择圆角矩形工具，在选项栏上设置各项参数后。在图像中创建如右下图所示的矩形路径。

创建参考线　　绘制路径

执行“视图 > 显示 > 参考线”命令，隐藏参考线，再隐藏标尺，如左下图所示。新建一个图层，然后按下 Ctrl+Enter 快捷键，将路径转换为如右下图所示的选区。

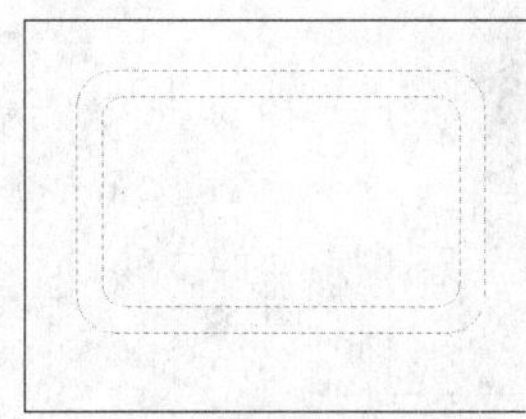

隐藏参考线和标尺

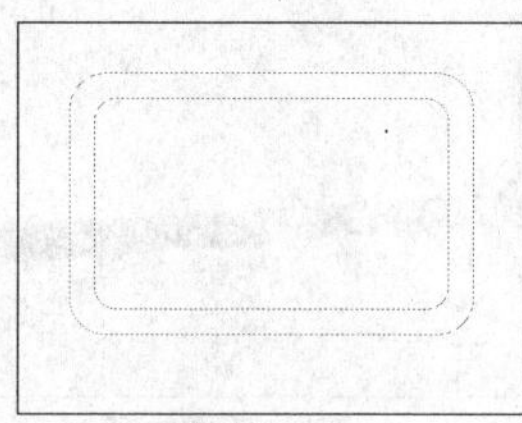

创建选区

选择渐变工具，再设置渐变色从左至右为 R140、G151、B152，白色。隐藏“背景”图层，在图像中由左下角向右上角对选区进行渐变填充，完成后按下 Ctrl+D 快捷键，取消选区，效果如下图所示。

渐变填充效果

步骤 03 变形环形

按下 Ctrl+T 快捷键，弹出自由变换框。在该框中右击，在弹出的快捷菜单中执行“透视”命令，对图像进行如左下图所示的透视变换。完成后按下 Enter 键。复制一个“图层 1”图层的副本，然后单击“图层”面板上的“锁定透明像素”按钮 ，锁定该图层的透明像素。

变形图像

锁定图像透明像素

选择渐变工具 ，再设置渐变色从左至右依次为 R253、G13、B97，R254、G2、B21，R153、G1、B39，R190、G20、B55，在图像中从上至下进行线性渐变填充。效果如下图所示。

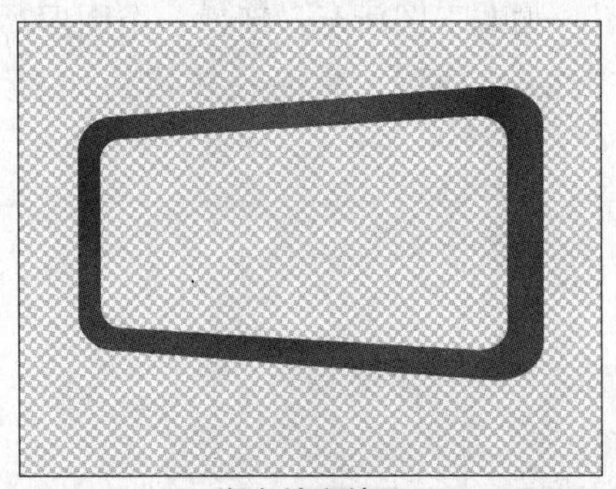

渐变填充效果

步骤 04 制作立体环形框

单击“锁定透明像素”按钮 ，取消透明像素的锁定，然后调整“图层 1 副本”图层至“图层 1”图层的下方，如左下图所示。按下 Ctrl+T 快捷键，弹出自由变换框。在选项栏上单击“保持长宽比”按钮 ，在“设置水平缩放”文本框中输入 99%，完成后按下 Enter 键。效果如右下图所示。

调整图层顺序

自由变换图像

复制一个“图层 1 副本”的副本，并移动到该图层的下方，如左下图所示。使用前面相同的方法，对图像进行自由变换，在“设置水平缩放”文本框中输入 99%，再按下 Enter 键确定。效果如右下图所示。

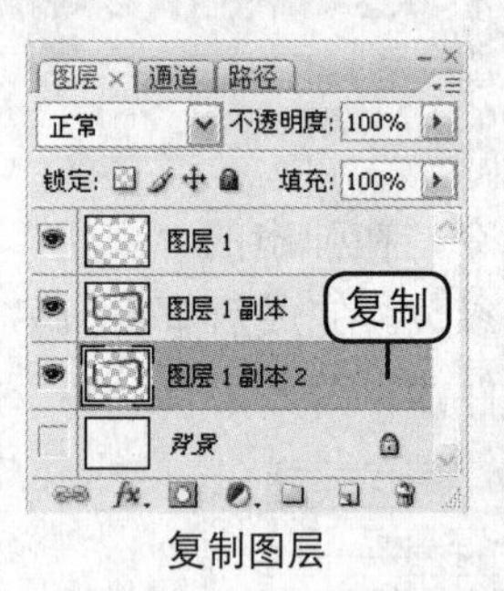

复制图层

自由变换效果

重复上述操作，复制数个图层，再分别调整图层的顺序，分别对图像进行自由变换，如左下图所示。效果如右下图所示。

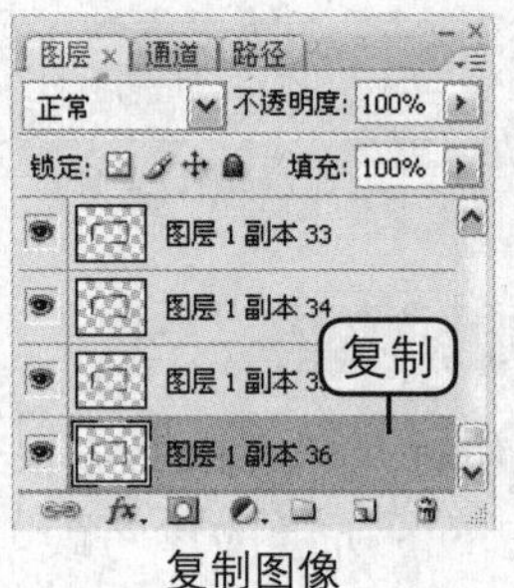

复制图像

图像效果

按住 Ctrl 键，选中“图层 1 副本”图层和“图层 1 副本 2”图层，如左下图所示。选择移动工具，在选项栏上单击“右对齐”按钮，对齐这两个图层的图像，再选择“图层 1 副本 2”图层，按下键盘中的向右方向键，将图像向右移动 1 像素。参照这个方法，选中“图层 1 副本 2”图层和“图层 1 副本 3”图层并进行右对齐，然后将“图层 1 副本 3”图层中的图像向右移动 1 像素。重复此操作。将所有“图层 1”图层的副本分别和下一图层对齐并对下一图层向右移动 1 像素。效果如右下图所示。完成后，合并所有的“图层 1”图层的副本为“图层 1 副本”图层。

选中图层

立体的环形图像

步骤 05 制作环形边框

双击“图层 1 副本”图层，在弹出的“图层样式”对话框中选中“斜面和浮雕”复选框，并设置如左下图所示的参数。完成效果如右下图所示。

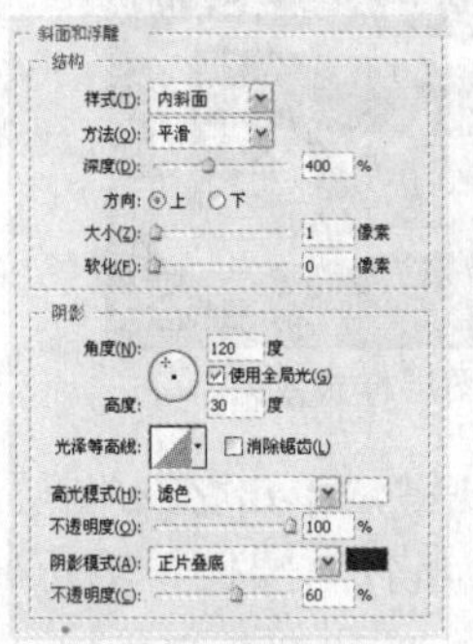
设置参数

浮雕效果

填充“背景”图层为黑色，效果如右下图所示。

填充颜色

填充效果

新建一个图层，如左下图所示。按住 Ctrl 键的同时单击“图层 1”图层的缩览图，载入图像选区。如右下图所示。

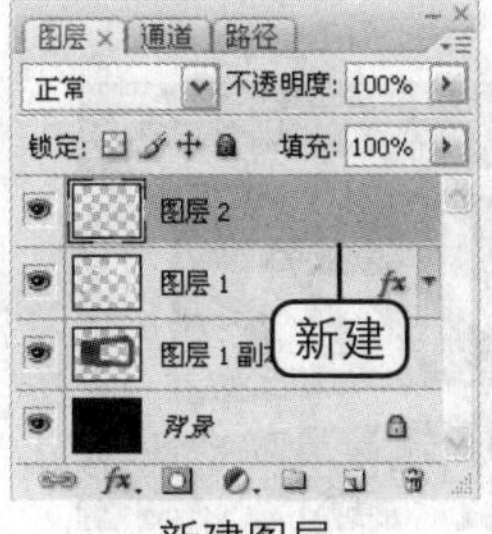

新建图层

创建选区

执行“编辑 > 描边”命令，在弹出的对话框中设置“宽度”为 3px，设置“颜色”为 R175、G250、B35，如左下图所示。完成后单击“确定”按钮，效果如右下图所示。

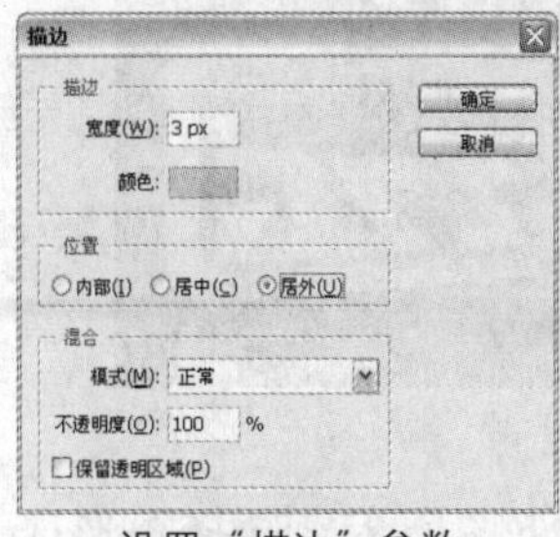

设置“描边”参数

描边效果

为“图层 2”图层添加“斜面和浮雕”图层样式，然后设置如左下图所示的参数。其中设置高光颜色为 R243、G255、B165，设置阴影颜色为 R5、G51、B1，完成后单击“确定”按钮。效果如右下图所示。

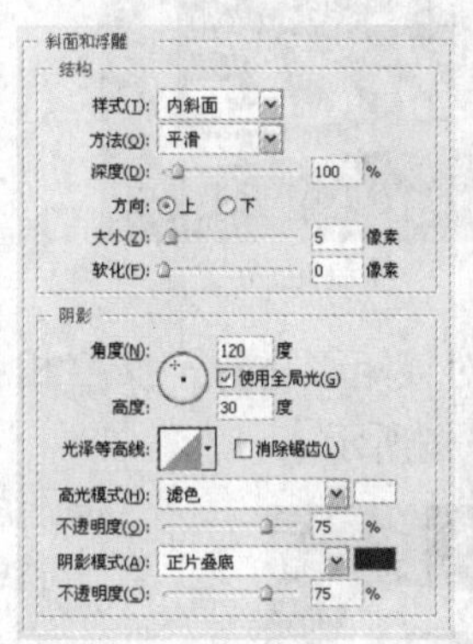
设置参数

斜面和浮雕效果

步骤 06 添加并变形文字

选择横排文字工具 T，在“字符”面板中设置如左下图所示的各项参数。在图像中输入如右下图所示的文字。

设置参数

添加文字

在文字图层上右击，在弹出的快捷菜单中执行“栅格化文字”命令，对文字进行栅格化处理。效果左下图所示。按下 Ctrl+T 快捷键，对文字图像进行与环形框相匹配的变形，效果如右下图所示。

栅格化文字

变形文字

新建一个图层，如左下图所示。选择矩形选框工具 ，在图像中创建一个矩形选区，并将其填充为白色。取消选区后的效果如右下图所示。

新建图层

绘制矩形

按下 Ctrl+T 快捷键，对该矩形进行与文字相匹配的自由变换，效果如下图所示。

调整矩形的形状

步骤 07 添加文字效果

将"图层 3"图层与 ZZg 图层合并为 ZZg 图层，然后单击"锁定透明像素"按钮 ，如左下图所示。选择渐变工具 ，设置渐变色从左至右为 R140、G151、B152，白色，然后对 ZZg 图层的图像从左下到右上进行从背景色到背景色的线性渐变填充，最后单击"锁定透明像素"按钮 解除锁定，效果如右下图所示。

锁定透明像素

添加渐变

在"图层 1"图层上单击右键，在弹出的快捷菜单中执行"拷贝图层样式"命令，然后在 ZZg 图层上单击右键，执行"粘贴图层样式"命令，为 ZZg 图层添加了图层样式，如左下图所示。效果如右下图所示。

粘贴图层样式

图层样式效果

新建一个图层，按住 Ctrl 键，单击 ZZg 图层的缩览图，将图像载入选区。执行"编辑 > 描边"命令，对选区进行描边，"描边"的颜色为 R175、G250、B35，如左下图所示。完成后单击"确定"按钮，效果如右下图所示。

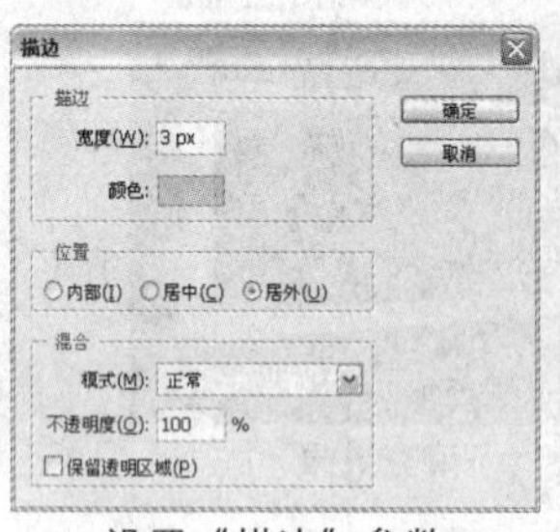
设置"描边"参数

描边效果

使用前面的方法，拷贝"图层 2"图层的图层样式，并粘贴到"图层 3"图层上。如下图所示。

拷贝图层样式

图层样式效果

步骤 08 制作文字立体效果

复制 ZZg 图层，并删除复制图层的图层样式，如左下图所示。隐藏“图层 3”图层和 ZZg 图层，如右下图所示。

删除图层样式　　隐藏图层

选择多边形套索工具，在“ZZg 副本”图层中选取除第一个 Z 字母外的所有图像，如左下图所示。按下 Delete 键删除，效果如右下图所示。

建立选区

删除文字

单击“锁定透明像素”按钮，如左下图所示。选择渐变工具，然后设置渐变色从左至右为 R153、G1、B29，R254、G2、B21，R153、G1、B29，在图像中从上到下进行渐变填充，效果如右下图所示。

锁定透明像素

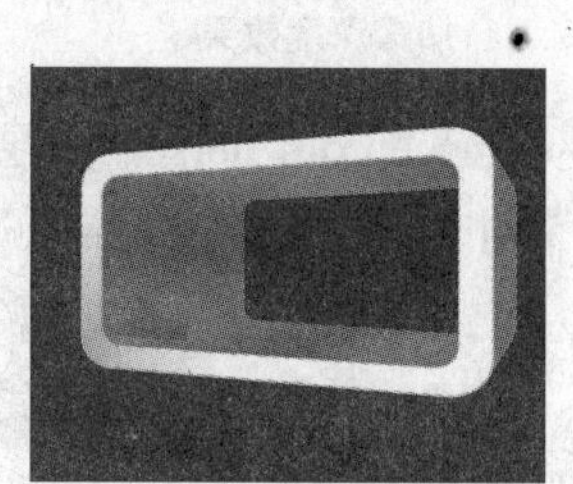

添加渐变

单击“锁定透明像素”按钮，解除“ZZg 副本”图层中像素的锁定，然后按下向右方向键，将图像向右移动 1 像素，并显示所有图层。隐藏“图层 1 副本”图层和“图层 3”图层查看效果，如下图所示。

查看图像效果

选择“ZZg 副本”图层，按住 Alt 键的同时按下向右的方向键，向右轻移副本。重复操作数十次，如左下图所示。效果如右下图所示。

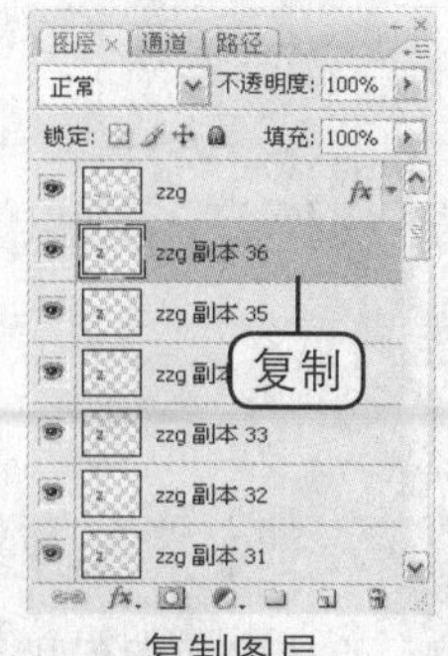

复制图层

复制效果

选择 ZZg 图层的所有副本，按下 Ctrl+E 快捷键，合并图层，然后将合并后的图层重命名为 Z，如左下图所示。显示所有图层，效果如右下图所示。

合并图层

图像效果

单击“添加矢量蒙版”按钮，为 Z 图层添加蒙版，如左下图所示。选择多边形套索工具，在图像中的 Z 图像上创建如右下图所示的选区。

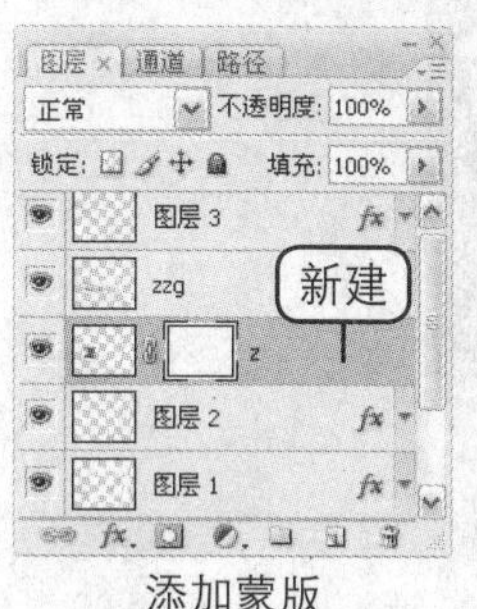

添加蒙版

创建选区

设置前景色为黑色，将选区填充为黑色。使用蒙版隐藏选区中的图像，效果如下图所示。

编辑蒙版效果

根据前面的方法，为其他文字也添加立体效果，如下图所示。

添加立体文字效果

步骤 09 调整文字顺序

选中“图层 1”和“图层 2”图层，将其移动至“图层 3”图层之上，如左下图所示。效果如右下图所示。

调整图层顺序

调整后的效果

步骤 10 加深文字深度效果

选择加深工具，在选项栏上设置各项参数后，在各个文字立体效果所在的图层上进行涂抹，加深文字的深度效果。

加深文字深度

步骤 11 添加其他文字

在“字符”面板中设置如左下图所示的参数，然后在图像中输入如右下图所示的文字。

设置文字参数

输入文字

根据前面的方法，调整这些文字的形状，如左下图所示。为其添加立体效果，如右下图所示。

调整文字透视

添加立体效果

参照前面的方法，为立体文字所在的图层添加蒙版，并隐藏该图层中多余的部分，如左下图所示。效果如右下图所示。

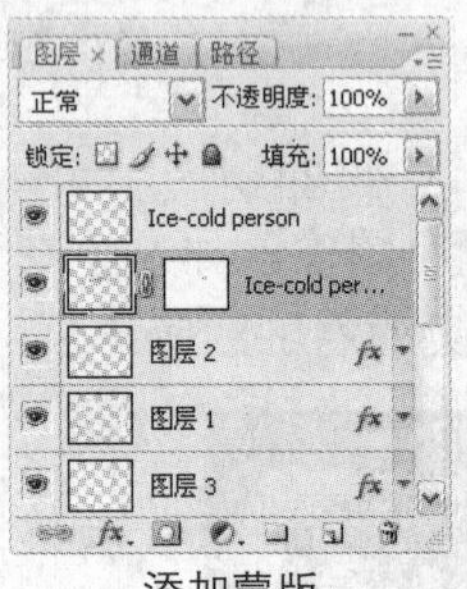

添加蒙版

编辑蒙版效果

根据前面的方法，加深该文字的深度效果，如下图所示。

加深深度效果

双击 Ice cold person 图层，在弹出的“图层样式”对话框中选中“描边”复选框。设置渐变色标从左到右依次为 R114、G199、B48，R175、G250、B35，并设置其他参数，如左下图所示。效果如右下图所示。

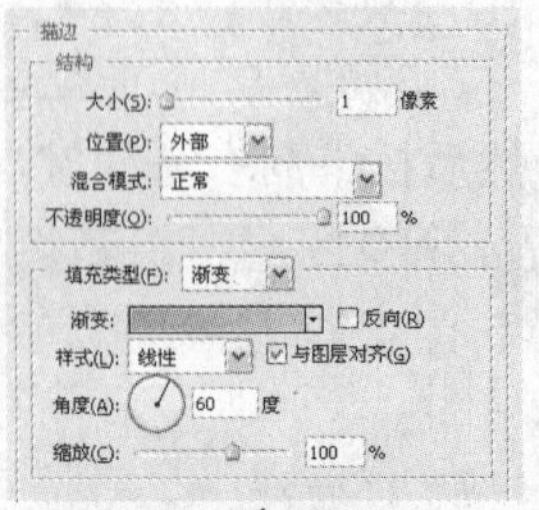
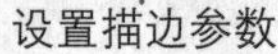

设置描边参数

描边效果

步骤 12 添加文字

在图像中添加如下图所示的文字。

添加最后的文字

步骤 13 添加发光效果

新建“图层 4”图层，选择钢笔工具，在图像中创建如左下图所示的路径。按下 Ctrl+Enter 快捷键，将路径转换为选区。选择渐变工具，并设置渐变色从左至右为白色，R140、G225、B254，为选区填充如右下图所示的渐变。

创建路径

添加渐变

调整“图层 4”图层至文字图层的下方，效果如左下图所示。为“图层 4”图层添加蒙版，并在蒙版中擦除多余的图像部分，然后调整“图层 4”图层的混合模式为“叠加”，右下图所示，效果如下方图像所示。

调整图层顺序

发光效果

新建“图层 5”图层，利用钢笔工具创建如左下图所示的选区，再为立体边框的外部添加发光效果，如右下图所示。

创建路径

添加发光效果

步骤 14 添加光源

新建“图层 6”图层，如左下图所示。设置前景色为白色，再利用画笔工具绘制一个白色的圆点，如右下图所示。

新建图层

添加圆点

执行“滤镜 > 模糊 > 动感模糊”命令，在弹出的“动感模糊”对话框中设置如左下图所示的参数。完成后单击“确定”按钮。为圆点添加模糊效果，并适当调整圆点的位置，如右下图所示。

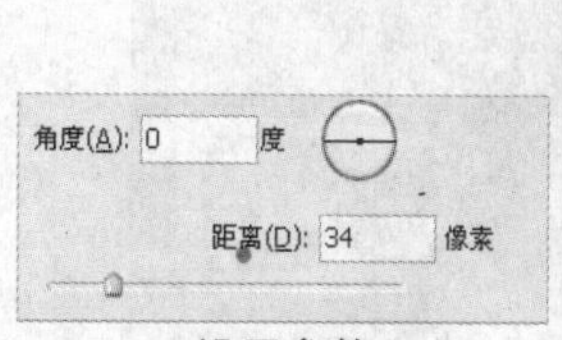

设置参数

调整圆点的位置

步骤 15 添加背景

选中“背景”图层，选择渐变工具，设置渐变色从左至右为 R0、G130、B220，R140、G255、B255，在图像中由上至下添加渐变，效果如下图所示。

添加渐变

选中除“背景”图层以外的所有图层，然后按下 Ctrl+G 快捷键，将这些图层添加到“组 1”中，如左下图所示。适当调整“组 1”中图像的大小，如右下图所示。

添加到组

调整图像大小

复制“组 1”得到“组 1 副本”，如左下图所示，然后按下 Ctrl+E 快捷键，合并“组 1 副本”中的图层为一个普通图层，如右下图所示。

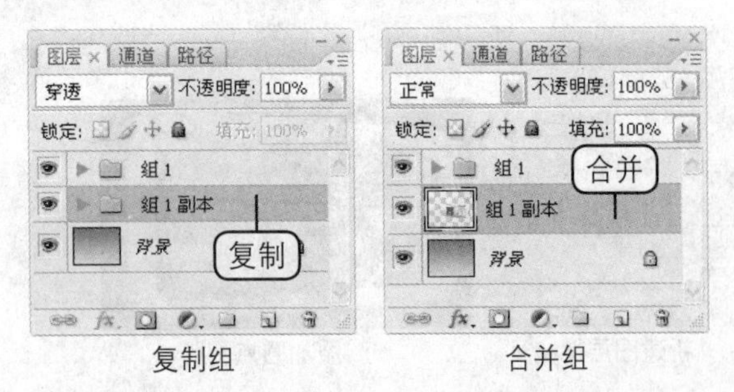

复制组　　合并组

执行“编辑 > 变换 > 垂直翻转”命令，对“组1副本”中图像进行垂直翻转，如左下图所示。按下 Ctrl+T 快捷键，对其进行自由变换。完成后按下 Enter 键。效果如右下图所示。

翻转图像

变换图像

为“组1副本”添加蒙版，再添加由左下到右上的由黑到白的渐变，如左下图所示。效果如右下图所示的是为图像添加的渐隐效果。

编辑蒙版

渐隐效果

选中“组1”，对图像进行自由变换，使其更加立体，如下图所示。

自由变换图像

步骤 16 添加素材

打开本书配套光盘中第 5 章 \media\ 底纹 .jpg 文件，如左下图所示。将素材拖动到“3D 炫彩文字 .psd”图像窗口的“背景”图层中，并调整混合模式为“叠加”，效果如右下图所示。

打开的素材

添加素材

打开本书配套光盘中第 5 章 \media\ 花 .png 文件，如左下图所示。将其拖动到“3D 炫彩文字 .psd”图像窗口的“图层 9”图层中，并调整混合模式为“变亮”，效果如右下图所示。

打开的素材

添加素材

打开本书配套光盘中第 5 章 \media\ 花 2.png 文件，如左下图所示。将其拖动到“3D 炫彩文字 .psd”图像窗口的“组 1”中，效果如右下图所示。

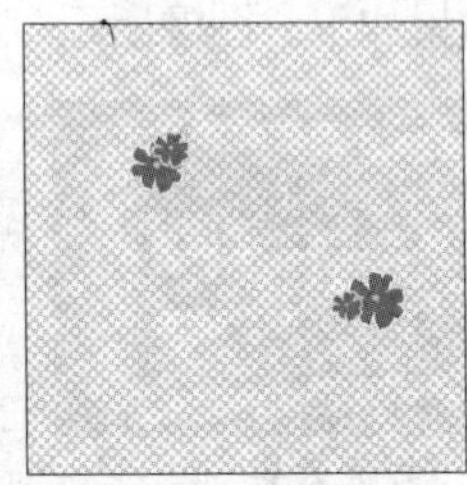

打开的素材

添加素材

新建一个图层，选择画笔工具，设置画笔为“同心圆”，设置前景色为白色，在图像中添加多个同心圆。根据画面效果，在图像中添加如下图所示的文字。至此，完成本实例的制作。

添加文字

5.7 金属光泽文字

实例概述 本实例运用 Photoshop 的钢笔工具和图层样式制作金属光泽文字。

关键提示 在制作过程中，主要难点在于使用钢笔工具变形文字，重点在于文字图层中图层样式的添加。

应用点拨 本实例的制作方法可用于各种金属文字、物体和流线型丝带的制作。

光盘路径：第 5 章 \Complete\ 金属光泽文字 .psd

步骤 01 新建图像文件

执行“文件 > 新建”命令，在弹出的“新建”对话框中设置如下图所示的参数。完成后单击“确定”按钮，新建一个图像文件。

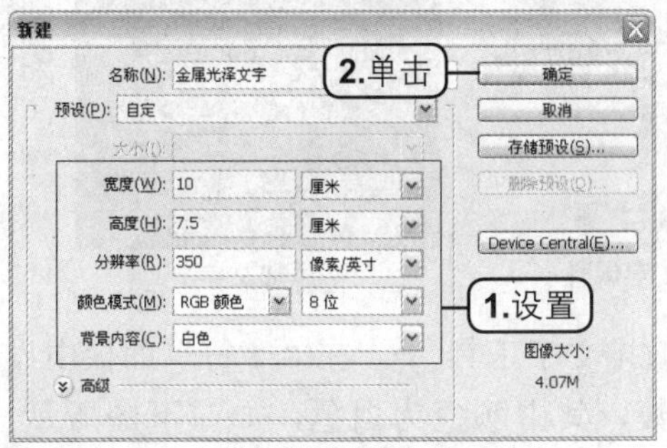

设置“新建”参数

步骤 02 添加背景

选择渐变工具，单击选项栏上的“径向渐变”按钮，然后单击颜色条，在弹出的“渐变编辑器”中设置渐变色标从左至右为 R48、G0、B0，R194、G98、B48，如左下图所示。完成后单击“确定”按钮，在画面中适当位置进行渐变填充，完成后的效果如右下图所示。

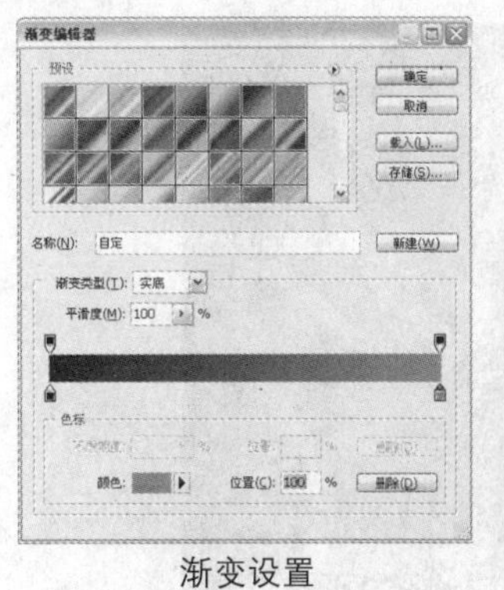

渐变设置

渐变填充效果

步骤 03 添加文字

选择横排文字工具，在“字符”面板中设置各项参数，其中颜色为如左下图所示，并在图像中输入文字 glad。选择移动工具，按下键盘中的上下方向键来适当调整文字的位置，效果如右下图所示。

设置字体属性

添加文字

在 glad 图层上右击，在弹出快捷菜单中执行“栅格化文字”命令，将文字图层转化为一般图层，如左下图所示。选择钢笔工具，在 glad 图层上绘制路径，使文字效果更为流畅，如右下图所示。

栅格化文字

添加文字路径

设置前景色为黄色（R255、G196、B18），再单击“路径”面板上的“用前景色填充路径”按钮，对路径填充黄色，然后单击“路径”面板的灰色区域取消路径，如下图所示。

填充路径

步骤 04 为文字添加效果

在 glad 图层的灰色区域双击，在弹出的“图层样式”对话框中分别设置“投影”、“内阴影”、“斜面和浮雕”的各项参数，完成后单击“确定”按钮。参数设置和效果如下图所示。

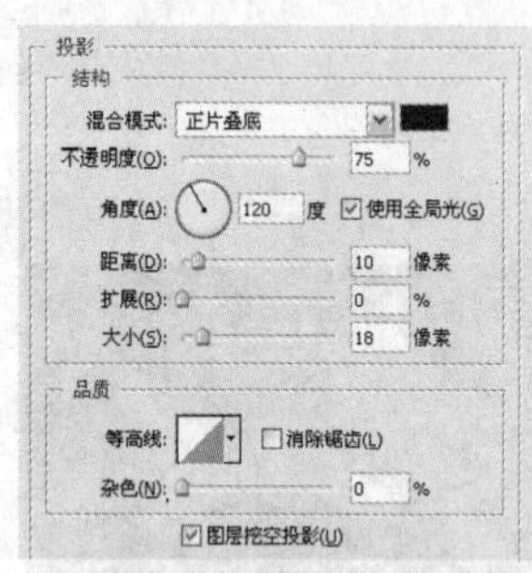

设置“投影”参数

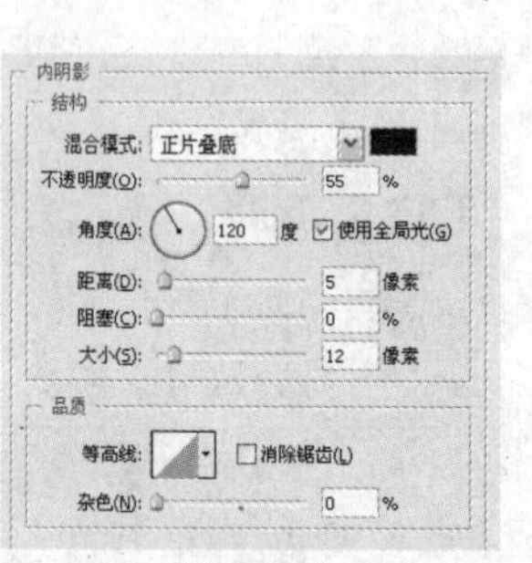

设置“内阴影”参数

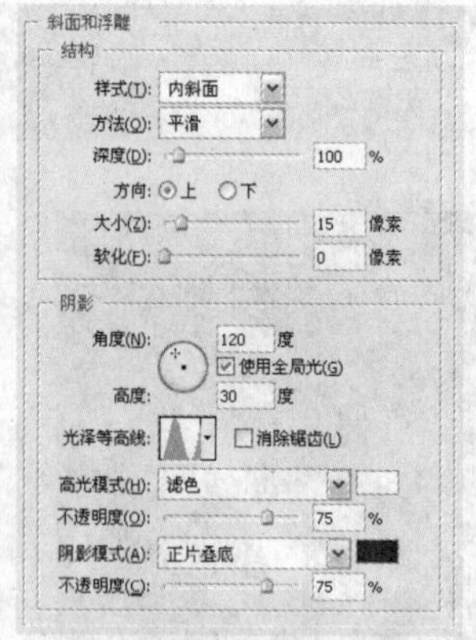

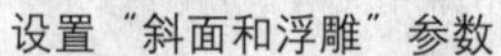

设置“斜面和浮雕”参数

图层样式效果

步骤 05 输入文字

选择横排文字工具，在“字符”面板中设置各项参数，其中颜色为白色，如左下图所示，然后在图像窗口中输入文字。选择移动工具，按下键盘中的上下方向键来适当调整文字的位置，如右下图所示。

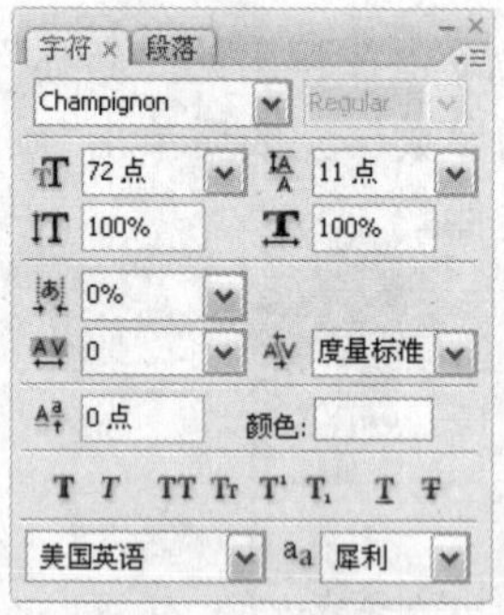

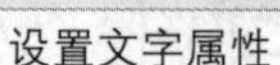

设置文字属性

添加文字

选择横排文字工具，在“字符”面板中设置各项参数，其中颜色为白色，如左下图所示，然后在图像窗口中输入文字。选择移动工具，按下键盘中的上下方向键来适当调整文字的位置，效果如右下图所示。至此，本例制作完成。

设置文字属性

添加文字

Chapter

材质纹理特效

使用Photoshop制作图像时，经常需要根据图像效果添加一些底纹或特殊背景纹理的效果，用户可以使用Photoshop的高级图像处理功能，制作一些图像纹理效果。

本章将介绍如何制作材质纹理特效，包括合成镜头光晕效果、燃烧云纹理、蜡染纹理、喷溅纹理等。

本章内容索引

燃烧云纹理

蜡染效果

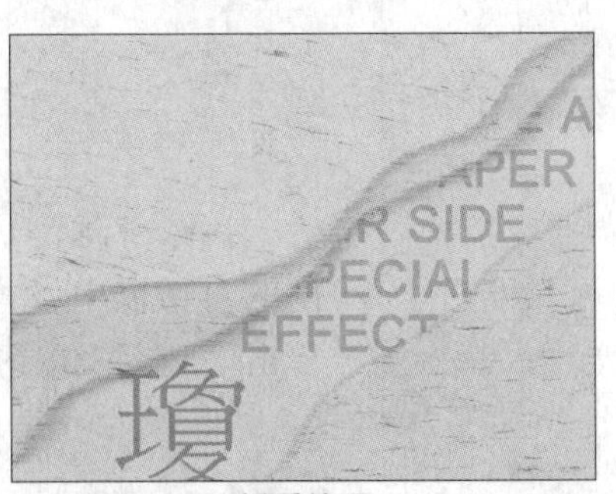

纸质纹理

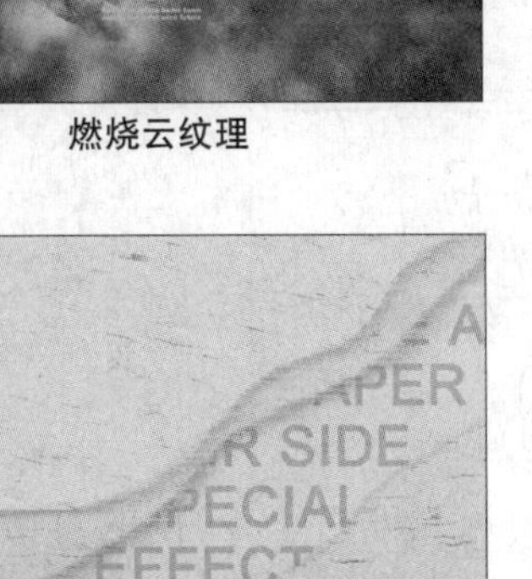

合成镜头光晕效果

图像拼合特效

喷溅纹理

6.1 合成镜头光晕效果

实例概述 本实例中运用Photoshop的镜头光晕滤镜、径向模糊、旋转扭曲滤镜、波浪滤镜制作特殊的镜头光晕图像，再为其添加适当的颜色。

关键提示 在制作过程中，难点在于使光源的把握，重点在于多重滤镜的配合使用。

应用点拨 本实例的制作方法可用于各种幻彩光线、光带等图像和背景元素的制作。

光盘路径：第6章\Complete\合成镜头光晕效果.psd

步骤01 新建图像文件

执行“文件>新建”命令，在弹出的“新建”对话框中设置如下图所示的参数。完成后单击“确定”按钮。

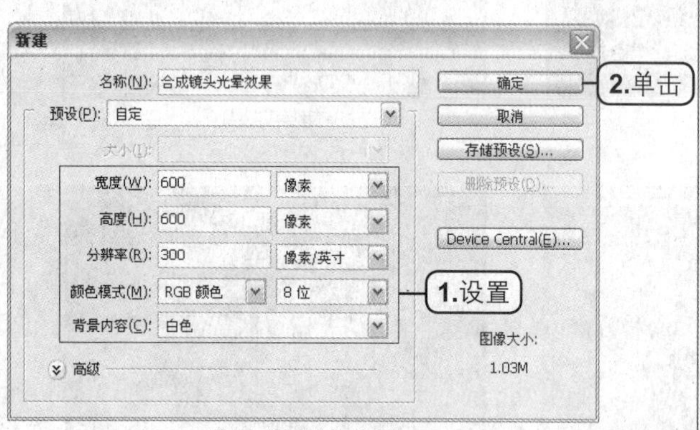

设置“新建”参数

步骤02 添加镜头光晕效果

设置背景色为黑色，按下Alt+Delete快捷键，在“背景”图层中填充黑色，执行“滤镜>渲染>镜头光晕”命令，在弹出的对话框中设置如左下图所示的参数，完成后单击“确定”按钮，效果如右下图所示。

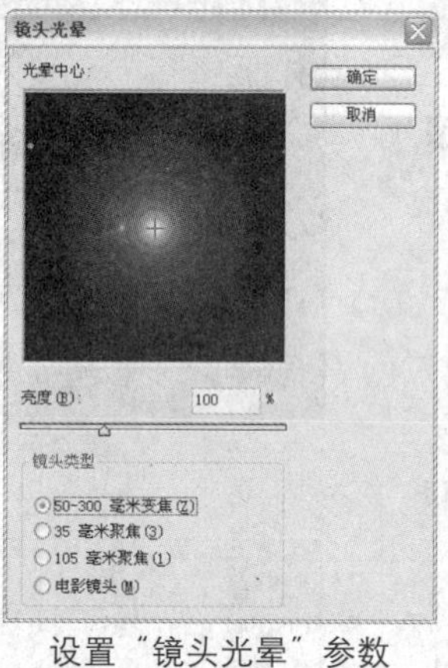

设置“镜头光晕”参数

镜头光晕效果

执行“滤镜>渲染>镜头光晕”命令，在弹出的对话框中设置如左下图所示的参数，完成后单击“确定”按钮，效果如右下图所示。

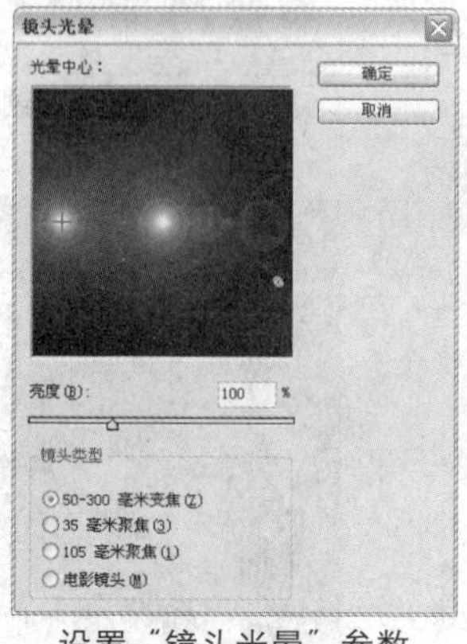

设置“镜头光晕”参数

镜头光晕效果

执行“滤镜 > 渲染 > 镜头光晕”命令，在弹出的对话框中设置如左下图所示的参数，完成后单击“确定”按钮，效果如右下图所示。

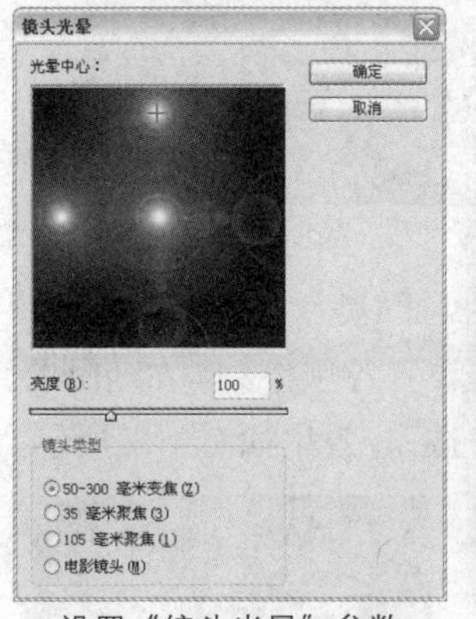

设置“镜头光晕”参数

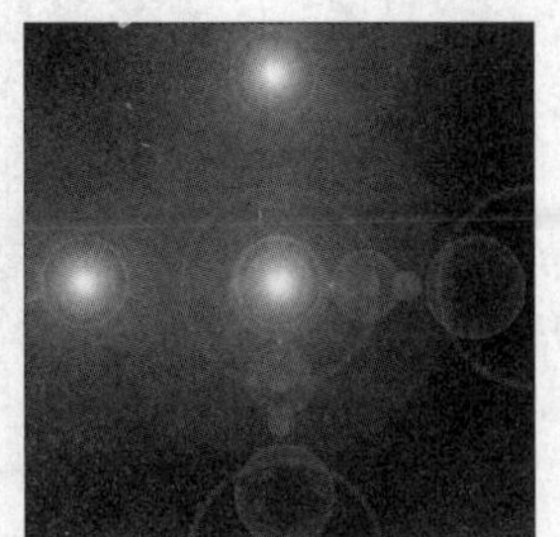
镜头光晕效果

使用相同的方法制作出多个光晕中心，参数设置如左下图所示，效果如右下图所示。

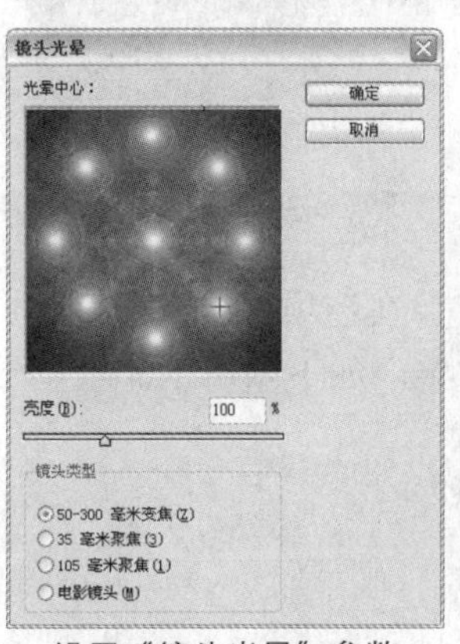

设置“镜头光晕”参数

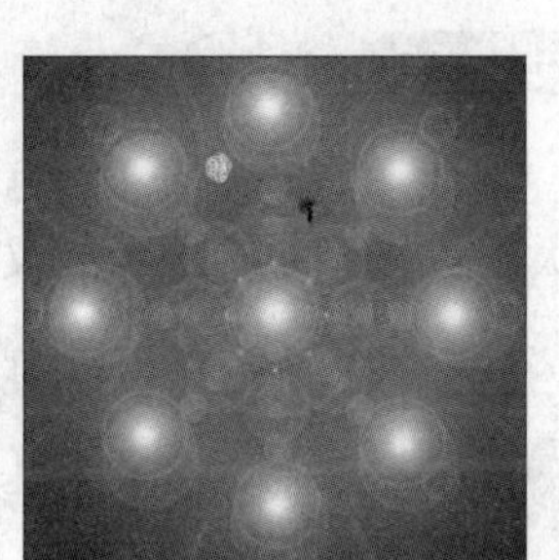
镜头光晕效果

步骤 03 添加径向模糊效果

执行“图像 > 调整 > 去色”命令，将图像自动去除颜色，效果如下图所示。

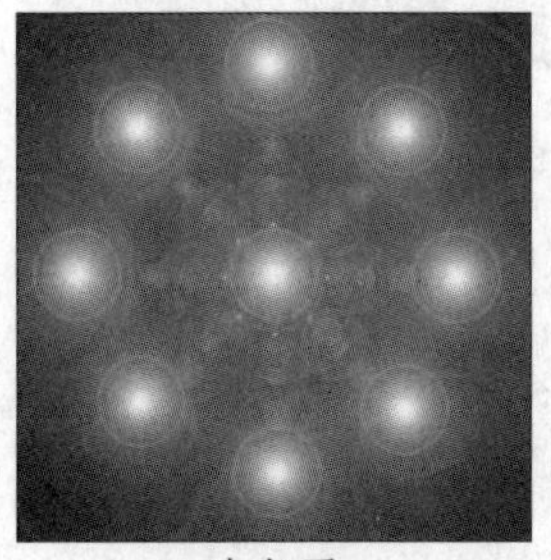
去色后

执行“滤镜 > 像素化 > 铜版雕刻”命令，在弹出的“铜版雕刻”对话框中的“类型”下拉列表中选择“中长描边”选项，如左下图所示，完成后单击“确定”按钮，效果如右下图所示。

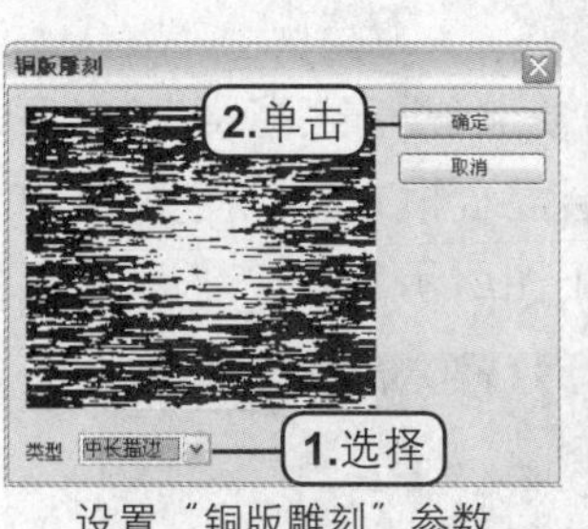

设置“铜版雕刻”参数

铜版雕刻效果

执行“滤镜 > 模糊 > 径向模糊”命令，在弹出的对话框中设置各项参数，如左下图所示，完成后单击“确定”按钮，效果如右下图所示。

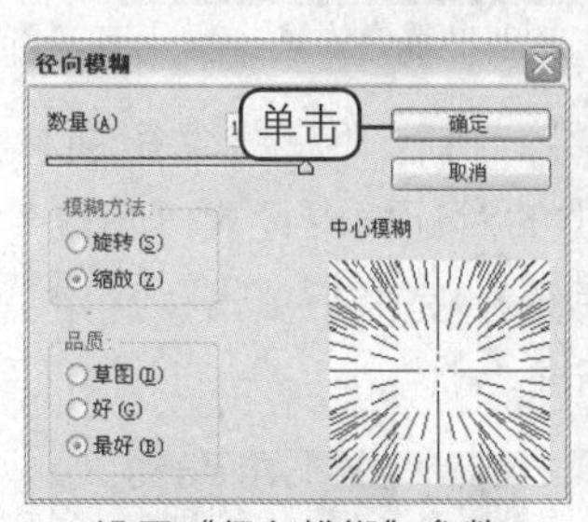

设置“径向模糊”参数

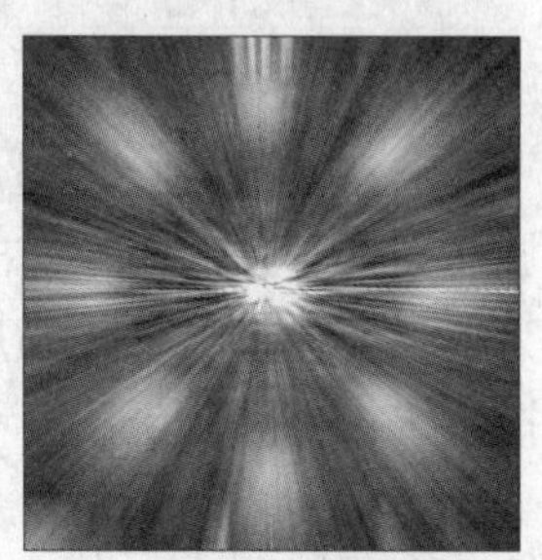
径向模糊效果

按下 Ctrl+F 快捷键 4 次，重复应用“径向模糊”滤镜，效果如下图所示。

最后径向模糊效果

步骤 04 着色

执行“图像 > 调整 > 色相 / 饱和度”命令，在弹出的对话框中选中“着色”复选框，并设置各项参数，如左下图所示，完成后单击“确定”按钮，效果如右下图所示。

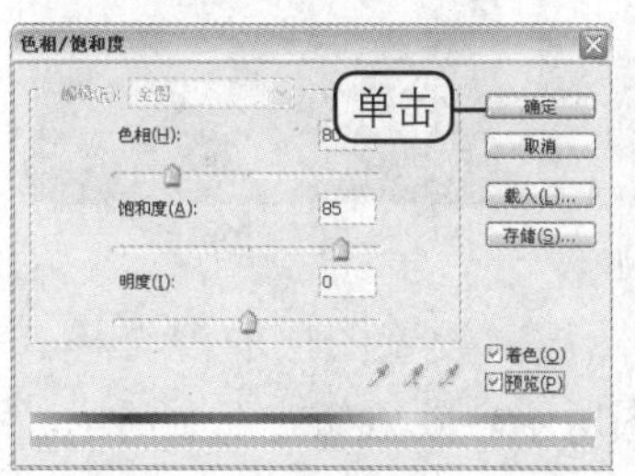

设置“色相 / 饱和度”参数

着色效果

步骤 05 变换图像

按下 Ctrl+J 快捷键，复制“背景”图层得到“图层 1”图层，并设置图层混合模式为“变亮”，如左下图所示，效果如右下图所示。

复制图层

混合效果

选择“图层 1”图层，执行“滤镜 > 扭曲 > 旋转扭曲”命令，在弹出的对话框中设置“角度”为“150 度”，如左下图所示，完成后单击“确定”按钮，效果如右下图所示。

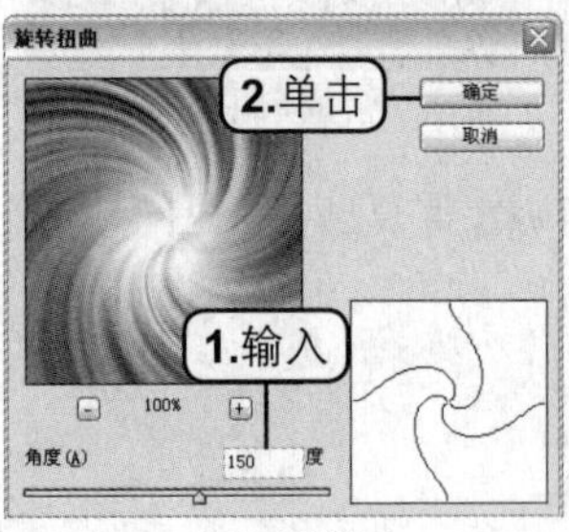

设置参数

扭曲效果

选择“背景”图层，按下 Ctrl+J 快捷键，复制“背景”图层得到“背景 副本”图层并重命名为“图层 2”图层，执行“滤镜 > 扭曲 > 旋转扭曲”命令，在弹出的对话框中设置“角度”为“-150 度”，如左下图所示，完成后单击“确定”按钮，效果如右下图所示。

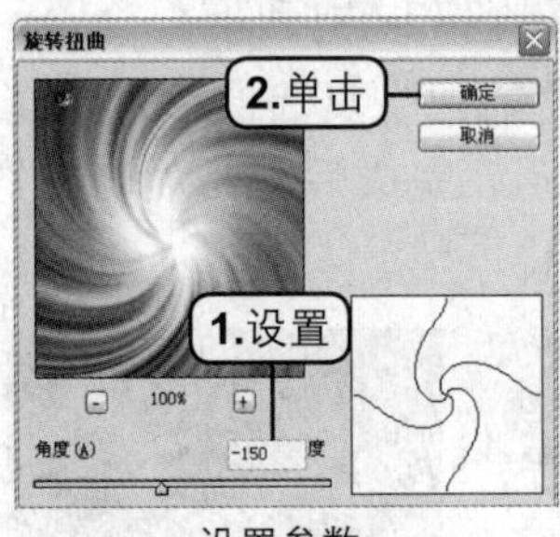

设置参数

扭曲效果

选择“图层 2”图层，设置图层的混合模式为“变亮”，如左下图所示，效果如右下图所示。

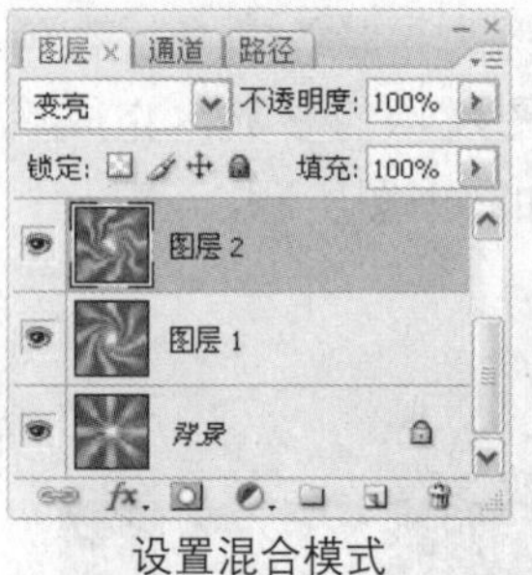

设置混合模式

混合效果

选择“图层 2”图层，执行“滤镜 > 扭曲 > 波浪”命令，在弹出的对话框中设置各项参数，如左下图所示，完成后单击“确定”按钮，效果如右下图所示。

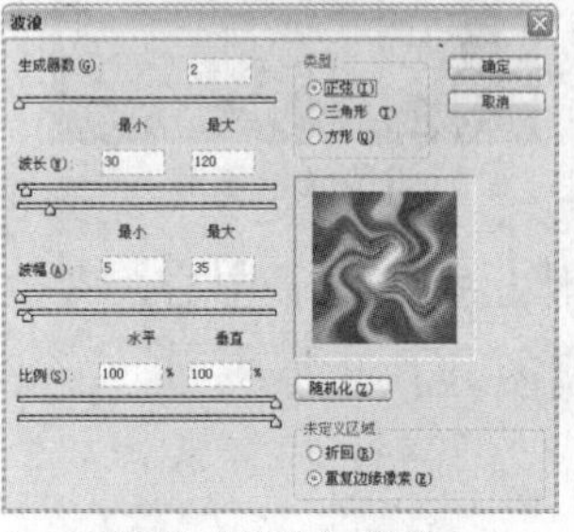
设置“波浪”参数

波浪效果

步骤 06 添加文字

选择横排文字工具[T]，在选项栏中设置字体、大小，在图像窗口输入文字，如下图所示。

添加文字

选择横排文字工具，在选项栏中设置相关选项，然后在图像中输入文字如下图所示。至此，本实例制作完成。

Basemic Symbol | Regular | 6 点 | 锐利

添加最后的文字

6.2 图案拼合特效

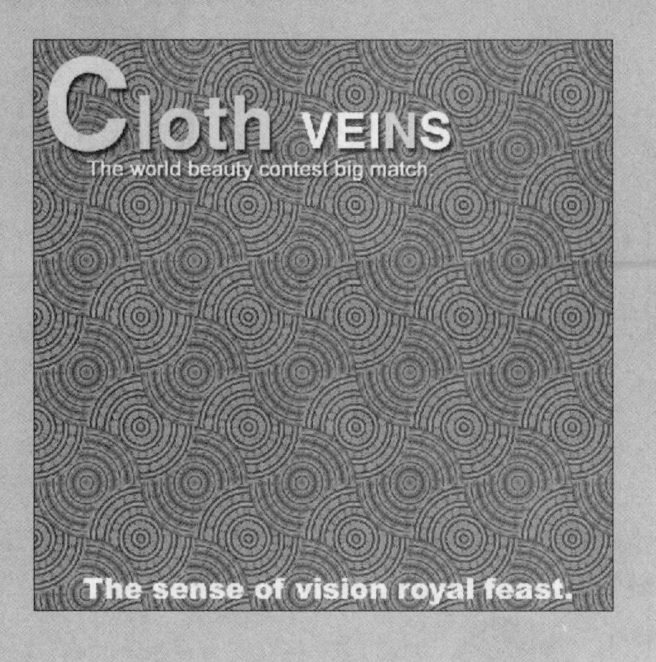

实例概述 本实例中运用 Photoshop 的填充图案功能、极坐标滤镜和选区的创建制作出特殊的图案和特效，再为其添加适当的文字配合。

关键提示 在制作过程中，难点在于创建选区时尺度的把握，重点在于图案的制作。

应用点拨 本实例的制作方法可用于各种重复图案图像的制作。

光盘路径：第 6 章 \Complete\ 图案拼合特效 .psd

步骤 01 新建图像文件

执行“文件 > 新建”命令，在弹出的“新建”对话框中设置如下图所示的参数，再单击“确定”按钮。

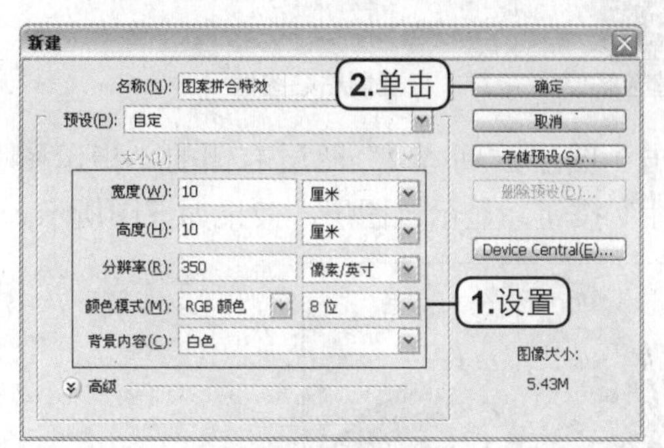

设置“新建”参数

步骤 02 填充图案

新建“图层 1”图层，执行“编辑 > 填充”命令，在弹出的对话框中设置各项参数，如左下图所示，单击“确定”按钮，效果如右下图所示。

设置参数　　添加图案效果

步骤 03 制作图形

执行“滤镜 > 扭曲 > 极座标”命令，并在弹出的对话框中设置各项参数，如左下图所示，再单击“确定”按钮，效果如右下图所示。

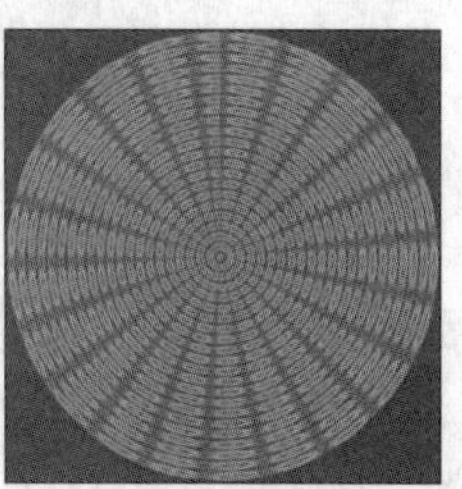

设置参数　　极坐标效果

选择椭圆选框工具，在选项栏上设置参数，然后在画面中间位置创建选区，如左下图所示。执行“选择 > 反向”命令，对选区进行反选，按下 Delete 键删除选区内图像，如右下图所示。

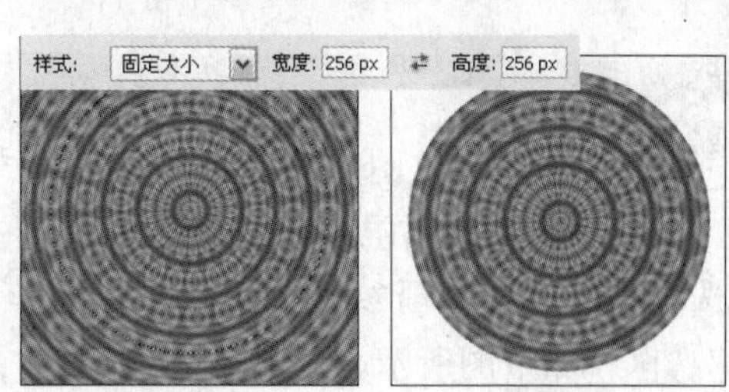

创建选区　　删除图像

复制“图层 1”图层，得到“图层 1 副本”图层。选择移动工具，按下键盘中的上下方向键来适当调整图像的位置，如左下图所示。复制“图层 1”图层，得到“图层 1 副本 2”图层和“图层 1 副本 3”图层。选择移动工具，按下键盘中的上下方向键来适当调整图像的位置，如右下图所示。

复制图像

调整图像位置

合并“图层 1”图层和“图层 1 副本”图层，然后合并“图层 1 副本 2”图层和“图层 1 副本 3”图层，然后执行“图像 > 调整 > 色相 / 饱和度”命令，在弹出的对话框中设置各项参数，如下图所示。

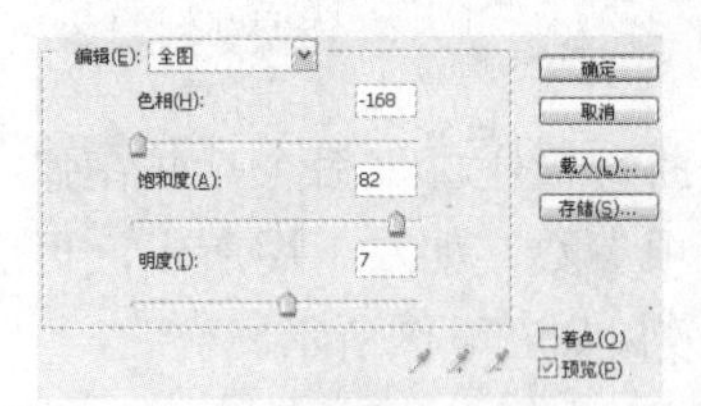

调整颜色

完成上述操作后，得到如下图所示的效果。

调整效果

步骤 04 调整图形

单击“图层 1 副本 2”图层右侧的“指示图层可见性”按钮，隐藏该图层。选择矩形选框工具，在选项栏上设置各项参数，然后在画面适当位置创建选区，如下图所示。

样式: 固定大小 宽度: 178 px 高度: 128 px

设置选项

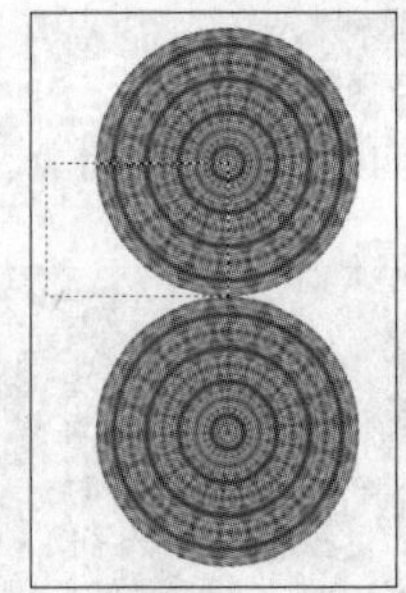

创建选区

选择“图层 1”图层，按下 Ctrl + J 快捷键，对选区图像进行复制粘贴，得到“图层 2”图层，将“图层 2”图层拖曳至最上层。选择矩形选框工具，在画面适当位置创建选区，效果如左下图所示。选择“图层 1”图层，按下 Ctrl + J 快捷键，对选区图像进行复制粘贴，得到“图层 3”图层，将“图层 3”图层拖曳至最上层，如右下图所示。

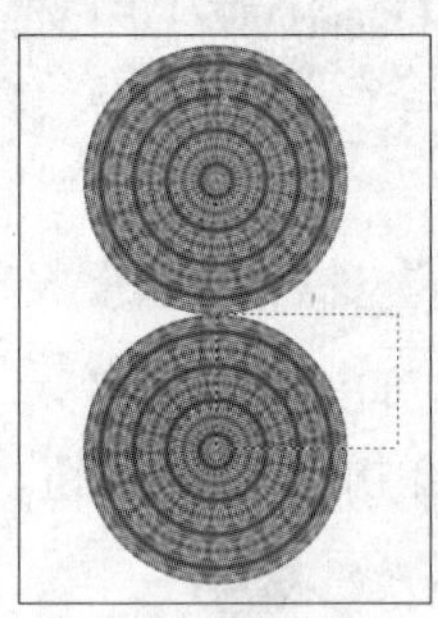

创建选区

复制粘贴图像

单击“图层 1 副本 2”图层右侧的“指示图层可见性”按钮，显示该图层，效果如下图所示。

显示图像效果

步骤 05 自定义图案

选择矩形选框工具，在选项栏上设置各项参数，然后在图像中间位置创建一个正方形选区，如右下图所示。

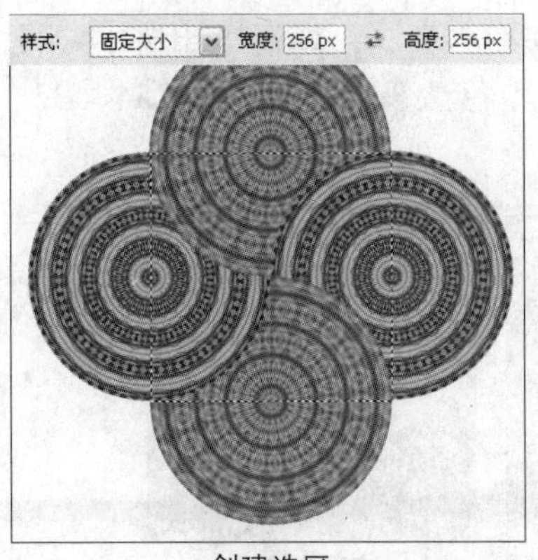

创建选区

执行“编辑 > 定义图案”命令，并在弹出的对话框中设置名称为“图案 1”，再单击“确定”按钮，如下图所示。

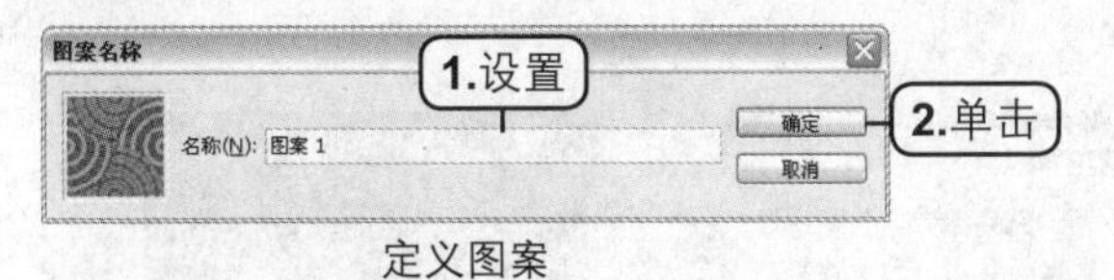

定义图案

步骤 06 添加图案

按下 Shift+Ctrl+E 快捷键，合并可见图层，如下图所示。按下 Ctrl+D 快捷键，取消选区。

合并图层

新建“图层 1”图层。执行“编辑 > 填充”命令，在弹出的对话框中设置各项参数，如左下图所示，再单击“确定”按钮，效果如右下图所示。

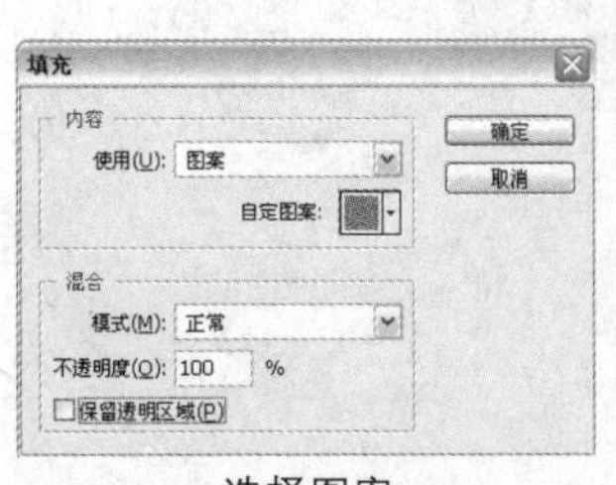

选择图案 填充图案效果

步骤 07 调整图像

执行“图像 > 调整 > 亮度 / 对比度”命令，在弹出的对话框中设置各项参数，如左下图所示，然后单击“确定”按钮，效果如右下图所示。

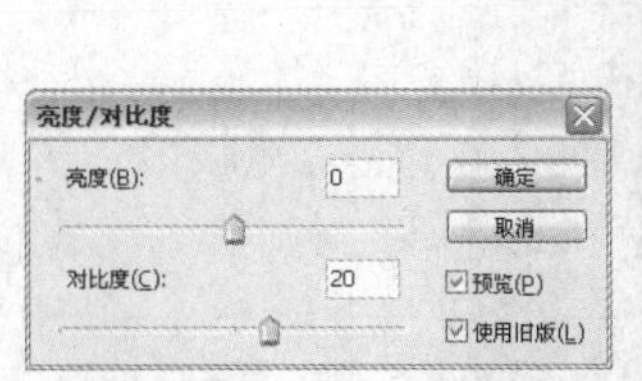

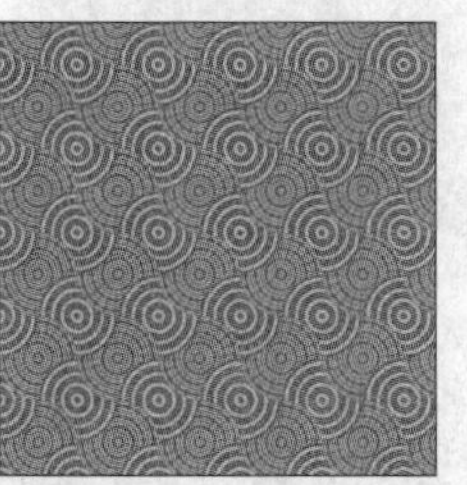

设置“亮度 / 对比度”参数 调整后的图像效果

执行“图像 > 调整 > 色相 / 饱和度”命令，在弹出的对话框中设置各项参数，如左下图所示，再单击“确定”按钮，效果如右下图所示。

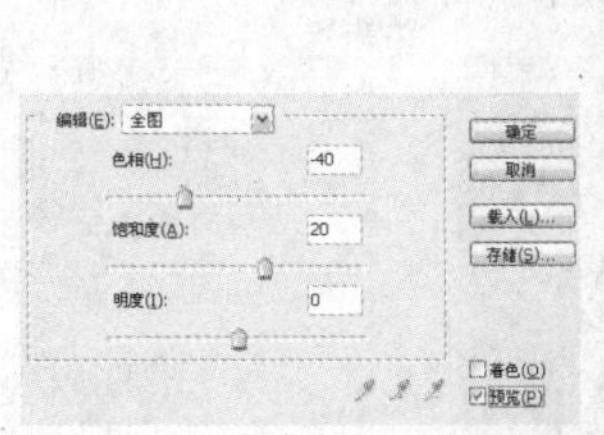

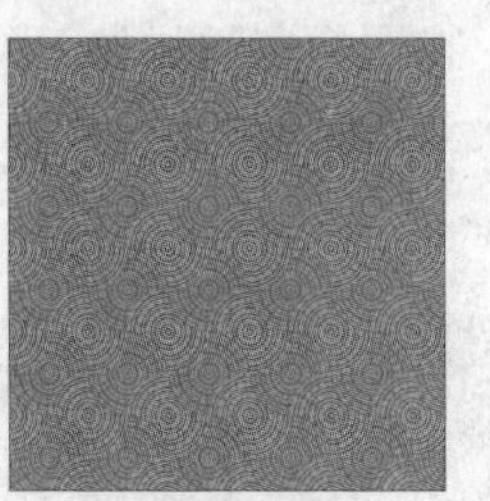

调整“色相 / 饱和度”参数 调整后的效果

按下 Ctrl+B 快捷键，在弹出的“色彩平衡”对话框中设置如左下图所示的参数。完成后单击“确定”按钮，调整图像的颜色，效果如右下图所示。

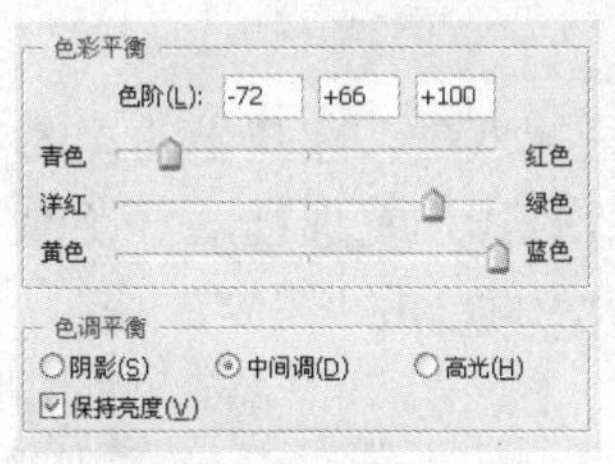

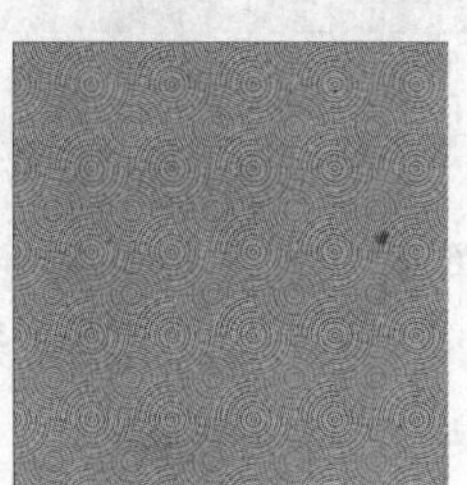

设置“色彩平衡”参数 调整颜色效果

执行“图像 > 调整 > 亮度 / 对比度”命令，在弹出的“亮度 / 对比度”对话框中设置如下图所示的参数。完成后单击“确定”按钮，调整图像的对比度。

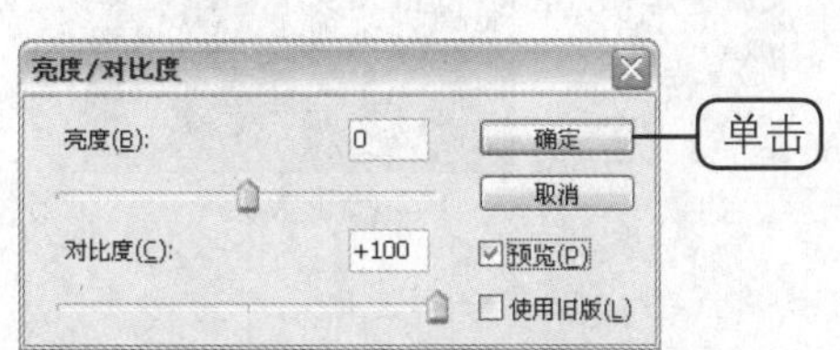

设置“对比度”参数

完成上述操作后，图像中的对比度变得更加强烈了，效果如下图所示。

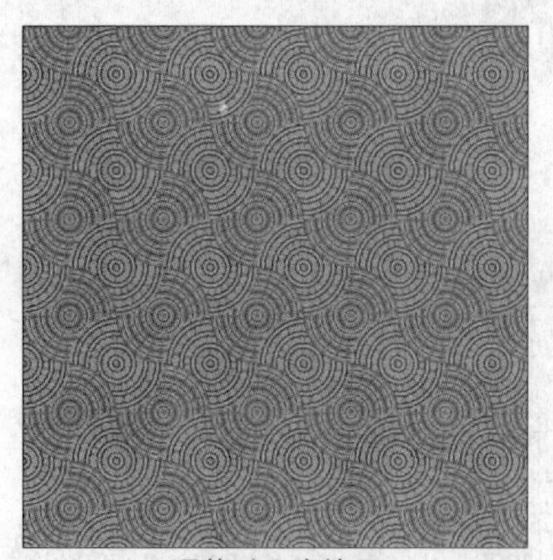

调整对比度效果

步骤 08 添加文字

在图像中添加如下图所示的文字。

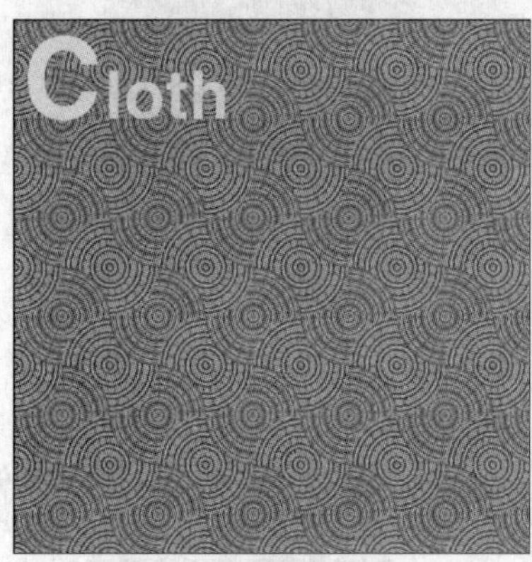

添加文字

在文字图层的灰色区域双击，在弹出的“图层样式”对话框中选中“投影”复选框，再设置各项参数，如左下图所示，再单击“确定”按钮，效果如右下图所示。

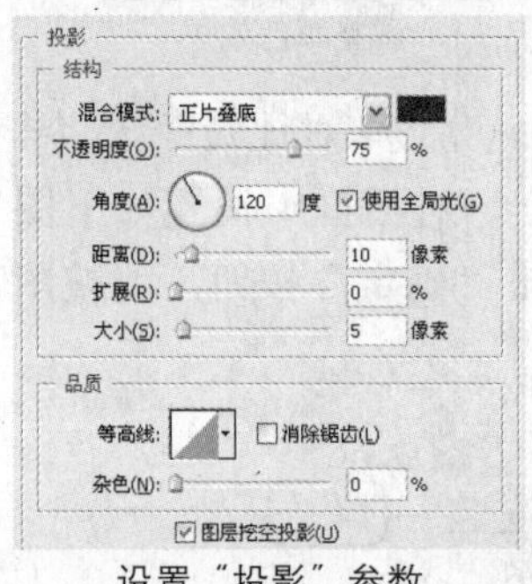

设置“投影”参数

投影效果

在图像中继续输入文字，如左下图所示。将文字中 N 字母的颜色改变为 R251、G254、B2，如右下图所示。

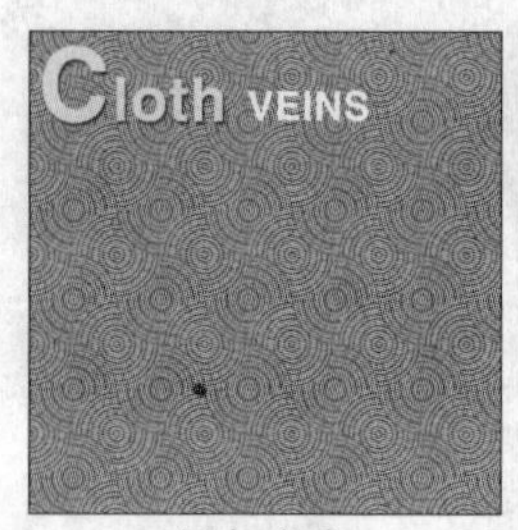

添加文字

调整文字颜色

在文字图层上双击，在弹出的“图层样式”对话框中设置各项参数，如左下图所示，再单击“确定”按钮，效果如右下图所示。

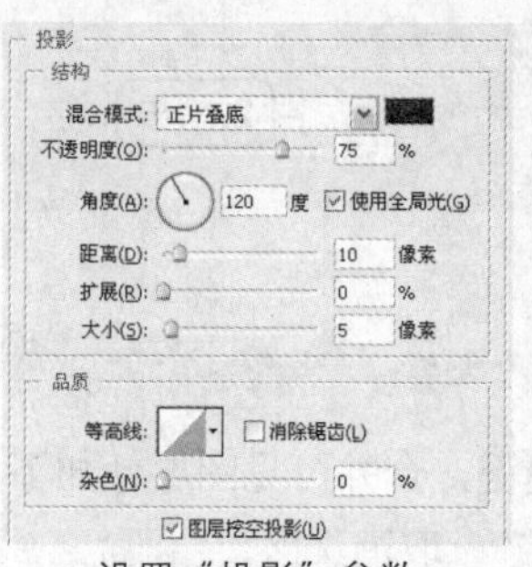

设置“投影”参数

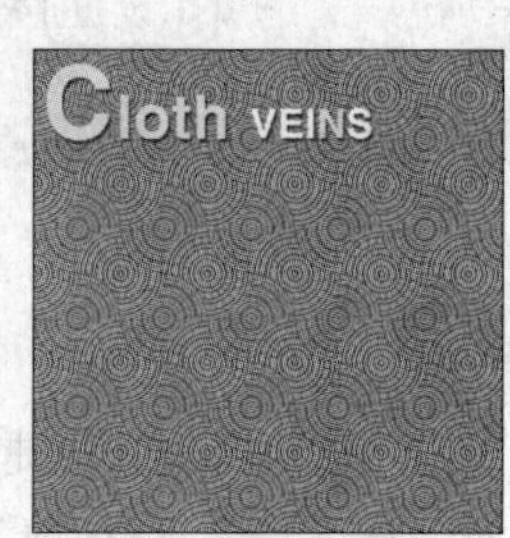

投影效果

在图像中继续添加文字，并为其添加投影，效果如下图所示。至此，完成本例的制作。

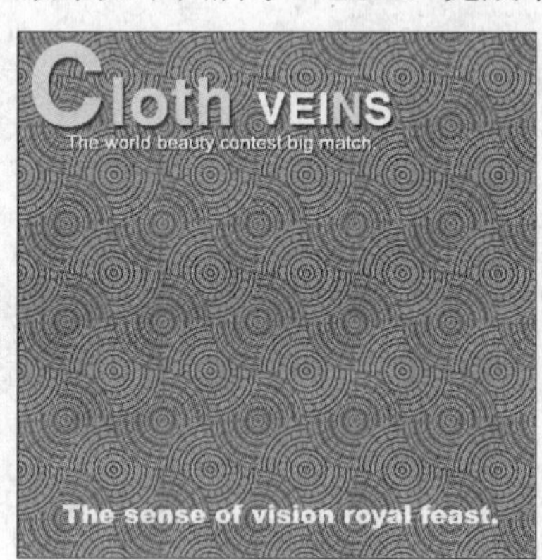

最终效果

6.3 燃烧云纹理

实例概述 本实例中运用Photoshop的"云彩"滤镜、"颜色叠加"、"图层样式"和图层蒙版的运用，制作出特殊的燃烧云纹理，再为其添加适当的文字。

关键提示 在制作过程中，难点在于"云彩"滤镜在蒙版中的运用，重点在于图层之间参透关系的把握。

应用点拨 本实例的制作方法可用于各种岩浆、燃烧云和云彩特效的制作。

光盘路径： 第6章\Complete\燃烧云纹理.psd

步骤01 制作球体

打开本书配套光盘中第6章\media\裂纹地砖.jpg文件，如下图所示。

打开的图像文件

选择椭圆选框工具，按住Shift键，沿图像的边缘创建一个正圆选区，如左下图所示。按下Shift+Ctrl+I快捷键，对选区进行反向，然后按下Delete键，进行删除，效果如右下图所示。

创建选区

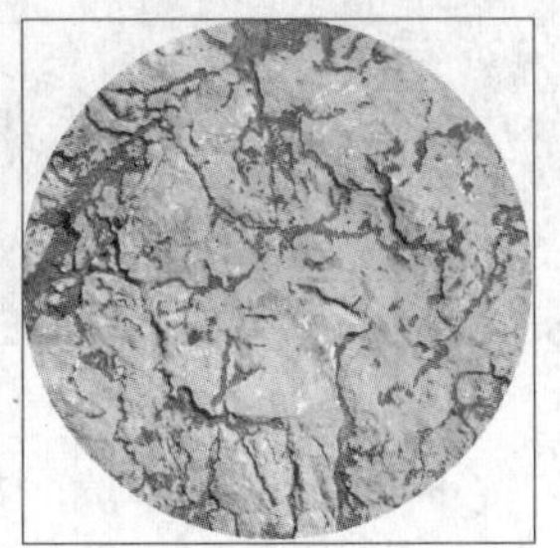

删除图像

执行"滤镜>扭曲>球面化"命令，在弹出的"球面化"对话框中设置"数量"为100%，为图像添加球面化效果，如左下图所示。完成后单击"确定"按钮。效果如右下图所示。

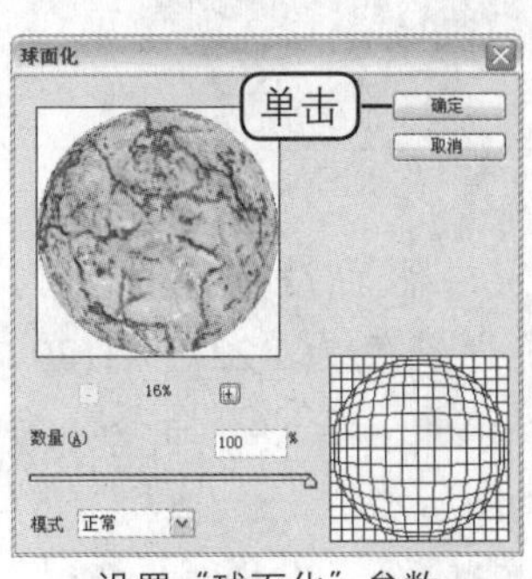

设置"球面化"参数

球面化效果

执行"滤镜>扭曲>海洋波纹"命令，在弹出的"海洋波纹"对话框中设置如左下图所示的参数，为图像添加海洋波纹效果，如右下图所示。

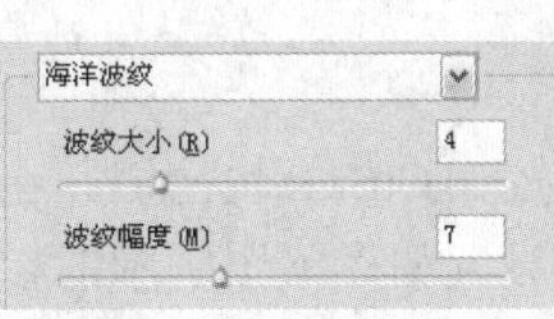

设置"海洋波纹"参数

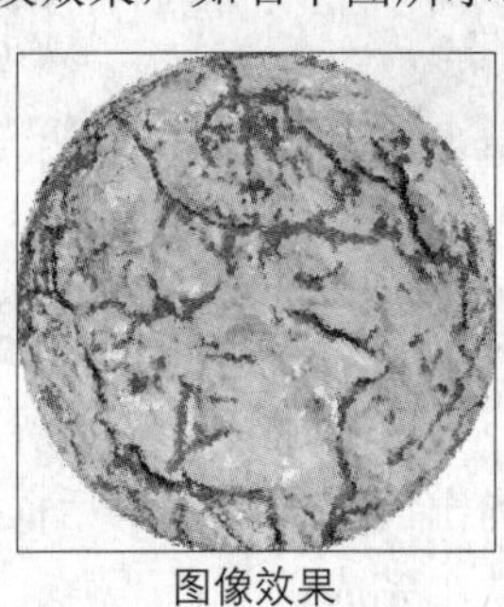

图像效果

步骤 02 制作岩浆

执行“文件 > 新建”命令，在弹出的“新建”对话框中设置如下图所示的参数。完成后单击“确定”按钮，新建一个图像文件。

设置“新建”参数

选择魔棒工具，在“裂纹地砖.jpg”图像中口中的白色区域单击，将白色的部分创建为选区。按下 Shift+Ctrl+I 快捷键，进行反选，如左下图所示。将选区中的图像拖入到“燃烧云纹理.psd”图像窗口中，如右下图所示。

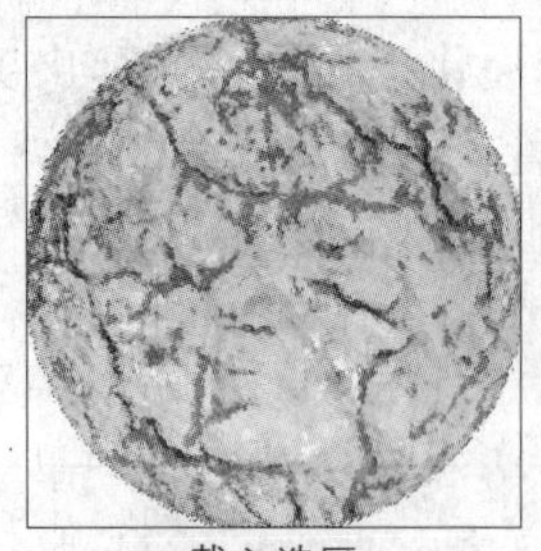
载入选区

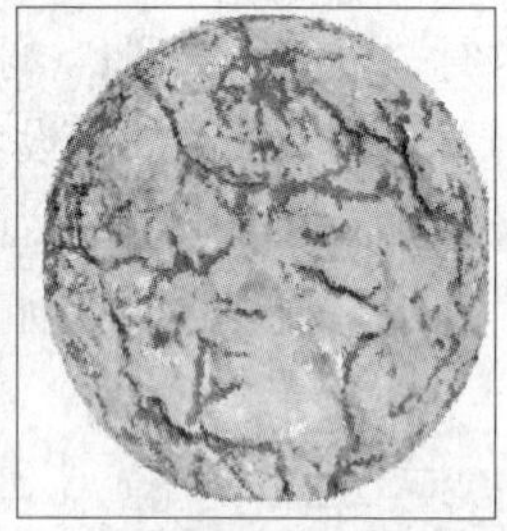
拖入图像

隐藏“图层 1”图层，然后设置前景色为 R210、G28、B27，设置背景色为 R227、G120、B56，然后执行“滤镜 > 渲染 > 云彩”命令，为图像添加云彩效果，如下图所示。

云彩效果

步骤 03 调整图像亮度

选择“背景”图层，按下 Ctrl+L 快捷键，在弹出的“色阶”对话框中设置如左下图所示的参数。完成后单击“确定”按钮，调整图像的亮度。效果如右下图所示。

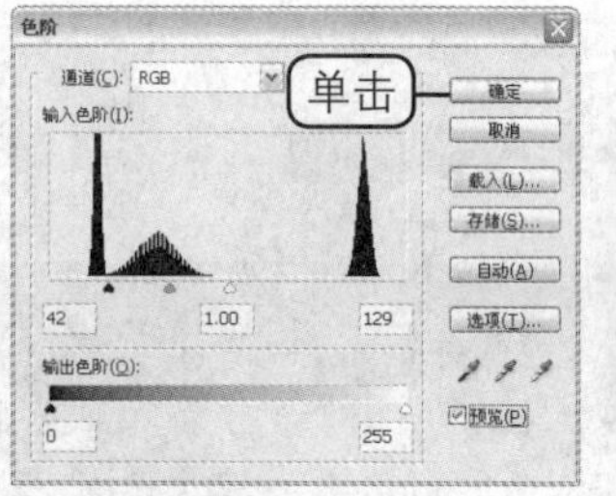

设置“色阶”参数

增加图像亮度

用相同的方法为“图层 1”图层调整“色阶”，从而调整图像的亮度。效果如右下图所示。

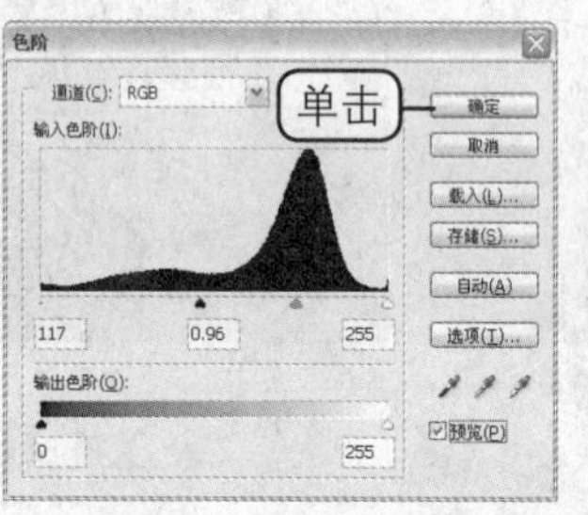

设置“色阶”参数

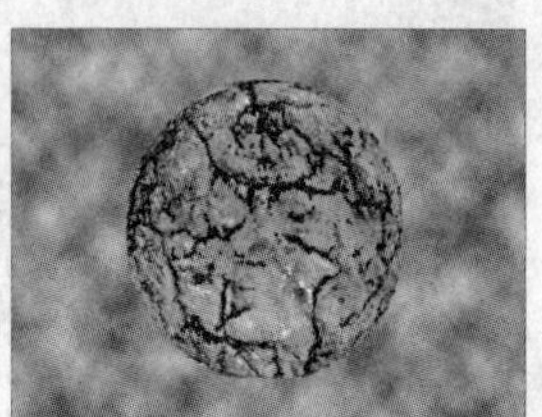
减少图像亮度

步骤 04 编辑蒙版

单击“添加图层蒙版”按钮，为“图层 1”图层添加蒙版，如左下图所示。执行“滤镜 > 渲染 > 云彩”命令，为蒙版添加云彩效果。调整该图层的混合模式为“正片叠底”，如右下图所示。

添加蒙版

设置混合模式

完成上述操作后，为图像添加了云雾缭绕的效果，如下图所示。

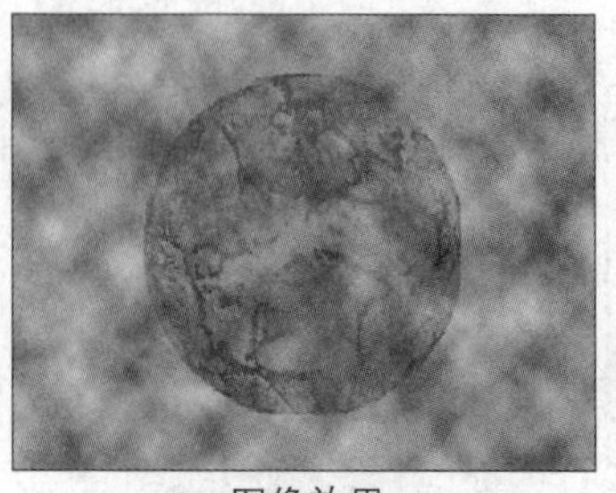
图像效果

按下 Ctrl+L 快捷键，在弹出的“色阶”对话框中设置如下图所示的参数。完成后单击“确定”

按钮，降低图像中蒙版的亮度，增加了图像的亮度，效果如右下图所示。

设置“色阶”参数

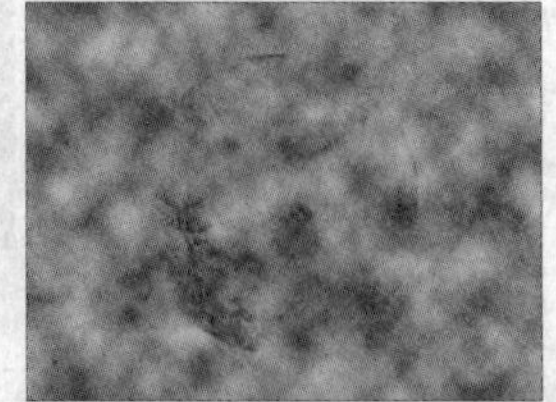

增加图像亮度

在“图层 1”图层下方新建一个图层，然后按住 Ctrl 键，单击“图层 1”图层的缩览图，将其载入选区。在“图层 3”图层中填充颜色（R201、G53、B29），如左下图所示。效果如右下图所示。

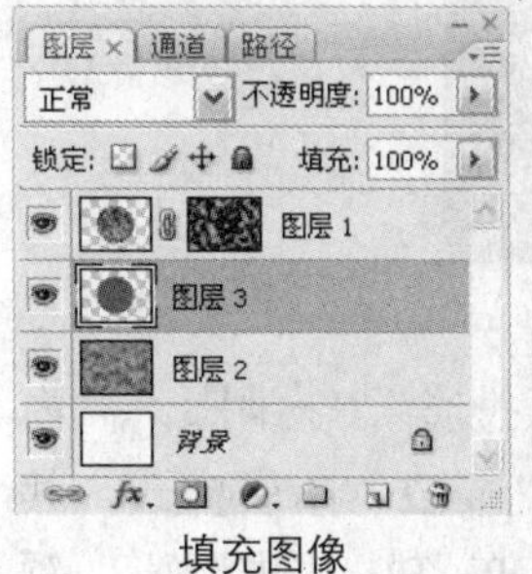

填充图像

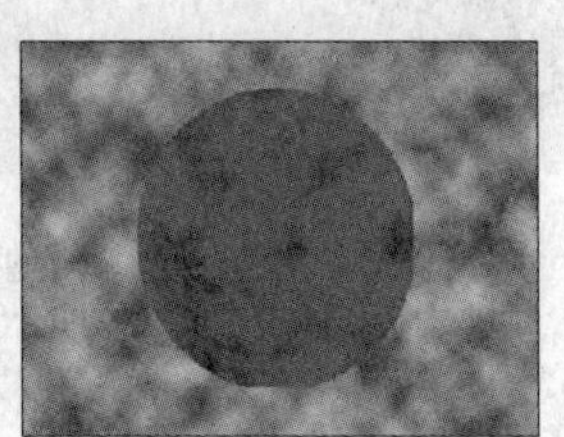

填充效果

调整“图层 3”图层的混合模式为“颜色减淡”，然后执行“滤镜 > 渲染 > 云彩”命令，为“图层 3”图层的蒙版添加云彩效果，如左下图所示。在图像中删除了部分深色，效果如右下图所示。

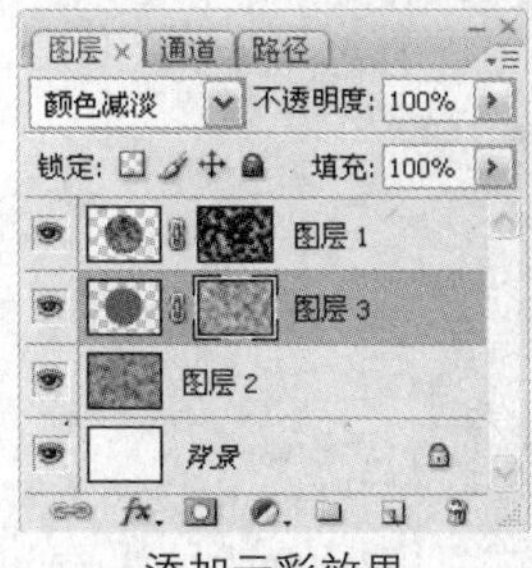

添加云彩效果

图像效果

步骤 05 添加径向模糊效果

按下 Shift+Ctrl+Alt+E 快捷键，创建一个盖印图层，如下图所示。

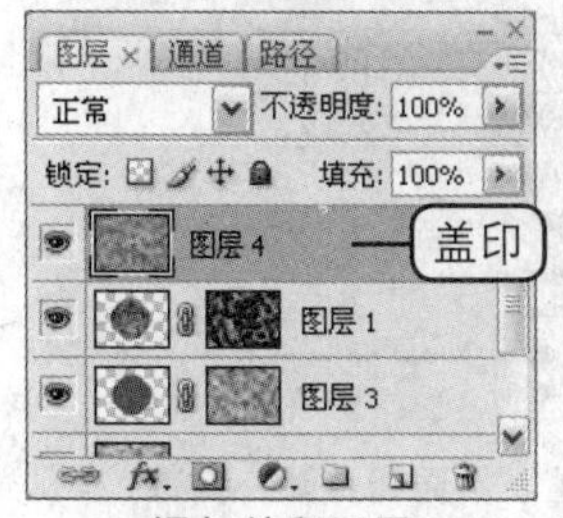

添加盖印图层

执行“滤镜 > 纹理 > 颗粒”命令，在弹出的“颗粒”对话框中设置如左下图所示的参数。完成后单击“确定”按钮，为图像添加颗粒效果，如右下图所示。

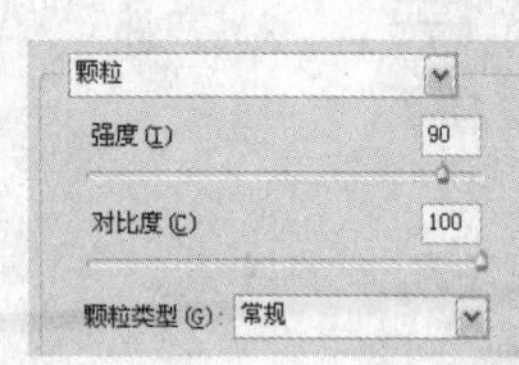

设置“颗粒”参数

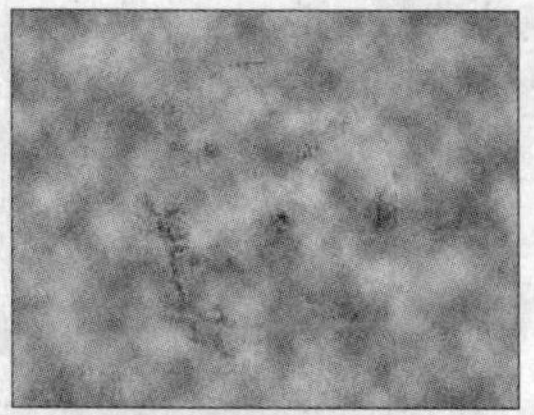

颗粒效果

选择画笔工具，在选项栏上设置各项参数后，在“图层 4”图层的蒙版上进行涂抹，适当减少颗粒效果所覆盖的范围，如左下图所示。效果如右下图所示。

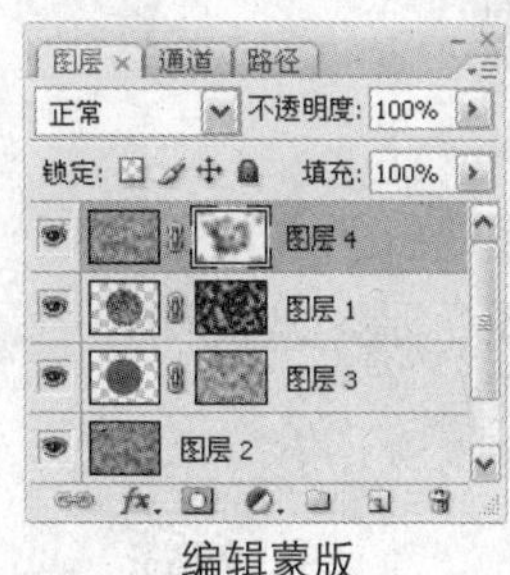

编辑蒙版

编辑后的效果

执行“滤镜 > 模糊 > 径向模糊”命令，在弹出的“径向模糊”对话框中设置如左下图所示的参数。完成后单击“确定”按钮，为图像设置径向模糊效果，如右下图所示。

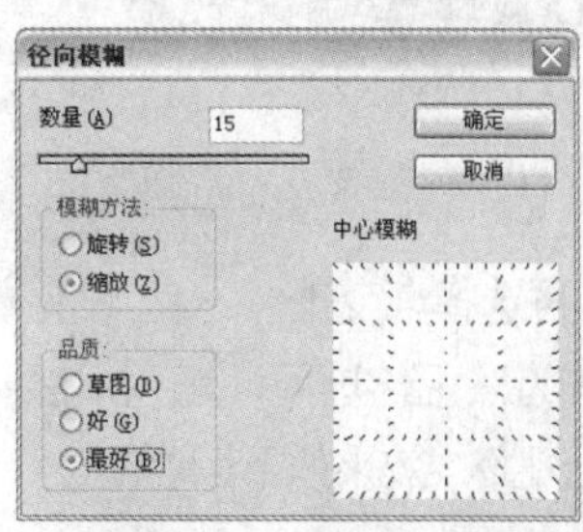

设置“径向模糊”参数

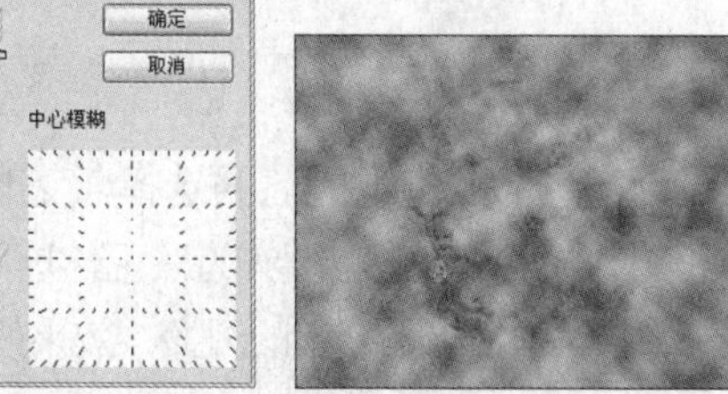

径向模糊效果

步骤 06 加强云彩效果

新建“图层 5”图层，如左下图所示。按下 D 键，恢复默认的前景色和背景色。执行“滤镜 > 渲染 > 云彩”命令，为“图层 5”图层添加云彩效果，并设置该图层的混合模式为“线性加深”，如右下图所示。

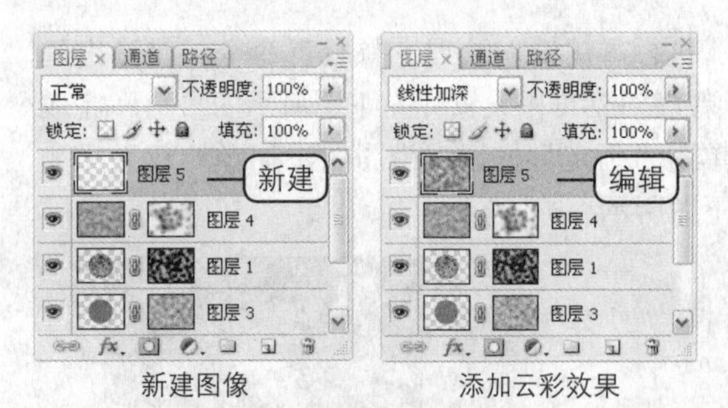

新建图像　　　　添加云彩效果

完成上述操作后，得到如下所示的效果。

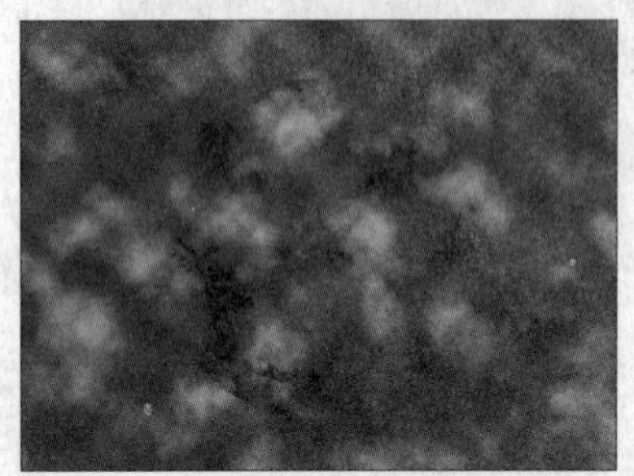

图像效果

选择画笔工具，在“图层 5”图层的蒙版中进行适当的涂抹，如左下图所示，减淡图像中的深的效果，效果如右下图所示。

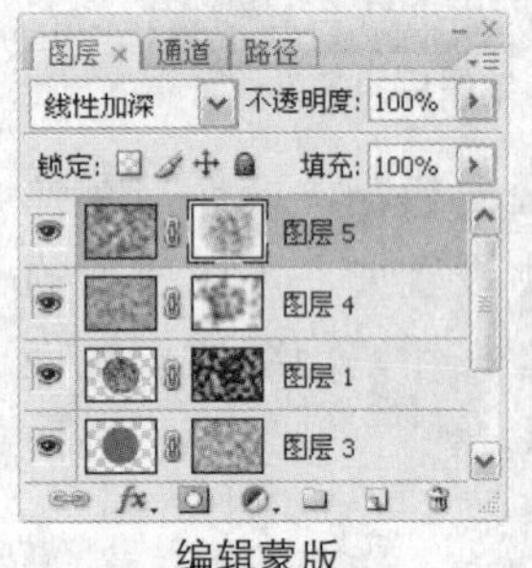

编辑蒙版　　　　编辑后的效果

步骤 07 添加渐变

新建“图层 6”图层，再选择渐变工具，设置径向渐变的渐变色从左至右为黑色，透明，黑色，然后在图像中创建水平方向的渐变，效果如下图所示。

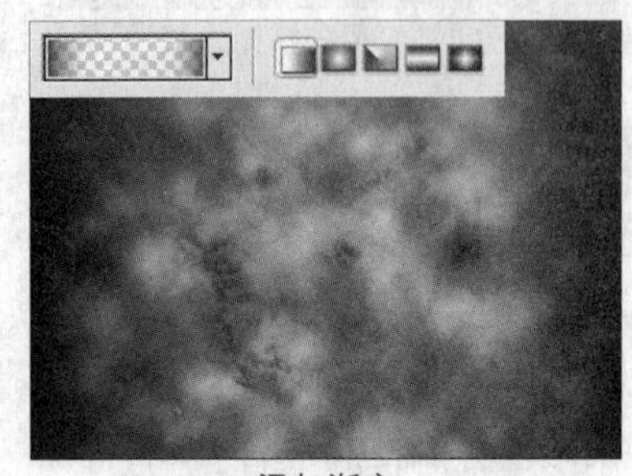

添加渐变

调整“图层 6”图层的“不透明度”为 60%，如左下图所示，降低图像中的边缘黑色，效果如右下图所示。

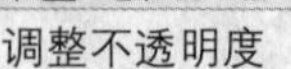

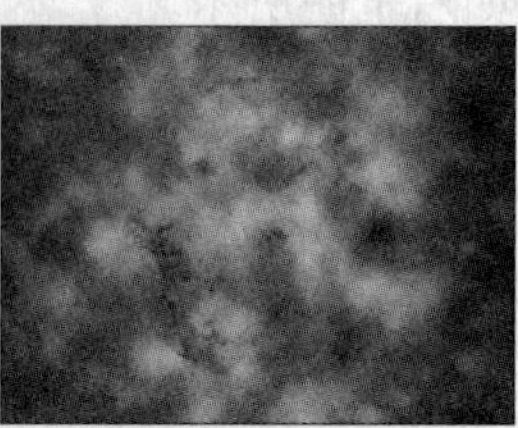

调整不透明度　　　　调整后的效果

步骤 08 添加文字

为图像添加如下图所示的文字。

添加文字

为文字图层分别添加“投影”、“内阴影”、“内发光”、“斜面和浮雕”和“描边”图层样式，其中“投影”颜色为 R255、G0、B0，“内阴影”颜色为 R251、G158、B0，“内发光”颜色为 R255、G175、B39，“阴影模式”颜色为 R255、G160、B0，“描边”颜色为 R127、G66、B0。参数设置和得到立体效果如下图所示。

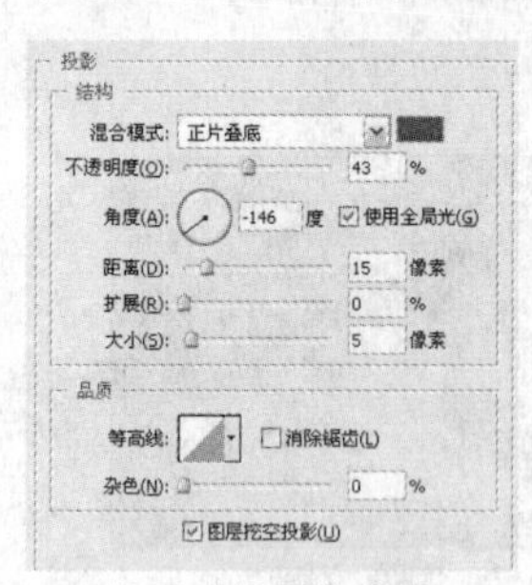

设置“投影”参数　　　　设置“内阴影”参数

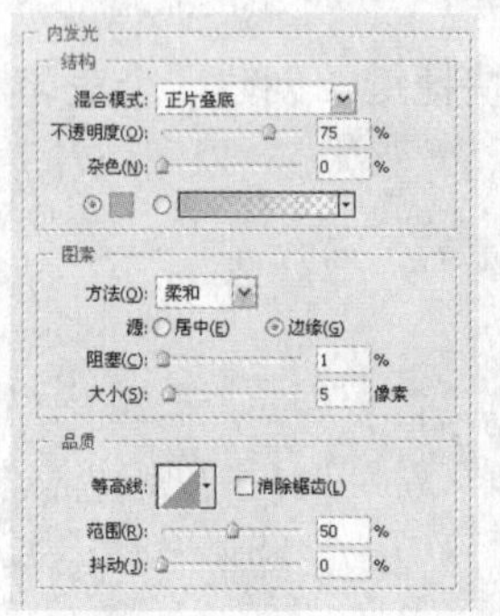

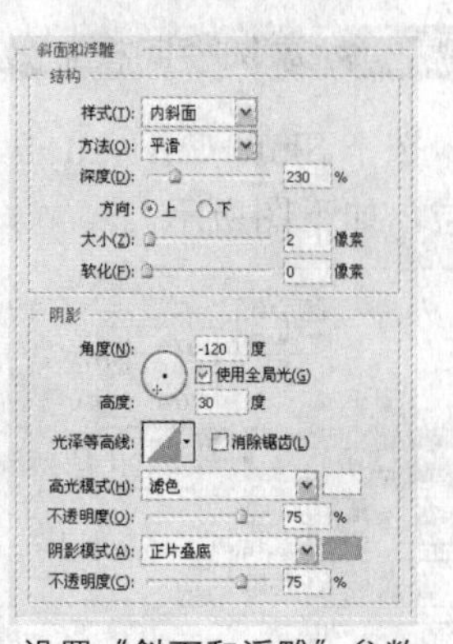

设置“内发光”参数　　　　设置“斜面和浮雕”参数

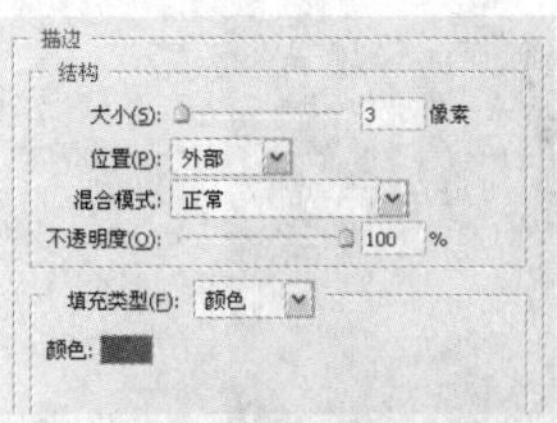

设置“描边”参数

文字效果

步骤 09 增亮图像

选中“图层 2”图层，然后按下 Ctrl+L 快捷键，在弹出的“色阶”对话框中设置如左下图所示的参数。完成后单击“确定”按钮，调整“图层 2”图层的亮度。效果如右下图所示。

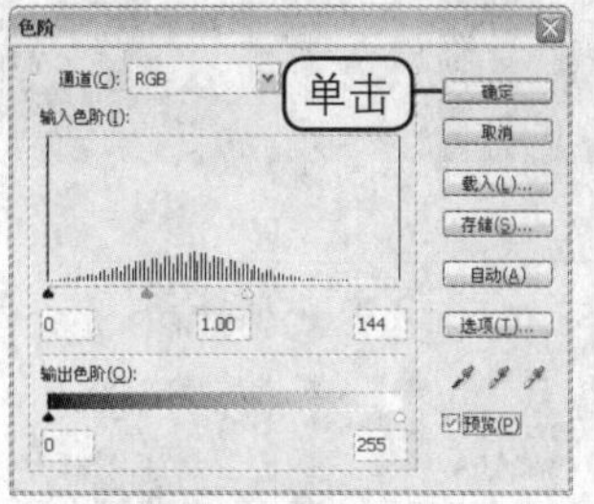

设置“色阶”参数

调整图像亮度

步骤 10 添加素材

打开本书配套光盘中第 6 章 \media\ 凤 .png 文件，如下图所示。

打开的图像文件

将“凤 .png”图像文件拖动到“燃烧云纹理 .psd”图像窗口中。为“图层 7”图层添加蒙版，然后将该图像中与 Silence 图层重叠的部分填充为黑色，如右下图所示，隐藏该图像与文字部分重叠的部分，效果如右下图所示。

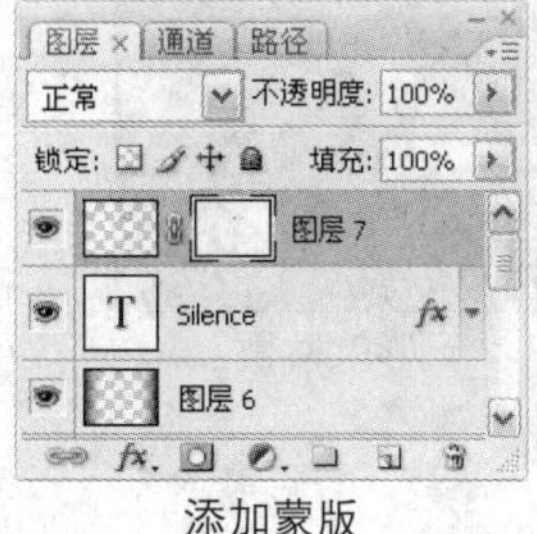

添加蒙版

图像效果

右击文字图层，在弹出的快捷菜单中执行“拷贝图层样式”命令，拷贝文字图层的图层样式。在“图层 7”图层上右击，在弹出的快捷菜单中执行“粘贴图层样式”命令，将文字图层上的图层样式粘贴到“图层 7”图层上。效果如下图所示。

拷贝图层样式

步骤 11 添加文字

根据画面效果，为图像中添加适当的文字。效果如下图所示。

添加文字

步骤 12 添加素材

打开本书配套光盘中第 6 章 \media\ 凤 2.png 文件，如下图所示。

打开的素材文件

将“凤 2.png”图像文件拖入到“燃烧云纹理 .psd”图像窗口中。双击“图层 8”图层，在弹出的“图层样式”对话框中选中“内发光”和“颜色叠加”复选框，再分别设置参数，其中“内发光”颜色为 R255、G255、B112，“颜色叠加”颜色为 R255、G0、B0，如左下图和右下图所示。

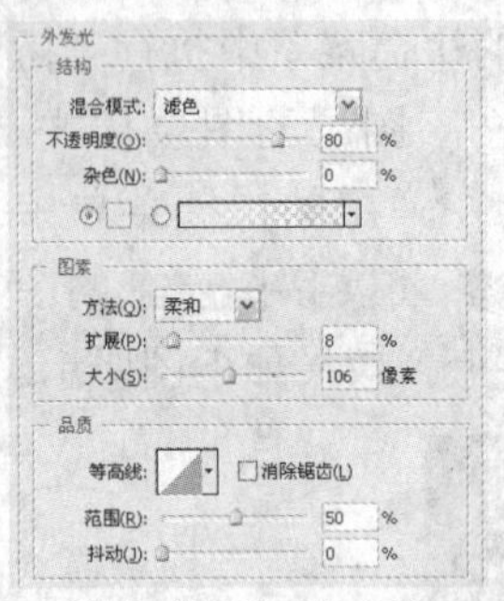
设置“外发光”参数

设置“颜色叠加”参数

完成上述操作后，为中间的素材添加图层样式，效果如下图所示。至此，本实例制作完成。

完成图像编辑

6.4 蜡染纹理

光盘路径：第 6 章 \Complete\ 蜡染纹理 .psd

实例概述 本实例中运用 Photoshop 的“云彩”滤镜、“查找边缘”滤镜、“USM 锐化”滤镜、渐变填充和色阶，制作出特殊的蜡染纹理，再为其添加适当的颜色和文字。

关键提示 在制作过程中，难点在于调整图像色阶时色标的把握，重点在于为图像添加渐变时颜色的把握。

应用点拨 本实例的制作方法可用于各种卷曲纹理和图像的制作。

步骤 01 新建文件

执行“文件 > 新建”命令，在弹出的“新建”对话框中设置如下图所示的参数，完成后单击“确定”按钮。新建一个图像文件。

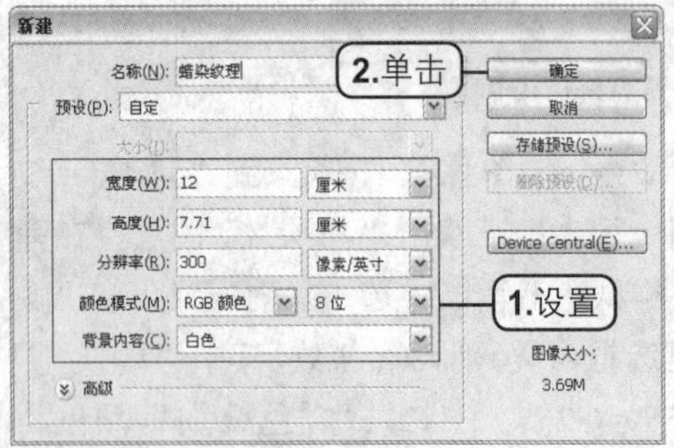

设置“新建”参数

步骤 02 制作背景

新建“图层 1”图层，如左下图所示。执行“滤镜 > 渲染 > 云彩”命令，为图像添加云彩效果，如右下图所示。

新建图层

云彩效果

执行“滤镜 > 锐化 >USM 锐化”命令，在弹出的“USM 锐化”对话框中设置如左下图所示的参数。完成后单击“确定”按钮，锐化图像中的云彩效果，如右下图所示。

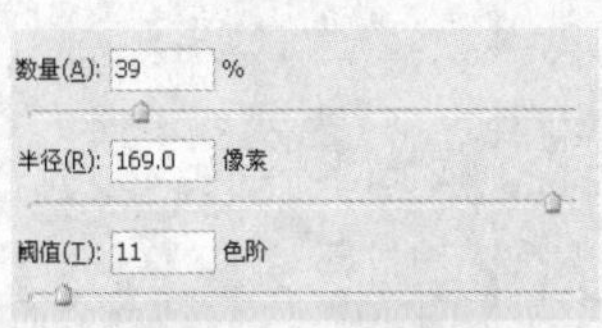

设置“锐化”参数

锐化效果

执行“滤镜 > 风格化 > 查找边缘”命令，为图像添加查找边缘效果，如下图所示。

查找边缘效果

按下快捷键 Ctrl+I，对图像进行反相处理，效果如下图所示。

反相效果

按下 Ctrl+L 快捷键，在弹出的“色阶”对话框中设置如左下图所示的参数，增加图像中亮部的亮度，效果如右下图所示。

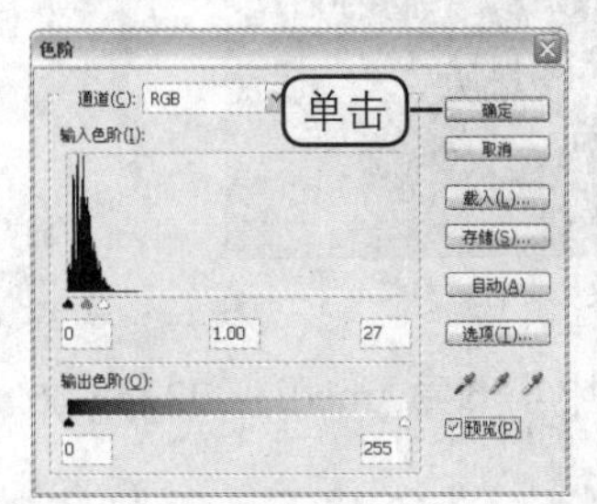

设置“色阶”参数

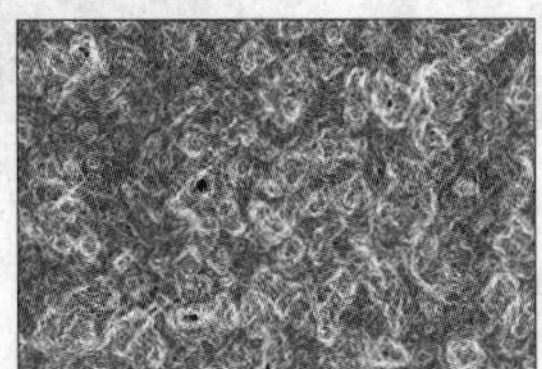
调整色阶后的效果

步骤 03 添加颜色

新建一个图层，再选择渐变工具，再设置渐变色从左到右依次为 R82、G97、B218，R47、G172、B194，R195、G215、B60，在图像中从上至下拖动添加渐变，效果如左下图所示。将“图层 2”图层的混合模式调整为“叠加”，效果如右下图所示。

添加渐变

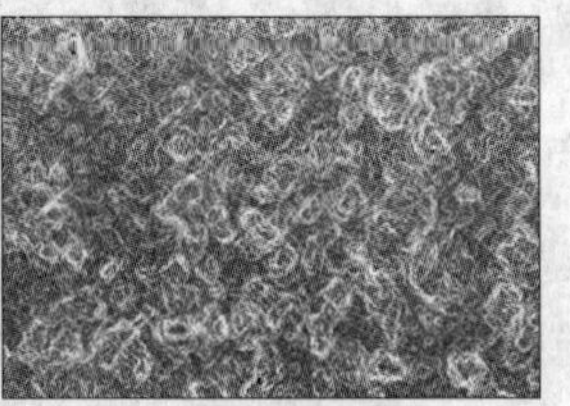
叠加效果

步骤 04 添加文字

新建图层，在图像的右下角绘制一个随意形状的灰色块，如左下图所示。将该色块的“不透明度”设置为 50%，效果如右下图所示。

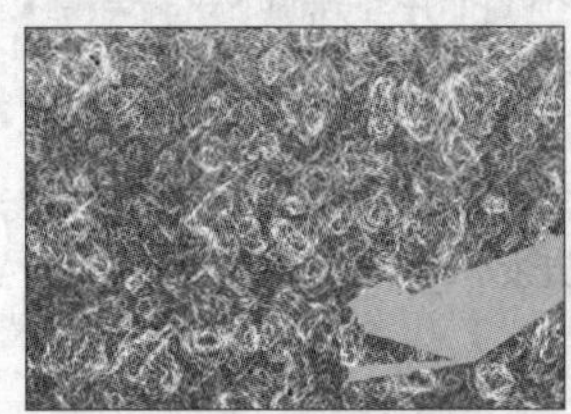
绘制灰色块

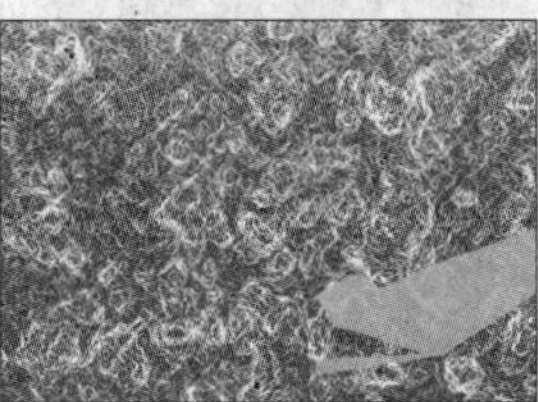
降低透明度

选择横排文字工具，根据画面效果，在灰色块的上方添加适当的文字。效果如下图所示。至此，本实例制作完成。

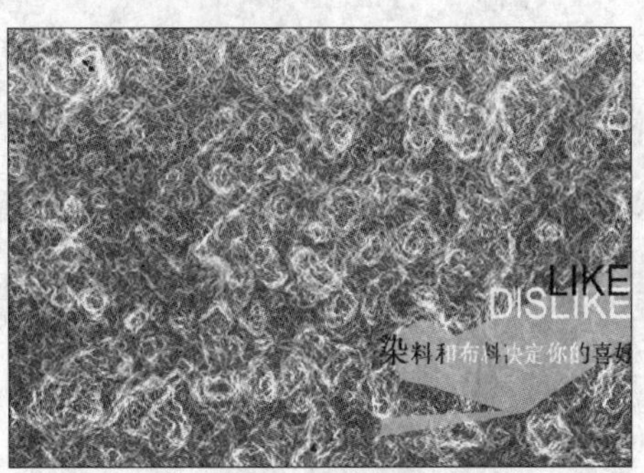

添加文字

6.5 喷溅纹理

光盘路径：第 6 章 \Complete\ 喷溅纹理 .psd

实例概述 本实例中运用 Photoshop 的混合模式、移动工具、套索工具、自由变换、橡皮擦工具、不透明度制作喷溅纹理。

关键提示 在制作过程中，难点在于文字的排版方式，重点在于各个图层混合模式的调整。

应用点拨 本实例的制作方法可用于各种涂鸦和另类合成图像的制作。

步骤 01 新建图像文件

执行“文件 > 新建”命令，打开“新建”对话框，在弹出的对话框中设置“宽度”为“10 厘米”，设置“高度”为“6 厘米”，设置“分辨率”为“350 像素 / 英寸”，如下图所示。完成后单击“确定”按钮，新建一个图像文件。

设置“新建”参数

步骤 02 制作背景

设置前景色为黄色（R253、G225、B173），按下 Alt + Delete 快捷键，对背景填充黄色，如下图所示。

填充背景

打开本书配套光盘中第 6 章 \media\001.jpg 文件，如下图所示。

打开的素材文件

利用移动工具将 001.jpg 文件中的图像拖曳至“喷溅纹理”文件中，得到“图层 1”图层。设置“图层 1”图层的混合模式为“亮度”，效果如下图所示。

混合效果

打开本书配套光盘中第 6 章 \media\002.jpg 文件，如下图所示。

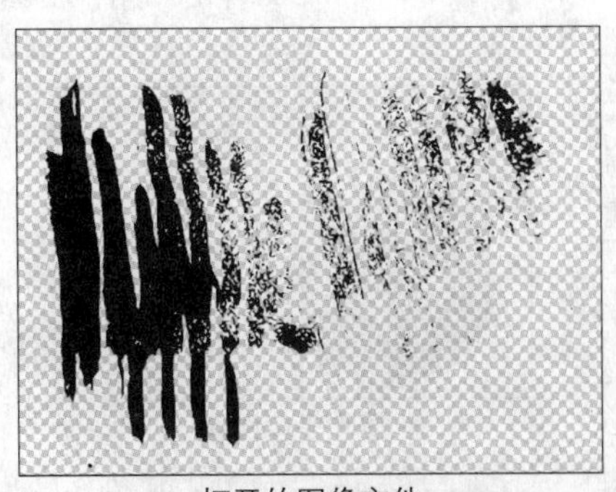

打开的图像文件

选择移动工具，将 002.jpg 文件中的图像拖曳至“喷溅纹理”文件中，得到“图层 2”图层，效果如下图所示。

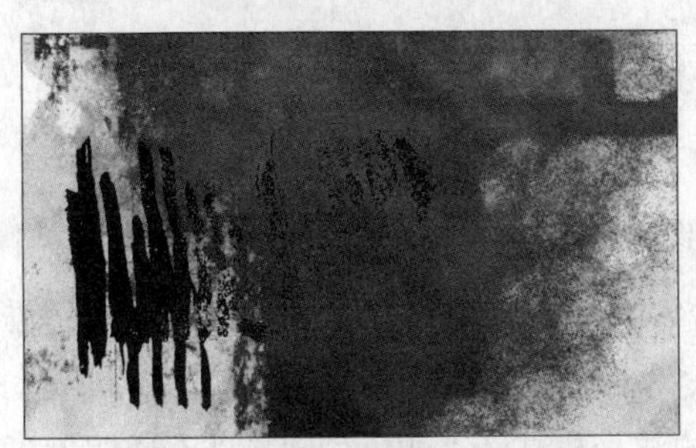

拖入素材

按住 Ctrl 键单击“图层 2”图层的缩略图，将图像载入选区，如左下图所示。设置前景色为黄色（R238、G174、B0），按下 Alt + Delete 快捷键，进行填充，效果如右下图所示。

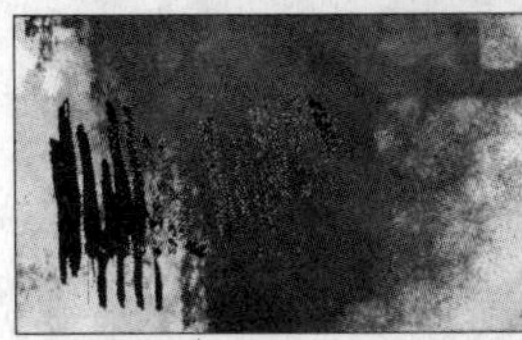

载入选区

填充图像

步骤 03 调整素材

设置“图层 2”图层的混合模式为“叠加”，效果如左下图所示。打开本书配套光盘中第 6 章\media\003.jpg 文件，如下图所示。

调整混合模式

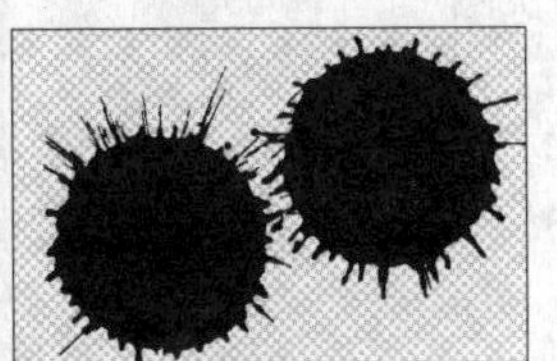

素材

将“003.jpg”文件中的图像拖入到“喷溅纹理 .psd”图像窗口中，如下图所示。

拖入图像

将“图层 3”图层中的图像载入选区，如左下图所示。设置前景色为红色（R238、G174、B0），按下 Alt + Delete 快捷键，进行填充，效果如右下图所示。

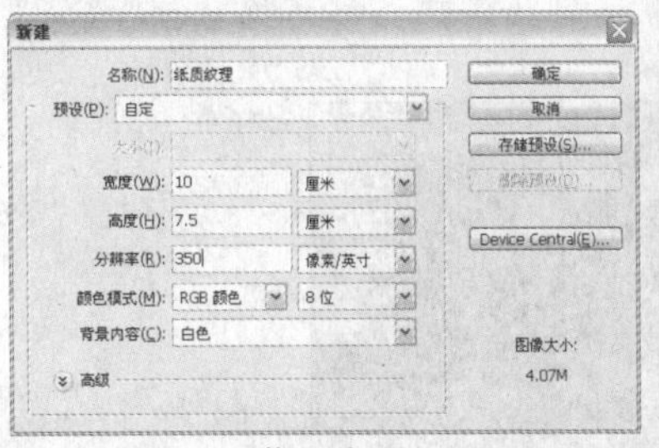

载入选区

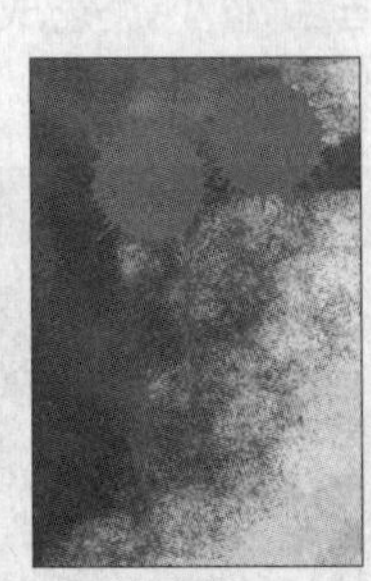

填充颜色

步骤 04 增加图像

选择套索工具，在画面中创建选区，选中一个圆点，如下图所示。

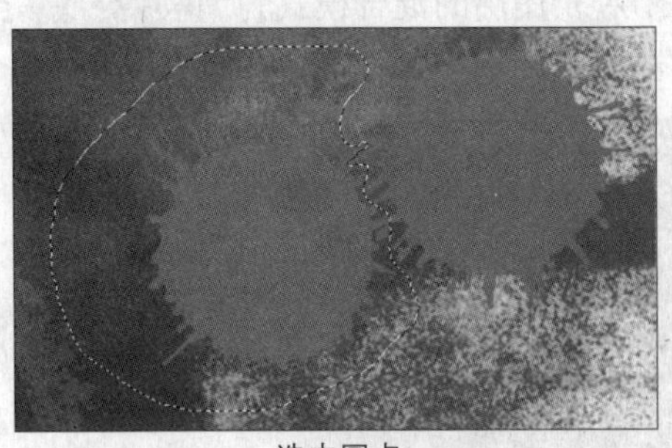

选中圆点

执行“编辑 > 自由变换”命令，对图像进行适当缩小，如下图所示。

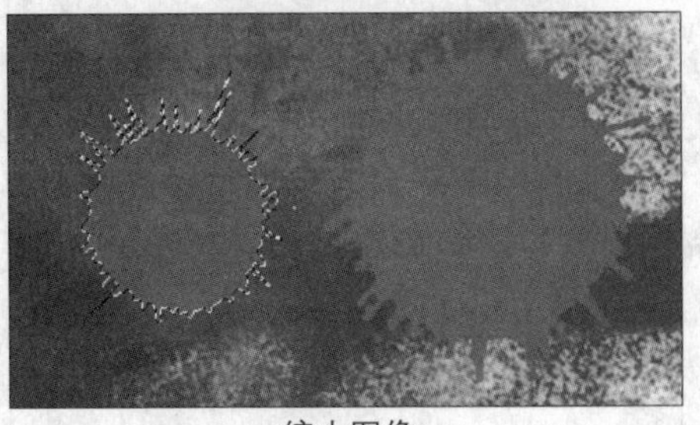

缩小图像

选择移动工具，按住 Alt 键拖曳选区内图像，再将复制的图像拖曳至适当位置，如下图所示。

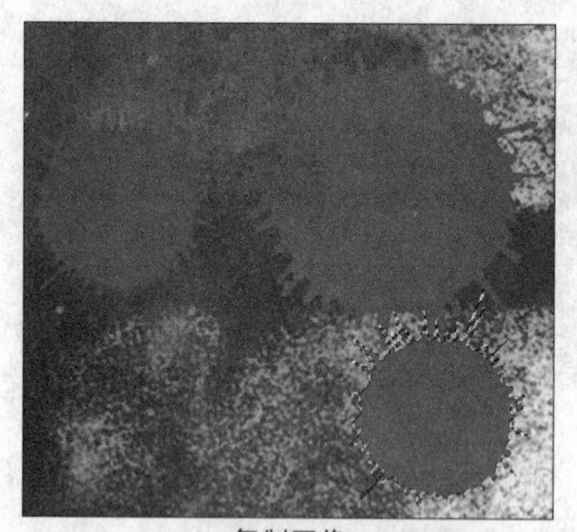

复制图像

执行“编辑 > 自由变换”命令，对图像进行适当缩小，完成后按下 Enter 键确定，效果如下图所示。

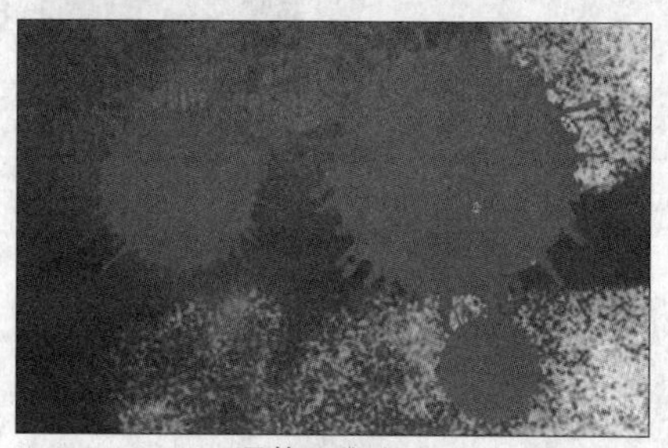

调整图像大小

步骤 05 调整混合模式

设置“图层 3”图层的混合模式为“正片叠底”，效果如右下图所示。

混合效果

步骤 06 自定义画笔

设置前景色为红色（R149、G50、B50），设置背景色为黄色（R254、G233、B83）。新建“图层 4”图层，如左下图所示。返回 003.jpg 文件中，选择橡皮擦工具，擦除多余的圆点，效果如右下图所示。

新建图层

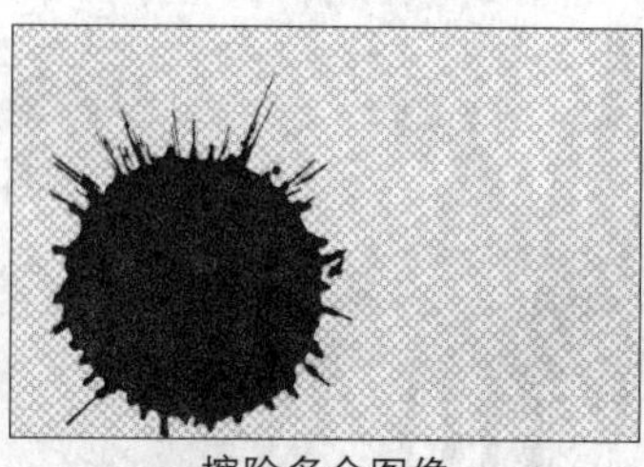

擦除多余图像

执行“编辑 > 定义画笔预设”命令，在弹出的对话框中保持默认设置，如下图所示，再单击“确定”按钮。

自定义画笔

步骤 07 绘制图像

选择画笔工具，在“画笔”面板中选择“画笔笔尖形状”选项，再设置各项参数，然后设置“图层 4”图层的混合模式为“滤色”，设置“不透明度”为 60%。参数设置如下图所示。

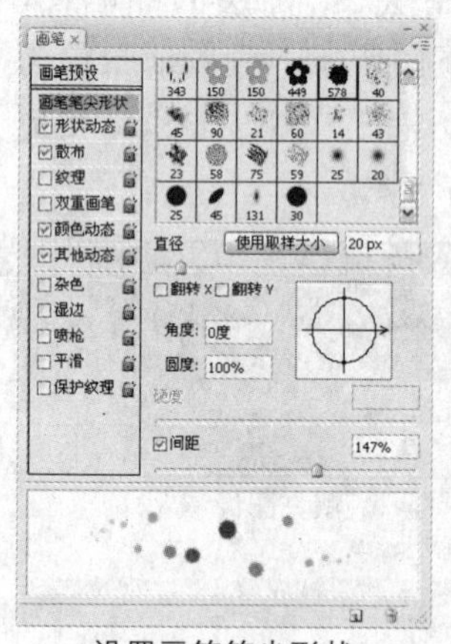

设置画笔笔尖形状

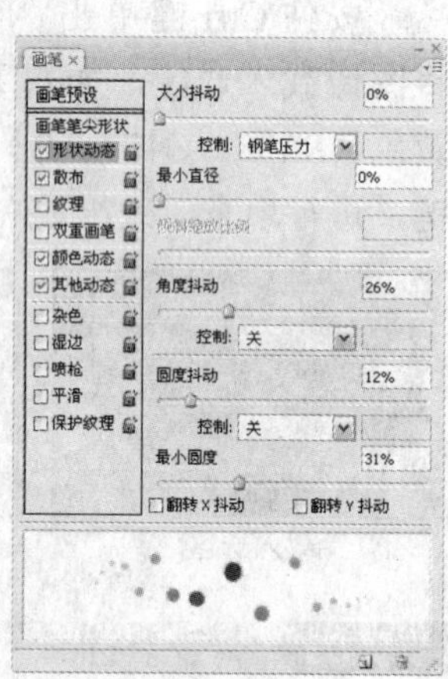

设置形状动态

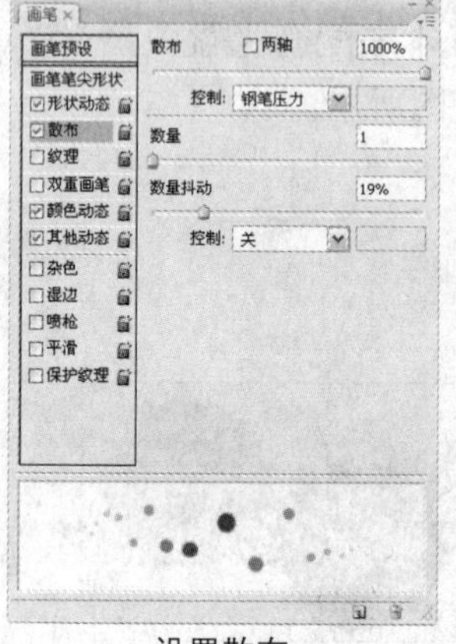

设置散布

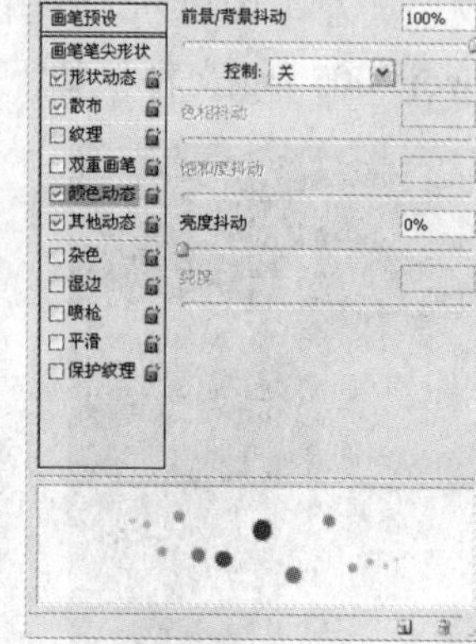

设置颜色动态

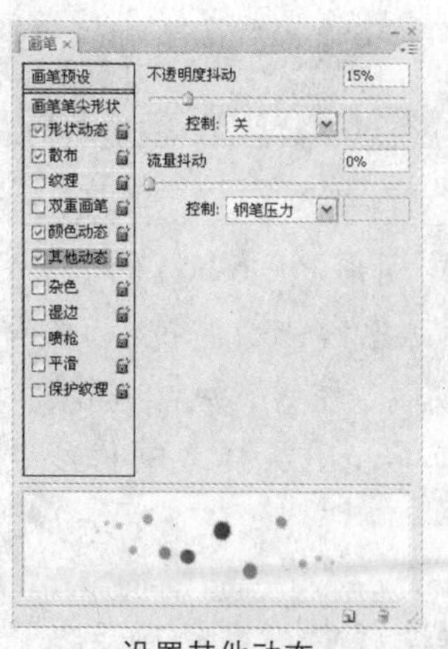

设置其他动态

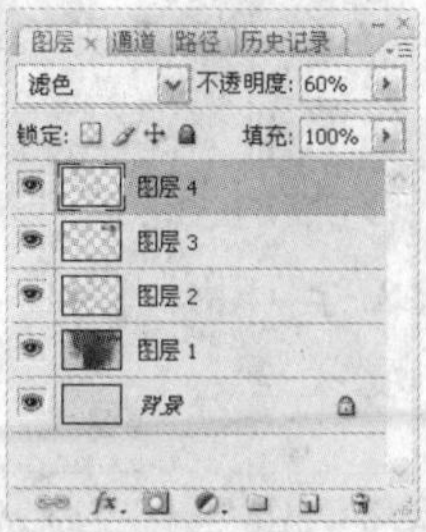

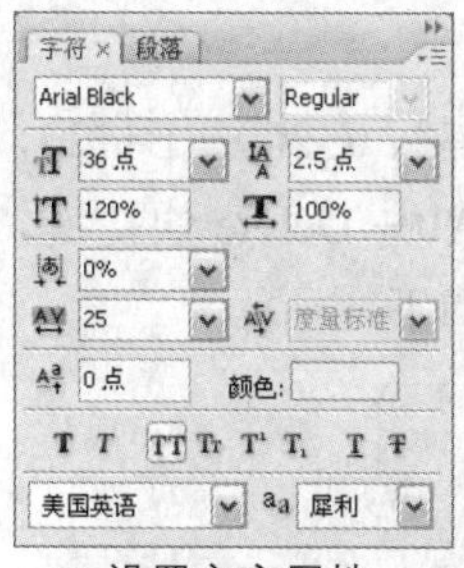

设置混合模式

在图像中绘制如下图所示的图像效果。

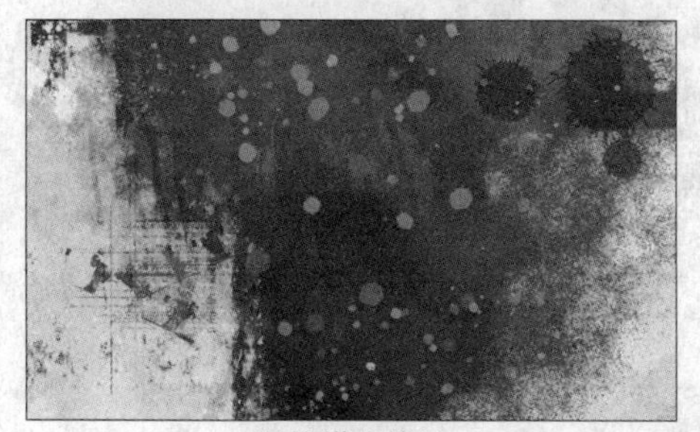

画笔描绘效果

步骤 08 添加文字

选择横排文字工具[T]，在“字符”面板中设置各项参数，如左下图所示，其中颜色为R254、G245、B204，然后在图像窗口中输入文字PHOTO，如右下图。

设置文字属性

输入文字

调整文字图层的混合模式为“叠加”，效果如下图所示。

设置混合模式

复制一个文字图层，效果如下图所示。

复制图层

设置“PHOTO 副本”图层的“不透明度”为50%，效果如下图所示。

调整不透明度

步骤 09 继续添加文字

使用相同的方法，依次输入文字，并根据画面需要，设置不同的混合模式，效果如下图所示。

添加其他文字

步骤 10 调整图像

选择“图层 4”图层，将其拖曳至图层的最上层，然后单击“图层”面板上的“添加矢量蒙版”按钮，创建蒙版，然后选择画笔工具，在蒙版中适当描绘，完成效果如下图所示。至此，本实例制作完成。

调整图像

6.6 纸质纹理

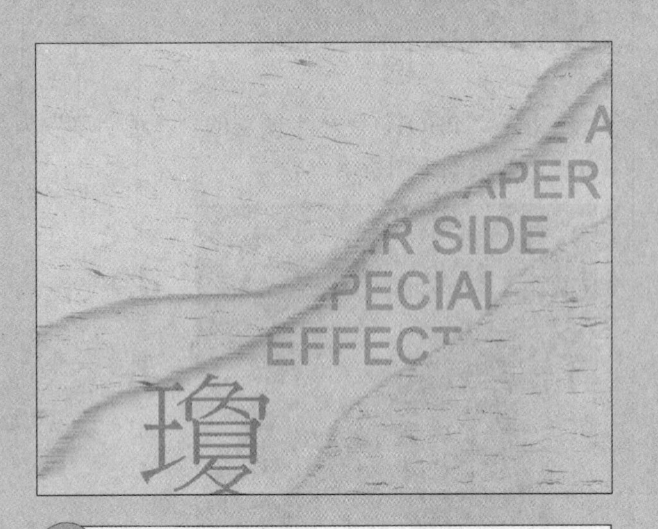

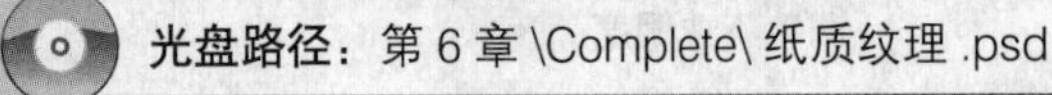
光盘路径：第 6 章 \Complete\ 纸质纹理 .psd

实例概述 本实例中运用 Photoshop 的“铜版雕刻”滤镜、“动感模糊”滤镜、“水彩画纸”滤镜、“玻璃”滤镜、“风”滤镜、文字工具、画笔工具和图层样式制作纸质纹理。

关键提示 在制作过程中，难点在于纸张纹理的制作，重点在于“风”滤镜的参数设置。

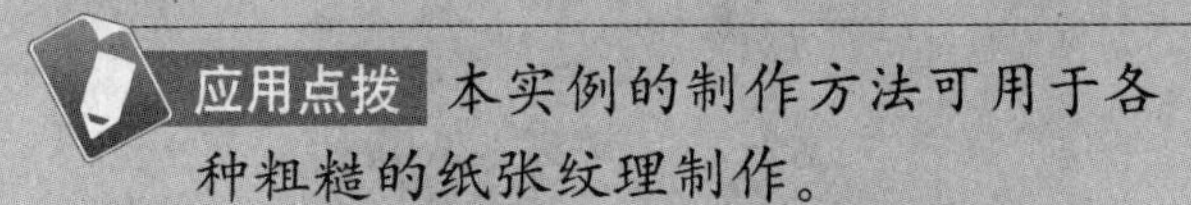
应用点拨 本实例的制作方法可用于各种粗糙的纸张纹理制作。

步骤 01 新建图像文件

执行“文件 > 新建”命令，在弹出的对话框中设置“宽度”为“10 厘米”，设置“高度”为“7.5 厘米”，设置“分辨率”为“350 像素 / 英寸”，如下图所示。完成后单击“确定”按钮，新建图像文件。

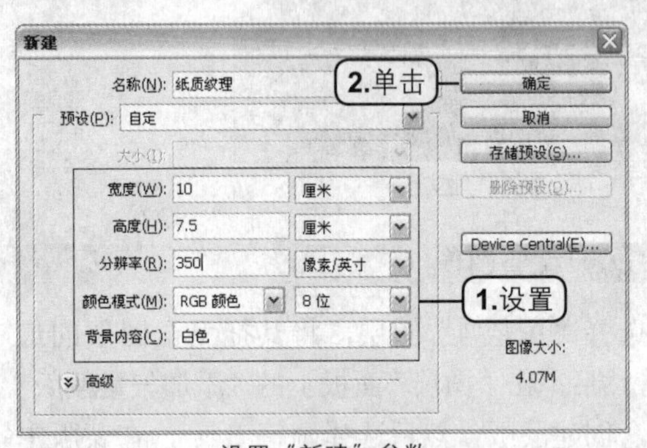

设置“新建”参数

步骤 02 填充图像

设置前景色为灰色（R212、G211、B211），按下 Alt + Delete 快捷键，对“背景”图层填充灰色，如下图所示。

填充背景

设置前景色为黄色（R234、G209、B112），再新建“图层 1”图层。按下 Alt + Delete 快捷键，对“图层 1”图层填充黄色，如下图所示。

填充黄色

步骤 03 制作图像纹理

单击“通道”面板上的“创建新通道”按钮 ，新建 Alpha 1 通道。执行“滤镜 > 像素化 >

铜版雕刻”命令，在弹出的对话框中设置“类型”为“长边”，如左下图所示，单击“确定”按钮，效果如右下图所示。

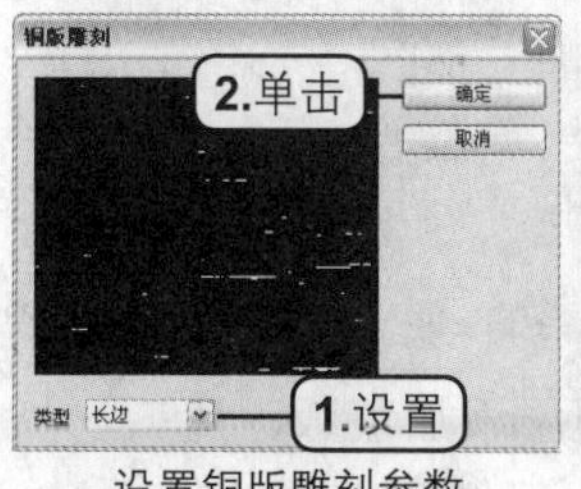

设置铜版雕刻参数

铜版雕刻效果

执行“滤镜 > 模糊 > 动感模糊”命令，在弹出的对话框中设置各项参数，如左下图所示，再单击“确定”按钮，效果如右下图所示。

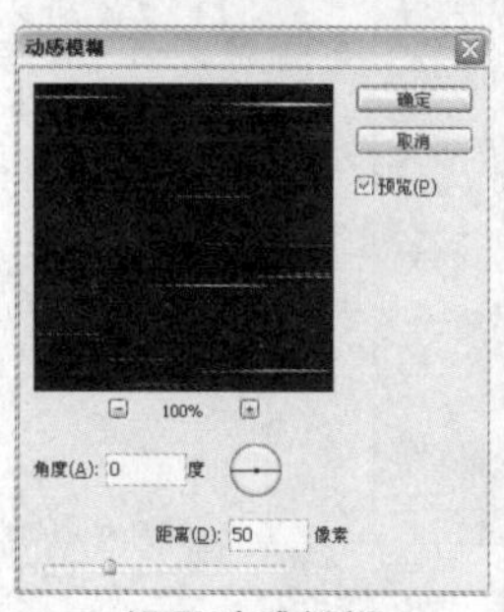

设置动感模糊

高斯模糊效果

执行“滤镜 > 扭曲 > 玻璃”命令，在弹出的对话框中设置各项参数，如左下图所示。执行“滤镜 > 素描 > 水彩画纸”命令，在弹出的对话框中设置各项参数，如右下图所示。

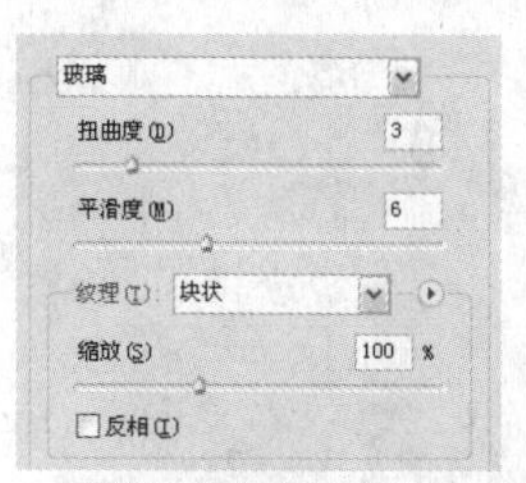

设置“玻璃”参数

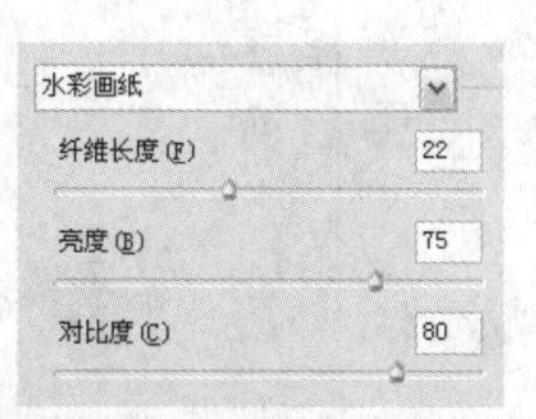

设置“水彩画纸”参数

完成上述操作后，为图像添加了如下图所示的效果。

滤镜效果

步骤 04 添加纹理

按住 Ctrl 键单击 Alpha 1 通道的缩略图，将图像载入选区，如下图所示。

载入选区

按下 D 键，将前景色和背景色恢复为默认设置，返回“图层 1”图层，按下 Alt + Delete 快捷键，对“图层 1”图层填充黑色，取消选区后的效果如下图所示。

填充颜色

步骤 05 删除部分图像

单击“图层”面板上的“添加图层蒙版”按钮，为“图层 1”图层添加图层蒙版。复制“图层 1”得到“图层 1 副本”图层。单击“图层 1 副本”图层的“指示图层可见性”按钮，隐藏该图层。选择画笔工具，在选项栏上将画笔设置为“粗边圆形钢笔 100”，在“图层 1”图层的蒙版内进行描绘，如下图所示。

编辑蒙版

执行“滤镜 > 风格化 > 风”命令，在弹出的对话框中设置“方法”为“风”，设置“方向”为“从左”，如左下图所示，再单击“确定”按钮。按下 Ctrl+F 快捷键，重复添加“风”滤镜，效果如右下图所示。

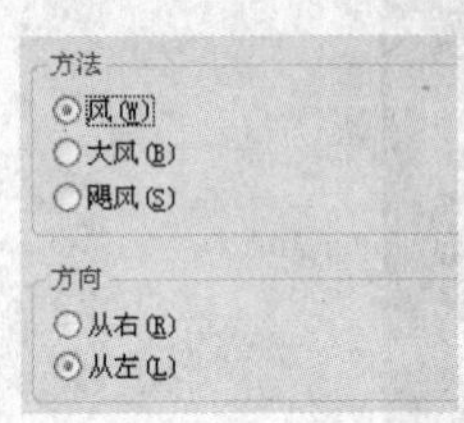

设置“风”参数

风效果

双击“图层 1”图层，在弹出的“图层样式”对话框中选中“投影”复选框，然后设置各项参数，如左下图所示，再单击“确定”按钮，效果如右下图所示。

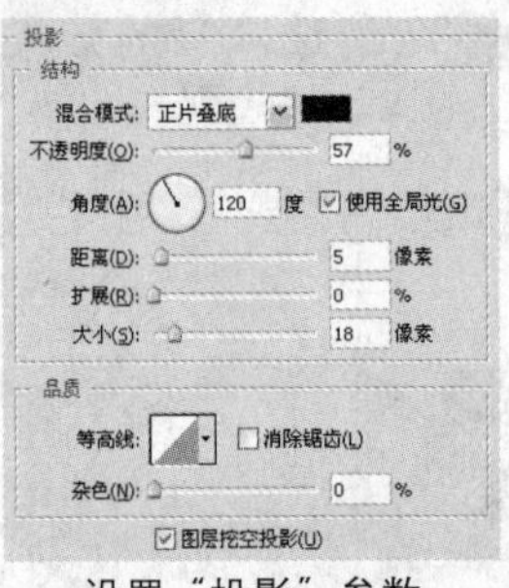

设置“投影”参数

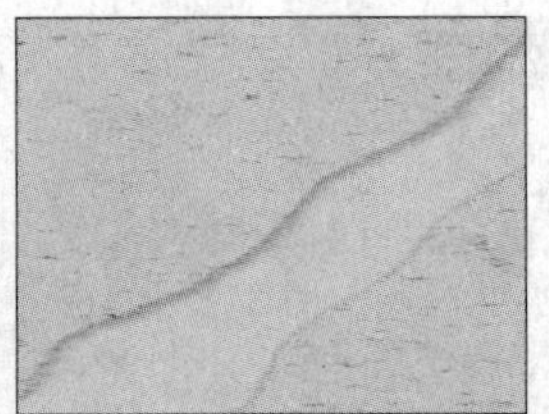

投影效果

步骤 06 复制图像

复制“图层 1”图层，得到“图层 1 副本”图层，再删除图层蒙版，然后对其进行适当的自由变换，效果如下图所示。

复制图像

步骤 07 调整图像颜色

执行“图像 > 调整 > 色相 / 饱和度”命令，在弹出的对话框中设置各项参数，如左下图所示，再单击“确定”按钮，效果如右下图所示。

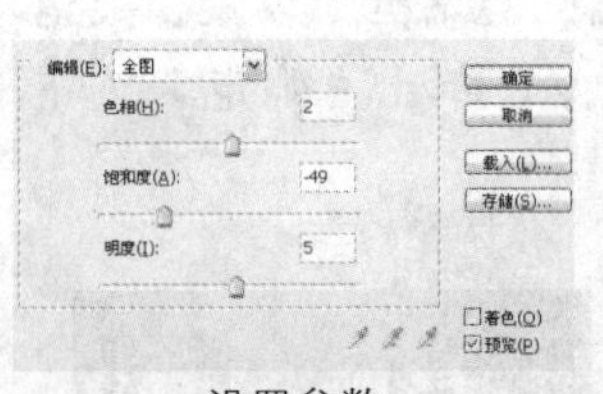

设置参数

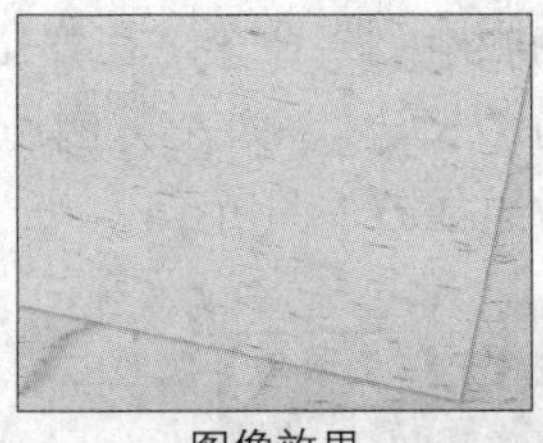

图像效果

步骤 08 添加风效果

为“图层 1 副本”图层添加蒙版，然后选择画笔工具，在选项栏上保持默认设置，在“图层 1 副本”图层的蒙版中对图像边缘进行描绘，完成效果如下图所示。

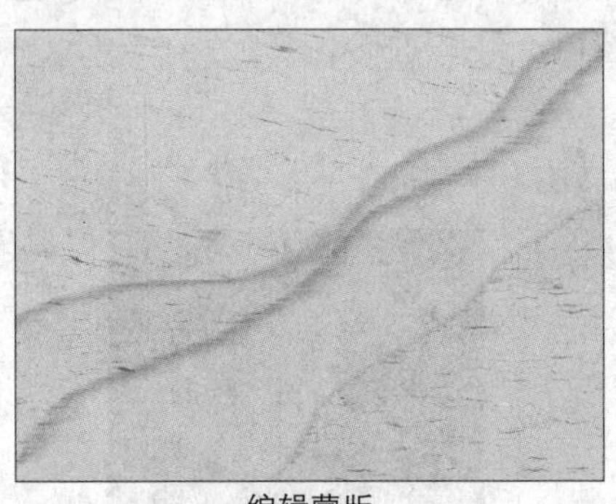

编辑蒙版

执行“滤镜 > 风格化 > 风”命令，在弹出的对话框中设置“方法”为“风”，设置“方向”为“从左”，如左下图所示，再单击“确定”按钮，效果如右下图所示。

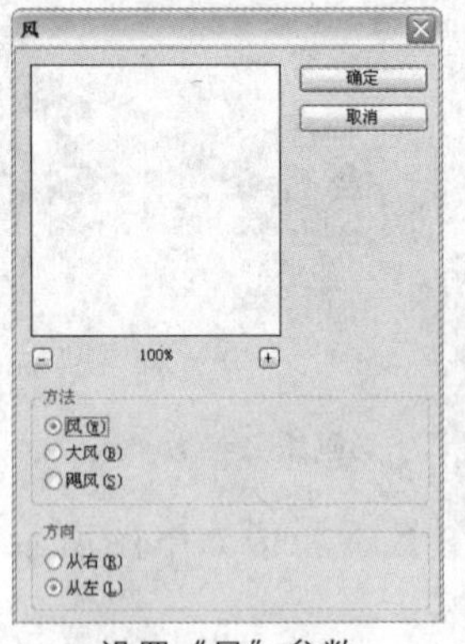

设置“风”参数

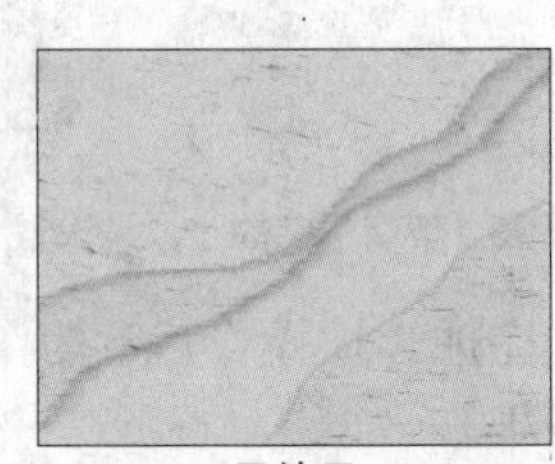

风效果

步骤 09 添加文字

选择横排文字工具 T，在“字符”面板中设置各项参数，其中颜色为 R156、G156、B156，然后在图像窗口中输入文字，注意文字的排列位置。选择移动工具，按下键盘中的上下方向键来适当调整文字的位置，如下图所示。

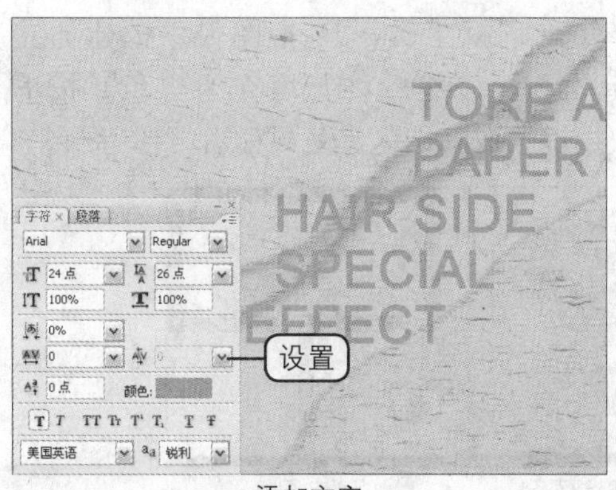

添加文字

将文字图层拖曳至“背景”图层的上方。选择横排文字工具T，在“字符”面板中设置各项参数，其中颜色R129、G128、B128，输入文字“琼”。

最后利用移动工具调整文字的位置，如下图所示。至此，本例制作完成。

添加最后的文字

6.7 墙体特效

光盘路径：第6章\Complete\墙体特效.psd

实例概述 本实例中运用Photoshop的“云彩”滤镜、墙体图案、“波纹”滤镜和图层样式，制作出特殊的墙体纹理，再为其添加适当的颜色和文字。

关键提示 在制作过程中，难点在于墙体图案的绘制，重点在于墙体立体感的体现。

应用点拨 本实例的制作方法可用于各种写实的墙体和砖块的制作。

步骤 01 新建图像文件

执行“文件 > 新建”命令，在弹出的“新建”对话框中设置如下图所示的参数。完成后单击“确定”按钮。创建一个图像文件。

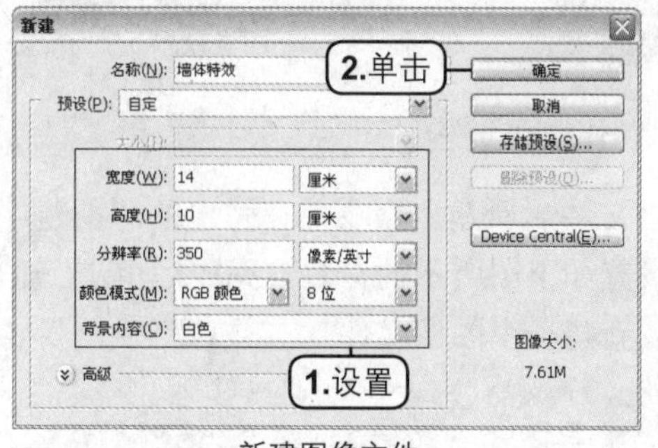

新建图像文件

步骤 02 制作墙体纹理

新建一个图层，执行“滤镜 > 渲染 > 云彩”命令，为图像添加云彩效果，如下图所示。

云彩效果

按下 Ctrl+M 快捷键，在弹出的“曲线”对话框中创建 3 个节点，如左下图所示。完成后单击“确定”按钮，调整图像的亮度。效果如右下图所示。

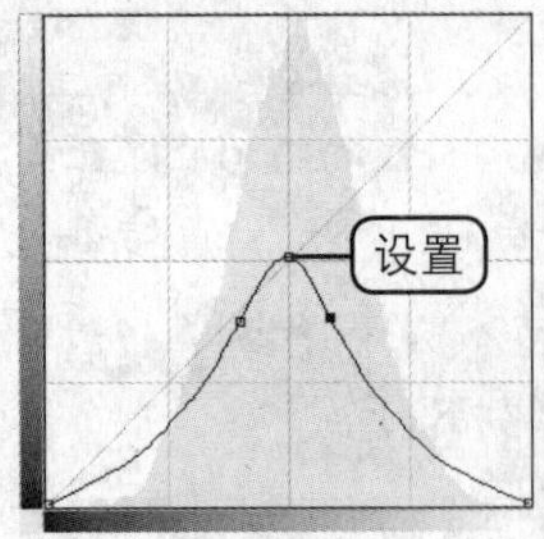

调整曲线

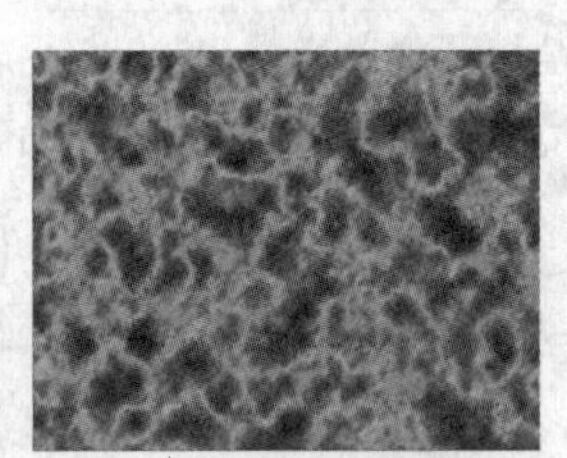

曲线效果

执行“滤镜 > 素描 > 基底凸现”命令，在弹出的对话框中设置如左下图所示的参数。完成后单击“确定”按钮，效果如右下图所示。

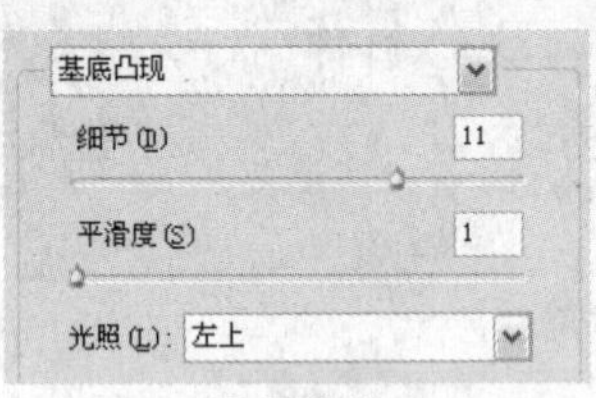

设置参数

图像效果

步骤 03 制作墙体结构纹理

执行“文件 > 新建”命令，在弹出的“新建”对话框中设置如下图所示的参数。完成后单击“确定”按钮，新建一个图像文件。

设置“新建”参数

选择矩形选框工具，在图像中创建如左下图所示的选区，然后将其填充为黑色。按下 Ctrl+D 快捷键，取消选区。效果如右下图所示。

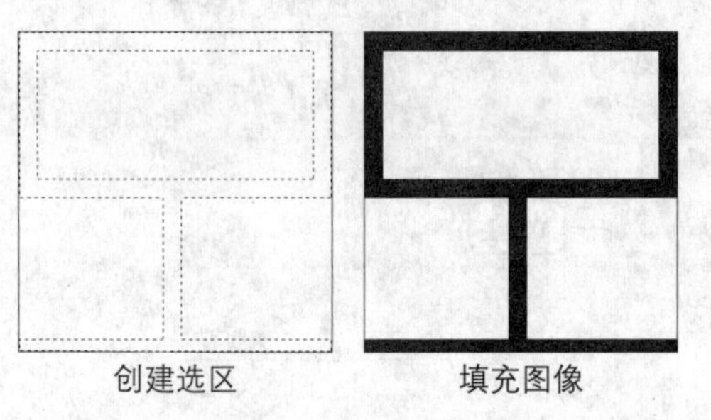

创建选区　　填充图像

执行“编辑 > 定义图案”命令，在弹出的“图案名称”对话框中设置图案的名称，然后单击“确定”按钮，自定义图案。

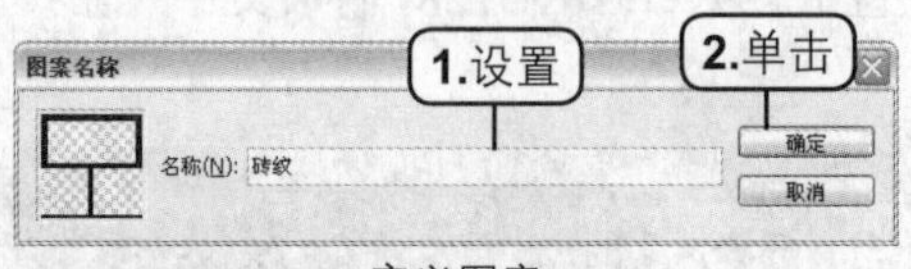

定义图案

步骤 04 添加图案

回到“墙体特效 .psd”图像窗口中，新建一个图层。执行“编辑 > 填充”命令，在弹出的对话框中选择填充类型为“图案”，并选择图案为前面自定义的图案，添加的图案效果如下图所示。

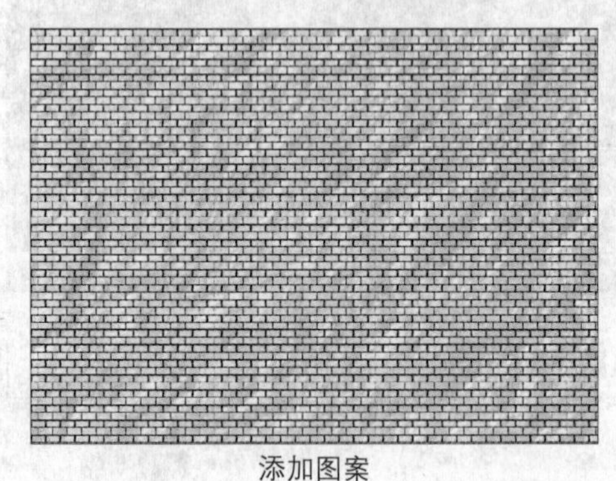

添加图案

按下 Ctrl+T 快捷键，对砖纹图案进行放大，效果如下图所示。

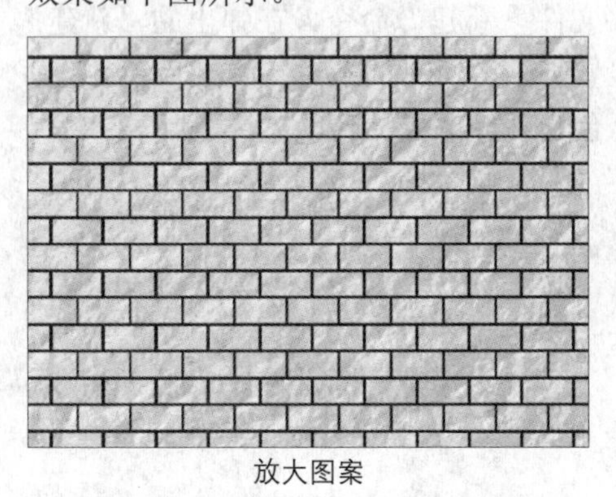

放大图案

步骤 05 制作立体墙砖

按住 Ctrl 键，单击“图层 2”图层的缩览图，将砖纹图案创建为选区。按下 Shift+Ctrl+I 快捷键，对选区进行反选，如下图所示。

载入选区

新建一个图层，设置前景色为 R139、G88、B56，并按下 Alt+Delete 快捷键，将选区填充为前景色，取消选区后的，效果如下图所示。

填充选区

执行“滤镜 > 纹理 > 龟裂缝”命令，在弹出的对话框中设置如左下图所示的参数。完成后单击“确定”按钮，为图像添加龟裂缝效果。

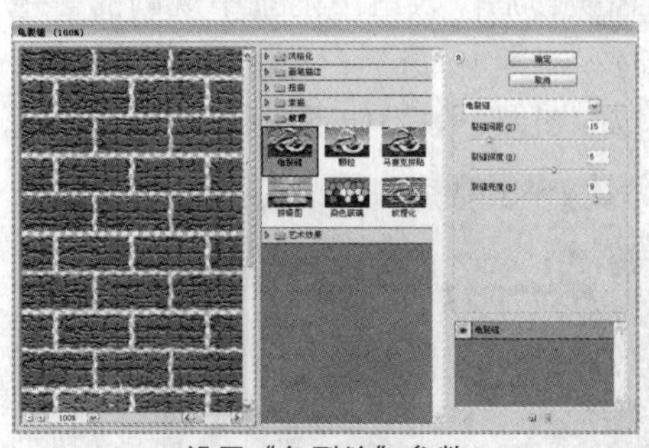

设置“龟裂缝”参数

执行“滤镜 > 扭曲 > 波纹”命令，在弹出的对话框中设置如右下图所示的参数。完成后单击“确定”按钮，为图像添加波纹效果。

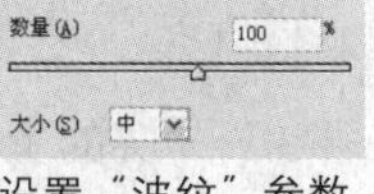

设置“波纹”参数

完成上述操作后，为图像添加了龟裂缝和波纹效果，如下图所示。

为图像添加的滤镜效果

选中“图层 2”图层，设置前景色为 R120、G120、B120，并将“图层 2”图层中的图像填充为前景色。可以对“图层 2”中的全部图像或者砖纹图像进行填充。

调整砖缝的颜色

为“图层 3”图层添加“斜面和浮雕”图层样式，参数设置如左下图所示。为图像添加立体的墙砖效果如右下图所示。

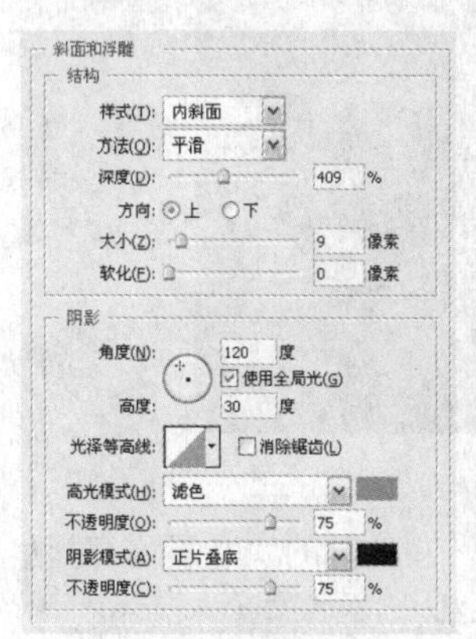

设置图层样式

立体墙砖效果

步骤 06 添加墙砖纹理

将“图层 1”图层调整至“图层 3”图层的上方，并调整其混合模式为“叠加”，设置“不透明度”为 30%，如左下图所示。将“图层 1”图层中的纹理效果叠加在墙体之上，效果如右下图所示。

调整图层

添加纹理

步骤 07 制作墙体破损

新建“图层 4”图层，再选择渐变工具。设置渐变色从左至右为黑色，白色，黑色。在图像窗口中从左下至右上创建如下图所示的渐变效果。

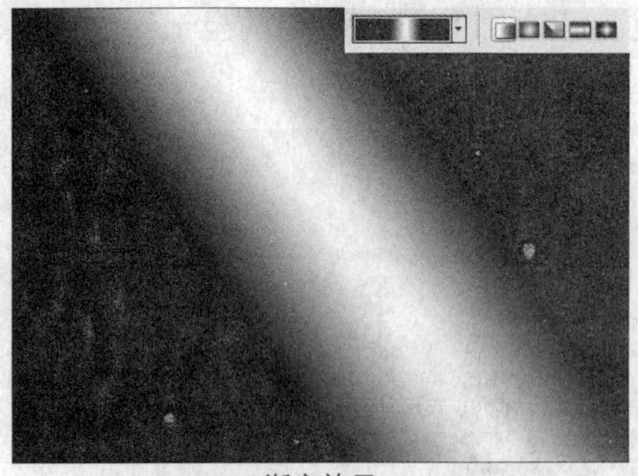

渐变效果

执行“滤镜 > 渲染 > 分层云彩”命令，添加如下图所示的云彩效果。为图像添加分层云彩效果时，每次出现的效果不一样，可进行多次添加。

云彩效果

按下 Ctrl+L 快捷键，在弹出的“色阶”对话框中设置如下图所示的参数，调整图像的亮度。

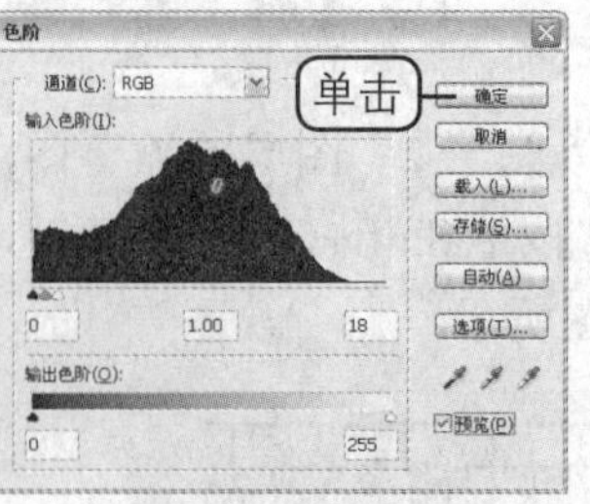

设置“色阶”参数

调整图像亮度后，图像中只剩下很少的一部分深色区域，如下图所示。

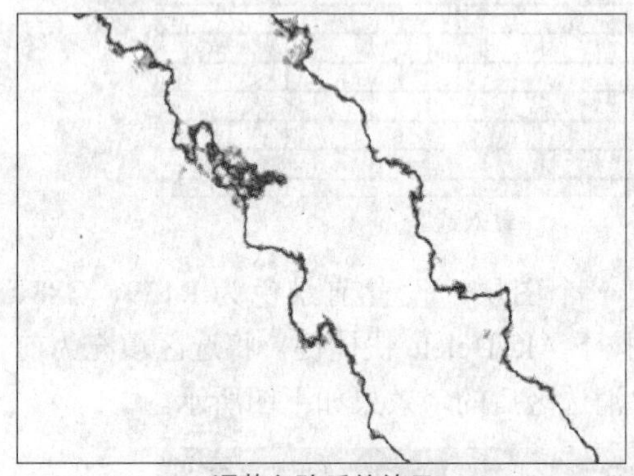

调整色阶后的效果

再次按下 Ctrl+L 快捷键，在弹出的“色阶”对话框中再次对图像的明暗进行调整，减少更多的图像颜色区域，完成后单击“确定”按钮。

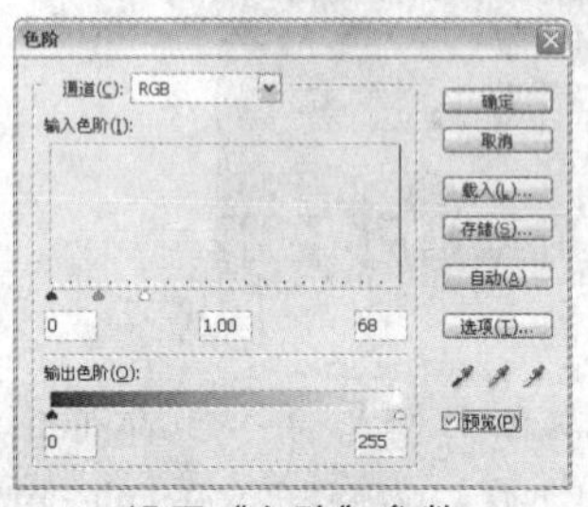

设置“色阶”参数

通过上述操作后，只留下两条不规则的黑色线条。利用魔棒工具选择白色区域，创建选区，并删除该区域的图像。效果如下图所示。

删掉白色图像后

调整“图层 4”图层的混合模式为“正片叠底”，然后单击“添加矢量蒙版”按钮 ，为该图层添加蒙版，如左下图所示。在蒙版中使用黑色隐藏如右下图所示的部分图像区域。

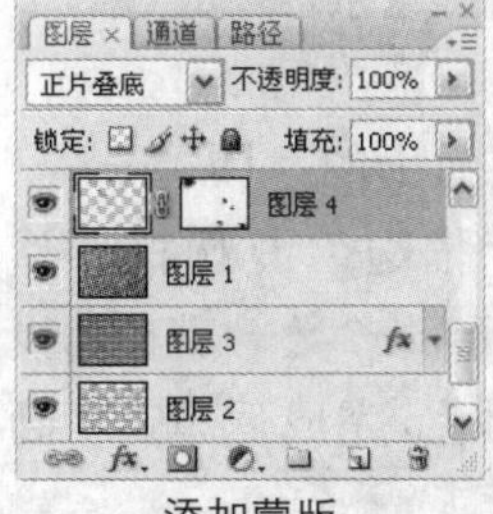

添加蒙版

编辑蒙版效果

双击“图层 4”图层，在弹出的“图层样式”对话框中选中“斜面和浮雕”复选框，并设置如左下图所示的参数。完成后单击“确定”按钮。为图像添加如右下图所示的立体效果。

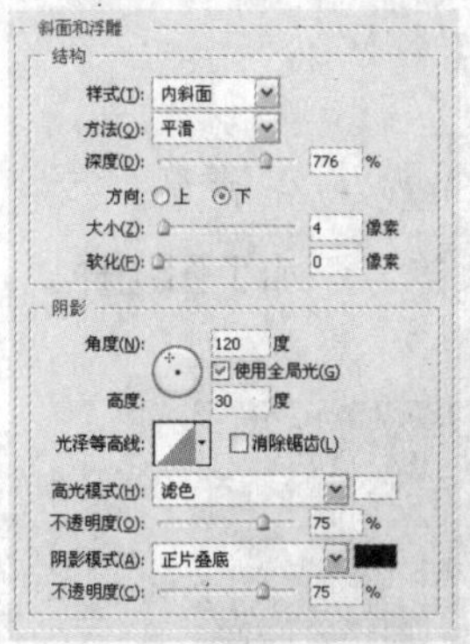

设置图层样式

立体墙体残缺效果

步骤 08 添加文字

选择横排文字工具 T，在图像窗口中输入文字，如下图所示。根据个人的审美观，分别为各个字母添加不同的颜色。

添加文字

栅格化文字图层。按住 Ctrl 键，单击“图层 3”图层的缩览图，将墙砖创建为选区，然后按下 Shift+Ctrl+I 快捷键，对选区进行反向，如下图所示。按下 Ctrl+Alt+D 快捷键，对选区进行适当的羽化。

载入选区

使用加深工具 和减淡工具 ，在文字上进行涂抹，使文字与背景更加贴合。完成后按下 Ctrl+D 快捷键，取消选区。效果如下图所示。

加深和减淡图像

步骤 09 添加文字投影

双击任意文字图层，在弹出的“图层样式”对话框中选中“投影”和“描边”复选框。设置如左下图和右下图所示的参数。其中投影和描边的颜色均为黑色。

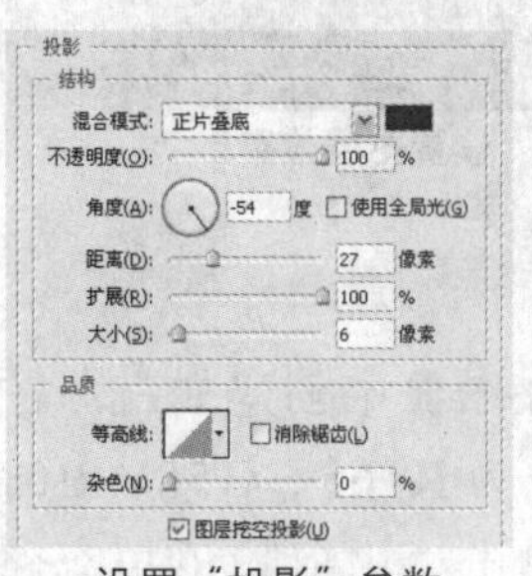
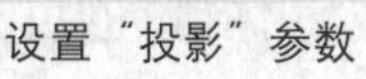

设置“投影”参数

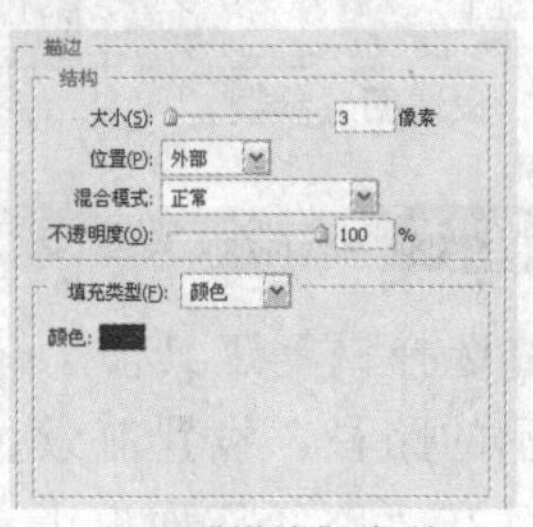

设置“描边”参数

为各个文字图层添加相同的图层样式，效果如下图所示。

添加图层样式

步骤 10 调整文字

设置O图层、Y图层、E图层的混合模式均调整为“颜色”，效果如下图所示。

调整图层混合模式的效果

调整R图层的“填充”为80%，降低图层中图像的透明度，但不降低图层样式的透明度，如左下图所示。效果如右下图所示。

设置图层参数　　设置图层效果

步骤 11 绘制箭头图案

选择钢笔工具，在图像中创建如左下图所示的路径。设置前景色为R168、G58、B0，然后在“路径”面板上单击“用前景色填充路径”按钮，对路径进行填充。效果如右下图所示。

创建路径　　填充路径

双击“图层 5”图层，在弹出的“图层样式”对话框中选中“投影”和“描边”复选框，然后设置如左下图和右下图所示的参数。其中“投影”和“描边”的颜色均为黑色，完成后单击“确定”按钮。

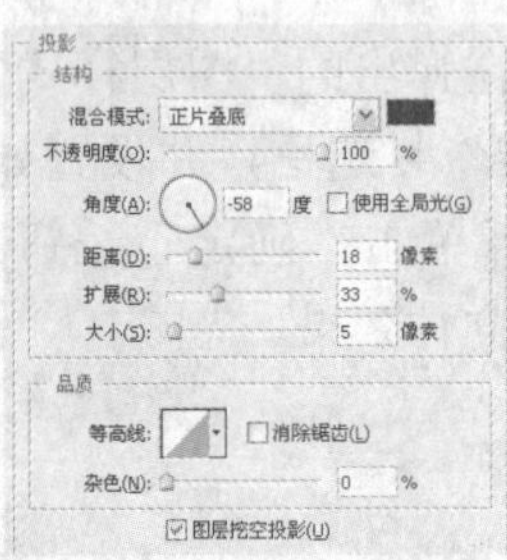

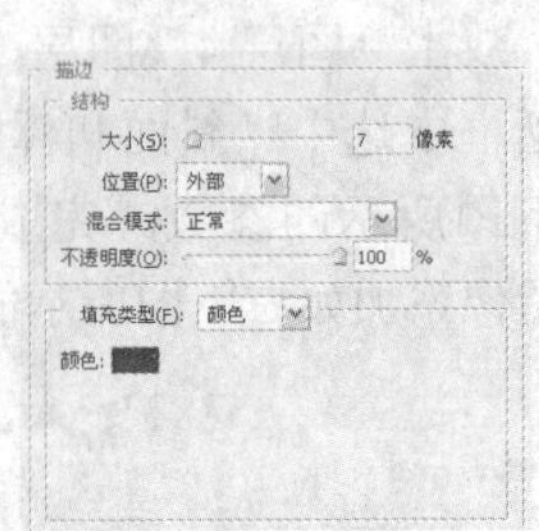

设置“投影”参数　　设置“描边”参数

通过上述操作，为箭头符号添加了图层样式，效果如左下图所示。

图层样式效果

调整“图层 5”图层的混合模式为“正片叠底”，效果如右下图所示。

调整混合模式后

步骤 12　添加泼漆效果

新建一个图层，参照前面的方法，在图像窗口的左下方创建路径，并为路径填充颜色（R239、G220、B41），如左下图所示。

绘制泼漆图像

参照为文字图层添加与墙体贴合效果的方法，在泼漆图像上添加同样的效果，如右下图所示。

调整图像效果

为“图层 6”图层添加蒙版，然后在图像中擦去部分泼漆图像，使泼漆图像的形态更加真实，如下图所示。

调整图像

双击“图层 6”图层，在弹出的“图层样式”对话框中选中“斜面与浮雕”复选框，并设置如左下图所示的参数，完成后单击“确定”按钮。效果如右下图所示。

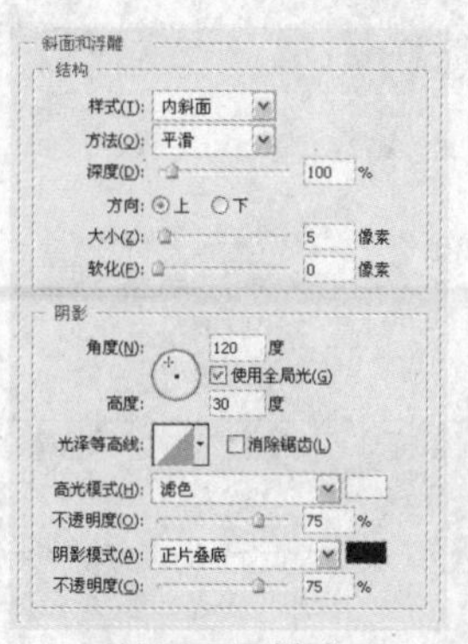

设置图层样式

斜面和浮雕效果

最后根据画面效果，在泼漆图像的上方添加适当的文字，完成图像的制作，如下图所示。

添加文字

NOTE

Chapter

数码照片后期处理与艺术设计

通过 Photoshop，可以对数码照片的颜色、亮度、构图等进行直接和有针对性的有效调整，从而美化人物和风景，使照片更生动，甚至具有专业作品的效果。

本章内容索引

去除人物的黑眼圈

美白人物牙齿

修饰人物的身材

修正逆光照片

7.1 去除人物黑眼圈

实例概述 本实例中运用Photoshop的修补工具和套索工具在图像中选中人物的黑眼圈和较暗的区域，进行替换，再使用色阶对其亮度进行调整。

关键提示 在制作过程中，难点在于在选中人物黑眼圈时，注意不要丢失人物眼睛的真实构造。重点在于在人物脸部创建选区时，必需先进行羽化，再进行其他操作。

应用点拨 本实例的操作方法可用于对人物脸部的各种瑕疵进行修复。

光盘路径：第7章\Complete\去除人物黑眼圈.psd

步骤 01 打开图像文件

在Photoshop CS3中打开本书配套光盘中第7章\media\黑眼圈.jpg文件，如下图所示。复制得到“背景 副本”图层。

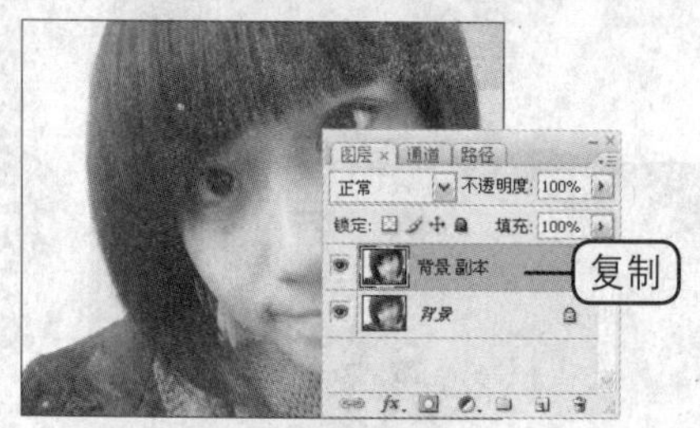

打开图像文件

步骤 02 去除黑眼圈

利用修补工具，在图像中人物的黑眼圈部分创建如左下图所示的选区，然后向下拖动选区。如右下图所示。

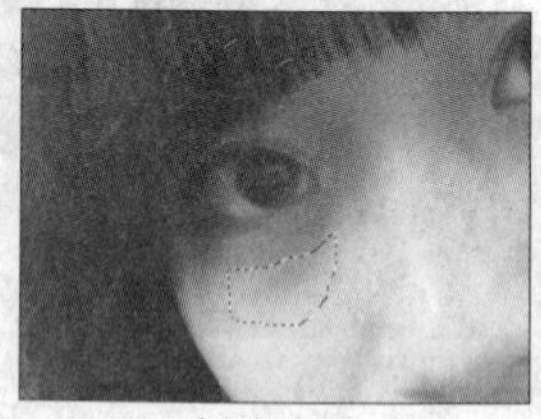

创建选区

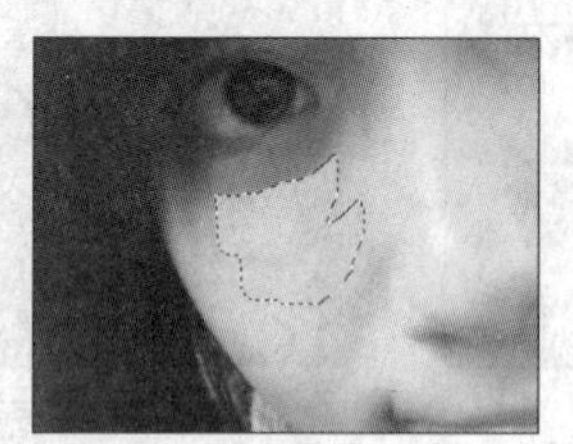

拖动选区

通过上述操作，人物左眼的黑眼圈不见了。再通过同样的操作，去除人物右眼的黑眼圈。效果如右下图所示。

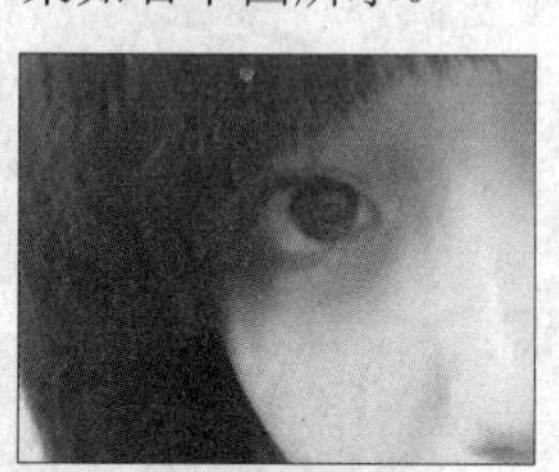

去除左眼黑眼圈

去除黑眼圈

步骤 03 修正人物脸部较暗的部分

选择套索工具，将人物脸上较暗的部分创建为选区，如下图所示。

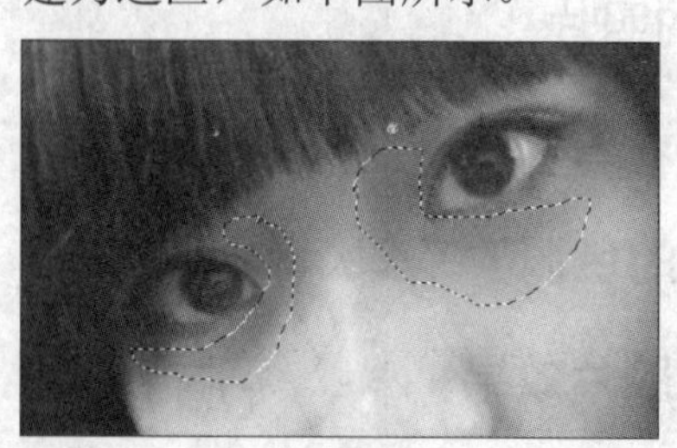

创建选区

按下Ctrl+Alt+D快捷键，在弹出的“羽化选区”对话框中设置“羽化半径”为“10像素”，完成后单击“确定”按钮，对选区进行羽化，如下图所示。

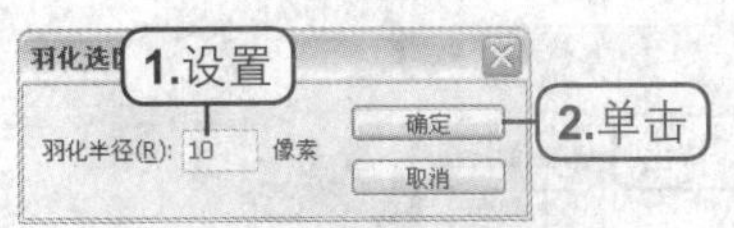

设置“羽化”参数

按下 Ctrl+L 快捷键，在弹出的“色阶”对话框中设置如下图所示的参数。完成后单击“确定”按钮。

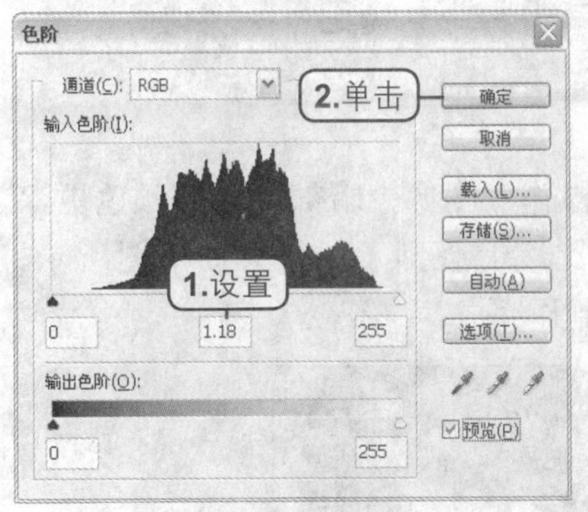

设置“色阶”参数

通过上述操作，修正了图像中过暗的区域，按下 Ctrl+D 快捷键，取消选区。效果如下图所示。

修正过暗的区域

步骤 04　增亮人物脸颊

选择套索工具，将人物的皮肤创建为选区，如下图所示。

创建选区

按下 Ctrl+Alt+D 快捷键，在弹出的“羽化选区”对话框中设置“羽化半径”为“50 像素”，完成后单击“确定”按钮。对选区进行羽化。

羽化选区

打开“色阶”对话框，设置如下图所示的参数。完成后单击“确定”按钮。

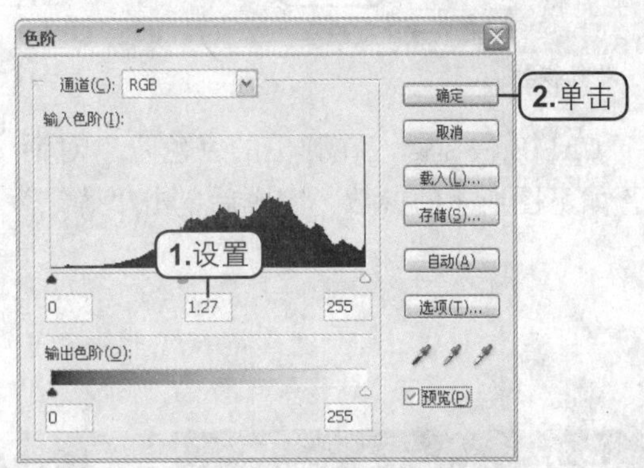

设置“色阶”参数

通过上述操作，人物的脸颊变得白皙了。按下 Ctrl+D 快捷键，取消选区。效果如下图所示。

增白皮肤

步骤 05　提高照片的对比度

执行“选择 > 色彩范围”命令，在弹出的对话框中设置如下图所示的参数后，选中图像中的深色区域。完成后单击“确定”按钮。

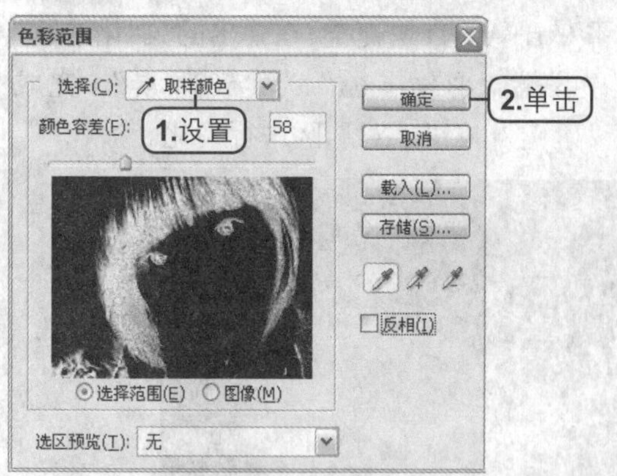

选取色彩范围

再按下 Ctrl+Alt+D 快捷键，在弹出的“羽化选区”对话框中设置如下图所示的参数，对选区进行羽化。

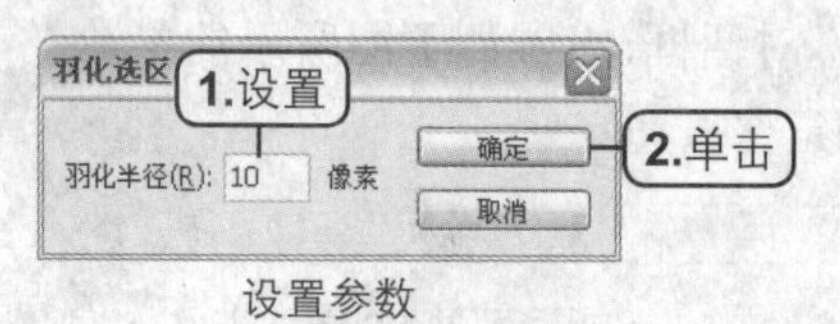

设置参数

按下 Ctrl+L 快捷键，在弹出的“色阶”对话框中设置如下图所示的参数。完成后单击“确定”按钮。

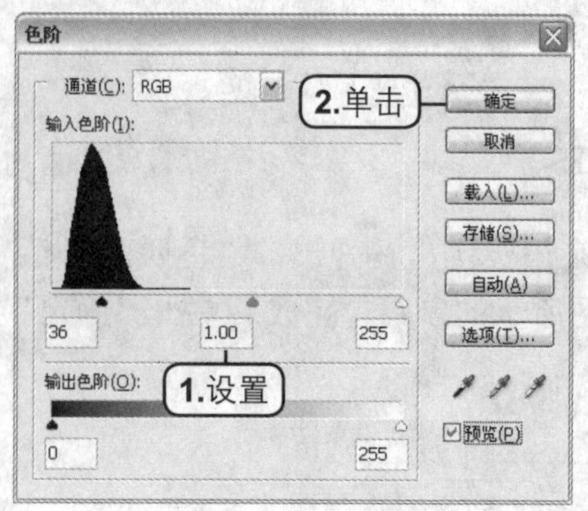

设置“色阶”参数

通过上述操作，图像中暗部区域的颜色更深了，图像的对比度变强烈了。效果如下图所示。至此，本实例制作完成。

加强对比度

7.2 美白人物牙齿

实例概述 本实例中运用 Photoshop 的套索工具 在图像中选中人物偏黄的牙齿，再使用可选颜色对颜色进行调整。

关键提示 在制作过程中，难点在于在为人物牙齿创建精确的选区。重点在于先为脸部创建羽化选区，再进行其他操作。

应用点拨 本实例中的操作可用于对图像中局部颜色进行调整。

光盘路径：第 7 章 \Complete\ 美白人物牙齿 .psd

步骤 01 打开图像文件

打开本书配套光盘中第 7 章 \media\ 美白牙齿.jpg 文件，如下图所示。复制“背景”图层得到“背景 副本”图层。

打开的图像文件

步骤 02 美白牙齿

选择套索工具，在图像中选中人物的牙齿部分，如下图所示。

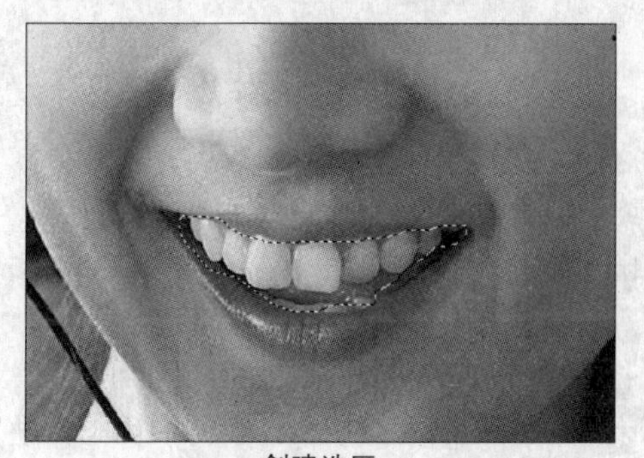

创建选区

执行“图像 > 调整 > 可选颜色”命令，在弹出的“可选颜色”对话框中设置“颜色”为“黄色”，然后设置如下图所示的参数。完成后单击“确定”按钮。

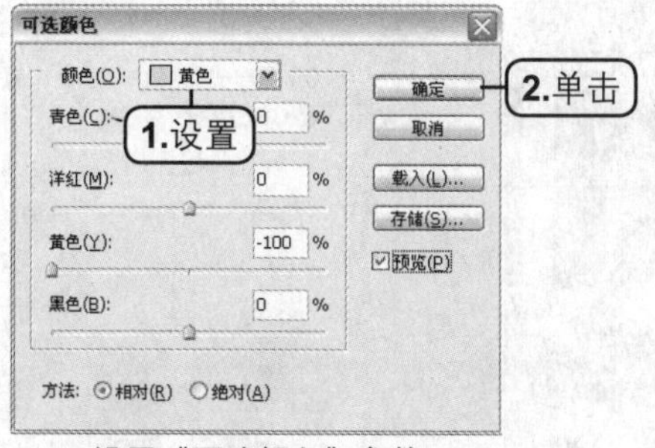

设置“可选颜色”参数

通过上述操作后，去除了人物牙齿上偏黄的色彩，然后按下 Ctrl+D 快捷键，取消选区。效果如下图所示。

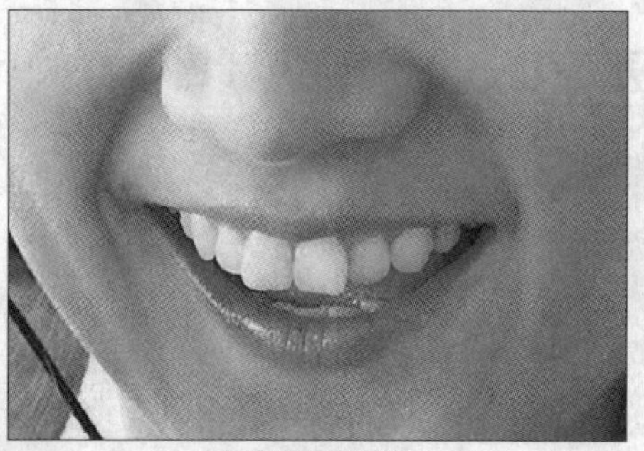

去除牙齿的黄色

步骤 03 柔化皮肤

选择套索工具，在图像中将人物的皮肤创建为选区，其中不包括曝光较强的部位，如下图所示。

创建选区

利用套索工具在选区中减去人物的毛发和五官，然后按下 Ctrl+Alt+D 快捷键，在弹出的“羽化选区”对话框中设置“羽化半径”为“10 像素”，对选区进行羽化。效果如下图所示。

羽化选区

执行“滤镜 > 模糊 > 高斯模糊”命令，在弹出的“高斯模糊”对话框中设置如下图所示的参数。完成后单击“确定”按钮。

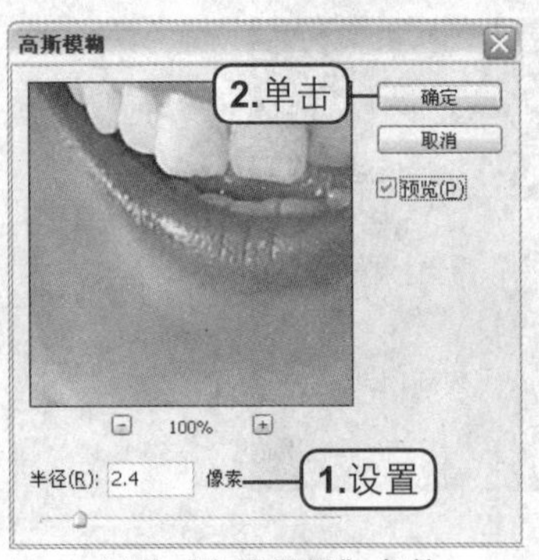

设置“高斯模糊”参数

完成上述操作后，图像中人物的皮肤变得柔化了，效果如下图所示。至此，本例制作完成。

柔化皮肤效果

7.3 修饰人物身材

实例概述 本实例中运用Photoshop的“液化”滤镜对人物的身材进行调整。

关键提示 在制作过程中，难点在于在对人物的身材进行修饰时，需要由外向内进行修饰，否则将使修饰后的人物失去真实感。重点在于在液化人物时，要根据其身体比例进行。

应用点拨 本实例中的操作方法可用于对人物进行瘦脸、变形、瘦身等操作。

光盘路径：第7章\Complete\修饰人物身材.psd

步骤01 打开图像文件

打开本书配套光盘中第7章\media\瘦身.jpg文件，如右图所示。复制“背景”图层得到“背景副本”图层。

打开的图像文件

步骤 02 修饰人物身材

执行"滤镜 > 液化"命令，弹出"液化"对话框，如下图所示。

"液化"对话框

按下] 键，适当调整画笔的大小，使其与人物的脸颊相匹配。按下 Ctrl++ 快捷键，将图像放大到人物脸部的位置。由外向内，对人物右边的脸颊进行收缩处理，效果如下图所示。

收缩右边脸颊

使用同样的方法，对人物左边的脸颊进行处理，完成瘦脸处理，如下图所示。

收缩右边脸颊

按下空格键，拖动图像，将图像移动至显示人物的手臂位置。按下 Ctrl+– 快捷键，对图像进行适当缩小，图像显示区域如下图所示。

调整图像显示区域

按下 [键，适当缩小画笔的大小，在图像中由外向内的对人物的手臂进行处理，效果如下图所示。

处理人物的手臂

使用同样的方法，对人物的腹部进行处理，效果如下图所示。完成后单击"确定"按钮。

瘦腹部

通过前面的操作，图像中的人物变瘦了，效果如下图所示。

瘦身效果

步骤 03 调整变形的局部区域

选择套索工具，在图像中将因为“液化”处理而变小的右眼区域创建为选区，如下图所示，并将其羽化，“羽化半径”为“10 像素”。

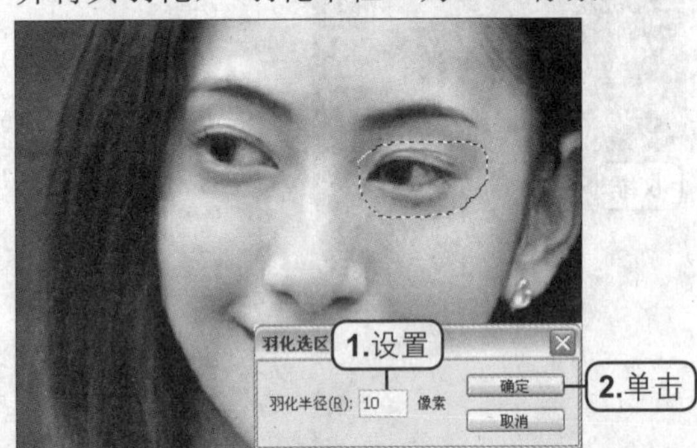

创建选区

按下 Ctrl+J 快捷键，将选区中的图像拷贝到新的图层中。按下 Ctrl+T 快捷键，对右眼进行自由变换，如左下图所示。完成效果如右下图所示，右眼变大了。

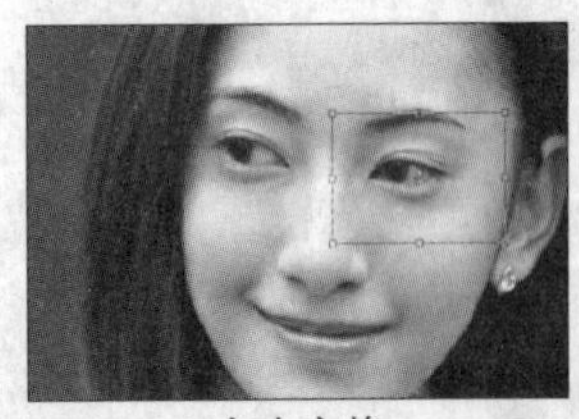
自由变换

完成变换

步骤 04 完成变换

按下 Ctrl+Shift+Alt+E 快捷键，创建一个盖印图层，如左下图所示。选择套索工具，在图像中将人物的皮肤区域创建为选区，其中不包括曝光较强的区域，如右下图所示。

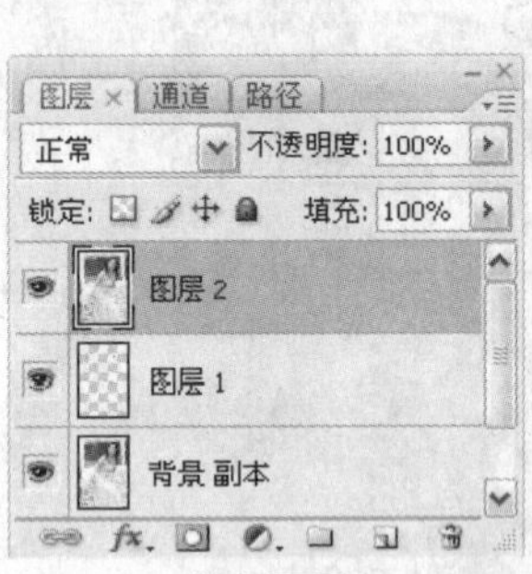

盖印图层

创建选区

使用套索工具，在选区中减去人物的眉毛和眼镜区域，如左下图所示。按下 Ctrl+Alt+D 快捷键，在弹出的“羽化选区”对话框中设“羽化半径”为“10 像素”，如右下图所示。

从选区中减去

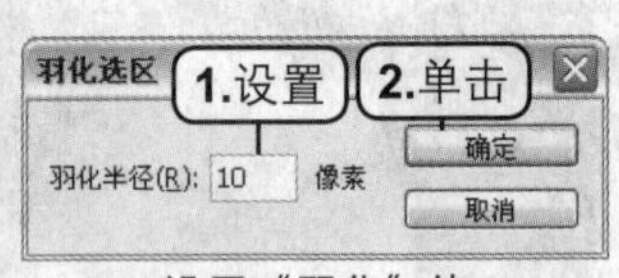

设置“羽化”值

按下 Ctrl+L 快捷键，在弹出的“色阶”对话框中设置参数，调整人物皮肤的亮度，完成后按下 Ctrl+D 快捷键，取消选区，效果如右下图所示。至此，本例制作完成。

调整人物皮肤亮度

7.4 修正逆光照片

实例概述 本实例中运用 Photoshop 的套索工具，对图像的暗部进行选取，再使用色阶功能对图像的亮度进行调整。

关键提示 在制作过程中，难点在于对图像暗部的精确选取，重点在于对人物暗部调整时人物本身肤色的亮度。

应用点拨 本实例中的操作方法可用于对图像局部亮度进行修复，使局部与整体图像相匹配。

光盘路径：第 7 章 \Complete\ 修正逆光照片 .psd

步骤 01 创建选区

打开本书配套光盘中第 7 章 \media\ 修正逆光照片 .jpg 文件，如下图所示。复制“背景”图层得到“背景 副本”图层。选择套索工具，在图像中将人物较暗的区域创建为选区，如右下图所示。

打开图像文件

创建选区

按下 Ctrl+Alt+D 快捷键，在弹出的“羽化选区”对话框中设置“羽化半径”为“20 像素”，对选区进行羽化，如下图所示。

羽化选区

步骤 02 增亮选区图像

按下 Ctrl+L 快捷键，在弹出的“色阶”对话框中设置如左下图所示的参数。完成后按下 Ctrl+D 快捷键，取消选区。效果如右下图所示。

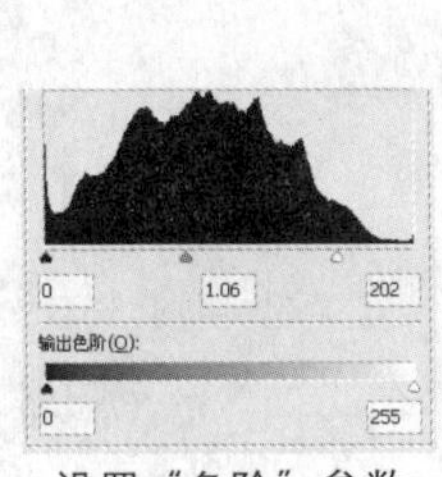

设置“色阶”参数

增亮图像

步骤 03 调整图像局部

选择套索工具，在图像中将过暗的区域创建为选区，如左下图所示，并将其羽化，“羽化半径”为“20 像素”。按下 Ctrl+L 快捷键，在弹出的“色阶”对话框中设置如右下图所示的参数，完成后单击“确定”按钮。

创建选区

设置“色阶”参数

完成上述操作后，按下 Ctrl+D 快捷键，取消选区。图像中的暗部区域变得不再暗淡了，效果如下图所示。

调整暗部

步骤 04 再次调整过暗区域

复制“背景 副本”图层得到“背景 副本 2”图层，然后按下 Ctrl+L 快捷键，在弹出的“色阶”对话框中设置如左下图所示的参数。完成后单击“确定”按钮，然后为“背景 副本 2”图层添加蒙版，如右下图所示。

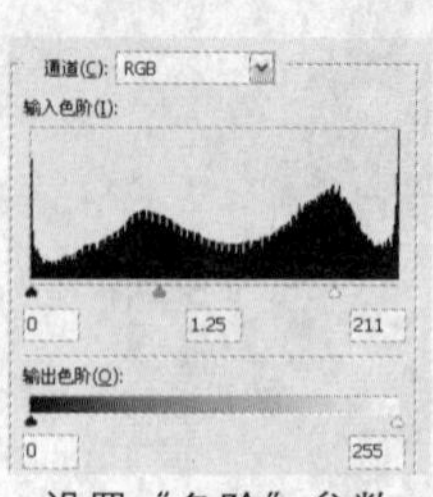

设置“色阶”参数

添加蒙版

使用黑色的画笔在蒙版中将亮部图像进行隐藏。使色阶效果只叠加在暗部区域，效果如下图所示。至此，完成本例的制作。

编辑蒙版

7.5 调整照片白平衡失调

实例概述 本实例运用 Photoshop 的可选颜色和色彩平衡功能调整图像的颜色。

关键提示 在制作过程中，难点在于图像真实颜色的把握，重点在于需要对图像的颜色进行多次调整，以便使图像的颜色更加真实。

应用点拨 本实例中的操作方法可用于对图像颜色进行修复和调整。

光盘路径：第 7 章 \Complete\ 白平衡失调 .psd

步骤 01 打开图像文件

打开本书配套光盘中第 7 章 \media\ 白平衡失调 .jpg 文件，如下图所示。复制得到“背景副本”图层。

打开的图像文件

步骤 02 调整图像颜色

执行“图像 > 调整 > 可选颜色”命令，在弹出的“可选颜色”对话框中分别选择“颜色”为“白色”和“蓝色”，分别设置如左下图和右下图所示的参数。

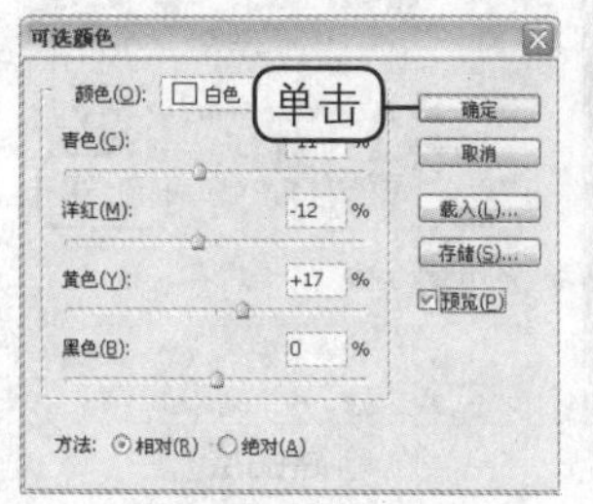

调整“白色”参数

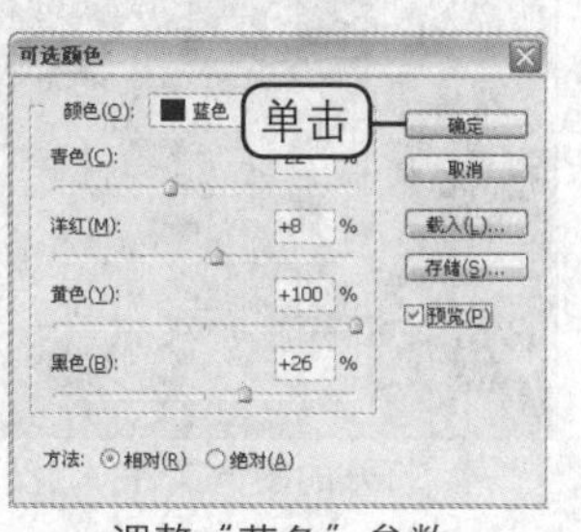

调整“蓝色”参数

分别选择“颜色”为“青色”和“洋红”，分别设置如左下图和右下图所示的参数。

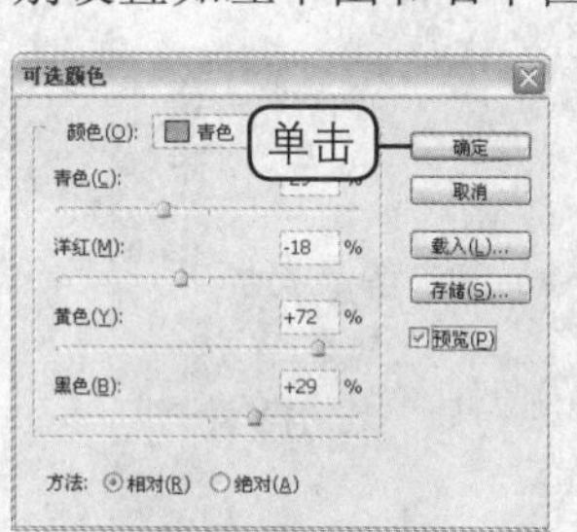

设置“青色”参数

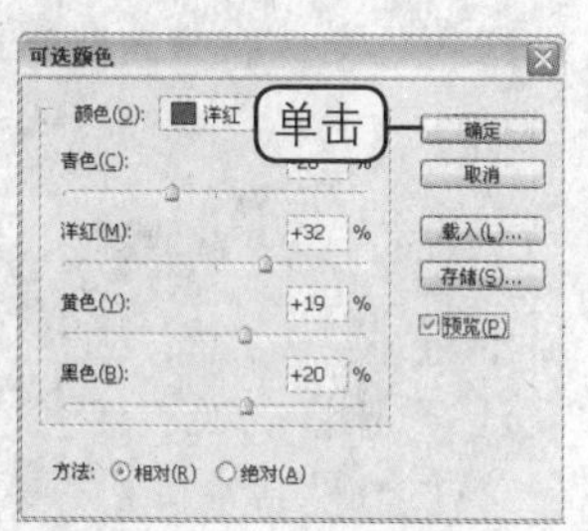

设置“洋红”参数

通过前面的操作，图像中的蓝色部分变得较弱了，效果如下图所示。

第一次调整的效果

步骤 03 再次调整颜色

按下 Ctrl+B 快捷键，在弹出的“色彩平衡”对话框中设置如左下图和右下图所示的参数。

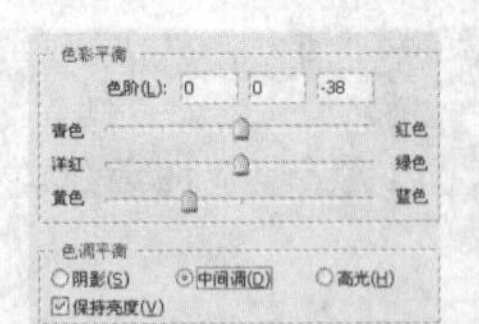

设置"中间调"参数

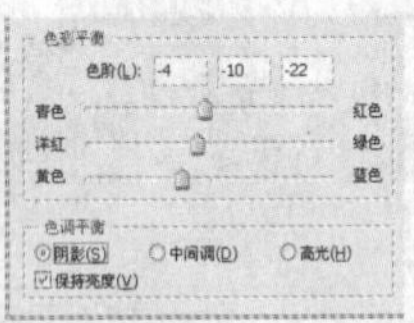

设置"阴影"参数

在该对话框中继续设置如左下图所示的参数，完成后单击"确定"按钮。效果如右下图所示。

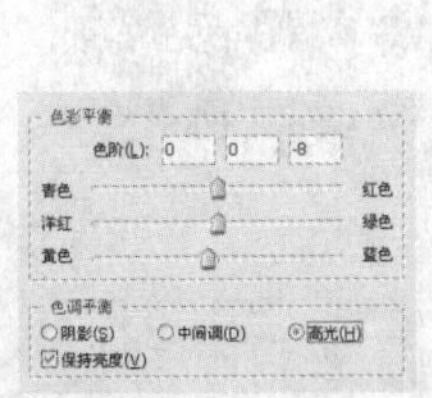

调整高光参数

图像效果

步骤 04 去除蓝色

执行"图像 > 调整 > 可选颜色"命令，在弹出的对话框中选择"颜色"为"蓝色"，再设置参数。完成后单击"确定"按钮，去除图像中的蓝色。效果如右下图所示。至此，本例制作完成。

去除蓝色后的效果

7.6 突出照片的光影

实例概述 本实例中运用 Photoshop 的画笔工具、亮度 / 对比度调整，对图像的亮度进行调整。

关键提示 在制作过程中，难点在于光源的添加，重点在于图像中光源的把握。

应用点拨 本实例中的操作方法可用于为图像添加光线和光源效果。

光盘路径：第 7 章 \Complete\ 突出照片的光影 .psd

步骤 01 打开图像文件

打开本书配套光盘中第 7 章 \media\ 突出照片的光影 .jpg 文件，如左下图所示。新建一个图层，并将其混合模式调整为"叠加"，如右下图所示。

打开的图像文件

新建图层

步骤 02 调整图像光影

按下 D 键，恢复前景色和背景色的默认设置，然后选择画笔工具，并选择较软的画笔，大小为 20px，在选项栏上设置“不透明度”为 30%，设置“流量”为 50%，在照片的左边小心进行涂抹，如下图所示。

涂抹图像

按下 Ctrl+E 快捷键，合并图层，得到“背景”图层，然后对“背景”图层执行“图像>调整>亮度 / 对比度”命令，在弹出的对话框中设置各项参数，完成后单击“确定”按钮，得到如下图所示的效果。至此，本例制作完成。

完成效果

7.7 调出黄昏色调

实例概述 本实例中运用 Photoshop 的“曲线”命令，轻松地调整照片的环境颜色。

关键提示 在制作过程中，难点在于图像颜色的把握，重点在于图像中环境色的匹配度掌握。

应用点拨 本实例中的操作方法可用于为图像添加环境色。

光盘路径：第 7 章 \Complete\ 调出黄昏色调 .psd

步骤 01 打开图像文件

打开本书配套光盘中第 7 章 \media\ 调出黄昏色调 .jpg 文件，如右图所示。

打开的图像文件

步骤 02 调整图像色调

单击“创建新的填充或调整图层”按钮 ，在弹出的快捷菜单中执行“曲线”命令，在弹出的对话框设置各项参数，如左下图所示，完成后单击“确定”按钮，效果如右下图所示。

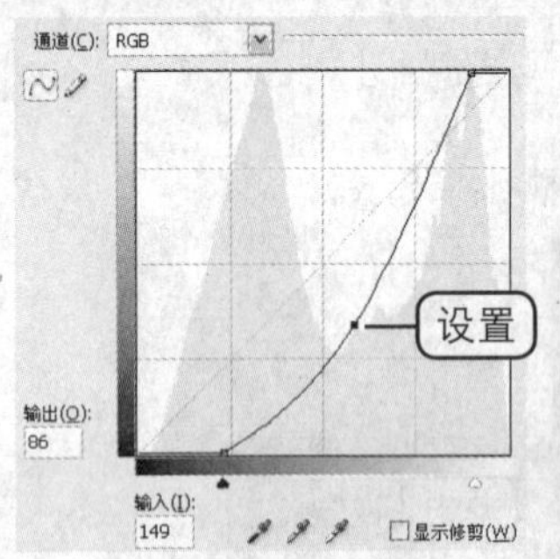

调整“曲线”参数

曲线效果

双击“曲线 1”图层的缩览图，在弹出的对话框中选择“红”通道，设置各项参数，然后选择“蓝”通道，设置各项参数，参数设置和效果如下图所示。

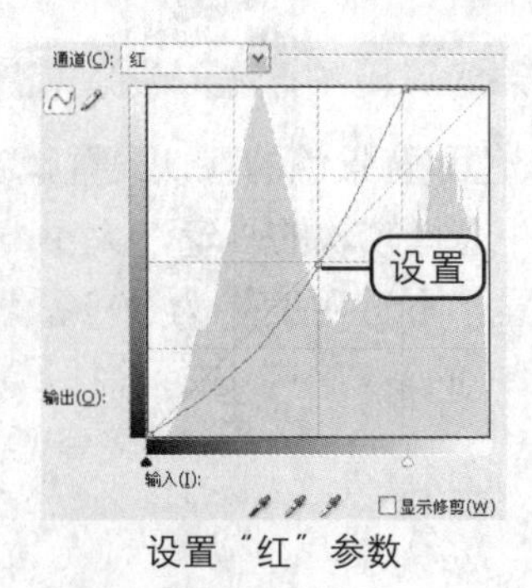

设置“红”参数

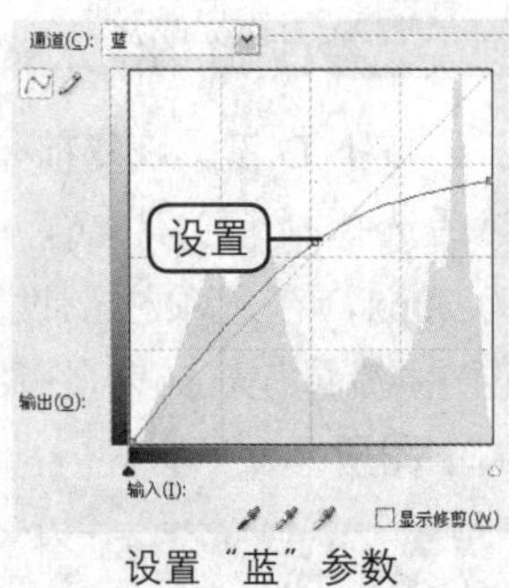

设置“蓝”参数

完成效果

7.8 增加照片的层次感

实例概述 本实例中运用 Photoshop 的“色阶”命令，图层混合模式、套索工具处理图片。

关键提示 在制作过程中，难点在于通道的运用，重点在于图像层次的制作。

应用点拨 本实例的操作方法可用于为增加风景图像的层次感，使图像变得丰富。

光盘路径：第 7 章 \Complete\ 增加照片的层次感 .psd

步骤 01 打开图像文件

打开本书配套光盘中第 7 章 \media\ 增加照片的层次感 .jpg 文件，如右图所示。复制“背景”图层得到“背景 副本”图层。

打开的图像文件

步骤 02 建立选区

切换至“通道”面板，选择“蓝”通道并复制，然后按下 Ctrl+L 快捷键，在弹出的对话框中设置各项参数，如左下图所示，完成后单击“确定”按钮，效果如右下图所示。

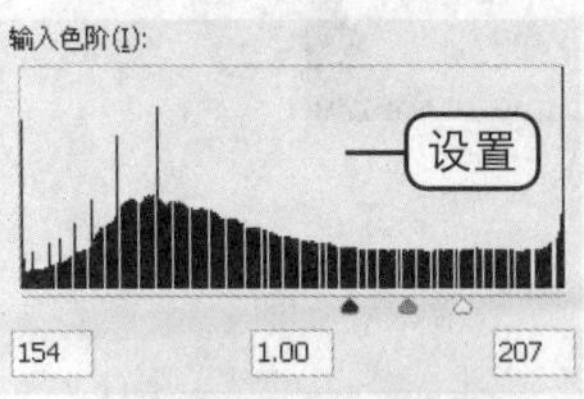

调整“色阶”参数

调整色阶后的效果

按下 D 键，恢复前景色和背景色的默认设置，选择画笔工具，在“蓝 副本”通道上对照片的右下方进行描绘，如下图所示。

修饰图像

按住 Ctrl 键单击“蓝 副本”通道，如左下图所示，将照片的白色区域载入选区，如右下图所示。

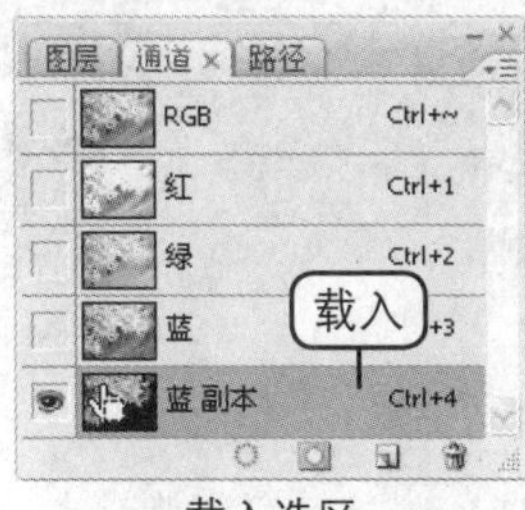

载入选区

选区

步骤 03 填充选区

回到“图层”面板，新建一个图层，设置前景色为 R78、G0、B0，按下 Alt+Delete 快捷键，在“图层 1”图层中对选区进行颜色填充，如左下图所示，再按下 Ctrl+D 快捷键，取消选择，如右下图所示。

填充选区

取消选区

步骤 04 制作层次感

将“图层 1”图层的混合模式设置为“颜色”，效果如下图所示。

混合效果

复制“图层 1”图层，得到“图层 1 副本”图层，然后选择“图层 1 副本”图层再选择套索工具，在照片上建立一个选区，如左下图所示。对选区进行羽化，“羽化半径”为“10 像素”，并按下 Delete 键，删除选区中的图像，再按下 Ctrl+D 快捷键取消选区，效果如右下图所示。

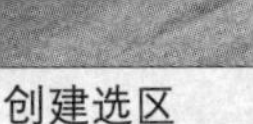
创建选区

删除图像

继续在“图层 1 副本”图层中的利用套索工具建立一个选区，对选区进行羽化“羽化半径”为“10 像素”，并按下 Delete 键，删除选区中的图像，再按下 Ctrl+D 快捷键取消选区，效果如右下图所示。多次复制“图层 1 副本”图层，得到如下图所示的效果。

删除部分图像

图像效果

步骤 05 调整图像的亮度

选择“背景 副本”图层，然后按下 Ctrl+L 快捷键，在弹出的“色阶”对话框中设置各项参数，完成后单击“确定”按钮。参数设置和效果如右图所示。至此，本例制作完成。

图像效果

7.9 修复模糊的照片

实例概述 本实例运用 Photoshop 的“智能锐化”滤镜和“高反差保留”滤镜修复模糊的照片。

关键提示 在制作过程中，难点在于使用加深工具删除人物眼睛中较模糊的光源，重点在于“智能锐化”滤镜和“高反差保留”滤镜的参数设置。

应用点拨 本实例中的操作方法可用于将模糊的图像变得清晰化。

光盘路径：第 7 章 \Complete\ 修复模糊的照片 .psd

步骤 01 打开图像文件

打开本书配套光盘中第 7 章 \media\ 清晰度 .jpg 文件，如右图所示。复制“背景”图层得到“背景副本”图层。

打开的图像文件

步骤 02　智能锐化

执行“滤镜 > 锐化 > 智能锐化”命令，在弹出的“智能锐化”对话框中设置如左下图所示的参数，对图像进行锐化。完成后单击“确定”按钮。效果如右下图所示。

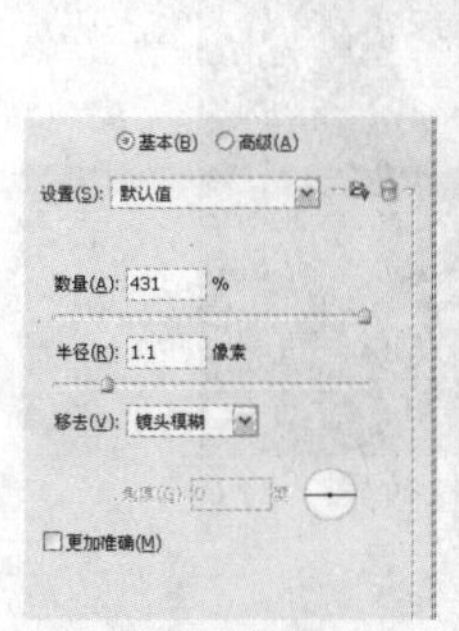

设置参数

锐化效果

步骤 03　调整图像的对比度

执行“图像 > 调整 > 亮度 / 对比度”命令，在弹出的“亮度 / 对比度”对话框中设置如左下图所示的参数。效果如右下图所示。

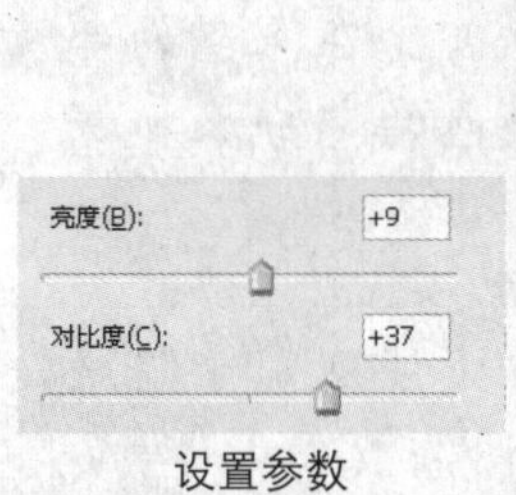

设置参数

调整效果

步骤 04　减少噪点

选择套索工具，将人物脸部噪点较多的部分创建为选区，如左下图所示。对选区进行羽化，“羽化半径”为 30 像素，效果如右下图所示。

创建选区

羽化选区

执行“滤镜 > 模糊 > 高斯模糊”命令，在弹出的“高斯模糊”对话框中设置如左下图所示的参数。完成后单击“确定”按钮。对图像进行模糊处理，效果如右下图所示。

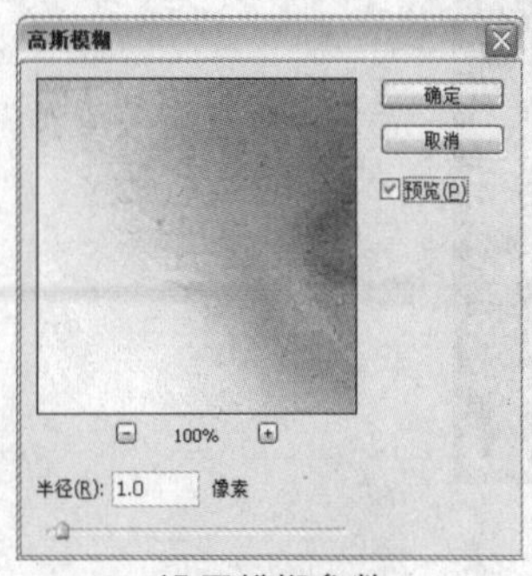

设置模糊参数

模糊效果

步骤 05　强化边缘

盖印一个图层。使用加深工具，在人物的眼球上进行涂抹。去除人物眼球上因多余的亮光而造成的模糊感，如下图所示。

去除亮光

执行“滤镜 > 其他 > 高反差保留”命令，在弹出的对话框中设置如左下图所示的参数。完成后单击“确定”按钮。效果如右下图所示。

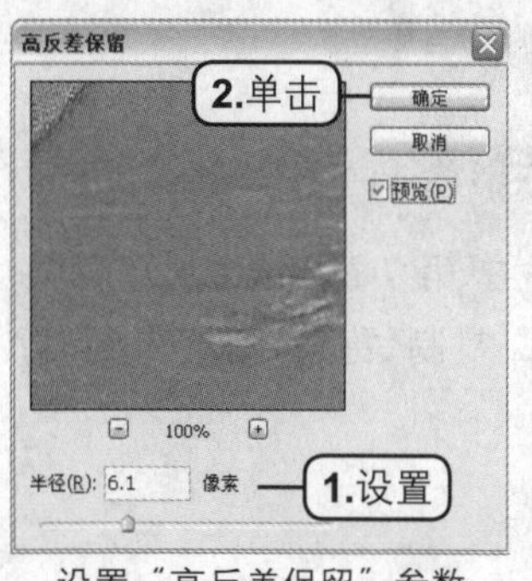

设置“高反差保留”参数

图像效果

设置“图层 2”图层的混合模式为“叠加”，强化图像的边缘，效果如下图所示。

强化图像边缘效果

为“图层 2”图层添加蒙版。使用黑色的画笔，在“图层 2”图层的蒙版上进行涂抹，如左下图所示。去除因该图层而造成的边缘过度锐化效果，如右下图所示。至此，本例制作完成。

涂抹蒙版

涂抹效果

7.10 制作局部彩色效果

实例概述 本实例运用 Photoshop 的“去色”命令和蒙版功能配合完成。

关键提示 在制作过程中，难点在于为图层添加蒙版后，画笔工具的使用。重点在于为图像添加圆圈元素时，需要在深色的部分添加浅色的圆圈，在浅色的部分添加深色的圆圈。

应用点拨 本实例中的操作方法可用于将照片制作成部分彩色的特殊图像效果。

光盘路径：第 7 章 \Complete\ 制作局部彩色效果 .psd

步骤 01 打开图像文件

打开本书配套光盘中第 7 章 \media\ 局部彩色 .jpg 文件，如右图所示。复制“背景”图层得到“背景 副本”图层。

打开的图像文件

步骤 02 去色

执行“图像 > 调整 > 去色”命令，去除图像中的颜色，效果如下图所示。

去色效果

为“背景 副本”图层添加蒙版，然后使用黑色的画笔在图像中对人物和较前方的樱花进行隐藏，效果如下图所示。

编辑蒙版

步骤 03 增加图像的层次感

选择套索工具，在图像中将图像后方较多的樱花树创建为选区，如下图所示。

创建选区

按下 Ctrl+Alt+D 快捷键，在弹出的“羽化选区”对话框中设置“羽化半径”为“20 像素”，如下图所示。完成后单击“确定”按钮。

设置参数

按下 Ctrl+L 快捷键，在弹出的“色阶”对话框中设置参数。完成后单击“确定”按钮，并按下 Ctrl+D 快捷键，取消选区。效果如下图所示。

增加图像对比度

步骤 04 绘制散射型圆环

选择画笔工具，选择笔触为“同心圆”，设置颜色为白色和黑色。打开“画笔”面板，在其中设置参数。完成后在图像中由下至上进行绘画。参数设置的效果如下图所示。

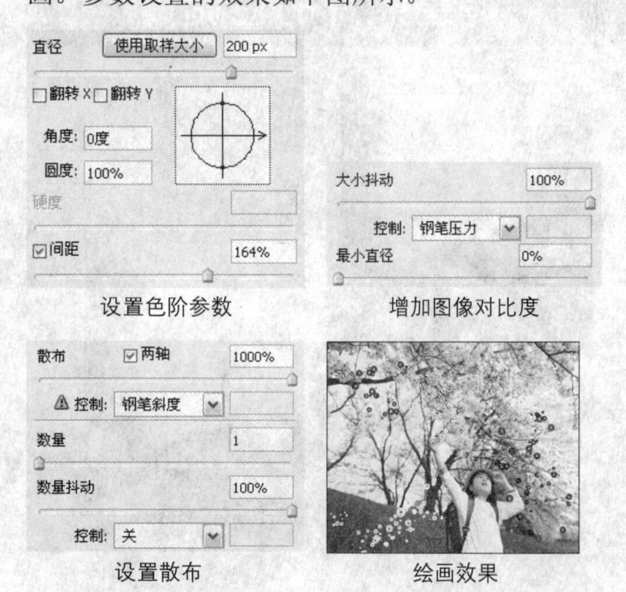

设置色阶参数　增加图像对比度

设置散布　绘画效果

步骤 05 添加文字

根据画面效果，在图像中添加适当的文字，如下图所示。

添加文字

合并所有的文字图层，如下图所示。

合并图层

双击该图层，在弹出的“图层样式”对话框中选中“投影”复选框，设置“投影”颜色为R255、G136、B136，并设置其他参数，如下图所示。

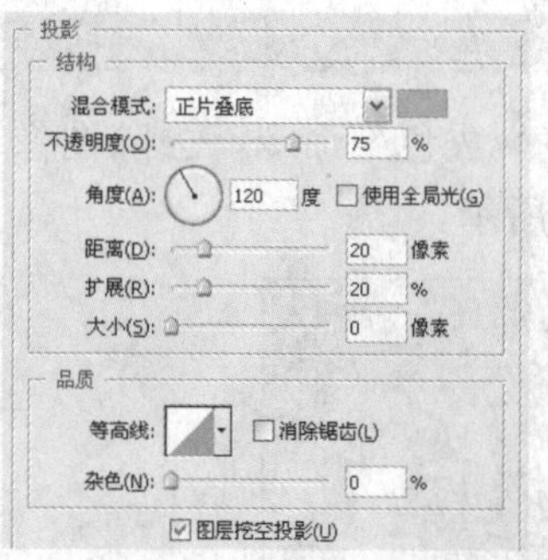

设置图层样式

通过上述操作，为文字添加的投影效果如下图所示。至此，本例制作完成。

投影效果

7.11 调整照片的色调

实例概述 本实例运用Photoshop的颜色模式、通道和颜色调整功能制作完成。

关键提示 在制作过程中，难点在于使用CMYK颜色模式去除人物的油光和调整人物皮肤的亮度，重点在于图像中颜色的匹配添加。

应用点拨 本实例中的操作方法可用于调整各种人物照片的颜色。

光盘路径：第 7 章 \Complete\ 调整照片的色调 .psd

步骤 01 去除人物脸部的油光

打开本书配套光盘中第 7 章 \media\ 调整照片的色调 .jpg 文件，如下图所示。背景图层为“背景副本”。

打开的图像文件

切换到“通道”面板，选中“洋红”和“黄色”通道，并隐藏其他通道。选择加深工具，在人物脸部有油光的区域涂抹，效果如下图所示。

加深油光区域

步骤 02 增亮人物皮肤

选择 CMYK 通道，回到“图层”面板。选择套索工具，选中人物的皮肤区域，如下图所示。

创建选区

按下 Ctrl+Alt+D 快捷键，在弹出的“羽化选区”对话框中设置“羽化半径”为“20 像素”，对选区进行羽化，效果如下图所示。

羽化选区

按下 Ctrl+L 快捷键，在弹出的对话框中设置如下图所示的参数。完成后单击“确定”按钮。

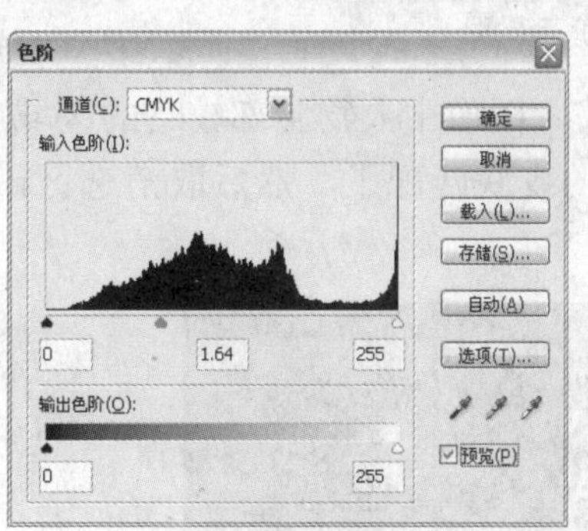

设置“色阶”参数

通过上述操作，图像中人物的皮肤变得明亮了，效果如下图所示。

增加人物皮肤的亮度

步骤 03 调整局部肤色

选择套索工具，将人物脸部较暗的部分创建为选区，再羽化选区，如下图所示。

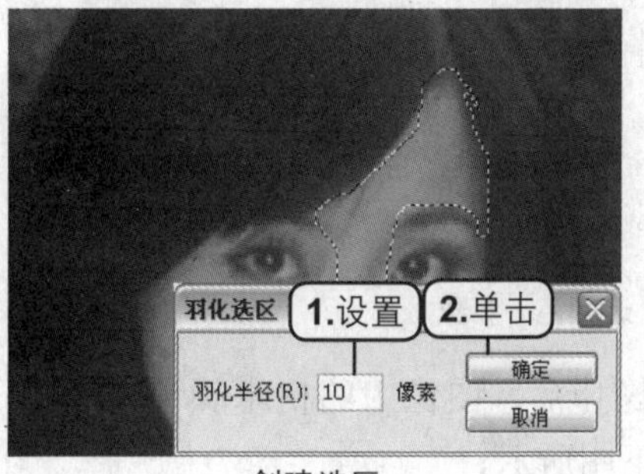

创建选区

按下 Ctrl+L 快捷键，在弹出的对话框中设置如下图所示的参数。完成后单击“确定”按钮。

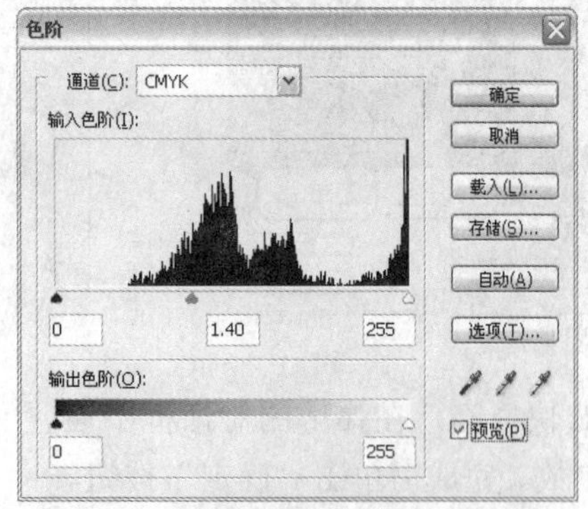

设置"色阶"参数

通过上述操作，图像中人物脸部较暗的区域变得和人物本身的皮肤匹配了，然后取消选区，效果如下图所示。

调整局部图像区域

步骤 04 调整树木颜色

执行“图像 > 调整 > 可选颜色”命令，在弹出的“可选颜色”对话框中选择“颜色”为“绿色”，并设置如下图所示的参数。完成后单击“确定”按钮。

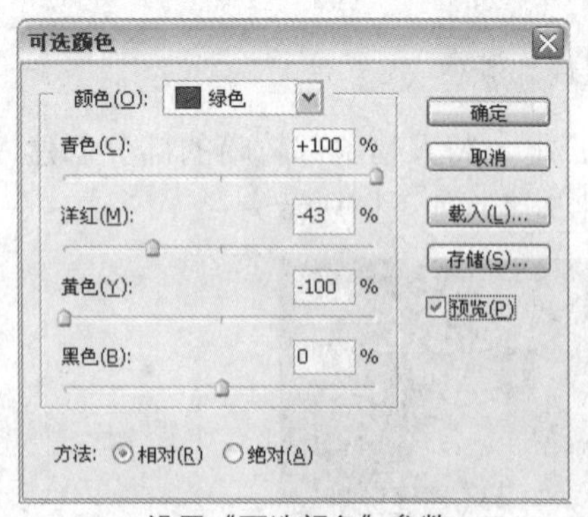

设置"可选颜色"参数

完成上述操作后，图像中的树木颜色发生了变化，效果如下图所示。

调整树木颜色

步骤 05 调整婚纱的明暗

选择套索工具，在图像中将人物的婚纱创建为选区，不必太精确，如下图所示，然后对选区进行羽化，“羽化半径”为“10 像素”。

创建选区

按下 Ctrl+L 快捷键，在弹出的对话框中设置如下图所示的参数。完成后单击“确定”按钮。

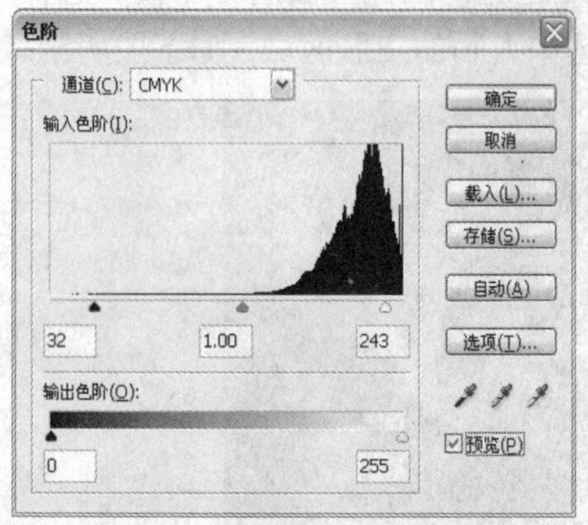

调整参数

通过上述操作，人物婚纱上的明暗对比变得强烈了。按下 Ctrl+D 快捷键，取消选区。效果如下图所示。

调整婚纱的明暗

步骤 06 调整湖水的颜色

选择套索工具，在图像中将湖水的部分创建为选区，对选区进行羽化，“羽化半径”为“10像素”，如下图所示。

创建选区

按下 Ctrl+B 快捷键，在弹出的对话框中设置如下图所示的参数，完成后单击“确定”按钮。

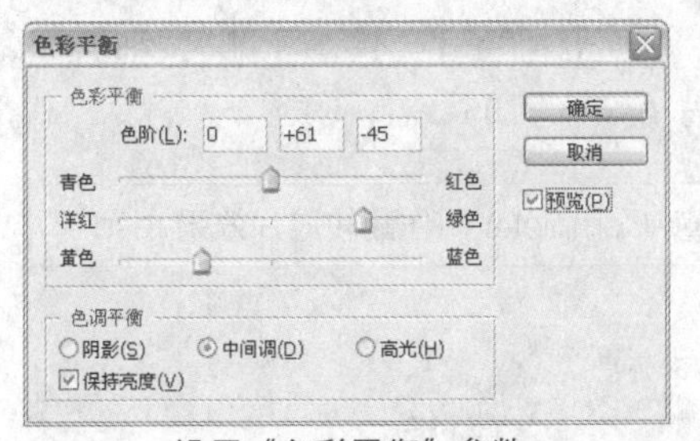

设置“色彩平衡”参数

通过上述操作，图像中湖水的颜色发生了改变。取消选区后的效果如下图所示。

调整湖水颜色

步骤 07 调整石板的颜色

选择套索工具，在图像中将黄色的石板部分创建为选区，并对选区进行羽化，“羽化半径”为“10 像素”，效果如下图所示。

创建选区

按下 Ctrl+B 快捷键，在弹出的“色彩平衡”对话框中设置如下图所示的参数，对石板的颜色进行调整。完成后单击“确定”按钮。

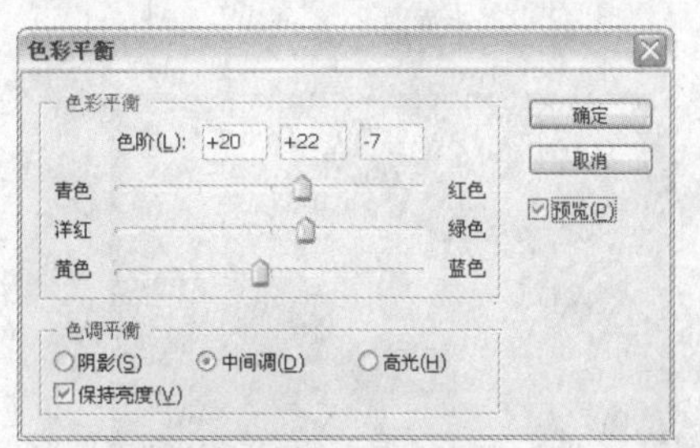

设置色彩平衡参数

通过上述操作，石板的颜色更加自然了。按下 Ctrl+D 快捷键，取消选区。效果如下图所示。

调整了石板颜色

步骤 08 调整图像整体色调

盖印一个图层。在“通道”面板中选中“青色”通道，然后按下 Ctrl+L 快捷键，在弹出的“色阶”对话框中设置如下图所示的参数。完成后单击“确定”按钮。

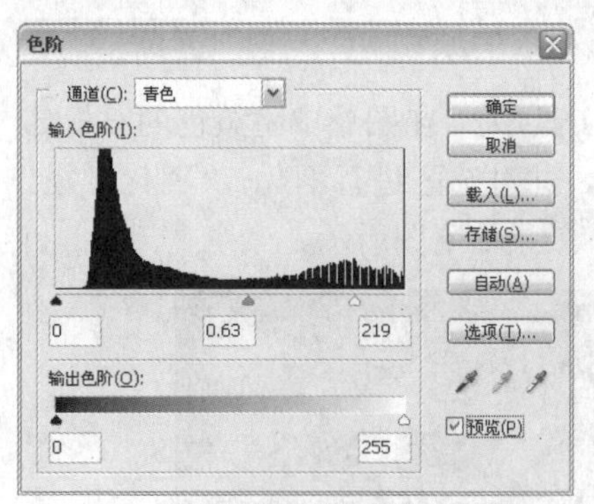

设置"色阶"参数

通过上述操作，调整了图像的整体色调，效果如左下图所示。为图像添加适当的文字，效果如右下图所示。至此，本例制作完成。

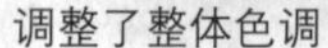

调整了整体色调

添加文字

7.12 制作翻转胶片效果

实例概述 本实例运用 Photoshop 的通道功能和"应用图像"命令制作完成。

关键提示 在制作过程中，难点在于为使用通道对图像的颜色进行调整。重点在于调整图像颜色时，需要在"导航器"面板中查看图像效果。

应用点拨 本实例中的操作方法可用于制作各种翻转胶片效果的图像。

光盘路径： 第 7 章 \Complete\ 制作翻转胶片效果 .psd

步骤 01 打开图像文件

打开本书配套光盘中第 7 章 \media\ 制作翻转胶片效果 .jpg 文件，如下图所示。复制"背景"图层得到"背景 副本"图层。

打开的图像文件

步骤 02 调整图像颜色

在“通道”面板中选择“蓝”通道，然后执行“图像 > 应用图像”命令，在弹出的“应用图像”对话框中设置如下图所示的参数。完成后单击“确定”按钮。

设置“蓝”通道

在“通道”面板中选择“绿”通道，然后执行“图像 > 应用图像”命令，在弹出的“应用图像”对话框中设置如下图所示的参数。完成后单击“确定”按钮。

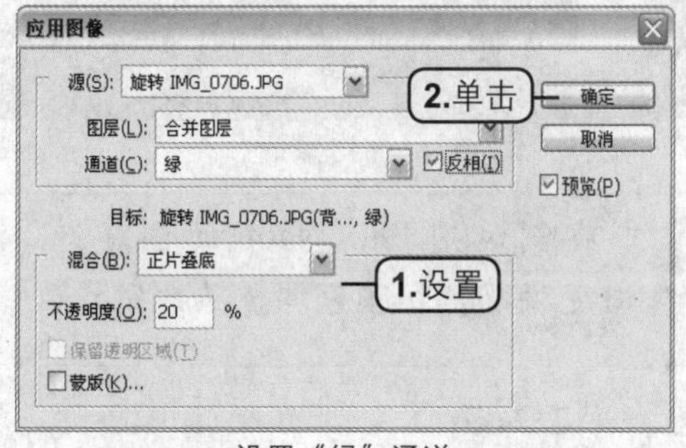

设置“绿”通道

在“通道”面板中选择“红”通道，然后执行“图像 > 应用图像”命令，在弹出的“应用图像”对话框中设置如下图所示的参数。完成后单击“确定”按钮。

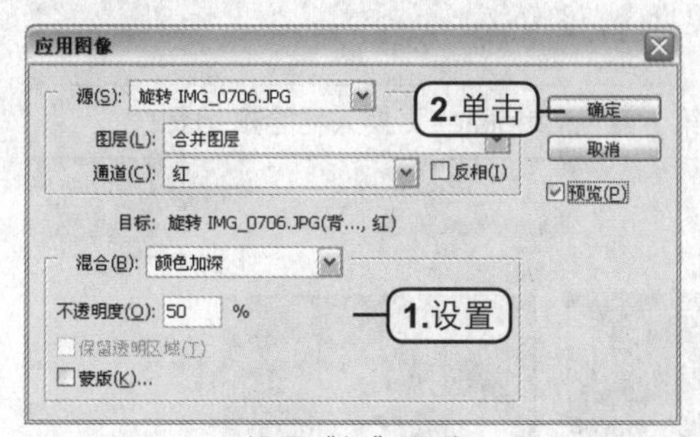

设置“红”通道

通过上述操作，为图像调整了颜色，效果如下图所示。

调整图像颜色效果

步骤 03 调整图像的亮度和对比度

执行“图像 > 调整 > 亮度 / 对比度”命令，在弹出的“亮度 / 对比度”对话框中设置参数。完成后单击“确定”按钮，如下图所示。

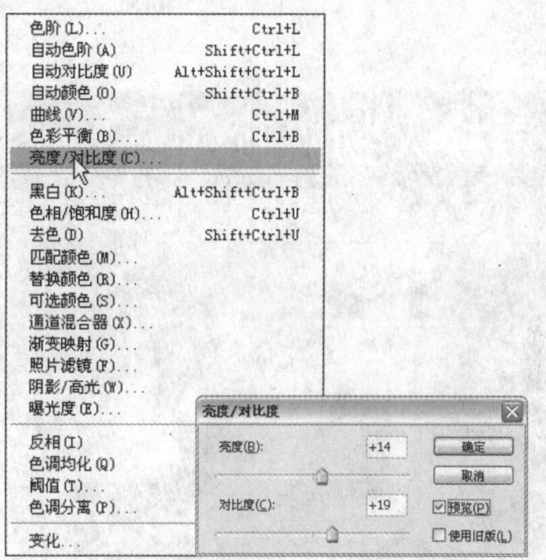

设置“亮度 / 对比度”参数

通过上述操作，调整了图像的亮度和对比度，效果如下图所示。

调整亮度和对比度后的效果

步骤 04 添加边框和素材

打开本书配套光盘中第 7 章 \media\ 边框 .png 文件，如左下图所示。将其拖动到“制作翻转胶片效果 .psd”图像窗口中，且适当调整其位置和大小。如右下图所示。

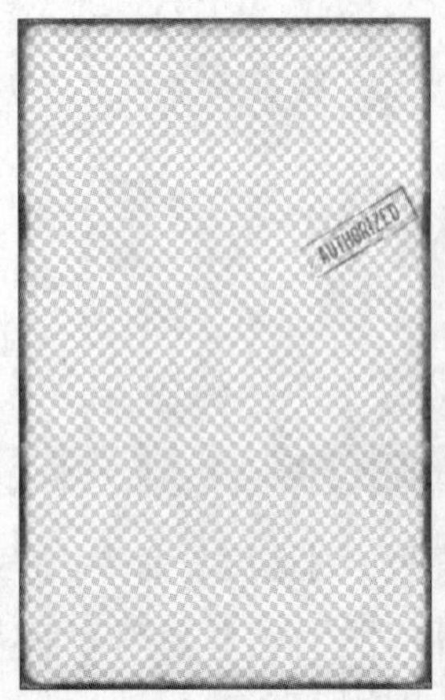

打开的素材

添加素材

步骤 05 添加文字

根据画面效果，为图像添加适当的文字，如左下图所示。使用自由变换功能，调整文字的方向，以及素材的位置，效果如右下图所示。至此，本例制作完成完成。

添加文字

调整图像

7.13 更换人物脸颊

实例概述 本实例运用 Photoshop 的创建选区功能、自由变换功能和颜色调整功能完成。

关键提示 在制作过程中，难点在于使人物的脸颊与原始素材中的人物皮肤相匹配。重点在于调整更换后的人物脸颊的颜色和亮度。

应用点拨 本实例中的操作方法可用于为各种照片更换头像和人物。

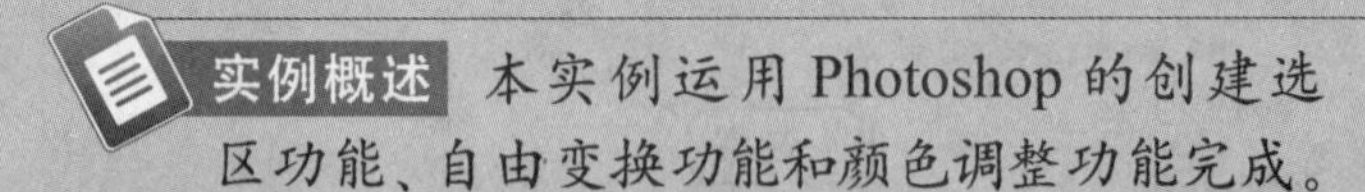

光盘路径：第 7 章 \Complete\ 更换人物脸颊 .psd

步骤 01 打开图像文件

打开本书配套光盘中第 7 章 \media 文件夹中的 tou.jpg 和 tou2.jpg 文件，如右图所示。

tou.jpg 文件

tou2.jpg 文件

步骤 02 更换人物头像

选择套索工具，在 tou.jpg 图像窗口中创建如下图所示的选区。

创建选区

按住 Ctrl 键，将选区中的图像拖动到 tou2.jpg 图像窗口中，并适当调整其位置和大小，使其与 tou2.jpg 中的人物头像相匹配，如下图所示。

拖动图像

单击“添加矢量蒙版”按钮，为“图层 1”图层添加蒙版，然后使用黑色的画笔，在蒙版编辑状态下对人物脸颊多余的图像进行隐藏，效果如下图所示。

隐藏多余的图像

步骤 03 调整脸部颜色

按下 Ctrl+L 快捷键，在弹出的“色阶”对话框中设置如下图所示的参数。调整图像中人物脸颊的亮度，完成后单击“确定”按钮。

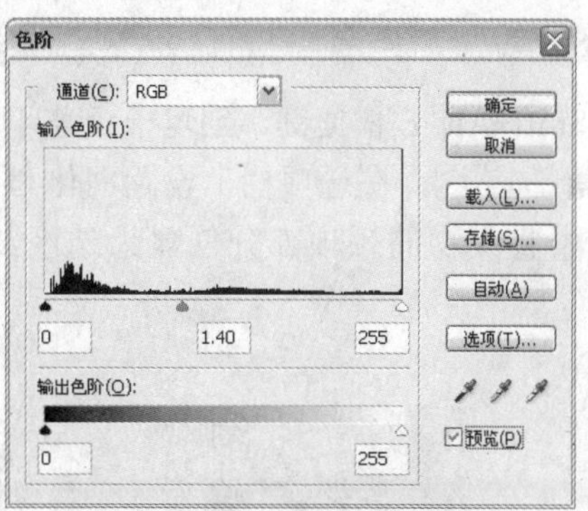

设置“色阶”参数

通过上述操作，人物的脸颊变得明亮了，效果如下图所示。

增亮人物皮肤

按下 Ctrl+B 快捷键，在弹出的“色彩平衡”对话框中设置如下图所示的参数。调整图像中人物脸颊的颜色，完成后单击“确定”按钮。

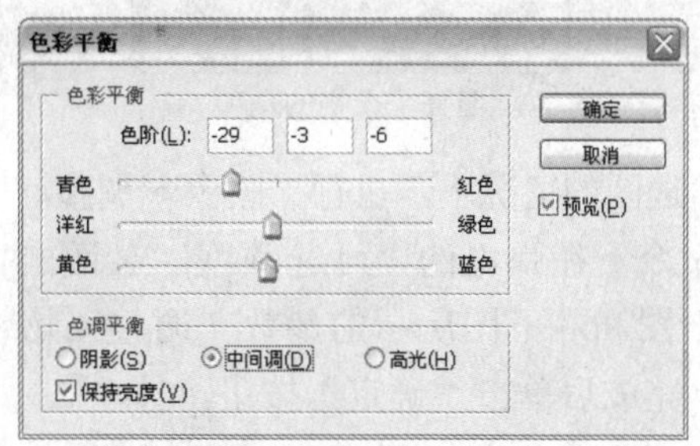

设置“色彩平衡”参数

通过上述操作，调整了人物脸颊的颜色，效果如下图所示。

调整了人物脸颊的颜色

步骤 04 调整图像

按下 Ctrl+Shift+Alt+E 快捷键，创建一个盖印图层。选择套索工具，在选项栏上设置羽化为 30 px，在图像中将人物的颈项部分创建为选区，如下图所示。

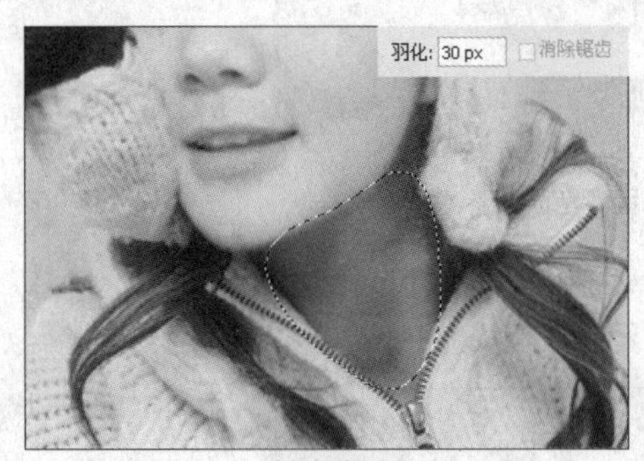

创建选区

按下 Ctrl+L 快捷键，在弹出的“色阶”对话框中设置如左下图所示的参数。完成后单击“确定”按钮，效果如右下图所示。

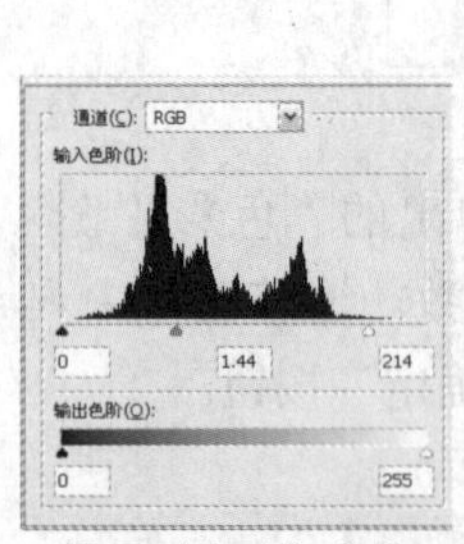

设置“色阶”参数

增亮了人物的颈项

在不取消选区的情况下，执行“图像 > 调整 > 可选颜色”命令，在弹出的“可选颜色”对话框中设置如左下图和右下图所示的参数，调整人物颈项的颜色。完成后单击“确定”按钮。

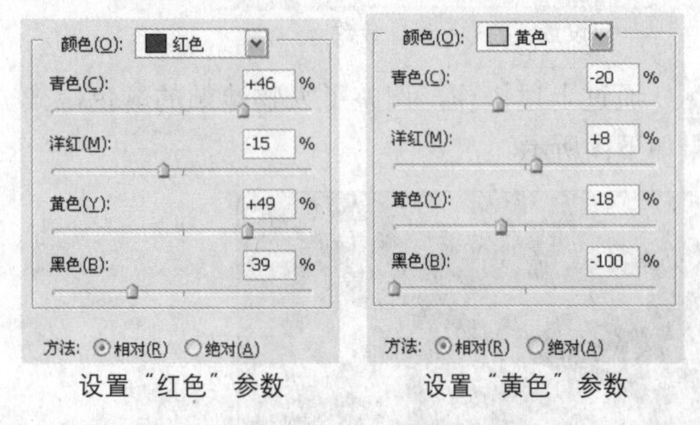

设置“红色”参数　　设置“黄色”参数

通过上述操作，人物颈项的颜色与人物的脸颊相匹配了，效果如下图所示。

调整了人物颈项的颜色

步骤 05 增强人物五官的强度

至此，图像中人物的五官较淡，与图像整体不是很协调，所以在图像中创建如下图所示的选区。

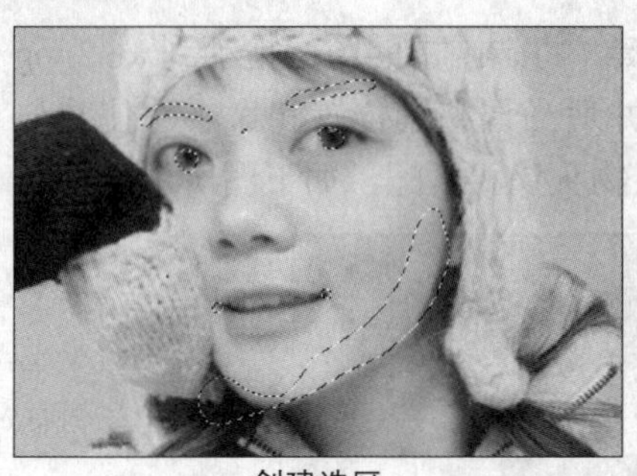

创建选区

按下 Ctrl+L 快捷键，在弹出的“色阶”对话框中设置如下图所示的参数，完成后单击“确定”按钮，加深人物的五官和阴影。

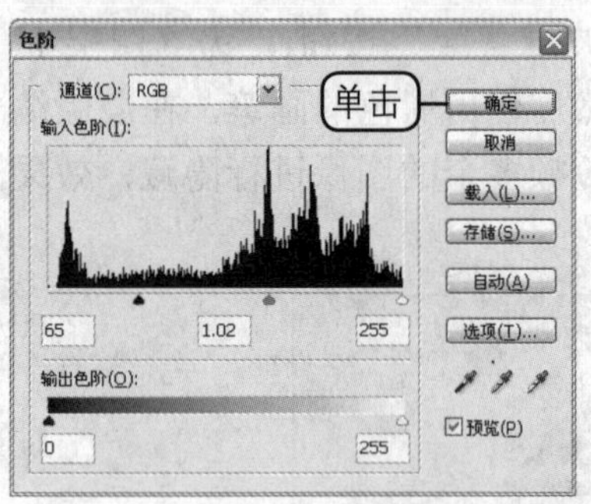

设置“色阶”参数

通过上述操作，图像中人物的五官变得与图像整体效果相匹配，效果如下图所示。

强化五官

步骤 06 添加背景

执行“文件 > 新建”命令，在弹出的“新建”对话框中设置如下图所示的参数。完成后单击“确定”按钮。

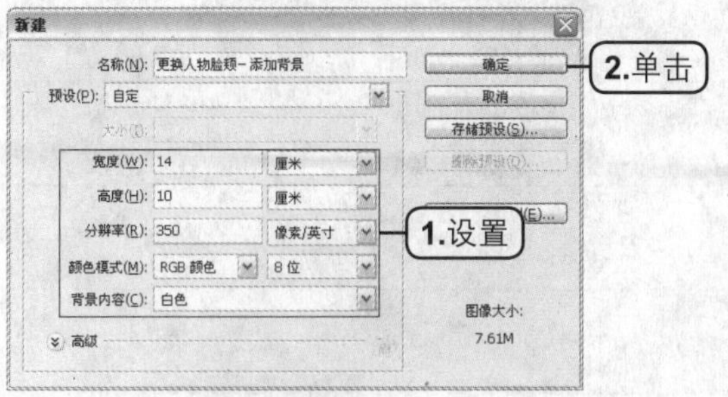

设置新建参数

选择渐变工具，在“渐变编辑器”对话框中设置渐变色从左至右为R166、G139、B118，R96、G49、B43，在选项栏中设置渐变类型为径向渐变，然后在图像中由内至外拖动添加渐变，效果如下图所示。

添加渐变

执行“滤镜 > 扭曲 > 玻璃”命令，在弹出的对话框中设置各项参数，再单击“确定”按钮。为图像添加玻璃底纹效果，如下图所示。

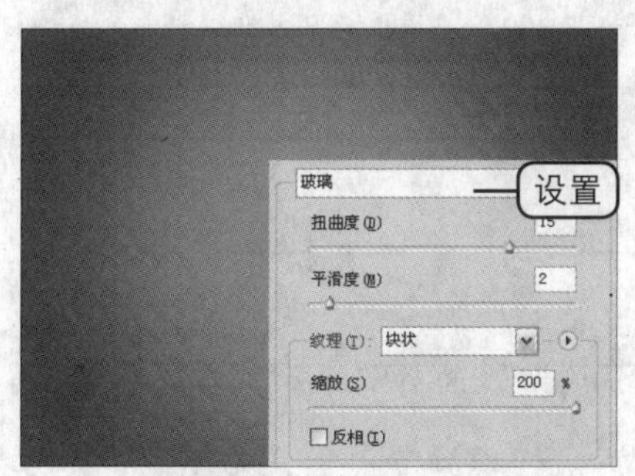

添加玻璃底纹

回到“更换人物脸颊.psd”图像窗口中，选中“图层 2”图层，并将其拖动到“更换人物脸颊—添加背景.psd”图像窗口中，并适当调整其位置和大小，且对图像进行反向。效果如下图所示。

添加图像

步骤 07 调整图像并添加文字

为“图层 1”图层添加蒙版，然后使用黑色的画笔，在蒙版编辑状态下对图像中多余的部分进行涂抹，隐藏多余的图像区域。效果如下图所示。

隐藏多余的图像

根据画面效果，为图像添加适当的文字，再适当调整文字的位置和角度。效果如下图所示。至此，本例制作完成。

添加文字

NOTE

图像创意合成

在 Photoshop 中，可以制作出各种图像特效和图像合成效果。本章将对迷幻黑夜效果、光感人物效果、炫彩文字效果、剪影风景效果、热带风格效果、抽象建筑等特效图像的制作方法进行详细的介绍。

本章内容索引

8.1 迷幻黑夜效果

8.2 光感人物效果

8.3 剪影风景效果

8.4 炫彩文字效果

8.5 热带风格效果

8.6 抽象建筑设计

迷幻黑夜效果

光感人物效果

剪影风景效果

炫彩文字效果

热带风格效果

抽象建筑设计

8.1 迷幻黑夜效果

实例概述 本实例运用 Photoshop 中的移动工具、画笔工具、“高斯模糊”滤镜和“填充”命令制作出奇幻的黑夜合成特效图像。

关键提示 在制作过程中，难点在于对人物图像的抠取。重点在于为图像添加发光效果时，要注意整个图像中将有一个最亮点，也只能有一个最亮点。如果亮点过多，将导致图像产生涣散的现象。

应用点拨 本实例的制作方法可用于各种灯箱广告的制作。

光盘路径：第 8 章 \Complete\ 迷幻黑夜效果 .psd

步骤 01 新建图像文件

执行“文件 > 新建”命令，在弹出的“新建”对话框中设置如下图所示的参数，完成后单击“确定”按钮。

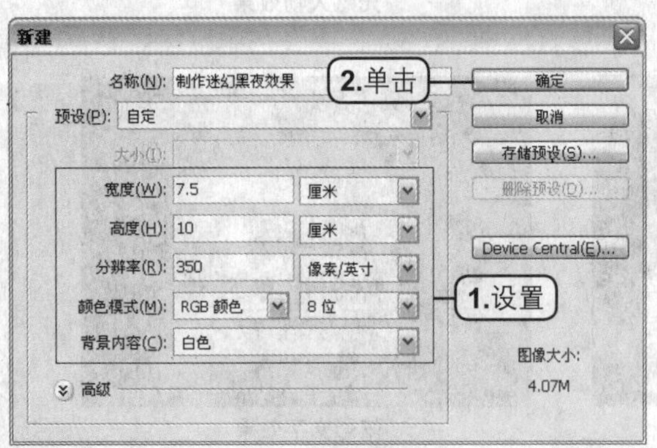

设置“新建”参数

步骤 02 绘制背景纹理

新建“图层 1”图层，设置前景色为黑色，选择画笔工具，再选择笔触“喷溅 125px”和“粉笔 400px”，在图像中进行涂抹，得如左下图所示的背景效果。打开本书配套光盘中第 8 章 \media\001.jpg 文件，如右下图所示。

背景纹理

打开的图像文件

将素材文件拖曳到“制作迷幻黑夜效果 .psd”图像窗口中，得到“图层 2”图层，再进行自由变换。选择“图层 2”图层，单击鼠标右键并在弹出的快捷菜单中执行“创建剪贴蒙版”命令，如下图所示。

创建剪贴蒙版

图像效果

步骤 03 添加背景颜色

打开本书配套光盘中第 8 章 \media\002.jpg 文件，如下图所示。

打开的图像文件

将素材文件拖曳到“制作迷幻黑夜效果”图像窗口中，得到“图层 3”图层。按下 Ctrl+T 快捷键，弹出自由变换框，再调整大小。完成后选择“图层 3”图层，单击鼠标右键，在弹出的快捷菜单中执行“创建剪贴蒙版”命令，如左下图和右下图所示。

创建剪贴蒙版

蒙版效果

选择“图层 3”图层，设置图层的混合模式为“颜色加深”，如左下图所示，效果如右下图所示。

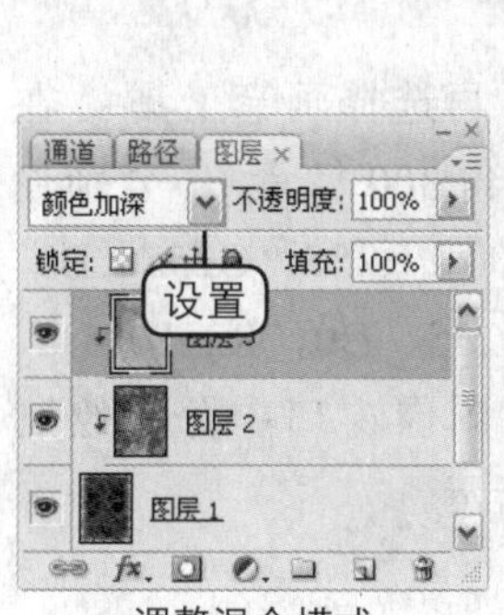

调整混合模式

混合效果

设置前景色为 R10、G10、B80，再新创建“图层 4”图层，按住 Ctrl 键单击“图层 1”图层的缩览图，将“图层 1”图层中的图像载入选区，再填充前景色，然后按下 Ctrl+D 快捷键，取消选区，最后设置图层的混合模式为“柔光”，如左下图和右下图所示。

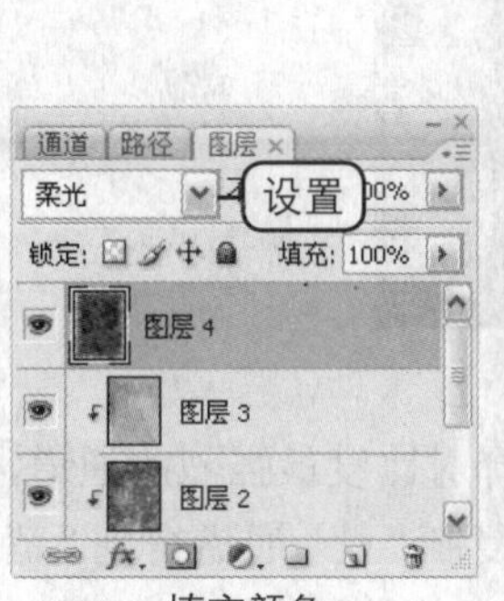

填充颜色

图像效果

步骤 04 添加地球图像

打开本书配套光盘中第 8 章 \media\003.psd 文件，如下图所示。

打开的图像文件

将素材拖曳到“制作迷幻黑夜效果”图像窗口中，得到“图层 5”图层，现对该图层中的对象进行自由变换，效果如左下图所示，然后将图层的混合模式调整为“颜色减淡”，效果如右下图所示。

添加图像

混合效果

步骤 05 添加芦苇图像

打开本书配套光盘中第 8 章 \media\004.jpg 文件，如下图所示。

打开的图像文件

在“通道”面板中选择对比度最强烈的通道，再这里选择“蓝”通道，再复制“蓝”通道得到“蓝副本”通道，然后按下 Ctrl+I 快捷键，将图像反相，如下图所示。

在通道中进行反相

执行“图像 > 调整 > 色阶”命令，在弹出的对话框中设置各项参数，如左下图所示，完成后单击“确定”按钮。

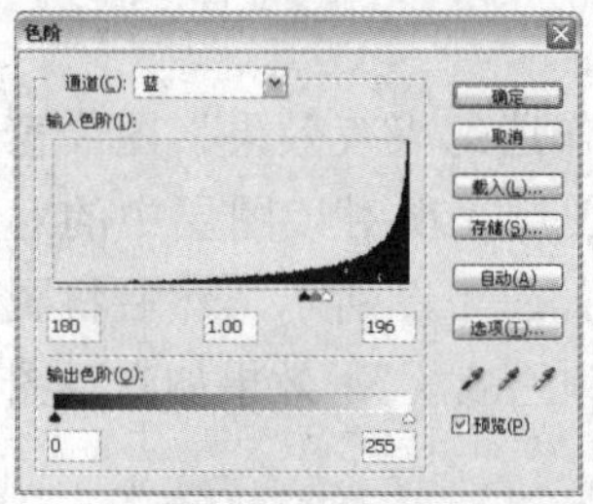

设置“色阶”参数

完成上述操作后，得到如下图所示的效果。

图像效果

按住 Ctrl 键单击“蓝 副本”通道，将通道载入选区，按下 Ctrl+C 快捷键，复制选区。返回“制作迷幻黑夜效果”图像窗口中，新建“图层 6”图层，按下 Ctrl+V 快捷键，粘贴选区，效果如下图所示。

添加图像

步骤 06 添加树木图像

打开本书配套光盘中第 8 章 \media\005.psd 文件，如左下图所示。选择移动工具，将素材拖曳到“制作迷幻黑夜效果”图像窗口中，得到“图层 7”图层，并拖曳到“图层 6”图层下方，按下 Ctrl+T 快捷键，弹出自由变换框，调整大小后的效果如右下图所示。

打开的图像文件

添加图像效果

步骤 07 调整图像颜色

新建“图层 8”图层，再选择画笔工具，在选项栏中设置画笔为“柔角 300 像素”，分别设置前景色为 R70、G0、B200，R255、G255、B0，R72、G255、B0，R84、G255、B0，R250、G8、B0，R250、G0、B245，在图像窗口中分别绘制不同颜色的，效果如下图所示。

绘制图像

选择“图层 8”图层，执行“滤镜 > 模糊 > 高斯模糊”命令，在弹出的对话框中设置“半径”为“65 像素”，如左下图所示，完成后单击“确定”按钮，效果如右下图所示。

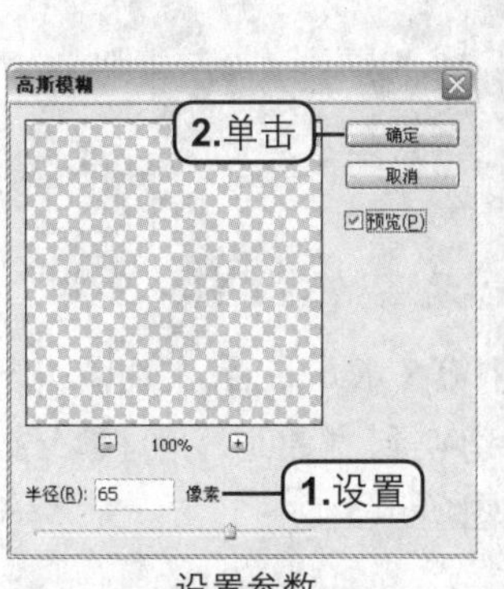

设置参数

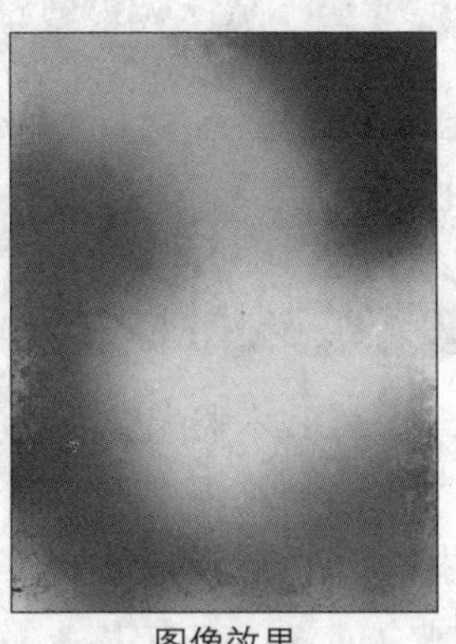

图像效果

选择“图层 8”图层，设置图层的混合模式为“色相”，如左下图所示，效果如右下图所示。

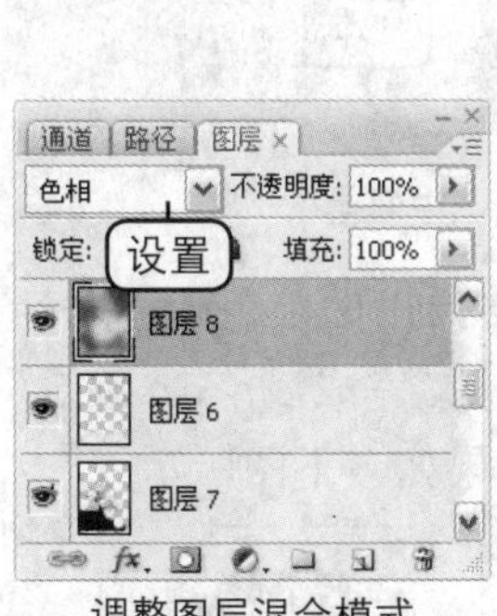

调整图层混合模式

图像效果

复制“图层 8”图层得到“图层 8 副本”图层并重命名为“图层 9”图层，设置图层的混合模式为“饱和度”，“不透明度”为 20%，如左下图所示，效果如右下图所示。

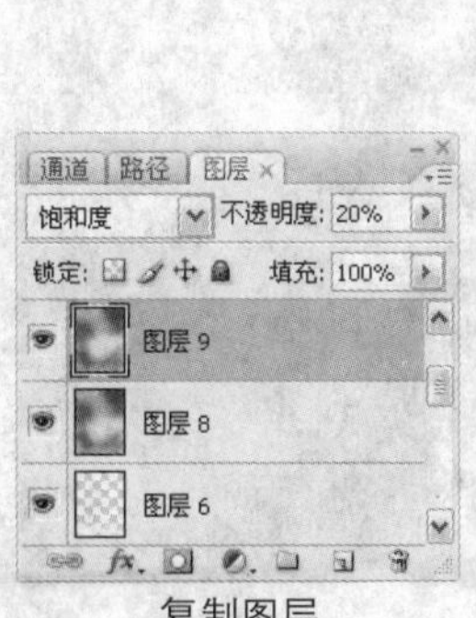

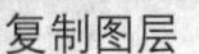

复制图层

图像效果

步骤 08 绘制白色圆点

新建“图层 10”图层，设置前景色为白色，再选择画笔工具，在选项栏中选择“粗糙干画笔”，单击“喷枪”按钮，在图像窗口绘制如下图所示的效果。

绘制图像

步骤 09 添加纹理

新建“图层 11”图层，执行“编辑 > 填充”命令，在弹出的对话框中选择图案，如左下图所示，完成后单击“确定”按钮，在图像窗口填充图案。设置图层的混合模式为“线性光”，设置“不透明度”为 20%，效果如右下图所示。至此，本例制作完成。

设置“填充”参数

添加图案

8.2 光感人物效果

实例概述 本实例运用 Photoshop 中的通道抠图功能、钢笔工具、画笔工具和图层样式制作出光感的人物效果图像。

关键提示 在制作过程中，难点在于对人物图像的抠取。重点在于为图像添加线条发光效果时，要注意整个路径线条的流畅性，同时要灵活应用画笔。

应用点拨 本实例的制作方法可用于各种灯箱广告的制作。

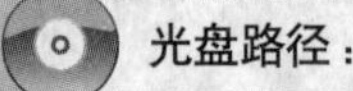

光盘路径：第 8 章 \Complete\ 光感人物效果 .psd

步骤 01 添加背景

执行“文件 > 新建”命令，在弹出的“新建”对话框中设置如下图所示的参数。完成后单击“确定”按钮。

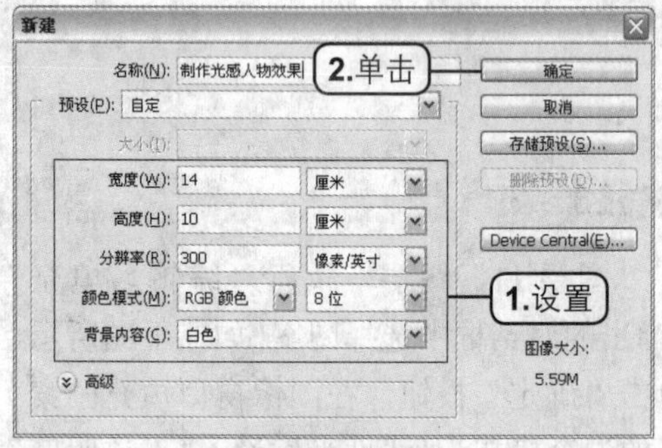

设置“新建”参数

打开本书配套光盘中第 8 章 \media\ 背景图 .jpg 文件，如下图所示。将其拖动到“制作光感人物效果 .psd”图像窗口中。

打开的素材

步骤 02 抠取人物

打开本书配套光盘中第 8 章 \media\ 人物图 .jpg 文件，如左下图所示。切换到“通道”面板，选择“蓝”通道，如右下图所示。

打开人物图像

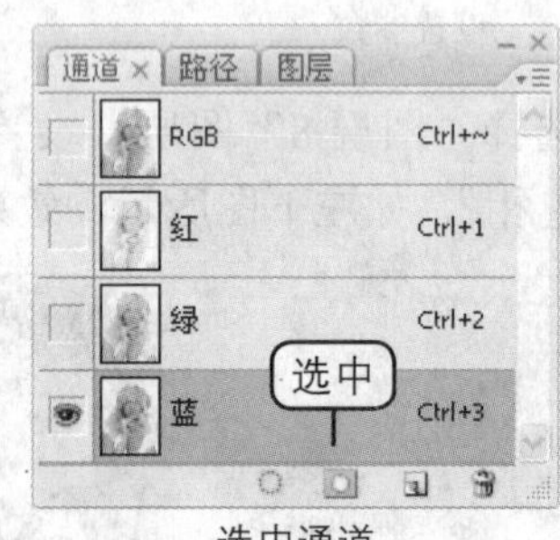

选中通道

按下 Ctrl+L 快捷键，在弹出的“色阶”对话框中设置如左下图所示的参数。完成后单击“确定”按钮。调整图像的亮度，效果如右下图所示。

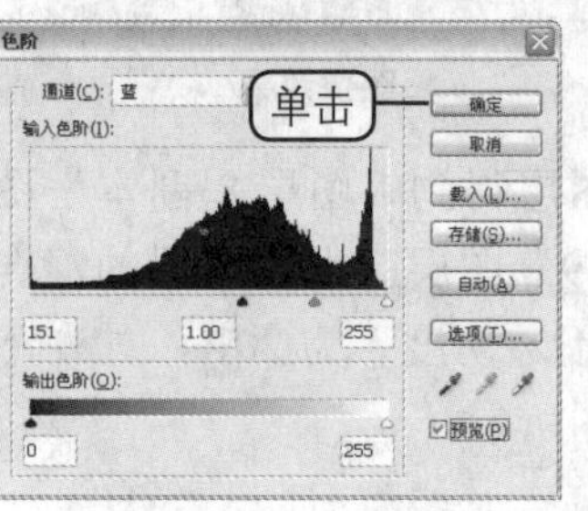

设置“色阶”参数

加深图像

选择加深工具，在选项栏中选中“深色”选项，在图像中的深色部分进行涂抹。使人物部分全部变成黑色，如左下图所示。完成后按住Ctrl键，单击“蓝”通道的缩览图，将其载入选区。回到“图层”面板，选择套索工具，在图像中将未选中的人物部分添加到选区，如右下图所示。

涂抹图像

创建选区

按住Ctrl键，将选区中的图像拖入到“制作光感人物效果.psd”图像窗口中，并适当调整位置和大小。效果如下图所示。

拖入图像

步骤03 调整人物图像

单击“创建新的填充或调整图层”按钮，在弹出的菜单中执行“色阶”命令，然后在弹出的对话框中设置如下图所示的参数，调整图像的色阶。

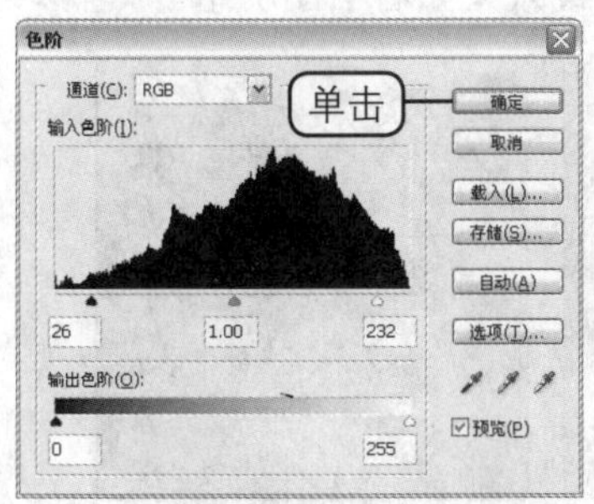

设置“色阶”参数

通过上述操作，图像整体变得明亮了，如下图所示。

调整了图像的亮度

使用黑色的画笔，在“色阶1”图层的蒙版上对过白的头发部分进行涂抹，如左下图所示。将“色阶1”图层创建为“图层2”图层的剪贴蒙版，如右下图所示。

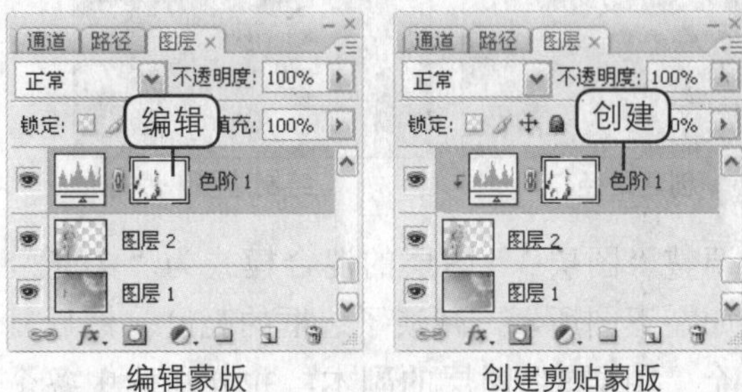

编辑蒙版　　创建剪贴蒙版

通过上述操作，色阶效果只叠加在图像中的人物上，效果如下图所示。

调整色阶后的效果

选中“图层2”图层，按下Ctrl+B快捷键，在弹出的“色彩范围”对话框中设置参数，调整图像中人物的颜色。参数设置和效果如下图所示。

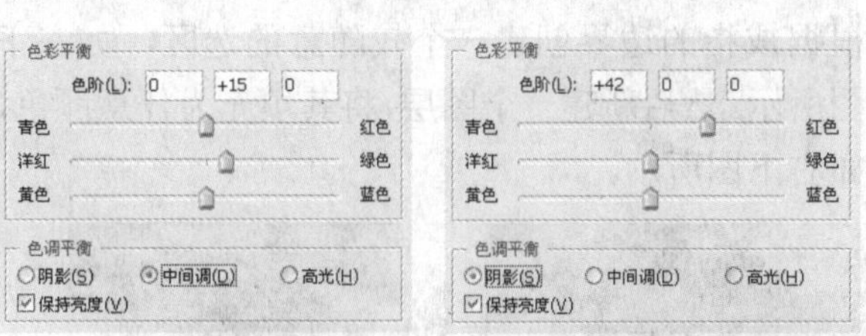

设置“中间调”参数　　设置“阴影”参数

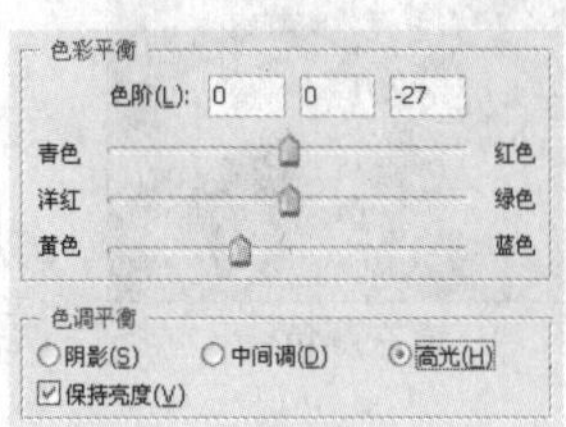

设置“高光”参数　　图像效果

步骤 04 绘制人物边框

新建一个图层，使用钢笔工具，创建如左下图所示的路径，然后选择画笔工具，设置前景色为 R242、G234、B128，并设置画笔为“尖角 8 像素”，按下 Enter 键，对路径进行描边。完成后选择钢笔工具，再次按下 Enter 键。效果如右下图所示，为人物图像添加了边框。

创建路径

绘制边框

调整“图层 3”图层的混合模式为“柔光”，效果如左下图所示，减淡了边框的亮度。然后复制多个“图层 3”图层的副本，并分别选中各个边框，调整其至不同的位置。使这些边框具有错落的效果，如右下图所示。

调整混合模式

添加边框

步骤 05 添加戒指亮光

选择套索工具，在图像中的人物戒指上，根据戒指的边界创建一个较随意的选区，如左下图所示。然后新建一个图层，将其填充为任意颜色，如右下图所示。

创建选区

填充颜色

双击该图层，在弹出的“图层样式”对话框中选中“外发光”复选框，并设置如左下图所示的参数。完成后单击“确定”按钮，为人物的戒指添加发光效果，如右下图所示。

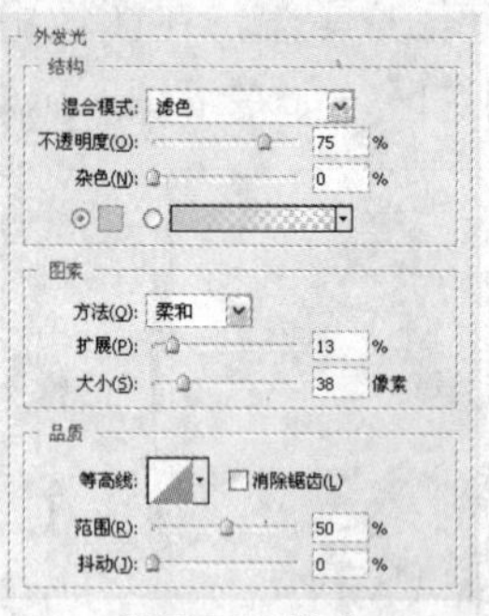

设置图层样式

发光效果

在“图层”面板中设置“图层 4”图层的“填充”为 0%，如左下图所示。隐藏“图层 4”图层中的图像，并保留发光效果，如右下图所示。

设置图层参数

保留发光效果

步骤 06 绘制发光的光线 1

新建“图层 5”图层，再选择钢笔工具，在图像中以戒指为起点，向图像的右方绘制多条曲线，如左下图所示。设置前景色为白色，保持画笔大小不变，在图像中右击，在弹出的快捷菜单中执行“描边路径”命令，在弹出的“描边路径”对话框中选中“模拟压力”复选框。完成后单击“确定”按钮，为图像添加曲线效果如右下图所示。

绘制路径

描边路径

双击“图层 5”图层，在弹出的“图层样式”对话框中选中“外发光”复选框。设置如左下图所示的参数，完成后单击“确定”按钮。为白色曲线条添加外发光效果，如右下图所示。

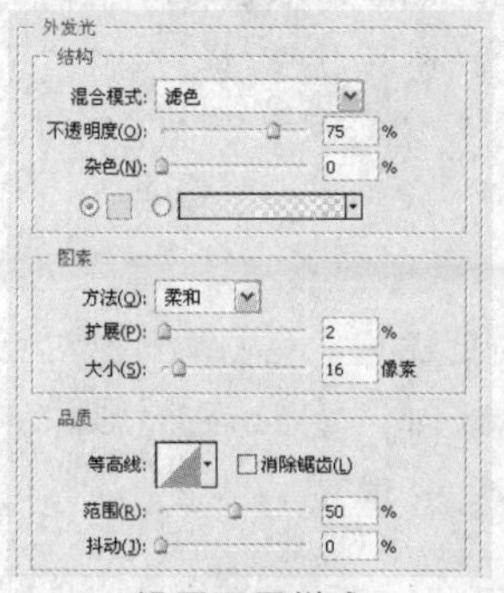
设置图层样式

外发光效果

步骤 07 绘制发光的光线 2

新建“图层 6”图层，选择钢笔工具，在图像中以戒指为起点，向图像的右方绘制多条曲线，如左下图所示。设置前景色为白色，调整画笔大小至 11px。在图像中右击，在弹出的快捷菜单中执行“描边路径”命令，然后在弹出的“描边路径”对话框中选中“模拟压力”复选框。完成后单击“确定”按钮，为图像添加曲线效果，如右下图所示。

创建路径

描边路径

双击“图层 6”图层，在弹出的“图层样式”对话框中选中“外发光”复选框。设置如左下图所示的参数。完成后单击“确定”按钮。为白色曲线条添加外发光效果，如右下图所示。

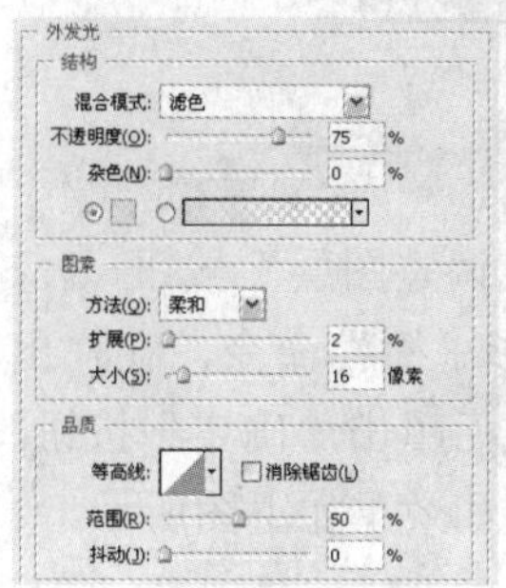
设置图层样式

外发光效果

步骤 08 添加散射元素效果

新建“图层 3”图层，设置前景色为白色。选择画笔工具，选择画笔为“方框”。在“画笔”面板中设置参数，然后在图像中以涂抹的形式，绘制出散射的图像效果。参数设置和效果如下图所示。

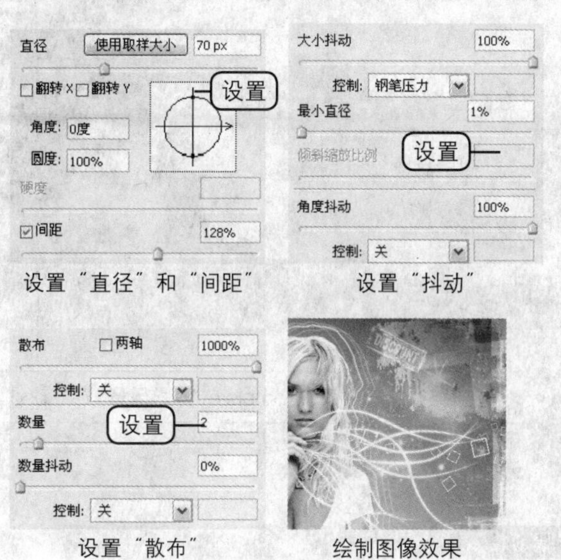

设置“直径”和“间距”　设置“抖动”

设置“散布”　绘制图像效果

双击“图层 7”图层，在弹出的“图层样式”对话框中选中“外发光”复选框。设置如左下图所示的参数，完成后单击“确定”按钮。为散射的图像元素添加外发光效果，如右下图所示。

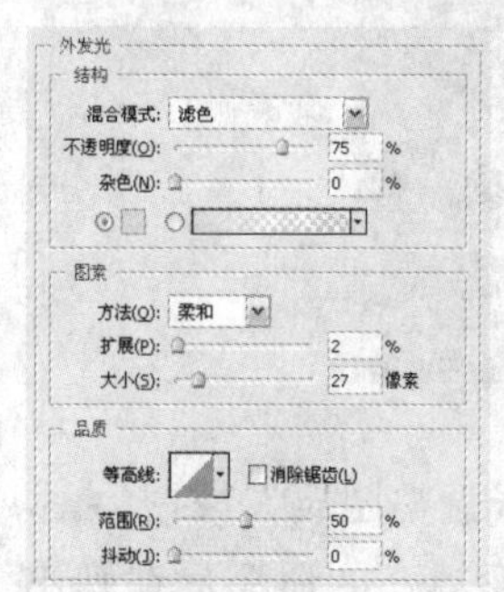
设置图层样式

绘制图像效果

在“图层”面板中设置“图层 7”图层的“填充”为 0%，减淡散射效果，效果如下图所示。至此，本例制作完成。

最终效果

8.3 剪影风景效果

光盘路径：第 8 章 \Complete\ 剪影风景效果 .psd

实例概述 本实例运用 Photoshop 中的色相 / 饱和度、自定形状工具、钢笔工具和素材叠加制作出剪影风格的图像效果。

关键提示 在制作过程中，难点在于对剪影图像的细节制作。重点在于图像颜色的添加，避免出现图像太过灰暗的现象。

应用点拨 本实例的制作方法可用于各种剪影图像特效、幻境图像的制作。

步骤 01 制作背景

打开本书配套光盘中第 8 章 \media\ 剪影背景 .jpg 文件，如下图所示。

打开的图像文件

单击“创建新的填充或调整图层”按钮 ，在弹出的菜单中执行“渐变填充”命令，在弹出的对话框中设置渐变色从左至右为 R241、G209、B72，透明，完成后设置其他各项参数，如下图所示。完成后单击“确定”按钮。

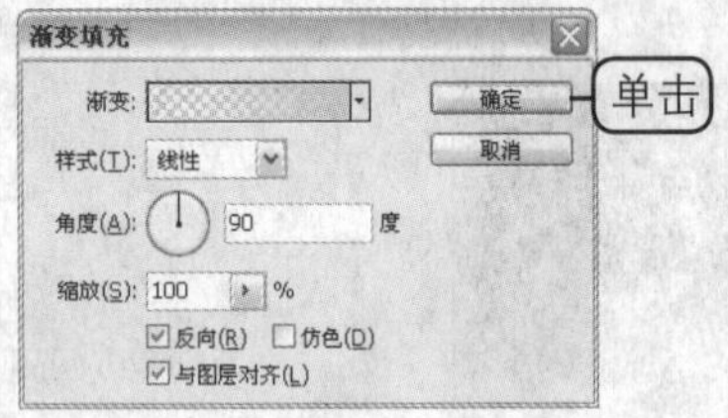

设置渐变

通过上述操作，为图像添加了渐变效果，如下图所示。

渐变效果

调整“渐变填充 1”图层的混合模式为“叠加”，效果如下图所示。

调整混合模式

步骤 02 调整背景颜色

单击“创建新的填充或调整图层”按钮 ，在弹出的菜单中执行“色彩平衡”命令，在弹出的对话框中设置参数，完成后单击“确定”按钮，调整图像的颜色。参数设置和效果如下图所示。

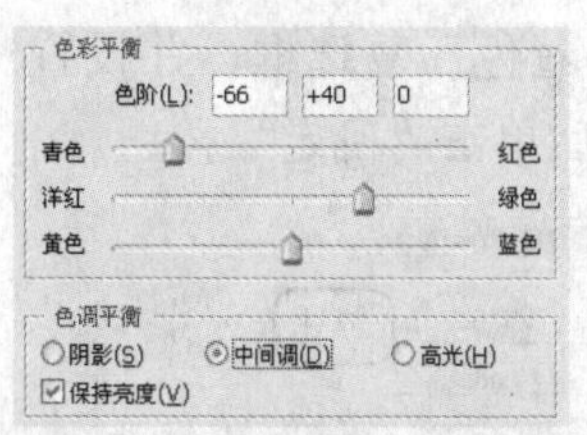

设置"中间调"参数

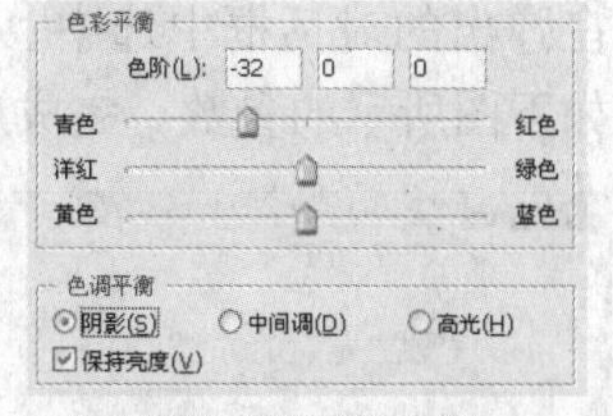

设置"阴影"参数

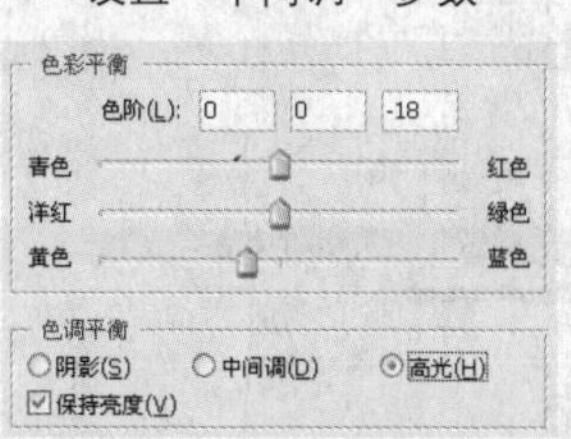

设置"高光"参数

调整图像颜色

步骤 03 添加散射光芒

选择自定形状工具，选择形状为"登记目标 2"，在图像中拖动创建该形状，如下图所示。

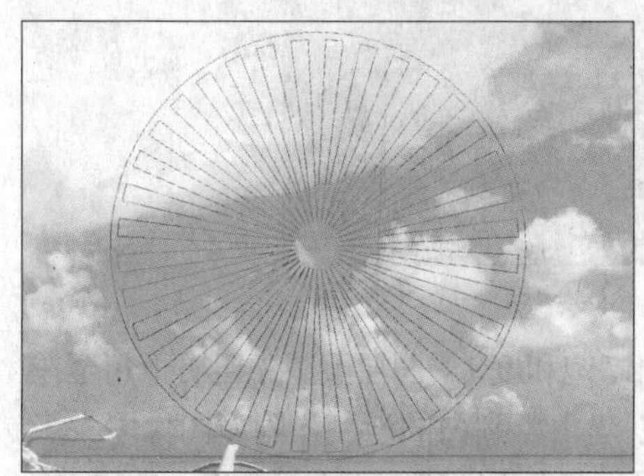
添加路径

按下 Ctrl+T 快捷键按，弹出自由变换框，对该形状路径进行适当的放大，效果如下图所示。

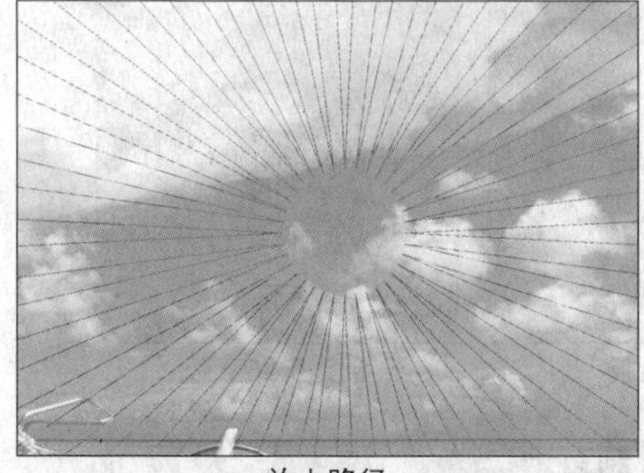
放大路径

新建一个图层，将路径填充为白色，然后取消路径，效果如左下图所示。调整"图层 1"图层的"不透明度"为 50%，降低散射光芒的透明度，效果如右下图所示。

填充路径

调整透明度

步骤 04 添加光圈

选择钢笔工具，在图像的左上方绘制如左下图所示的路径。新建一个图层，设置前景色为白色。选择画笔工具，设置画笔为"柔边 30px"，对路径进行描边处理。完成后取消路径，效果如右下图所示。

绘制路径

描边路径

为图像添加模糊的效果，参数如左下图所示，效果如右下图所示。

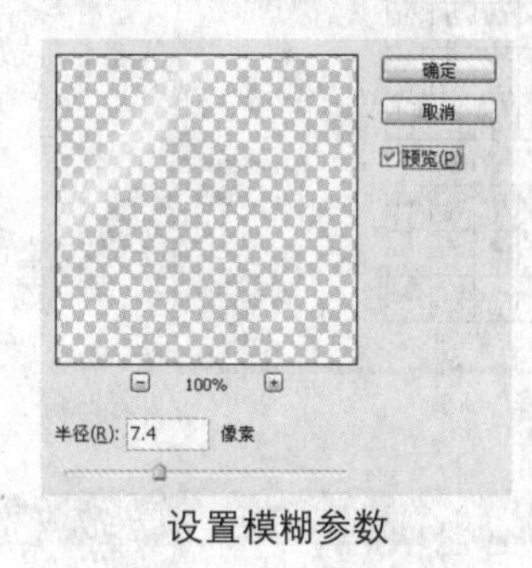

设置模糊参数

模糊效果

双击"图层 2"图层，在弹出的"图层样式"对话框中选中"外发光"和"内发光"复选框，并分别设置如左下图和右下图所示的参数，为图像添加白色的发光效果。

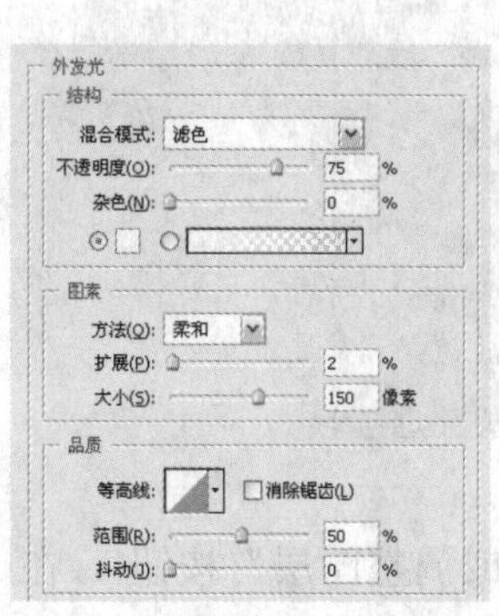

设置外发光

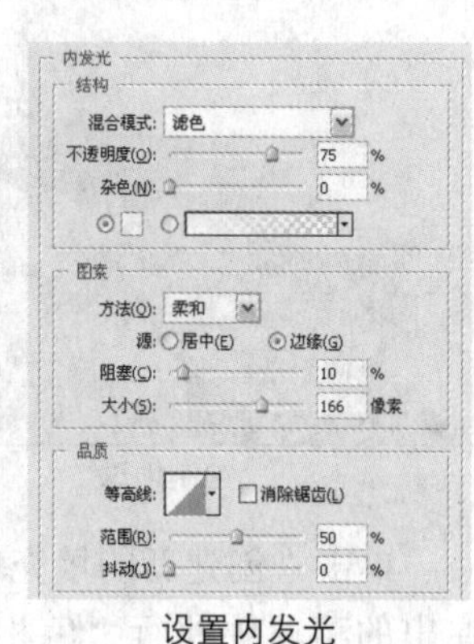

设置内发光

通过上述操作，为图像添加了发光效果，如下图所示。

添加发光效果

步骤 05 载入画笔

执行“编辑 > 预设管理器”命令，在弹出的“预设管理器”对话框中单击“载入”按钮，如下图所示。在弹出的“载入”对话框中，选择本书配套光盘中第 8 章 \media\ 地球 . abr 文件，再单击“载入”按钮，载入该画笔。

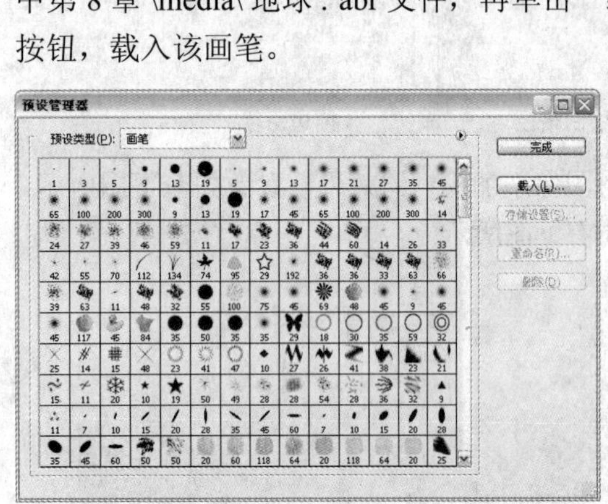

预设管理器

步骤 06 绘制地球

新建一个图层，选择画笔工具，并选中载入的画笔，适当调整画笔大小和圆环匹配。在图像中绘制图像，如下图所示。

绘制地球

单击“创建新的填充或调整图层”按钮，在弹出的菜单中执行“色相 / 饱和度”命令，然后在弹出的对话框中选中“着色”复选框，并设置如下图所示的参数。完成后单击“确定”按钮。

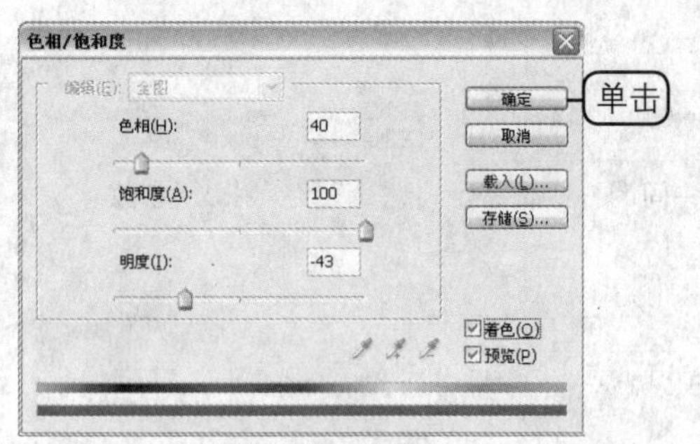

设置色相 / 饱和度参数

通过上述操作，为图像添加了一种单色，效果如下图所示。

添加颜色

在“色相 / 饱和度 1”图层蒙版中由右下角至左上角的方向创建由黑到白的渐变，隐藏图像中大多数的颜色效果，如左下图所示。完成后将“色相 / 饱和度 1”图层创建为“图层 3”图层的剪贴蒙版，使其只叠加在“图层 3”图层上，效果如右下图所示。

编辑蒙版

创建剪贴蒙版

步骤 07 绘制草地

新建一个图层，设置前景色为黑色，然后选择画笔为“草”，在“画笔”面板中设置参数，然后在图像的下方重复涂抹，为图像添加草地的剪影效果。参数设置和效果如下图所示。

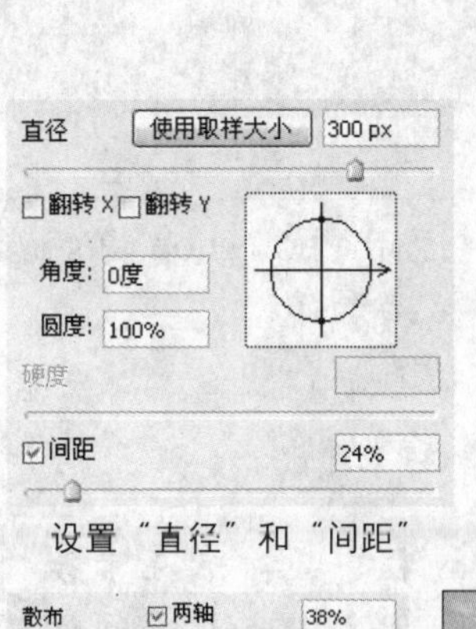

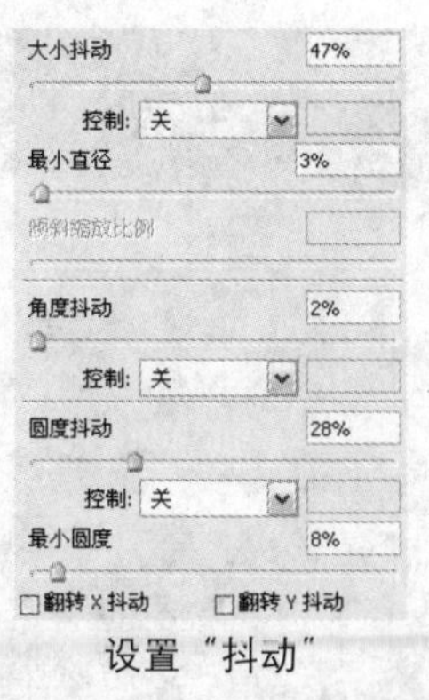

设置"直径"和"间距"　　设置"抖动"

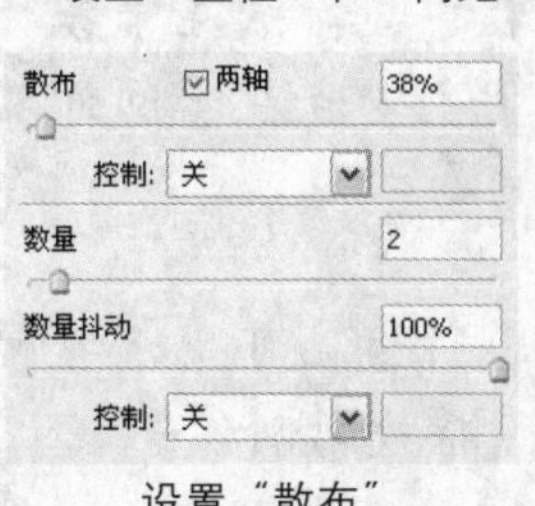

设置"散布"　　绘制草地

步骤 08 添加图像

打开本书配套光盘中第 8 章 \media\ 树 .png 文件，如左下图所示。将其拖曳到"制作剪影风景效果 .psd"图像窗口中，并适当调整其位置和大小，如右下图所示。

打开素材　　添加素材

选择自定形状工具，选择形状为"鸟 2"，然后在图像中绘制 3 个鸟的形状，并分别调整其方向和大小。完成后，新建一个图层，将鸟的形状填充为黑色，再取消路径。效果如右下图所示。

创建路径　　填充路径

选择钢笔工具，在图像中创建一个简单的狗的形状路径和一个简单的人物形状路径，如左下图所示。完成后，新建一个图层，将其填充为黑色，并取消路径。效果如右下图所示。

创建路径　　填充路径

步骤 09 添加文字

根据画面效果，为图像添加适当的文字，效果如下图所示。至此，完成剪影图像的制作。

添加文字

8.4 炫彩文字效果

光盘路径：第 8 章 \Complete\ 炫彩文字效果 .psd

实例概述 本实例运用 Photoshop 中的“云彩”滤镜、“旋转扭曲”滤镜、文字工具、画笔等功能制作出炫彩文字立体效果。

关键提示 在制作过程中，难点在于各项功能向结合的使用，重点在于制作文字的立体感。

应用点拨 本实例的制作方法可用于各种特殊场景、烟雾等特效的制作。

步骤 01 制作背景

打开本书配套光盘中第 8 章 \media\ 背景 2.jpg 文件，如下图所示。

打开的图像文件

按下 Ctrl+B 快捷键，在弹出的“色彩平衡”对话框中设置如左下图和右下图所示的参数。完成后单击“确定”按钮，调整图像的颜色。

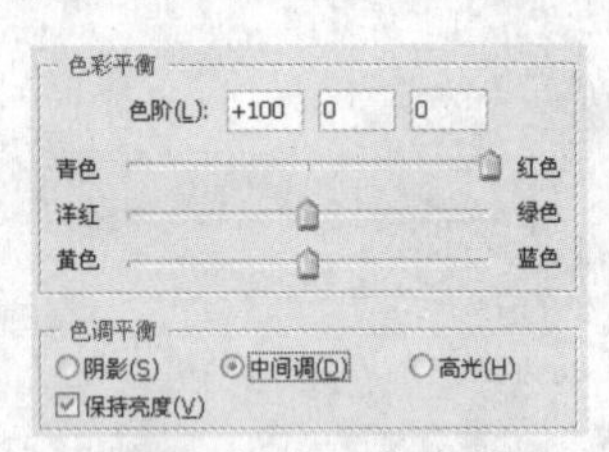

设置“中间调”参数

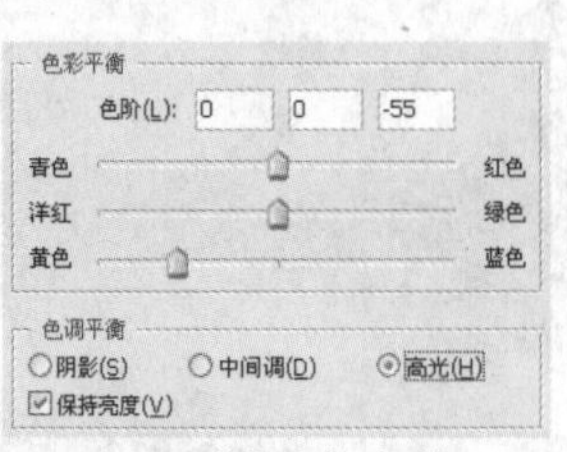

设置“高光”参数

通过上述设置，调整了图像的颜色，效果如下图所示。

调整图像颜色

选择渐变工具 ，设置渐变色为黑色，透明，在图像中由上至下拖动添加渐变，隐藏图像中较亮的区域。效果如下图所示。

添加渐变

步骤 02 制作彩色云彩

新建一个图层，执行“滤镜 > 渲染 > 云彩”命令，为图像添加云彩效果，如下图所示。

云彩效果

按下 Ctrl+Alt+～快捷键，选中图像中的亮色部分，对选区进行羽化后，按下 Delete 键删除亮色部分，效果如下图所示。

删除图像中的亮色部分

为该图层添加图层蒙版，然后使用黑色的画笔在图像中涂抹，隐藏云彩图像的左右边缘，效果如下图所示。

隐藏部分图像

按下 Ctrl+U 快捷键，在弹出的“色相 / 饱和度”对话框中选中“着色”复选框，然后设置如下图所示的参数。完成后单击“确定”按钮。

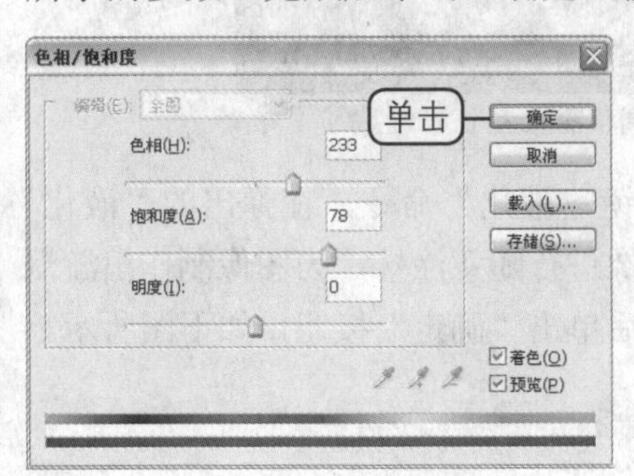

设置“色相 / 饱和度”参数

通过上述操作，为图像中的云彩添加了颜色，效果如下图所示。

为云彩上色

步骤 03　增加云彩效果

复制“图层 1”图层得到“图层 1 副本”图层，加深彩色云彩的效果，如下图所示。

加深云彩颜色

再次复制“图层 1”图层得到“图层 1 副本 2”图层，并对其进行水平翻转处理。按下 Ctrl+U 快捷键，在弹出的“色相 / 饱和度”对话框中选中“着色”复选框，并设置如下图所示的参数。完成后单击“确定”按钮。

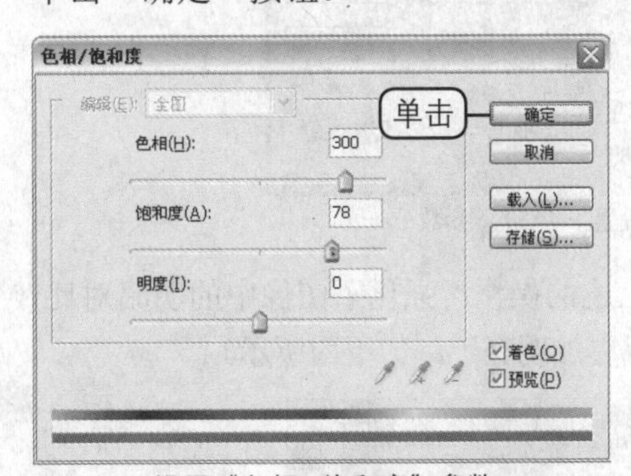

设置“色相 / 饱和度”参数

复制“图层 1 副本 2”图层，得到“图层 1 副本 3”图层，这样可以加深彩色云的效果，如下图所示。

添加彩色云

步骤 04 再次制作云彩

新建一个图层，为图像添加云彩效果，如下图所示。

添加云彩效果

按下 Ctrl+L 快捷键，在弹出的对话框中设置如下图所示的参数，完成后单击“确定”按钮。

设置“色阶”参数

通过上述的操作，强化了图像中的明暗对比，且亮部变得更加明亮了，如下图所示。

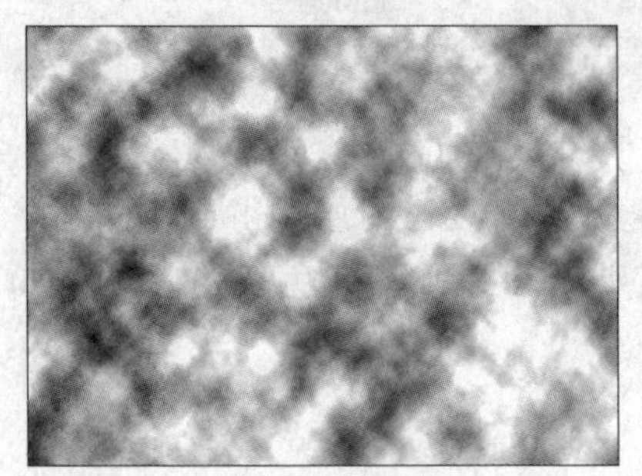
调整图像的亮度

按下 Ctrl+Alt+～快捷键，选中图像中的亮色部分，然后按下 Shift+Ctrl+I 快捷键，对选区进行反向，以选中图像中的深色部分，如下图所示。

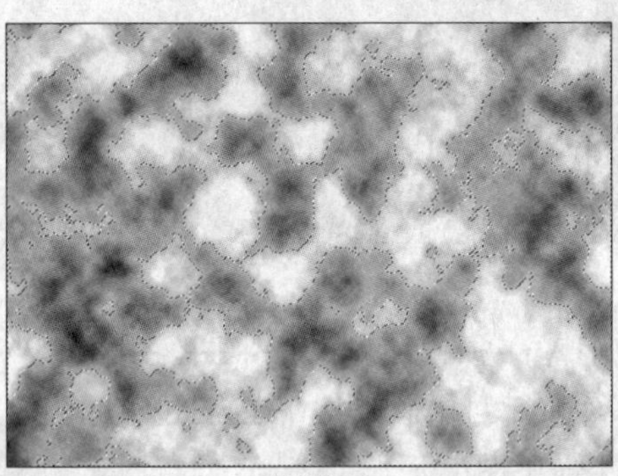
创建选区

按下 Delete 键，删除图像中的深色区域。效果如下图所示。

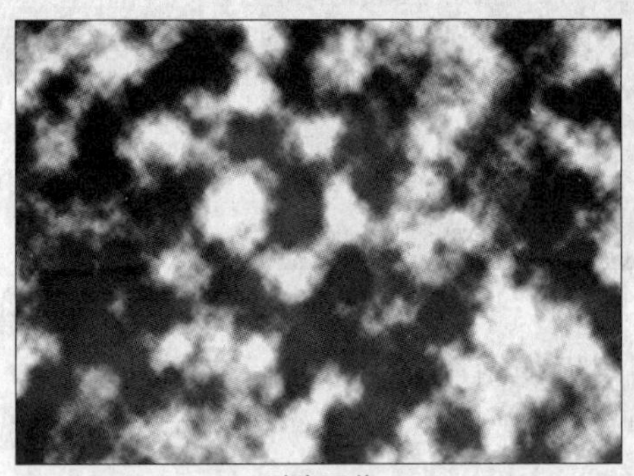
删除图像

步骤 05 制作旋涡

按下 Ctrl+T 快捷键，弹出自由变换框，对图层中的图像进行自由变换，对图像的大小进行调整。效果如下图所示。

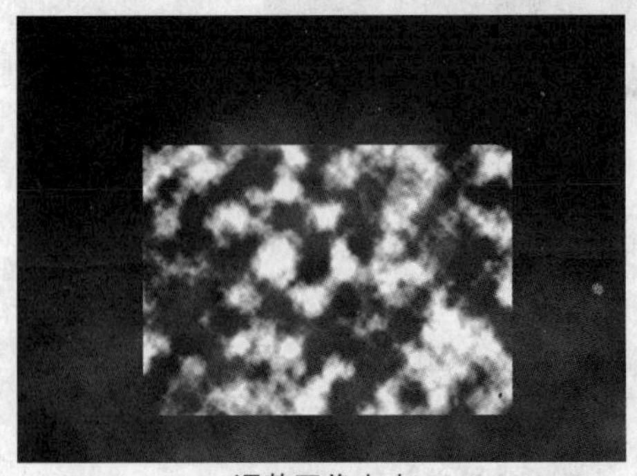
调整图像大小

执行“滤镜 > 液化”命令，在弹出的“液化”对话框中对图像进行随意涂抹，为图像制作出漩涡的形状，完成后单击“确定”按钮，如下图所示。

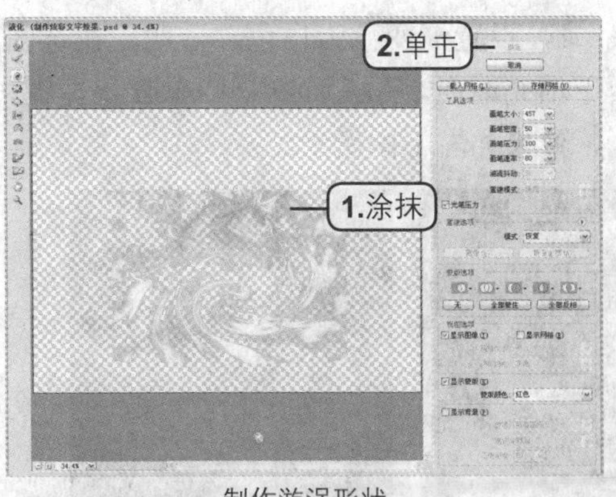

制作漩涡形状

通过上述操作，为图像添加了漩涡效果，如下图所示。

制作漩涡效果

使用橡皮擦工具，并设置画笔为柔边画笔。在图像中擦除坚硬的边缘部分，效果如下图所示。

擦除部分图像

步骤 06 添加颜色

按下 Ctrl+U 快捷键，在弹出的对话框中选中“着色”复选框，设置如下图所示的参数。

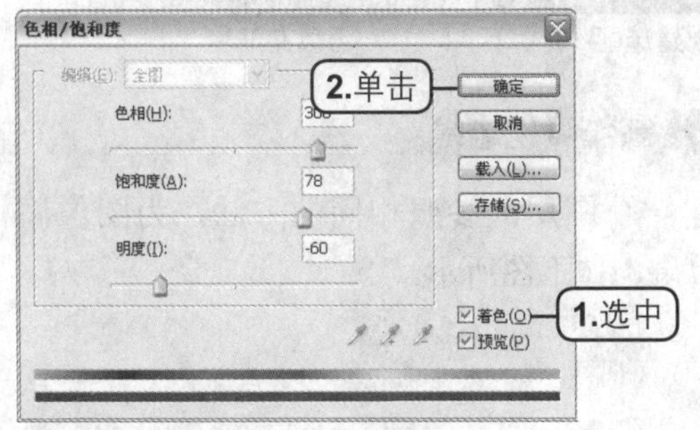

设置色相 / 饱和度参数

通过上述操作，为漩涡图像添加了颜色，效果如下图所示。

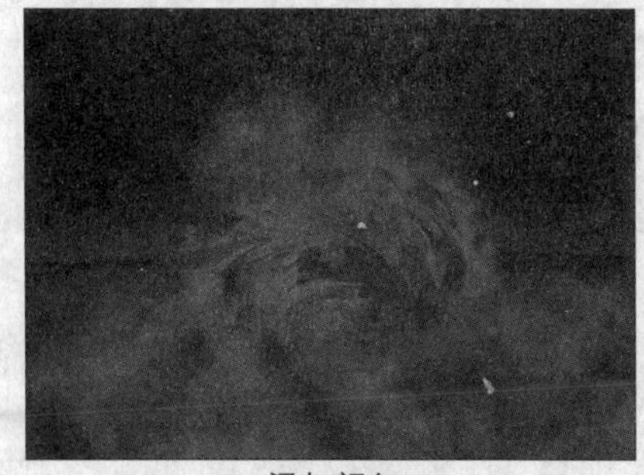

添加颜色

复制“图层 2”图层，得到“图层 2 副本”图层，然后按下 Ctrl+T 快捷键，弹出自由变换框，对“图层 2 副本”图层中的图象进行自由变换，对漩涡的副本进行缩小处理。添加漩涡效果，如下图所示。

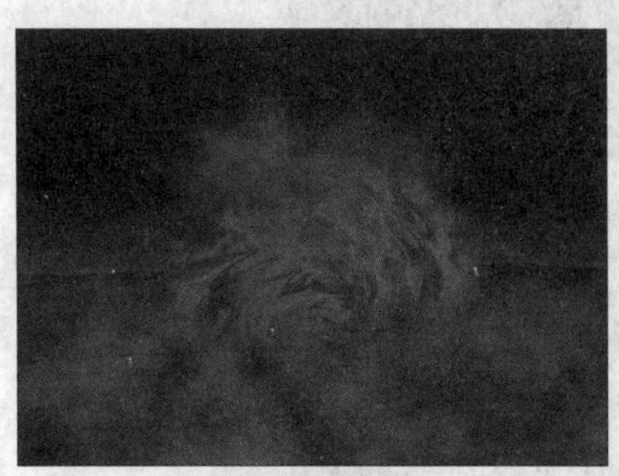

添加漩涡效果

步骤 07 绘制球体

选择椭圆工具，按住 Shift 键，在图像中拖动。绘制一个正圆的路径，如左下图所示。设置前景色为白色，设置画笔大小为“尖角 13 像素”，对路径进行描边。效果如右下图所示。

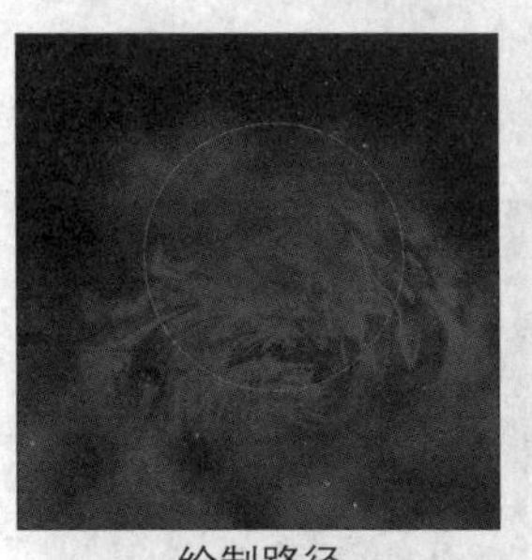

绘制路径

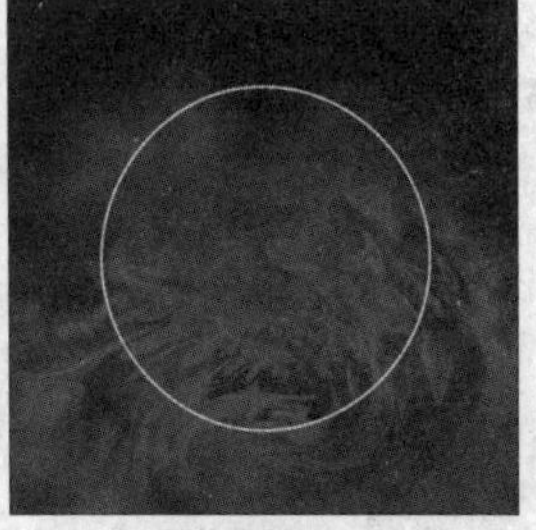

描边路径

执行“滤镜 > 模糊 > 高斯模糊”命令，在弹出的“高斯模糊”对话框中设置“半径”为“12.0 像素”，完成后单击“确定”按钮，如下图所示。

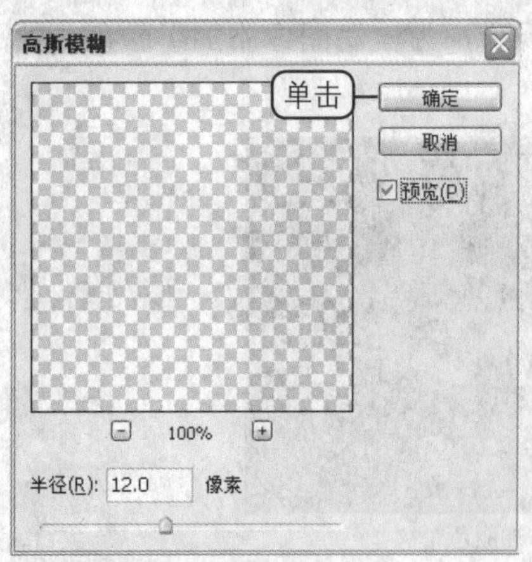

设置“高斯模糊”参数

通过上述操作，图像中的圆环变得模糊了，效果如下图所示。

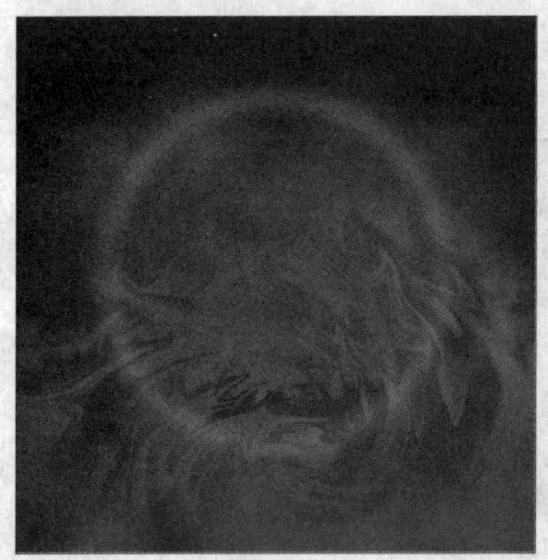

模糊圆环

双击“图层 3”图层，在弹出的“图层样式”对话框中选中“外发光”复选框。设置如左下图所示的参数，其中外发光的颜色为 R0、G255、B240，完成后单击“确定”按钮。为图像添加的外发光效果如右下图所示。

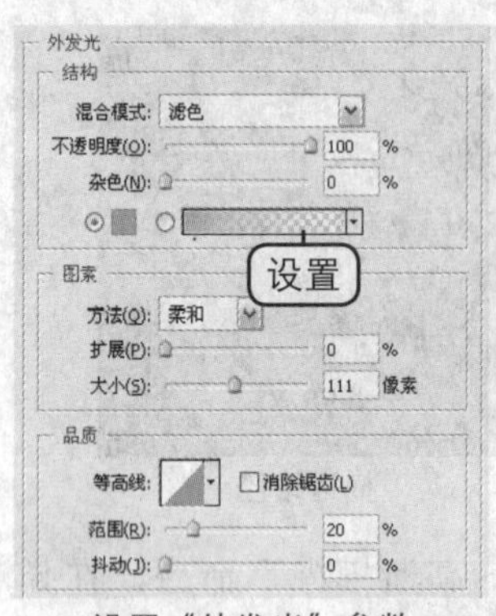

设置“外发光”参数

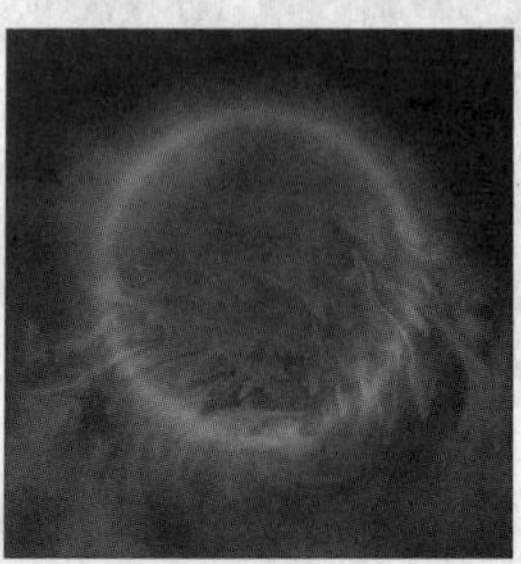

外发光效果

选择椭圆选框工具，按住 Shift 键，在图像中拖动。绘制一个如左下图所示的选区。选择渐变工具，设置渐变色为白色，透明，在选区中从上至下填充渐变。完成后按下 Ctrl+D 快捷键，取消选区，效果如右下图所示。

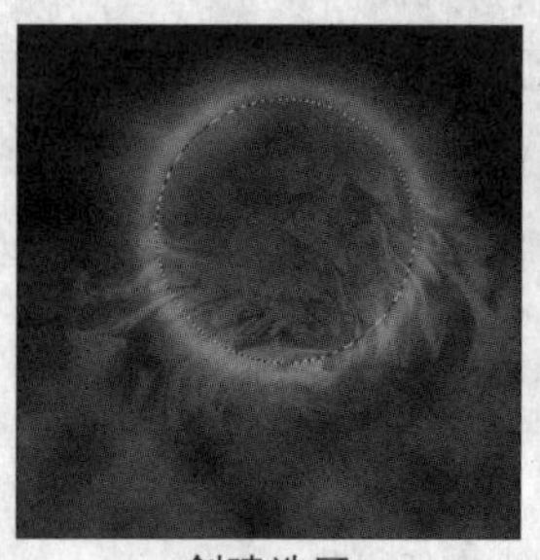

创建选区

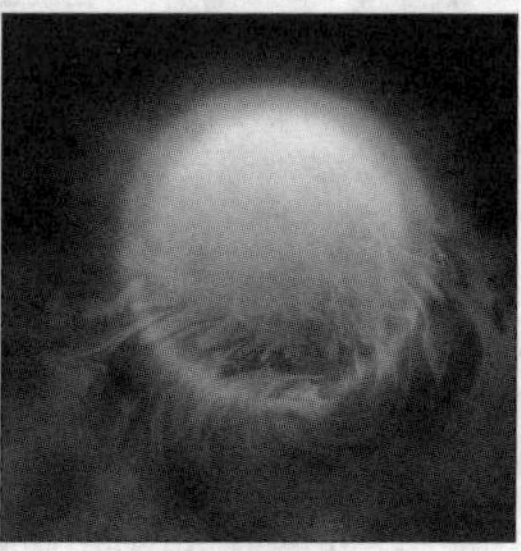

填充渐变

双击“图层 4”图层，在弹出的“图层样式”对话框中选中“颜色叠加”复选框，然后设置颜色为 R0、G246、B255。完成后单击“确定”按钮，为球体添加颜色。效果如左下图所示。设置“图层 4”图层的“不透明度”为 40%，以减淡球体的效果。如右下图所示。

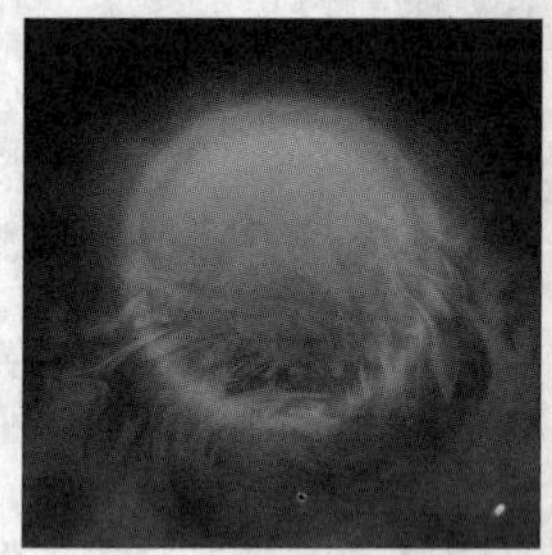

填充颜色

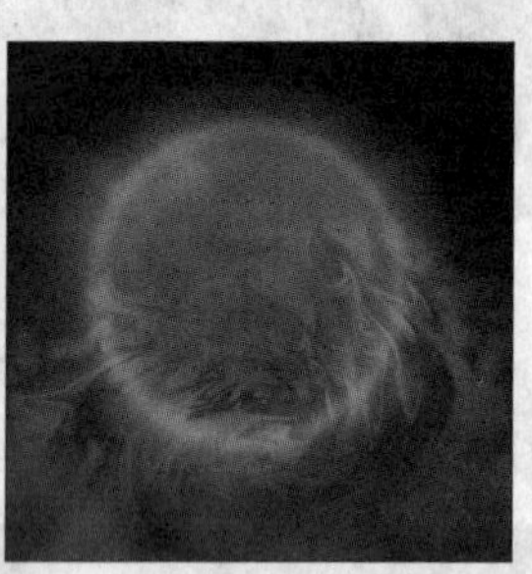

降低透明度

选择椭圆选框工具，参照前面的方法，在图像中创建如左下图所示的正圆选区。完成后为其填充如右下图所示的白色至透明的渐变，然后按下 Ctrl+D 快捷键，取消选区。

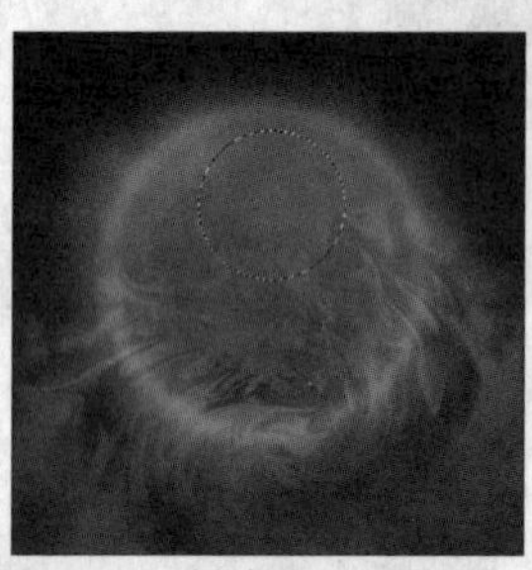

创建选区

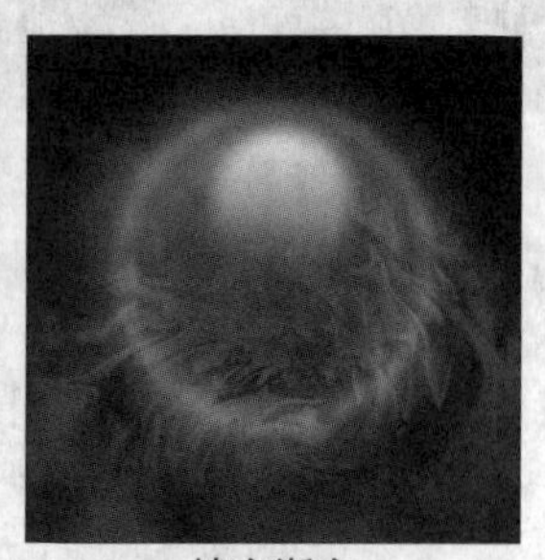

填充渐变

步骤 08 制作喷色边缘

新建一个图层，参照相同的方法，为图像添加云彩效果，如下图所示。

添加云彩

执行“滤镜 > 锐化 >USM 锐化”命令，在弹出的对话框中设置如左下图所示的参数，完成后单击“确定”按钮。对图像进行锐化，效果如右下图所示。

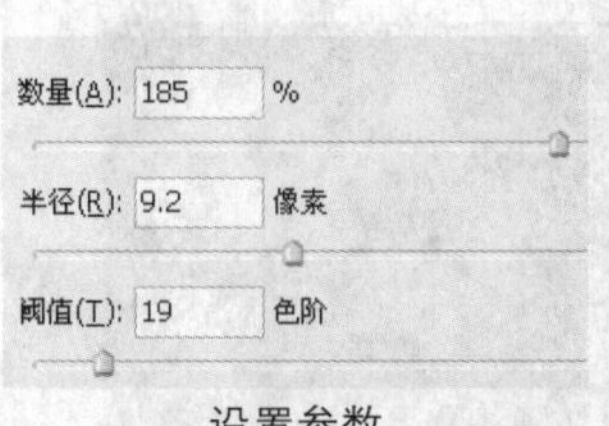

设置参数

锐化效果

执行“滤镜 > 风格化 > 照亮边缘”命令，在弹出的对话框中设置如左下图所示的参数，完成后单击“确定”按钮。为图像添加照亮边缘效果，如右下图所示。

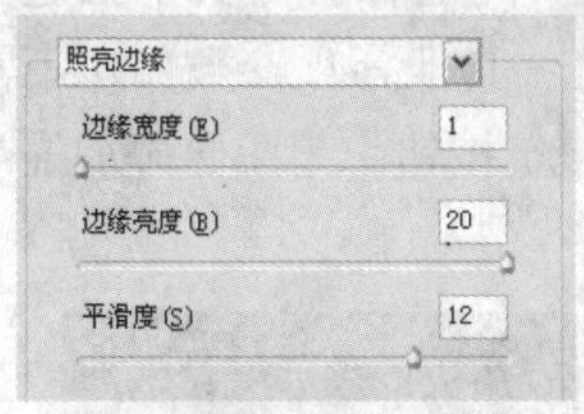

设置“照亮边缘”参数

照亮边缘效果

按下 Ctrl+I 快捷键，对图像进行反相。效果如下图所示。

反相

按下 Ctrl+L 快捷键，在弹出的“色阶”对话框中设置如左下图所示的参数，完成后单击“确定”按钮。加强图像中的黑白关系，效果如右下图所示。

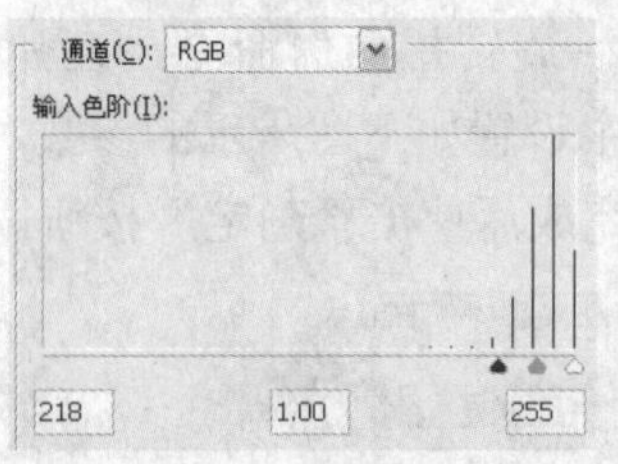

设置色阶参数

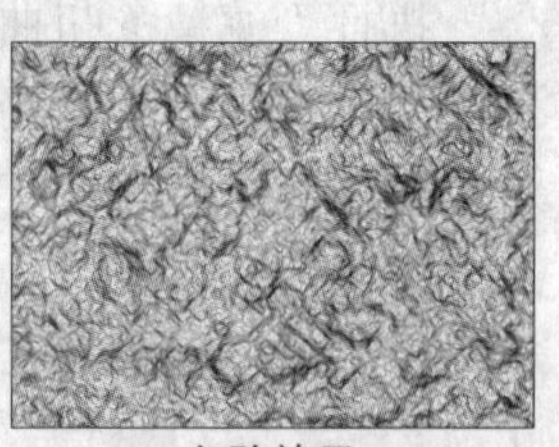

色阶效果

按下 Ctrl+I 快捷键，对图像进行再次反相，效果如左下图所示，然后使用自由变换对图像进行缩小处理，效果如右下图所示。

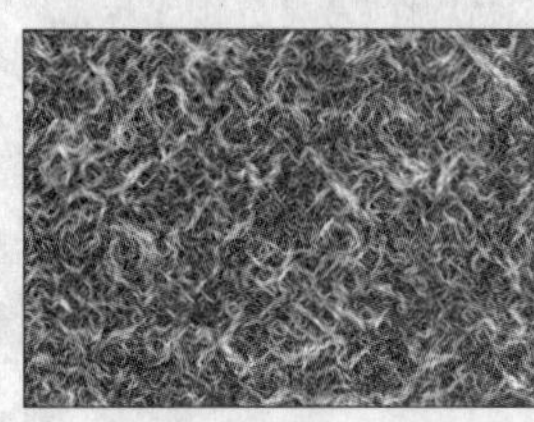

反相

缩小图像

为“图层 6”图层添加蒙版，然后使用黑色的画笔在蒙版中隐藏多余的图像。使“图层 6”图层中的图像球体的边缘，形成一个边框，如左下图所示。设置该图层的混合模式为“滤色”，效果如右下图所示，隐藏该图像中的所有深色。

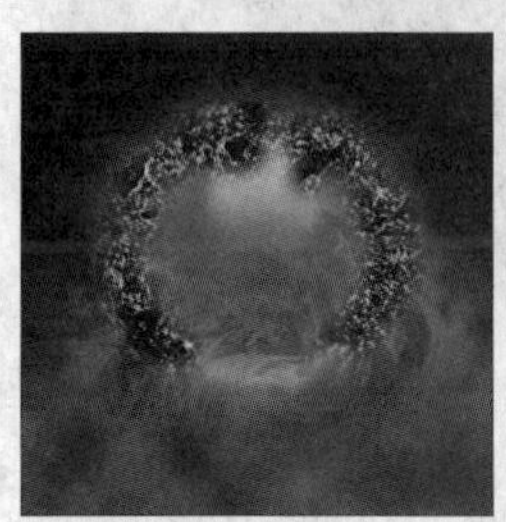

编辑蒙版

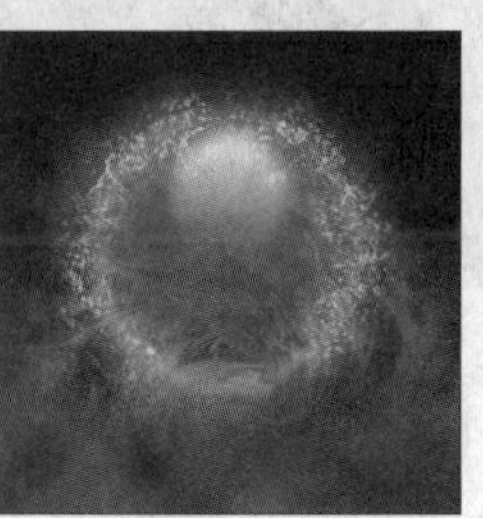

调整混合模式

步骤 09 制作背景线条

在“背景”图层上方新建一个图层，设置前景色为 R52、G48、B118，再选择画笔工具，设置画笔为“滴溅”类画笔，在图像中随意绘制一条曲线，如下图所示。

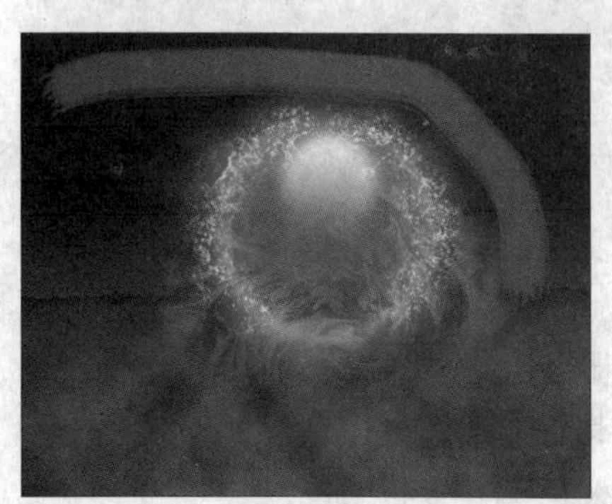

绘制曲线

执行“滤镜 > 扭曲 > 旋转扭曲”命令，在弹出的“旋转扭曲”对话框中设置如下图所示的参数，对曲线进行扭曲处理。完成后单击“确定”按钮。

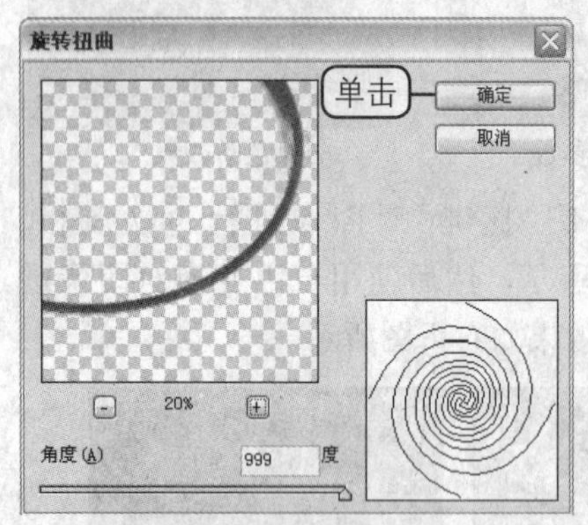

设置参数

通过上述操作，为图像的背景添加了曲线，然后适当调整该曲线的位置，效果如下图所示。

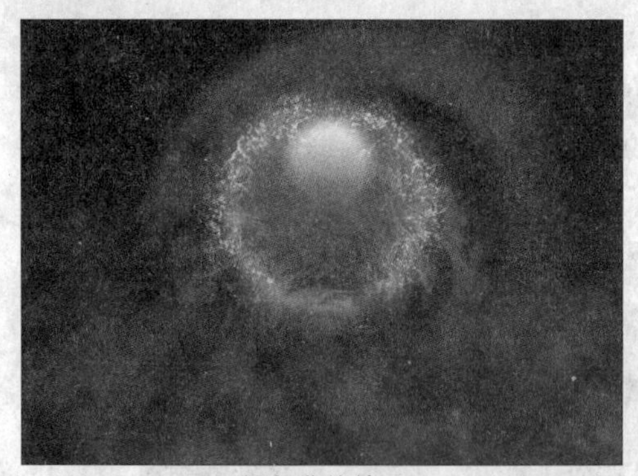
添加曲线效果

根据画面效果复制得到曲线的副本，再执行“编辑 > 变换 > 水平翻转”命令，对曲线进行水平翻转，效果如左下图所示。再根据画面效果，在图像中添加更多的曲线，效果如右下图所示。

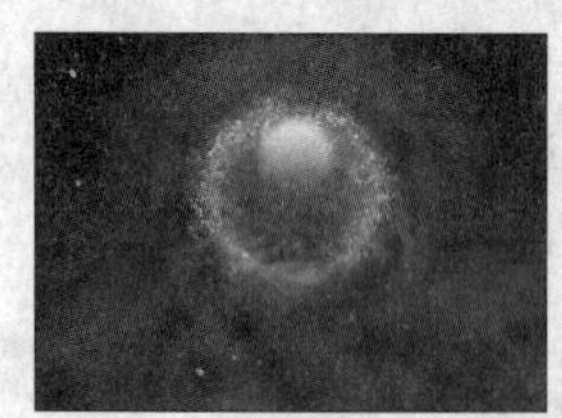
添加曲线

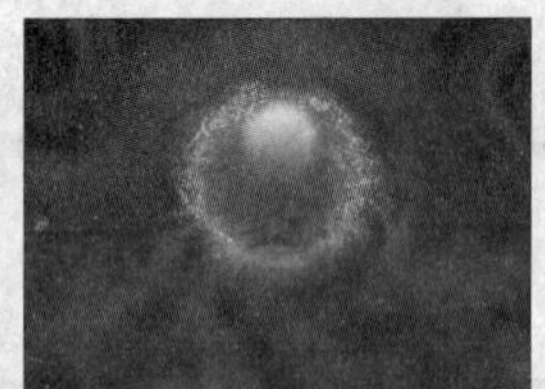
再次添加曲线

步骤 10 添加文字

选择横排文字工具 T，在图像中添加如左下图所示的文字，在文字图层上右击，在弹出的快捷菜单中执行“栅格化文字”命令，将文字栅格化。找下 Ctrl+T 快捷键，弹出自由变换框，对文字进行自由变换，效果如右下图所示。

添加文字

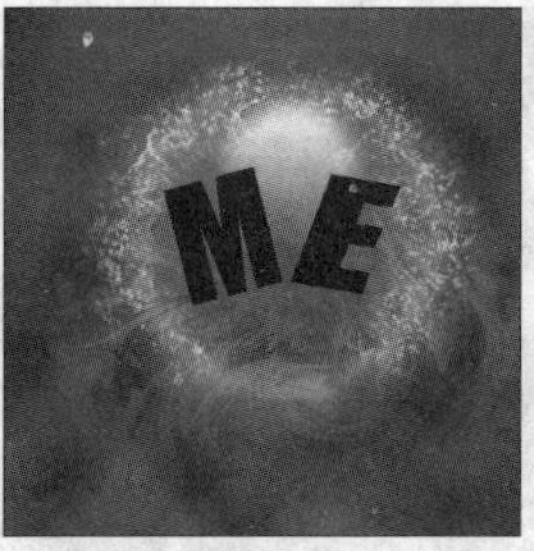

变形文字

使用自由变换中的“变形”功能，参照左下图所示的效果，对文字图像进行变换处理。设置前景色为 R251、G67、B232 和 R236、G32、B255，为图像中的文字分别填充颜色，如右下图所示。

变形文字

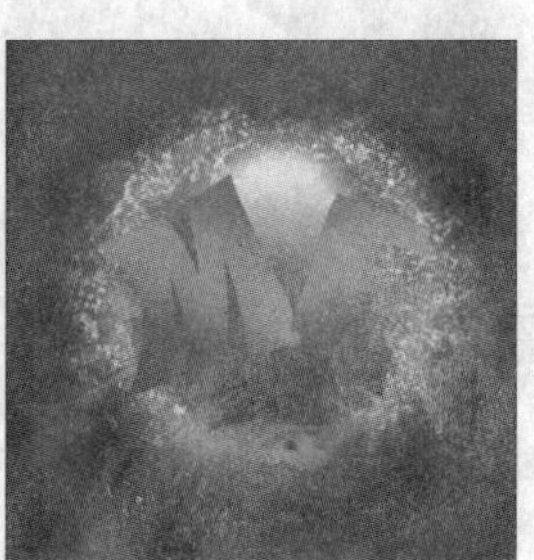
填充颜色

步骤 11 制作立体文字

为字母 E 添加“描边”图层样式，其中描边颜色为 R255、G125、B241，其他各项参数如左下图所示。完成后单击“确定”按钮。为图像添加描边效果如右下图所示。

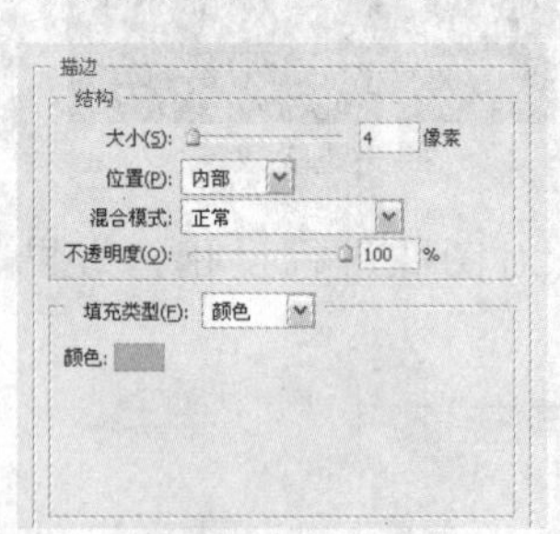

设置“描边”参数

添加描边效果

参照前面的方法，为图像中的另外一个文字添加同样的描边效果，如下图所示。

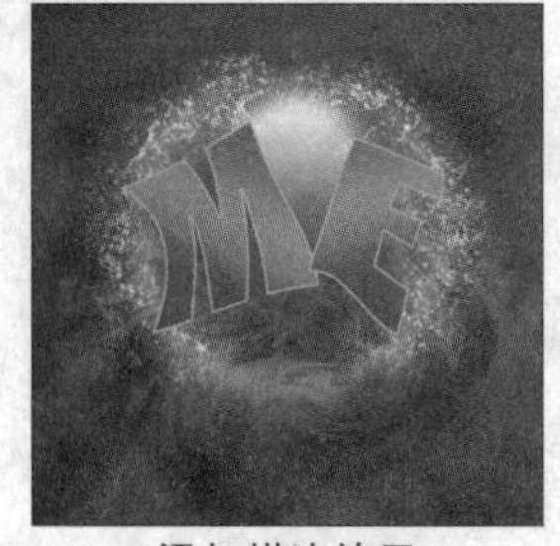
添加描边效果

选择套索工具，在图像中创建如左下图所示的选区。在文字图层的下方创建一个图层，并将该选区填充为R115、G29、B125，然后取消选区，如右下图所示。

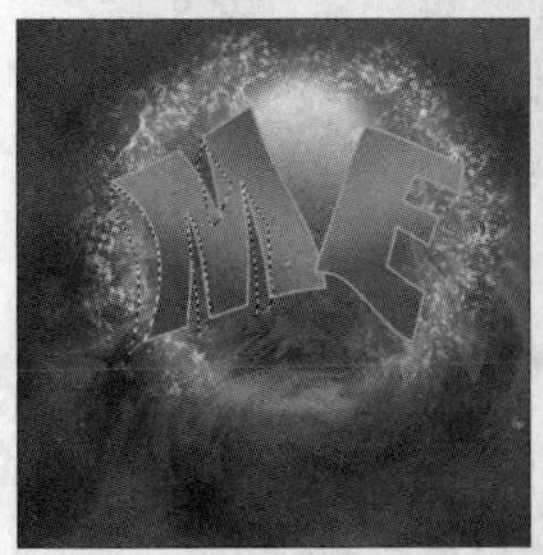
创建选区

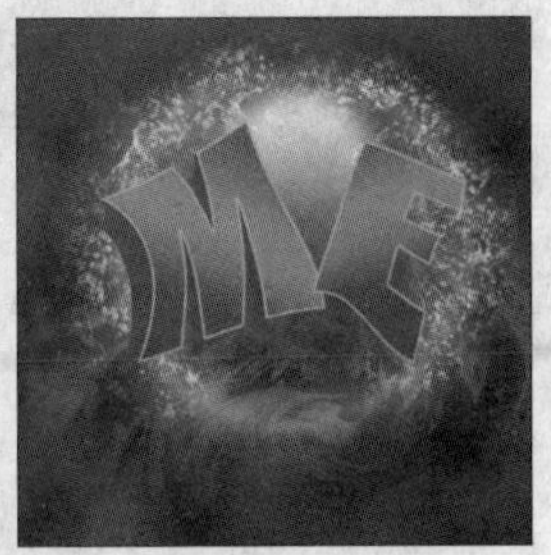
填充选区

新建一个图层，参照前面的方法，在图像中创建如左下图所示的选区，然后填充为R102、G0、B112，再取消选区，效果如右下图所示。

创建选区

填充选区

选择加深工具，在图像中进行如左下图所示的涂抹，加强文字的立体效果。用相同的方法，为另一个文字添加相似的立体效果，如右下图所示。

完成一个字的立体效果

编辑第2个文字

步骤12 增强立体效果

选中M立体文字所包含的所有图层，再合并图层。双击该图层，在弹出的“图层样式”对话框中选中“投影”、“外发光”、“颜色叠加”和“渐变叠加”复选框。其中设置“投影”颜色为R214、G143、B229，“外发光”颜色为R249、G160、B255，“颜色叠加”的颜色为R255、G0、B0。完成后单击“确定”按钮。其他各项参数如下图所示。

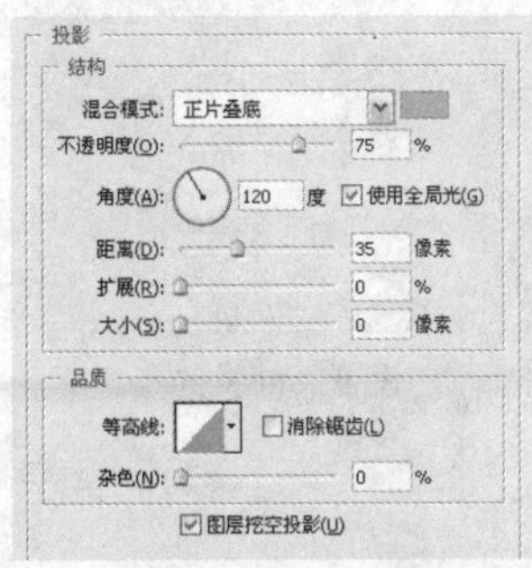

设置“投影”参数

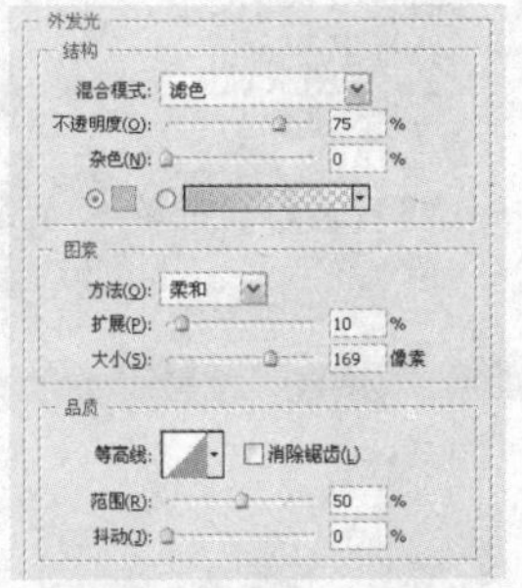

设置“外发光”参数

设置“颜色叠加”参数

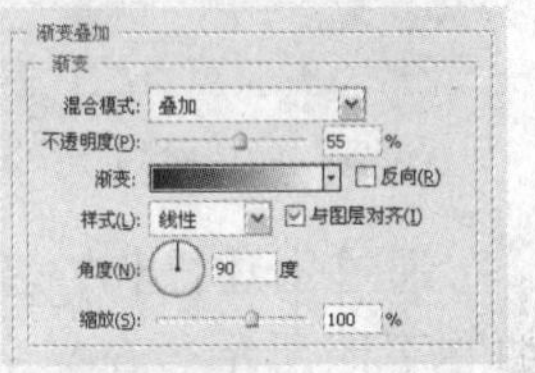

设置“渐变叠加”参数

通过上述操作，为图像中的M字母加强了立体效果，如下图所示。

加强立体效果

参照前面的方法，为E立体文字也创建一个合并图层，然后双击该图层，在弹出的“图层样式”对话框中选中“投影”、“外发光”、“颜色叠加”和“渐变叠加”复选框。其中设置“投影”颜色为R214、G143、B229，“外发光”颜色为R249、G160、B255，“颜色叠加”的颜色为R255、G37、B37。其他各项参数如下图所示。完成后单击“确定”按钮。

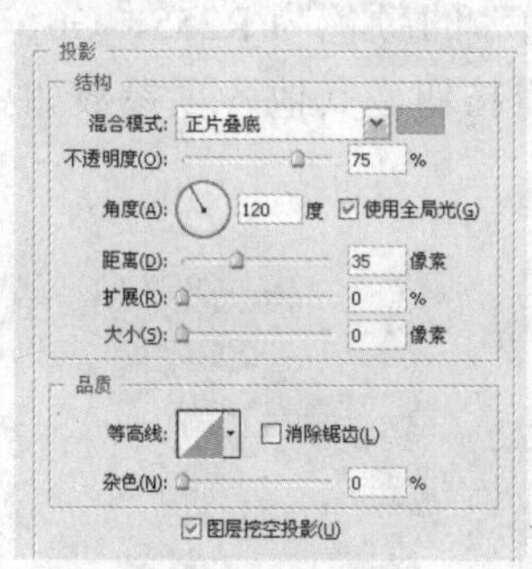

设置“投影”

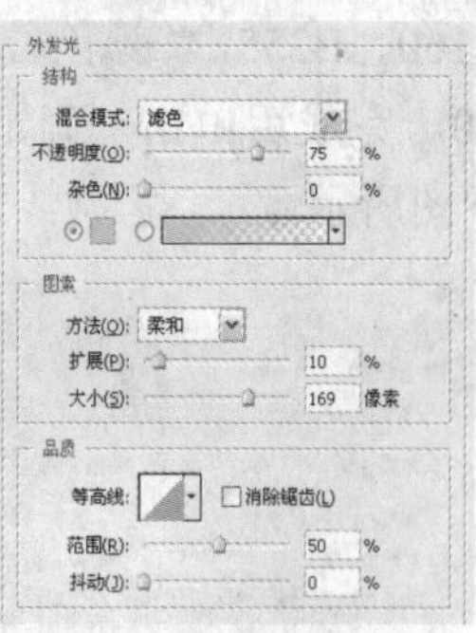

设置“外发光”

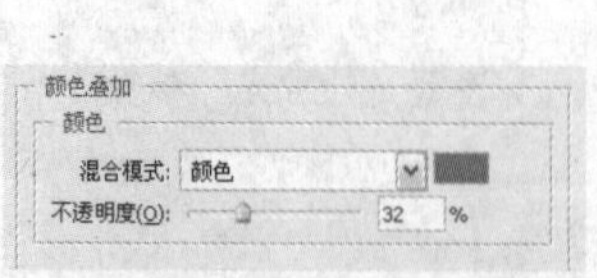

设置“颜色叠加”

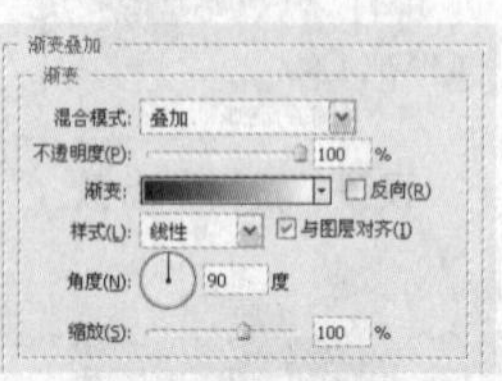

设置“渐变叠加”

通过上述操作，增强了E文字的立体效果，如左下图所示。在文字图层下方新建一个图层，设置前景色为白色，并使用柔边画笔在图像中绘制白色圆点，增加文字背景的亮度，如右下图所示。

完成立体文字制作

增加背景亮度

步骤 13 添加文字

根据画面效果，在图像中添加如下图所示的文字，然后将其中的M字母调整为白色。

添加文字

根据画面效果，在文字下方添加更多的白色文字，效果如下图所示。至此，本例制作完成。

添加文字

8.5 热带风格效果

实例概述 本实例运用 Photoshop 中的钢笔工具，同时使用各种素材的叠加制作出热带风情的合成特效。

关键提示 在制作过程中，难点在于各种素材之间的匹配叠加，重点在于体现图像的整体感。

应用点拨 本实例的制作方法可用于各种合成图像、广告特效的制作。

光盘路径：第 8 章 \Complete\ 热带风格效果 .psd

步骤 01 新建图像文件

执行“文件 > 新建”命令，在弹出的对话框中设置如下图所示的参数，再单击“确定”按钮。

设置“新建”参数

步骤 02 调整人物参数

打开本书配套光盘中第 8 章 \media\1.psd 文件，如左下图所示。将其拖入到“制作热带风格效果 .psd”图像窗口中，并进行水平翻转，然后将该图层重命名为“人物”。如右下图所示。

打开的图像文件

添加图像

按下 Ctrl+L 快捷键，在弹出的“色阶”对话框中设置如左下图所示的参数。完成后单击“确定”按钮，调整图像中人物的亮度，效果如右下图所示。

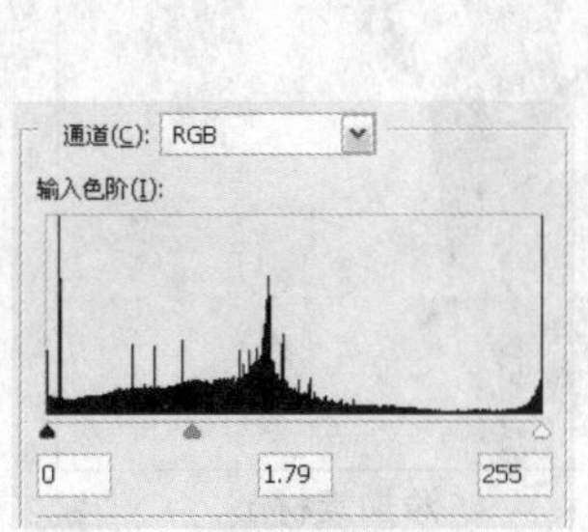

调整色阶

调整图像的亮度

按下 Ctrl+B 快捷键，在弹出的“色彩平衡”对话框中设置如左下图的参数，再选择“阴影”单选按钮，然后设置如右下图所示的参数。完成后单击“确定”按钮。

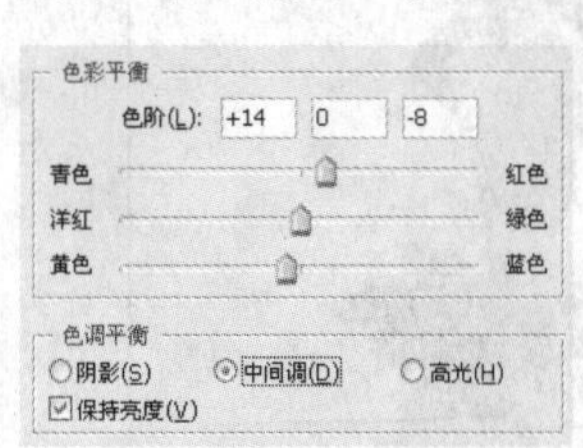

设置“中间值”参数

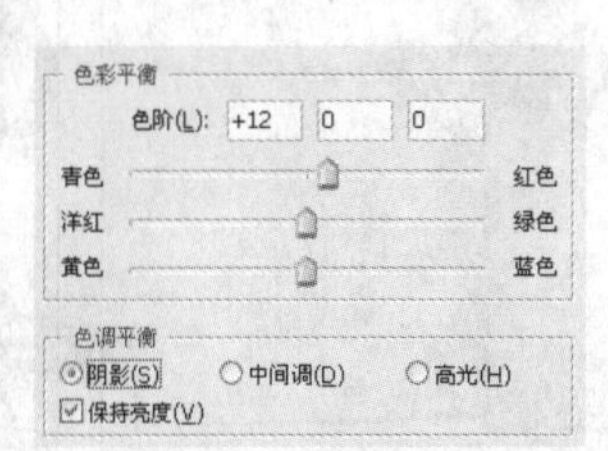

设置“阴影”参数

完成上述操作后，调整了图像的颜色，效果如下图所示。

调整图像的颜色

步骤 03 添加背景素材

打开本书配套光盘中第 8 章 \media\ 素材图片 .tif 文件，如左下图所示。将“素材图片 .tif”文件中“图层 3”图层中的图像拖入到“制作热带风格效果 .psd”图像窗口中，并适当调整其位置和大小。效果如右下图所示。

打开的素材文件

添加素材 1

将“素材图片 .tif”文件中“图层 5”图层和“图层 4”图层中的图像拖入到“制作热带风格效果 .psd”图像窗口中，并适当调整其位置和大小，如左下图和右下图所示。

添加素材 2

添加素材 3

步骤 04 添加脚部素材

将“素材图片 .tif”文件中的“图层 9”图层中的图像拖入到“制作热带风格效果 .psd”图像窗口中，且位于“人物”图层的上方，并将其调整至人物的脚部，如左下图所示。为该图层添加蒙版，再使用黑色画笔为图像添加环绕人物脚部的效果，如右下图所示。

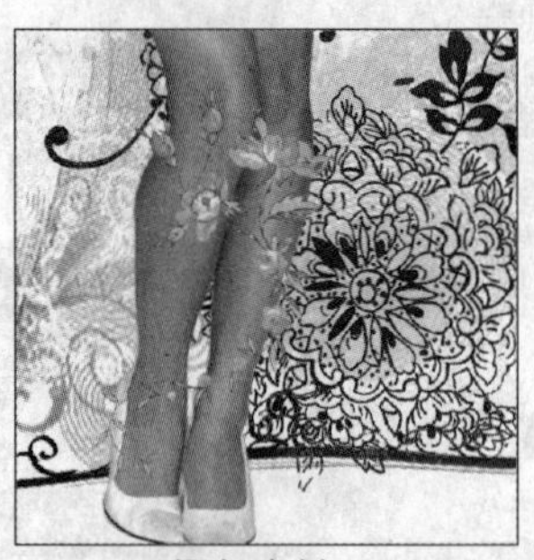
添加素材 4

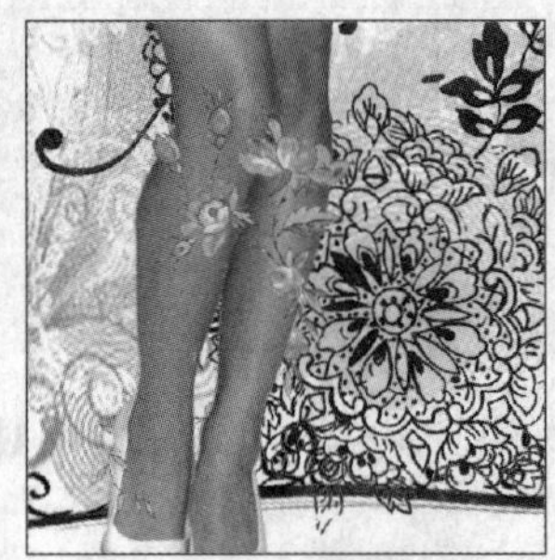
编辑蒙版

步骤 05 添加腰部素材

将“素材图片 .tif”文件中的“图层 6”图层中的图像拖入到“制作热带风格效果 .psd”图像窗口中“人物”图层下方，且适当调整其位置和大小，如下图所示。

添加腰部后面的素材

将“素材图片 .tif”文件中的“图层 8”图层中的图像拖入到“制作热带风格效果 .psd”图像窗口中的“人物”图层上方，且适当调整图像的大小和位置，如左下图所示。然后复制得到 3 个该图像的副本，并分别调整其位置、方向和大小。效果如右下图所示，为图像添加了多个树叶图像。

添加素材

复制素材

将“素材图片 .tif”文件中的“图层 7”图层和“图层 7”图层中的图像拖入到“制作热带风格效果 .psd”图像窗口中的“人物”图层上方，且适当调整其位置和大小。如左下图和右下图所示。

添加树叶 1

添加树叶 2

复制一个左边树叶的副本，并适当调整其位置和大小，如左下图所示。将“素材图片 .tif”文件中的“图层 2”图层中的图像拖入到“制作热带风格效果 .psd”图像窗口中的树叶所在图层的上方，并适当调整其位置和大小，如右下图所示。

增加素材

添加花朵

将“素材图片 .tif”文件中的“图层 1”图层中的图像拖入到“制作热带风格效果 .psd”图像窗口中的“人物”图层上方，如左下图所示。然后复制得到 3 个该图像的副本，并分别调整其位置和大小，如右下图所示。

添加蝴蝶图像

复制蝴蝶图像

步骤 06 调整图像的颜色

选中一个蝴蝶所在的图层，打开“色彩平衡”对话框，设置如左下图所示的参数。完成后单击“确定”按钮，效果如右下图所示。

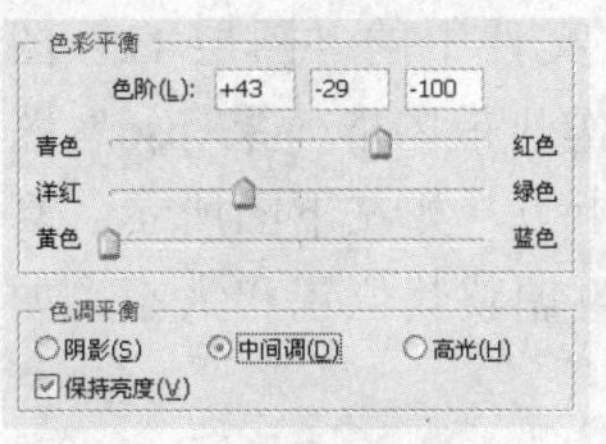

设置“色彩平衡”参数

图像效果

用同样的方法调整另一个蝴蝶颜色，参数设置和效果如下所示。

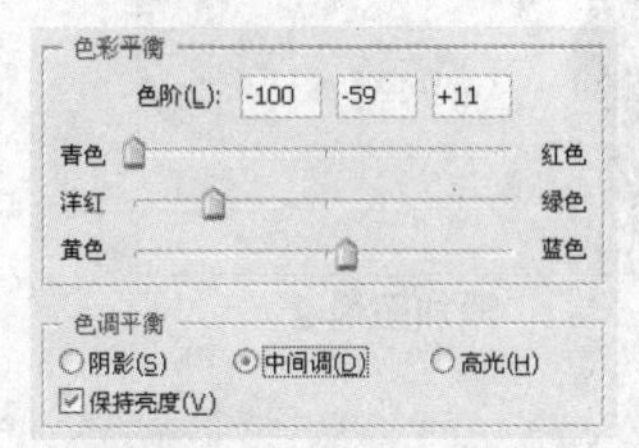

设置“色彩平衡”参数

图像效果

步骤 07 添加花藤图像

在“人物”图层的下方新建“黑线”图层，选择钢笔工具，在图像中绘制如左下图所示的路径，然后设置前景色为黑色，并设置画笔为“尖角 2px 像素”，对路径进行描边处理。效果如右下图所示。

创建路径

描边路径

将“素材图片 .tif”文件中“图层 10”图像中的图像拖入到“制作热带风格效果 .psd”图像窗口中“黑线”图层上方，如左下图所示。复制得到该图层的副本，并适当调整其位置和大小，效果如右下图所示。

添加图像

复制图像

将“素材图片.tif”文件中的“图层11”图层中的图像拖入到“制作热带风格效果.psd”图像窗口中“黑线”图层上方，如左下图所示。复制得到2个花朵图案，再调整其位置和大小，如右下图所示。

添加图像1

添加图像2

步骤08 绘制白线条

在“人物”图层上方新建“白线”图层，利用钢笔工具在图像中创建如左下图所示的路径。设置前景色为白色，保持画笔设置不变，将路径进行描边处理。效果如右下图所示。

创建路径

描边路径

为“白线”图层添加蒙版，使用黑色的画笔在蒙版中隐藏部分图像，为图像添加环绕人体的效果，如左下图所示。用同样的方法，新建“白线2”图层，在人物的手臂上也绘制出相似的白线条，如右下图所示。

制作环绕效果

继续绘制

步骤09 绘制背景环形

在“背景”图层之上，新建一个图层，然后选择椭圆工具，在图像中创建如左下图所示的路径。设置前景色为R226、G226、B226，并设置画笔为“滴溅100像素”，对路径进行描边处理，然后取消路径。效果如右下图所示。

创建路径

描边路径

复制得到“图层14”图层的副本，然后使用自由变换调整其至左下图所示的大小，再进行90度旋转变换，并将其调整至图像的下方，如右下图所示。

复制图像

调整图像位置

步骤10 添加背景和文字

选择画笔工具，适当调整画笔大小，其他参数与步骤09中的设置相同。在图像中绘制如左下图所示的底纹。完成后，添加文字，如右下图所示。至此，本例制作完成。

添加底纹

添加文字

8.6 抽象建筑设计

光盘路径：第 8 章 \Complete\ 抽象建筑设计 .psd

实例概述 本实例运用 Photoshop 中的“色相 / 饱和度”命令、钢笔工具、蒙版、“描边”命令和“色彩范围”命令等制作出抽象的艺术建筑效果。

关键提示 在制作过程中，难点和重点均在于图像立体效果的制作。

应用点拨 本实例的制作方法可用于各种立体建筑物、广告等的制作。

步骤 01 新建图像文件

执行“文件 > 新建”命令，在弹出的“新建”对话框中设置如下图所示的参数，完成后单击“确定”按钮。新建一个图像文件。

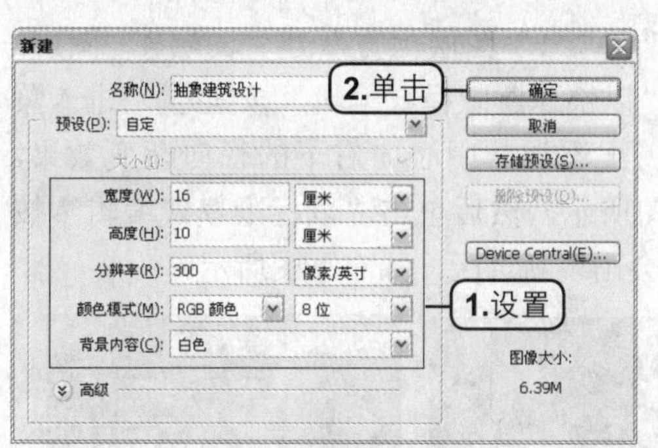

设置“新建”参数

步骤 02 调整素材

打开本书配套光盘中第 8 章 \media\01.jpg 文件，如左下图所示。选择快速选择工具，在画面中涂抹草地，将草地选取，如右下图所示。

打开的素材

载入选区

选择移动工具，将“背景”图层拖曳到“抽象建筑设计 .psd”图像窗口中得到“图层 1”图层，按下 Ctrl+T 快捷键，弹出自由变换框，再调整大小，然后按下 Enter 键确定，效果如下图所示。

调整大小

打开本书配套光盘中第 8 章 \media\2.jpg 文件，选择矩形选框工具，选取图像，如左下图所示。选择移动工具，然后拖曳选区中的图像至“抽象建筑设计 .psd”图像窗口中，得到“图层 2”图层，如右下图所示。

选取素材

拖移图像

步骤 03 填充白云颜色

调整“图层 2”图层至“图层 1”图层的下方，且适当调整图像的大小，如左下图所示。执行“选择 > 色彩范围”命令，在弹出的对话框中设置如右下图所示的参数。完成后单击“确定”按钮。

调整图像

“色彩范围”对话框

通过上述操作，在图像中创建了如下图所示的选区。

载入选区

按下 Ctrl+U 快捷键，在弹出的“色相 / 饱和度”对话框中设置如左下图所示的参数。完成后单击“确定”按钮，再按下 Ctrl+D 快捷键，取消选区，效果如右下图所示。

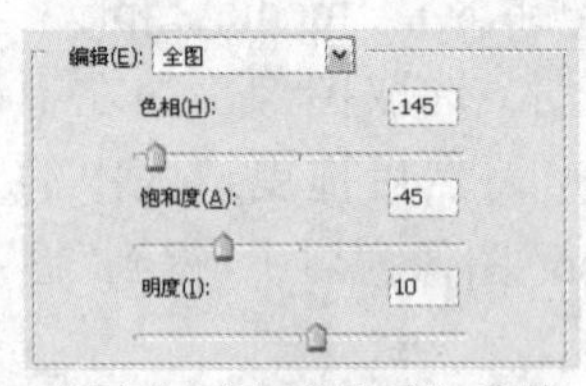

设置“色相 / 饱和度”参数

调整效果

步骤 04 添加渐变效果

在“图层 2”图层下方新建“图层 3”图层，再选择渐变工具，设置前景色为 R18、G118、B155，设置背景色为 R40、G177、B233，在选项栏中单击“线性渐变”按钮，然后在图像中从上往下拖动添加渐变填充效果，如下图所示。

填充效果

在“图层 2”图层中添加图层蒙版，然后将其中的部分图像进行隐藏，效果如下图。

调整效果

步骤 05 制作光照效果

在“图层 1”图层上方新建“图层 4”图层，再单击“以快速蒙版模式编辑”按钮，进入蒙版模式，再添加从中心向右下的径向渐变效果，如左下图所示，然后单击“以标准模式编辑”按钮，会出现新选区，如右下图所示。

蒙版渐变填充

载入选区

设置前景色为 R216、G228、B21，设置背景色为 R59、G44、B5，在图像上从中心向右下进行径向渐变填充，如下图所示。

填充效果

按住 Ctrl 键单击“图层 1”图层的缩览图，将图像载入选区，按下 Shift+Ctrl+I 快捷键反选，如左下图所示，然后按 Delete 键，删除选区中的图像，如右下图所示。

载入选区

删除图像

设置“图层 4”图层的混合模式为“柔光”，让“图层 1”图层有明显的明暗变化，如下图所示。

图像效果

步骤 06 调整草地颜色

对“图层 1”图层执行“图像 > 调整 > 色相 / 饱和度”命令，在弹出的对话框中设置，如左下图所示的参数，完成后单击“确定”按钮，让草地颜色偏黄色，如右下图所示。

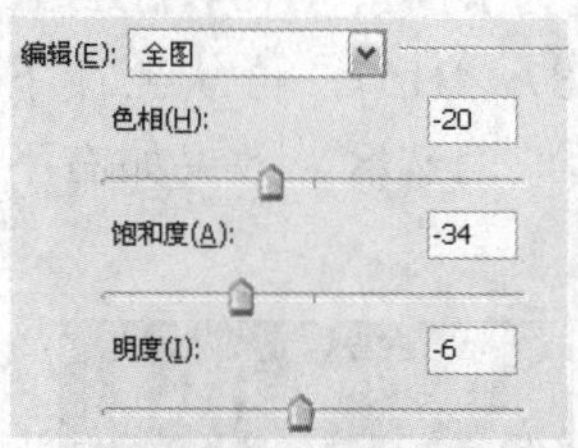

色相 / 饱和度参数设置

调整效果

步骤 07 绘制建筑物

在“图层 4”图层上方新建“图层 5”图层，再利用钢笔工具绘制路径，如左下图所示，按下 Ctrl+Enter 快捷键，将路径作为选区载入，如右下图所示。

创建路径

载入选区

设置前景色为 R231、G231、B194，按下 Alt+Delete 快捷键填充选区，按下 Ctrl+D 快捷键，取消选择，如下图所示，

填充主干

步骤 08 制作建筑物厚度

在“图层 5”图层下方新建“图层 6”图层，利用钢笔工具绘制路径，再转换为选区，如左下图所示。设置前景色为 R183、G191、B150，背景色为 R170、G178、B128，选择渐变工具，从上往下进行线性渐变填充，然后取消选区，如右下图所示。

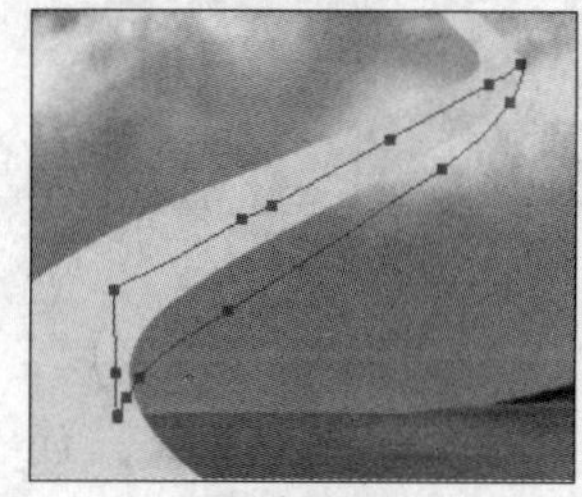
厚度路径

填充效果

在“图层 5”图层下方新建“图层 7”图层，利用钢笔工具绘制路径，再转换为选区，如左下图所示，设置前景色为 R168、G176、B125，设置背景色为 R156、G164、B115，再从上往下进行线性渐变填充，效果如右下图所示。

弯曲厚度路径

填充效果

在“图层 5”图层下方新建“图层 8”图层，利用钢笔工具绘制路径，再转换为选区，如左

下图所示。设置前景色为 R168、G176、B125，再用前景色填充，然后取消选区，效果如右下图所示。

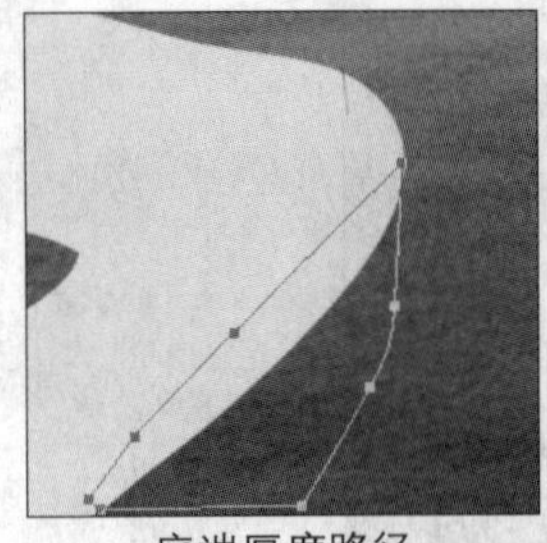
底端厚度路径

填充效果

在“图层 5”图层上方新建“图层 9”图层，利用钢笔工具绘制路径，再转换为选区，如左下图所示。设置前景色为 R200、G201、B157，设置背景色为 R231、G231、B194，再从右往左进行线性渐变填充，然后取消选区，效果如右下图所示。

底端厚度路径

底端厚度路径

在“图层 5”图层上方新建“图层 10”图层，利用钢笔工具绘制路径，再转换为选区，如左下图所示。设置前景色为 R160、G167、B126，设置背景色为 R231、G231、B194，再从上往下进行渐变线性填充，效果如右下图所示。

顶端厚度路径

填充效果

在“图层 10”图层上方新建“图层 11”图层，利用钢笔工具绘制路径，再转换为选区，如左下图所示。设置前景色为 R160、G167、B126，设置背景色为 R231、G231、B194，再从上往下进行线性渐变填充，效果如右下图所示。

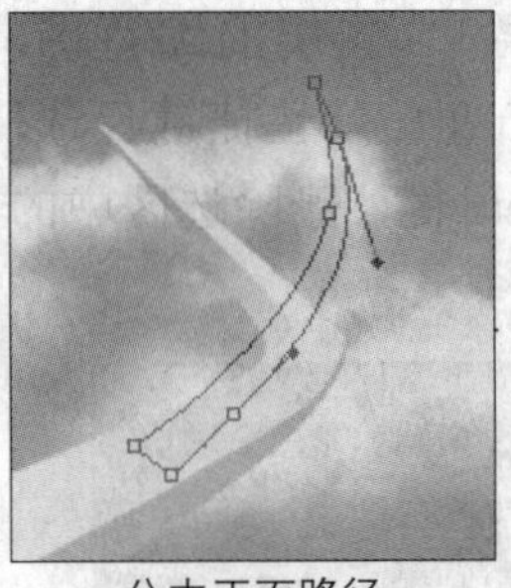
分支正面路径

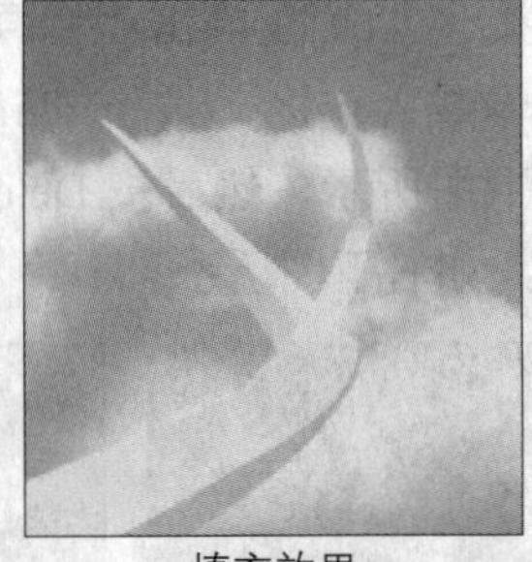
填充效果

在“图层 11”图层下方新建“图层 12”图层，利用钢笔工具绘制路径，再转换为选区，如左下图所示。设置前景色为 R160、G167、B126，设置背景色为 R231、G231、B194，再从上往下进行线性渐变填充，效果如右下图所示。

分支厚度路径

填充效果

步骤 09 绘制建筑主体物

在“图层 5”图层下方新建“图层 13”图层，利用钢笔工具绘制路径，再转换为选区，如左下图所示。设置前景色为 R147、G154、B113，设置背景色为 R176、G187、B157，再从上往下进行线性渐变填充，然后取消选区，效果如右下图所示。

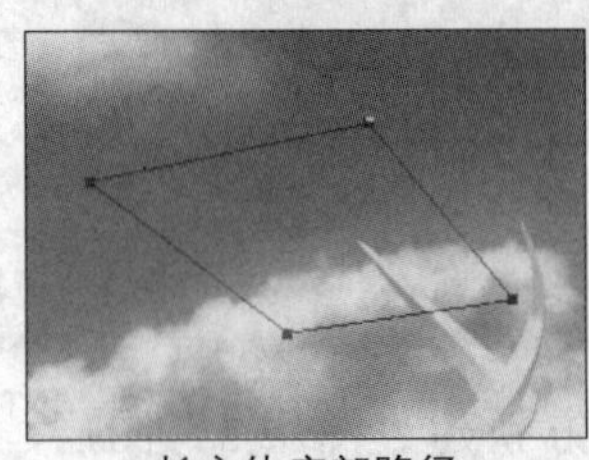
长方体底部路径

填充效果

在“图层 13”图层上方新建“图层 14”图层，利用钢笔工具绘制路径，再转换为选区，如左下图所示。设置前景色为 R168、G176、B125，按下 Alt+Delete 快捷键，用前景色填充，然后取消选区，效果如右下图所示。

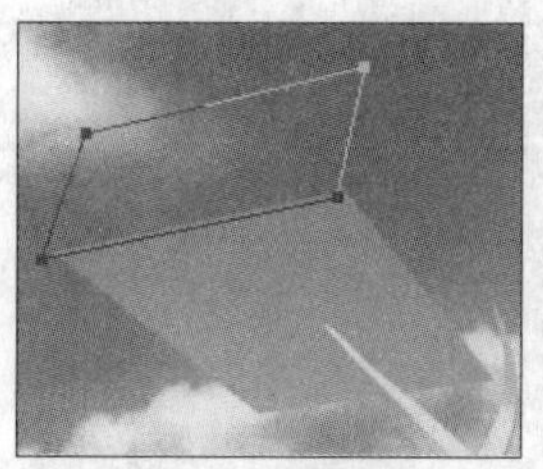
长方体正面路径

填充效果

在“图层14”图层下方新建“图层15”图层，利用钢笔工具绘制路径，再转换为选区，如左下图所示。设置前景色为R168、G176、B125，按下Alt+Delete快捷键，用前景色填充，然后取消选区，这样就绘制了一个长方体，如右下图所示。

长方体侧面路径

填充效果

步骤10 调整建筑

新建“图层16”图层、“图层17”图层、“图层18”图层，用同样的方法，使用钢笔工具绘制立方体的各个面的路径线条，并根据左边的立方体填充颜色，模拟两个立方体，得到如下图所示的效果。

小长方体效果

在“图层3”图层上方新建“图层19”图层，利用钢笔工具绘制路径，再转换为选区，设置前景色为R168、G176、B125，按下Alt+Delete快捷键，填充选区，如下图所示。

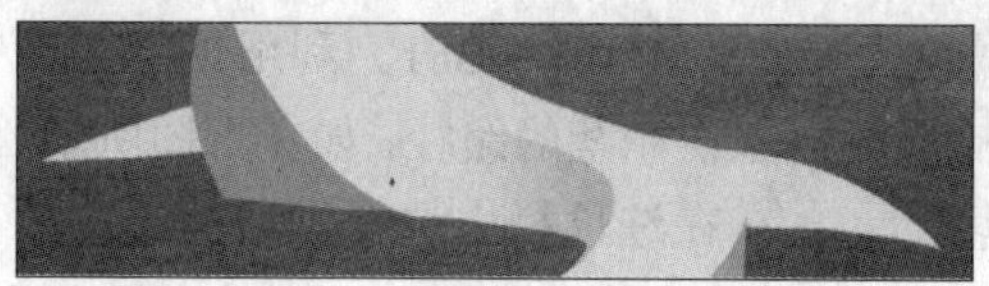
建筑底端效果

步骤11 绘制树藤

在“图层9”图层上方新建“图层20”图层，利用钢笔工具绘制路径，再转换为选区，如左下图所示。设置前景色为R115、G186、B155，设置背景色为R61、G121、B96，选择渐变工具，在选项栏上单击“对称渐变”按钮，再从中间往两边进行渐变填充，效果如右下图所示。

树藤主干路径

填充效果

在“图层20”图层下方新建“图层21”图层，利用钢笔工具绘制路径，再转换为选区，如左下图所示。设置前景色为R61、G121、B96，设置背景色为R35、G66、B77，单击渐变工具，在选项栏上单击“对称渐变”按钮，从中间往两边进行渐变填充，制作树藤的厚度感，如右下图所示。

主干厚度路径

填充效果

在“图层19”图层上方新建“图层22”图层，利用钢笔工具绘制路径，再转换为选区，如左下图所示。设置前景色为R104、G154、B131，设置背景色为R63、G120、B96，再从下往上进行渐变填充，如右下图所示。

树藤顶端路径

填充效果

在“图层22”图层下方新建“图层23”图层，利用钢笔工具绘制路径，再转换为选区，如左下图所示。设置前景色为R83、G124、B107，设置背景色为 R46、G92、B74，选择渐变工具，从下往上进行渐变填充，制作上面树藤的厚度感，效果如右下图所示。

顶端厚度路径

填充效果

步骤 12 绘制树叶

在“图层 23”图层上方新建“图层 24”图层，利用钢笔工具绘制路径，再转换为选区，如左下图所示。设置前景色为 R49、G102、B18，设置背景色为 R193、G212、B138，再选择渐变工具，从下往上进行线性渐变填充，效果如右下图所示。

树叶路径

填充效果

对“图层 24”图层执行“编辑 > 描边”命令，弹出“描边”对话框，设置“宽度”为 1 px，设置“位置”为“居中”，如左下图所示，完成后单击“确定”按钮，完成了一片叶子的制作，效果如右下图所示。

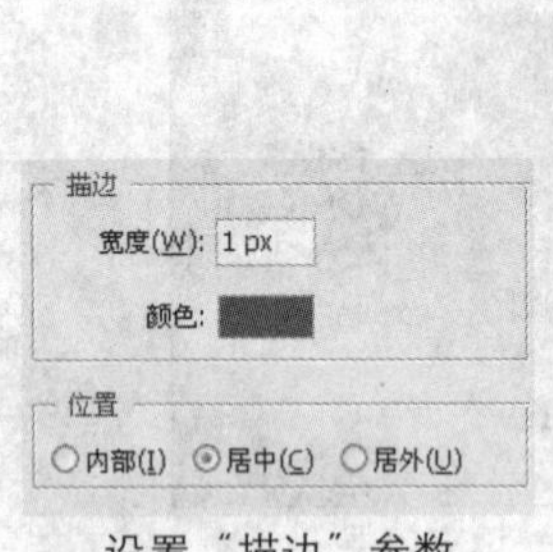

设置“描边”参数

描边效果

新建“图层 25”图层和“图层 26”图层，用同样的方法，使用钢笔工具和渐变工具，绘制两片叶子，得到如下图所示的效果。

树叶效果

步骤 13 绘制鲜花

在“图层 26”图层上方新建“图层 27”图层，利用钢笔工具绘制路径，再转换为选区，如左下图所示。设置前景色为 R206、G86、B129，设置背景色为 R255、G202、B222，再选择渐变工具，在选项栏上单击“径向渐变”按钮，在图像上从中心向右下进行渐变填充，如右下图所示。

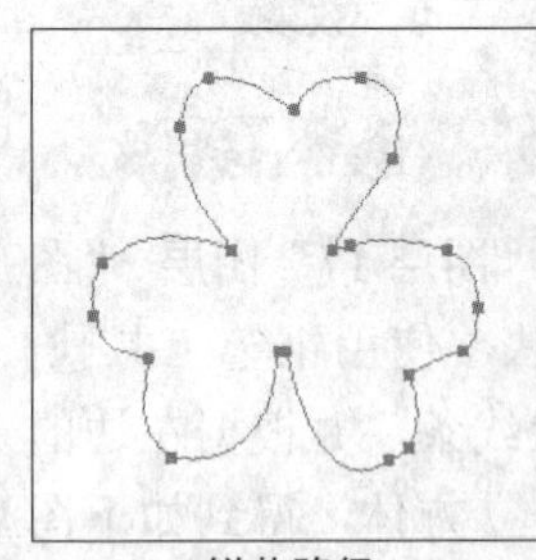
鲜花路径

填充效果

对“图层 27”图层执行“编辑 > 描边”命令，弹出“描边”对话框，设置“宽度”为 1 px，设置“位置”为“居中”，如左下图所示，完成后单击“确定”按钮，效果如右下图所示。

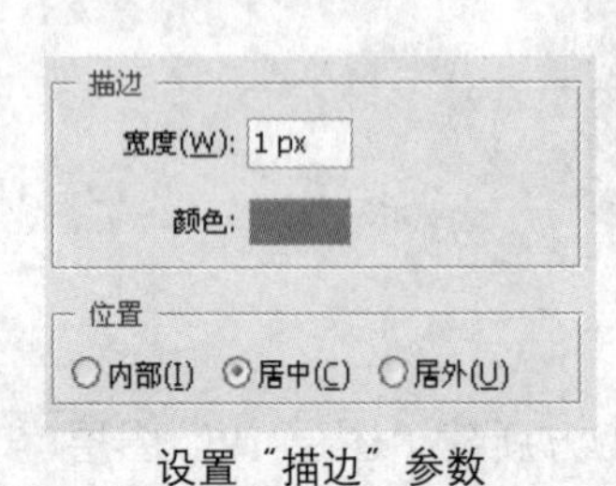

设置“描边”参数

描边效果

步骤 14 绘制花茎

在“图层 27”图层下方新建“图层 28”图层，设置前景色为 R123、G158、B81。利用钢笔工具在花的下面位置绘制茎的路径，如左下图所示。选择铅笔工具，在选项栏中选择硬边的笔刷效果，并设置“主直径”为 5 px，然后单击“路径”

面板中的“用画笔描边路径”按钮，对绘制的路径进行描边处理，如右下图所示。

花茎路径

描边效果

复制得到“图层 27”图层的两个副本图层，再使用移动工具把复制得到的鲜花拖曳至如下图所示的位置，按下 Ctrl+T 快捷键，进行自由变换，调整大小和方向。

复制效果

步骤 15 绘制叶子

新建“图层 29”图层，使用钢笔工具、渐变工具绘制两片叶子，然后调整图层的顺序，效果如下图所示。

叶子效果

步骤 16 绘制建筑物花纹

新建“图层 30”图层，设置前景色为 R163、G166、B133，再选择矩形选框工具，创建一个矩形选区。按下 Alt+Delete 快捷键，填充选区，如左下图所示。在上面创建较小的矩形选区，再按下 Delete 键删除选区中的图像，如右下图所示。

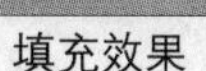
填充效果

删除效果

对“图层 30”图层执行“编辑 > 变换 > 扭曲”命令，调整 4 个控制点，体现透视效果，并放置在立体的左侧面上，如下图所示。

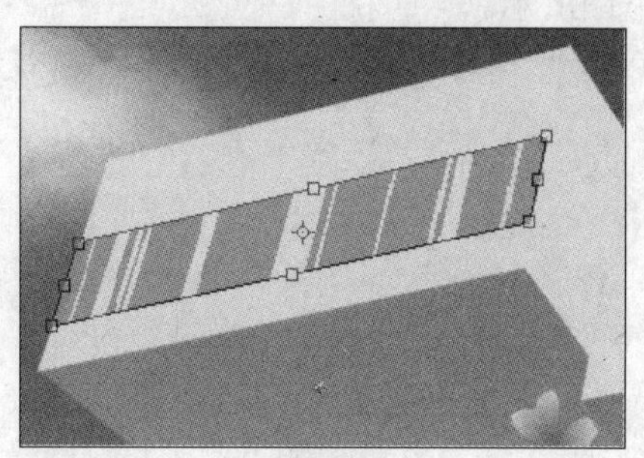
扭曲效果

步骤 17 添加建筑物

使用相同的方法，结合钢笔工具、渐变工具等绘制其他位置的抽象建筑效果，也可以复制前面制作好的抽象建筑图并进行变换，最后根据画面的效果修改建筑的绿色腾叶植物图像，使图像效果更协调，如下图所示。

绘制建筑效果

步骤 18 绘制圆环

执行“文件 > 新建 ”命令，弹出“新建”对话框，设置“宽度”为“6 厘米”，设置“高度”为“4 厘米”，设置“分辨率”为“300 象素 / 英寸”，如下图所示，完成后单击“确定”按钮。

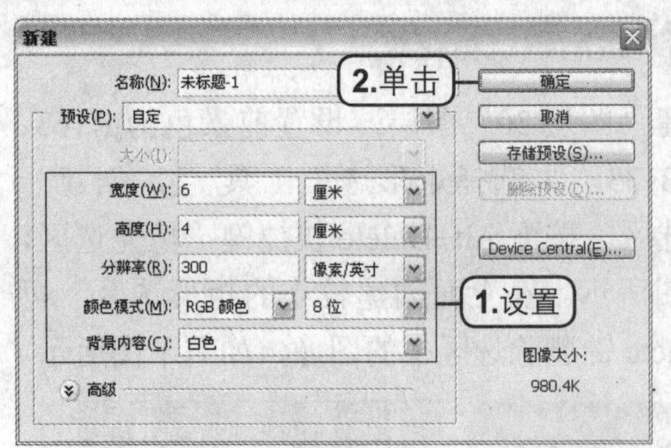

设置"新建"参数

新建"图层 1"图层，设置前景色为 R168、G176、B125，再选择椭圆选框工具，创建一个圆形选区，按下 Alt+Delete 快捷键，用前景色填充选区，如下图所示。

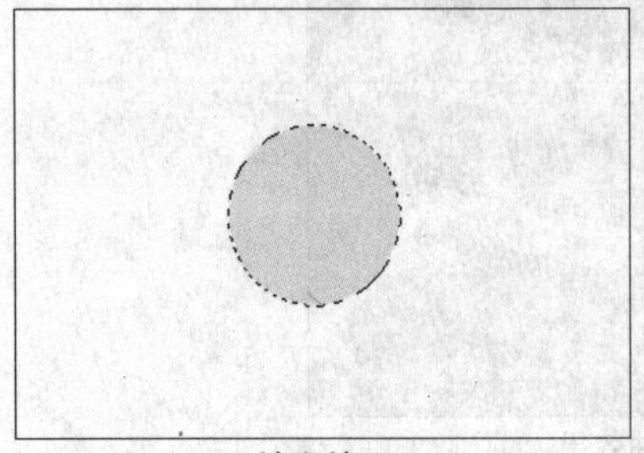
填充效果

新建"图层 2"图层，按住 Ctrl 键单击"图层 1"图层的椭圆图，载入选区。选择椭圆选框工具，按住 Alt 键减去圆形选区。为了保证圆环效果，可使用参考线，按下 Ctrl+R 快捷键，显示标尺，使用移动工具拖曳创建 2 条参考线以标识圆心，效果如下图所示。

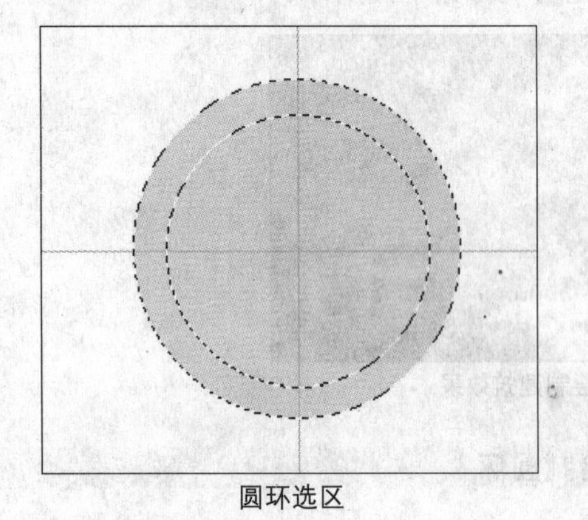
圆环选区

选择渐变工具，在选项栏中打开"渐变"拾色器，单击"前景到透明"渐变，如左下图所示。设置前景色为 R121、G174、B189，在图像上从上到下进行渐变填充，如右下图所示。

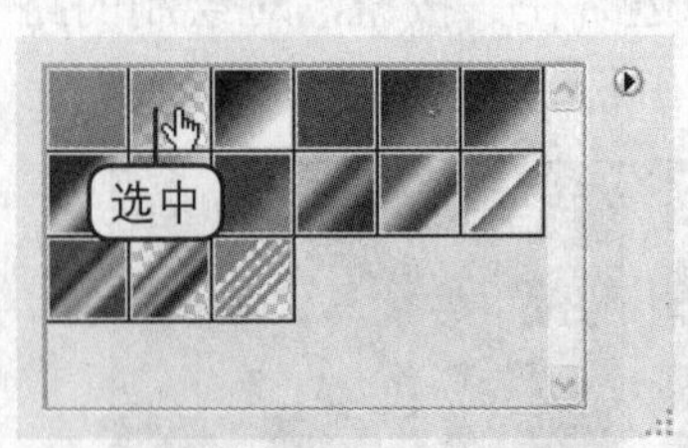

选择"前景到透明"渐变

填充效果

新建"图层 3"图层，使用椭圆选框工具创建一个圆环选区，并进行渐变填充，如下图所示。

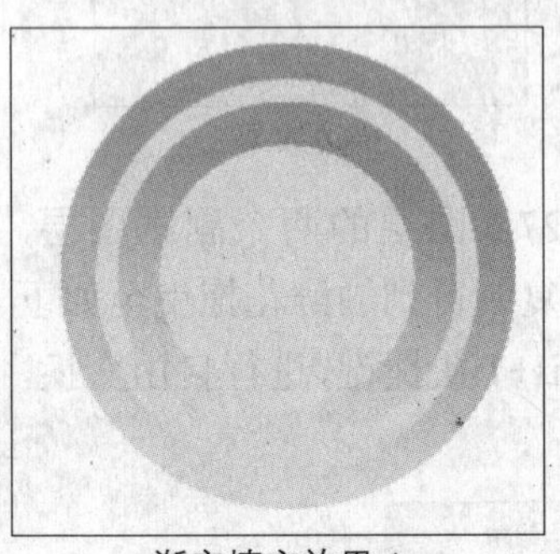
渐变填充效果 1

新建"图层 4"图层，设置前景色为 R57、G145、B162，使用椭圆选框工具创建一个圆环选区，并进行渐变填充；如下图所示。

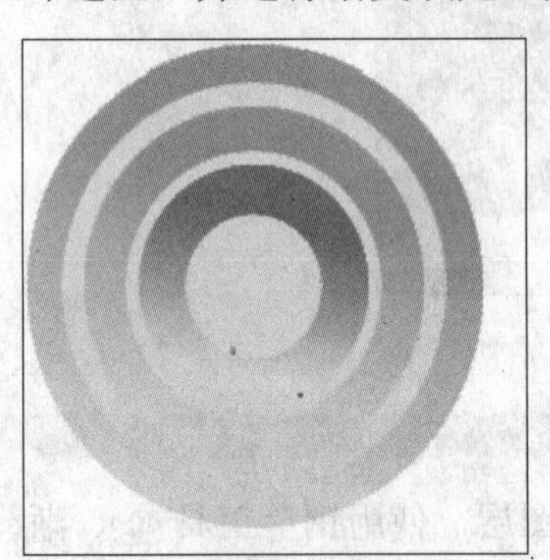
渐变填充效果 2

新建"图层 5"图层，设置前景色为 R129、G157、B89，使用椭圆选框工具创建一个圆环选区，并进行渐变填充，如下图所示。

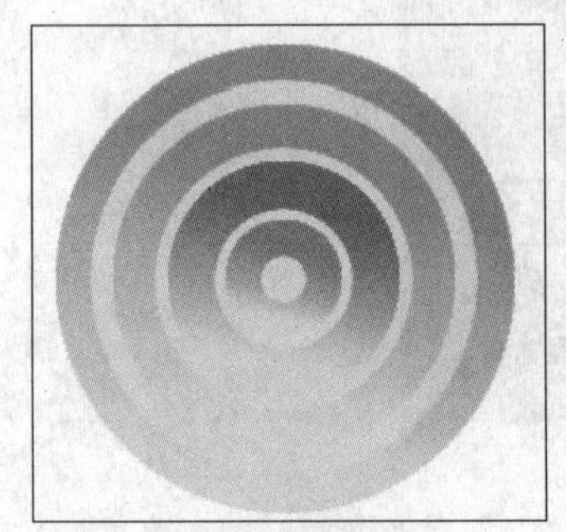
渐变填充效果 3

合并“图层 1”图层至“图层 5”图层，对“图层 5”图层执行“图层 > 图层样式 > 投影”命令，弹出“图层样式”对话框，设置“阴影”颜色为 R51、G120、B6 其他参数设置如左下图所示，效果如右下图所示。

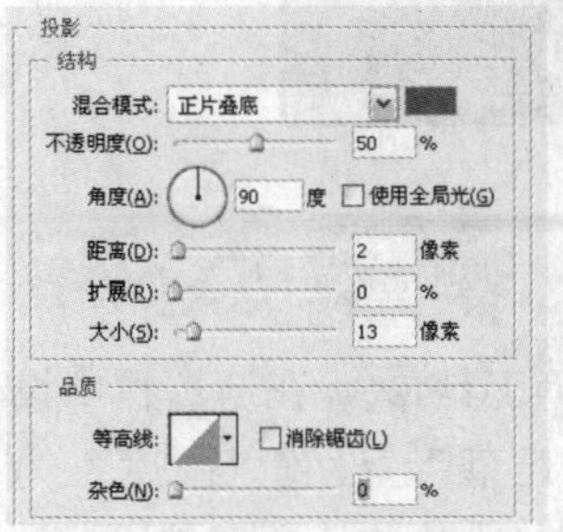

设置“投影”参数

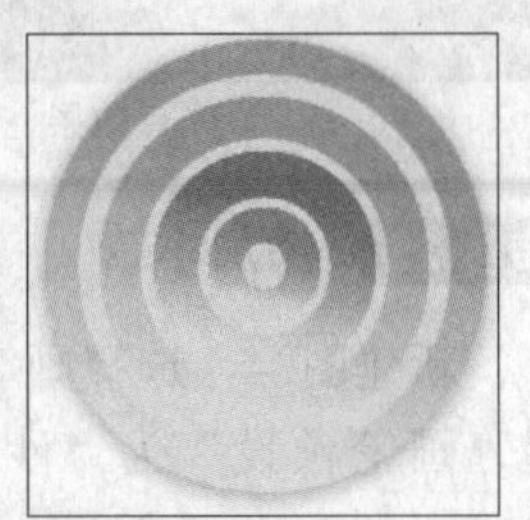

投影效果

步骤 19 调整圆环

复制“图层 5”图层 4 次，再使用移动工具分别调整复制得到的 4 个图像的位置，然后按下 Ctrl+T 快捷键，进行自由变换，调整大小和方向，如下图所示。

复制效果

选择除“背景”图层外的图层，拖曳至“创建新组”按钮上，创建“组 1”利用移动工具将“组 1”拖入“抽象建筑设计 .psd”图像窗口中，并调整大小、位置、图层位置，如下图所示。

拖移图像

步骤 20 添加树木

执行“文件 > 打开”命令，打开本书配套光盘中第 8 章 \media\02.jpg 文件，如下图所示。

素材

选择魔棒工具，在选项栏中设置“容差”为 32，取消勾选“连续”复选框。单击图像，按住 Shift 键添加选区，如左下图所示。利用移动工具将选区的图像拖曳至“抽象建筑设计 .psd”图像窗口中，再调整大小、位置，如右下图所示。

载入选区

调整大小

执行“图像 > 调整 > 色相 / 饱和度”命令，在弹出的对话框中设置“色相”为 -35，设置“饱和度”为 +14，设置“明度”为 -12，如左下图所示，再单击“确定”按钮，让树与整个画面协调，效果如右下图所示。

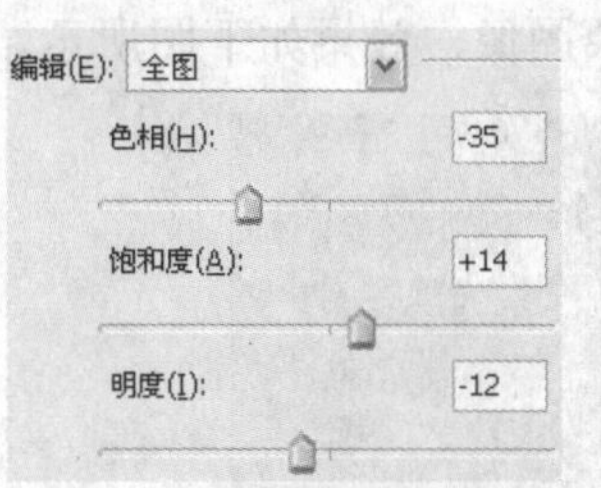

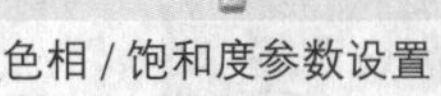

色相 / 饱和度参数设置

调整效果

步骤 21 添加透明圆

新建一个图层，设置前景色 R168、G176、B125，再选择椭圆选框工具，创建圆和圆环选区，按下 Alt+Delete 快捷键用前景色填充选区，如左下图所示，再设置“不透明度”为 25%，效果如右下图所示。

填充效果

调整透明效果

步骤 22 添加树木

执行“文件 > 打开”命令，打开本书配套光盘中第 8 章 \media\02.jpg 文件，如下图所示。

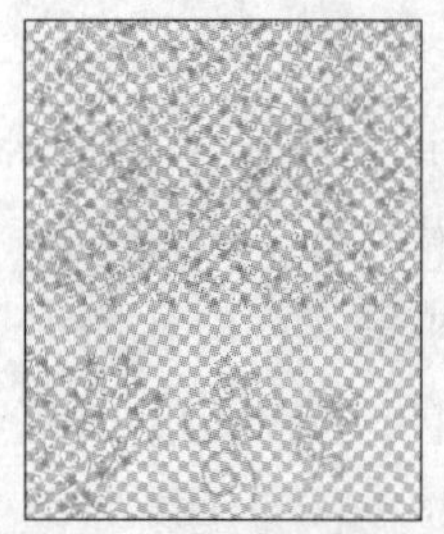
素材

选择魔棒工具，在选项栏中选中“连续”复选框，单击图像，按住 Shift 键添加选区，如左下图所示。利用移动工具将选区中的图像拖曳“抽象建筑”图像窗口中，如右下图所示。

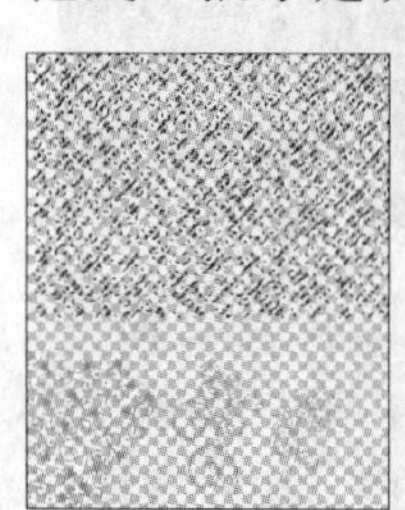
载入选区

填充效果

多次复制素材所在的图层，再调整大小、位置、图层顺序，擦掉多余图像，效果如下图所示。

调整效果

新建图层，设置前景色 R168、G176、B125，选择画笔工具，在选项栏上设置画笔为“柔边”，设置“不透明度”为 85 %，再调整画笔大小，在图像上绘制点图形，如下图所示。

光点效果

步骤 23 添加小草

新建图层，选择画笔工具，在选项栏中设置“画笔预设”为“沙丘草”，设置“硬度”为 50%，如左下图所示，在建筑物下面绘制图形，以增加建筑真实感，如右下图所示。

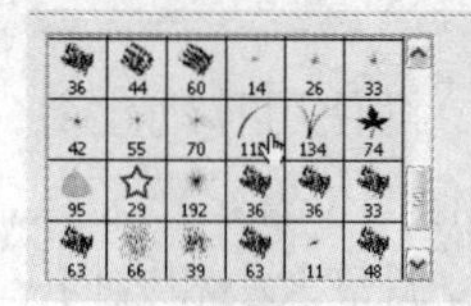
画笔设置

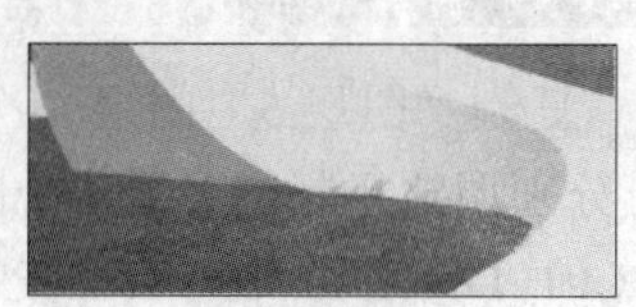
绘制效果

新建图层，设置前景色为 R68、G77、B8，单击画笔工具，在选项栏中设置“不透明度”为 20%，在建筑物和树下绘制阴影，以增加立体效果，如下图所示。

投影效果

步骤 24 调整图像

把后面的圆环适当放大，如下图所示。至此，本实制作完成。

调整图像

Chapter

时尚插画设计

在 Photoshop 中，可以利用数位板或者钢笔工具，以更简便和更快捷的方式进行插画的绘制。这样的插画可以直接用于网络交流、打印和永久的珍藏，本章将介绍几种典型的插画，包括绘本类插画、CG 类插画、另类娃娃插画和写实类插画。

本章内容索引

绘制绘本类插画

绘制另类娃娃插画

绘制 CG 类插画

绘制写实类插画

9.1 绘制绘本类插画

实例概述 本实例运用 Photoshop 中的画笔工具、橡皮擦工具和图层绘制出绘本类的插画。

关键提示 在制作过程中，难点在于在物体的原始形态上进行适当的卡通变形，重点在于使用各种颜色表现图像的感情和物体结构。

应用点拨 本实例的绘制方法可用于各种绘本类插画和水彩风格图像的绘制。

光盘路径：第 9 章 \Complete\ 绘制绘本类插画 .psd

步骤 01 新建图像文件

执行“文件 > 新建”命令，在弹出的“新建”对话框中设置参数，设置“名称”为“绘制绘本类插画”，设置“宽度”为“10 厘米”，设置“高度”为“14 厘米”，设置“分辨率”为“300 像素 / 英寸”，如下图所示。完成后单击“确定”按钮，新建一个图像文件。

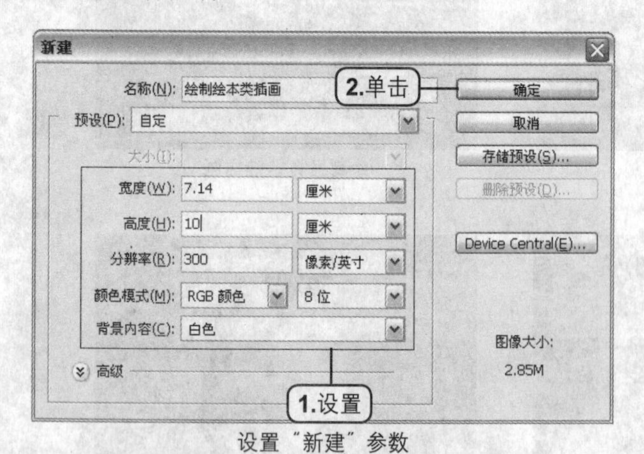

设置“新建”参数

步骤 02 绘制图像结构和轮廓

新建“图层 1”图层，根据最终需要得到的图像效果，使用画笔工具，在图像中绘制出各个图像的大概位置和大致轮廓，如下图所示。

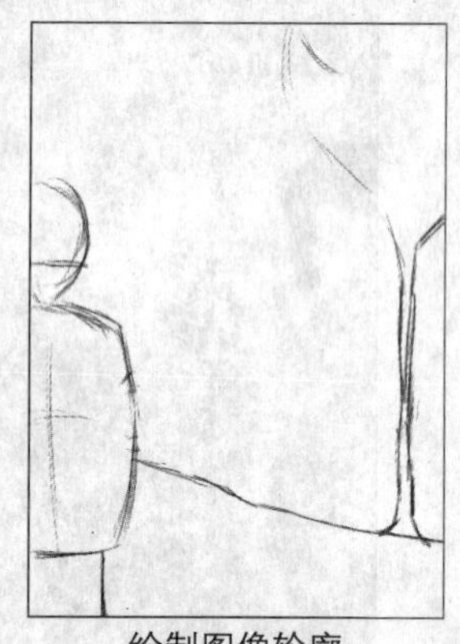

绘制图像轮廓

新建“图层 2”图层，在该轮廓上绘制更加细化的图像轮廓，如左下图所示。新建“图层 3”图层，适当将画笔调小。在这些轮廓的基础上，绘制清晰图像的轮廓，如右下图所示。

细化轮廓

清晰轮廓

步骤03 添加背景底色

在细致轮廓所在图层下方新建“图层4”图层，然后分别设置前景色为R135、G159、B163，R102、G101、B106，利用画笔工具分别对天空和土地进行涂抹。效果如左下图所示。设置前景色分别为R129、G147，B147，R95、G121、B122，在图像中的天空部分再次涂抹。如右下图所示。

填充背景的基本色调

添加天空颜色1

在前面的基础上，设置画笔为“喷枪钢笔不透明描边”，选择一些较深或较暗的颜色，在图像的天空部分进行直线涂抹，如下图所示。

添加天空颜色2

比地面颜色更深的颜色，利用画笔工具在 地面部分进行涂抹，为地面添加颜色变化，如左下图所示。设置前景色为比地面颜色较淡的颜色，在地面上涂抹。效果如右下图所示。

添加深色

添加浅色

步骤04 绘制路灯

新建“图层5”图层，设置前景色分别为R139、G133、B109，R76、G68、B57，再利用画笔工具对图像中的大路灯进行涂抹，如左下图所示。设置前景色为黑色，再利用画笔工具在路灯的深色部分进行涂抹，为路灯添加立体感，如右下图所示。

添加大路灯的颜色

添加路灯的深色

设置前景色为一种较浅的金属色，为路灯添加高光部分，效果如下图所示。

添加高光

设置前景色为R40、G29、B23，为图像中的树木添加颜色，如左下图所示。设置前景色为白色，为树木添加积雪效果，如右下图所示。

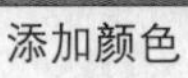
添加颜色

绘制积雪

设置前景色为R247、G241、B219，在图像的路灯中绘制发光的光源，效果如下图所示。

绘制光晕

根据路灯的构造，设置前景色为白色，在光晕图案上添加白色的灯源效果，如下图所示。

添加光源

设置前景色为橘黄色，并在路灯所在图层下方新建“图层 6”图层，在光源外围绘制出橘黄色的灯光效果，如下图所示。

添加灯光

新建“图层 7”图层，选择画笔工具并适当降低画笔的透明度，在图像中绘制出暮色下的灯光效果，如下图所示。

添加灯光

选中所有路灯和灯光所在的图层，并对其进行复制，然后进行自由变换，缩小图像，再调整小路灯处，如下图所示。

复制路灯

步骤 05 绘制人物头发

在细致轮廓所在图层的下方新建“图层 8”图层。设置前景色为 R53、G41、B12，利用画笔工具在图像中人物的头发部分进行涂抹，为人物的头发添加底色，如下图所示。

添加头发底色

设置前景色为较深的颜色，在图像中人物的头发部分再次进行打圈式涂抹，为人物的头发添加深色区域，如下图所示。

添加头发深色

设置前景色为较深的橘黄色，在人物头发的高光区域进行打圈式涂抹，为人物的头发添加光泽效果，如下图所示。

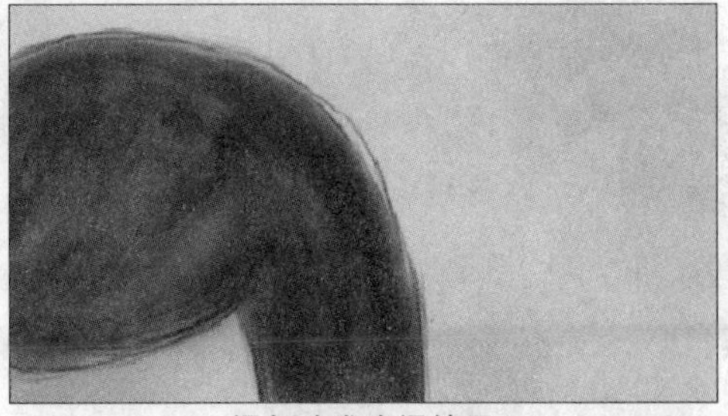

添加头发光泽效果

步骤 06 绘制人物皮肤

在头发所在图层的下方新建“图层 9”图层，设置前景色为 R243、G255、B199，在图像中人物的皮肤部分进行涂抹，为人物的皮肤添加底色，效果如下图所示。

添加皮肤底色

设置前景色为较深的肤色，在图像中人物脸部的阴影部分进行涂抹，为人物的脸部添加立体感，效果如下图所示。

添加脸部的立体感

设置前景色为较浅的肤色，在图像中人物脸部较亮的部分进行适当的涂抹，为人物脸部添加亮色区域，效果如下图所示。

添加亮色区域

步骤 07 绘制人物五官

新建“图层 10”图层，设置前景色为深棕色，再适当缩小画笔的“主直径”，在人物的脸部绘制人物眼睛的边框，效果如下图所示。

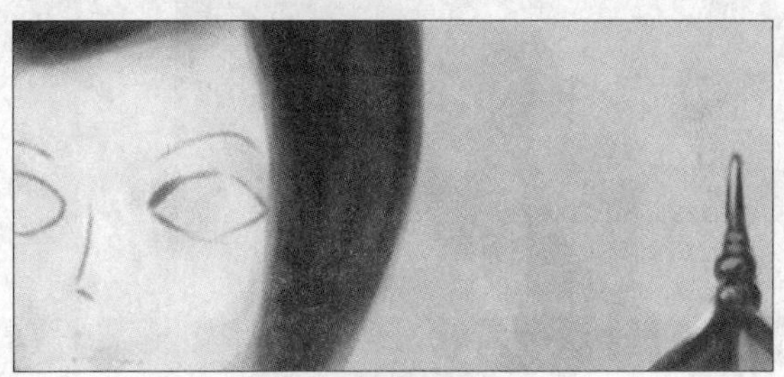

绘制人物眼睛边框

分别设置前景色为黑色和深棕色，在图像中绘制人物的眉毛、鼻子、嘴巴、眼珠等，效果如下图所示。

绘制人物五官

设置前景色为灰色，在人物的眼球上进行多次涂抹，为人物的眼球添加立体效果，如下图所示。

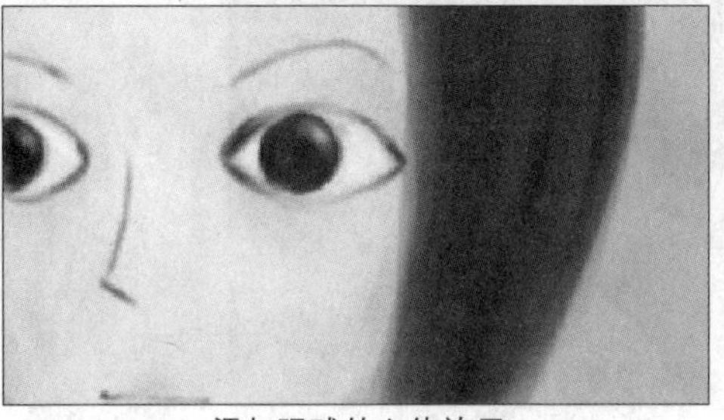

添加眼球的立体效果

进一步刻画人物的眼睛，效果如下图所示。

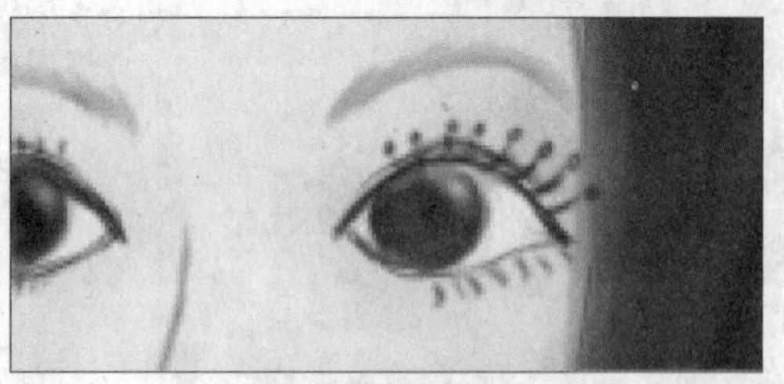

刻画眼睛

设置前景色为 R240、G207、B183，为人物绘制嘴唇，然后将前景色适当提亮，在人物的嘴唇上添加亮光，效果如下图所示。

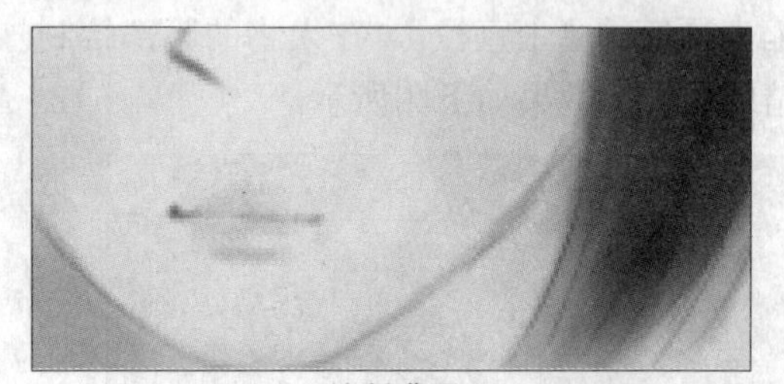

绘制嘴唇

步骤 08 绘制人物围巾

新建“图层 11”图层，设置前景色为 R244、G166、B163，在图像中绘制人物的围巾，效果如下图所示。

绘制围巾

设置前景色为一种较深的颜色，在人物围巾的深色部分进行涂抹，如下图所示。

添加围巾的深色

设置前景色为比围巾深色区域更深的颜色，在围巾的边缘处进行涂抹，为围巾添加边缘，如下图所示。

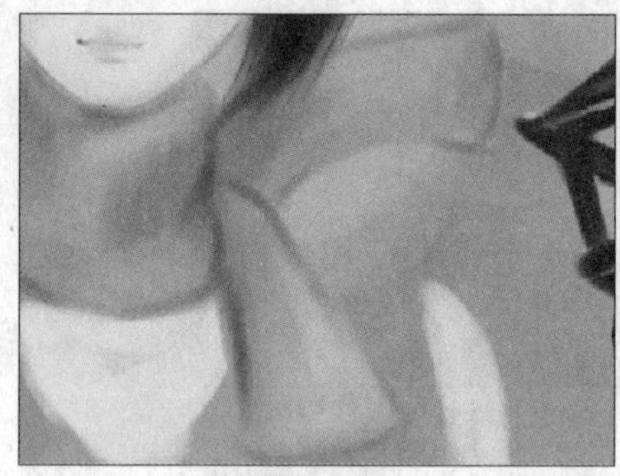

添加边缘

设置前景色为比围巾的基本颜色稍浅的颜色，在围巾的浅色部分和亮部进行涂抹，为围巾添加亮色部分。效果如下图所示。

添加亮部

步骤 09 绘制人物衣服

新建一个图层，设置前景色为 R69、G94、B93，在图像中人物的衣服边缘进行涂抹，为衣服添加深色的区域，如下图所示。

添加衣服的深色区域

设置前景色为更深的颜色，在人物衣服的边缘部分进行涂抹，加强衣服的轮廓，如下图所示。

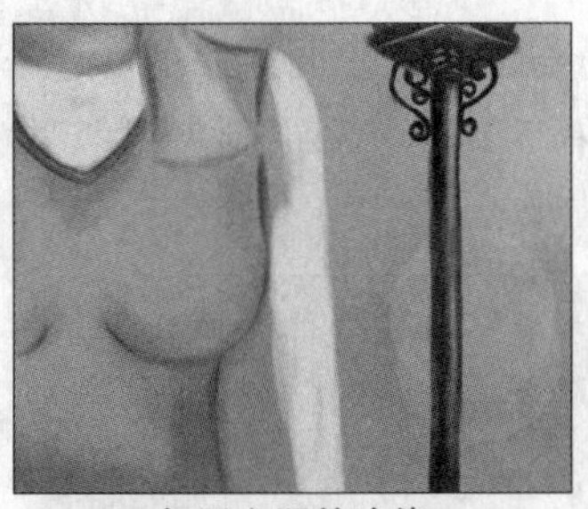

加深衣服的边缘

步骤 10 加强衣服和围巾的轮廓

回到围巾所在的图层，分别设置前景色为与围巾的基本色调为同色系的深色和浅色，在围巾上进行涂抹，强化围巾图像，效果如左下图和右下图所示。

添加深色

添加浅色

步骤 11 完善人物手臂

回到人物皮肤所在的图层，分别设置前景色为人物的基本肤色、较偏红和偏深的颜色，在人物的手臂上进行涂抹，完善人物的手臂，如下图所示。

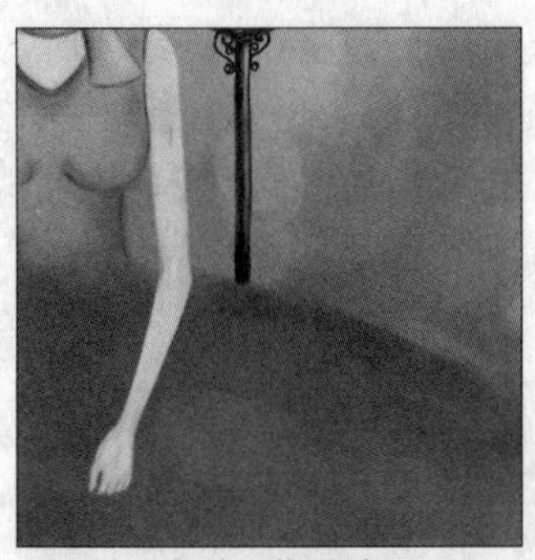

完善人物手臂

步骤 12 绘制桃心

在人物手臂所在的图层下方新建“图层 12”图层，设置前景色为 R160、G81、B87，在人物的手臂下方绘制一个桃心，如左下图所示。设置前景色为 R178、G118、B130 和 R208、G121、B112，在桃心上绘制基本色和浅色部分，如右下图所示。

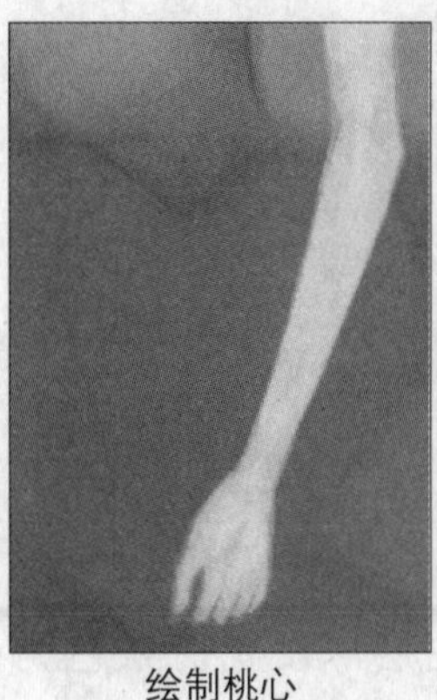

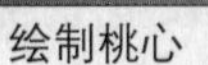

绘制桃心

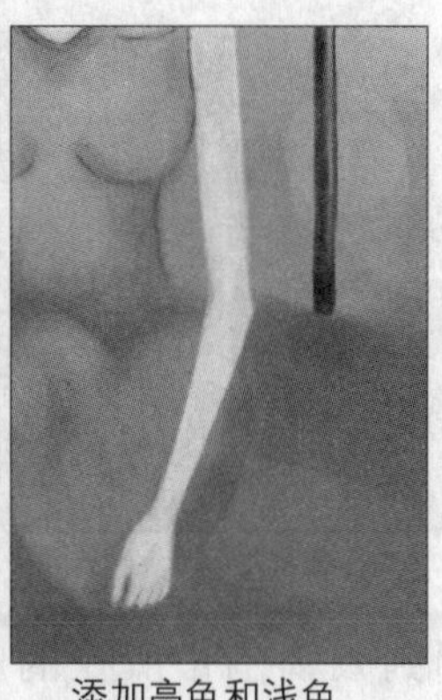

添加亮色和浅色

将前景色设置为更浅的颜色，在桃心上添加亮色，如左下图和右下图所示。

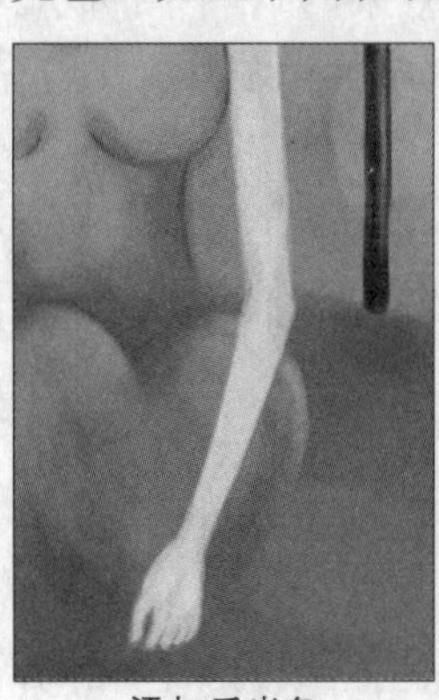

添加反光色

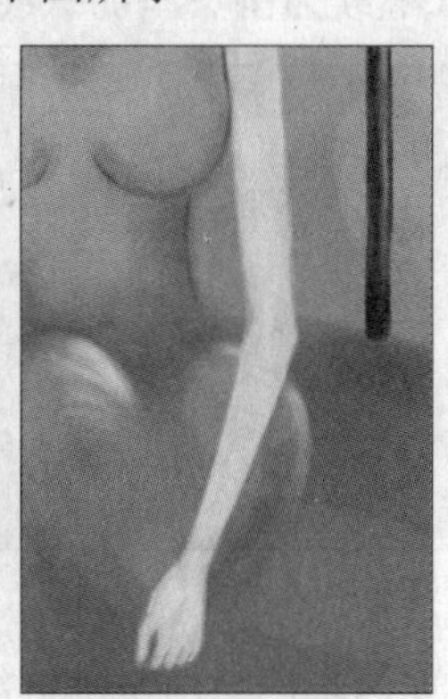

添加发光色

设置前景色为 R253、G222、B225，并适当放大画笔的“主直径”，在桃心上的亮色部分轻轻涂抹，添加梦幻的发光效果，如下图所示。

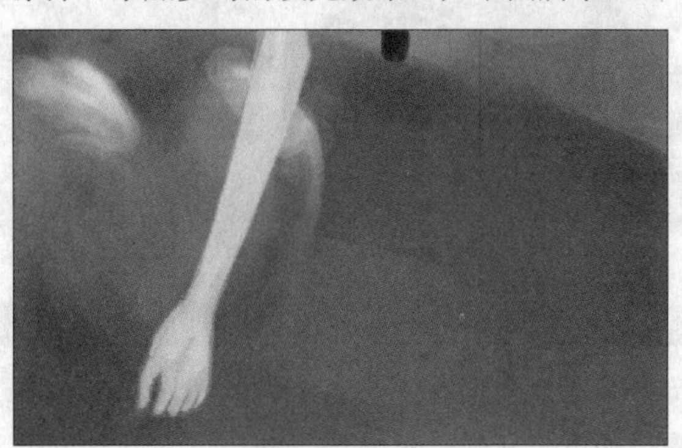

添加桃心的发光效果

步骤 13 绘制衣服和围巾的装饰

回到人物衣服所在的图层，设置前景色为 R148、G198、B183，在人物的衣服上绘制荷叶边的效果，如左下图所示。设置前景色为衣服边缘深色，适当缩小画笔的“主直径”，为人物衣服的荷叶边添加边缘，效果如右下图所示。

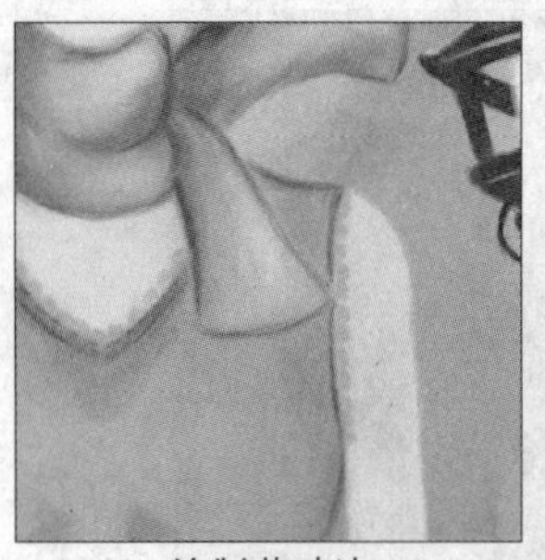
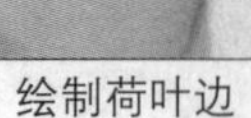
绘制荷叶边

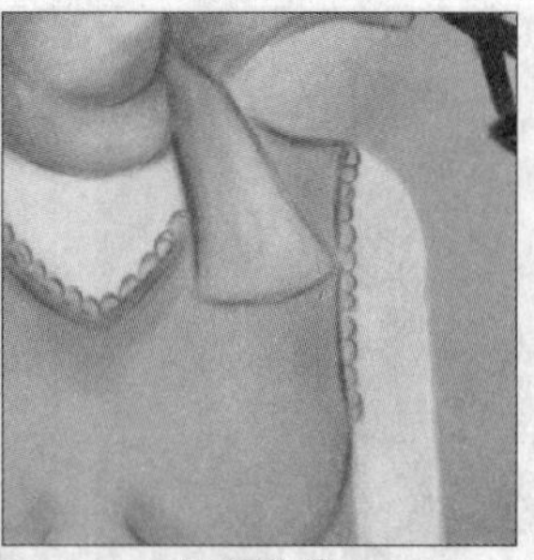
添加边缘

回到人物围巾所在的图层，设置前景色为R243、G121、B208，在人物的围巾上进行直线涂抹，为围巾添加绒线效果，如左下图所示。适当减淡前景色，继续为围巾添加绒线效果，如右下图所示。

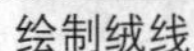
绘制绒线

绘制较浅绒线

设置前景色与围巾上的深色区域的颜色相同，再次为围巾添加较深的绒线效果，如下图所示。

绘制围巾装饰

步骤 14 绘制裙子

设置前景色为 R114、G108、B20，在桃心所在图层的下方新建“图层 13”图层，并绘制出裙摆的图像，如下图所示。

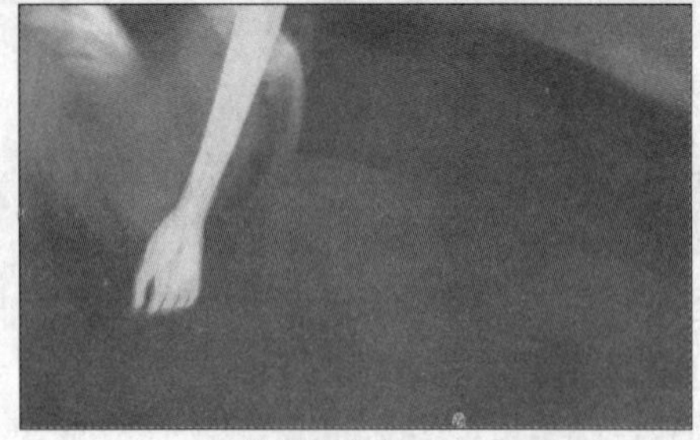
绘制裙摆基本色

分别设置前景色为与裙子颜色同色系的颜色，且比该颜色较浅和较深。在裙子上绘制出褶皱效果，如左下图和右下图所示。

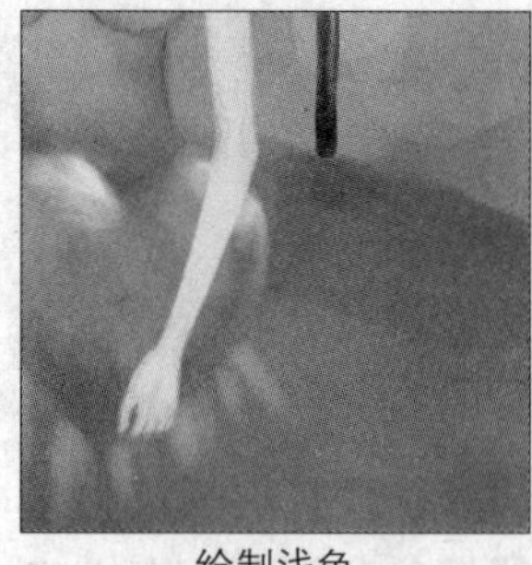
绘制浅色

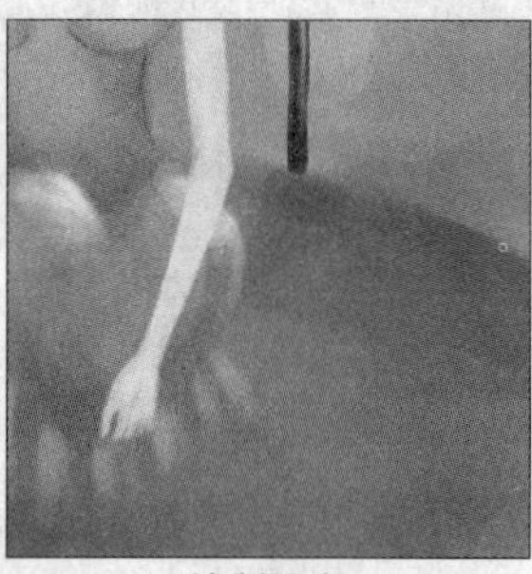
绘制深色

对人物的裙子进行细化，效果如左下图所示，颜色为较深的棕色和红色。分别在裙子和桃心所在图层中添加图像的轮廓边缘，如右下图所示。

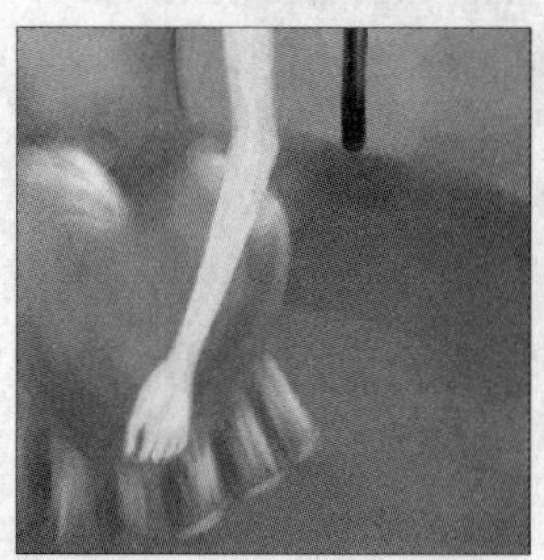
细化裙子

添加图像边缘

步骤 15 绘制人物腿部

在裙子所在图层的下方新建“图层 14”图层，然后设置前景色为人物的基本肤色，在该图层中绘制人物的腿部轮廓，如左下图所示。在绘制时，尽量将该轮廓延伸至桃心图像后部，以避免后面的操作中调整颜色后，出现人物腿部的残缺效果。分别设置前景色为较深和较浅的肤色，为人物的腿部添加立体感。效果如右下图所示。

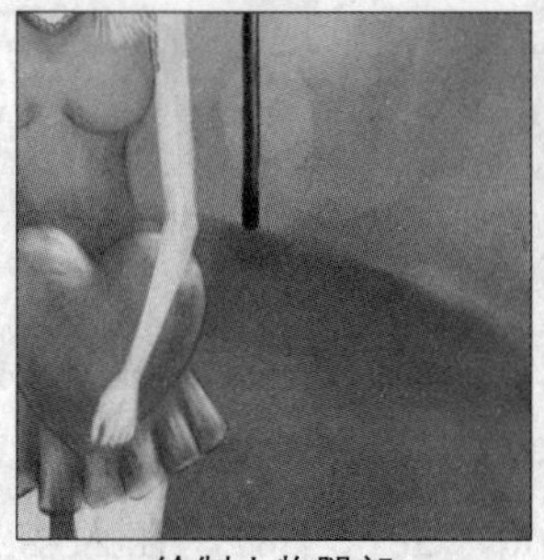
绘制人物腿部

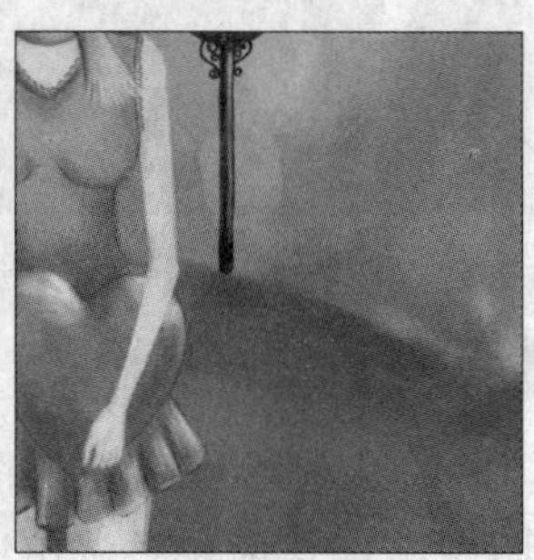
添加立体感

步骤 16 绘制小狗

新建“图层 15”图层，设置前景色为深灰色，在地面和天空的交际部分进行涂抹使地面和天空的界限变清晰，如左下图所示。在该图层上方新建“图层 16”图层，并设置前景色为深灰色，适当缩小画笔的“主直径”。根据小狗轮廓，再次绘制出小狗的精细轮廓，如右下图所示。

绘制界限

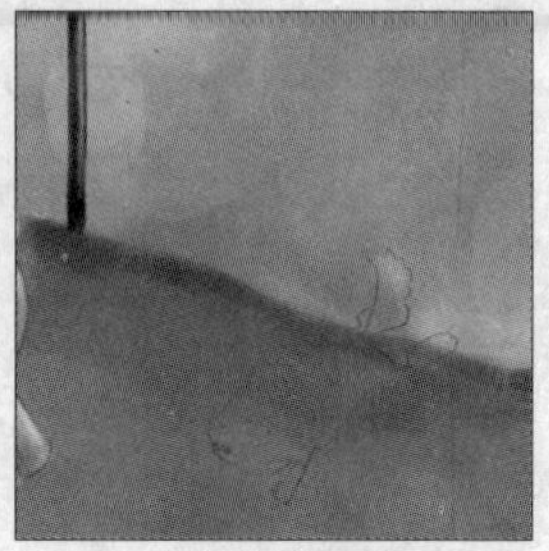

绘制小狗轮廓

设置前景色为 R214、G187、B155，在小狗轮廓所在图层的下方新建“图层 17”图层，为小狗图像添加基本色，如左下图所示。设置前景色为深棕色，根据小狗的基本形态，为其添加深色区域，如右下图所示。

添加基本色

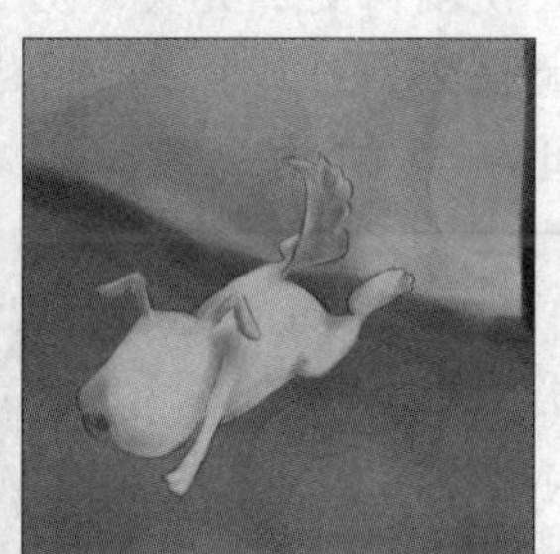

添加阴影

设置前景色为 R210、G161、B136，为效果添加泛红的肤色，如左下图所示。根据图像结构，使用较深的棕色，为小狗图像添加一些细节，效果如右下图所示。

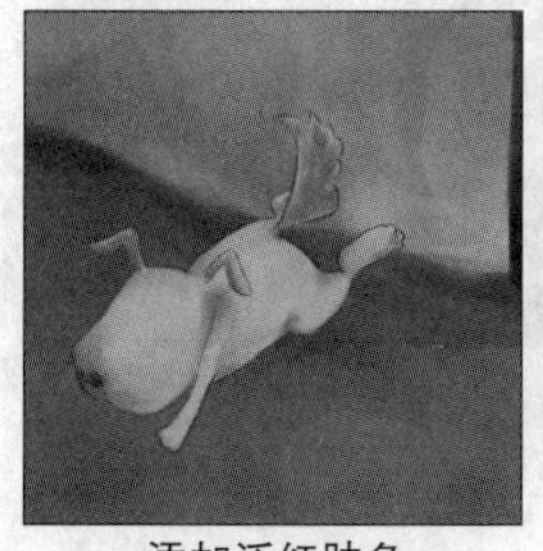

添加泛红肤色

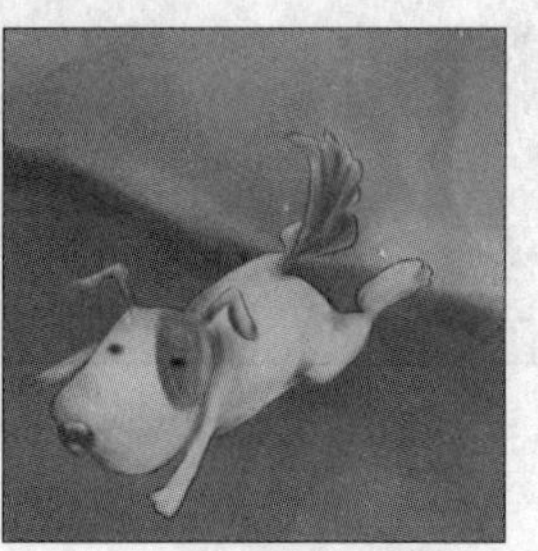

添加细节

步骤 17 添加飘雪效果

选择画笔为“尖角 54 像素”，在“画笔”面板中设置参数。完成后单击“确定”按钮。

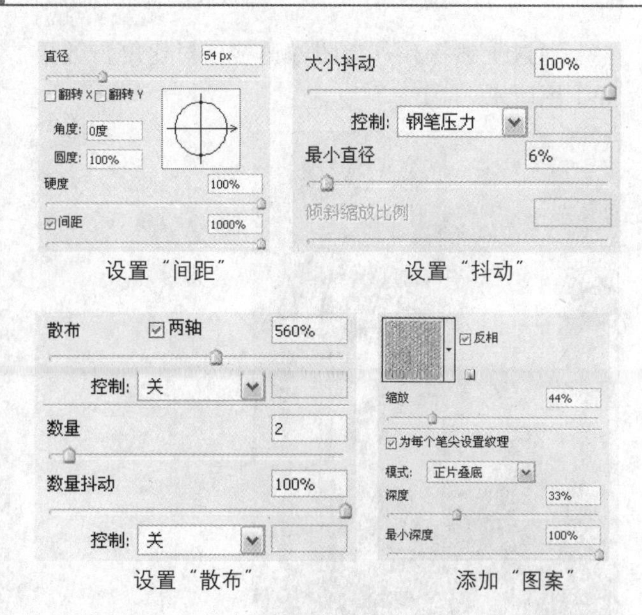

设置“间距”　设置“抖动”

设置“散布”　添加“图案”

新建“图层 18”图层，设置前景色为白色，再按下【键和】键，适当调整画笔大小。在图像进行随意的涂抹，为图像添加飘雪的效果，如下图所示。

添加飘雪的效果

步骤 18 调整图像

选择背景所在图层上方的图层，然后单击“创建新的填充或调整图层”按钮 ，在弹出的菜单中执行“亮度 / 对比度”命令，在弹出的对话框中设置如下图所示的参数。完成后单击“确定”按钮，为图像调整对比度。

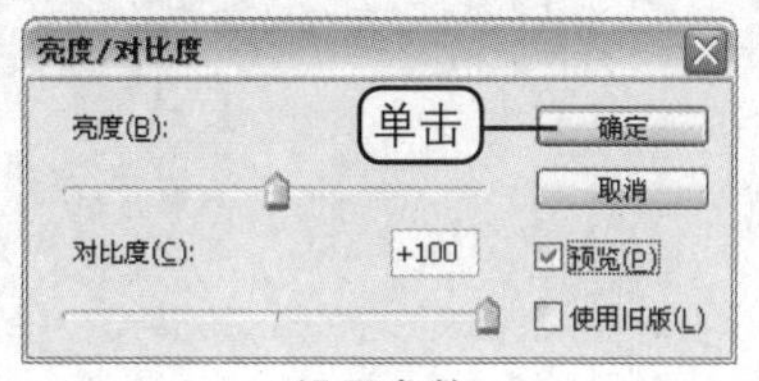

设置参数

通过上述操作，为图像调整了对比度，效果如下图所示。

调整对比度后的效果

选中桃心所在的图层，按下 Ctrl+U 快捷键，在弹出的对话框中设置如左下图所示的参数。完成后单击“确定”按钮，调整图像的颜色，使桃心的颜色更鲜艳，如右下图所示。

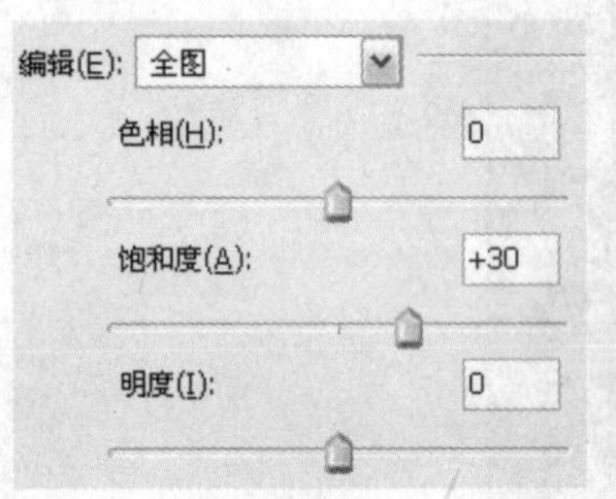

设置参数

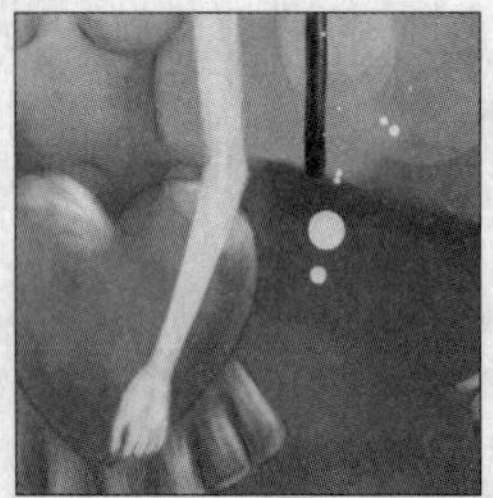
图像效果

选中小狗所在的图层，按下 Ctrl+U 快捷键，在弹出的对话框中设置如左下图所示的参数。完成后单击“确定”按钮，调整图像的颜色，使小狗的颜色更鲜艳，效果如右下图所示。

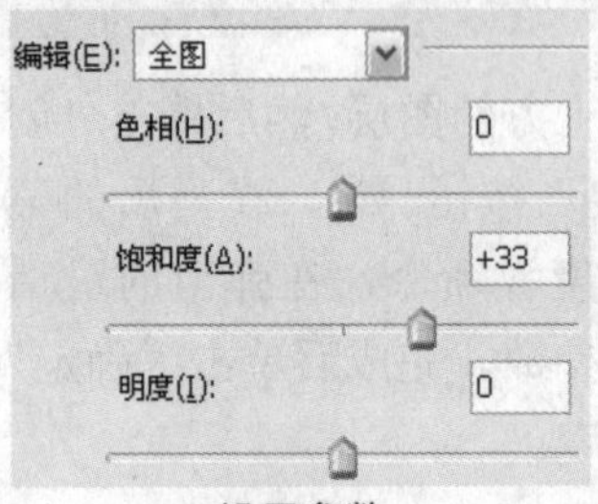

设置参数

图像效果

步骤 19 添加文字

在“图层”面板的最上方新建“图层 19”图层，然后使用数位板，以写字的形式，在图像中输入文字，如下图所示。

添加文字

根据画面的整体效果，使用前面相同的方法，选中各种图像所在的图层，对图像进行细微的调整。使图像更加完美。对文字进行自由变换，适当调整文字的大小、位置和方向。效果如下图所示。至此，本例制作完成。

微调图像

9.2 绘制 CG 类插画

实例概述 本实例运用 Photoshop 中的画笔工具、橡皮擦工具和图层绘制出 CG 类插画。

关键提示 在制作过程中，难点在于物体的基本形态和结构的把握。重点在于人物皮肤和头发质感的制作。

应用点拨 本实例的绘制方法可用于各种写实和游戏类人物的绘制。

光盘路径：第 9 章 \Complete\ 绘制 CG 类插画 .psd

步骤 01 新建图像文件

执行“文件 > 新建”命令，在弹出的“新建”对话框中设置“名称”为“绘制 CG 类插画”，设置“宽度”为“14 厘米”，设置“高度”为“10 厘米”，设置“分辨率”为“300 像素 / 英寸”，如下图所示。完成后单击“确定”按钮。新建一个图像文件。

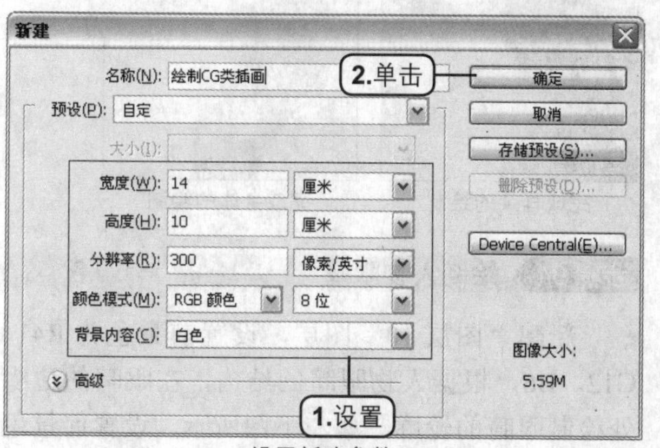

设置新建参数

步骤 02 绘制人物轮廓

新建“图层 1”图层，根据人体的基本结构，在图像中绘制一个人物半身像的大致轮廓，如左下图所示。新建“图层 2”图层，根据该轮廓，在新的图层中对轮廓进一步细化，如右下图所示。

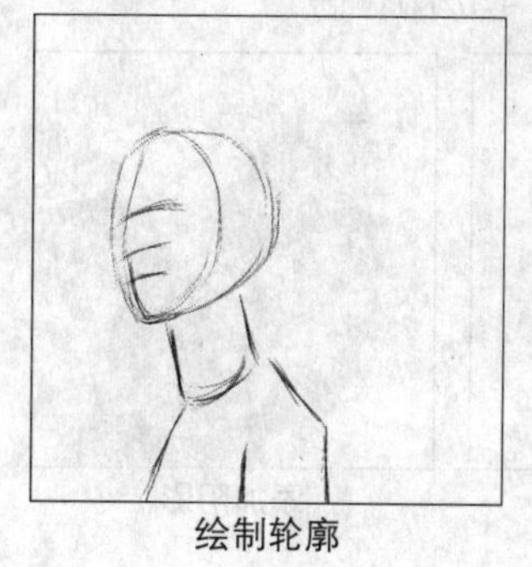

绘制轮廓

细化轮廓

新建“图层 3”图层，根据人物的轮廓，在其基础上绘制出单线条的人物轮廓，然后隐藏人物的轮廓，如左下图所示。新建“图层 4”图层，适当缩小画笔的“主直径”。根据人物轮廓的走向，再次绘制更细致的轮廓，如右下图所示。

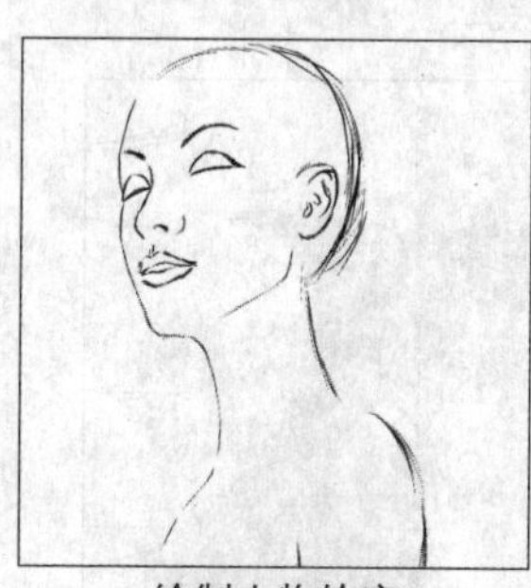

绘制人物轮廓

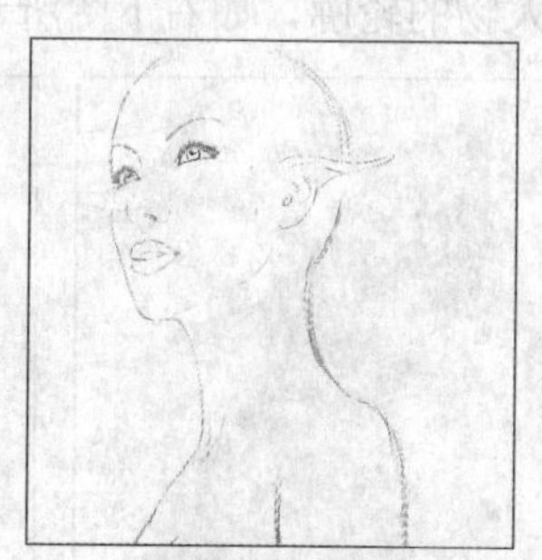

细化轮廓

新建“图层 5”图层，根据人物头部的结构，在人物的头部上方绘制头发。在绘制时，要考虑到头发的厚度，不要紧贴人物轮廓进行绘制。效果如下图所示。

绘制人物头发

步骤 03 绘制人物皮肤

在“图层 5”图层下方新建“图层 6”图层，然后设置前景色为 R288、G165、B124，设置画笔为柔角。在人物的皮肤区域进行涂抹，添加皮肤的基本色，如左下图所示。新建一个图层。设置前景色为 R180、G86、B36 和 R190、G135、B81，在人物脸部结构中较暗的部分进行涂抹，增加脸部大概的立体感，如右下图所示。

添加基本色

添加阴影

设置前景色为 R217、G135、B90，在人物的颧骨部分进行涂抹，强调颧骨的轮廓，如左下图所示。新建“图层 7”图层，设置前景色为 R239、G139、B163 和 R231、G152、B109，根据人物的结构，在脸部和颈部突出的部位进行涂抹，强化人物的轮廓，如右下图所示。

添加轮廓色

强化轮廓

新建“图层 8”图层，设置前景色为 R246、G210、B187，R253、G232、B209，R234、G163、B119，在人物的脸部皮肤上涂抹，使人物脸部的皮肤轮廓更加分明，如左下图和右下图所示。

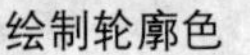

绘制轮廓色

绘制轮廓色

设置前景色为 R116、G76、B51，适当缩小画笔的“主直径”，在人物最深邃的轮廓部分进行涂抹，使人物的轮廓更加强烈，如左下图和右下图所示。

强化眼睛轮廓

强化耳朵轮廓

新建“图层 9”图层，参照脸部的颜色设置前景色，然后在耳部和身体上涂抹，完善耳朵和身体的皮肤，如左下图和右下图所示。

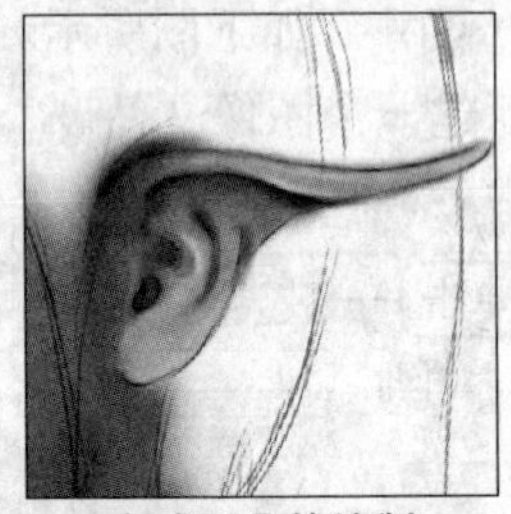

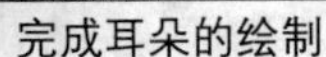

完成耳朵的绘制

完成身体的绘制

步骤 04 绘制人物眼睛

新建“图层 10”图层，设置前景色为 R41、G12、B6，根据人物眼睛的结构，在眼睛的边缘处绘制眼睛的轮廓，如左下图所示。设置前景色为 R188、G64、B8，在人物的瞳孔部分进行涂抹，绘制出瞳孔的基本色。

绘制眼睛轮廓

绘制瞳孔

设置前景色为R57、G5、B4，在人物的眼睛上绘制出深色区域，如左下图所示。设置前景色为白色，为眼睛绘制出亮色部分，并使用眼睛的同类色，添加睫毛、眼白、反光等。新建“图层11”图层，在人物的眼睛下方添加少许亮色，使眼睛更加突出，如右下图所示。

添加眼睛深色

完善眼睛的绘制

步骤05 描绘人物轮廓和嘴唇

隐藏绘制有人物脸部轮廓线条的图层，如左下图所示。新建“图层12”图层，设置前景色为R138、G64、B27，以及其同类色，为人物绘制出眉毛，如右下图所示。

隐藏线条

绘制眉毛

使用相同的方法，在为人物添加脸部的轮廓线，如左下图所示。新建“图层13”图层，设置前景色为R241、G111、B58，根据人物的轮廓，绘制出嘴唇的基本色和形状，如右下图所示。

绘制脸部轮廓线

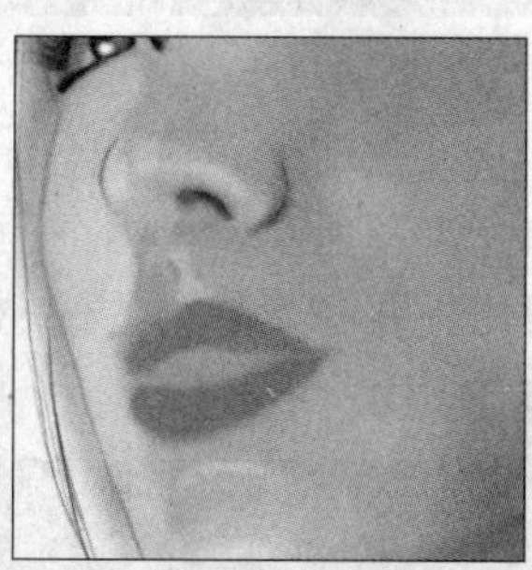
绘制唇部基本色

设置前景色为R128、G38、B4，在唇部绘制出深色区域，如左下图所示。使用较浅的唇部颜色的同类色，完善人物唇部，如右下图所示。

添加唇部深色

完善人物唇部的绘制

步骤06 绘制人物头发

根据前面的方法，选中“图层12”图层，为人物的颈部添加适当的轮廓线，如左下图所示。新建“图层14”图层，设置前景色为R128、G62、B2，在人物的头发部分绘制基本色，效果如右下图所示。

绘制轮廓线

绘制头发基本色

选择橡皮擦工具，在人物的头发部分擦去多余的部分，使人物的头发结构更加真实，并隐藏人物头发轮廓线所在的图层。效果如左下图所示。新建“图层15”图层，设置前景色为R62、G27、B0，在头发的深色部分进行涂抹，效果如右下图所示。

绘制头发基本色

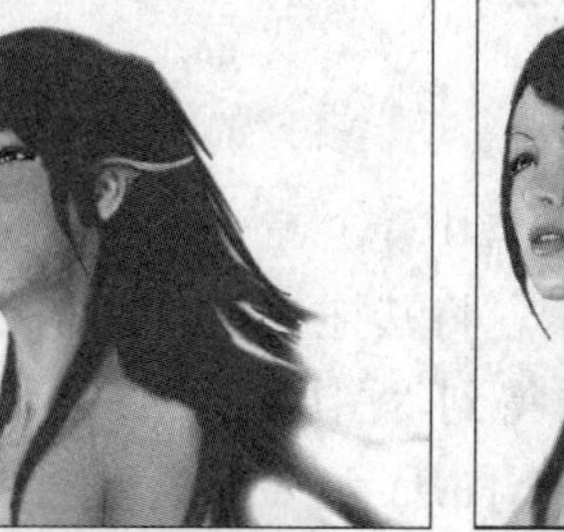
添加头发深色

新建“图层16”图层，设置前景色为R180、G85、B0，在人物的头发上添加亮色部分，如左下图所示。新建“图层17”图层，设置前景色为R68、G31、B1，适当缩小画笔的“主直径”，以线条的方式，为人物绘制头发丝，如右下图所示。

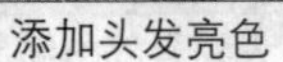
添加头发亮色

绘制头发丝

新建“图层 18”图层，设置前景色为 R199、G120、B88，R239、G168、B96 等，为人物绘制亮色的头发丝，如左下图所示。对人物的头发进行细化，并擦除多余的头发丝，如右下图所示。

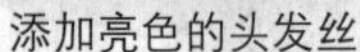
添加亮色的头发丝

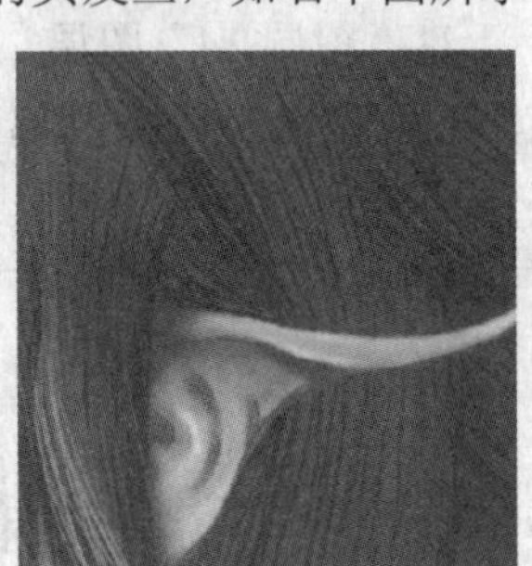
细化头发丝

隐藏人物头发的轮廓线，如下图所示。

隐藏轮廓线

步骤 07 添加背景

打开本书配套光盘中第 9 章 \media\ 001. jpg 文件，如左下图所示。将其拖曳至“绘制 CG 类插画”图像窗口中，得到“图层 19”图层，并适当调整其大小，如右下图所示。

打开的素材

拖入素材

步骤 08 绘制装饰物

在人物头发所在图层上方新建“图层 20”图层，绘制装饰物的形状，如左下图所示。在该图层的下方新建“图层 21”图层，设置前景色为 R159、G146、B146，为其添加基本色，如右下图所示。

绘制装饰轮廓

添加基本色

设置前景色为黑色，在该装饰中添加深色，然后设置前景色为较浅的颜色，绘制装饰物的亮色区，效果如右下图所示。

添加深色

添加亮色

分别设置前景色为 R116、G83、B104 和 R85、G81、B82，为装饰物添加中间色，如左下图所示。设置前景色为深色，为装饰物添加深色区域，如右下图所示。

添加中间色

添加深色

设置前景色为浅色，在装饰物上添加亮色，如左下图所示。根据前面的方法，对装饰物进行细化，并隐藏装饰物的轮廓线所在的图层，效果如右下图所示。

添加亮色

细化装饰物

步骤 09 使装饰物与头发贴合

双击装饰物所在的图层，在弹出的“图层样式”对话框中选中“投影”复选框，然后设置如左下图所示的参数，为其添加投影。完成后单击“确定”按钮，效果如右下图所示。

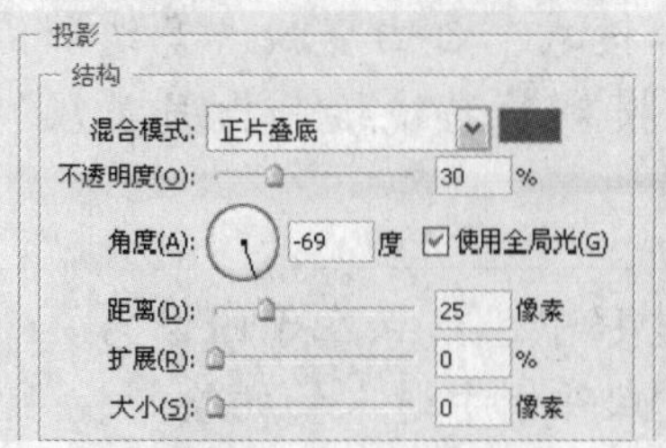

设置“投影”参数

投影效果

为装饰物所在的图层添加蒙版，并在其中擦除部分头发形状的区域，添加部分隐藏在头发中的效果，如下图所示。

制作贴合效果

步骤 10 绘制小精灵

新建“图层 22”图层，然后在图像中绘制一个简单的精灵图像，如左下图所示。新建“图层 23”图层，使用白色进行涂抹，如右下图所示。

绘制小精灵

添加白色

双击“图层 23”图层，在弹出的“图层样式”对话框中选中“外发光”复选框，其中外发光颜色为 R165、G225、B147，并设置如左下图所示的其他参数。完成后单击“确定”按钮。为图像添加发光效果，如右下图所示。

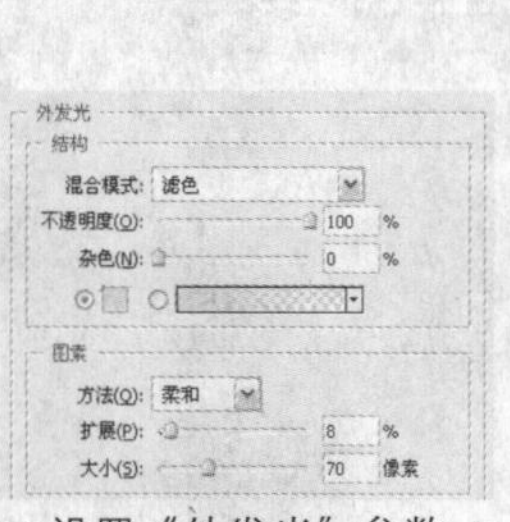

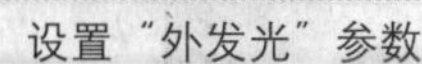
设置“外发光”参数

发光效果

选中“图层 22”图层，和“图层 23”图层，然后按下 Ctrl+Alt+E 快捷键，合并图层。隐藏“图层 22”图层和“图层 23”图层，然后复制多个盖印图层，进行自由变换，分别调整位置和大小。效果如下图所示。

添加多个精灵

步骤 11 添加发光点

选择画笔为“柔角”，并在“画笔”面板中设置参数，完成后单击“确定”按钮。设置前景色为白色和 R165、G225、B147，新建“图层 24”图层，多次以弧线的形式拖动鼠标，绘制发光小点。参数设置和效果如下图所示。至此，本例制作完成。

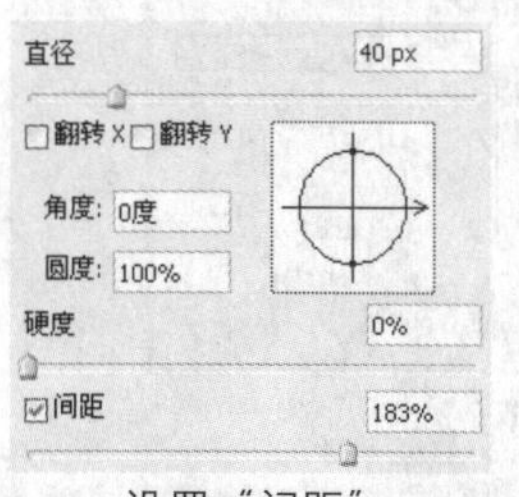

设置“间距”

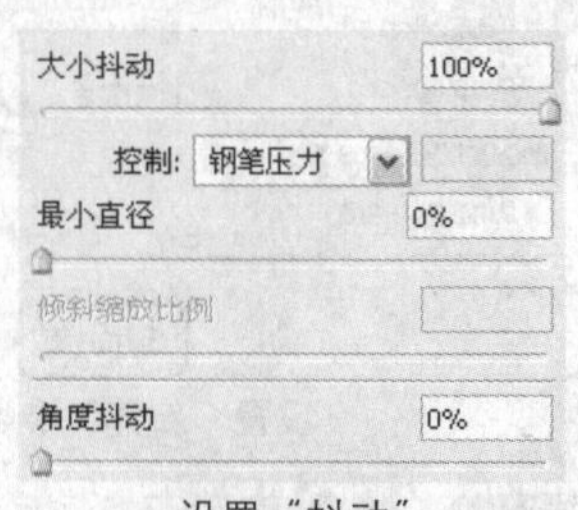

设置“抖动”

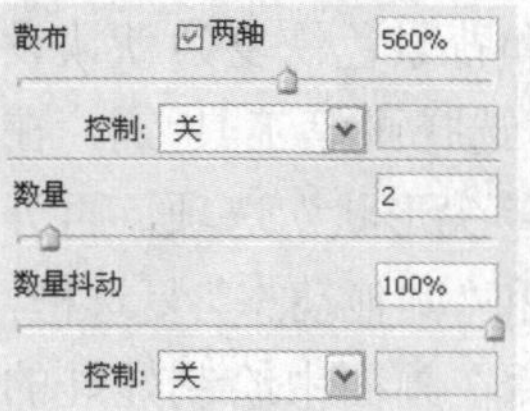

设置“散布”

绘制效果

9.3 绘制另类娃娃插画

实例概述 本实例运用 Photoshop 中的画笔工具、橡皮擦工具、移动工具、铅笔工具、钢笔工具、图层混合模式、自由变换、多边形套索工具、“动感模糊”滤镜绘制出另类风格的插画。

关键提示 在制作过程中，难点在于图像与真实照片的配合，重点在于卡通人物的绘制。

应用点拨 本实例的绘制方法可用于各种搞怪类卡通图像的制作。

光盘路径：第 9 章 \Complete\ 绘制另类娃娃插画 .psd

步骤 01 新建图像文件

执行“文件 > 新建”命令，打开“新建”对话框，在弹出的对话框中设置“宽度”为“9 厘米”，设置“高度”为“12 厘米”，设置“分辨率”为 300 像素 / 英寸，如下图所示。完成设置后，单击“确定”按钮，新建一个图像文件。

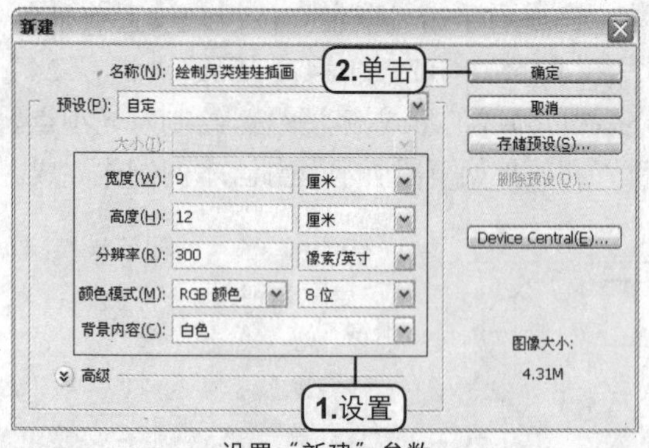

设置“新建”参数

步骤 02 描线

按下 D 键，将前景色和背景色恢复为默认设置，新建“图层 1”图层，选择画笔工具，在“画笔”面板中选择“画笔笔尖形状”选项，再分别选中“形状动态”复选框和“其他动态”复选框，然后分别设置参数，完成后在画面中绘制娃娃的脸型参数设置和效果如下图所示。

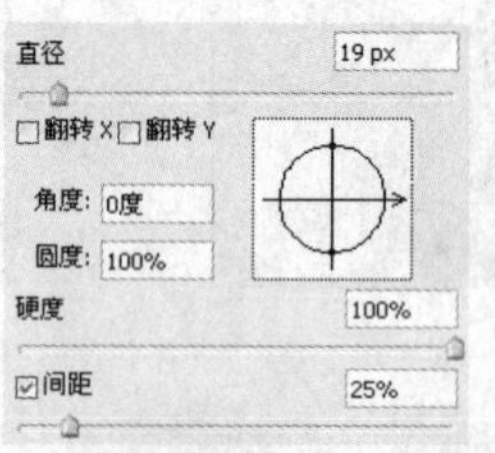

设置“直径”

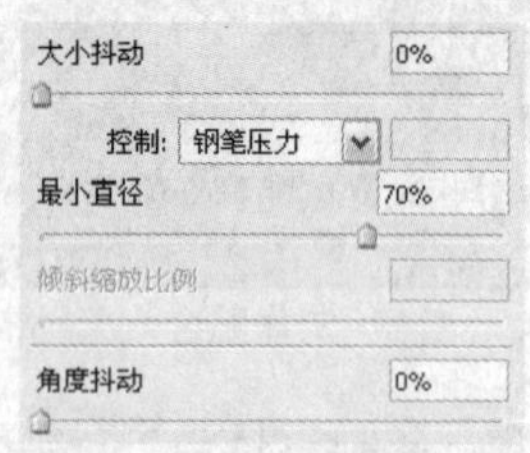

设置“形状动态”

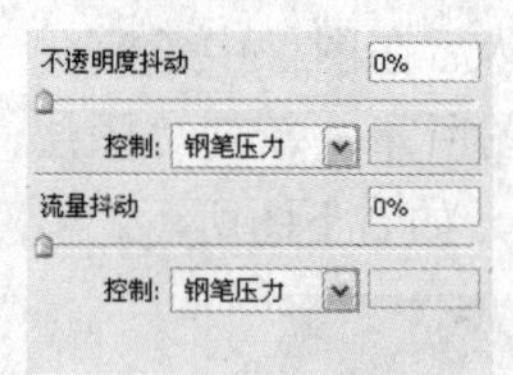

设置“其他动态”

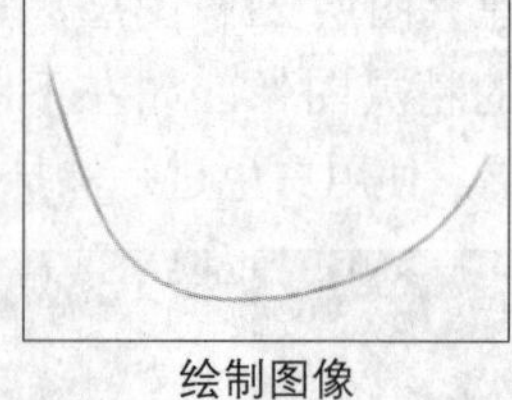
绘制图像

新建“图层 2”图层，再选择画笔工具，然后在画面中绘制娃娃的头发，如左下图所示。描绘娃娃的头发时，注意每绺卷发走向的美感，同时在头发顶端留出帽子的位置。新建“图层 3”图层，再选择画笔工具，然后在画面中绘制娃娃的帽子，如右下图所示。

绘制头发

绘制帽子

设置前景色为深褐色（C24、M45、Y61、K0），新建“图层 4”图层，再选择画笔工具，然后在画面中绘制娃娃的眉毛，如左下图所示。设置前景色为黑色，再选择画笔工具，然后在画面中绘制娃娃的眼睛，如右下图所示。

绘制眉毛

绘制眼睛

设置前景色为深红色（C24、M45、Y61、K0），新建“图层 6”图层，再选择画笔工具，然后在画面中绘制娃娃的嘴，如左下图所示。设置前景色为黑色，新建“图层 7”图层，再选择画笔工具，然后在画面中绘制娃娃脸上的创可贴，如右下图所示。

绘制嘴

绘制创可贴

新建“图层 8”图层，再选择画笔工具，然后在画面中绘制娃娃的衣服，如左下图所示。新建“图层 9”图层，再选择画笔工具，然后在画面中绘制娃娃的裤子和脚，如右下图所示。

绘制衣服

绘制裤子和脚

步骤 03　添加肤色

在“图层”面板上单击“创建新组”按钮，新建“组 1”，重命名为“线条”。按住 Shift 键选择除“背景”图层以外的所有图层，并拖曳至“线条”组内，如下图所示。

创建组

设置前景色为肉色（C0、M10、Y12、K0），在“线条”组中新建“图层 10”图层，并设置“图层 10”图层的混合模式为“正片叠底”。选择画笔工具，然后在画面中绘制娃娃的皮肤，如下图所示。

绘制皮肤

设置前景色为橙色（C0、M26、Y29、K0）。选择画笔工具，并在“画笔”面板中设置参数，最后在画面中绘制娃娃的皮肤暗部，参数设置和效果如下图所示。

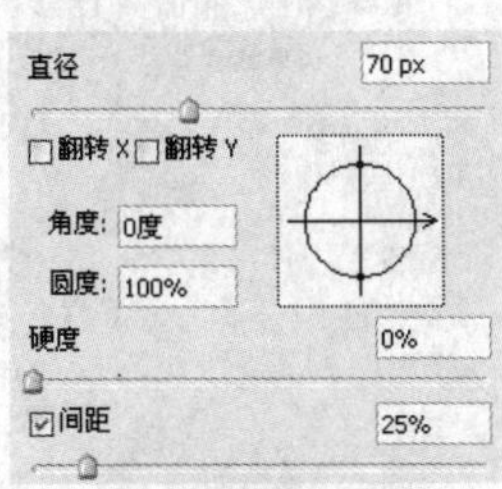

设置“直径”

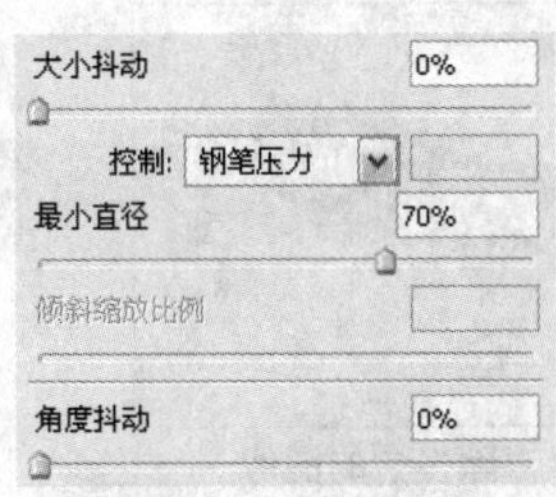

设置“形状动态”

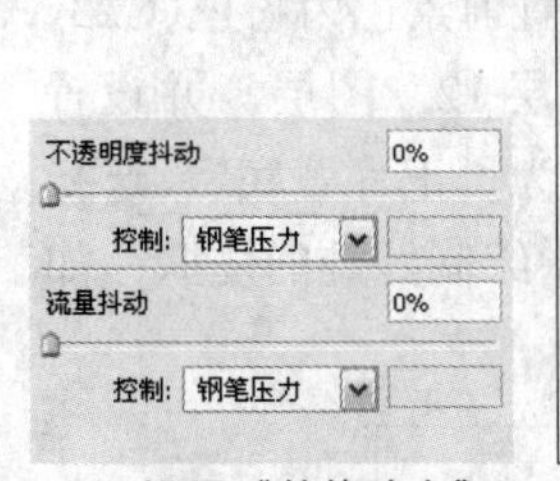

设置“其他动态”

绘制图像

步骤 04　完善脸部的绘制

选择橡皮擦工具，擦去画面中多余图像，如下图所示。

擦除多余的图像

设置前景色为褐色(C28、M33、Y52、K0),在“线条”组中新建“图层11”图层,并设置“图层11”图层的混合模式为“正片叠底”。选择钢笔工具,在画面中绘制路径,如左下图所示。单击“路径”面板上的“用前景色填充路径”按钮,对路径进行填充,然后单击“路径”面板的灰色区域,取消路径,效果如右下图所示。

创建路径

填充颜色

选择橡皮擦工具,擦去画面中多余图像,如下图所示。

擦除多余的图像

设置“图层11”图层的“不透明度”为70%,效果如左下图所示。设置前景色为粉色(C23、M60、Y0、K0),新建“图层12”图层,并设置“图层12”图层的混合模式为“正片叠底”。选择画笔工具,然后在画面中绘制娃娃的皮肤,如右下图所示。

调整不透明度

绘制皮肤中的特殊颜色

设置前景色为紫色(C56、M70、Y32、K0)。选择画笔工具,然后在画面中绘制娃娃的皮肤,如左下图所示。设置前景色为“蓝”色(C35、M0、Y4、K0),新建“图13”图层,并设置“图层13”图层的混合模式为“正片叠底”。选择画笔工具,然后在画面中绘制娃娃眼睛的眼白部分,如右下图所示。

细化受伤痕迹

绘制眼睛

设置前景色为深蓝色(C75、M26、Y5、K0)。选择画笔工具,然后在画面中加深娃娃眼睛的暗部色彩,如左下图所示。选择橡皮擦工具,在选项栏上设置不“透明度”为80%,然后在画面中擦除多余图像,体现蓝色眼白部分的高光,如右下图所示。

强化眼睛

添加泪水

设置前景色为橙色(C13、M32、Y49、K0),新建“图层14”图层,并设置“图层14”图层的混合模式为“正片叠底”。选择画笔工具,然后在画面中绘制创可贴,效果如左下图所示。选择橡皮擦工具,在画面中擦除多余图像,描绘出创可贴高光,如右下图所示。

绘制创可贴

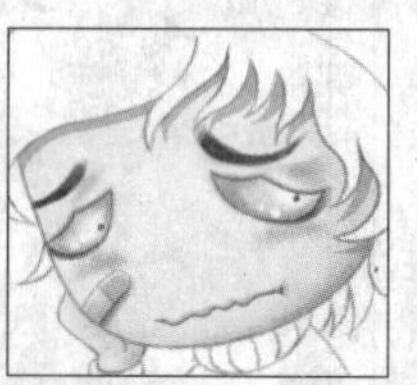
制作立体效果

步骤05 绘制头发

设置前景色为红褐色(C50、M100、Y84、K26),新建“图层15”图层,并设置该图层的混合模式为“正片叠底”。利用铅笔工具,绘制头发的底色,如左下图所示。设置前景色为深褐色(C60、M100、Y91、K56)利用画笔工具,绘制头发暗部,如右下图所示。

填充头发基本色

添加深色

选择橡皮擦工具，擦除头发上的多余图像，如左下图所示。选择橡皮擦工具，在选项栏上设置“不透明度”为40%，然后擦除多余图像，描绘出头发高光，如右下图所示。

绘制头发亮色

进一步绘制

步骤 06 绘制帽子

设置前景色为黑色，新建“图层16”图层。选择钢笔工具，在画面中绘制路径，如左下图所示。单击“路径”面板上的“用前景色填充路径”按钮，对路径进行填充，然后单击“路径”面板的灰色区域，取消路径，效果如右下图所示。

创建路径

填充颜色

设置“图层16”图层的“不透明度”为50%，效果如左下图所示。选择钢笔工具，在画面中绘制路径，如右下图所示。

设置透明度

创建路径

将路径转化为选区，并按下Delete键，删除选区内的图像，最后取消选区，完成效果如左下图所示。设置“图层16”图层的“不透明度”为100%，效果如右下图所示。

填充路径

调整不透明度

选择“图层3”图层，利用橡皮擦工具，擦除帽子上多余的线条，如左下图所示。设置前景色为蓝色（C53、M0、Y11、K0），新建“图层17”图层并设置图层的混合模式为“正片叠底”。利用画笔工具绘制娃娃的帽子，如右下图所示。

擦除多余的图像

添加颜色

设置前景色为黄色（C8、M20、Y89、K0）。利用画笔工具绘制娃娃帽子的局部边缘，如下图所示。

添加黄色

步骤 07 绘制衣服

设置前景色为灰色（C14、M8、Y10、K0），新建“图层18”图层，并设置图层的混合模式为“正片叠底”。利用画笔工具绘制娃娃的衣服，效果如左下图所示。设置前景色为深灰色（C44、M34、Y33、K0），利用画笔工具增加衣服的层次，如右下图所示。

填充衣服颜色

增加亮色

设置前景色为蓝色（C33、M0、Y5、K0），新建“图层 19”图层并设置图层的混合模式为“正片叠底”。利用画笔工具绘制娃娃衣服的部分边缘，如左下图所示。设置前景色为黄色（C8、M7、Y71、K0），新建“图层 20”图层并设置图层的混合模式为“正片叠底”。利用画笔工具绘制娃娃的衣服边缘，如右下图所示。

添加衣服深色

添加衣服的环境色

步骤 08 绘制裤子

设置前景色为褐色（C61、M84、Y82、K45），新建“图层 21”图层并设置图层的混合模式为“正片叠底”。利用画笔工具绘制娃娃的裤子，如左下图所示。利用橡皮擦工具擦除裤子上多余的色彩，如右下图所示。

绘制裤子颜色

擦去多余的颜色

设置前景色为黄色（C8、M7、Y71、K0），新建“图层 21”图层并设置图层的混合模式为“正片叠底”。选择画笔工具，然后在娃娃裤子的边缘进行适当描绘，使色彩更富层次，如下图所示。

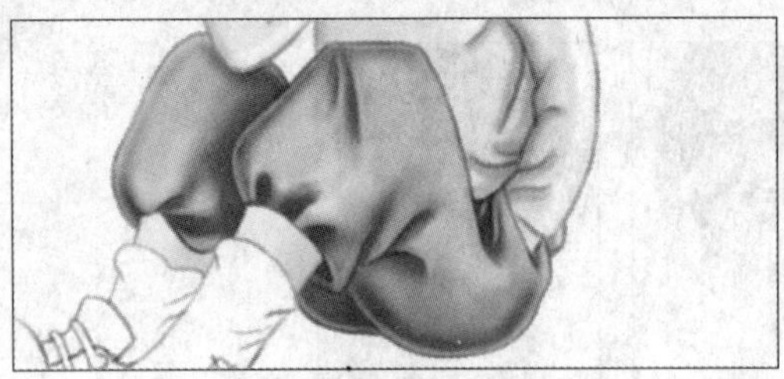
添加裤子的环境色

步骤 09 绘制袜子

设置前景色为灰色（C14、M8、Y10、K0），新建“图层 23”图层并设置图层的混合模式为“正片叠底”。选择画笔工具，然后在画面中绘制娃娃的袜子，如左下图所示。

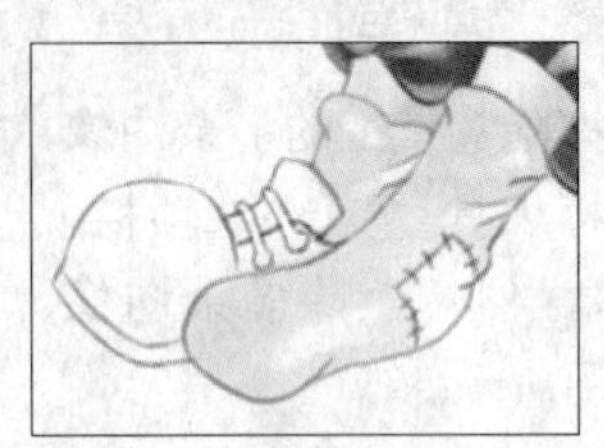
绘制袜子

设置前景色为深灰色（C44、M34、Y33、K0）。选择画笔工具，然后在画面中绘制娃娃袜子的深色部分，如左下图所示。选择橡皮擦工具，在画面中擦除多余图像，如右下图所示。

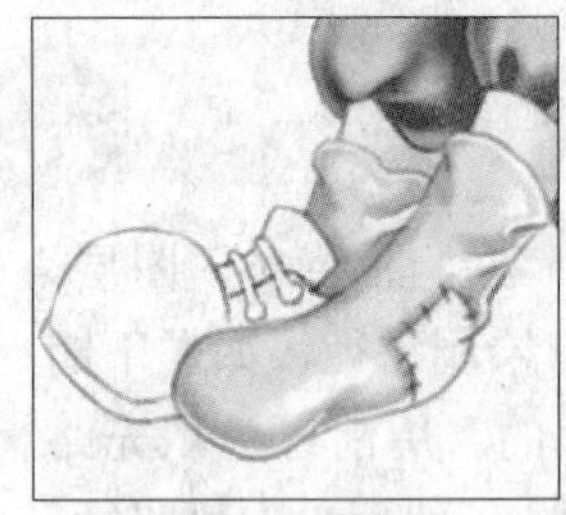
增加环境色

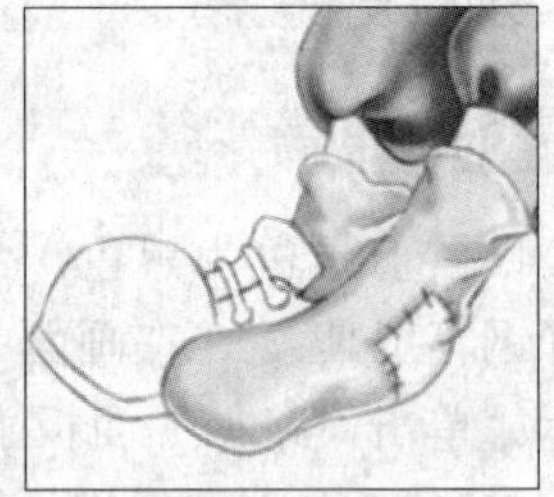
绘制袜子的破烂处

设置前景色为蓝色（C49、M6、Y18、K0），新建“图层 25”图层并设置图层的混合模式为“正片叠底”。选择画笔工具，然后绘制袜子上的补丁，如左下图所示。利用橡皮擦工具擦除多余图像，如右下图所示。

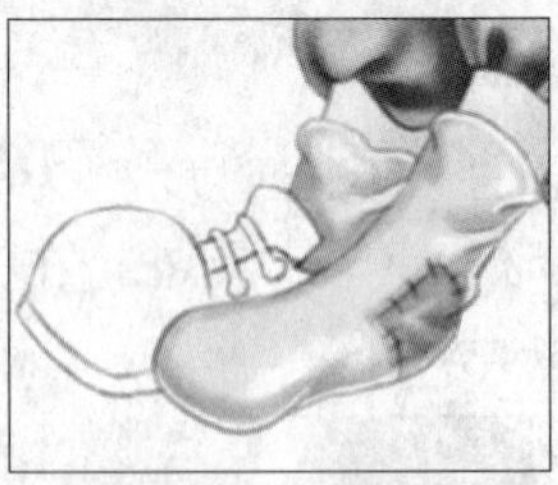
填充袜子上的补丁

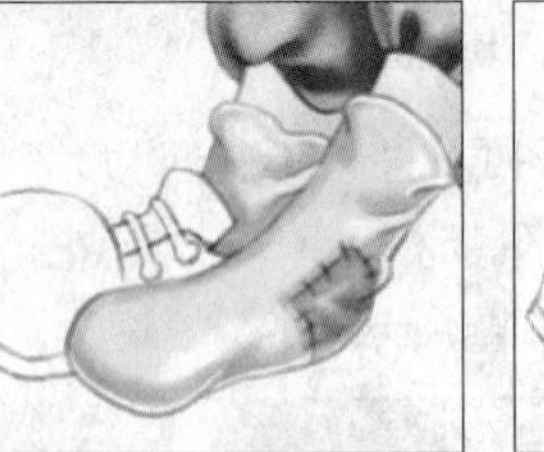
擦除多余的图像

步骤 10 绘制鞋子

设置前景色为深灰色（C84、M86、Y61、K40），新建“图层 26”图层并设置图层的混合模式为“正片叠底”。利用画笔工具绘制娃娃的鞋子，如左下图所示。设置前景色为浅灰色（C41、M35、Y27、K0），利用画笔工具绘制娃娃的鞋子亮部，如右下图所示。

绘制鞋子基本色

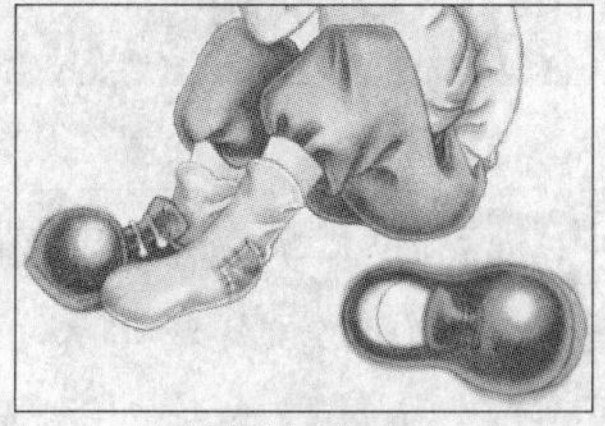
绘制鞋子中间色

设置前景色为深蓝色（C70、M54、Y40、K0），新建“图层 27”图层并设置图层的混合模式为“正片叠底”。利用画笔工具绘制娃娃鞋子的内部，效果如左下图所示。利用橡皮擦工具擦除多余图像，如右下图所示。

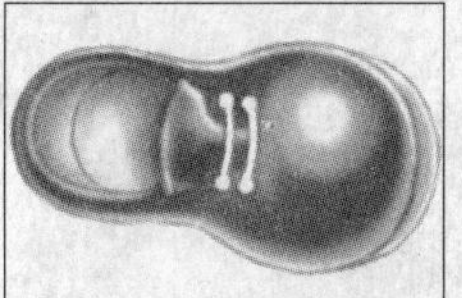
细化鞋子

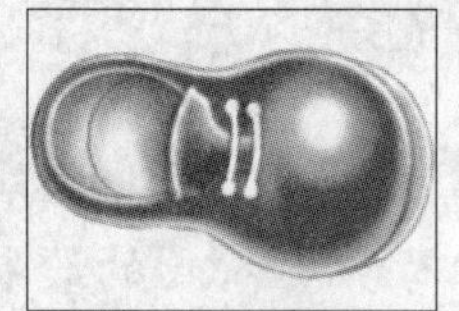
擦除多余的图像

设置前景色为蓝色（C61、M10、Y18、K0），新建“图层 28”图层，并设置图层的混合模式为“正片叠底”。利用画笔工具绘制鞋扣，如左下图所示。设置前景色为黄色（C8、M7、Y71、K0），新建“图层 29”图层并设置图层的混合模式为“正片叠底”。利用画笔工具在鞋扣上加深色彩，如右下图所示。

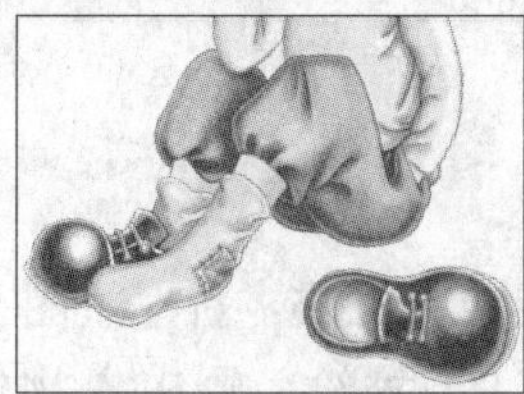
添加环境色

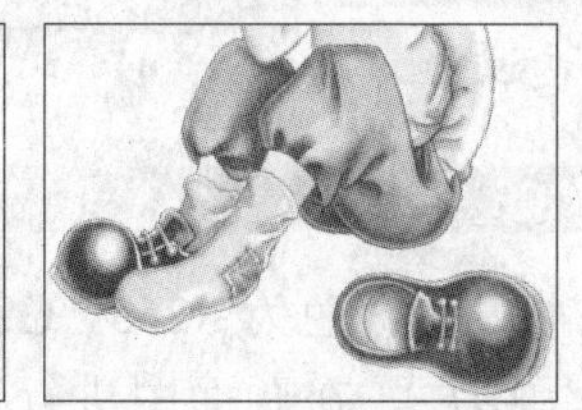
添加较深的环境色

在“图层”面板上单击“创建新组”按钮，新建“组 1”，更名为“人物”。按住 Shift 键选择除“背景”图层及“线条”组以外的所有图层，并拖曳至 “人物 ” 组中，如下图所示。

创建组

步骤 11 添加背景

打开本书配套光盘中第 9 章 \media\002.jpg 文件，如左下图所示。利用移动工具将打开的图像拖曳至“绘制另类娃娃插画”图像窗口中“背景”图层上，并适当调整其位置和大小，效果如右下图所示。

打开的图像文件

添加素材

执行“编辑 > 变换 > 水平翻转”命令，对图像进行变换，效果如左下图所示。按住 Ctrl 键选择“人物”组和“线条”组，执行“编辑 > 自由变换”命令，显示自由变换框，对图像进行缩小，再按下 Enter 键确定，效果如右下图所示。

翻转图像

缩小图像

选择橡皮擦工具，在画面中擦除多余图像，如下图所示。至此，本例制作完成。

擦除背景

9.4 绘制写实类插画

光盘路径：第9章\Complete\绘制写实类插画.psd

实例概述 本实例运用Photoshop中的画笔工具勾勒人物形态，然后在新图层中利用色彩叠加对人物进行晕染涂抹，让人物皮肤色彩浓淡相宜，同时对人物头发进行描绘，令人物头发自然柔和。

关键提示 在制作过程中，难点在于人物结构的把握，重点在于人物质感的表现。

应用点拨 本实例的绘制方法可用于各种写实类人物的绘制。

步骤01 新建文件

执行“文件>新建”命令，在弹出的“新建”对话框中设置“名称”为“绘制写实类插画”，设置“宽度”为“10厘米”，设置“高度”为“7.5厘米”，设置“分辨率”为“350像素/英寸”，如下图所示。完成后单击“确定”按钮。新建一个图像文件。

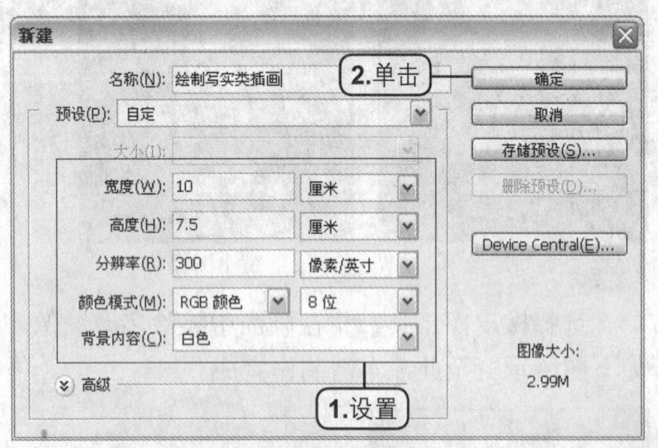

设置“新建”参数

步骤02 绘制轮廓

设置前景色为暗红色（R182、G150、B150），新建“图层1”图层，再选择画笔工具，在选项栏上设置画笔为“喷枪柔边圆”，如左下图所示。在画面中进行适当描绘，效果如右下图所示。

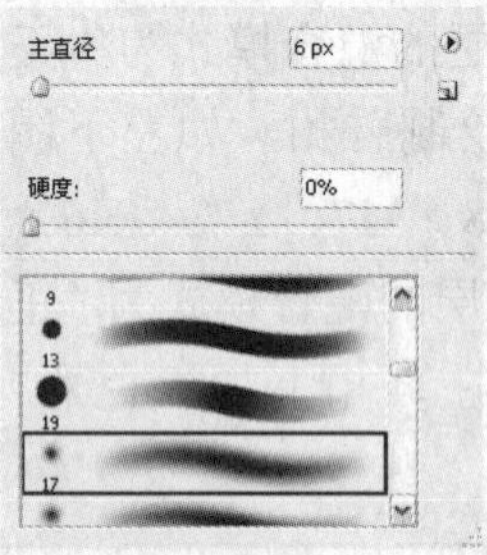

设置画笔

绘制轮廓

步骤03 绘制皮肤

设置前景色为R253、G232、B225，新建“图层2”图层。在画面中进行适当描绘，绘出人物皮肤的浅色区域，效果如左下图所示。为“图层2”图层添加图层蒙版，再选择画笔工具，在选项栏上适当调整画笔大小，然后在蒙版中进行描绘，绘出人物皮肤的亮部，效果如右下图所示。

添加基本肤色

隐藏图像

设置前景色为R243、G192、B177，新建“图层3”图层。在画面中进行适当描绘，绘出人物皮肤的深色区域，效果如左下图所示，并为该图层添加图层蒙版，然后隐藏部分图像。效果如右下图所示。

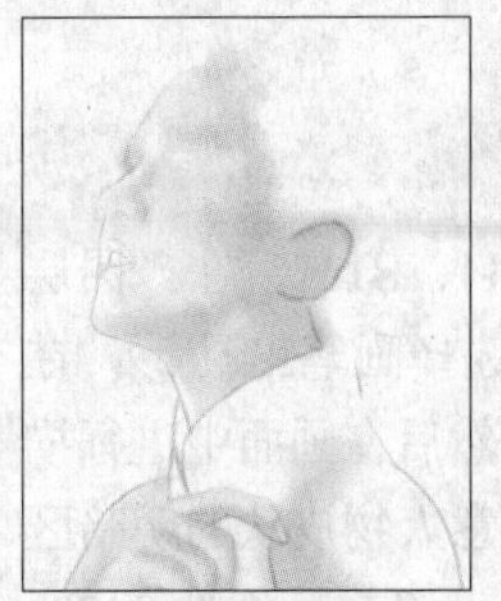
添加深色

编辑蒙版

设置“图层3”图层的混合模式为“正片叠底”，效果如左下图所示。

调整混合模式

步骤04 绘制眼睛和嘴唇

设置前景色为R130、G101、B103，新建“图层4”图层。在画面中绘出人物的眉毛，注意眉毛的深浅变化，如左下图所示。设置前景色为黑色和R137、G137、B143，再利用画笔工具绘制出人物的眼睛和眼影，如右下图所示。

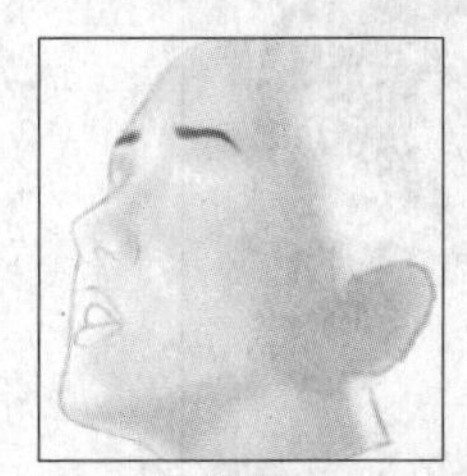
绘制眉毛

绘制眼睛

设置前景色为R43、G64、B110，新建一个图层。在人物的眼睛位置绘制蓝色反光，注意反光边缘的自然衔接，如左下图所示。设置前景色为R214、G141、B145，新建一个图层。在画面中绘制人物嘴唇的底色，注意嘴唇色彩的柔和，效果如右下图所示。

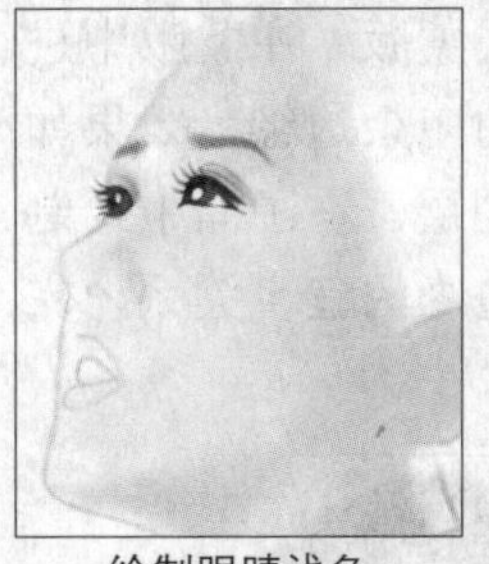
绘制眼睛浅色

绘制基本唇色

设置前景色为R214、G141、B145，新建一个图层。在画面中绘制人物嘴唇的暗部，注意嘴唇色彩要柔和，效果如左下图所示。设置“图层9”图层的混合模式为“正片叠底”，效果如右下图所示。

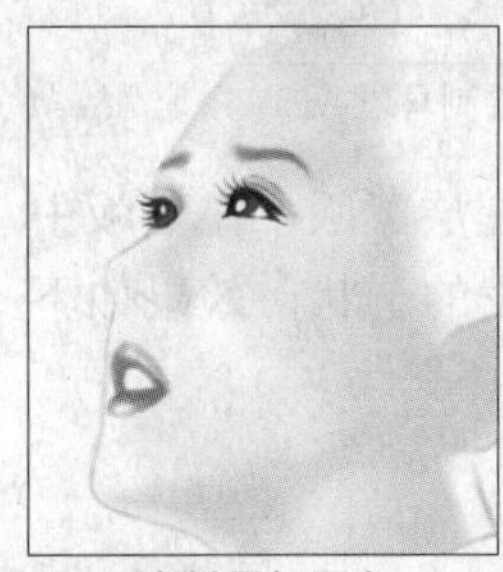
绘制唇部深色

调整混合模式

设置前景色为暗红色（R68、G35、B37），新建“图层10”图层。选择画笔工具，在选项栏上适当调整画笔大小，然后在画面中绘制人物的深色唇线，注意暗部的位置，完成效果如下图所示。

绘制唇线

步骤05 绘制头发

设置前景色为黑色，设置画笔为“滴溅”，然后在“画笔”面板中设置如左下图所示的参数，完成后在图像中绘制出人物的头发，如右下图所示。

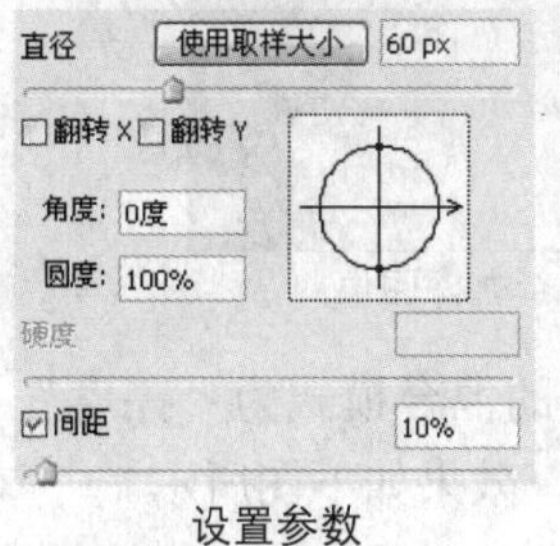

设置参数

绘制头发

为头发所在图层添加图层蒙版。在蒙版中进行适当描绘，遮盖人物头发的多余边缘，效果如下图所示。新建“图层 12”图层。在画面中绘制人物耳际的头发，注意头发边缘的虚实关系，完成效果如右下图所示。

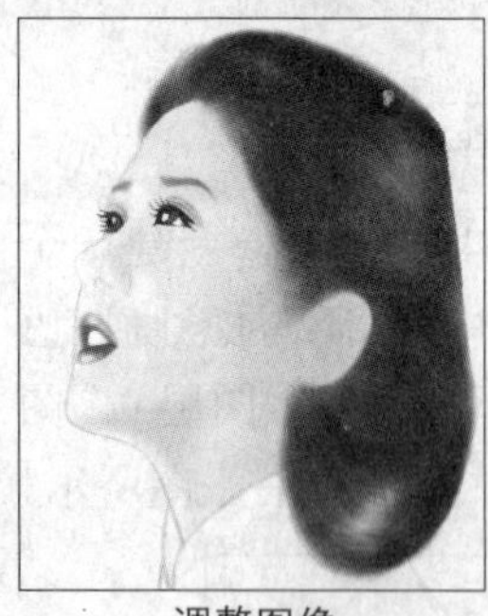
调整图像

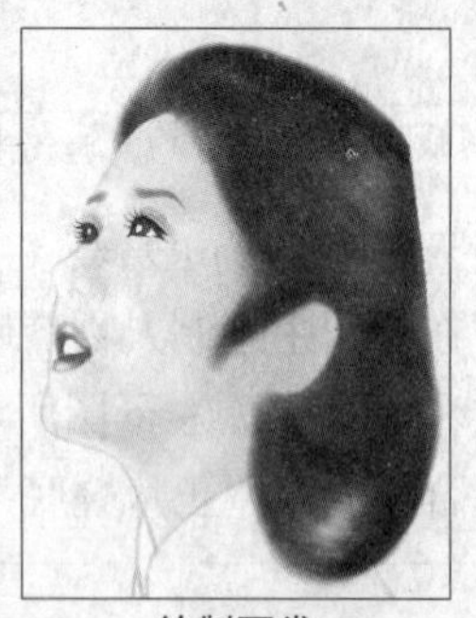
绘制耳发

为“图层 12”图层添加图层蒙版，在蒙版中进行适当描绘，绘制人物耳发的形状，效果如下图所示。

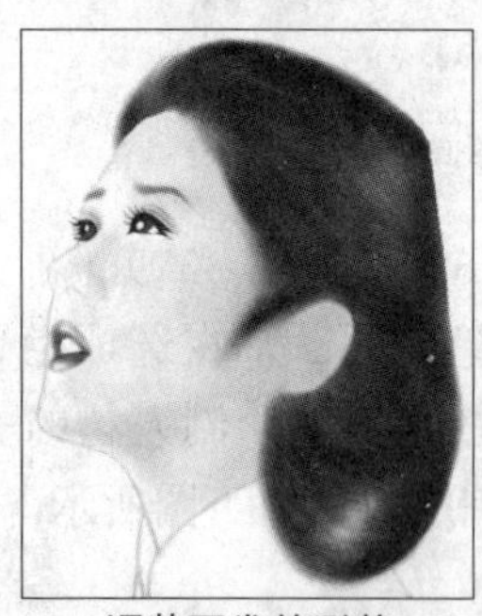
调整耳发的形状

步骤 06 绘制耳朵

设置前景色为 R109、G74、B68，新建“图层 13”图层，选择画笔工具，在选项栏上适当调整画笔大小，然后在画面中进行描绘，绘制人物耳廓的深色区域，效果如左下图所示。选择加深工具，在画面中对耳廓阴影适当涂抹，加深局部，效果如右下图所示。

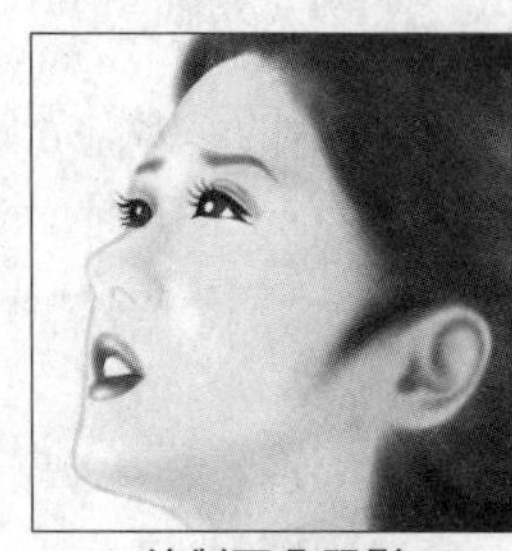
绘制耳朵阴影

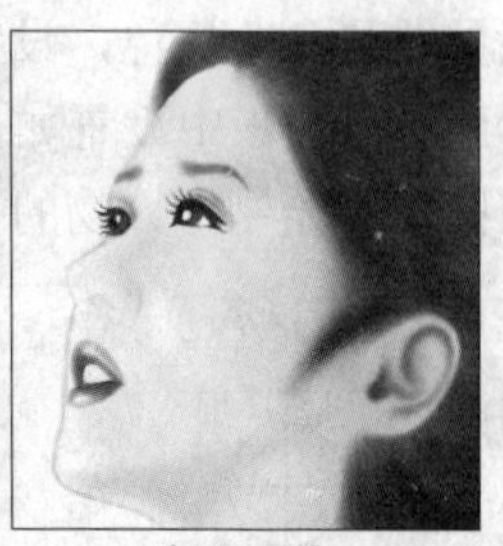
加深图像

设置“图层 13”图层的混合模式为“亮度”，设置“不透明度”为 70%，效果如下图所示。

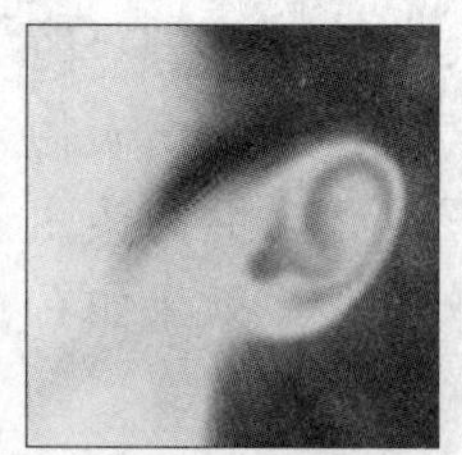
调整不透明度

步骤 07 绘制人物身体皮肤

设置前景色为 R176、G134、B131，在“图层 3”图层上方新建一个图层。选择画笔工具，在选项栏上适当调整画笔大小，然后在画面中进行描绘，绘制人物皮肤的暗部，注意人物皮肤的明暗区域，完成效果如左下图所示。设置前景色为 R123、G90、B82，新建“图层 15”图层。在画面中进行描绘，绘制人物眉角、鼻翼及颈部的暗部，注意深浅变化的过渡，完成效果如右下图所示。

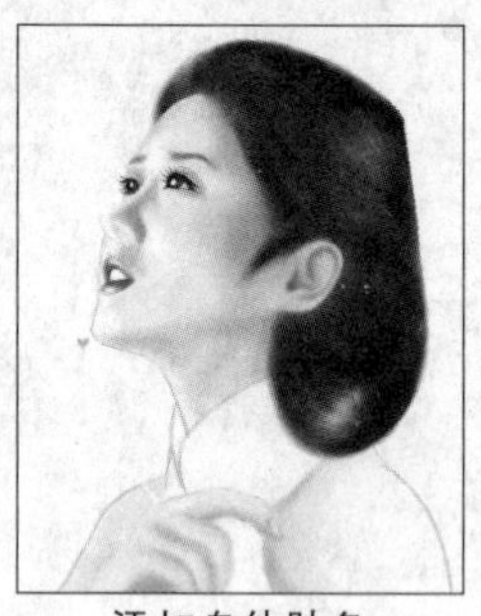
添加身体肤色

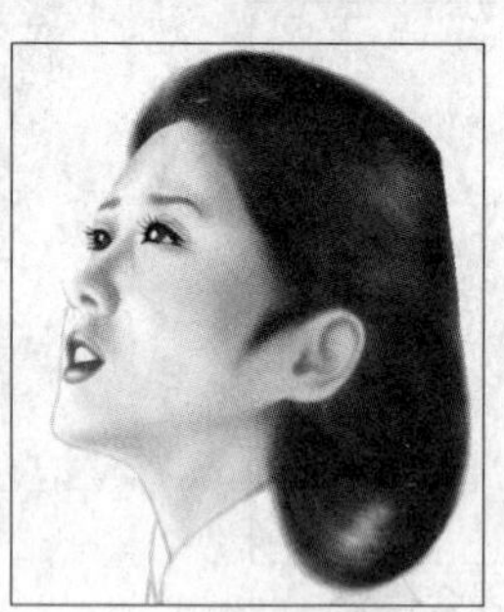
添加深色

设置“图层 1”图层的“不透明度”为 30%，使最初绘制的线稿颜色变淡，效果如左下图所示。设置前景色为 R187、G149、B141，新建“图层 16”图层。在画面中绘制人物手臂的暗部，注意深浅变化的过渡，完成效果如右下图所示。

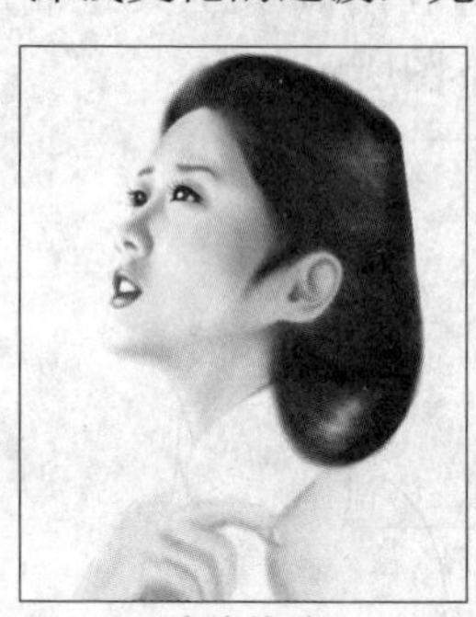
减淡线稿

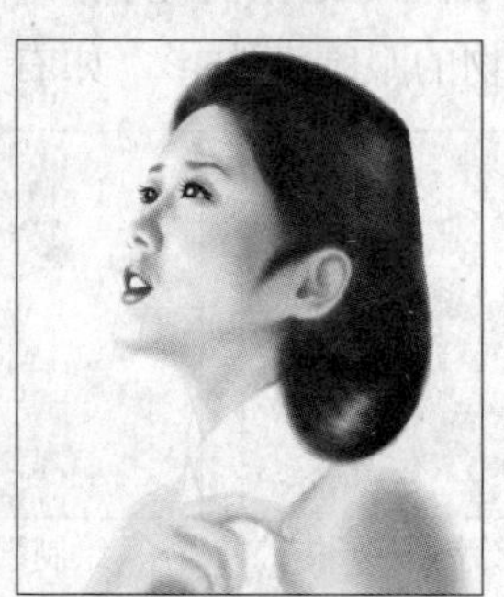
添加深色

为“图层 16”图层添加图层蒙版。在蒙版中涂抹，遮盖手臂多余的区域，效果如左下图所示。设置前景色为 R141、G108、B120，新建“图层 17”图层。在画面中继续绘制人物手臂的暗部，完成效果如右下图所示。

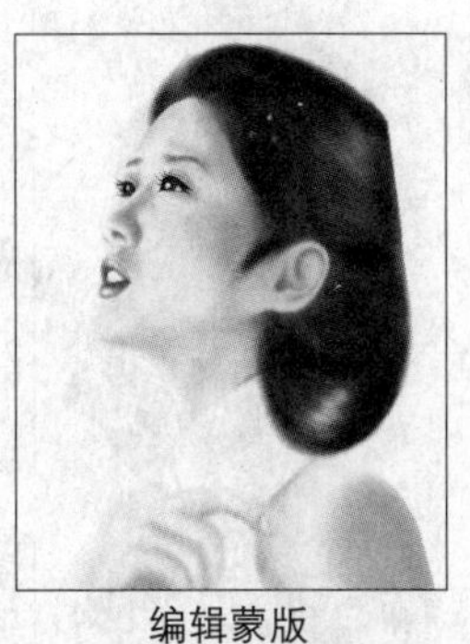
编辑蒙版

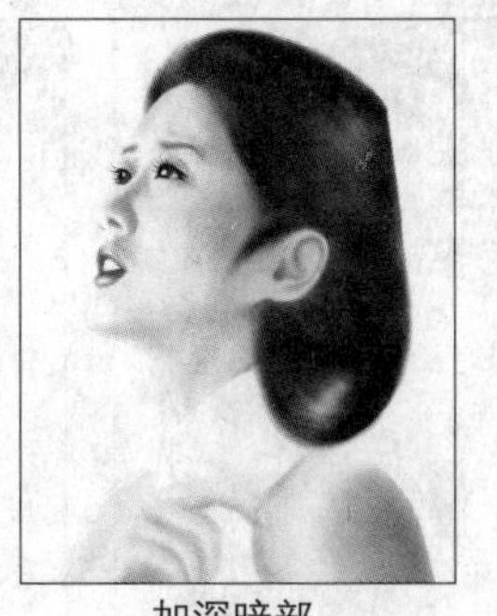
加深暗部

设置“图层 17”图层的混合模式为“正片叠底”，设置“不透明度”为 50%，效果如左下图所示。使用以上相同的方法，对人物的手仔细描绘，完成后效果如右下图所示。

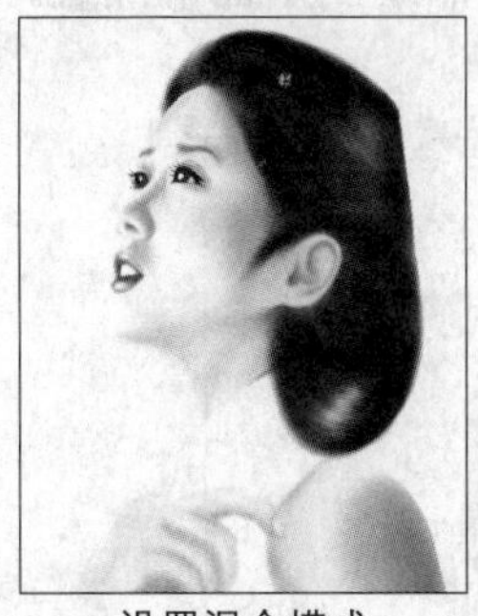
设置混合模式

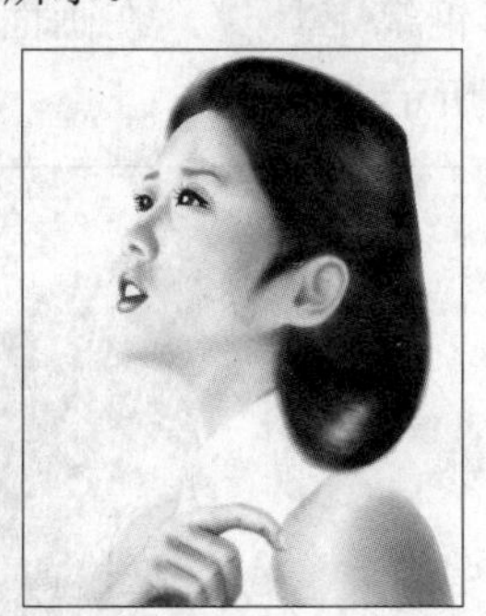
绘制手

步骤 08 绘制衣服

设置前景色为蓝 R65、G135、B189，新建“图层 20”图层，再选择画笔工具，在选项栏上适当调整画笔大小，然后在画面中绘制人物的衣服，注意边缘的整洁，完成效果左下图所示。设置前景色为 R20、G50、B73，新建“图层 21”图层。选择画笔工具，在选项栏上适当调整画笔大小，然后在画面中绘制人物衣服的暗部，注意深浅变化的过渡，完成效果如右下图所示。

添加衣服颜色

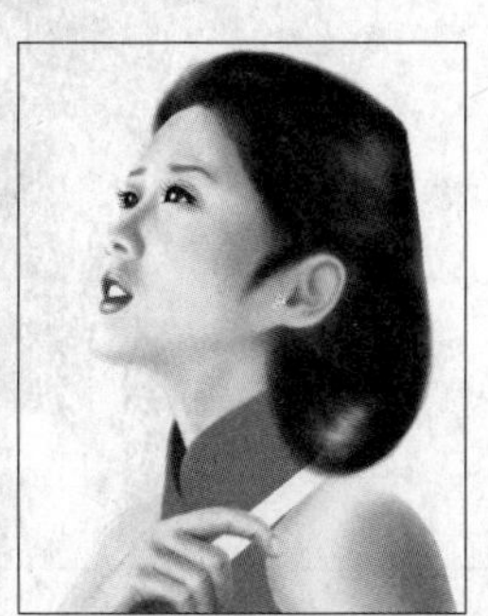
添加暗部

设置前景色为 R82、G193、B230，新建“图层 22”图层，再选择画笔工具，在选项栏上适当调整画笔大小，然后在画面中绘制人物衣领边，注意边缘色彩的整齐，完成效果如左下图所示。设置前景色为 R235、G237、B210，新建“图层 23”图层，再选择画笔工具，在选项栏上适当调整画笔大小，然后在画面中绘制人物衣领花边，注意边缘色彩的整齐，完成效果如右下图所示。

绘制衣领

绘制衣服花纹

设置前景色为 R119、G92、B6，在“图层 22”图层上方新建“图层 24”图层，再选择画笔工具，在选项栏上适当调整画笔大小，然后在画面中绘制人物花边上的颜色填充，注意边缘色彩的整齐，完成效果如下图所示。

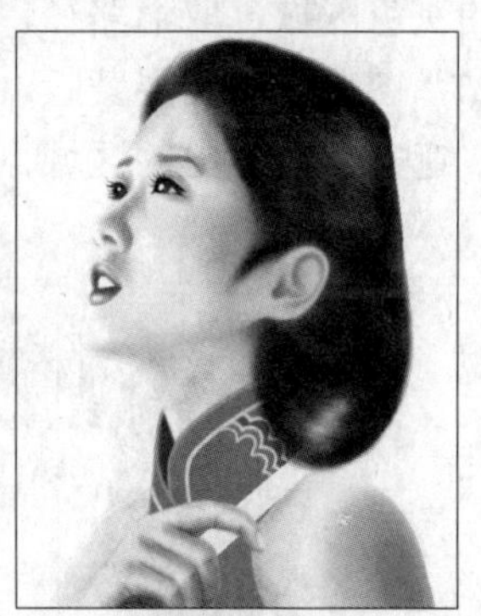
填充花纹

打开本书配套光盘中第 9 章 \media\003.png 文件，如左下图所示。选择移动工具，将图像拖曳至“绘制写实类插画”图像窗口中，得到“图层 25”图层，再适当调整素材的位置，如右下图所示。

打开的素材

添加花纹

步骤 09 绘制伞柄

设置前景色为R61、G46、B42，新建“图层26”图层，再选择画笔工具，在选项栏上适当调整画笔大小，然后在画面中绘制人物的局部阴影，完成效果如左下图所示。在“图层13”图层上方新建“图层27”图层，再选择钢笔工具，在画面中绘制伞柄的路径，如右下图所示。

绘制阴影

创建路径

设置前景色为白色，单击路径面板上的“用前景色填充路径”按钮，对路径填充白色，完成后单击“路径”面板的灰色区域，取消路径，如左下图所示。为“图层27”图层添加图层蒙版，在蒙版中用画笔进行涂抹，遮盖手指多出的区域，效果如右下图所示。

填充路径

编辑蒙版

设置前景色为R95、G75、B60，新建“图层28”图层，再选择画笔工具，在选项栏上适当调整画笔大小，然后在画面中绘制伞柄的深色区域，完成效果如左下图所示。设置前景色为R105、G89、B82，新建“图层29”图层，再选择画笔工具，在选项栏上适当调整画笔大小，然后在画面中绘制伞柄的浅色区域，完成效果如右下图所示。

绘制伞柄深色

绘制伞柄浅色

步骤 10 绘制伞架

在“图层23”图层上方新建“图层30”图层，再选择钢笔工具，在画面中绘制伞面的路径，如下图所示。

创建路径

设置前景色为R143、G121、B160，单击“路径”面板上的“用前景色填充路径”按钮，对路径填充紫色，完成后单击“路径”面板的灰色区域取消路径，如下图所示。

填充颜色

按住Ctrl键单击“图层30”图层的缩略图，将该图层中的图像载入选区，如下图所示。

载入选区

新建“图层 31”图层，再选择钢笔工具，在画面中绘制伞面暗部的路径，如左下图所示。设置前景色为 R90、G61、B110，单击“路径”面板上的“用前景色填充路径”按钮，对路径填充深紫色，完成后单击“路径”面板的灰色区域，取消路径，如右下图所示。

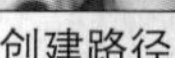

创建路径

填充路径

设置前景色为黄色(R105、G89、B82)，新建“图层 32”图层，再选择直线工具，在选项栏上设置“粗细”为 8px，然后在画面中绘制伞架的线条，完成效果如左下图所示。重复绘制线条，完成后使用钢笔工具对局部扭曲线条进行描边绘制，完成后效果如右下图所示。

绘制伞架

重复绘制

双击“图层 32”图层，在弹出的“图层样式”对话框中分别选中“投影”、“内发光”复选框，然后分别设置各项参数，其中“投影”颜色为黑色，“内发光”颜色为浅黄色（R255、G255、B190）如左下图和右下图所示，完成后单击“确定”按钮。

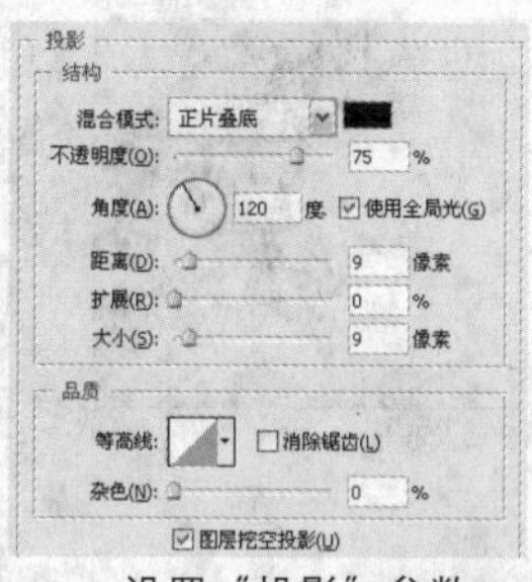

设置“投影”参数

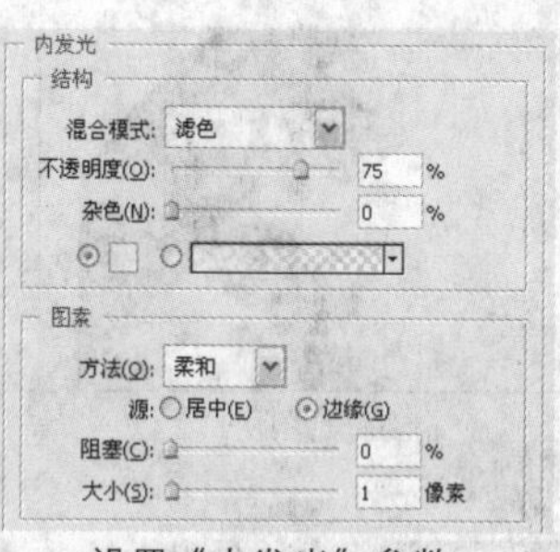

设置“内发光”参数

通过上述操作，为伞架添加了立体效果，如下图所示。

立体伞架效果

步骤 11　绘制伞

选择“图层 30”图层，再选择加深工具，在画面的暗部进行适当涂抹，加深局部颜色，完成后效果如左下图所示。选择“图层 31”图层，再选择加深工具，在画面的暗部进行适当涂抹，加深局部颜色，完成后效果如右下图所示。

加深暗部

加深颜色

为“图层 27”图层添加图层蒙版。选择画笔工具，在选项栏上适当调整画笔大小，然后在蒙版中涂抹，遮盖伞架的暗部区域，效果如左下图所示。设置前景色为黄色（R105、G89、B82），在“图层 30”图层上方新建“图层 34”图层，再选择直线工具，在选项栏上设置不同的粗细，然后在画面中绘出伞架的局部线条，完成效果如右下图所示。

编辑蒙版

添加伞架

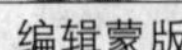
步骤 12 绘制耳环

设置前景色为白色，在“图层 29”图层上方新建“图层 34”图层，再选择直线工具，在选项栏上设置“粗细”为 4 px，然后在画面中绘制人物的耳坠，完成效果如左下图所示。设置前景色为棕色（R153、G115、B104），新建“图层 35”图层，再选择画笔工具，在选项栏上适当调整画笔大小，然后在画面中绘制耳坠阴影，完成效果如右下图所示。

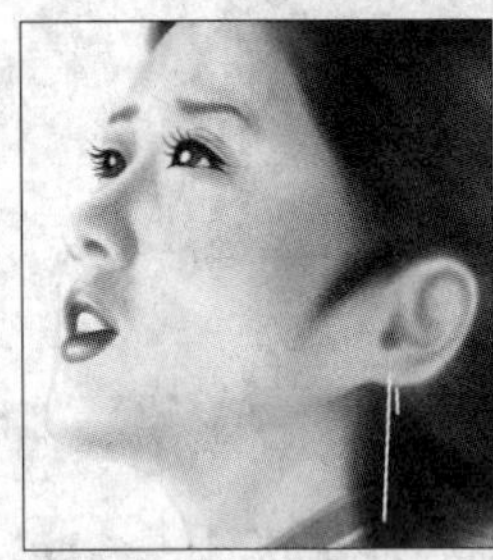
绘制耳环

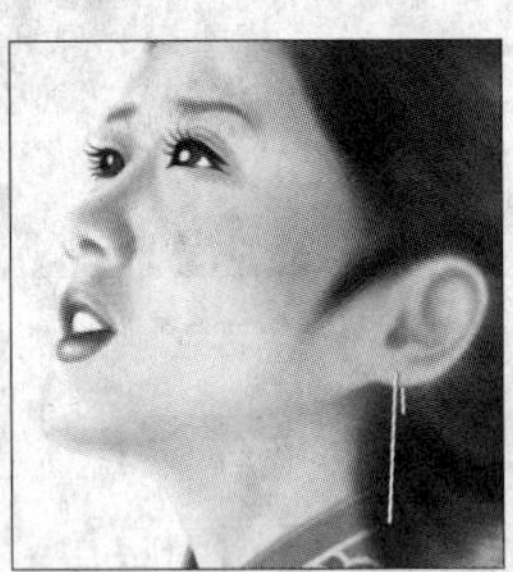
制作立体效果

步骤 13 绘制手部阴影

设置前景色为黑色，新建“图层 36”图层，选择画笔工具，在选项栏上适当调整画笔大小，然后在画面中绘制手及伞柄间的阴影，完成效果如下图所示。

绘制手部阴影

步骤 14 添加背景

打开本书配套光盘中第 9 章 \media\004.jpg 文件，如下图所示。

打开的图像文件

选择移动工具，将素材拖曳至“绘制写实类插画”图像窗口中，得到“图层 37”图层，适当调整其位置，并将“图层 37”图层拖曳至“背景”图层的上方，效果如下图所示。

拖入素材

为“图层 37”图层添加图层蒙版。选择画笔工具，在选项栏上适当调整画笔大小，然后在蒙版中遮盖人物形状，效果如下图所示。

编辑蒙版后

步骤 15 制作背景特效

单击“图层 37”图层的缩览图，执行“滤镜 > 模糊 > 高斯模糊”命令，在弹出的对话框中设置“半径”为“10 像素”，如左下图所示，再单击“确定”按钮，效果如右下图所示。

设置参数

模糊效果

设置前景色为白色，新建“图层38”图层，再选择画笔工具，在“画笔”面板中设置各项参数，如下图所示。

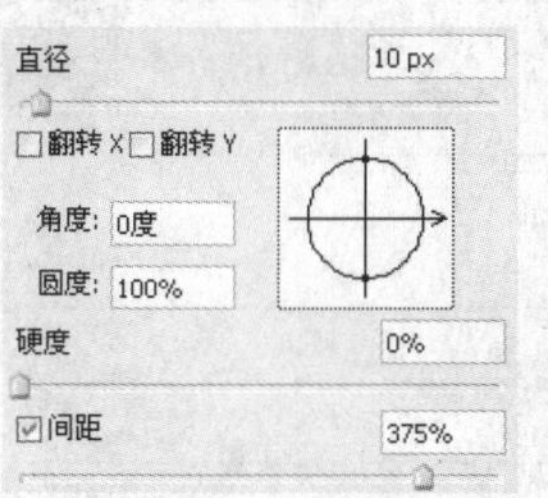

设置“间距”

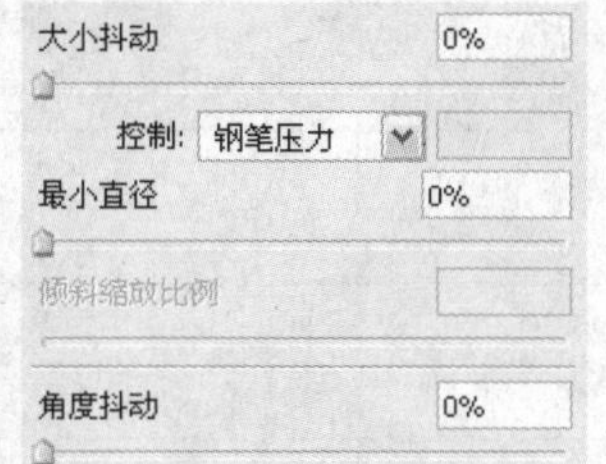

设置“形状动态”

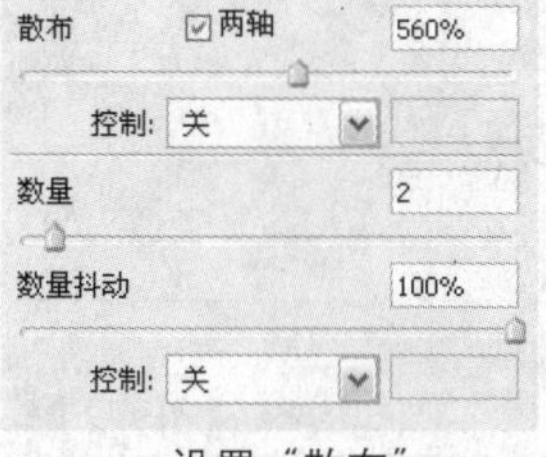

设置“散布”

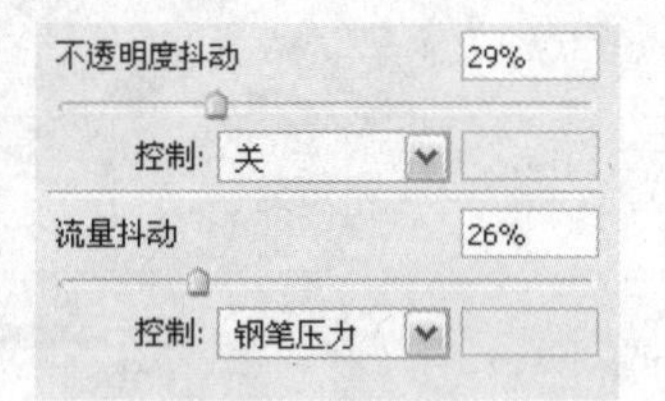

设置“其他动态”

完成上述设置后，在画布中进行随意涂抹。效果如下图所示。

绘制图像

执行“滤镜 > 模糊 > 动感模糊”命令，在弹出的对话框中设置各项参数，如下图所示，再单击“确定”按钮。

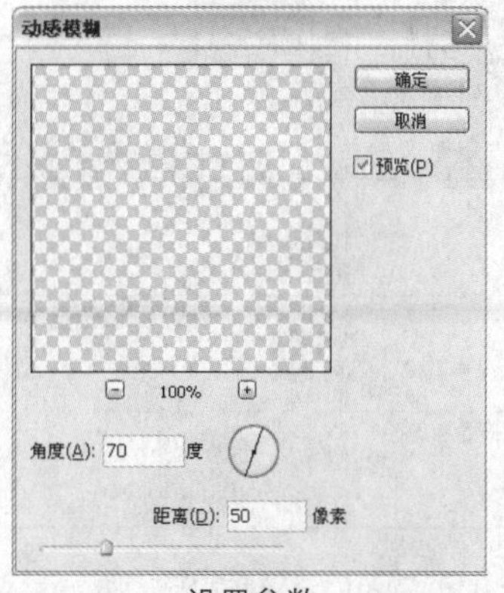

设置参数

完成上述操作后，得到如下图所示的效果。

模糊效果

最后在画面的细节处进行适当调整，完成后效果如下图所示。至此，本例制作完成。

进行细微调整

NOTE

10

Chapter

平面广告设计

在 Photoshop 中，可以通过各种图像和效果的组合体现作品的主题，这就是平面广告的制作方法。本章将介绍一些较常见的平面广告的制作方法。通过这些方法制作出来的平面广告，可以直接用于商业宣传，也可作为个人作品进行珍藏。

本章内容索引

制作服装杂志广告

制作汽车广告

制作啤酒广告

制作手机广告

10.1 制作服装杂志广告

实例概述 本实例运用 Photoshop 中的“颗粒”滤镜、“动感模糊”滤镜、自定形状工具制作出服饰类广告效果。

关键提示 在制作过程中，难点在于图像中撕纸效果的制作。重点在于表现画面的整体和谐性，画面中有很多春天的元素，符合广告宣传的主题。

应用点拨 本实例的制作方法可用于各种服装类广告和各种户外活动宣传海报的制作。

光盘路径：第 10 章 \Complete\ 制作服装杂志广告 .psd

步骤 01 新建图像文件

执行“文件 > 新建”命令，弹出“新建”对话框，设置“名称”为“制作服装杂志广告”，设置“宽度”为“7.52 厘米”，设置“高度”为“10 厘米”，再单击“确定”按钮，如下图所示。创建一个新的图像文件。

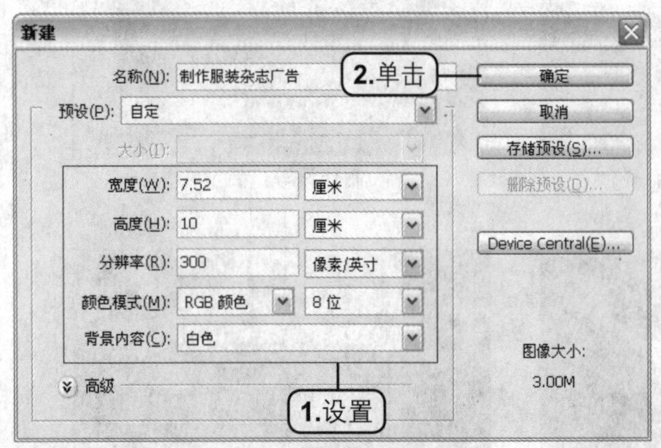

设置“新建”参数

步骤 02 制作撕纸效果

打开本书配套光盘中第 10 章 \media\ 风景 .jpg 文件，将其拖入到“制作服饰杂志广告 .psd”图像窗口中，得到“图层 2”图层并将该图层重命名为“风景”图层，再适当调整其位置和大小，如下图所示。

打开的图像文件

设置前景色为 R224、G131、B2，选择“背景”图层，如左下图所示。选择“风景”图层，选择多边形套索工具，在风景下方创建一个不规则选区。如右下图所示。

填充白色区域

创建选区

按下 Delete 键删除选区中的图像，如下图所示。

删除图像

双击“风景”图层，打开“图层样式”对话框，在对话框中选中“投影”复选框，然后设置各项参数，如左下图所示。完成后单击“确定”按钮，效果如右下图所示。

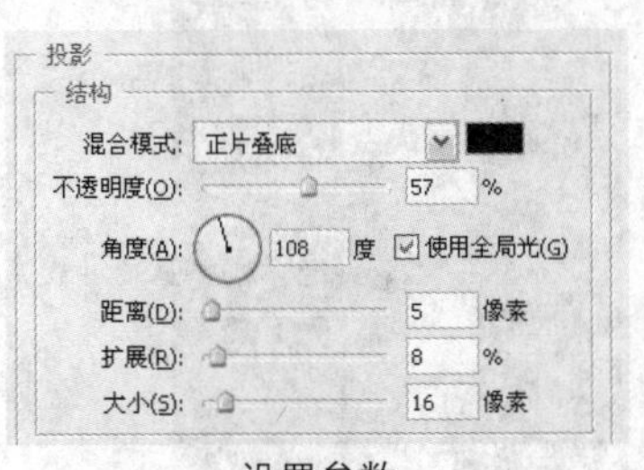

设置参数

制作投影

步骤 03 制作光束

设置前景色为白色，新建图层并重命名为“光束”。选择自定形状工具，然后单击选项栏上的“填充像素”按钮。选择形状为“基准 2”，如左下图所示。在图像文件中绘制一个光束图形，如右下图所示。

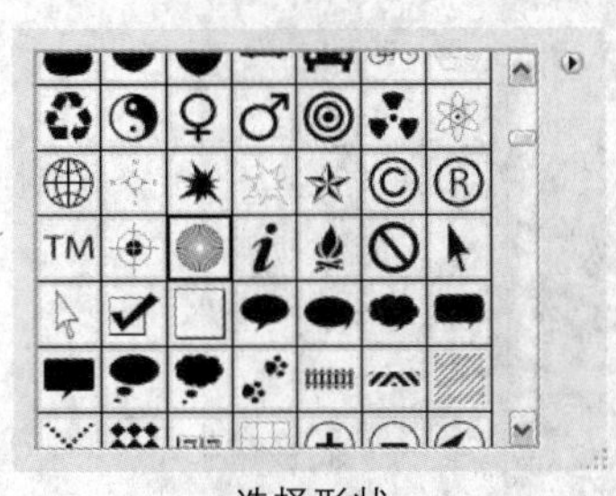
选择形状

绘制形状

按住 Ctrl 键单击“风景”图层的缩览图，将“风景”图层的图像载入选区，然后选择“光束”图层，执行“选择 > 反向”命令，反向选区，按下 Delete 键，删除选区中的图像，如左下图所示。选择椭圆选框工具，在“光束”中间创建一个椭圆形，再删除选区内的图像，设置图层的“不透明度”为 65%。效果如右下图所示。

删除图像

调整不透明度

打开本书配套光盘中第 10 章\media\人物.png 文件，并将其拖入到“制作服饰杂志广告.psd”图像窗口中，适当调整其位置和大小，如下图所示。

导入图像

步骤 04 制作翅膀

在“人物”图层下新建一个图层，重命名为“翅膀”图层。选择钢笔工具，绘制翅膀路径，如左下图所示，将路径转换为选区，填充选区颜色为 R271、G78、B137。复制得到两个“翅膀”图层的副本，将副本图像适当缩小，改变图像颜色为黑色和白色。放置在如右下图所示的位置。

绘制翅膀

添加翅膀

步骤 05 制作花纹

设置前景色为 R247、G196、B0，新建图层并重命名为“花纹 1”图层。选择圆角矩形工具，在选项栏上单击“填充像素”按钮，并设置“半径”为 30 px。在图像的左上角绘制 4 个圆角矩形，如左下图所示。复制得到两个“花纹 1”图层，改变图像的颜色分别为 R79、G36、B35 和 R228、G120、B47，再调整图像大小，如右下图所示。

绘制花纹

复制花纹

结合使用椭圆选框工具 和矩形选框工具 ，分别创建多个椭圆选区和矩形竖条选区，再分别填充相应的颜色，如左下图所示。整体效果如右下图所示。完成后合并花纹所在的图层。

完成花纹

整体效果

打开本书配套光盘中第 10 章 \media\ 花纹 .pxr 文件，并将其拖入到“制作服饰杂志广告 .psd”图像窗口中，再适当调整其位置和大小，如下图所示。

添加花纹

步骤 06 制作木纹

新建组并重命名为“木纹”。在组下方新建“木纹 1”图层，选择钢笔工具 ，参照左下图绘制路牌路径，将路径转换为选区后填充选区颜色为 R98、G55、B15。在图层最上面新建图层并重命名为“木纹纹理”。填充图层颜色为 R204、G153、B102，如右下图所示。

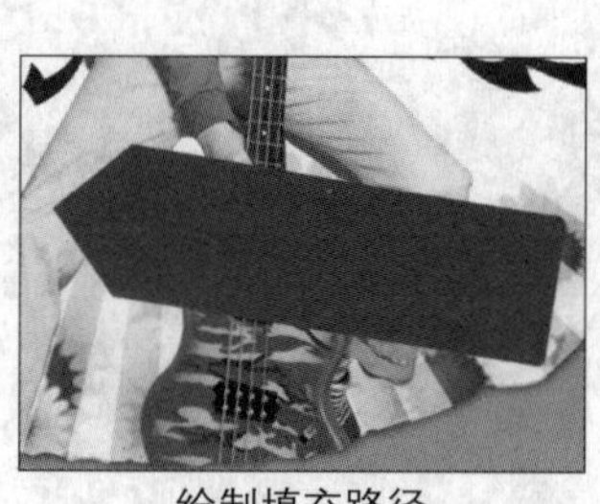

绘制填充路径

填充颜色

选择“木纹纹理”图层，执行“滤镜 > 杂色 > 添加杂色”命令，打开“添加杂色”对话框，设置“数量”为 100%，如左下图所示。完成后单击“确定”按钮。效果如右下图所示。

设置参数

图像效果

保持选择“木纹纹理”图层，执行“滤镜 > 模糊 > 动感模糊”命令，打开“动感模糊”对话框，设置“角度”为“0 度”，设置“数量”为“999 像素”，如左下图所示。完成后单击“确定”按钮。效果如右下图所示。

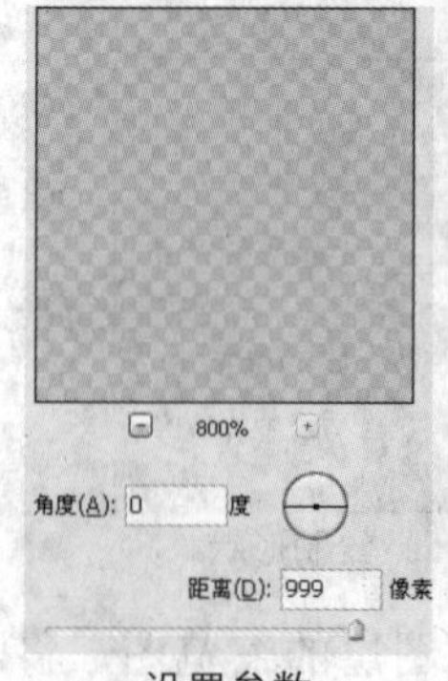

设置参数

动感模糊

选择矩形选框工具 ，在“木纹纹理”的右边创建一个矩形选区，按下 Delete 键，删除选区中的图像，如左下图所示。按下 Ctrl+T 快捷键，将右边中间的控制点向右拖动至图像文件的边缘位置。效果如右下图所示。

删除图像

变形图像

步骤 07 制作木牌

选择“木纹纹理”图层，旋转图像，如左下图所示。将“木纹”组中“木纹 1”图层的图像载入选区。执行“选择 > 反向”命令，反向选择图像，按下 Delete 键，删除选区中的图像，如右下图所示。

旋转图像

删除图像

执行“图像 > 调整 > 亮度 / 对比度”命令，打开“亮度 / 对比度”对话框，选中“使用旧版”复选框，其他参数设置如左下图所示。完成后单击“确定”按钮。提亮了“木纹纹理”的整体的颜色，效果如右下图所示。

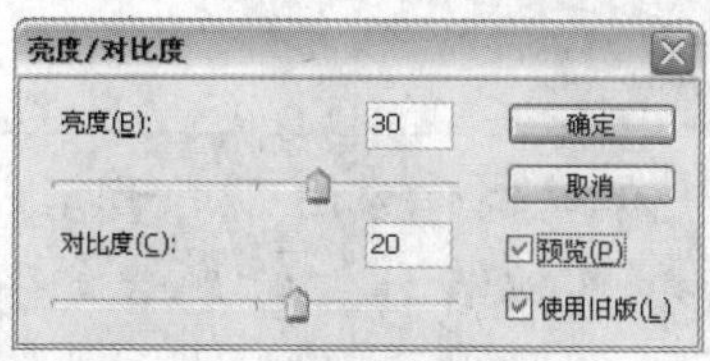

设置参数

亮度效果

如左下图所示，采用制作“木纹纹理”相同的方法制作其他木纹效果，然后分别复制木纹所在的图层，再轻移图层中的图像，填充图层颜色为 R98、G55、B15，以增添厚度效果，如右下图所示。

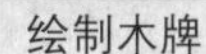
绘制木牌

制作厚度

步骤 08 添加文字

选择横排文字工具 T，在图像中输入文字“2007 年春装上市”，再删格化文字。双击文字所在的图层，打开“图层样式”对话框，选中“投影”、“外发光”复选框，然后分别设置各项参数。完成后单击“确定”按钮。参数设置和效果如下图所示。

输入文字

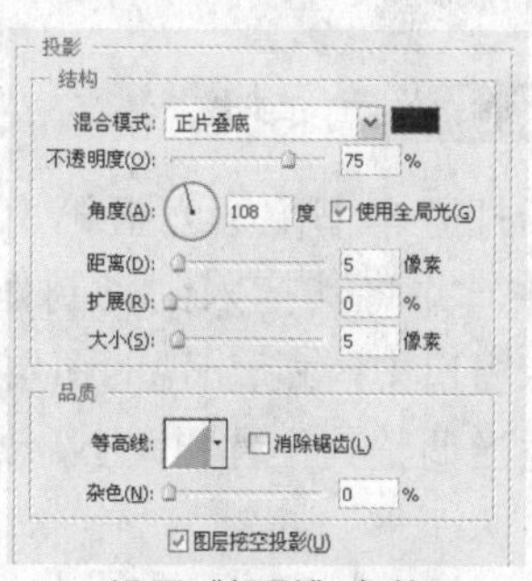

设置“投影”参数

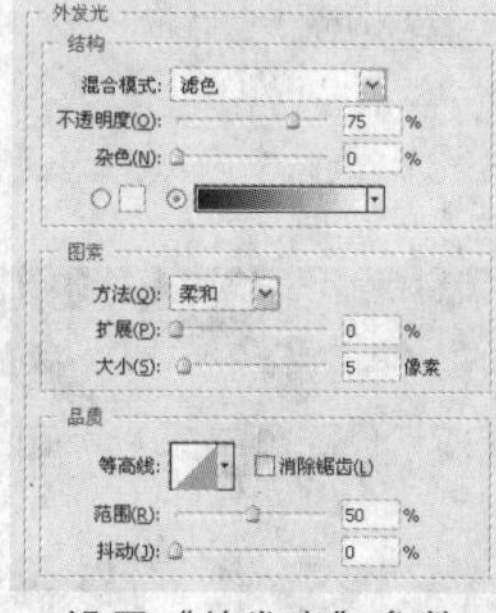

设置“外发光”参数

图层样式效果

打开本书配套光盘中第 10 章\media\蝴蝶.png 文件，并将其拖入到“制作服饰杂志广告.psd”图像窗口中，再适当调整其位置和大小，如下图所示。

拖入素材

选择横排文字工具 T，输入文字“2007 带着吉他去旅行”，排列方式如左下图所示。新建图层并重命名为“字花纹”。选择钢笔工具，绘制花纹的路径，如右下图所示，再将路径转换为选区并用黑色填充选区。

添加文字

添加花纹

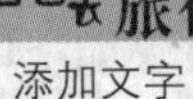
步骤 09 添加花纹

打开本书配套光盘第 10 章 \media\ 音符 .png 文件，并将其拖入到“制作服饰杂志广告 .psd”图像窗口中，将新出现的图层命名为“音符”图层，再适当调整其位置和大小，如下图所示。

添加花纹

设置“音符”图层的图层混合模式为“柔光”，设置“不透明度”为 37%，如左下图所示。效果如右下图所示。至此，完成本例的制作。

设置混合模式

图像效果

10.2 制作啤酒广告

光盘路径：第 10 章 \Complete\ 制作啤酒广告 .psd

实例概述 本实例运用 Photoshop 中的钢笔工具、“高斯模糊”滤镜、加深工具、减淡工具制作出酒品类广告。

关键提示 在制作过程中，难点在于瓶子质感的制作，重点在于啤酒广告氛围的体现。

应用点拨 本实例的制作方法可用于各种啤酒广告和其他各种饮料广告的制作。

步骤 01 新建图像文件

执行“文件 > 新建”命令，在弹出的“新建”对话框中设置如下图所示的参数，完成后单击“确定”按钮，新建一个图像文件。

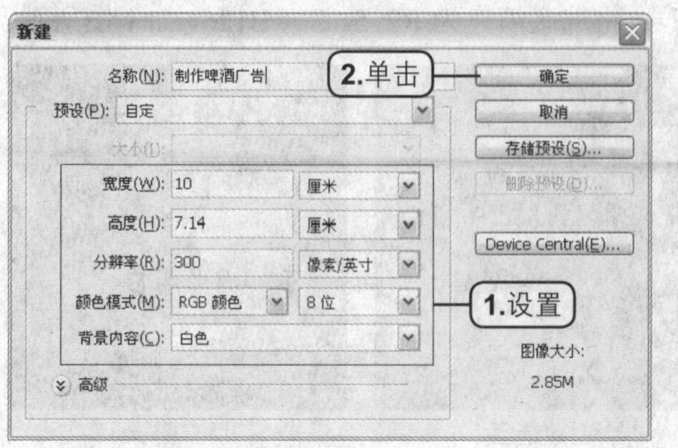

设置“新建”参数

步骤 02 制作第一层玻璃瓶

将背景填充为黑色，然后新建“图层 1”图层，使用钢笔工具在图像中创建一个酒瓶形状的路径，如左下图所示，并将其填充为 R128 、G37、B69，如右下图所示。

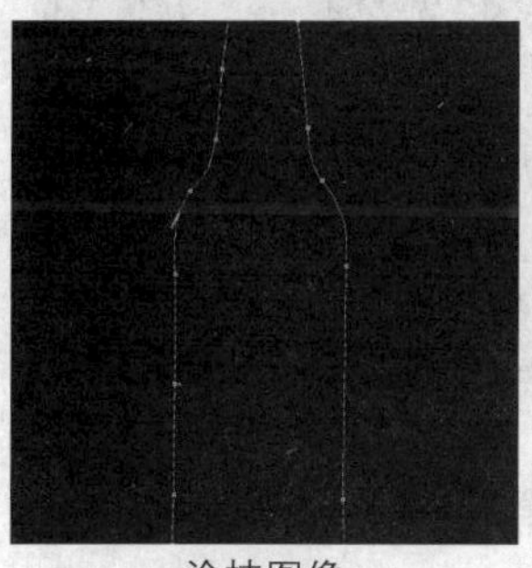

涂抹图像

涂抹图像

选择加深工具，在选项栏中设置画笔大小为柔角“50 像素”，设置“范围”为“阴影”，设置“曝光度”为 15%，然后对瓶身的阴影部分进行涂抹。效果如左下图所示。选择减淡工具，用相同的方法，在瓶身上制作出亮光的部分，效果如右下图所示。

创建阴影

创建亮部

步骤 03 制作第二层玻璃瓶

按住 Ctrl 键，将“图层 1”图层中的图像载入选区，如左下图所示。执行“选择 > 修改 > 收缩选区”命令，在弹出的对话框中设置如右下图所示的参数。完成后单击“确定”按钮。

载入选区

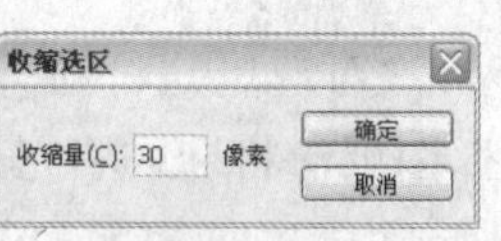

收缩选区

通过上述操作，图像中的选区缩小了，如左下图所示。在选区中右击，在弹出的快捷菜单中执行“变换选区”命令，弹出自由变换框，如右下图所示。

缩小后的选区

自由变换选区

将选区变换为和画布相同的高度，如左下图所示，然后新建“图层 2”图层，将选区填充为 R136、G31、B73，如右下图所示。

创建选区

填充选区

参照前面的方法，使用加深工具和减淡工具再次在瓶身上制作明暗效果，如左下图所示，然后在图像中创建一个缩小的选区，如右下图所示。

制作明暗

创建选区

步骤 04 制作第三层玻璃瓶

再次对选区进行拉伸处理，完成后新建“图层 3”图层，将选区填充为 R208、G6、B106，如下图所示。

变换选区

填充选区

再次使用加深工具，在图像中进行涂抹。为中间的瓶身也添加阴影效果，如左下图所示。执行“滤镜 > 模糊 > 高斯模糊”命令，在弹出的“高斯模糊”对话框中设置如右下图所示的参数。完成后单击“确定”按钮。

加深轮廓

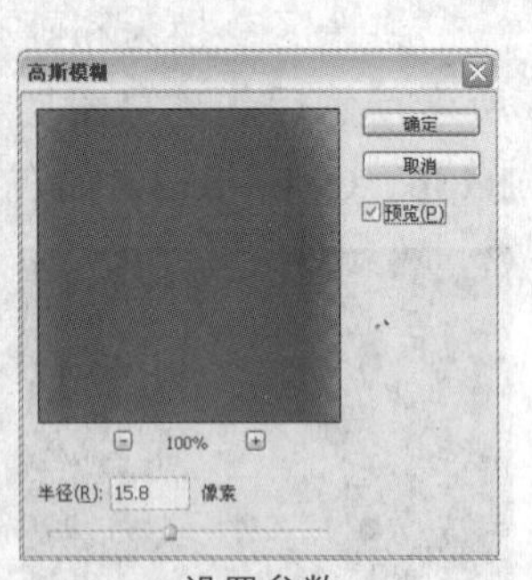

设置参数

通过上述操作，得到的效果如下图所示。

模糊效果

步骤 05 制作第四层玻璃瓶

按住 Ctrl 键单击“图层 3”图层的缩览图，将该图层中的图像载入选区。由于该图像是模糊的，因此创建的选区是一个羽化的选区。新建“图层 4”图层，将选区填充为 R255、G0、B126，如下图所示。

创建选区

填充图像

执行“滤镜 > 模糊 > 高斯模糊”命令，在弹出的对话框中设置如左下图所示的参数，完成后单击“确定”按钮。对图像进行再次模糊，效果如右下图所示。

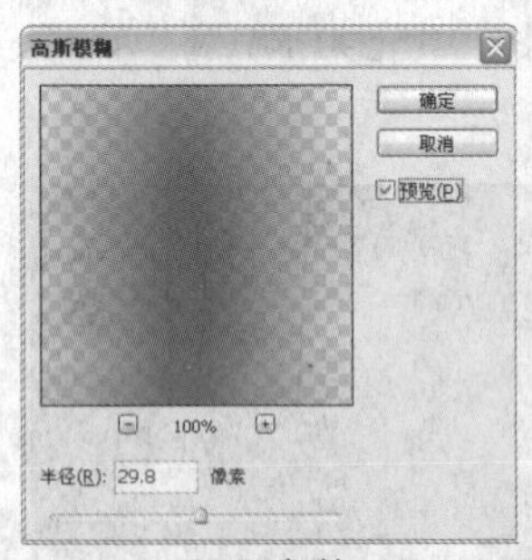

设置参数

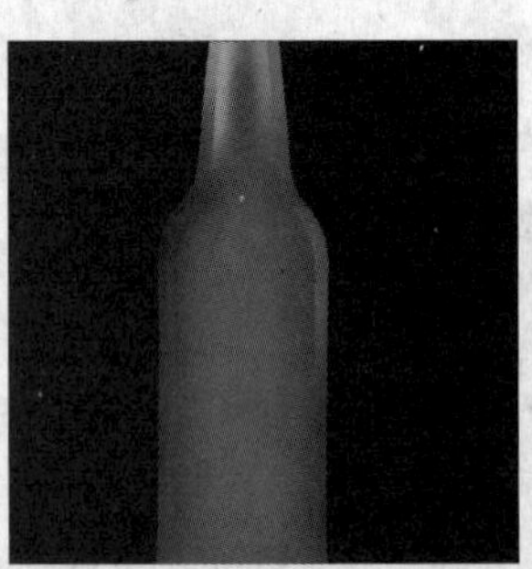
模糊效果

根据图像的整体效果，对“图层 4”图层中的图像进行适当的放大，效果如下图所示。

放大图像

步骤 06 添加内发光

为“图层 1”图层添加“内发光”图层样式，参数设置如左下图所示。其中“内发光”颜色为 R125、G14、B66，完成后单击“确定”按钮。效果如右下图所示，为瓶身添加了发光效果。

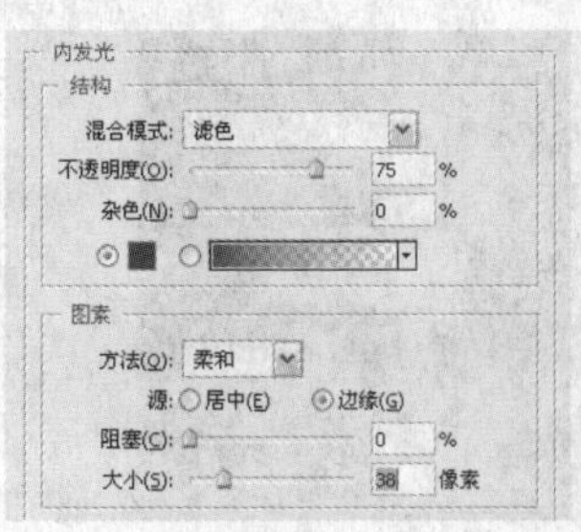

设置参数

内发光效果

选中“图层 2”图层，选择套索工具，在啤酒瓶的上部创建如左下图所示的选区。按下 Ctrl+Alt+D 快捷键，在弹出的“羽化选区”对话框中设置“羽化半径”为“30 像素”，完成后单击“确定”按钮。对选区进行羽化，效果如右下图所示。

创建选区

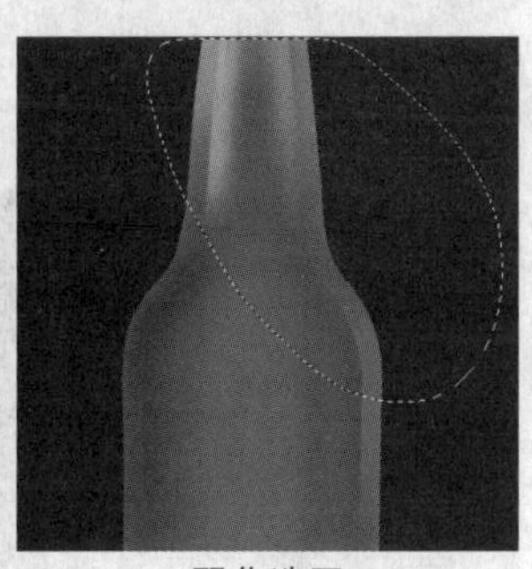

羽化选区

执行“滤镜 > 模糊 > 高斯模糊”命令，在弹出的“高斯模糊”对话框中设置如左下图所示的参数，完成后单击“确定”按钮。对选区中的图像进行模糊处理，效果如右下图所示。

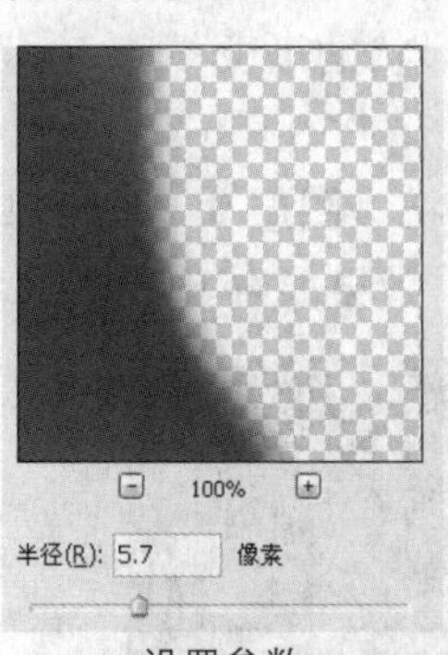

设置参数

模糊图像

步骤 07 添加外发光

双击“图层 1”图层，在弹出的“图层样式”对话框中设置如左下图所示的参数。其中设置“外发光”颜色为 R224、G1、B121，完成后单击“确定”按钮。为图像添加发光效果，如右下图所示。

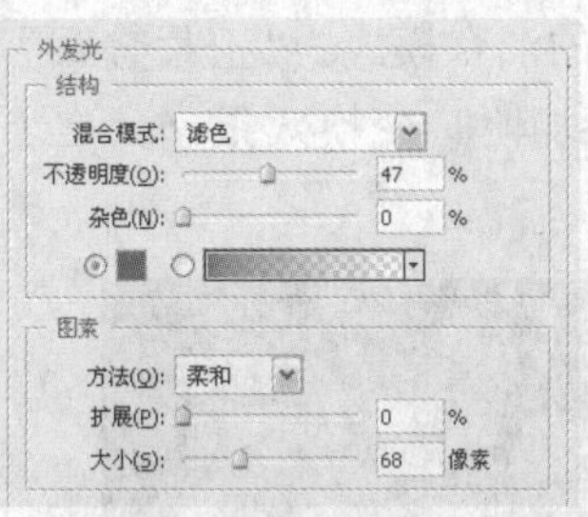

设置参数

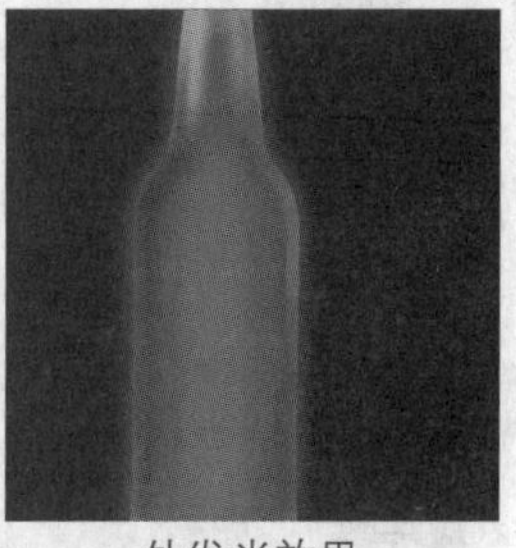

外发光效果

步骤 08 调整效果

选择套索工具，在图像中创建如左下图所示的选区，并将其羽化，“羽化半径”为 30 像素，效果如右下图所示。

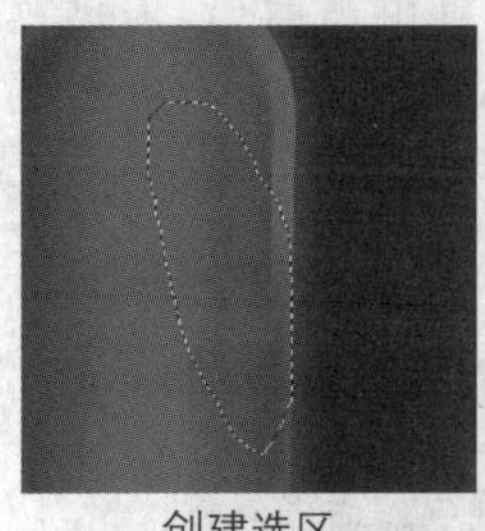

创建选区

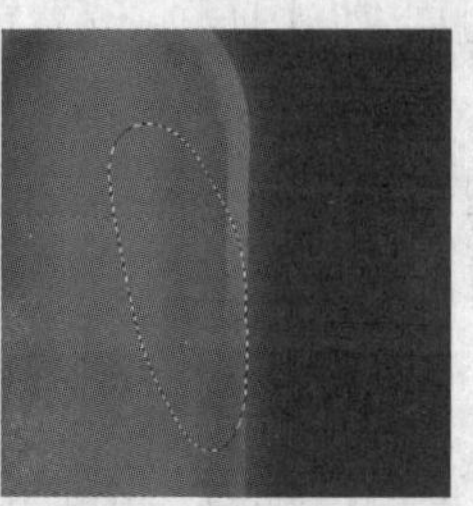

羽化选区

新建“图层 5”图层，将选区填充为 R118、G20、B34，如左下图所示，然后调整“图层 5”图层的“不透明度”为 20%，且适当调整其方向，效果如右下图所示。

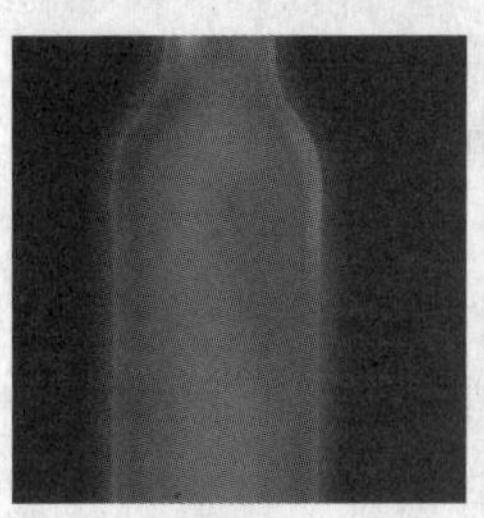

填充选区

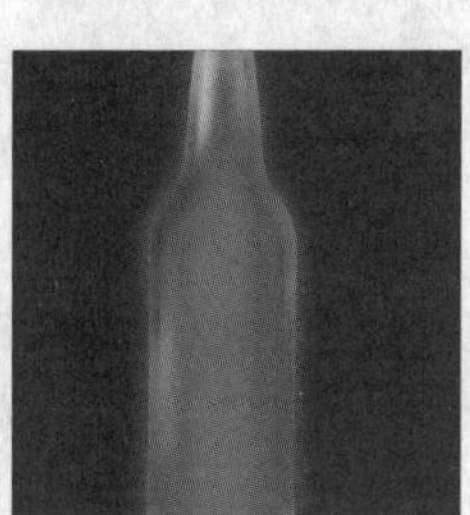

设置不透明度

步骤 09 制作下部标签

新建“图层 6”图层，选择钢笔工具，在图像中创建如左下图所示的路径。完成后，将选区填充为 R34、G0、B16，如右下图所示。

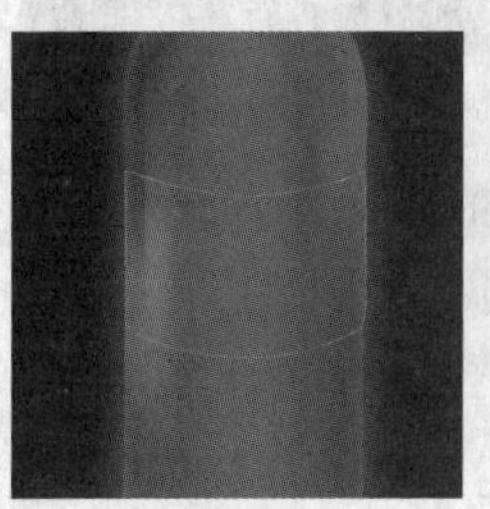

创建路径

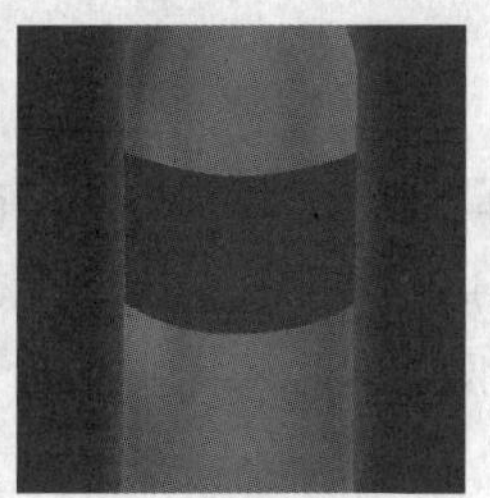

填充路径

设置“图层 6”图层的混合模式为“正片叠底”，如左下图所示。为其添加明暗变换效果，如右下图所示。

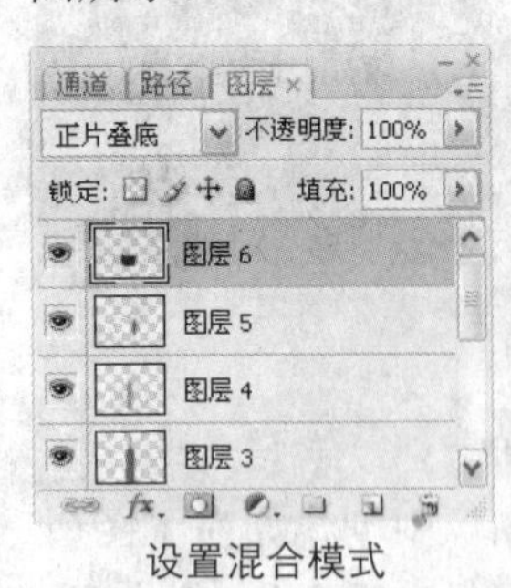

设置混合模式

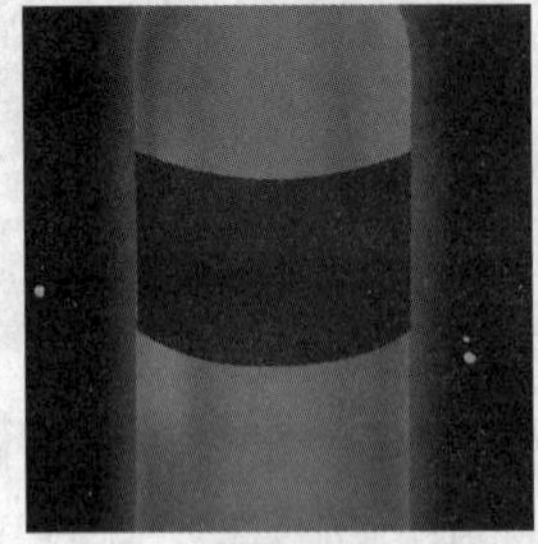
图像效果

选择钢笔工具，创建如左下图所示的路径。新建“图层 7”图层，设置前景色为白色，设置画笔大小为 6 像素，单击“路径”面板中的“用画笔描边路径”按钮，对路径进行不添加压力的描边。效果如右下图所示。

创建路径

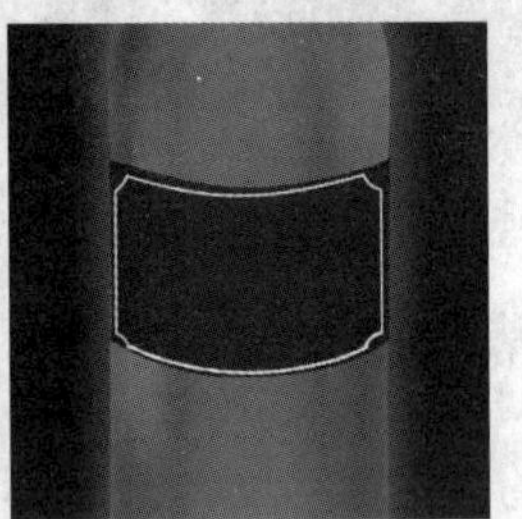
描边路径

双击“图层 7”图层，在弹出的“图层样式”对话框中选中“渐变叠加”复选框，设置如左下图所示的参数，其中渐变色从左到右为 R65、G65、B65，黑色，R210、G153、B0，黑色，白色。完成后单击“确定”按钮。为图像添加渐变效果，如右下图所示。

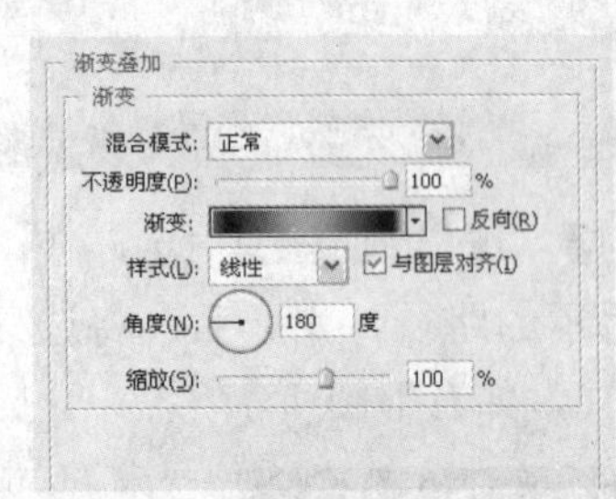

设置参数

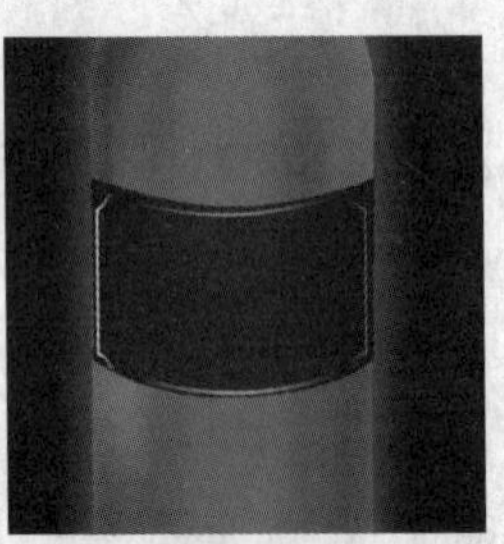
渐变效果

选择横排文字工具，在图像中添加如左下图所示的文字，然后为文字添加“凸起”变形文字效果，使其看起来像贴在瓶子上，如右下图所示。

添加文字

变形文字

复制文字图层，并隐藏文字图层，然后将复制的文字图层进行栅格化，得到“图层 8”图层，如左下图所示。按住 Ctrl 键，单击该图层的缩览图，将文字图像载入选区，并为其添加渐变，从左至右依次为 R50、G38、B0，R213、G150、B0，R47、G19、B0，然后对其进行中间突出，两边凹陷的自由变形。效果如右下图所示。

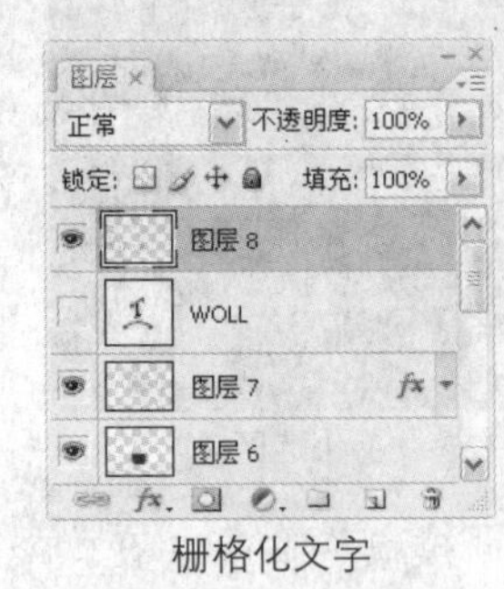

栅格化文字

添加渐变

步骤 10 制作上部标签

参考制作下部标签的方法，新建“图层 9”图层，在瓶子的上部创建一个便签形状的渐变填充，其中渐变色从左至右为 R72、G6、B36，R68、G59、B63，黑色，如左下图所示。将“图层 9”图层的混合模式调整为“正片叠底”，效果如右下图所示。

制作标签

调整混合模式

选择钢笔工具，在图像中创建如左下图所示的半圆形路径。完成后设置前景色为 R255、G156、B0，在路径上添加路径文字，如右下图所示。

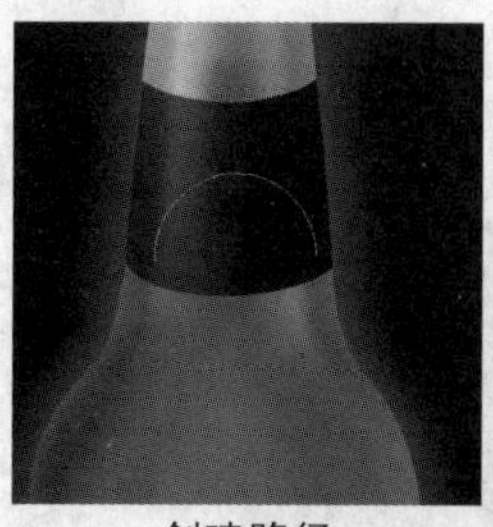

创建路径　　添加路径文字

设置文字图层的混合模式为“线性减淡”，然后为其添加蒙版，使用黑色柔角画笔为其制作渐隐效果，如右下图所示。

调整混合模式

编辑蒙版

设置前景色为白色，利用横排文字工具创建如左下图所示的文字，然后对文字图层进行栅格化为文字图层添加“斜面和浮雕”和“颜色叠加”图层样式，其中“颜色叠加”的颜色为R160、G88、B13。参数和文字效果如下图所示。

添加文字

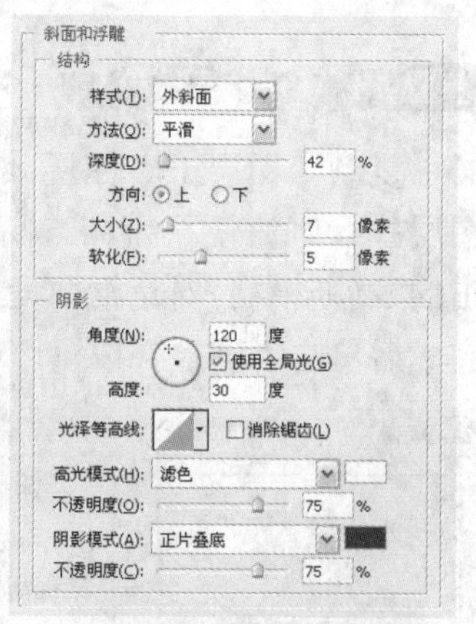

设置“斜面和浮雕”参数

设置“颜色叠加”参数

图像效果

新建“图层11”图层，在瓶颈上制作如左下图所示的双环，然后为其填充和“图层8”图层一样的渐变，效果如右下图所示。

绘制双环

添加渐变

步骤11 添加啤酒品牌标记

执行“编辑 > 预设管理器”命令，在弹出的对话框中选择“预设类型”为“自定形状”，单击“载入”按钮，如下图所示。在弹出的“载入”对话框中选择本书配套光盘中第10章\media\biaozhi.csh文件，然后单击“载入”按钮。回到“预设管理器”对话框中单击“完成”按钮。

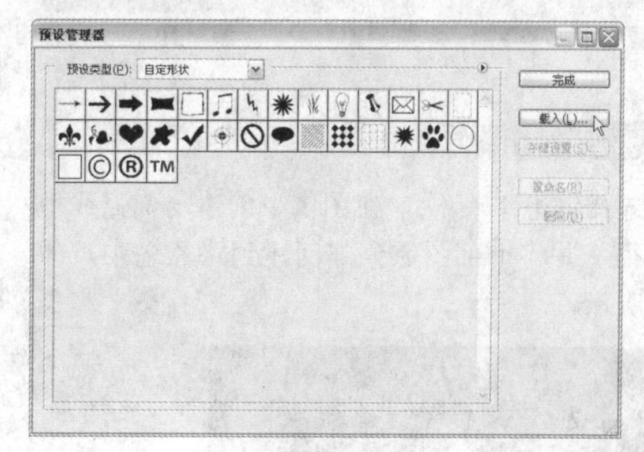

预设管理器

选择自定形状工具，选择形状为WNV2，在图像中创建形状，然后新建“图层12”图层，将该形状填充为白色，如右下图所示。

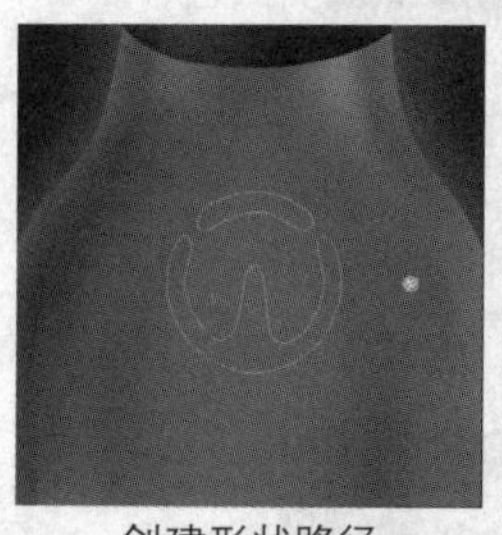

创建形状路径

填充形状

按下Ctrl+T快捷键，对图像进行透视变形，效果如图所示。双击“图层11”图层，在弹出的“图层样式”对话框中设置“填充不透明度”为0%，然后选中“斜面和浮雕”复选框，设置相关参数，完成后单击“确定”按钮。制作从瓶身上突出的效果。参数和效果如下图所示。

透视变形

高级混合
填充不透明度(F): 0 %
通道: R(R) G(G) B(B)
挖空(K): 无
将内部效果混合成组(I)
将剪贴图层混合成组(P)
透明形状图层(T)
图层蒙版隐藏效果(S)
矢量蒙版隐藏效果(H)

设置填充

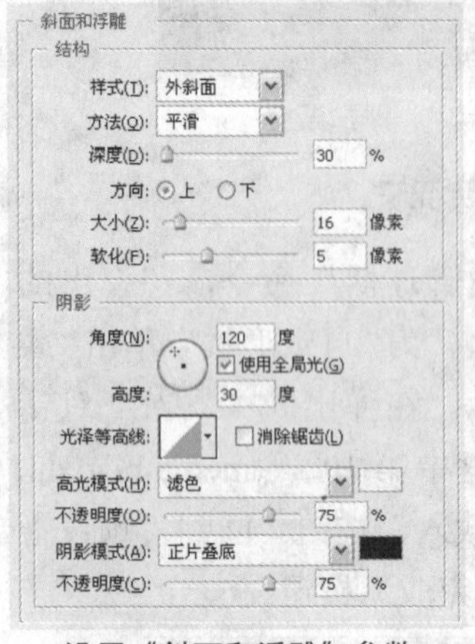

设置“斜面和浮雕”参数

添加图像

步骤 12 制作曲线效果

选择钢笔工具，在图像中创建一个弧线型的路径，并将下部图像全部创建到路径之中，如下图所示。

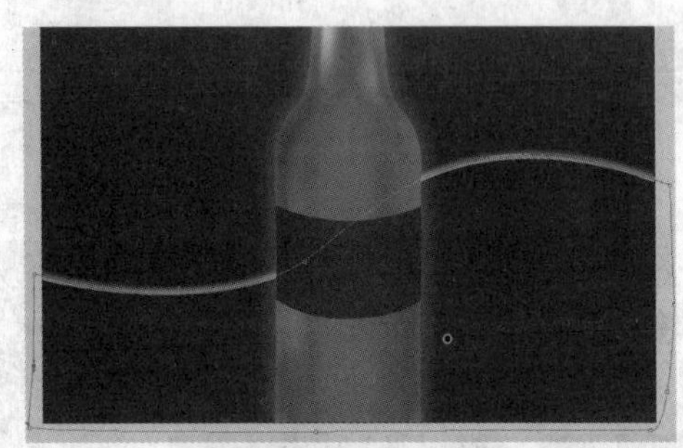

创建路径

在“图层 1”图层下方新建“图层 13”图层，设置前景色为 R0、G171、B150，为路径添加没有钢笔压力的路径描边效果，如下图所示。

描边路径

按下 Ctrl+Enter 快捷键，将路径创建为选区，如下图所示。

创建选区

按下 Delete 键，删除选区中的图像，并取消选区，如下图所示。

删除图像

步骤 13 制作曲线发光

复制“图层 13”图层，然后对“图层 13 副本”图层执行“滤镜 > 模糊 > 高斯模糊”命令，在弹出的“高斯模糊”对话框中设置如下图所示的参数，完成后单击“确定”按钮，对图像进行模糊处理。

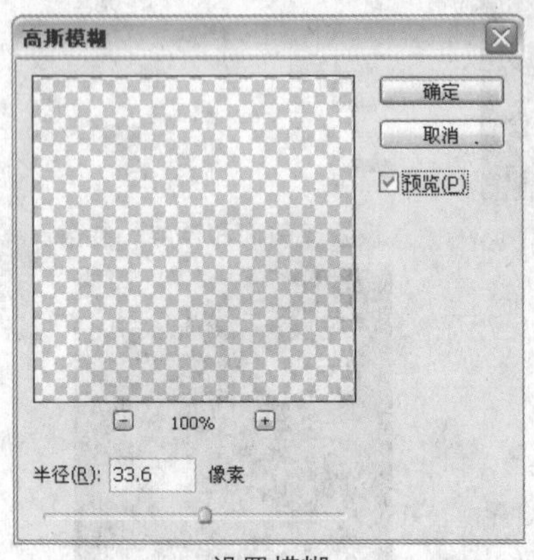

设置模糊

按住 Ctrl 键，将图像向上移动到“图层 13”图层中的图像之上，效果如下图所示。

模糊效果

再复制一个“图层 13”图层的副本，并进行相同的模糊操作，效果如下图所示。

复制图像

在“图层 13”图层的下方新建“图层 14”图层，并设置前景色为 R248、G0、B123，在图像中再次创建曲线效果，如下图所示。

绘制曲线

同样复制得到两个“图层 14”图层的副本，对复制后的图层分别进行模糊处理，效果如下图所示。

添加发光

步骤 14 制作散射方块

在“图层 13 副本 2”图层的上方新建“图层 15”图层，设置前景色为 50%灰色，选择画笔工具，设置画笔为“方框”，然后在“画笔”面板中设置参数。完成后在图像中按下 [键和] 键，不断改变画笔大小，同时在曲线上方绘制出散射的灰色方框。参数设置和效果如下图所示。

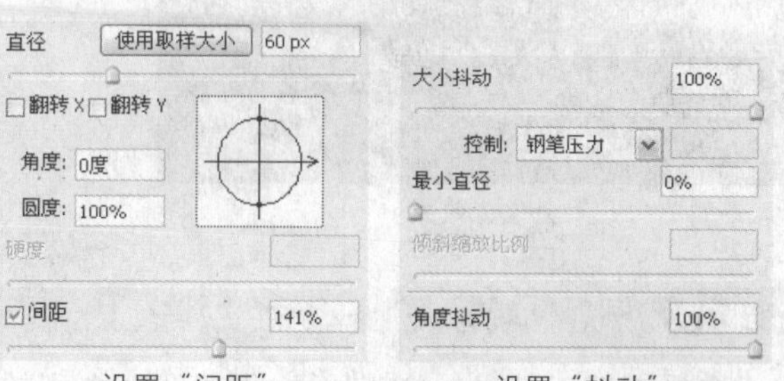

设置“间距” 设置“抖动”

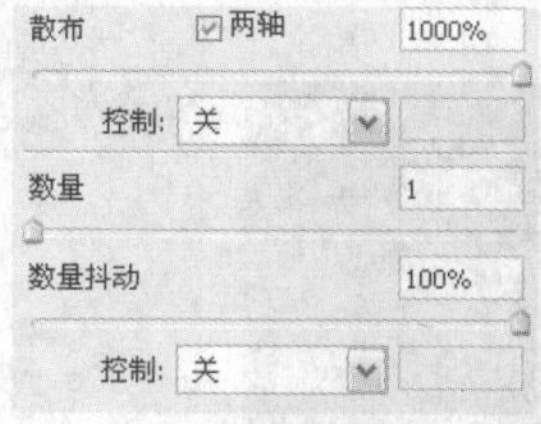

设置“散布”

绘制“图像”

新建“图层 16”图层和“图层 17”图层，分别设置“图层 13”图层中的曲线相同的前景色，在图像中添加散射的方框，如下图所示。

添加方框

为“图层 17”图层添加“外发光”图层样式，其中“外发光”颜色为 R0、G240、B255，其他参数如下图所示。

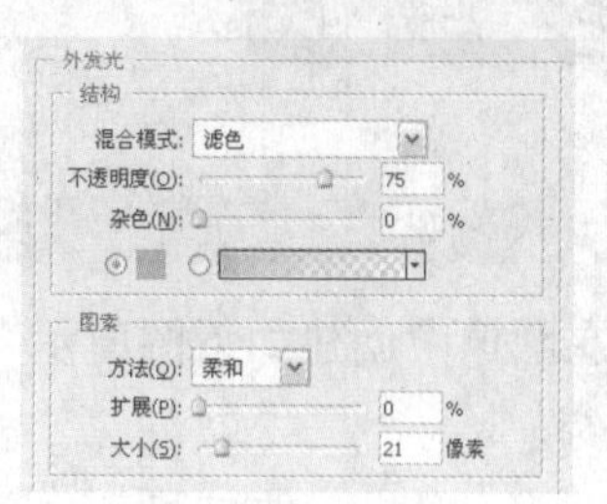

设置参数

完成上述操作后，得到如下图所示的效果，为方框添加了外发光效果。

外发光效果

步骤 15 制作瓶身装饰 1

选择钢笔工具，在图像中创建两个人型的路径，如下图所示。

创建路径

新建“图层 18”图层，设置前景色为 R241、G186、B7，选择“尖角 5 像素”的画笔，进行不添加模拟压力的描边，如下图所示。

描边路径

步骤 16 制作瓶身装饰 2

选择钢笔工具，在图像中创建如下图所示的曲线路径。

创建路径

新建“图层 19”图层，设置前景色为 R223、G13、B105，对路径进行描边，如右下图所示。

描边路径

使用橡皮擦工具，擦去部分曲线图像，如左下图所示，然后为“图层 19”图层添加“外发光”图层样式，其中“外发光”颜色为 R255、G162、B0，参数如右下图所示。

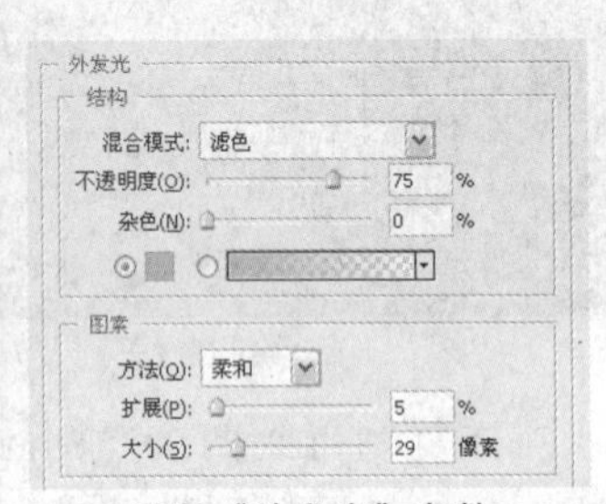

擦除图像　　设置“外发光”参数

为图像添加“外发光”后，效果如左下图所示。再次擦除多余的发光区域，如右下图所示。

外发光效果　　擦除图像

调整“图层 19”图层的“不透明度”为40%，效果如下图所示。

图像效果

新建“图层 20”图层，设置前景色为 R241、G186、B7，设置画笔为“尖角 5 像素”，在“画笔”面板中参考步骤 14 设置参数。围绕瓶身进行涂抹，为其添加散碎的小点效果，如下图所示。

添加散碎的小点

步骤 17 添加气泡

执行“编辑 > 预设管理器”命令，在弹出的对话框中单击“载入”按钮，如下图所示。在弹出的“载入”对话框中选择本书配套光盘中第 10 章 \media\ 气泡 .abr 文件，然后单击“载入”按钮。回到“预设管理器”对话框单击“完成”按钮，完成画笔的载入。

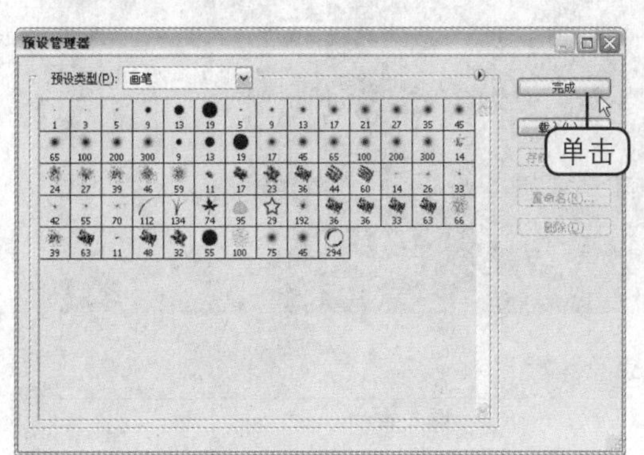

预设管理器

在“画笔”面板中参考步骤 14 设置各项参数，设置前景色为白色，新建“图层 21”图层，在图像中绘制一组气泡，如下图所示。

添加气泡

步骤 18 添加文字

选择横排文字工具，在图像中输入如左下图所示的文字，然后根据画面效果，在图像中输入如右下图所示的文字，增加文字的完整性。

输入文字

增加文字

根据广告效果的需要，在图像的左上角添加更多的文字，如下图所示。至此，本例制作完成。

添加余下的文字

10.3 制作手机广告

光盘路径：第 10 章 \Complete\ 制作手机广告 .psd

实例概述 本实例运用 Photoshop 中的钢笔工具、“去色”命令、画笔工具和文字工具制作出数码类广告效果。

关键提示 在制作过程中，难点在于各种素材的抠取，重点在于突出广告的主题。

应用点拨 本实例的制作方法可用于各种数码产品广告的制作和各种部分彩色图像的制作。

步骤 01 新建图像文件

执行“文件 > 新建”命令，在弹出的“新建”对话框中设置“名称”为“制作手机广告”，设置“宽度”为“10 厘米”，设置“高度”为“7.14 厘米”，设置“分辨率”为“300 像素 / 英寸”，如下图所示，完成后单击“确定”按钮。新建一个图像文件。

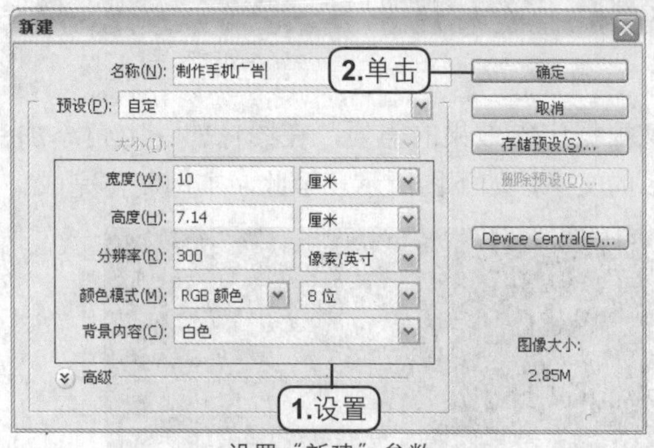

设置“新建”参数

步骤 02 添加背景图像

执行“文件 > 打开”命令，打开本书配套光盘中第 10 章 \ media\ 大街 .jpg 文件，如下图所示。

打开的图像文件

将其拖入到“制作手机广告 .psd”图像窗口中，并向上移动，如下图所示。

拖入素材

按下 Ctrl+B 快捷键，在弹出的“色彩平衡”对话框中设置如左下图和右下图所示的参数。完成后单击“确定”按钮。

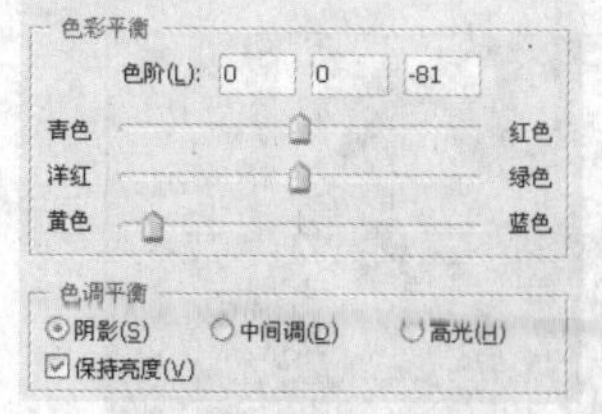

设置“阴影”参数

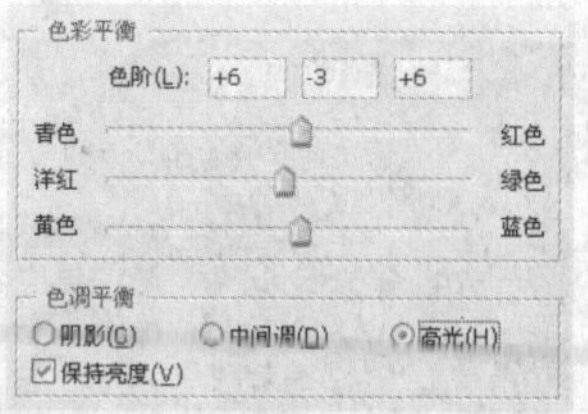

设置“高光”参数

通过前面的设置，调整了图像的颜色，效果如下图所示。

图像效果

执行“图像 > 调整 > 去色”命令，将背景图像转变为黑白效果，如下图所示。

去色效果

执行“图像 > 调整 > 亮度 / 对比度”命令，在弹出的对话框中设置如下图所示的参数，完成后单击“确定”按钮，调整图像的对比度和亮度。

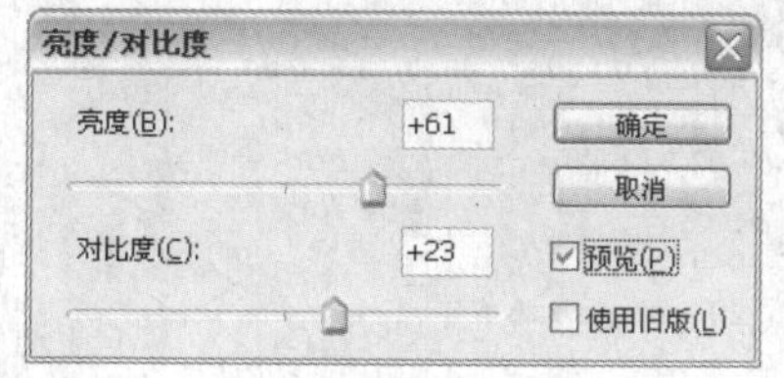

设置参数

通过上述设置，图像变得明亮了，效果如下图所示。

调整后的效果

步骤 03 添加人物

执行“文件 > 打开”命令或按 Ctrl+O 快捷键，打开本书配套光盘中第 10 章 \ media\ 人物 .jpg 文件，如下图所示。

打开的图像文件

选择钢笔工具 ，在图像中沿人物的边缘创建路径，如左下图所示。按下 Ctrl+Enter 快捷键，将路径转换为选区，如右下图所示。

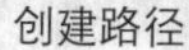

创建路径

转换为选区

在工具箱中选择移动工具，将“人物.jpg”图像窗口选区中的图像拖入到“制作手机广告.psd”图像窗口中，并适当调整其位置和大小，效果如下图所示。

拖入图像

步骤 04 调整人物颜色

执行“图像 > 调整 > 可选颜色”命令，在弹出的对话框中分别在“颜色”下拉列表中选择“红色”选项和“绿色”选项，再分别设置如左下图和右下图所示的参数。完成后单击“确定”按钮，调整人物的颜色。

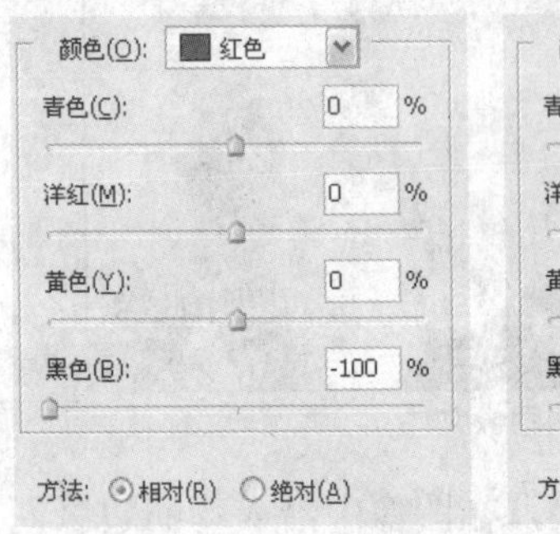

设置“红色”参数

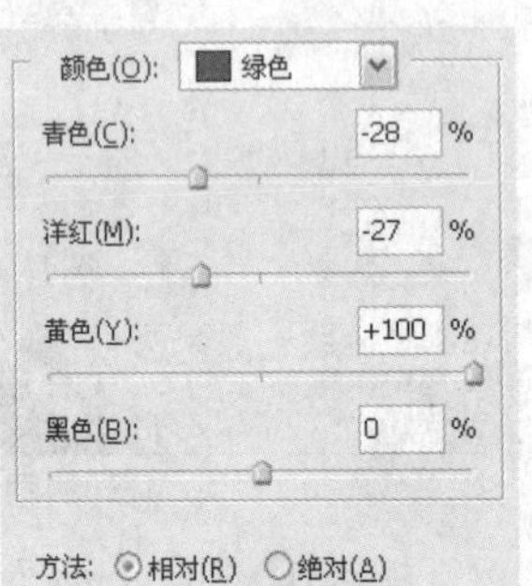

设置“绿色”参数

通过前面的操作，图像中人物的颜色得到了调整，效果如下图所示。

调整后的人物

步骤 05 制作黑边

选择矩形选框工具，在图像的下方创建一个长条形选区，如下图所示。

创建选区

在“图层”面板中新建“图层 3”图层，再设置前景色为黑色，然后按 Alt+Delete 快捷键将选区填充为黑色，然后取消选区，如下图所示。

填充颜色

在“图层”面板中双击“图层 3”图层的缩略图或空白区域，在弹出的“图层样式”对话框中选中“描边”复选框，设置如下图所示的参数，其中设置“描边”颜色为 R255、G186、B0，完成后单击“确定”按钮。

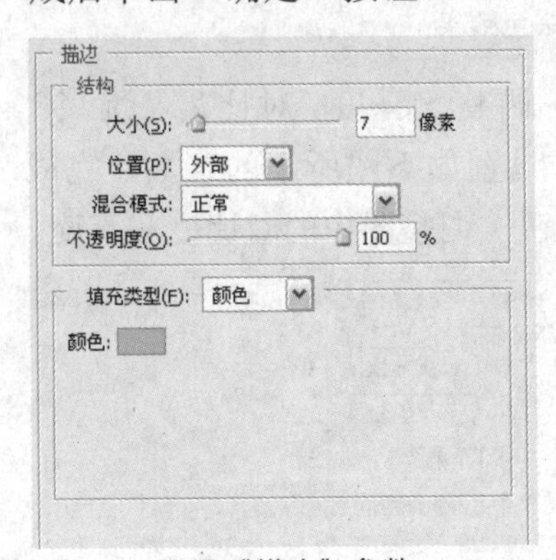

设置“描边”参数

完成上述操作后，为图像添加了描边效果，如下图所示。

描边效果

步骤 06 制作 LOGO

选择钢笔工具，在图像中创建如左下图所示的椭圆形路径，然后将其填充为 R4、G84、B184，如右下图所示。

创建路径

填充路径

选择横排文字工具 T，在图像中输入如下图所示的文字，完成 LOGO 的制作。

完成 LOGO 的制作

步骤 07 添加小元素

使用横排文字工具 T，在图像中输入如下图所示的文字，完善广告所要表达的寓意。

添加文字

新建“图层 5”图层，设置前景色为 R0、G255、B24。选择画笔工具，设置画笔为“直角 9 像素”，按住 Shift 键，在图像中绘制如左下图所示的直角。复制得到“图层 5”图层的副本，并对其进行水平翻转，然后调整其至右下图所示的位置。

绘制直角

添加直角

同时复制“图层 5”图层和“图层 5 副本”图层，再对复制得到的副本进行垂直翻转，然后调整其至左下图所示的位置。新建“图层 6”图层，在 4 个直角图像的中央部分绘制一个短的线段，如右下图所示。

增加直角

绘制直线

复制得到“图层 6”图层的副本，并对其进行 90% 的旋转，效果如左下图所示，为人物制作被相机锁定目标的效果。新建“图层 7”图层，选择钢笔工具，在图像中创建如右下图所示的路径。

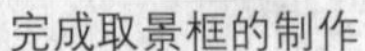

完成取景框的制作

绘制路径

设置前景色为白色，保持画笔大小不变，对路径进行模拟压力描边。效果如左下图所示。选择横排文字工具 T，在图像中添加如右下图所示的文字。

描边路径

添加文字

复制得到文字图层的副本，并对其进行栅格化，然后将该图层中的图像调整为白色，并进行自由变换，为其添加透视效果，如右下图所示，完成人物内心世界的表现。

复制图层

变形文字

步骤 08 调整人物图像局部

在图像中将人物的眼睛上偏绿的部分创建为选区，如左下图所示，然后对选区中的图像进行去色处理，效果如右下图所示，去除人物眼白上的绿光。

创建选区

去色

使用相同的方法，去除图像中人物牙齿上的绿色，效果如下图所示。

去除绿色

步骤 09 添加手机

执行“文件 > 打开”命令或按 Ctrl+O 快捷键，打开本书配套光盘中第 10 章 \media\ 手机 .jpg 文件，如下图所示。

打开的图像文件

选择钢笔工具 ，在图像中沿手机图像的边缘创建路径，如左下图所示，然后按下 Ctrl+Enter 快捷键，将路径转换为选区，如右下图所示。

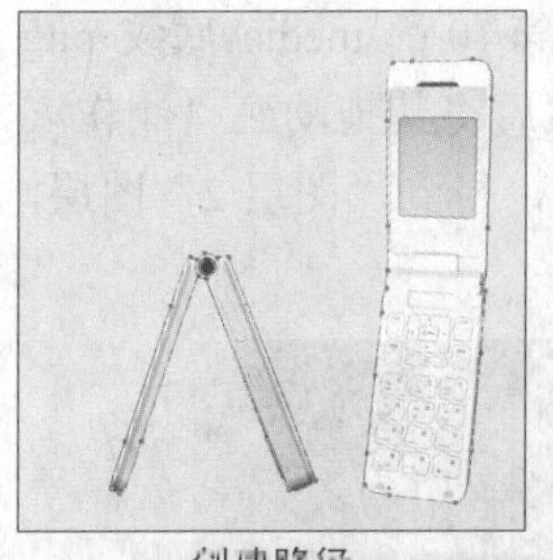
创建路径

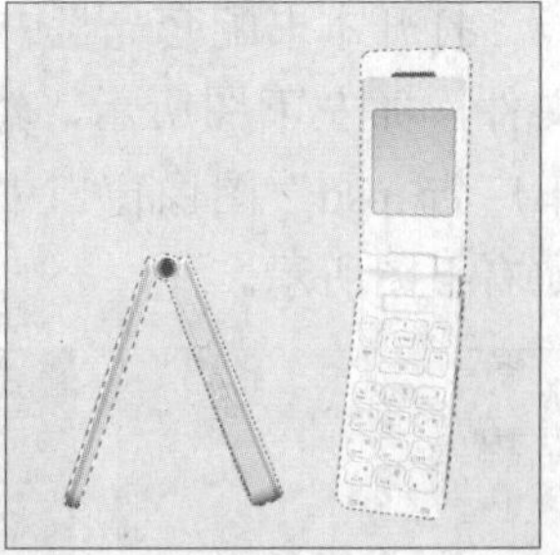
转换为选区

将选区中的图像拖入到“制作手机广告 .psd”图像窗口中，并适当调整图像的位置和大小，如下图所示。

拖入图像

将两个手机图像分别存放于不同的图层中，然后复制这两个图层，如左下图所示。分别进行自由变换，制作为手机的投影，效果如右下图所示。

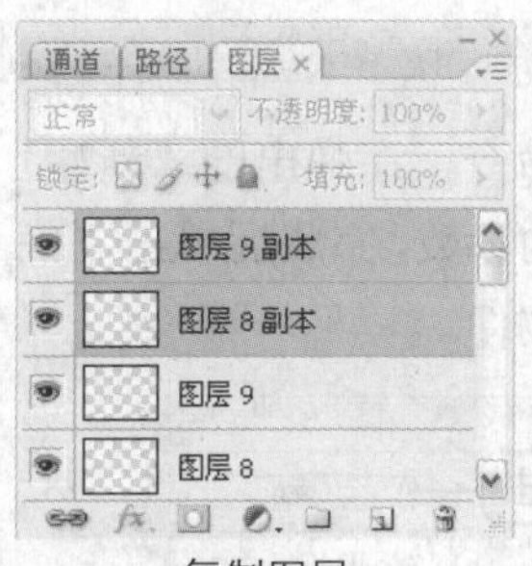

复制图层

添加投影

分别调整“图层 8”图层和“图层 9”图层的“不透明度”为 40%，效果如下图所示。至此，本例制作完成。

调整投影的不透明度

10.4 制作汽车广告

实例概述 本实例运用 Photoshop 中的文字工具、自定形状工具和钢笔工具制作出汽车广告。

关键提示 在制作过程中，难点在于各种路径的制作，重点在于画面的整体和谐性。

应用点拨 本实例的制作方法可用于各种汽车广告和以森林为主题的广告制作。

光盘路径：第 10 章 \Complete\ 制作汽车广告 .psd

步骤 01 新建图像文件

执行“文件 > 新建”命令，在弹出的“新建”对话框中设置如下图所示的参数，完成后单击“确定”按钮。新建一个图像文件。

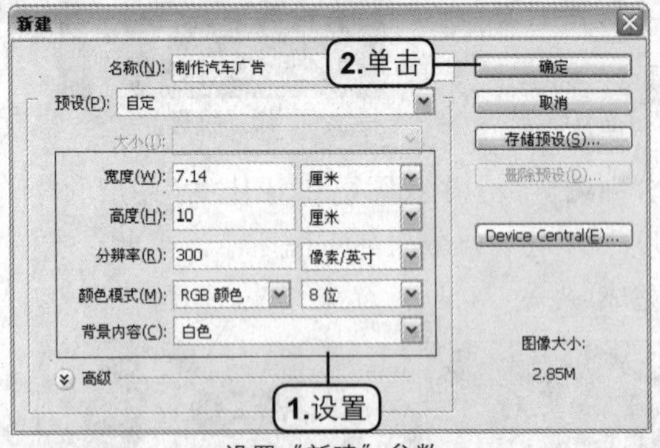

设置“新建”参数

步骤 02 制作背景

选择钢笔工具，在图像中创建如左下图所示的路径。完成后，将该路径转换为选区，如右下图所示。

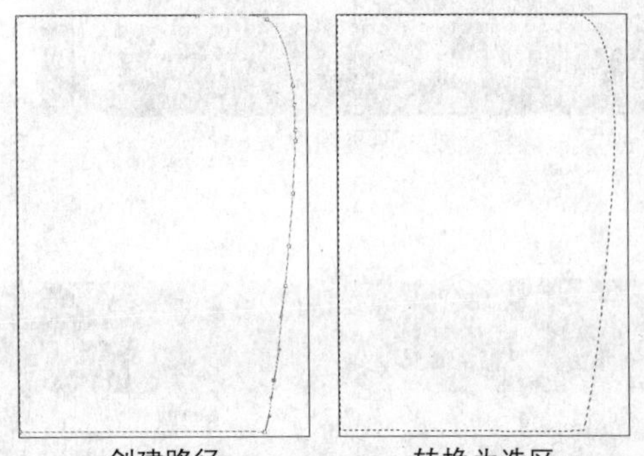

创建路径　　转换为选区

选择渐变工具，在“渐变编辑器”中设置渐变色从左至右为 R1、G137、B186，R36、G148、B142，R147、G182、B0，如左下图所示。完成后单击“确定”按钮。在选区中由上至下添加渐变，然后取消选区，效果如右下图所示。

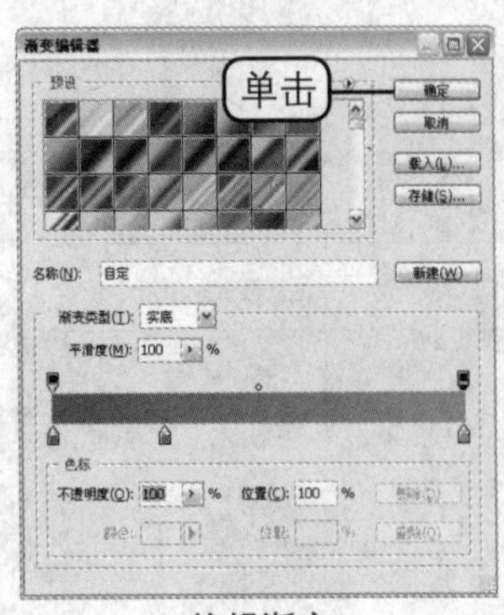

编辑渐变　　渐变效果

打开本书配套光盘中第 10 章\media\底纹 .png 文件，如左下图所示，然后将其拖动到“制作汽车广告 .psd”图像窗口中，得到“图层 2”图层，如右下图所示。

打开的素材　　拖入素材

调整“图层 2”图层的混合模式为“颜色加深”，设置“不透明度”为 20%，如左下图所示，效果如右下图所示。

调整图层　　调整后的图像效果

步骤 03 添加汽车

打开本书配套光盘中第 10 章\media\汽车 jpg 文件，如下图所示。

打开的图像文件

选择魔棒工具，将图像中的白色底创建为选区，如下图所示。

创建选区

按下 Shift+Ctrl+I 快捷键，对选区进行反向，然后将选区中的图像拖动到“制作汽车广告 .psd”图像窗口中，如下图所示。

拖入图像

步骤 04 制作汽车阴影

选择套索工具，在图像中创建一个羽化选区，“羽化半径”为“50 像素”，如下图所示。

创建选区

在“图层 3”图层下方新建“图层 4”图层，将选区填充为黑色，效果如下图所示。

制作投影

步骤 05 添加芭蕉树

选择自定形状工具，选择形状为“树 9”，在图像中拖动添加形状，并对其进行旋转，如左下图所示。在“图层 4”图层下方新建“图层 5”图层，将路径填充为 R82、G131、B34，如右下图所示。

创建路径

填充路径

再次在图像中创建一个“树 9”的形状，如左下图所示，并将其填充为相同的颜色，效果如右下图所示。

创建路径

填充路径

步骤 06 添加光芒

新建“图层 6”图层，使用自定形状工具，选择形状为“登记目标 2”，在图像中拖动添加形状，如左下图所示。选择钢笔工具，在路径中去掉外围的大圈路径，如右下图所示。

创建路径

编辑路径

按下 Ctrl+Enter 快捷键，将路径转换为选区，如左下图所示。为选区添加由 R56、G150、B112 到透明的径向渐变，如右下图所示。

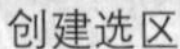
创建选区　　添加渐变

将“图层 1”图层中的图像载入选区，然后对选区进行反向，如左下图所示。删除选区中的图像，如右下图所示。

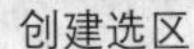
创建选区　　删除图像

载入本书配套光盘中第 10 章 \media\ 爆裂 10.csh 自定形状，然后选择自定形状工具，选择形状为“爆裂 10”。新建“图层 7”图层，在图像中创建如左下图所示的路径，然后将其填充为 R142、G178、B2，如右下图所示。

创建路径　　填充路径

为“图层 7”图层添加“外发光”图层样式，参数如左下图所示，其中颜色为默认，效果如右下图所示。

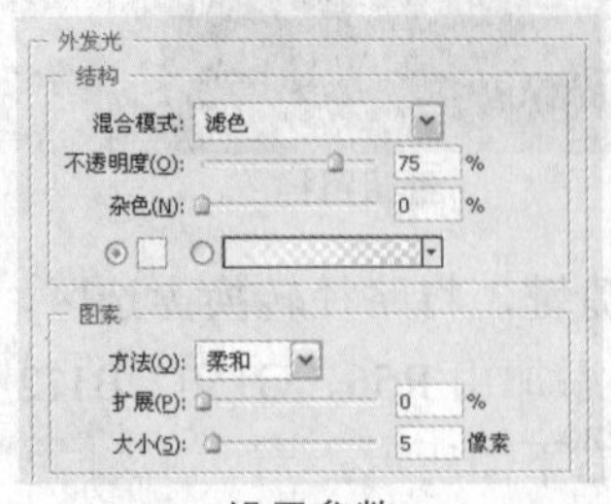

设置参数　　外发光效果

为“图层 7”添加蒙版，使用黑色尖角画笔在蒙版中擦去白色的背景部分，如右下图所示。

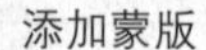
添加蒙版　　删除图像

步骤 07 再次添加树木

新建“图层 8”图层，选择自定形状工具，选择形状为“树”，在图像中创建两个形状，如左下图所示，然后将其填充为 R0、G107、B106，如右下图所示。

创建路径　　填充路径

新建“图层 9”图层，选择自定形状工具，选择形状为“常春藤 3”，在图像中创建两个形状，如左下图所示，然后按下 Ctrl+Enter 快捷键，将路径转换为选区，如右下图所示。

创建路径　　转换为选区

为选区填充由上至下的渐变效果，渐变色依次为 R23、G114、B58，R98、G166、B64，R141、G180、B9，如左下图所示。设置形状为“树 9”，在图像中创建路径后，新建“图层 10”图层，将路径填充为 R88、G136、B46，如右下图所示。

添加渐变

添加芭蕉树

选择钢笔工具，在图像中创建一个简易的马的形状，如左下图所示，然后新建“图层 11”图层，并将形状填充为 R20、G142、B164，如右下图所示。

创建形状

填充形状

步骤 08 添加画笔元素

执行“编辑 > 预设管理器”命令，在弹出的对话框中单击“载入”按钮，如下图所示。在弹出的“载入”对话框中选择本书配套光盘中第 10 章 \ media\ 海浪 .abr 文件，然后单击“载入”按钮。回到“预设管理器”对话框单击“完成”按钮。完成画笔的载入。

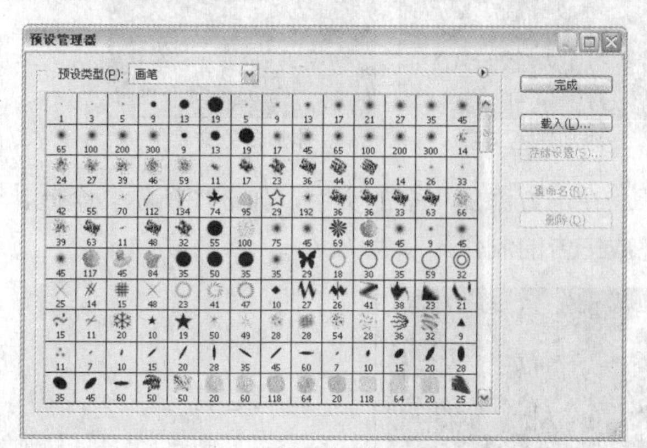

预设管理器

新建“图层 12”图层，选择画笔工具，设置画笔为 do-06，在图像中单击鼠标，添加该图案，然后对其进行适当的缩小，如左下图所示。复制得到“图层 12”图层的副本，对图像进行适当的放大和旋转，如右下图所示。

添加图案

调整图像

新建“图层 13”图层，选择画笔为 do-10，在图像中单击鼠标，添加该图案，然后对其进行适当的旋转，如左下图所示。新建“图层 14”图层，选择画笔为 do-11，在图像中单击鼠标，添加该图案，然后对其进行适当的旋转，如右下图所示。

添加图案

添加图案

复制得到“图层 14”图层的副本，并对该图像进行垂直翻转，然后适当调整其位置和大小，如下图所示。

创建路径

步骤 09 添加标志

打开本书配套光盘中第 10 章 \ media\ 品牌标志 .png 文件，如左下图所示。将其拖动到“制作汽车广告 .psd”图像窗口中的右下角，得到“图层 15”图层，并适当调整其大小，如右下图所示。

打开的素材

添加图像

选择横排文字工具 T，在图像中添加一个大写的 B 字，如左下图所示，然后在其后方添加一个小写的 U 字，如右下图所示。

添加 B 字母

添加 u 字母

添加大写的 ICK 字母，完成别克的标志制作，如左下图所示。根据画面需要，在标志的下方添加适当的文字，如右下图所示。

完成标志制作

添加文字

步骤 10 添加图案

新建“图层 16”图层，选择钢笔工具 ，在图像的左上角创建如左下图所示的路径，然后将其填充为白色，如右下图所示。

创建路径

填充路径

在该图像的基础上，再次创建如左下图所示的路径，并将其填充为白色，如右下图所示。

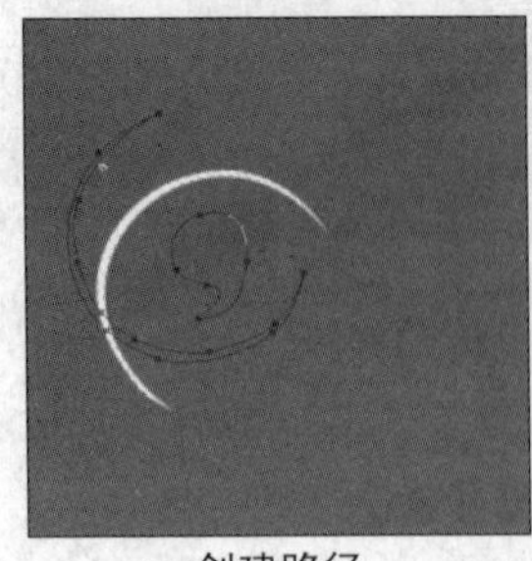
创建路径

填充路径

为“图层 16”图层添加“外发光”图层样式，参数设置如左下图所示，其中“外发光”颜色为 R0、G93、B146，完成后单击“确定”按钮。为图像添加外发光效果，如右下图所示。

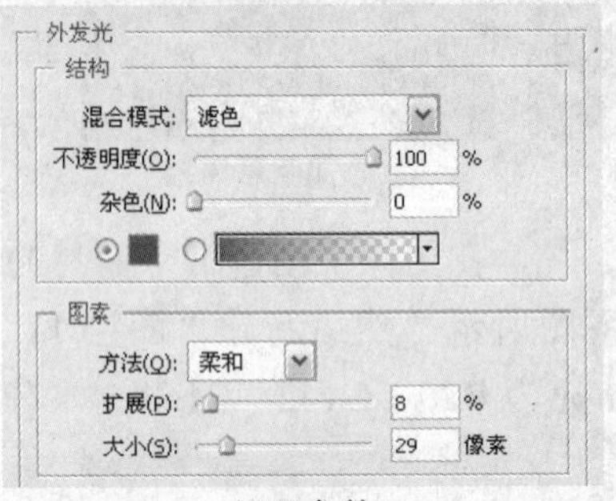

设置参数

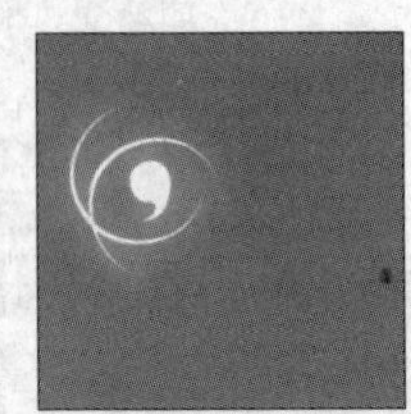
外发光效果

根据画面效果，在图案的右边添加适当的文字，如下图所示。

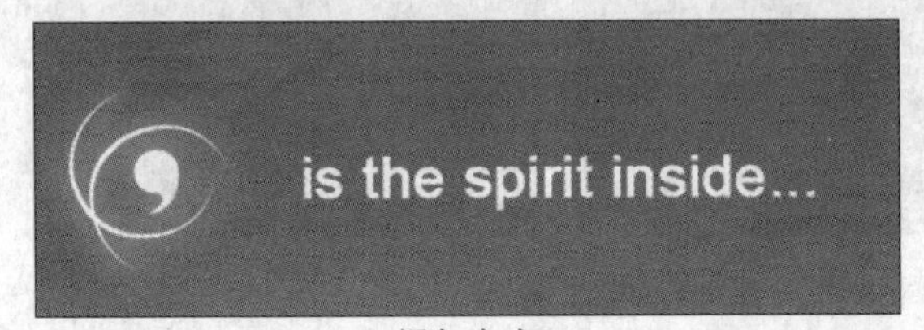

添加文字

步骤 11 添加文字

在最下方添加如左下图和右下图所示的文字。

添加黑色文字

添加白色文字

在下方添加更多的文字，如下图所示。至此，完成广告的制作。

添加文字

10.5 制作运动广告

实例概述 本实例运用 Photoshop 中的钢笔工具绘制花纹，阈值命令进行图像处理完成运动类广告的制作。

关键提示 在制作过程中，主要难点在于画面质感的建立。重点在于人物与背景之间的关系，将两个互相不相关的对象紧密联系在一起。

应用点拨 本实例的制作方法，可用于各种户外广告，包括运动类广告的制作。

光盘路径：第 10 章 \Complete\ 制作运动广告 .psd

步骤 01 新建图像

执行“文件 > 新建”命令，在弹出的“新建”对话框中设置如下图所示的参数，完成后单击“确定”按钮，新建一个图像文件。

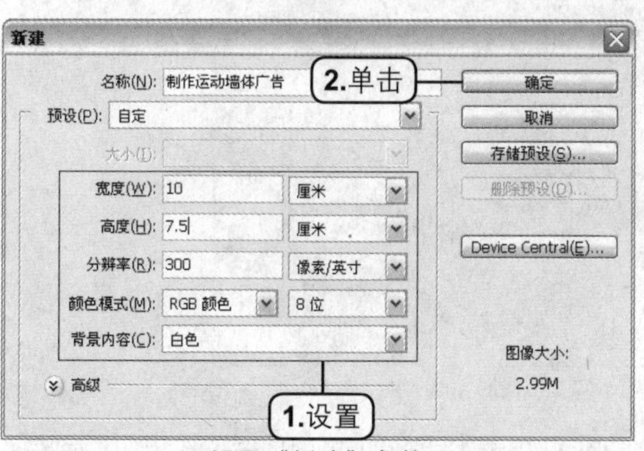

设置“新建”参数

步骤 02 制作背景

打开本书配套光盘中第 10 章 \media\ 墙体 .png 和蓝天 .png 文件，如左下图和右下图所示。

墙体图像　　蓝天图像

将两个图像分别拖入到“制作运动墙体广告 .psd”图像窗口中，如下图所示。

添加素材

打开“色阶”对话框，设置各项参数，如左下图所示。完成后单击“确定”按钮。墙体效果整体提亮了，如右下图所示。

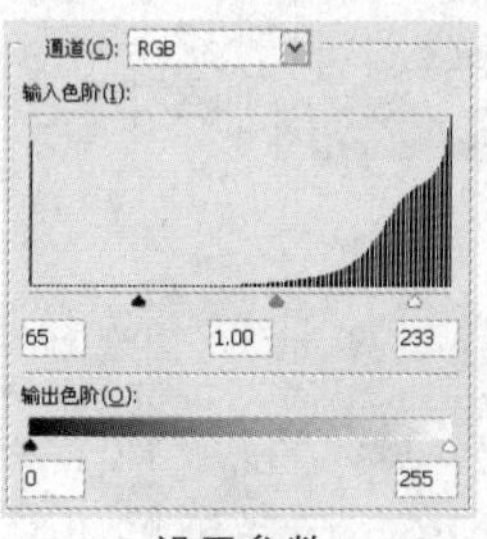

设置参数

图像效果

设置前景色为 R123、G85、B45，复制“墙体”图层，再将图像载入选区，然后用前景色填充选区，如下图所示。

填充图像

设置图层的混合模式为“柔光”，墙体增加了很自然的颜色，效果如下图所示。

图像效果

步骤 03 添加人物

打开本书配套光盘中第 10 章 \media\ 人物 2.png 文件，并将其拖入到“制作运动墙体广告 .psd”图像窗口中，如下图所示。

添加人物

步骤 04 添加装饰

在人物下方新建一个图层，重命名为“线条”。设置前景色为 R247、G142、B6。选择画笔工具 ，设置画笔为粗边圆形钢笔，画笔大小为 100 像素，如左下图所示。在“墙体”上绘制连绵的线条，直到人物的脚部，如右下图所示。

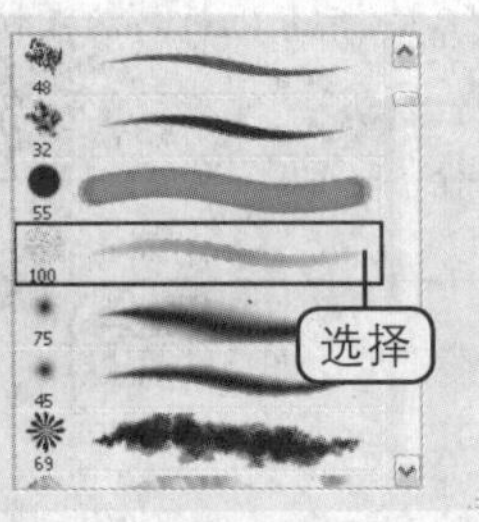

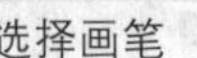

选择画笔

绘制图像

选择“线条”图层，设置图层的混合模式为“线性加深”，效果如下图所示。

图像效果

新建图层并重命名为“左翅膀”。选择钢笔工具 ，在人物后面绘制翅膀的路径。将路径转换为选区后填充选区为 R217、G78、B137，如下图所示。

添加左翅膀

复制“左翅膀”图层，执行“编辑 > 变换 > 水平翻转”命令，将翅膀向右水平翻转，并适当调整翅膀的形状，放置在如下图所示的位置。

添加右翅膀

选择“左翅膀”图层和“左翅膀副本”图层，再合并图层，重命名为“翅膀”。双击“翅膀”图层，打开“图层样式”对话框，选中“投影”复选框，并设置各项参数，如左下图所示。完成后单击“确定”按钮，效果如右下图所示。

设置参数

图像效果

步骤 05 添加素材

打开本书配套光盘中第 10 章 \media\ 建筑 .png 文件，如下图所示。

打开的素材

选择套索工具，分别选择“建筑”图像文件中的 4 个建筑，然后分别移动到“制作运动墙体广告”图像文件中，分别命名为“火车”、“楼房 1”、“楼房 2”、“电线”，放置在图像文件的底部，排列方式如下图所示。

添加素材

选择“火车”图层，执行“图像 > 调整 > 阈值”命令，打开“阈值”对话框，在对话框中设置“阈值色阶”为 90，效果如下图所示。

设置阈值

选择“电线”图层，同样执行“阈值”命令，效果如下图所示。

图像效果

步骤 06 设置人物发光

选择“人物”图层，打开“图层样式”对话框，选中“外发光”复选框，设置各项参数，完成后单击“确定”按钮。为人物增添外发光效果，如下图所示。

外发光效果

步骤 07 添加花纹

新建一个图层，命名为“花纹”。选择钢笔工具，绘制花纹的路径，并将路径转换为选区，如右下图所示。分别填充花纹为R199、G255、B226，R100、G166、B192，R95、G178、B216的线性渐变效果，如右下图所示。

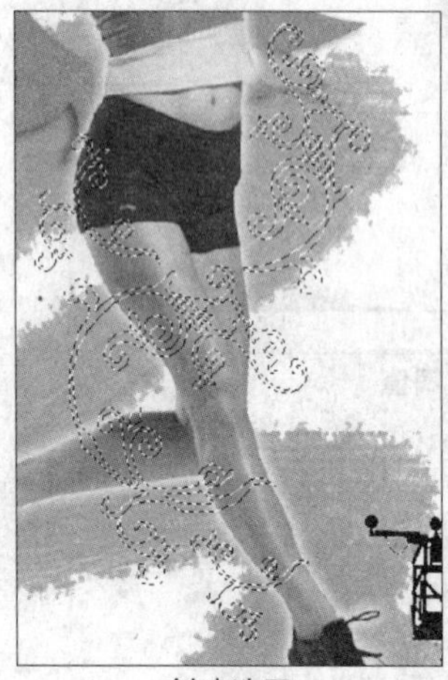

创建选区

填充渐变

为“花纹”图层“外发光”图层样式，各项参数如左下图所示。完成后单击“确定”按钮。为花纹增添外发光效果，如右下图所示。

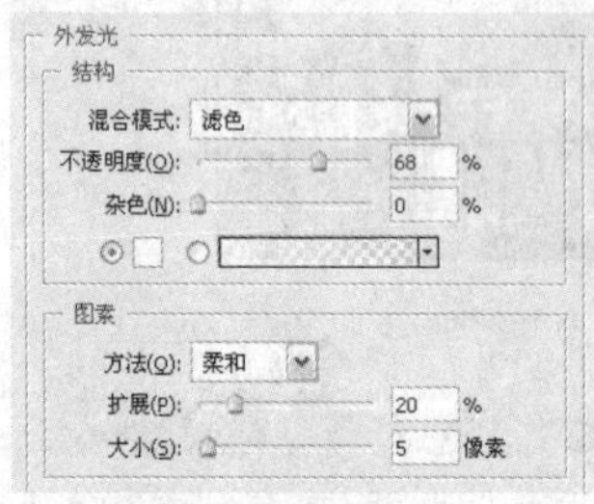

设置参数

图像效果

新建一个图层，命名为“花纹2”。选择钢笔工具，绘制花纹的路径，并将路径转换为选区，如左下图所示。填充颜色为R14、G142、B189，R98、G159、B182，16、G73、B91的线性渐变，如右下图所示。

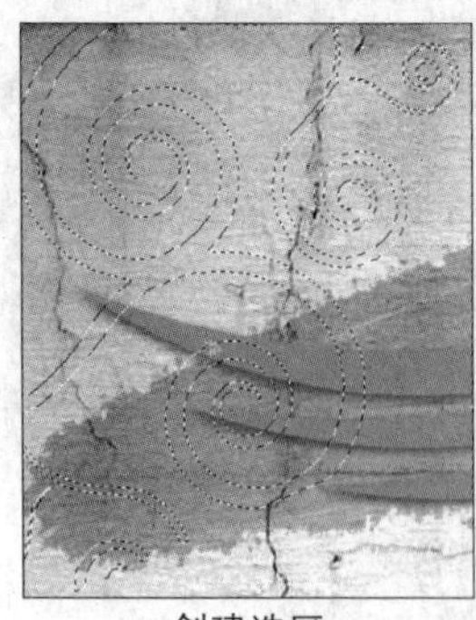

创建选区

填充渐变

复制得到两个“花纹2”图层的副本，再适当改变图像的大小和位置，放置在如下图所示的位置。

添加花纹

在3个花纹图层中设置上下两个图层混合模式为“叠加”。设置中间花纹图层的混合模式“排除”，效果如下图所示。

调整混合模式

打开本书配套光盘中第10章\media\标志.png文件，然后将其添加到“制作运动墙体广告.psd”图像窗口中，如下图所示。至此，本例制作完成。

添加标志

10.6 制作个人宣传画册

实例概述 本实例运用Photoshop中的钢笔工具、自定形状工具、图层样式等完成个人宣传画册的制作。

关键提示 在制作过程中，难点在于画册质感的制作，重点在于各个画册的主题突出和风格转换。

应用点拨 本实例的制作方法可用于各种画册、相册的制作。

光盘路径：第 10 章 \Complete\ 制作个人宣传画册 .psd

步骤 01 新建图像文件

执行“文件 > 新建”命令，在弹出的“新建”对话框中设置如下图所示的参数，完成后单击“确定”按钮，新建一个图像文件。

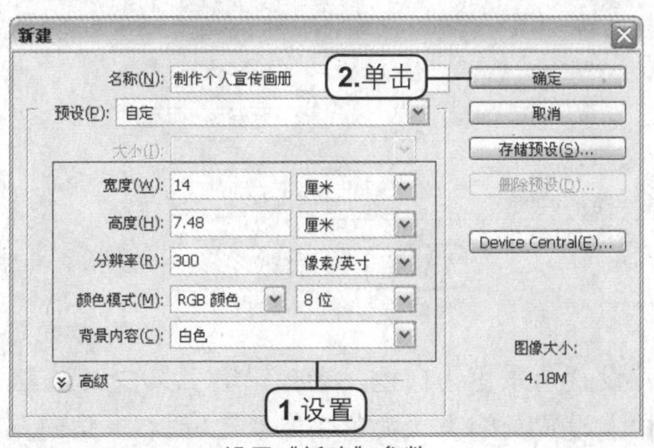

设置“新建”参数

步骤 02 制作画册左半部分

填充图像背景为黑色。打开本书配套光盘中第 10 章 \media\ 册子 .png 文件，将“册子”图像文件移动到“制作个人宣传画册”图像窗口中，再调整图像的位置，如下图所示。

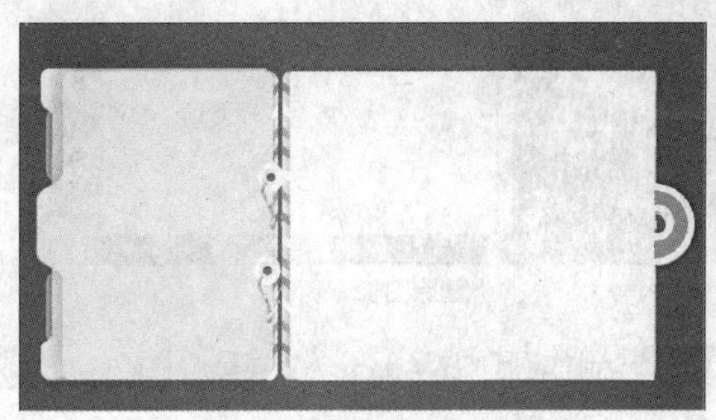
拖入图像文件

打开本书配套光盘中第 10 章 \media\ 图片 1.jpg 文件，将“图片 1”图像拖曳至“制作个人宣传画册”图像窗口的左边，适当将图像放大，如下图所示。

拖入图像

在“制作个人宣传画册”图像窗口中隐藏“图片 1”图层。选择钢笔工具，如左下图所示在左边创建路径，右击并在弹出的快捷菜单中执行“建立选区”命令，将路径转换为选区，如右下图所示。

隐藏图像

创建选区

显示“图片 1”图层，按下 Shift+Ctrl+I 快捷键，反选选区，按下 Delete 键，删除选区中的图像，如下图所示。

删除图像

步骤 03 制作画册右半部分

打开本书配套光盘中第 10 章\media\照片.jpg 文件，将“照片”图像拖曳至“制作个人宣传画册”图像窗口的右边，再调整图像的位置，如下图所示。

添加图像

打开“色相/饱和度”对话框，设置如下图所示的参数，再单击“确定”按钮。

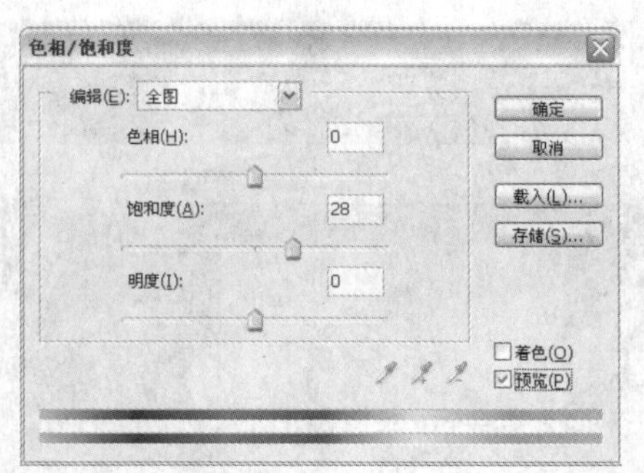

设置参数

完成上述操作后，为图像调整了颜色，效果如下图所示。

调整图像颜色后

步骤 04 制作图案

按下快捷键 Ctrl+N，打开“新建”对话框，设置文件“宽度”为“24 像素”，设置“高度”为“24 像素”、“背景内容”为“透明”，单击“确定”按钮，创建新文件，如下图所示。

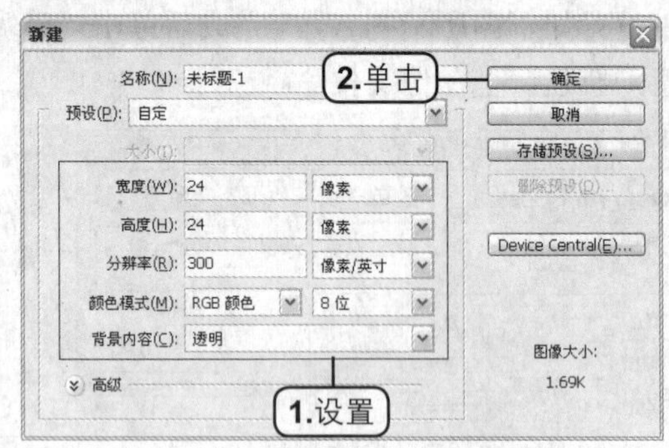

新建图像文件

设置前景色为白色，选择铅笔工具，在选项栏上设置画笔为“尖角 3 像素”。从右上角向左下角绘制 8 个矩形，如下图所示。

绘制图像

执行“编辑 > 定义图案”，打开“图案名称”对话框，设置“名称”为“白色斜线”。完成后单击“确定”按钮，如下图所示。

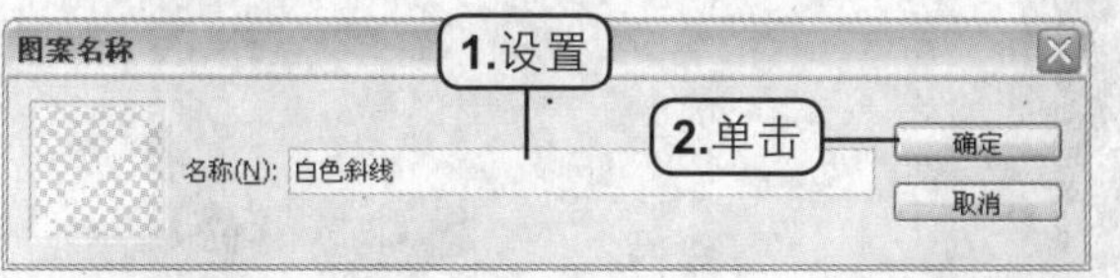

定义图案

步骤 05 填充图案

在“制作个人宣传画册”图像窗口中新建一个图层，重命名为“斜线”。按住 Ctrl 键单击“照片”图层的缩览图该图层中的图像载入选区，如下图所示。

载入选区

选择“斜线”图层，再选择油漆桶工具，在选项栏上设置填充区域为图案，再选择图案为前面定义的“白色斜线”图案，对选区进行填充，如下图所示。完成后按下 Ctrl+D 快捷键，取消选区。

填充图案

步骤 06 添加图像元素

选择横排文字工具 T，在“照片”的左下角输入文字，字符样式可自行调整。这里输入一首诗，如下图所示。

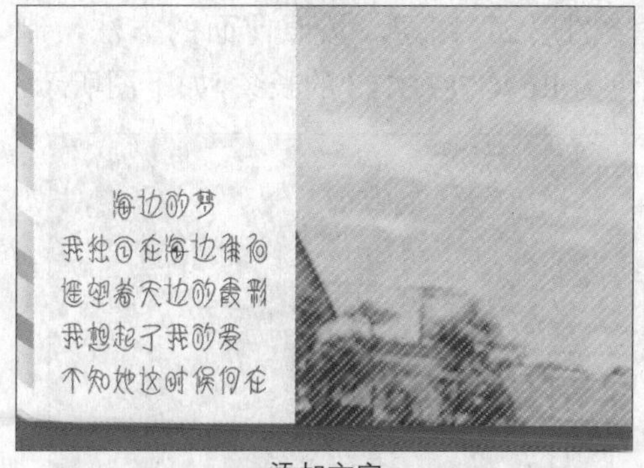

添加文字

新建“蓝色线条”图层，选择多边形套索工具，创建一个不规则的选区，如下图所示。

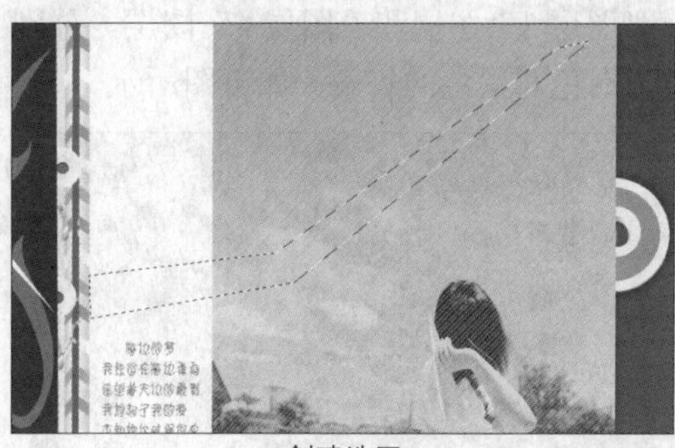
创建选区

设置前景色为 R139、G215、254，按下 Alt+Delete 快捷键用前景色填充选区，效果如下图所示。

填充选区

新建“图层 1”图层，按照前面的方法，制作颜色为 R139、G254、B234 的长条，如下图所示。

添加长条

新建“图层 2”图层，按照前面的方法，制作一个颜色为 R0、G78、B118 的长条，如下图所示。

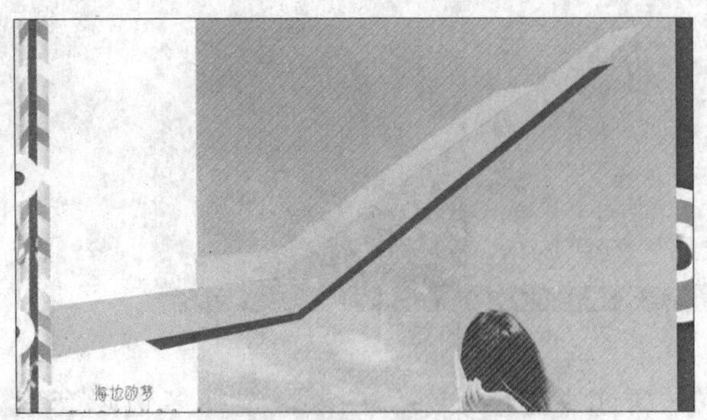

增加长条

新建“图层 3”图层和“图层 4”图层，分别制作颜色为白色和黑色的长条，如下图所示。

再次添加长条

双击“蓝色线条”图层，打开“图层样式”对话框，在对话框中设置“投影”图层样式的“不透明度”为 60%，其他参数如下图所示。

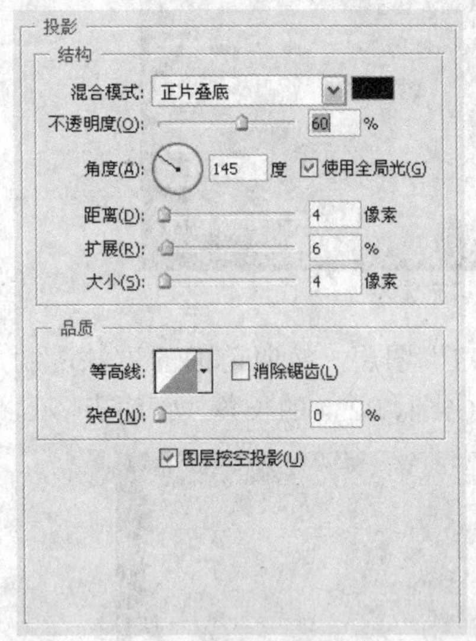

设置参数

完成后单击“确定”按钮，为图像添加投影效果，如下图所示。

投影效果

新建“飞鸽”图层，设置前景色为白色，选择自定形状工具，在选项栏上单击“填充像素”按钮，并设置自定形状为“鸟 2”，如下图所示。

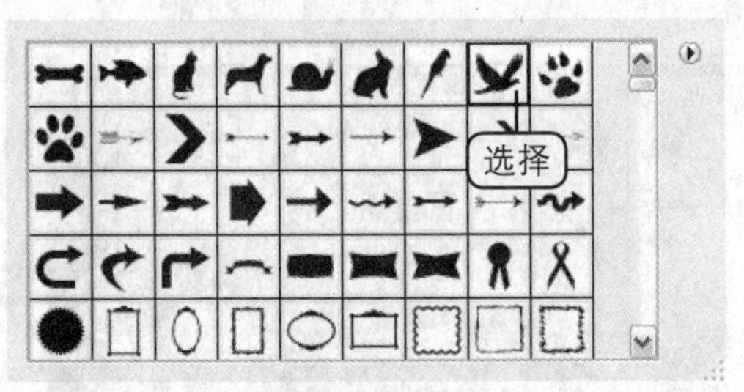

选择形状

在图像右上方绘制如下图所示的形状。

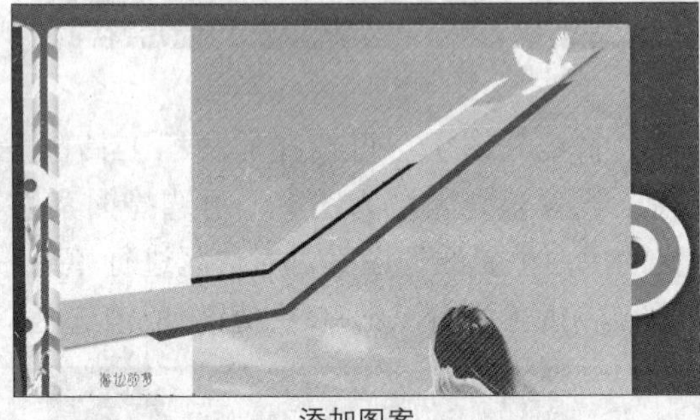

添加图案

新建“箭头”图层，设置前景色为 R248、G176、B63，在选项栏中打开“自定形状”拾色器面板，单击面板右上角的扩展按钮，在弹出的菜单中执行“箭头”命令，用“符号”形状替换当前形状。然后在符号面板中选择“箭头 4”，如下图所示。

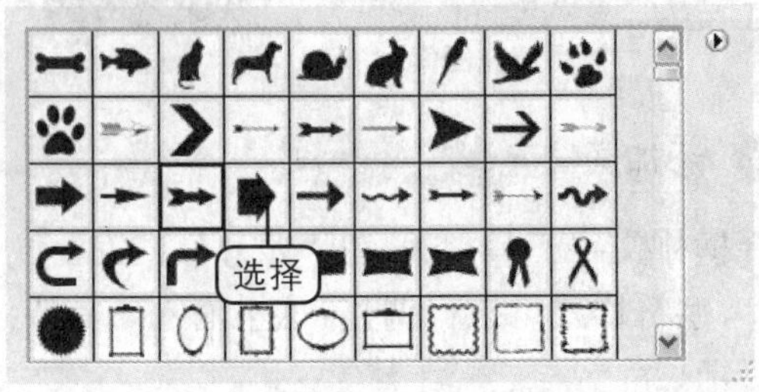

选择形状

如下图所示，绘制一个箭头图形。

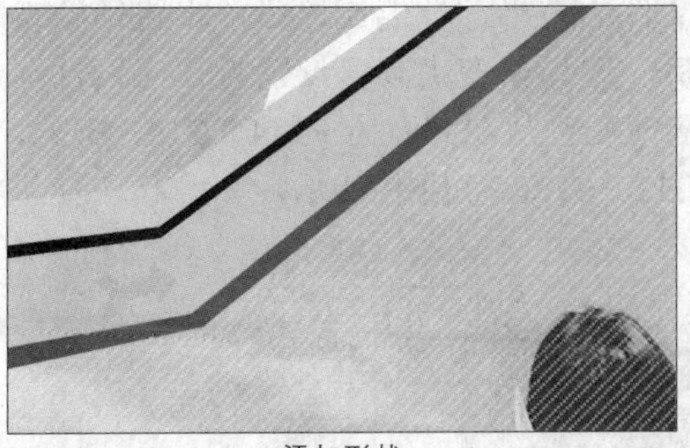

添加形状

步骤 07 添加文字

选择横排文字工具[T]，在长条图案的下方输入文字，如下图所示。

输入文字

输入“生命的价值”，然后对文字进行栅格化，再对文字进行变形，如下图所示。

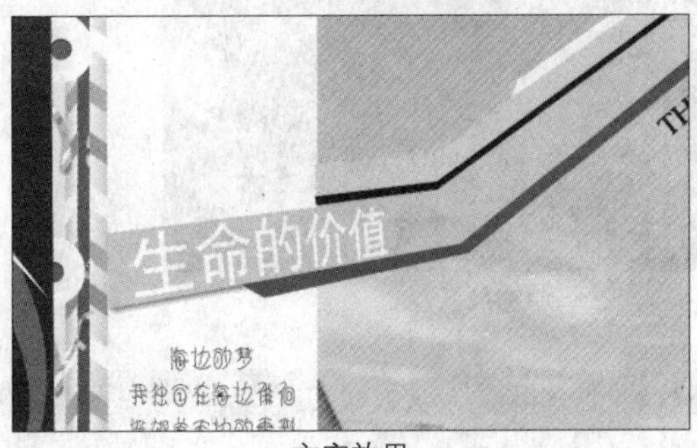

文字效果

用相同的方法在图像中添加类似的变形文字，如下图所示。

添加文字

输入文字“个人主页”，效果如下图所示。

添加文字

对文字进行栅格化，然后将图像背景为白色的文字部分创建为选区，并将该部分文字填充为黑色，如下图所示。

填充颜色

为“个人主页”图层添加“投影”图层样式参数如下图所示，完成后单击“确定”按钮。

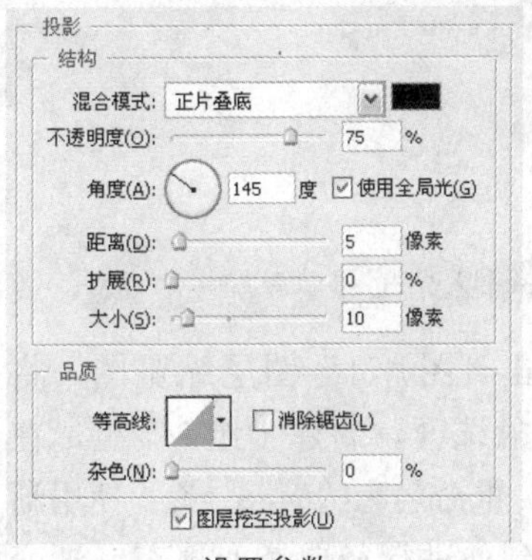

设置参数

完成上述操作后，得到如下图所示的效果。

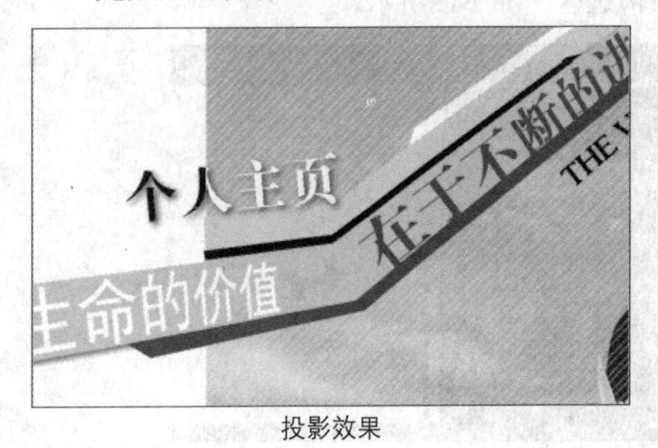

投影效果

步骤 08 完善图像

新建“圆形”图层。设置前景色为 R63、G237、B248，选择椭圆选框工具，在“飞鸽”的左右两边分别创建多个椭圆选区和一个圆环选区，再用前景色填充选区，如下图所示。

图像效果

步骤 09 创建图层组

选中除“册子图层和“背景”图层以外的图层，然后按下 Ctrl+G 快捷键，将这些图层全部创建到“组 1”中，并隐藏“组 1”，如下图所示。

创建组

步骤 10 开始制作第 2 个册子

按住 Ctrl 键单击“图片 1”图层缩览图，将该图层中的图像载入选区。新建“组 2”组，在组中新建一个图层，重命名为“背景 1”。使用渐变工具对选区从内到外进行径向渐变填充，渐变颜色从左到右为 R202、G52、B143，黑色，完成后取消选区，如下图所示。

填充渐变

新建“背景 2”图层，选择钢笔工具，沿着图像文件的右半部分绘制路径，将路径转换为选区后，选择渐变工具，设置为径向线性渐变，设置渐变色从左到右为 R214、G19、B124，R147、G32、B121，如下图所示。

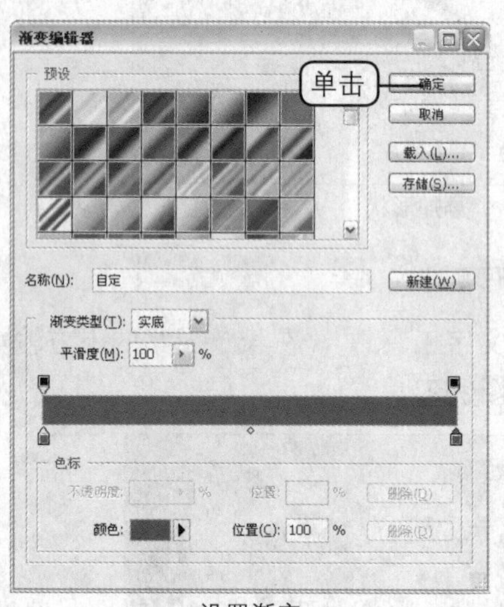

设置渐变

完成后单击“确定”按钮。在选区内按住 Shift 键应用从左到右的水平渐变填充，并取消选区，如下图所示。

添加渐变

步骤 11 添加花纹

打开本书配套光盘中第 10 章\media\花纹.png 文件，然后将其拖动到“制作个人宣传画册”图像窗口中，再适当调整其位置和大小，如下图所示。

添加花纹

新建两个图层，分别重命名为“黑色块面”和“黑色花纹”。选择“黑色块面”图层，选择钢笔工具，绘制一个不规则路径，填充为黑色，然后选择“黑色花纹”图层，创建如左下图所示的“黑色花纹”选区。放置在如右下图所示的位置。

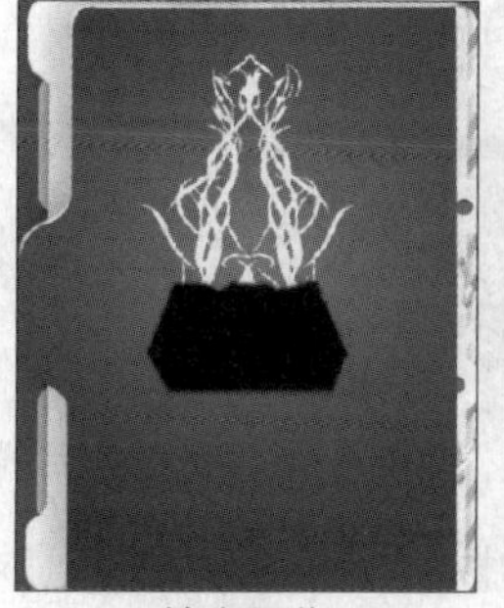
填充图像

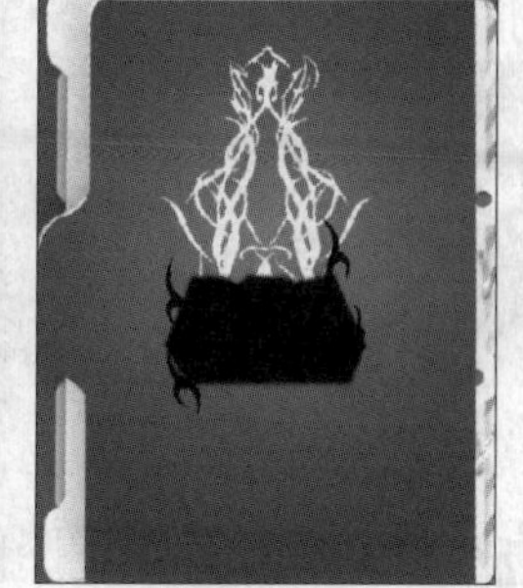
添加花纹

新建两个图层，分别重命名为“黄色花纹”和“白色花纹”。选择“黄色花纹”图层，结合钢笔工具、椭圆选框工具、自定形状工具，创建如左下图所示的选区，并填充颜色（R219、G185、B0），完成后取消选区，如右下图所示。

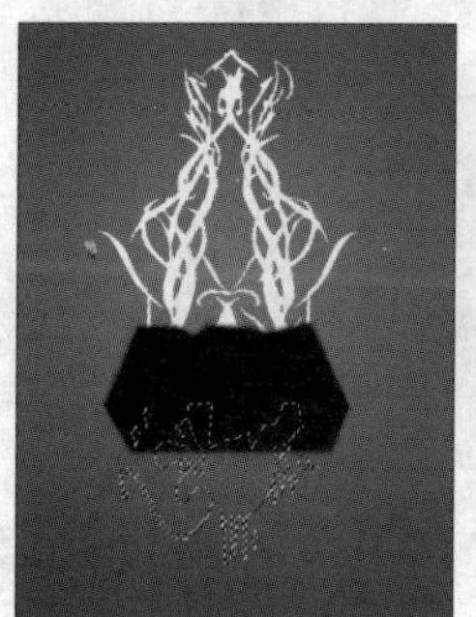
创建选区

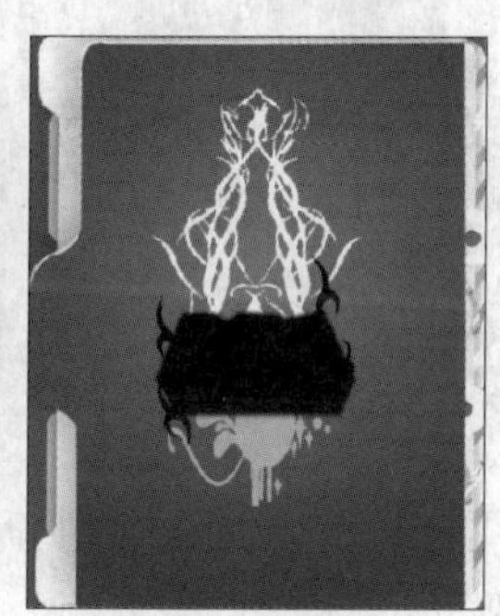
填充选区

选择“白色花纹”图层，设置前景色为白色，然后选择自定形状工具，在选项栏上选择不同的形状，在“花纹”的左右两边分别绘制多个自定形状，如左下图所示。对形状进行填充，效果如右下图所示。

创建形状

填充形状

步骤 12 添加文字样式

选择横排文字工具，在“黑色块面”上输入文字 LOGO，如下图所示。

输入文字

载入本书配套光盘中第 10 章\media\样式 1.asl 文件，然后在“样式”面板中可以看到载入了很多图层样式，选择金黄色的图层样式，如左下图所示。效果如右下图所示。

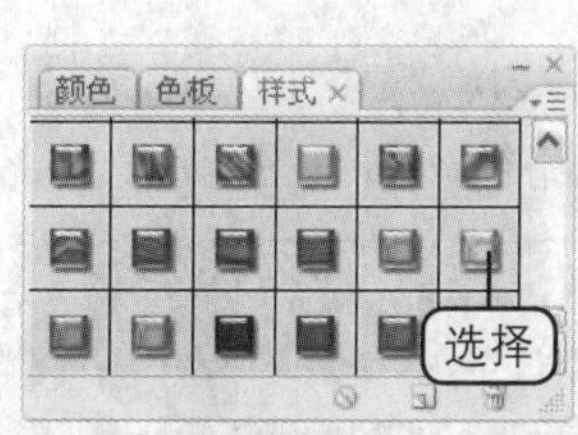

选择样式

样式效果

步骤 13 载入素材

同时打开本书配套光盘中的第 10 章\media 文件夹中的标志 1.tif～标志 4.tif 文件和标志 5.png 文件，如下图所示。

打开图像 1

打开图像 2

打开图像 3

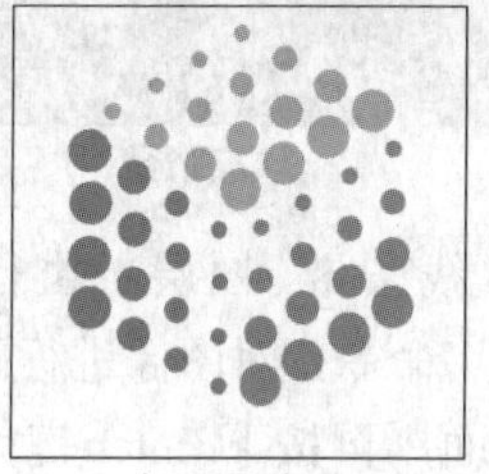
打开图像 4

打开图像 5

选择移动工具，将图像分别移动到“制作个宣传画册”图像窗口的右边，调整图像之间的位置，如下图所示。

载入素材

步骤 14 绘制线条

新建一个图层，重命名为“线条 1”。选择钢笔工具，创建一条曲线路径，如下图所示。

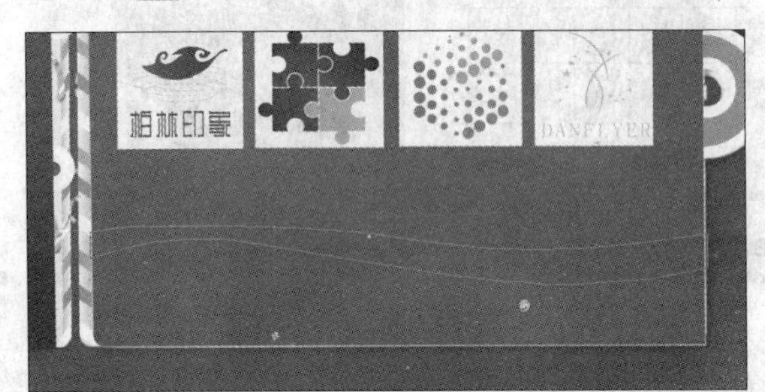
创建路径

将路径转换为选区后，填充选区为白色到透明的线性渐变，如下图所示。

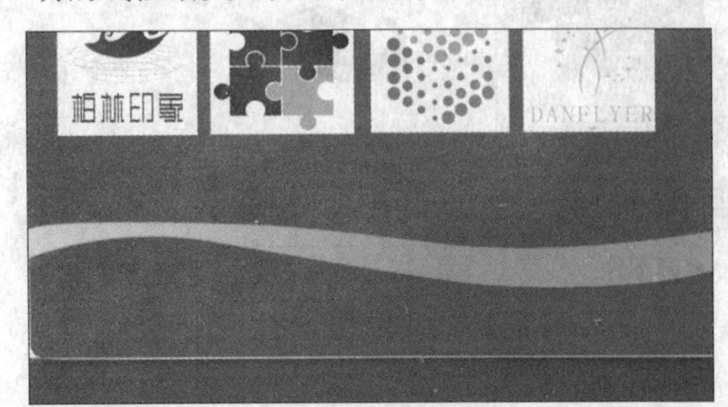
填充路径

复制“线条 1”图层，执行“编辑 > 变换 > 旋转 180°”命令，对图像进行翻转，放置在“线条 1”的下面，再按下 Enter 键完成操作，如下图所示。

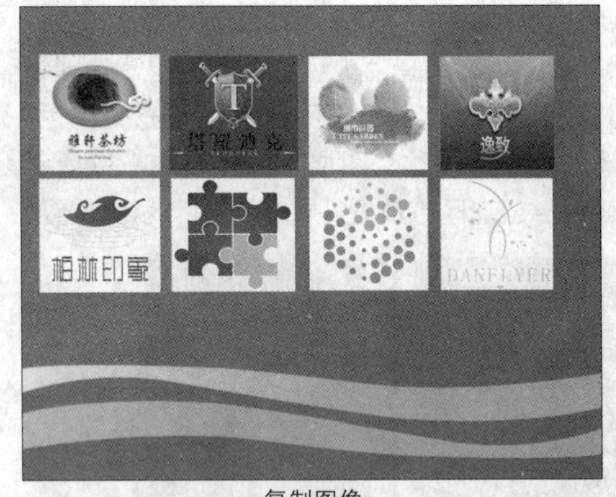
复制图像

步骤 15 绘制鸽子和星星图像

在“组 1”中复制“飞鸽”图层到“组 2”中。旋转放大图像，再调整图像到左下角，如下图所示。

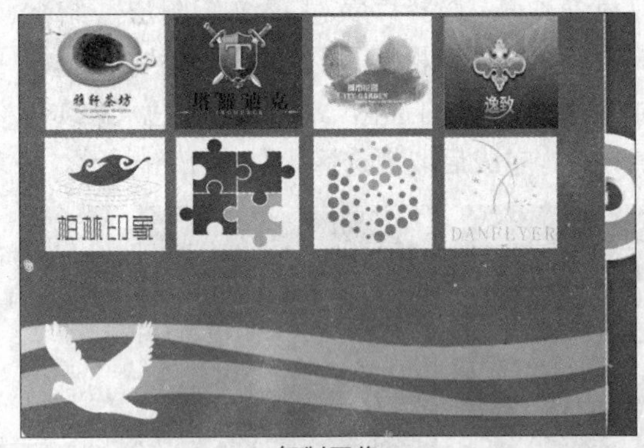
复制图像

使用白色到透明的线性渐变填充形状，如下图所示。

填充形状

新建“星星”图层，选择自定形状工具，再选择不同的星星形状，在图像文件的下方绘制大小不一的星星图像，如下图所示。

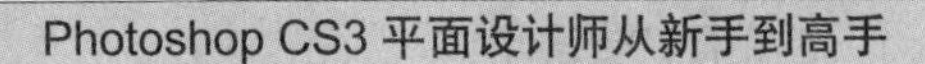

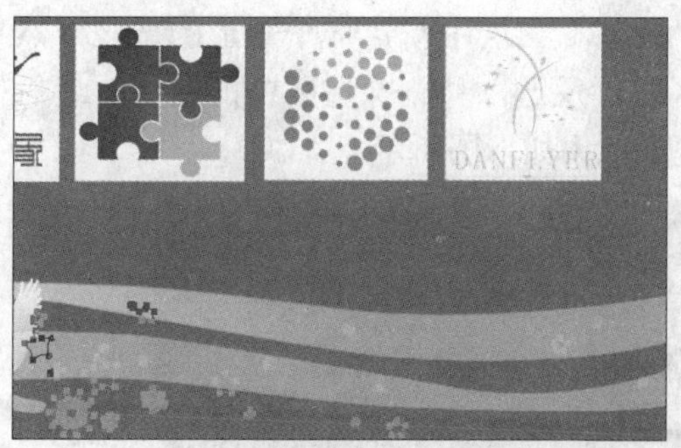
添加路径

将路径转换为选区后，同样使用白色到透明的线性渐变填充形状，效果如下图所示。

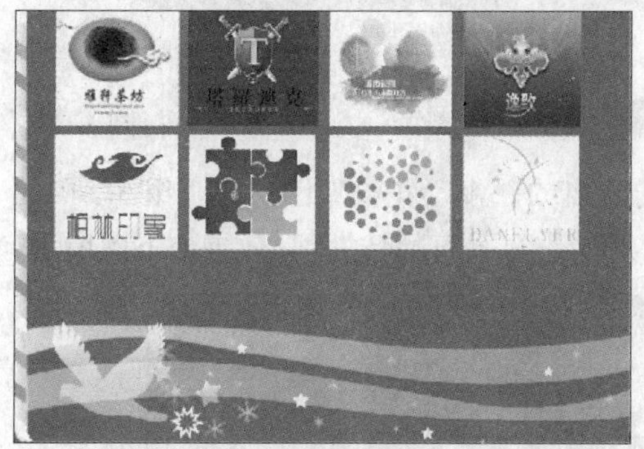
填充形状

步骤 16 添加文字

设置前景色为白色，选择横排文字工具[T]，在如下图所示的位置输入文字“标志设计”。

输入文字

在图像中输入相关英文，分别放置在“设计”的左边和下面，如下图所示。

完成效果

步骤 17 开始制作第 3 个册子

在“组 2”上新建“组 3”，再复制“组 2”中的图层到“组 3”中，如下图所示。

复制图层

隐藏“组 2”和“组 3”中除“背景 1 副本”图层和“背景 2 副本”图层以外的图层，在“组 3”中选中“背景 1 副本”图层，设置渐变如下图所示，其中渐变色从左到右依次为 R216、G37、B28、R25、G25、B25。

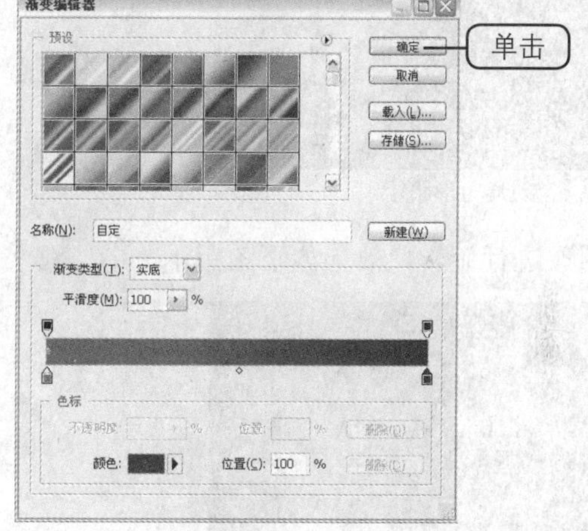

设置渐变

在“背景 1 副本”图层中由上至下添加渐变，效果如下图所示。

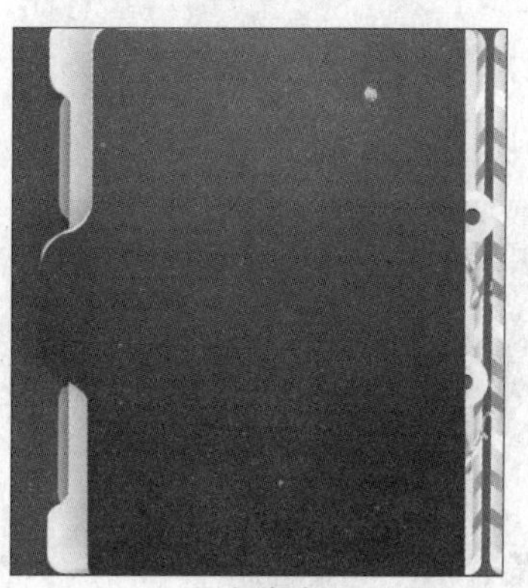
添加渐变

选中“背景 2 副本”图层，然后将该图层中的图像填充为 R218、G37、B18，如下图所示。

填充图像

步骤 18　制作线条

在“背景 2 副本”图层上新建“线条”图层，选择矩形工具，在选项栏上单击“填充像素”按钮。绘制多个矩形，如下图所示。

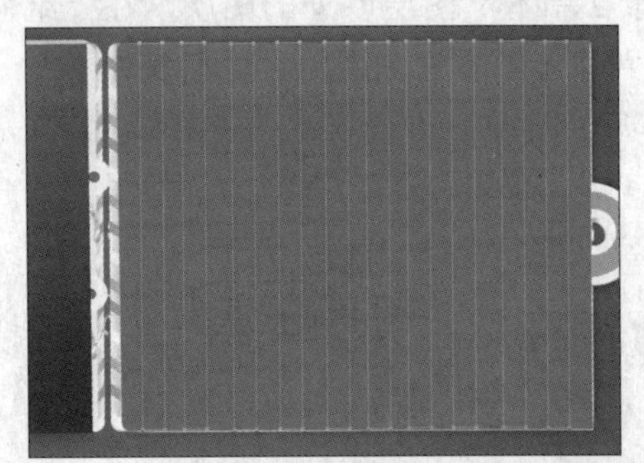
创建矩形路径

对图像进行旋转，效果如下图所示。

变换路径

设置前景色为 R193、G38、B30，用前景色填充路径，效果如下图所示。

填充路径

在“线条”图层中新建一个矩形的选区，然后对选区进行反选，并删除选区中的图像。最后取消选区，效果如下图所示。

删除部分图像

步骤 19　调整左边图像

显示“组 2”中“花纹”图层在“组 3”中的副本，并对其进行垂直翻转处理，效果如下图所示。

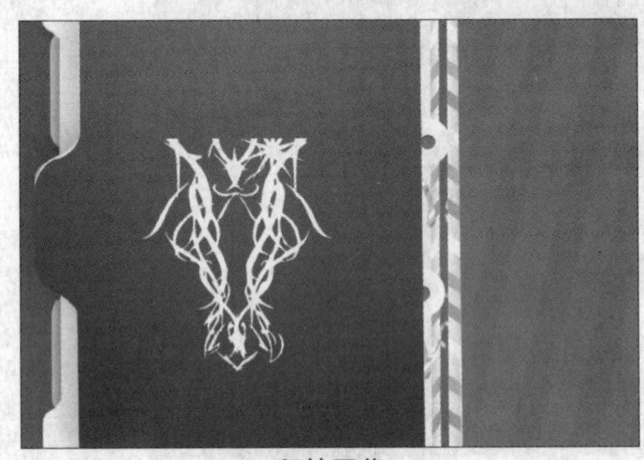
翻转图像

显示“黑色块面”的副本，并使用自由变换，将其向上调整，再进行放大处理，效果如下图所示。

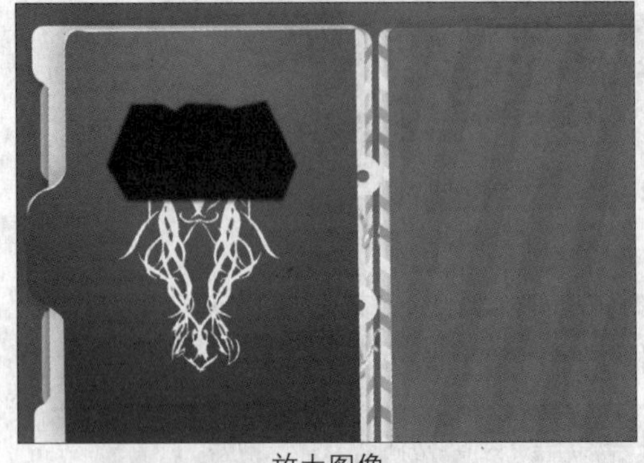
放大图像

显示“黑色花纹”的副本，并调整至与“黑色块面”的副本相匹配的位置，且对其中的部分花纹进行分别调整，效果如下图所示。

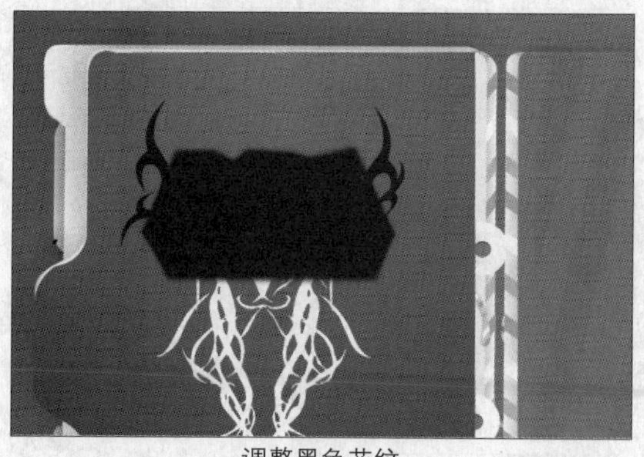
调整黑色花纹

显示“黄色花纹”的副本，将其进行垂直翻转和水平翻转，然后调整体位置和大小，效果如下图所示。

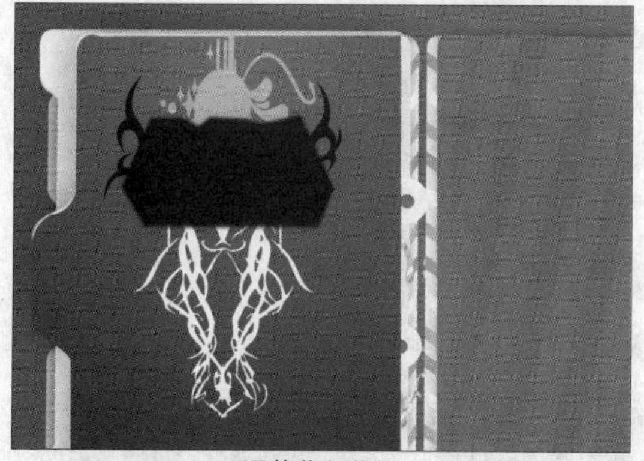
调整黄色花纹

显示“白色花纹”的副本，使其与当前图像中花纹图像相匹配，效果如下图所示。

调整白色花纹

调整“白色花纹”的副本至“黄色花纹”的副本下方，如下图所示。

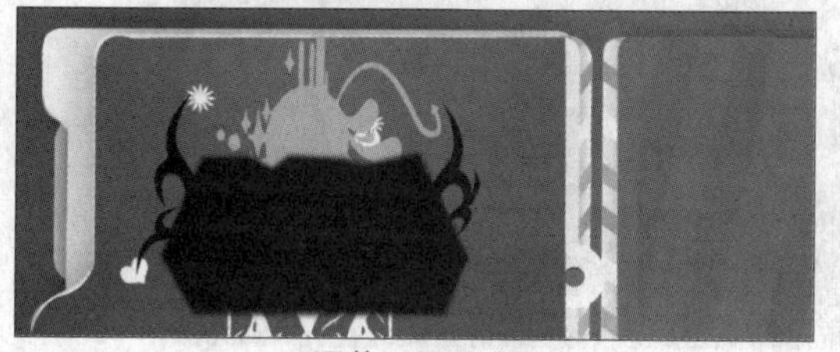
调整图层顺序

步骤 20 改变颜色

选中“黄色花纹”的副本，再将其填充为白色，如下图所示。

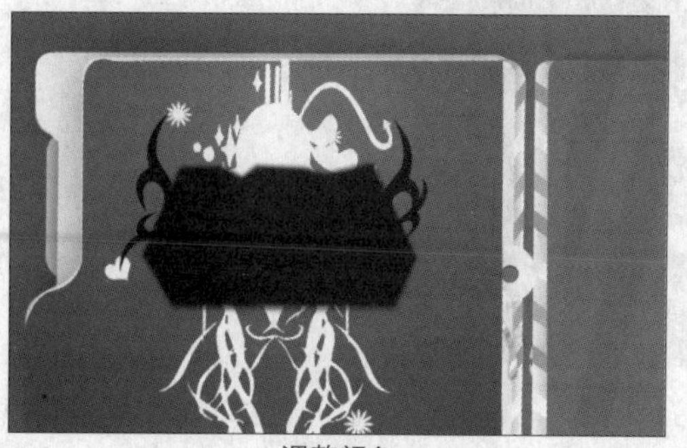
调整颜色

合并“黑色花纹”的副本和“黑色块面”的副本，再填充颜色为 R106、G12、B8，如下图所示。

填充图像

步骤 21 添加投影

分别双击所有花纹所在的图层，在弹出的“图层样式”对话框中设置如下图所示的参数，其中“投影”颜色为默认的黑色，完成后单击“确定”按钮。

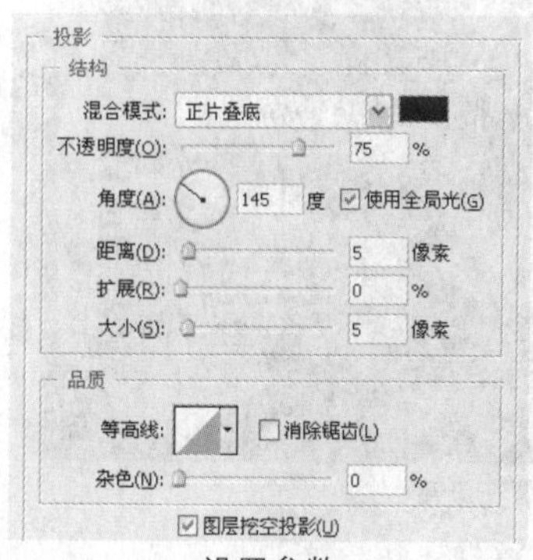

设置参数

完成上述操作后，得到如下图所示的投影效果。完成后合并所有花纹图像所在的图层，并重命名为“花纹”。

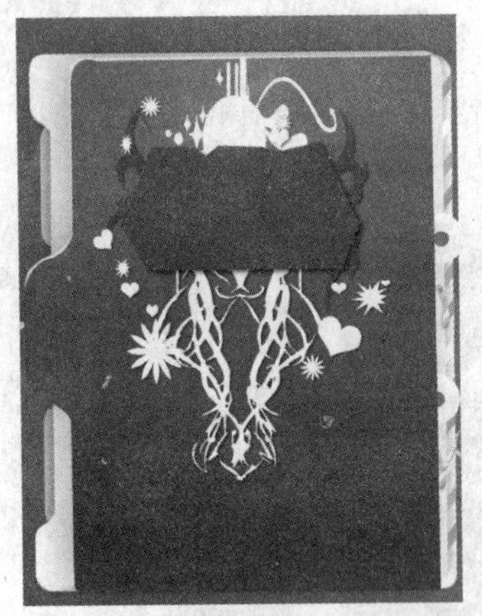

图像效果

步骤 22 添加渐变条

选择钢笔工具，创建如下图所示的路径。

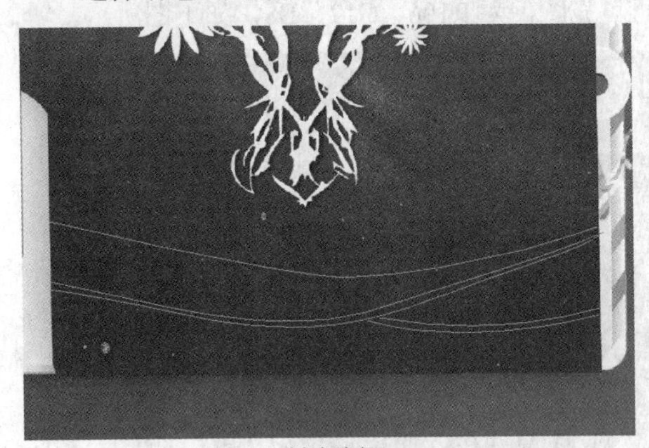

创建路径

将路径转换为选区，再添加颜色依次为 R57、G46、B54，R126、G106、B117，R195、G186、B191 的线性渐变效果，完成后取消选区。效果如下图所示。

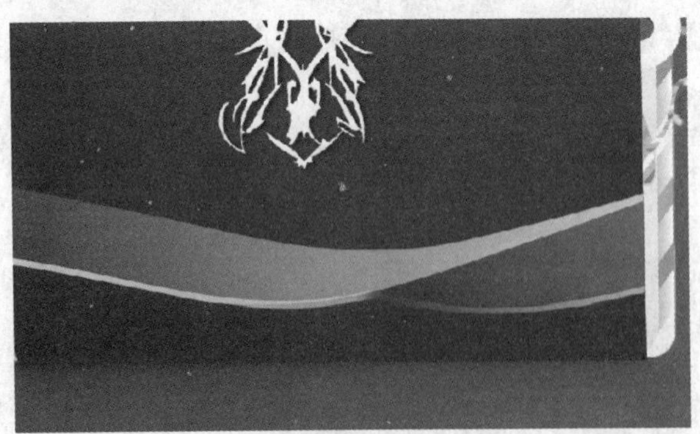

填充渐变

步骤 23 添加图像

打开本书配套光盘中第 10 章\media 文件夹中的图片 1.png、图片 2.png、图片 3.png 文件，如下图所示。

打开图像 1

打开图像 2

打开图像 3

将 3 个图像分别拖曳至“制作个人宣传画册”图像窗口的“组 3”中，排列方式如下图所示。

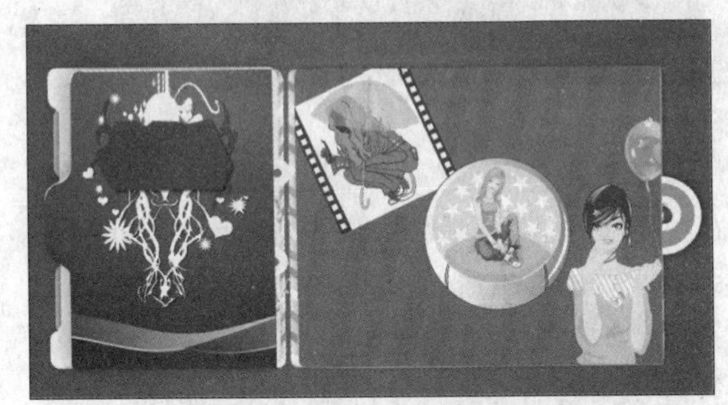

拖入图像

步骤 24 添加素材

打开本书配套光盘中的第 10 章\media\花纹 2.png 文件，将“花纹 2”图像拖曳至“制作个人宣传画册”图像窗口的左边，如下图所示。

拖入素材

复制“花纹2”图层，再复制得到的花纹旋转图像到图像文件的右上角，如下图所示。

复制图像

步骤25 添加文字

选择横排文字工具[T]，在图像的左边添加如下图所示的文字。

输入文字

为该文字添加与“组2”中LOGO相同的样式，效果如下图所示。

添加样式

选择横排文字工具[T]，将“标志设计”改变为“插画设计”。放置位置和排列方式如下图所示，然后在下方输入相关英文。至此，本例制作完成。

输入文字

NOTE

NOTE

11 Chapter

网站界面设计

结合各种网站首页制作的特点，使用Photoshop可以制作出各种不同风格的网站界面。本章将介绍各种风格的网站首页制作方法。这些网站首页设计图可以直接上传到网络上，作为网站首页使用。

本章内容索引

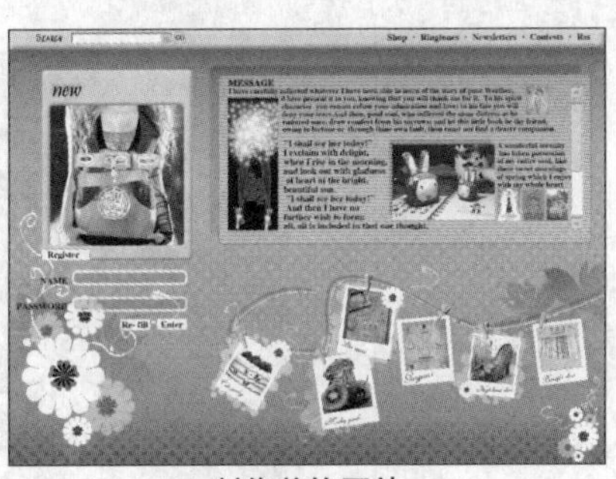
制作首饰网站

制作游戏网站

制作化妆品网站

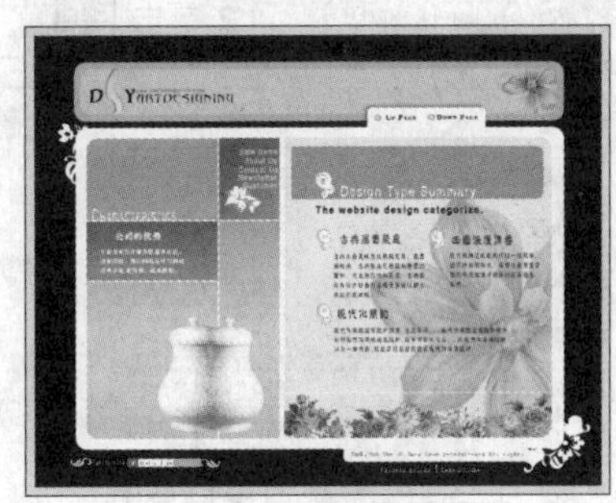
制作技术网站

制作食品网站

11.1 制作首饰网站

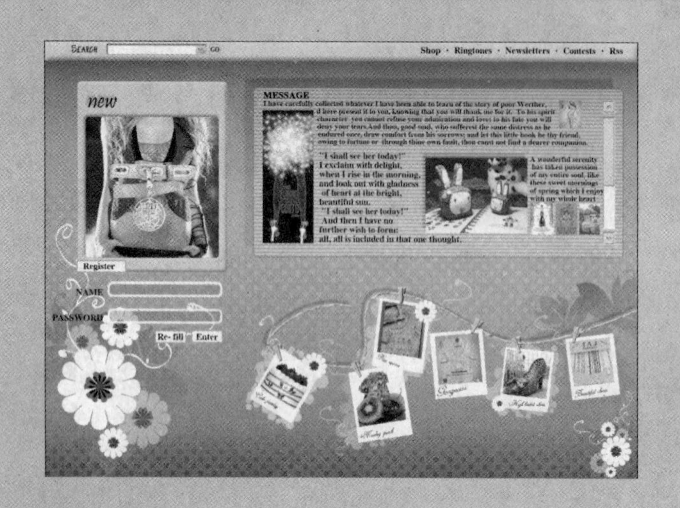

实例概述 本实例运用Photoshop中的钢笔工具、选框工具、圆角矩形工具制作首饰网站。

关键提示 在制作过程中，难点在于网站中纹理和花纹图像的制作，重点在于突显网站的风格和主题。

应用点拨 本实例的制作方法可用于各种女性网站的首页制作。

光盘路径：第11章\Complete\制作首饰网站.psd

步骤01 新建图像文件

执行"文件>新建"命令，在弹出的"新建"对话框中设置"名称"为"制作首饰网站"，设置"宽度"为"10厘米"，设置"高度"为"7.14厘米"，设置"分辨率"为"300像素/英寸"，如下图所示，新建一个图像文件。

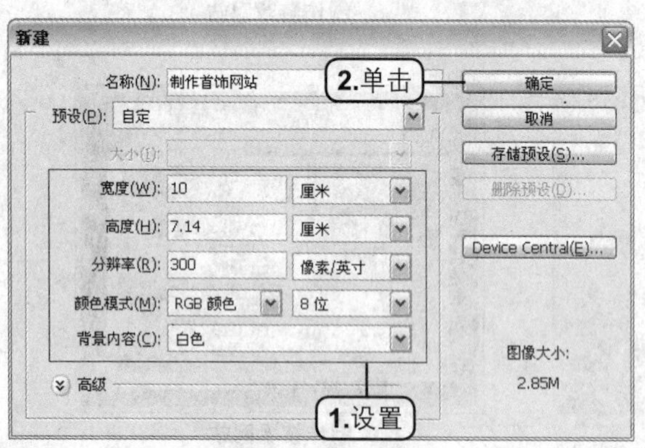

设置"新建"参数

步骤02 制作底纹

选择渐变工具，然后在"渐变编辑器"中设置渐变色从左到右为R0、G97、B147，R124、G210、B222，R0、G97、B147，如左下图所示，完成后单击"确定"按钮。在图像中从上至下添加渐变，效果如右下图所示。

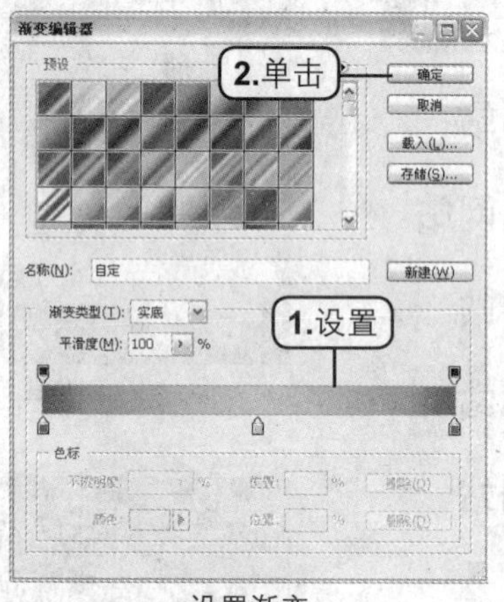

设置渐变

渐变效果

选择套索工具，在图像中随意创建一个如左下图所示的选区，然后对其进行羽化，羽化半径为"50像素"，效果如右下图所示。

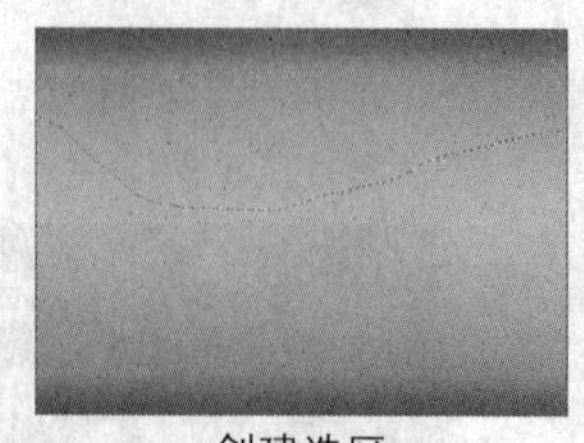
创建选区

羽化选区

新建"图层1"图层，执行"滤镜>素描>半调图案"命令，在弹出的对话框中设置如左下图所示的参数。完成后单击"确定"按钮。为图像添加半调图案效果，如右下图所示。

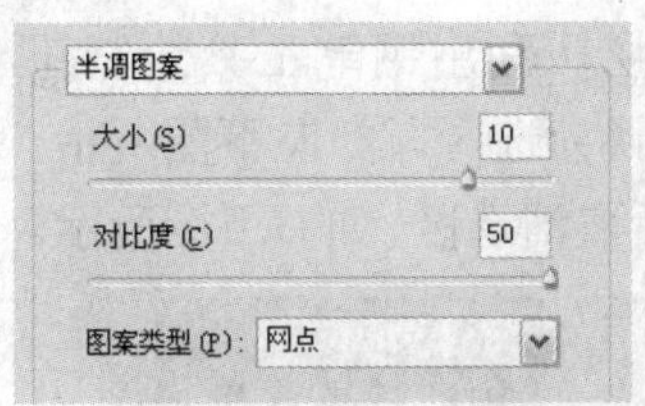

设置"半调图案"参数

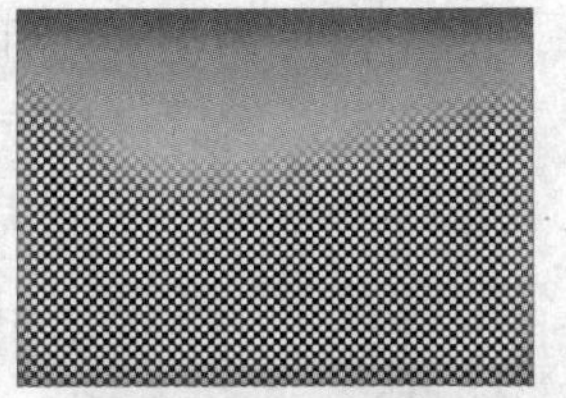

半调图案效果

执行"滤镜>素描>图章"命令，在弹出的对话框中设置如左下图所示的参数。完成后单击"确定"按钮。使图像中的图案更加圆润，如右下图所示。

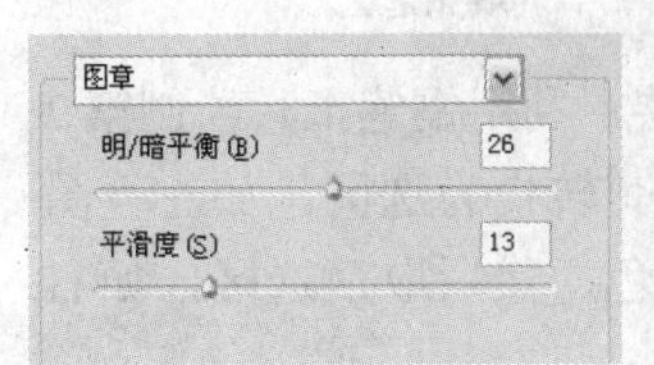

设置"图章"参数

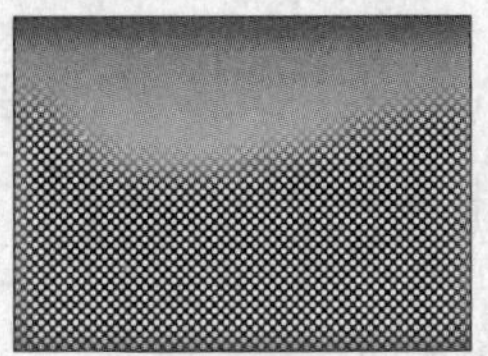

图章效果

选择魔棒工具，选中图像中的白色部分，然后对选区进行反选，删除深色部分，保留白色部分，取消选区后的效果如下图所示。

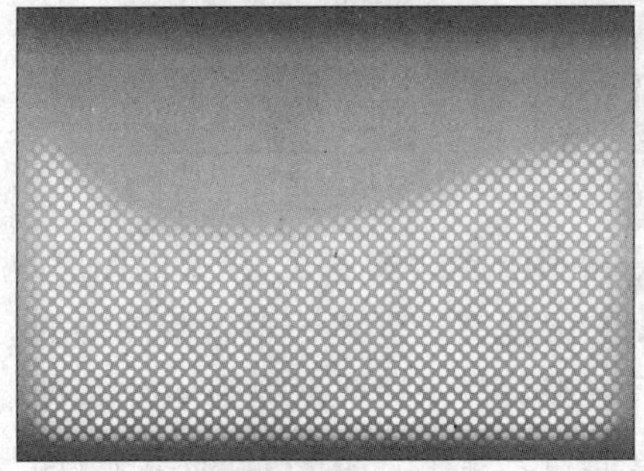

删除图像

再次将白色部分创建为选区，如左下图所示，然后执行"选择>修改>扩展"命令，在弹出的对话框中设置"扩展量"为"5像素"，对选区进行扩大，效果如右下图所示。

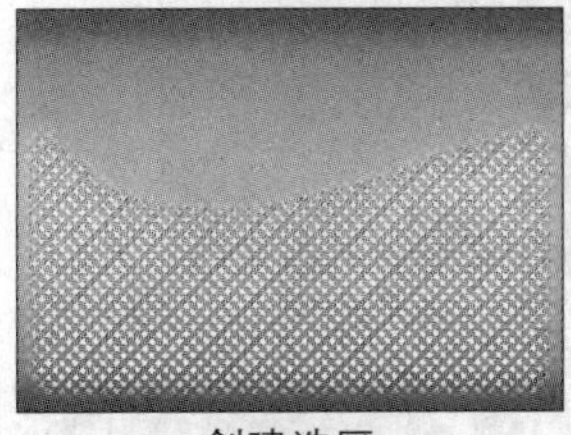

创建选区

扩展选区

设置前景色为R140、G196、B142，用前景填充选区，并取消选区，如左下图所示。适当对图像中的图案进行放大和模糊边缘，效果如右下图所示。

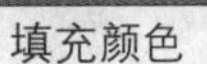

填充颜色

调整图像

步骤03 制作花纹

新建"图层2"图屋，选择钢笔工具绘制一个叶子形状的路径，然后将其转换为选区，如左下图所示，再添加渐变效果，渐变色从上至下为R0、G18、B38，R48、G200、B126，如右下图所示。

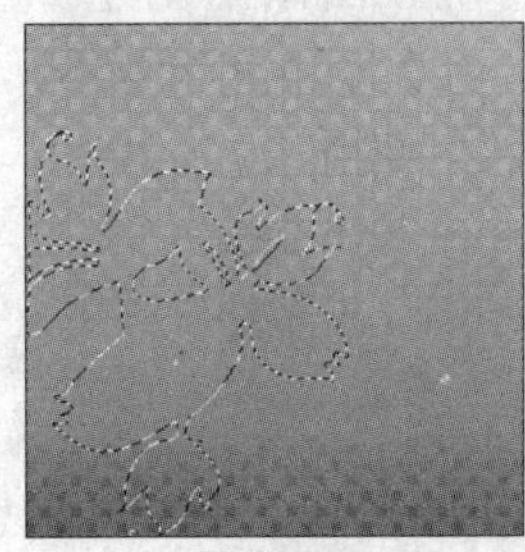

创建选区

添加渐变

新建"图层3"图层，选择钢笔工具绘制一个花瓣的路径，然后将其转换为选区，如左下图所示。将选区填充为白色，效果如右下图所示。

创建选区

填充图像

新建"图层4"图层，在图像中绘制一个小花瓣的路径，然后将其转换为选区，如左下图所示。将选区填充为R84、G112、B122，效果如右下图所示。

创建选区

填充图像

新建“图层 5”图层，选择椭圆选框工具，在图像中创建一个正圆形选区，如左下图所示。将选区填充为 R80、G94、B28，并取消选区，如右下图所示。

创建选区

填充选区

新建“图层 6”图层，再次在图像中创建一个正圆选区，如左下图所示。将选区填充为 R25、G105、B0，并取消选区，如右下图所示。

创建选区

填充选区

在图像中创建一个正圆选区，如左下图所示，然后将选区填充为 R0、G105、B101，并取消选区，如右下图所示。

创建选区

填充选区

新建“图层 7”图层，利用钢笔工具绘制一个花蕊的路径，然后将其转换为选区，如左下图所示。将选区填充为黑色，然后取消选区，如右下图所示。

创建选区

填充选区

新建“图层 8”图层，利用钢笔工具绘制花茎的路径，然后将其转换为选区，如左下图所示。将选区填充为白色，然后取消选区，如右下图所示。

创建选区

填充选区

新建“图层 9”图层，利用钢笔工具绘制第 2 个花茎的路径，然后将其转换为选区，如左下图所示。将选区填充为白色，然后取消选区，如右下图所示。

创建选区

填充选区

选中“图层 2”图层到“图层 7”图层的图层，再按下 Ctrl+Alt+E 快捷键，创建一个这些图层的合并图层，然后调整其“不透明度”为 40%，如左下图所示。复制得到 3 个“图层 7（合并）”图层的副本，并分别调整其不透明度，效果如右下图所示。

调整透明度

复制多个图像

步骤 04 制作登录界面

将“图层 2”图层到“图层 9”图层创建为图层组“花”，在该组之上新建“图层 10”图层，然后选择圆角矩形工具，在选项栏中设置“半径”为 10 px，在图像中绘制如左下图所示的矩形选区，然后将其填充为 R233、G198、B229，如右下图所示。

绘制选区　　填充选区

为“图层 10”图层添加“斜面和浮雕”图层样式，参数设置如左下图所示。效果如右下图所示。

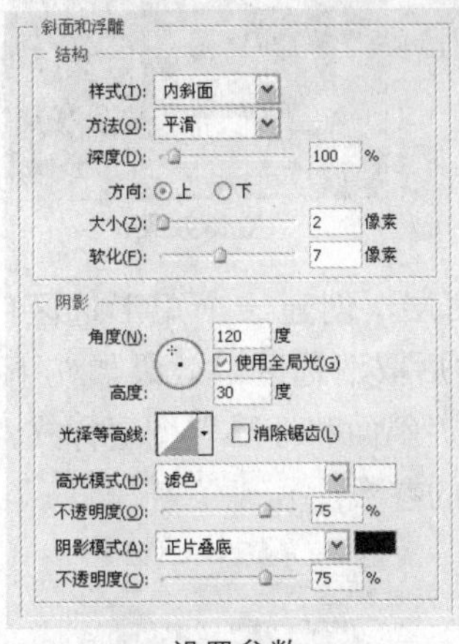

设置参数

图像效果

使用圆角矩形工具绘制如左下图所示的路径，然后新建“图层 11”图层，设置前景色为白色，画笔大小为 7 像素，对该路径进行描边。完成后隐藏路径，效果如右下图所示。

绘制路径

描边路径

在“图层 11”图层下方新建“图层 12”图层，创建如左下图所示的选区，然后将其填充为 R198、G43、B157，取消选区并调整该图层的“不透明度”为 30%，如右下图所示。

创建选区

填充选区

步骤 05 添加登录界面元素

打开本书配套光盘中第 11 章 \media\ 首饰素材 .psd 文件，如下图所示。

打开的素材

将“首饰素材 .psd”图像中“图层 1”图层中的图像拖曳到“制作首饰网站 .psd”图像窗口中，并适当调整其位置和大小，得到“图层 13”图层，调整“图层 13”图层至“图层 10”图层之下，效果如左下图所示。新建“图层 14”图层，在图像中创建如右下图所示的选区。

添加素材

创建选区

将选区填充为白色，并隐藏选区，如左下图所示。为“图层 14”图层添加“描边”图层样式，参数设置如右下图所示，其中颜色为 R106、G194、B271。完成后单击“确定”按钮。

填充选区

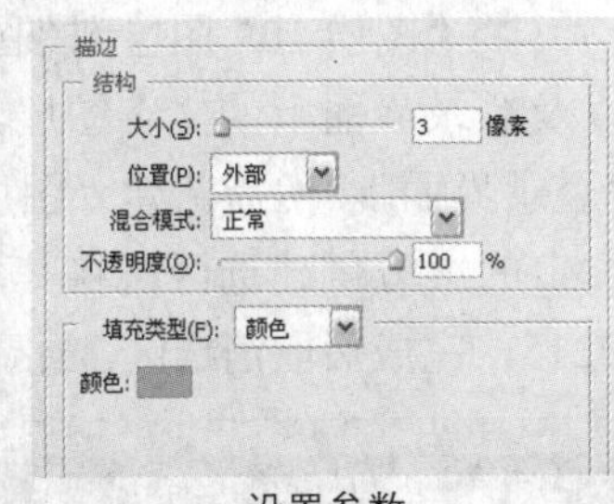

设置参数

通过上述操作，为图像添加的描边效果如左下图所示。复制得到两个“图层 14”图层的副本，并适当调整其位置和大小，如右下图所示。

描边效果

复制图像

根据网站的登录界面的统一规格，为其添加如左下图所示的一系列文字。然后双击 new 图层，在弹出的“图层样式”对话框中选中“投影”复选框，并设置各项参数，如右下图所示。单击“确定”按钮。

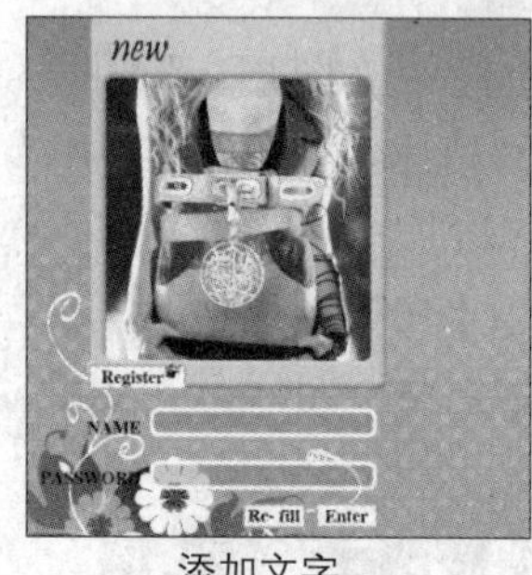

添加文字

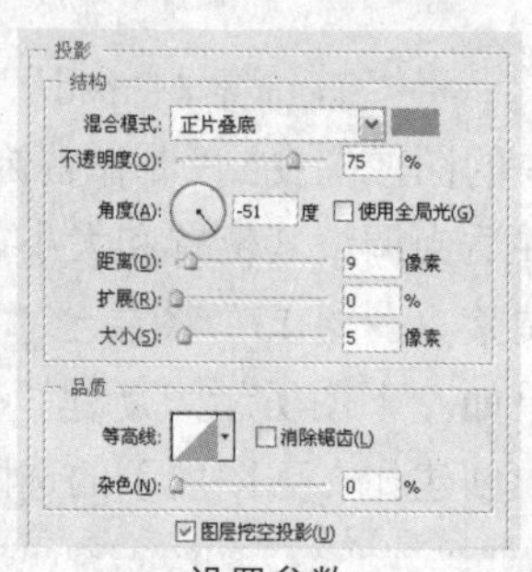

设置参数

通过上述的操作，为 new 文字添加了颜色为 R119、G146、B192 的投影，如下图所示。

投影效果

步骤 06 制作搜索栏

将“图层 10”图层到“图层 14 副本 2”图层，以及登录界面上的文字图层，全部创建为图层组“登录界面”。然后新建“图层 15”图层，在图像窗口的上方创建选区，将其填充为 R215、G215、B215，完成后取消选区，如下图所示。

填充选区

为“图层 15”图层添加“斜面和浮雕”图层样式参数设置如左下图所示。立体效果如右下图所示。

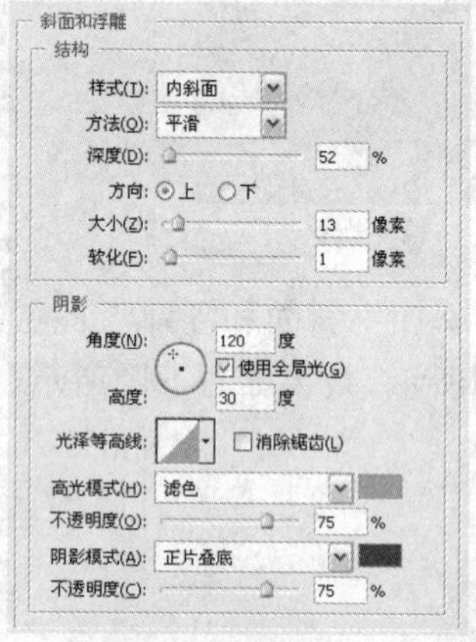

设置参数

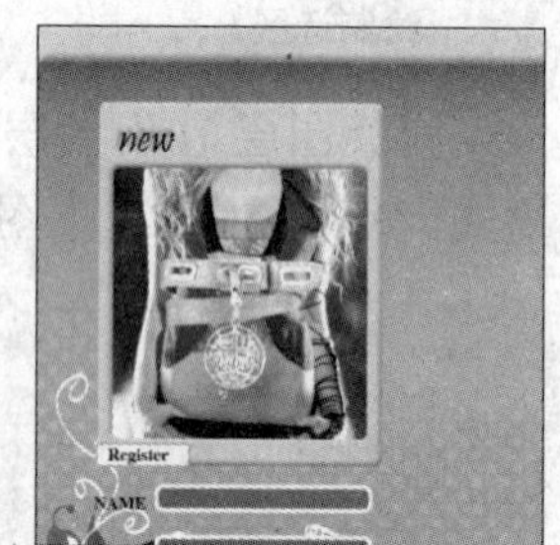

立体效果

新建“图层 16”图层，创建一个矩形选区，并将其填充为白色，然后取消选区。效果如左下图所示。为该图层添加“斜面和浮雕”图层样式，然后设置如右下图所示的参数。

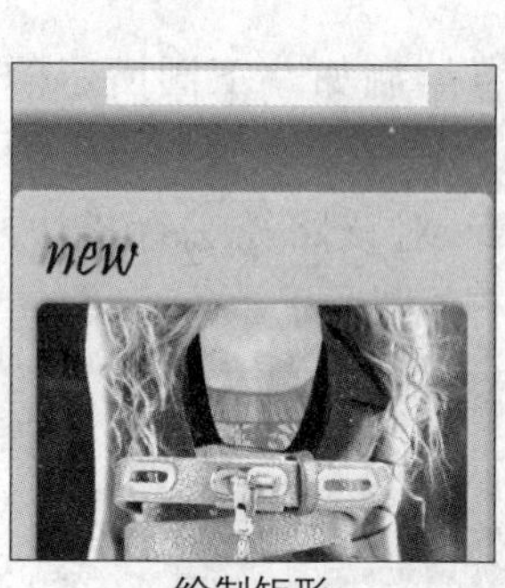

绘制矩形

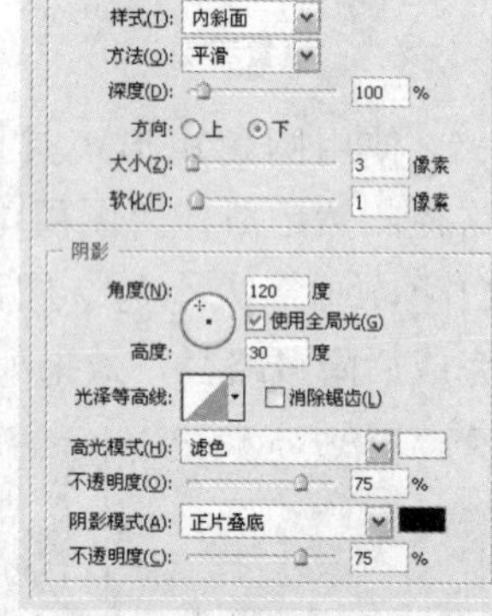

设置参数

继续添加“描边”图层样式，参数设置如左下图所示。添加的凹陷效果如右下图所示。

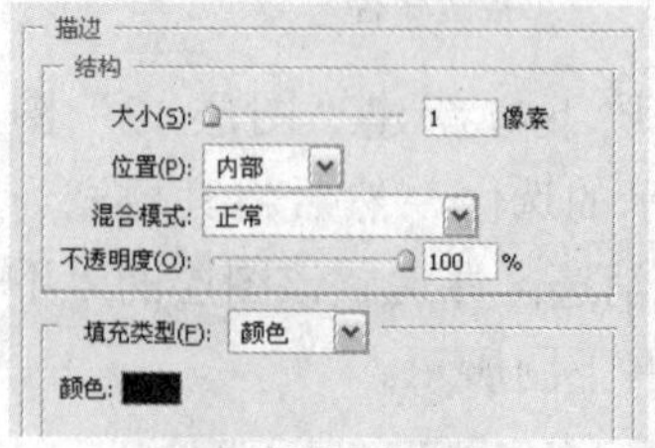

设置“描边”参数

凹陷效果

新建“图层 17”图层，创建一个颜色为 R182、G213、B255 的矩形，如左下图所示。为该图层添加“斜面和浮雕”图层样式参数设置如右下图所示。

绘制矩形　　设置参数

继续添加“描边”图层样式，参数设置如左下图所示添加的凸起效果如右下图所示。

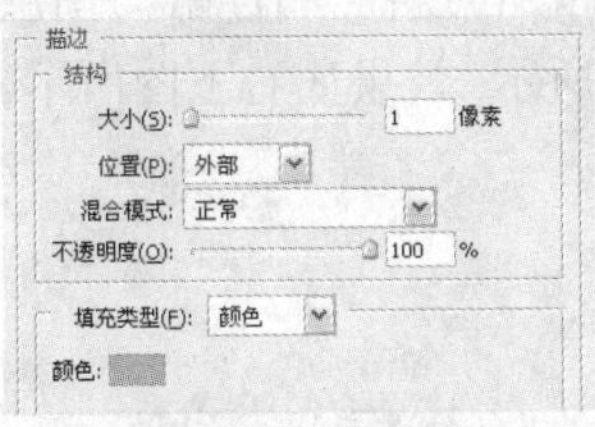

设置“描边”参数

凸起效果

新建“图层 18”图层，选择自定形状工具，选择形状为“箭 2”，在图像中添加该形状，并适当调整方向，然后将其填充为 R116、G174、B255，如左下图所示。完成后为该图层添加“斜面和浮雕”图层样式参数设置如右下图所示。

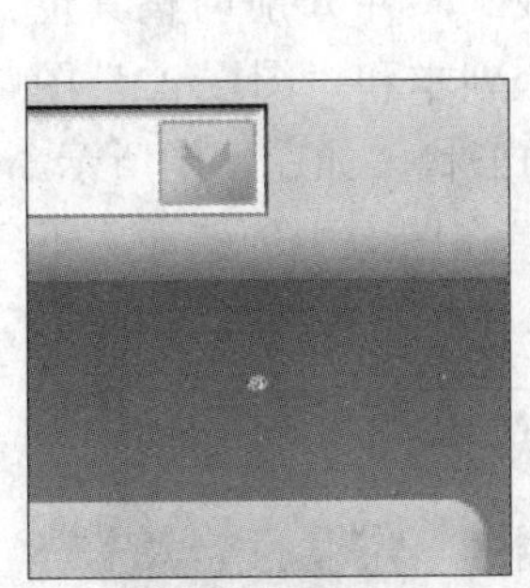

填充路径

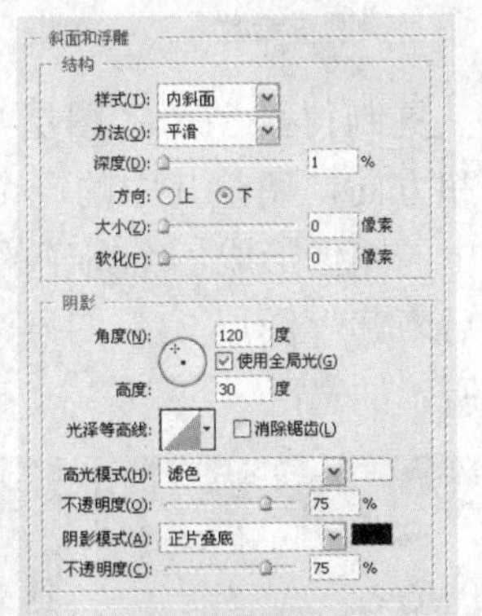

设置参数

继续添加“描边”图层样式，参数设置如左下图所示。添加的效果如右下图所示。

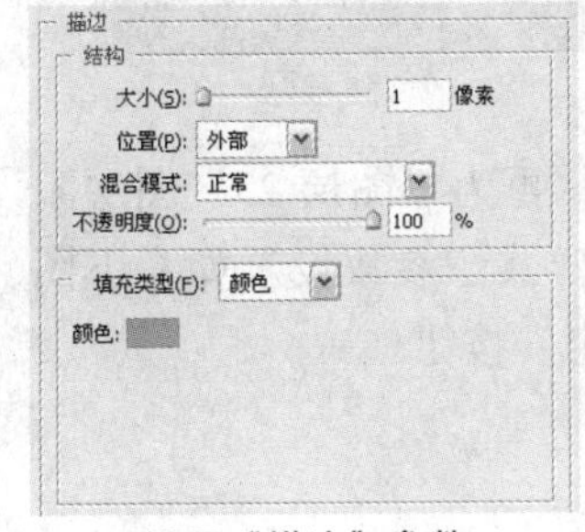

设置“描边”参数

凹陷效果

步骤 07 添加文字

新建“图层 19”图层，在图像中创建如左下图所示的选区，并将其填充为和搜索栏相同的颜色，然后取消选区。双击“图层 19”图层，在弹出的“图层样式”对话框中选中“描边”复选框，设置各项参数，如右下图所示。完成后单击“确定”按钮。

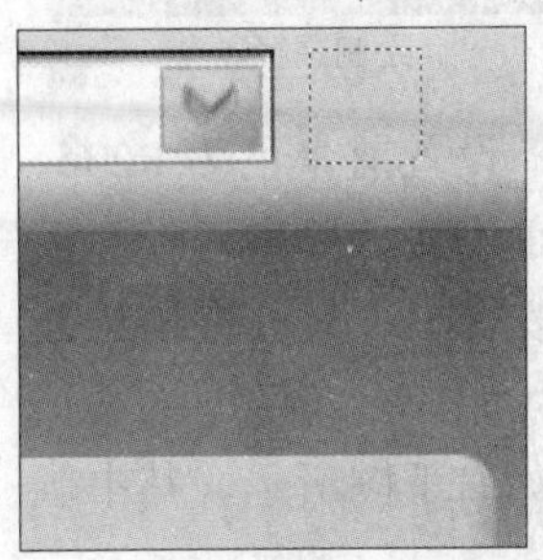

创建选区

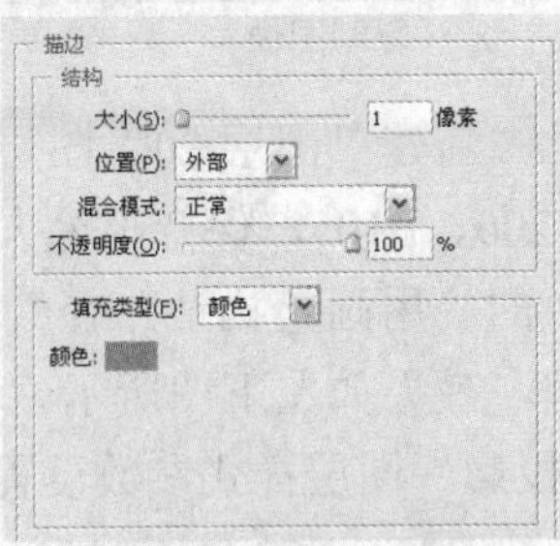

设置“描边”参数

通过上述操作，为图像添加的描边效果如左下图所示，然后在该图像上添加如右下图所示的文字。

描边效果

添加文字

根据搜索栏的构成，在图像中添加其他的文字，如下图所示。

添加文字

步骤 08 制作展示架

将“图层 15”图层到“图层 19”图层以及搜索栏上的文字图层全部创建为图层组“搜索栏”，然后复制图层组“花”中的“图层 2”图层，并将其调整至“搜索栏”之上，且调整其位置于图像右方，降低透明度至 40%，如左下图所示。选择钢笔工具，在图像中绘制如右下图所示的路径。

复制图像

绘制路径

新建“图层 20”图层，设置前景色为 R236、G200、B105，保持画笔大小不变，单击路径面板中的“用画笔描边路径”按钮，对其进行描边处理，效果如左下图所示。为“图层 20”图层添加“投影”图层样式参数设置如右下图所示，其中颜色为 R116、G142、B202。

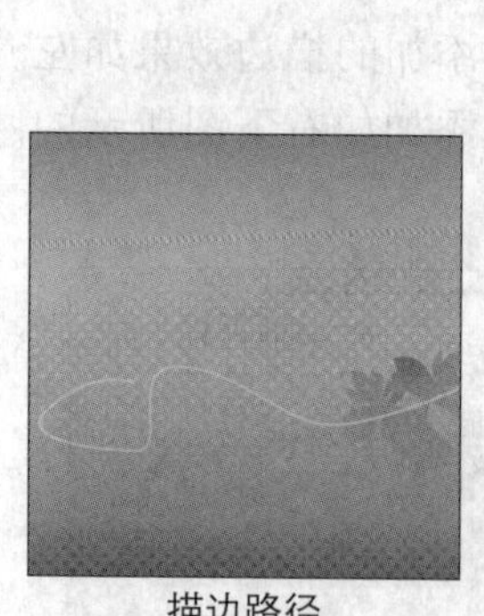
描边路径

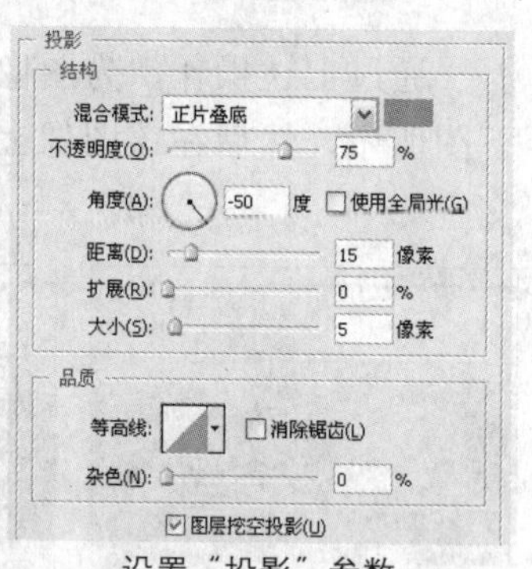

设置“投影”参数

继续添加“纹理”图层样式，参数设置如左下图所示。效果如右下图所示。

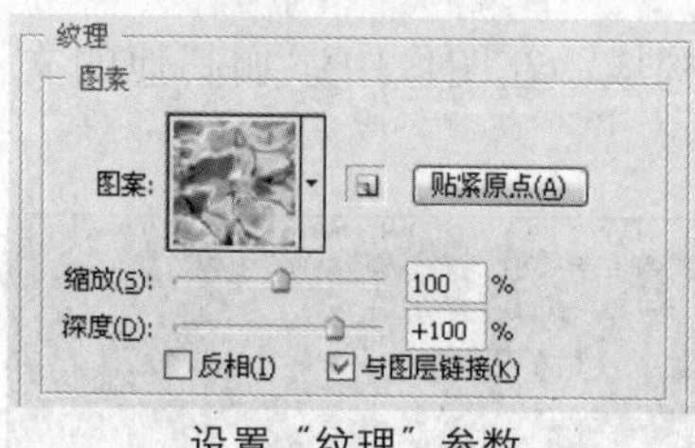

设置“纹理”参数

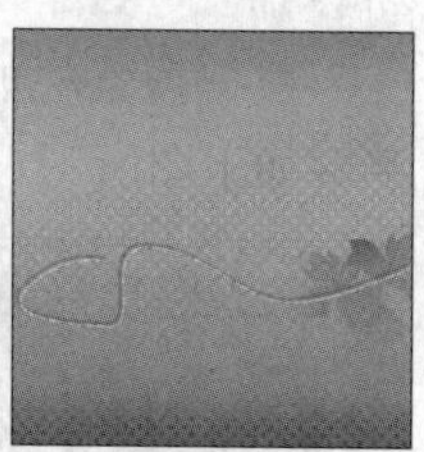
立体效果

新建“图层 21”图层，选择钢笔工具，在图像中绘制如左下图所示的路径，然后将路径填充为白色，如右下图所示。

绘制路径

填充路径

新建“图层 22”图层，利用单击多边形套索工具创建如左下图所示的选区，然后将其填充为 R238、G201、B111，效果如右下图所示。

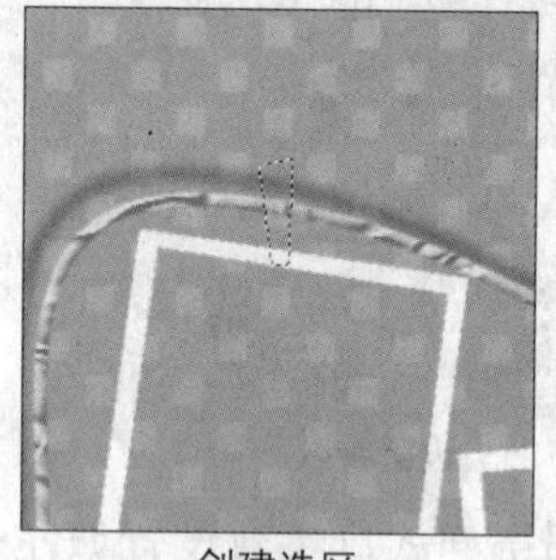
创建选区

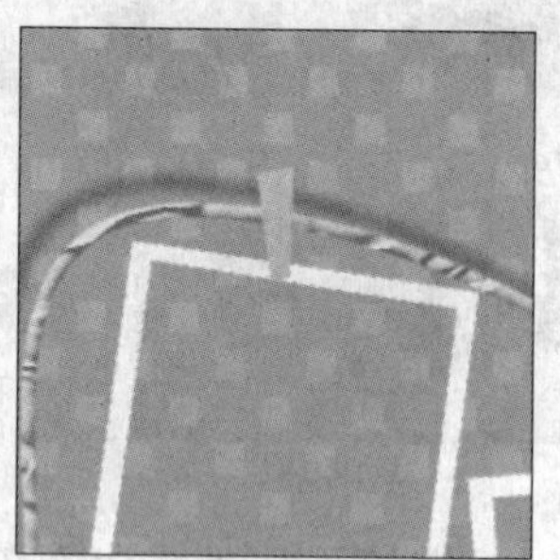
填充选区

为“图层 22”图层添加“斜面和浮雕”图层样式，参数设置如左下图所示。效果如右下图所示。

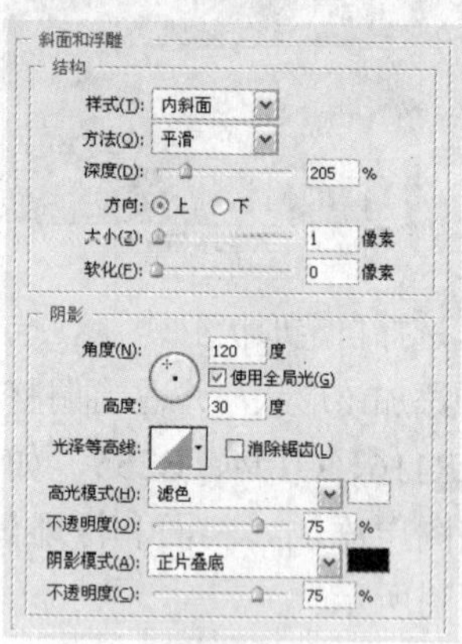

设置参数

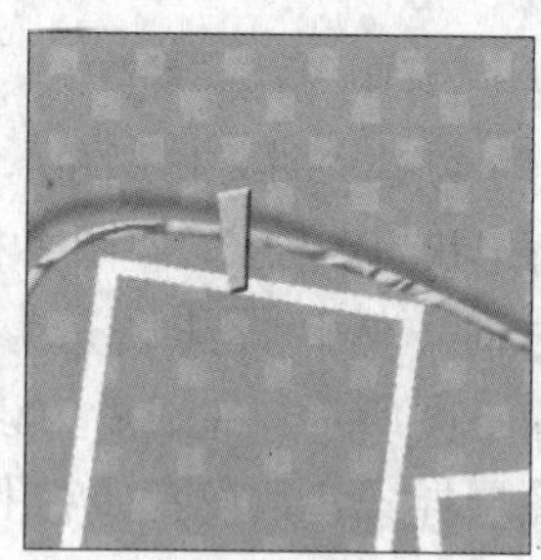
立体效果

复制得到多个“图层 22”，并分别调整其位置和方向，调整其中的一个副本和“图层 22”图层中的图像形成一个夹子的形状，如左下图所示。然后新建“图层 23”图层，在图像中创建如右下图所示的选区。

复制图像

创建选区

将选区填充为灰色，再为“图层 23”图层添加“斜面和浮雕”图层样式，参数设置如右下图所示。完成后单击“确定”按钮。

填充选区

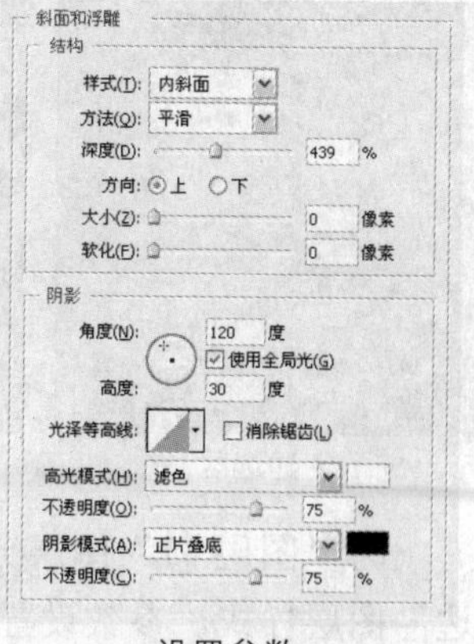

设置参数

通过上述操作，图像变得立体了。创建多个“图层22”图层和“图层23”图层的合并图层，并使各个合并图层与原“图层22”图层的副本图像匹配，为展示架添加夹子夹住相片的效果，如右下图所示。

立体效果

夹子效果

步骤 09　添加装饰

在“图层20”图层下方新建“图层24”图层，使用椭圆工具，绘制如左下图所示的路径，并将其填充为R238、G201、B111，如右下图所示。

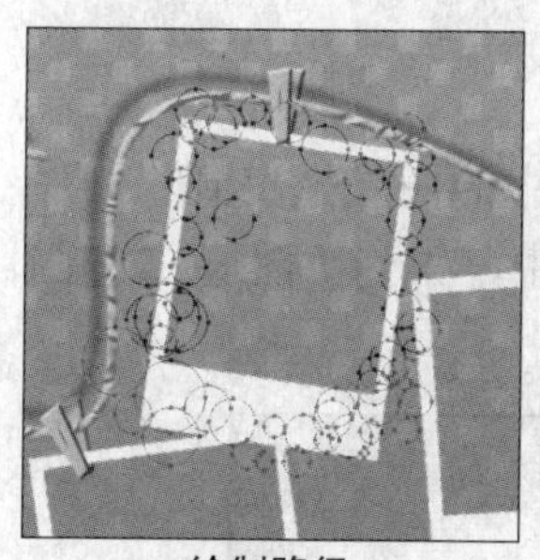

绘制路径

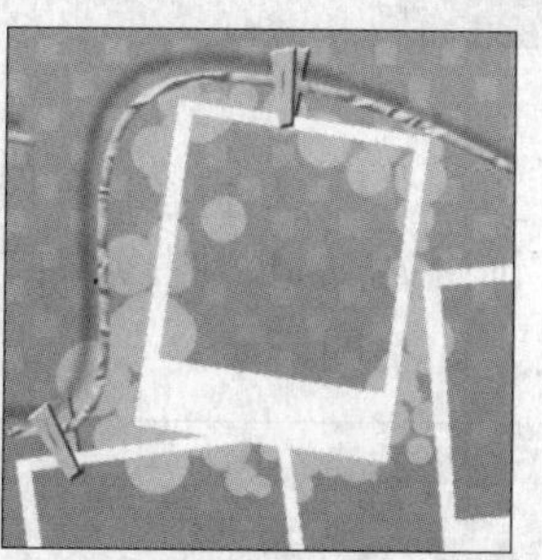

填充路径

复制得到多个“图层24”图层的副本，并分别调整其位置和方向，如左下图所示。按下Ctrl+U快捷键，弹出的“色相/饱和度”对话框，对其中的5个副本进行颜色调整，如下图所示。完成后单击“确定”按钮。

复制图像　调整副本 1

调整副本 2　调整副本 3

调整副本 4　调整副本 5

通过前面对“图层24”副本图层的操作，图像效果如下图所示。

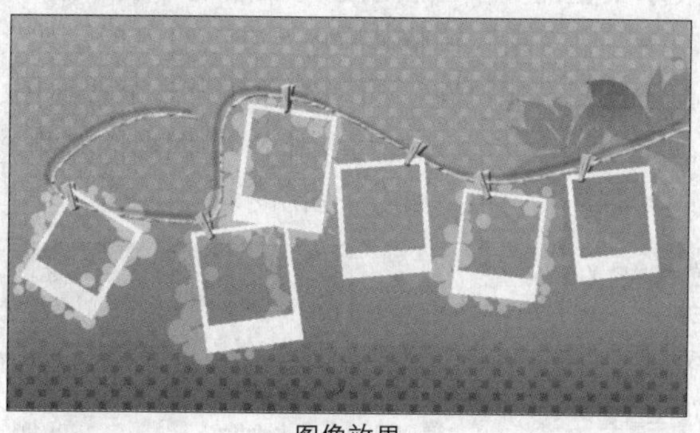

图像效果

复制得到3个图层组“花”中的“图层7(合并)”图层的副本。将复制的图层移动到“图层23”图层之上，并适当调整其位置和方向。复制多个图层组“花”中的“图层8”图层至“图层22”图层之下，分别调整其“不透明度”为80%，且适当调整各个“图层8”图层的副本的位置和方向，如左下图所示。将“首饰素材.psd”图像文件中的“图层2”图层至“图层8”图层拖曳至“制作首饰网站.psd”图像窗口中的“图层22”图层之下，且适当调整其位置和大小，如右下图所示。

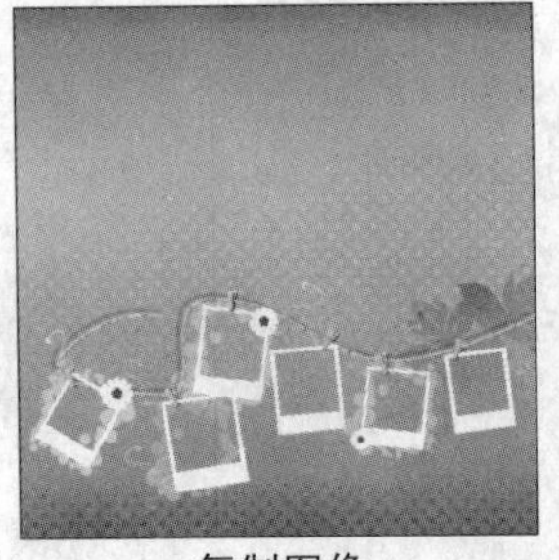

复制图像

复制图像

根据画面效果，利用横排文字工具添加如下图所示的文字。

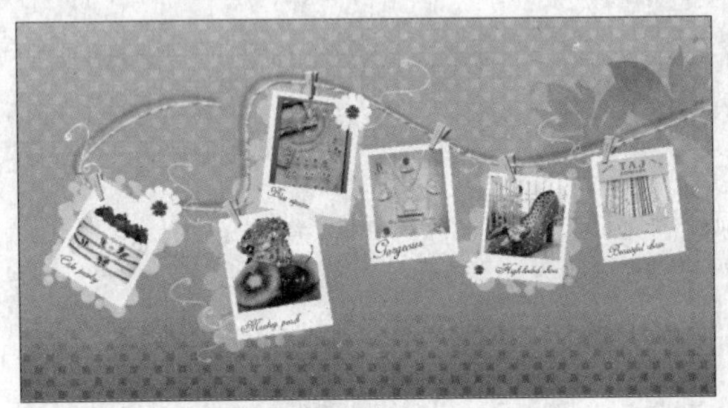

添加文字

步骤 10 添加花的图案

将“图层 20”图层至“图层 30”图层，以及展示架上的文字图层创建为图层组“展示架”。复制图层组“花”，调整其顺序至图层组“展示架”之上，且图层组“花”的副本合并为一个普通图层，如左下图所示。调整“花 副本”至图像的右侧，且适当调整其大小，如右下图所示。

合并组

调整图像

步骤 11 制作简报

新建图层组“简报”，然后新建“图层 31”图层，在图像中创建如左下图所示的选区，并将其填充为白色，再调整图层的“不透明度”为 40%，如右下图所示。

创建选区

调整不透明度

为“图层 31”图层分别添加“投影”和“描边”图层样式，参数设置如左下图和右下图所示。完成后单击“确定”按钮。

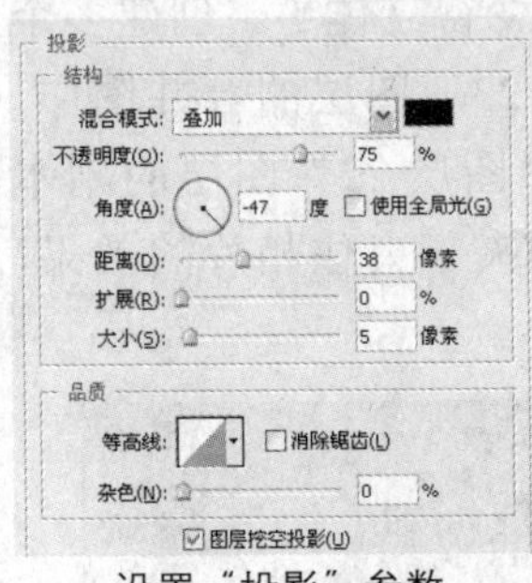

设置“投影”参数

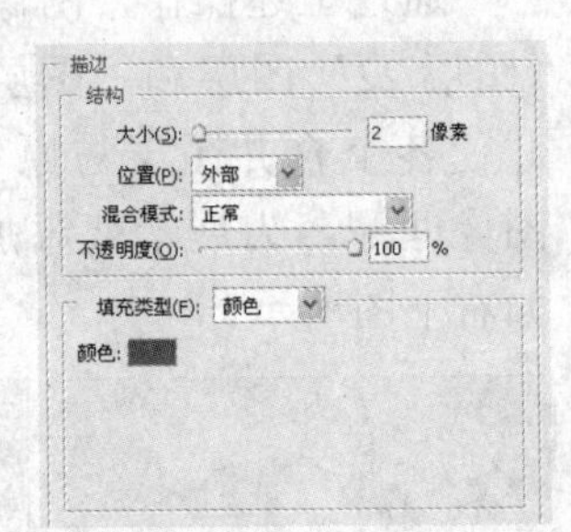

设置“描边”参数

完成上述操作后，图像效果如左下图所示。打开本书配套光盘中第 11 章 \media\ 底纹 .png 文件，如右下图所示。

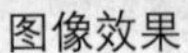

图像效果

素材

将“底纹 .png”文件中的图像拖曳到“制作首饰网站 .psd”图像窗口中，得到“图层 32”图层，如下图所示。

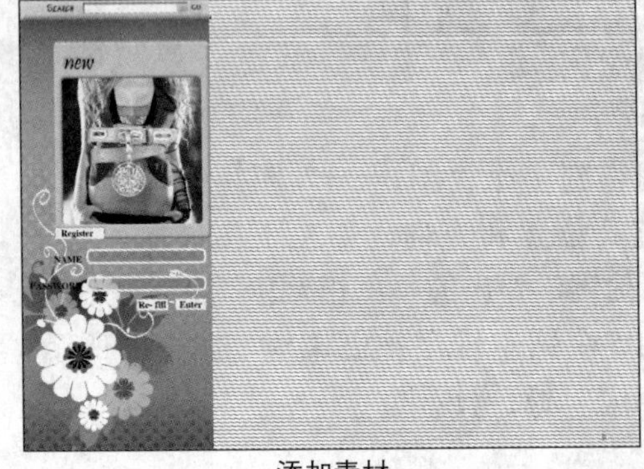

添加素材

将“图层32”图层创建为“图层31”图层的剪贴蒙版，如左下图所示。新建“图层33”图层，在图像中创建矩形选区并填充为白色，如右下图所示。

调整图像

创建矩形条

为“图层33”图层添加“斜面和浮雕”图层样式，参数如左下图所示。完成后单击“确定”按钮。为图像添加凹陷效果，如右下图所示。

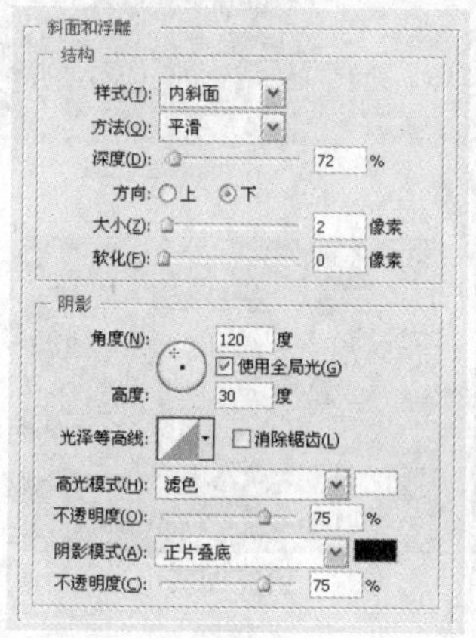

设置参数

凹陷效果

新建“图层34”图层，并在“图层34”图层上创建颜色为R255、G195、B239的矩形条，如左下图所示。然后为“图层34”图层添加“斜面和浮雕”图层样式，参数设置如右下图所示。完成后单击“确定”按钮。

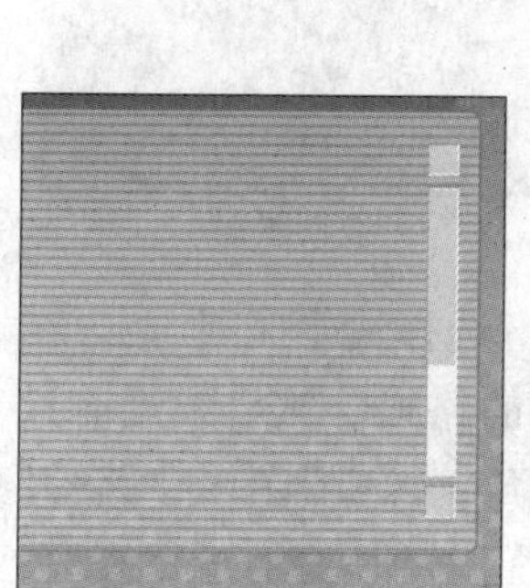
创建矩形条

斜面和浮雕
结构
样式(T): 内斜面
方法(Q): 平滑
深度(D): 52 %
方向: 上 下
大小(Z): 0 像素
软化(F): 0 像素
阴影
角度(N): 120 度
使用全局光(G)
高度: 30 度
光泽等高线:
消除锯齿(L)
高光模式(H): 滤色
不透明度(O): 75 %
阴影模式(A): 正片叠底
不透明度(C): 75 %

设置参数

通过上述操作，为图像添加了凸现效果，如左下图所示。复制得到两个图层组“搜索栏”中“图层18”图层的副本，调整其至图层组“简报”中，且适当调整位置和方向，如右下图所示。

凸现效果

复制图像

根据网站首页图像需要，在图像中添加如下图所示的文字。

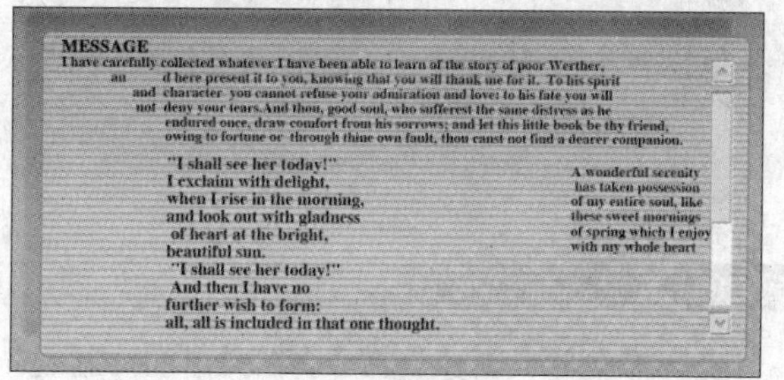

添加文字

将“首饰素材.psd”图像窗口中剩余的图层全部拖曳到“制作首饰网站.psd”图像窗口中，然后适当调整各个图像的位置和大小，效果如下图所示。至此，完成网站首页的制作。

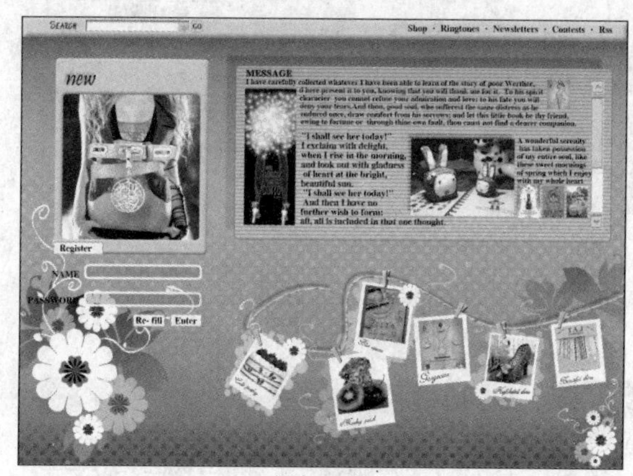

添加图像

11.2 制作化妆品网站

实例概述 本实例运用Photoshop中的钢笔工具、自定形状工具、颜色调整、魔棒工具、图层样式等制作出化妆品网站。

关键提示 在制作过程中，难点在于外围花边的制作，重点在于体现网站的风格和主题。

应用点拨 本实例的制作方法可用于各种女性网站和儿童网站的首页制作。

光盘路径： 第11章\Complete\制作化妆品网站.psd

步骤01 新建图像文件

执行“文件>新建”命令，在弹出的“新建”对话框中设置如下图所示的参数，完成后单击“确定”按钮，新建一个图像文件。

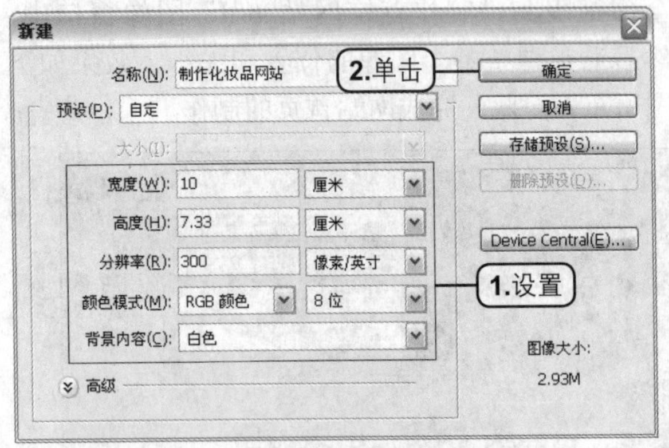

设置“新建”参数

步骤02 制作边框和底纹

新建“图层1”图层，并填充颜色为R239、G109、B147，如左下图所示。新建“图层2”图层，载入本书配套光盘中第11章\media\01.pat图案文件，然后执行“图像>填充”命令，在弹出的对话框中选择“图案”，设置图案为刚才载入的图案，完成后单击“确定”按钮。效果如右下图所示。

填充颜色

填充图案

新建“图层3”图层，载入本书配套光盘中第11章\media\10.abr画笔文件，然后选择画笔为载入的画笔，设置前景色为白色，在图像中单击鼠标，绘制该图案，如左下图所示。复制得到3个“图层3”图层的副本，并分别进行自由变换，调整其至图像的4个角上，效果如右下图所示。

绘制图案

复制图案

新建“图层4”图层，选择钢笔工具，在图像中绘制如左下图所示的路径，然后设置前景色为白色，设置画笔为“尖角4像素”，单击“路径”面板上的“用画笔描边路径”按钮，进行描边。效果如右下图所示。

绘制路径

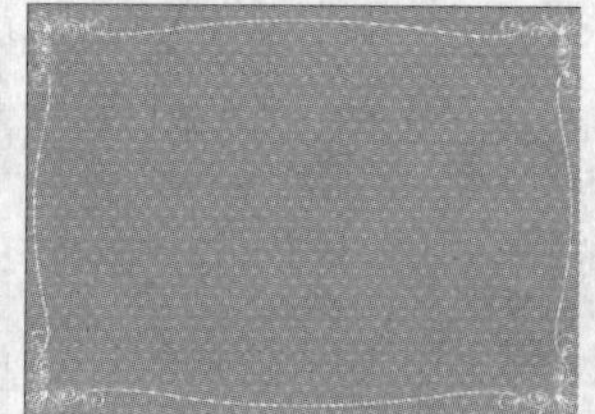
描边路径

新建“图层 5”图层，选择钢笔工具，在图像中绘制如左下图所示的路径。然后进行与前面相同的描边处理，效果如右下图所示。

绘制路径

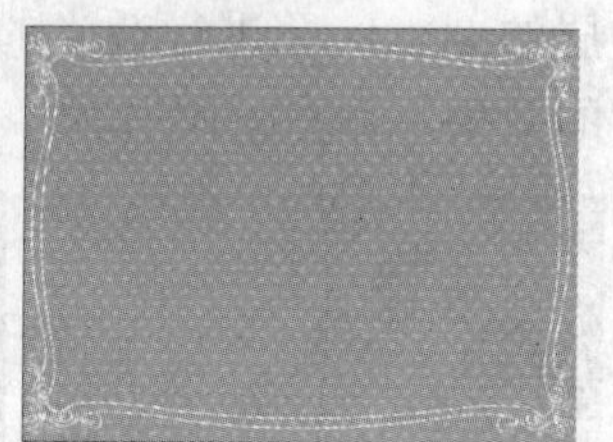
描边路径

步骤 03 添加人物

新建“图层 6”图层，使用套索工具在图像中创建一个如左下图所示的选区，然后将其填充为白色，如右下图所示。

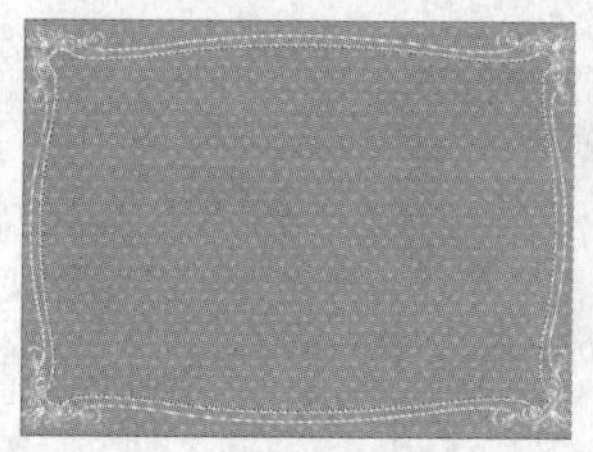
创建选区

填充选区

选择渐变工具，设置渐变色从左至右为R255、G239、B213，R250、G180、B200，在图像中从左至右拖动添加渐变效果，如下图所示。

创建选区

打开本书配套光盘中第 11 章 \media\01.psd 文件，如左下图所示。将其中的 1 图层中的图像拖入到“制作化妆品网站 .psd”图像窗口中，并适当调整位置和大小，如右下图所示。

打开的素材

拖入素材

步骤 04 制作彩虹

复制“图层 2”图层并将副本图层创建为“图层 6”图层的剪贴蒙版，如左下图所示。选择钢笔工具，绘制如右下图所示的路径。

创建剪贴蒙版

绘制路径

新建“图层 7”图层，将路径填充为 R249、G13、B3，如左下图所示。用同样的方法，在图像中制作出彩虹的效果，如右下图所示。

填充路径

制作彩虹

按下 Ctrl+U 快捷键，在弹出的“色相 / 饱和度”对话框中设置如左下图所示的参数，完成后单击“确定”按钮。设置“图层 7”图层的“不透明度”为 50%，如右下图所示。

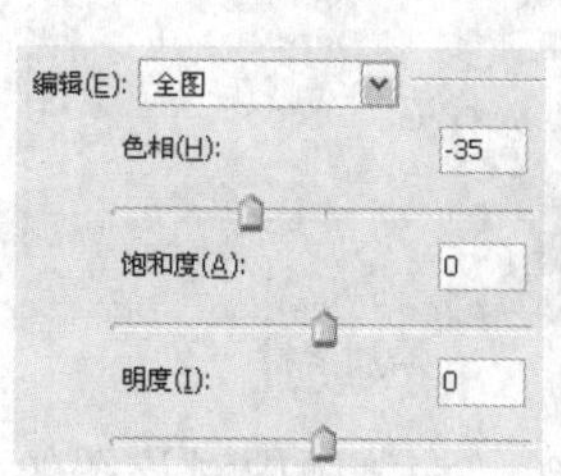

设置参数

设置透明度

为“图层 7”图层添加蒙版，使用黑色的柔边画笔，在蒙版中进行涂抹，制作出彩虹的渐隐效果，如下图所示。

渐隐效果

步骤05 制作太阳光芒

复制"图层7"图层，并为其添加蒙版，使用黑色画笔在蒙版中对图像的花边部分进行隐藏，效果如左下图所示。在"图层7副本"图层下方新建"图层8"图层，将彩虹右边的区域创建为选区，然后为其添加从上到下的渐变效果，渐变色为R254、G202、B95，R254、G236、B164，R255、G174、B139。完成后取消选区，效果如右下图所示。

复制图像

添加渐变

设置前景色为R255、G138、B162，在手指上绘制光的效果，然后设置前景色为白色，选择"星星"画笔，绘制星星图像，如左下图所示。打开本书配套光盘中第11章\media\02.jpg文件，并将其拖入到"制作化妆品网站.psd"图像窗口中，并适当调整其位置和大小，然后添加蒙版，隐藏花边以上的部分，效果如右下图所示。

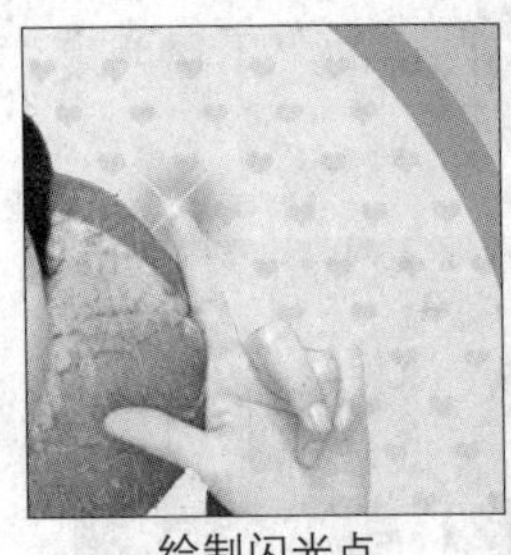

绘制闪光点

添加素材

继续使用黑色柔边画笔，在蒙版中对该图像的边缘进行涂抹，制作出渐隐效果，如左下图所示。选择多边形套索工具，在图像中创建一个四边形选区。新建"图层9"图层，将选区填充为白色，完成后取消选区，效果如右下图所示。

编辑蒙版

绘制四边形

调整"图层9"图层的"不透明度"为"30%"，并复制"图层9"图层，再进行如左下图所示的变形。用相同的方法复制得到多个"图层9"图层的副本，并进行适当的自由变换。制作出发光的效果，如右下图所示。

自由变换

发光效果

合并"图层9"图层及其副本，并重命名为"图层9"图层，然后使用橡皮擦工具 擦除覆盖到花边的图像。效果如下图所示。

调整图像

步骤06 添加电视效果

切换到素材"01.psd"图像窗口，将其中的5图层中的电视图像拖动到"制作化妆品网站.psd"图像窗口中，并适当调整位置和大小，如左下图所示。复制多个副本且分别调整其位置和大小，完成后合并5图层及副本，再重命名为5，效果如右下图所示。

拖入素材

复制图像

使用魔棒工具，在5图层上选中下方电视的白色部分，然后按下Ctrl+J快捷键，将选区中的图像拷贝到新图层“图层10”中，如左下图所示。打开本书配套光盘中第11章\media\04.jpg文件，并将其拖动到“制作化妆品网站.psd”图像窗口中，得到图层6，效果如右下图所示。

复制图像

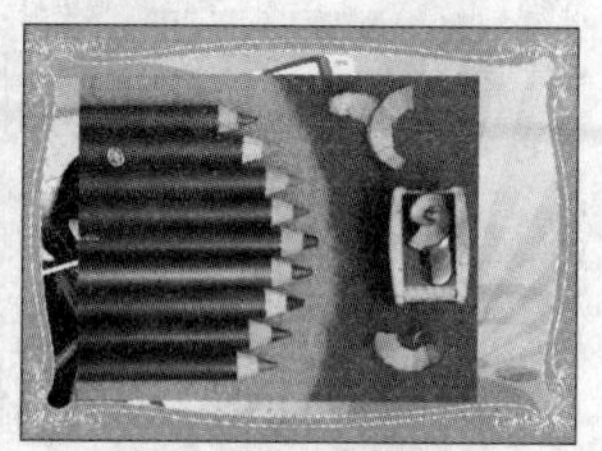
拖入素材

适当缩小图像后，将6图层创建为“图层10”图层的剪贴蒙版，效果如左下图所示。打开本书配套光盘中第11章\media文件夹中的05.jpg文件和06.jpg文件，将其拖入到“制作化妆品网站.psd”图像窗口中，再适当调整位置和大小后，创建为“图层10”图层的剪贴蒙版，效果如右下图所示。

调整素材

添加素材

新建“图层11”图层，在图像中创建一个矩形选区，然后将其填充为白色，如下图所示。

创建选区

执行“滤镜 > 杂色 > 添加杂色”命令，在弹出的对话框中设置如左下图所示的参数，完成后单击“确定”按钮，为图像添加杂色效果。按下Ctrl+L快捷键，在弹出的“色阶”对话框中设置如右下图所示的参数。完成后单击“确定”按钮。调整图像的亮度，然后取消选区。

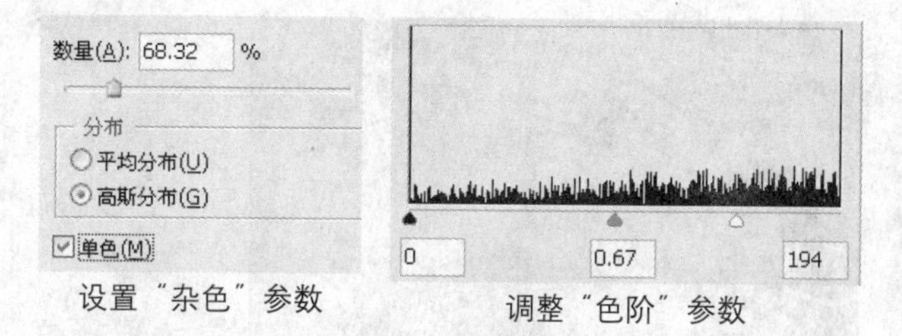

设置“杂色”参数　　调整“色阶”参数

完成上述操作后，图像中的杂色效果如下图所示。

杂色效果

设置“图层11”图层的“不透明度”为50%，对“图层11”图层中的图像进行适当扩大和擦除，然后将“图层11”图层设置为“图层10”图层的剪贴蒙版，效果如左下图所示。新建“图层12”图层，将其填充为白色，并创建为“图层10”图层的剪贴蒙版，设置“不透明度”为30%，得到的效果如右下图所示。

创建剪贴蒙版

增亮电视

参照前面的方法，将上方电视的白色部分复制到“图层13”图层中，打开本书配套光盘中第11章\media文件夹中的03.jpg文件、07.jpg文件、08.jpg文件，并将其拖动到“制作化妆品网站.psd”图像窗口中。适当调整位置和大小后，创建为“图层13”图层的剪贴蒙版。分别复制得到“图层11”图层和“图层12”图层的副本，再调整至8图层的上方，且适当将“图层11副本”图层和“图层12副本”图层中的图像向上拖动，效果如下图所示。

添加素材

步骤 07 添加文字

在图像中右下方的电视屏幕上添加文字，如左下图所示。为该图层添加“外发光”图层样式，参数设置如右下图所示。完成后单击“确定”按钮。

添加文字

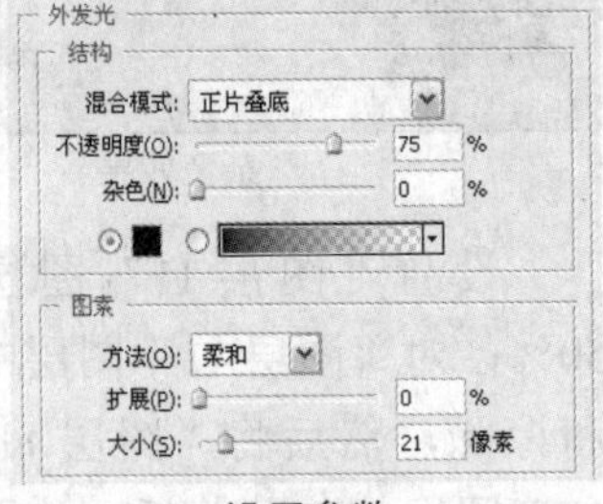

设置参数

通过上述操作，为文字图像添加了外发光效果，如下图所示。

外发光效果

设置前景色为R209、G239、B147，在图像中输入如左下图所示的文字，然后为该图层添加“描边”图层样式，参数设置如右下图所示。

输入文字

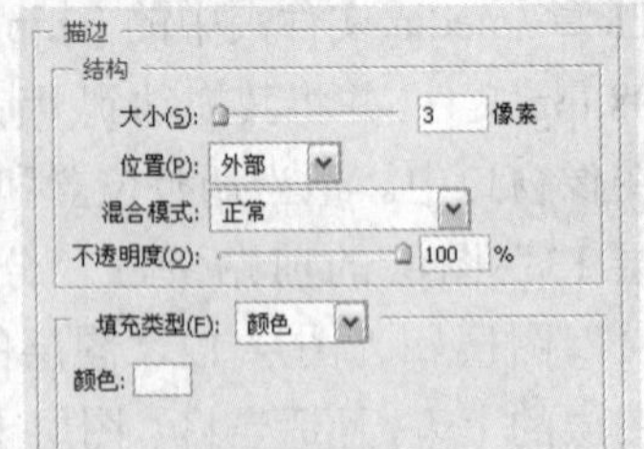

设置参数

继续添加“外发光”图层样式，参数设置如左下图所示。完成后单击“确定”按钮，为图像添加了图层样式，效果如右下图所示。

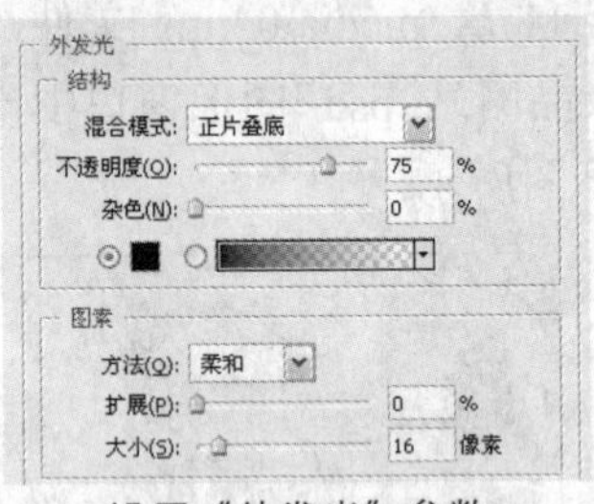

设置“外发光”参数

图像效果

用同样的方法，在图像中添加更多的文字，如下图所示。

添加文字

步骤 08 绘制云彩

新建“图层 14”图层，设置前景色为白色，使用尖角的画笔工具，在英文输入法状态下按下 [和] 键，适当调整画笔大小后，在图像中绘制如下图所示的图案。

绘制图案

选择橡皮擦工具，设置画笔为柔角，在图像的下部进行涂抹。为图像添加渐隐的效果，如左下图所示。复制得到多个“图层 14”图层的副本，并适当调整其位置和大小，如右下图所示。

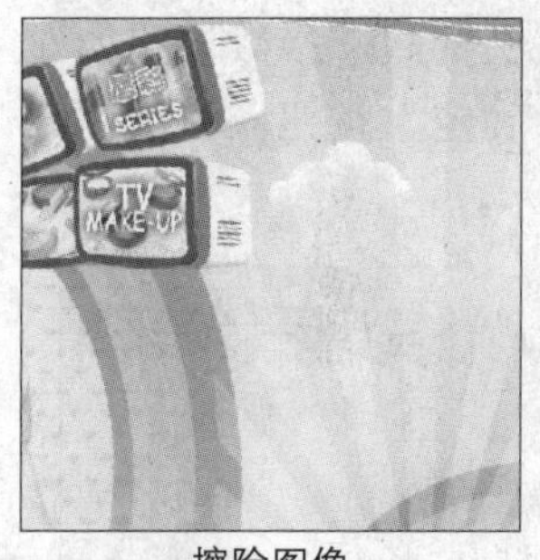
擦除图像

复制图像

步骤 09 制作旗帜

打开本书配套光盘中第 11 章 \media\11.psd 文件，并将其拖入到“制作化妆品网站 .psd”图像窗口中，如左下图所示，得到 2 图层。双击该图层，在弹出的“图层样式”对话框中选中“投影”复选框，设置如右下图所示的参数。完成后单击“确定”按钮。

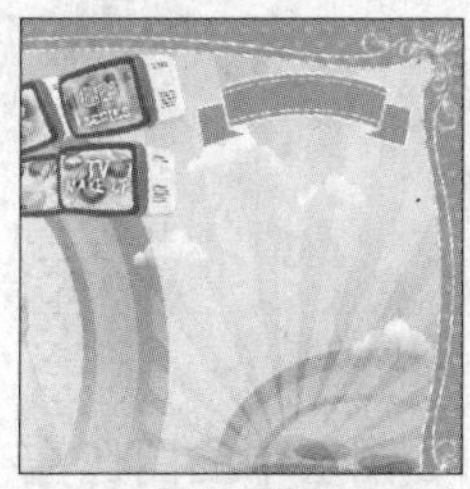
添加素材

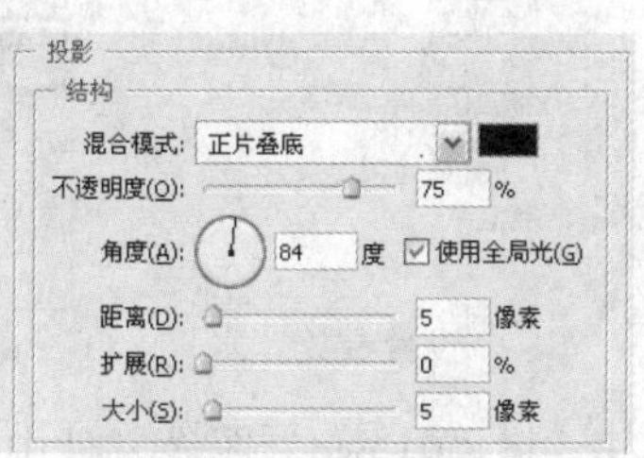

设置“投影”参数

通过上述操作，为图像添加了投影效果，如下图所示。

投影效果

在图像中输入文字后，单击选项栏上的“变形文字”按钮，在弹出的对话框中设置如左下图所示的参数。完成后单击“确定”按钮。文字发生了变形，效果如右下图所示。

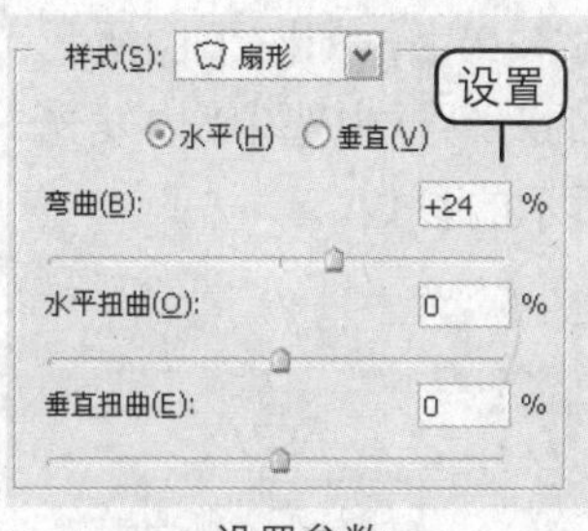

设置参数

变形效果

双击该图层，在弹出的“图层样式”对话框中选中“投影”复选框，设置如左下图所示的参数，完成后单击“确定”按钮。效果如右下图所示。

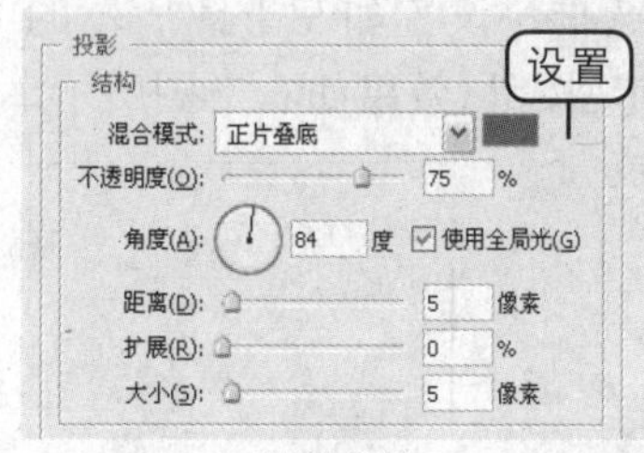

设置参数

投影效果

根据画面效果，在图像中添加更多文字，如左下图所示。新建“图层 15”图层，在前面载入的画笔中选择 Sampled Brush #21，然后设置前景色为白色，绘制如右下图所示的图像。

输入文字

添加图案

步骤 10 添加物品展示 1

载入 01.psd 图像中 3 图层中的图像，并适当调整其位置和大小，如左下图所示，然后为其添加文字标识。复制两个该图层的副本，适当调整位置和方向后，再分别替换颜色，效果如右下图所示。

载入素材

复制图像

在唇膏图像的左边输入文字，如左下图所示。双击该文字图层，在弹出的对话框中选中“内发光”复选框，设置如右下图所示的参数。

添加文字

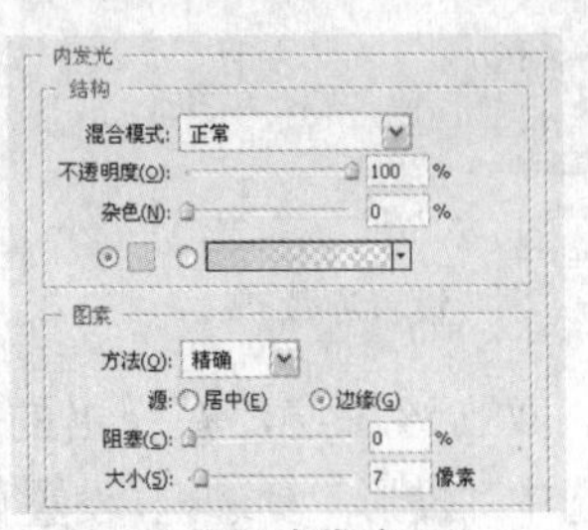

设置内发光

选中“描边”复选框，设置如左下图所示的参数。完成后单击“确定”按钮。效果如右下图所示。

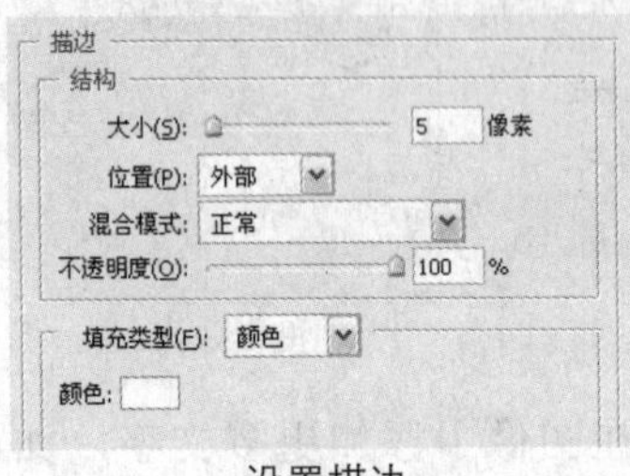

设置描边

图像效果

在 3 图层下方新建图层，再使用画笔工具绘制两个白色的长条，如左下图所示。设置前景色为 R244、G149、B117，选择 01 画笔，在数字上面绘制一个心形，并添加“描边”图层样式，描边颜色为白色，大小为 3，效果如右下图所示。

绘制白条

绘制心形

合并“图层 16”图层和 49 图层，且重命名为“图层 16”，然后使用尖角画笔工具在数字上绘制白色的小点，如左下图所示。然后为“图层 16”图层添加“投影”图层样式参数，设置如右下图所示。

绘制小点

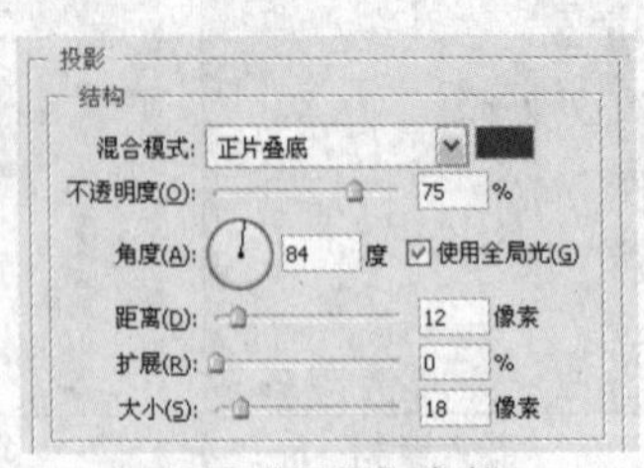

设置“投影”参数

继续添加“描边”图层样式，参数设置如左下图所示。完成后单击“确定”按钮。为图像添加图层样式，如右下图所示。

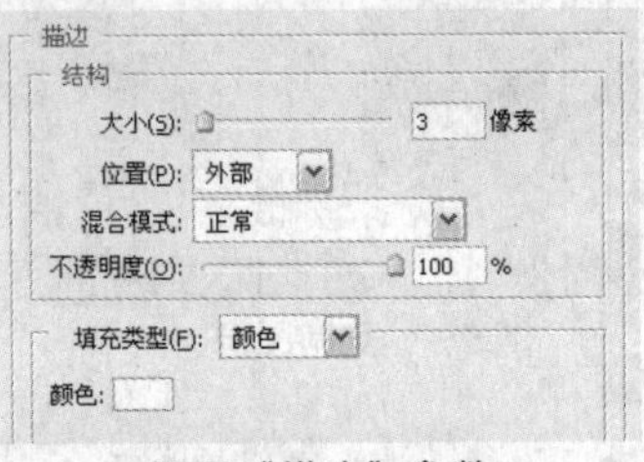

设置“描边”参数

描边效果

复制“图层 16”图层，适当调整副本的大小和位置。按下 Ctrl+U 快捷键，在弹出的对话框中设置如左下图所示的参数。完成后单击“确定”按钮。效果的下右图所示。

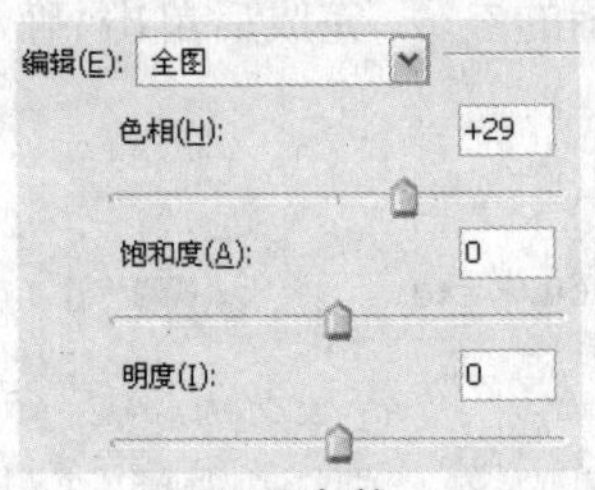

设置参数

图像效果

将“01.psd”图像文件中的 2 图层中的图像拖动到“制作化妆品网站 .psd”图像窗口中，得到“图层 17”图层。然后为该图层添加“投影”和“描边”图层样式，如左下图和右下图所示。完成后单击“确定”按钮。

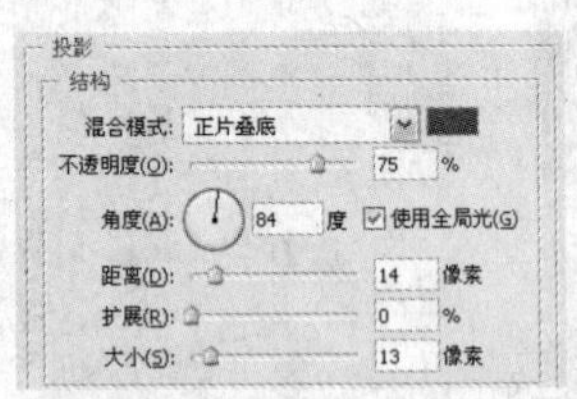

设置“投影”参数

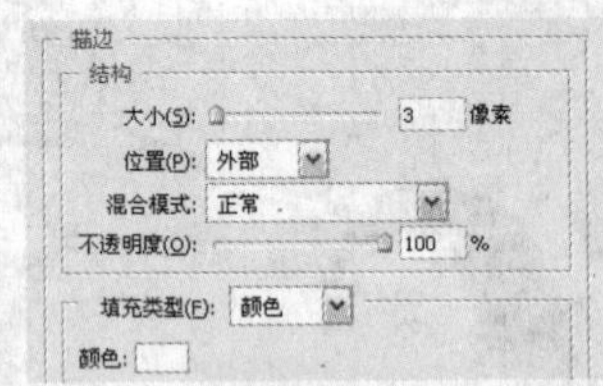

设置“描边”参数

步骤 11 添加物品展示 2

通过上述操作，为图像添加了图层样式，如下图所示。

图层样式

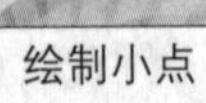

在图像中添加文字，然后为其添加相同的描边效果，如左下图所示。然后在该图层上添加白色的小点，并为其添加白线和心形图像。完成后将“图层 17”图层心形图像层在的图层和 55 图层合并为“图层 17”图层，效果如右下图所示。

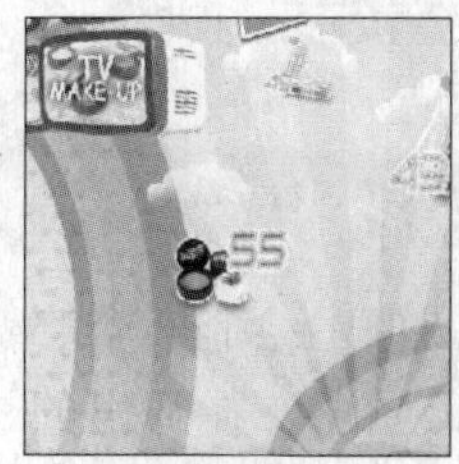
添加文字

添加装饰

复制两个“图层 17”图层的副本，适当调整其位置和大小，效果如左下图所示。然后载入 01.psd 图像窗口中的 4 图层中的图像，并适当调整其位置和大小。为该图层添加“描边”图层样式，并设置如右下图所示的参数。完成后单击“确定”按钮。

复制图像

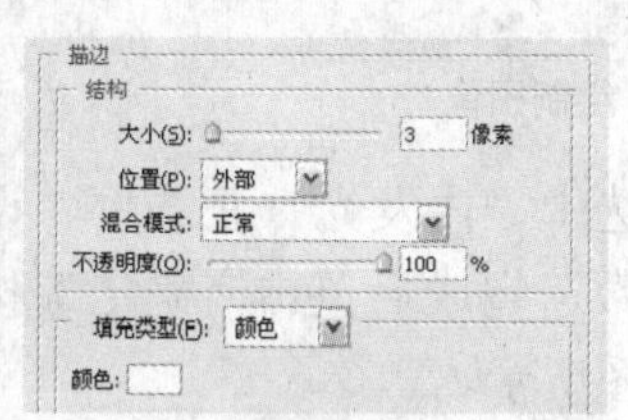

设置参数

步骤 12 添加物品展示 3

通过上述操作，为图像添加了描边效果，如左下图所示，然后在图像中添加如右下图所示的文字。

描边效果

添加文字

栅格化文字，再进行自由变换，如下图所示。

变形文字

双击栅格化后的文字图层，在弹出的“图层样式”对话框中选中“投影”和“描边”复选框，设置如左下图和右下图所示的参数。完成后单击“确定”按钮。

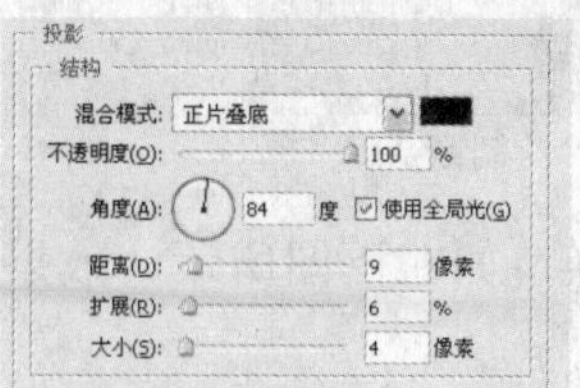

设置“投影”参数

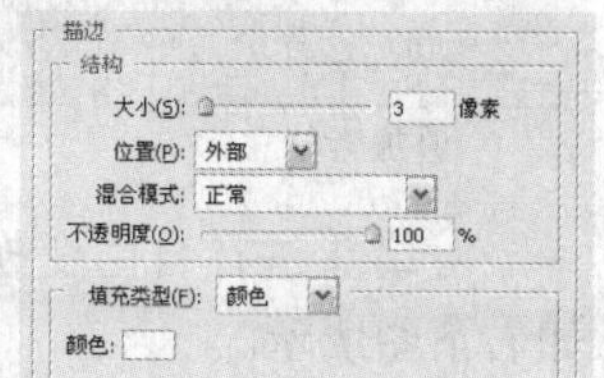

设置“描边”参数

通过上述操作，为图像添加了图层样式，如左下图所示。然后为其添加从左至右的渐变效果，渐变色为 R255、G252、B0，R184、G4、B64，效果如右下图所示。

图层样式效果

渐变效果

步骤 13 添加物品展示 4

打开本书配套光盘中第 11 章 \media\12.psd 文件，将“图层 1”图层中的图像拖曳至“制作化妆品网站 .psd”图像窗口中，适当调整其位置和大小，如左下图所示。添加适当的文字，如右下图所示。

添加素材

添加文字

打开本书配套光盘中第 11 章 \media\13.psd 文件，将“图层 1”图层中的图像拖曳到“制作化妆品网站 .psd”图像窗口中，适当调整其位置和大小，如左下图所示。然后新建“图层 18”图层，在图像中绘制一个白色的箭头符号，如右下图所示。

添加素材

绘制箭头

对箭头进行自由变换，如左下图所示。效果如右下图所示。

变换图像

图像效果

复制得到“图层 18”图层的副本，为其添加渐变效果，渐变色为 R241、G144、B126，R250、G35、B114，然后对其进行适当的缩小，如左下图所示。为该图层添加“内发光”图层样式，参数设置如右下图所示。

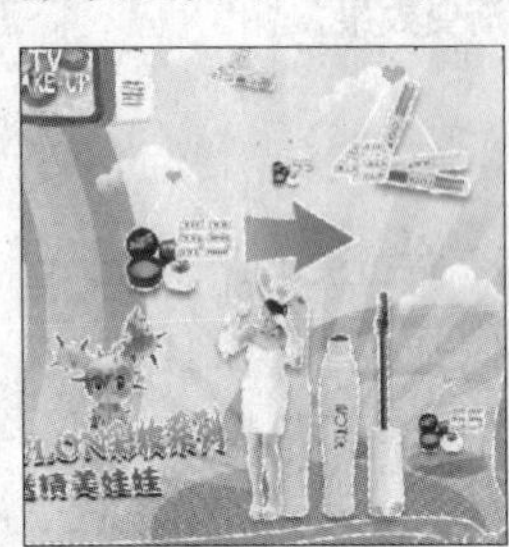

添加渐变

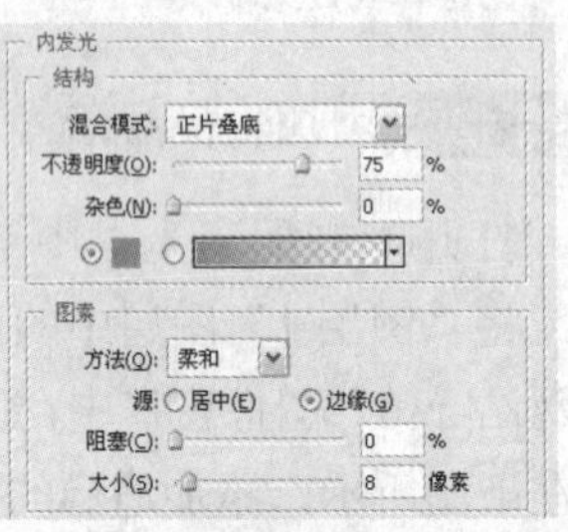

设置参数

通过上述操作，为图像添加了内发光效果，如左下图所示。在箭头符号上添加文字，并为该图层添加“投影”图层样式，参数设置如右下图所示。

内发光效果

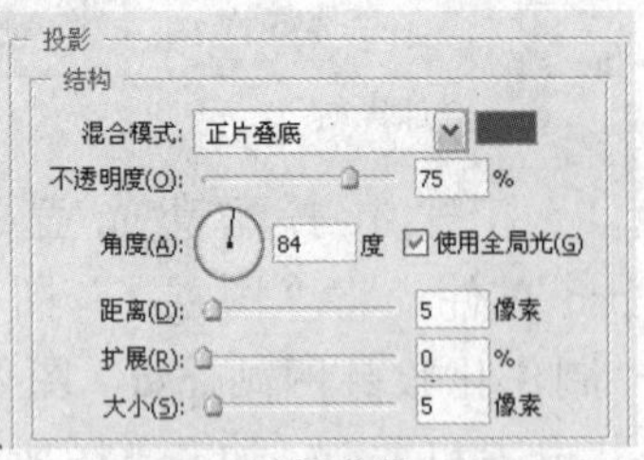

设置参数

通过上述操作，为图像添加了投影效果，如左下图所示。新建“图层 19”图层，为图像绘制白色的小点，如右下图所示。

投影效果

绘制白点

步骤 14 添加物品展示 5

新建“图层 20”图层，在图像中绘制一个心形图像，如左下图所示。双击该图层，在弹出的“图层样式”对话框中选中“光泽”复选框，设置如右下图所示的参数。

绘制图像

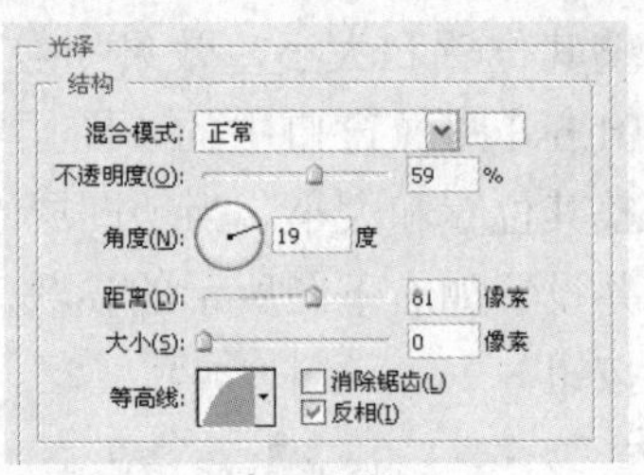

设置参数

选中“内发光”复选框，设置如左下图所示的参数。完成后单击“确定”按钮。图像效果如右下图所示。

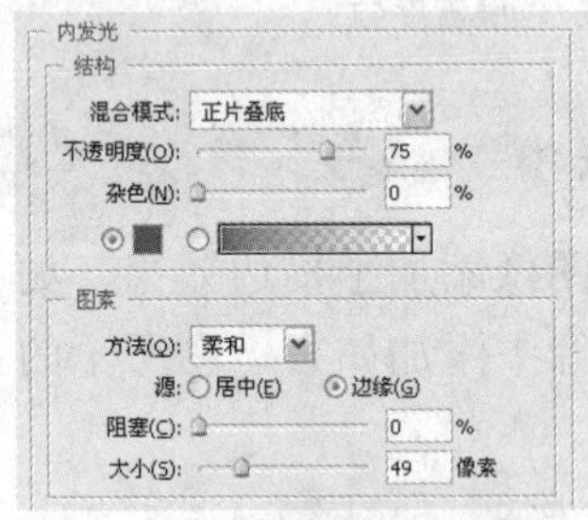

设置参数

图像效果

复制多个心形图像，并适当调整其位置和大小，再替换为不同的颜色。效果如下图所示。

复制图像

新建“图层 21”图层，绘制一个气泡，然后为其添加 3 像素的白色描边，效果如下图所示。

添加描边效果

根据图像效果，为图像添加适当的文字。效果如下图所示。至此，本例制作完成。

添加文字

11.3 制作食品网站

实例概述 本实例运用 Photoshop 中的自定形状工具、图层样式、选框工具制作食品网站。

关键提示 在制作过程中，难点在于环形条的绘制，重点在于体现网站的风格和主题。

应用点拨 本实例的制作方法可用于各种食品网站和旅游网站的首页制作。

光盘路径：第 11 章 \Complete\ 制作食品网站 .psd

步骤 01 新建图像文件

执行“文件 > 新建”命令，在弹出的“新建”对话框中设置如下图所示的参数，完成后单击“确定”按钮。

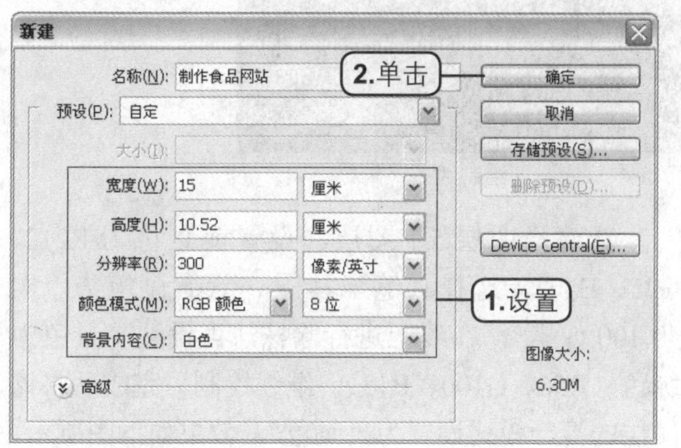

设置“新建”参数

步骤 02 添加图像元素 1

新建“图层 1”图层，并将图像填充为 R76、G4、B8，如左下图所示。打开本书配套光盘中第 11 章 \media\001.tif 文件，如右下图所示。

填充颜色

打开的素材

将 001.tif 图像窗口中的“楼”、“楼 1”和“楼 2”图层中的图像拖入到“制作食品网站 .psd”图像窗口中，如下图所示。

拖入素材

将“楼”、“楼 1”和“楼 2”图层合并为“图层 2”图层，并适当调整其位置和大小，如左下图所示。将“图层 2”图层的混合模式调整为“亮度”，效果如右下图所示。

调整图像

调整混合模式

新建“图层 3”图层，设置前景色为红色（R194、G15、B2），选择画笔工具，在画面上绘制两个彩条，如左下图所示。然后在图像中使用黑色绘制如右下图所示的图像。

绘制红色

绘制黑色

将 001.tif 图像窗口中“蛋糕”图层中的图像拖入到“制作食品网站 .psd”图像窗口中，如左下图所示。然后将“饼干”图层中的图像拖入到“制作食品网站 .psd”图像窗口中，且复制一个该图层的副本，如右下图所示。

添加蛋糕图像

添加饼干图像

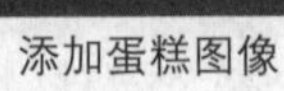

将 001.tif 文件中的“花边”图层中的图像拖曳至“制作食品网站 .psd”图像窗口中，得到“花边”图层，并将其调整至“饼干”图层之下，如左下图所示。再添加图层蒙版，使用画笔工具，在蒙版上涂抹使花叶和背景融合，效果如右下图所示。

添加素材

编辑蒙版

复制“花边”图层得到“花边副本”图层，对该图像进行旋转和移动，并调整该图层的混合模式为“柔光”，效果如下图所示。

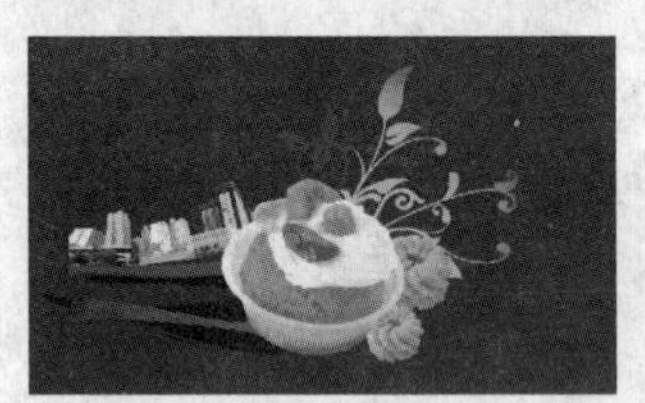

复制图像

步骤 03 添加图像元素 2

在“花边”图层之下新建“图层 4”图层，设置前景色为 R255、G138、B0，选择画笔工具，设置画笔大小为 1 像素，在画面中绘制一条由无数环形组成的线条，效果如下图所示。

绘制线条

新建“图层 5”图层，设置前景色为 R212、G25、B173，选择画笔工具，设置画笔为“柔角 100 像素”，在线上进行涂抹，再设置前景色为绿色（R56、G100、B13），继续绘制。完成后将该图层的混合模式设置为“颜色”，效果如下图所示。

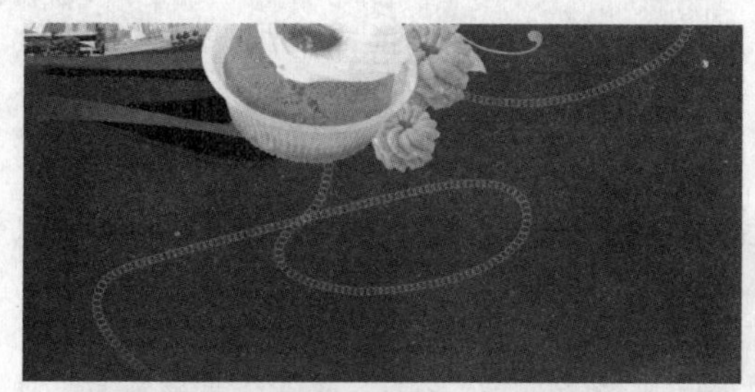

绘制图像 1

在“饼干”图层下新建“图层 6”图层，设置前景色为橙色（R184、G97、B3），在画面中进行适当的涂抹，效果如下图所示。

绘制图像 2

将“图层 6”图层的混合模式设置为“亮光”，效果如下图所示。

调整混合模式

新建“图层 7”图层，设置前景色为暗红色（R62、G10、B18），选择椭圆选框工具，按住 Shift 键在画面左边创建一个正圆选区，并将其填充为前景色，如左下图所示。选择钢笔工具，在画面左边绘制路径，然后将路径转换为选区。切换到渐变工具，设置渐变颜色从左到右依次为 R172、G5、B5，R62、G10、B18，为图像从上至下添加渐变，并取消选区。效果如右下图所示。

绘制圆点

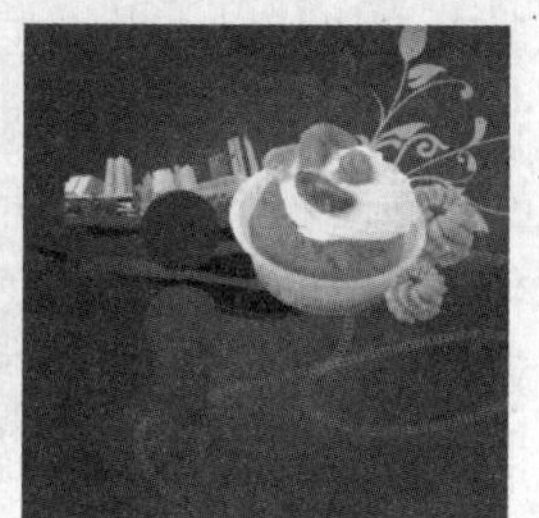

添加渐变

为“图层 7”图层添加“投影”图层样式，参数设置如左下图所示，完成后单击“确定”按钮，效果如右下图所示。

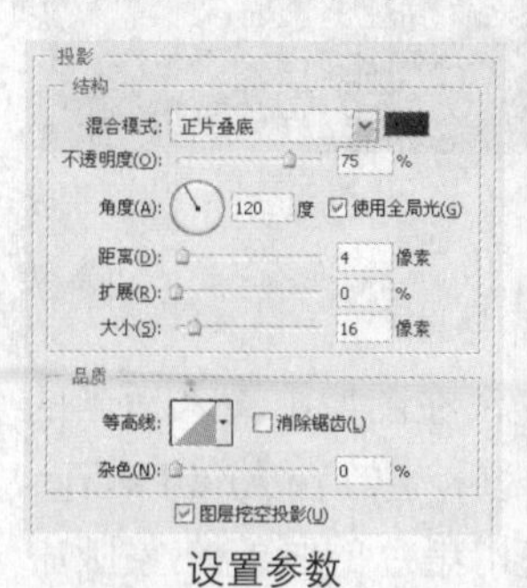

设置参数

图像效果

步骤 04 添加图像元素 3

新建“图层 8”图层，设置前景色为 R255、G179、B0，选择画笔工具，设置画笔为“滴溅 70 像素”，在画面左上方绘制条纹，效果如下图所示。

绘制条纹

为“图层 8”图层添加“内阴影”图层样式，参数设置如左下图所示，效果如右下图所示。

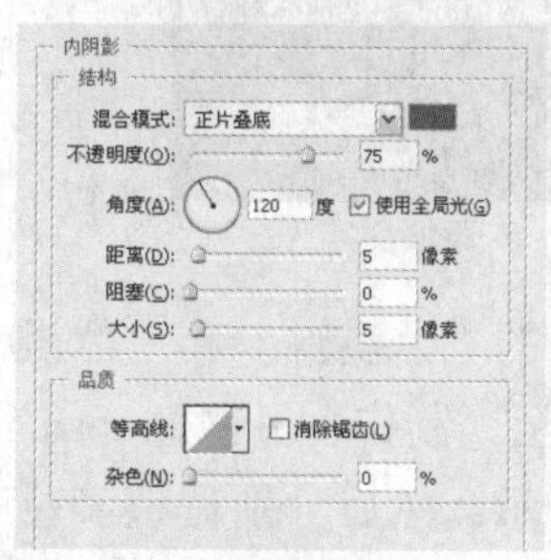

设置参数

图像效果

新建“图层 9”，将图像整体创建为选区，然后选择矩形选框工具，在选区内创建一个比全图稍小的选区，效果如左下图所示。将选区填充为黑色后取消选区，效果如右下图所示。

创建选区

填充选区

步骤 05 添加图像元素 4

选择横排文字工具 T，在图像中输入适当的文字，如左下图所示。然后为 Cake And Pastries 文字图层添加蒙版，并使用黑色的画笔在蒙版中为图像添加渐隐的效果，如右下图所示。

添加文字

编辑蒙版

将 001.tif 图像窗口中的“人”图层中的图像拖曳至“制作食品网站 .psd”图像窗口中，得到“人”图层，对其进行自由变换，缩小并移动到画面左下方，效果如左下图所示。然后根据图像效果，添加如右下图所示的文字。

拖入素材

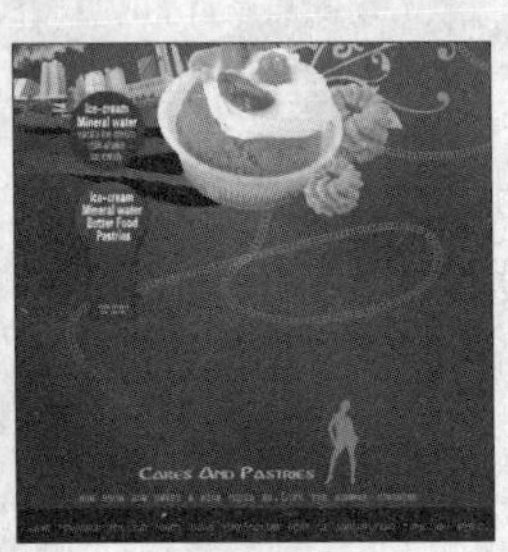
添加文字

将 001.tif 图像窗口中的“冰淇淋”和“冰淇淋 1”图层中的图像拖曳至“制作食品网站 .psd”图像窗口中，如左下图所示。然后分别调整其位置和大小。效果如右下图所示。

拖入素材

调整素材

新建“图层 10”图层，选择矩形选框工具 ⬚，在图像中创建如左下图所示的选区，然后将其填充为黑色，并取消选区，如右下图所示。

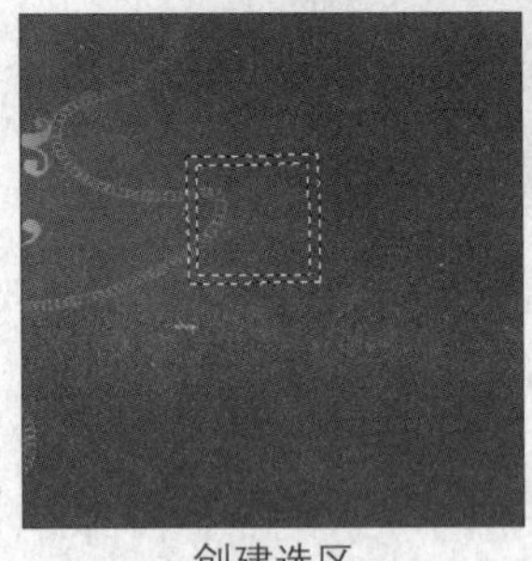
创建选区

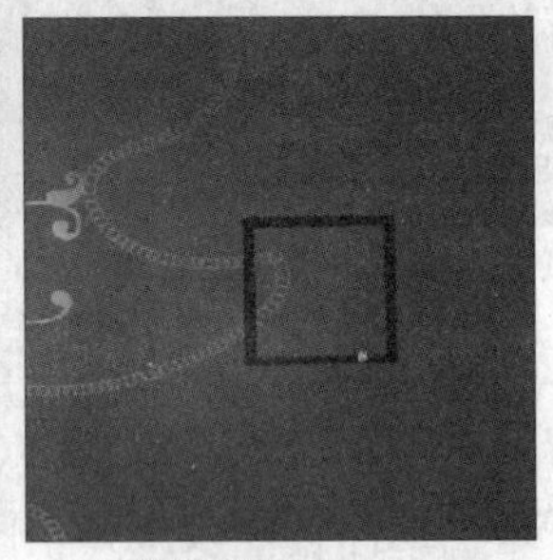
填充选区

按下 Ctrl + T 快捷键，对其进行自由变换，然后复制得到两个“图层 10”图层的副本，并使副本与“图层 10”图层中的图像成水平排列，效果如下图所示。

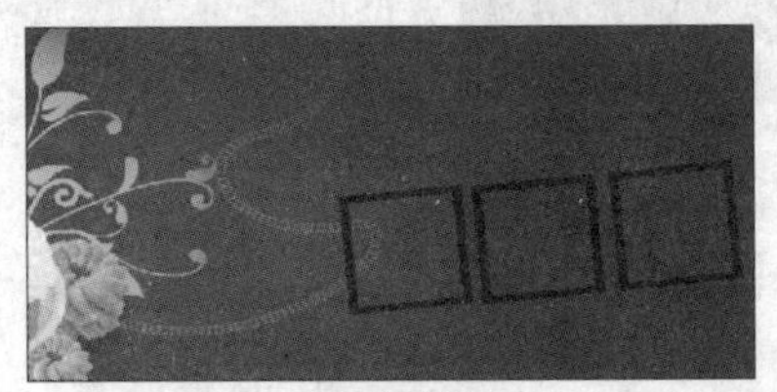
复制图像

打开本书配套光盘中第 11 章 \media\002.tif 文件，如左下图所示。然后将其中的图像分别拖入到“制作食品网站 .psd”图像窗口中，得到“图层 11”图层、“图层 12”图层和“图层 13”图层，且分别调整至与黑色的方框相匹配，效果如右下图所示。

打开的素材

拖入图像

按住 Shift 键，连续选择黑边框的所有图层和“图层 11”图层、“图层 12”图层和“图层 13”图层，按下 Ctrl + E 快捷键合并图层，得到“图层 10”图层。复制“图层 10”图层，并对副本图像进行垂直翻转和位置调整，如左下图所示。然后调整“图层 10 副本”图层的“不透明度”为 20%，并为其添加蒙版，然后使用黑色画笔在蒙版中添加渐隐效果，如右下图所示。

复制图像

调整图像

步骤 06 添加图像元素 5

新建“图层 11”图层，选择矩形选框工具，在画面右下方创建选区，设置前景色为黄色（R255、G186、B6），并用前景色填充选区，然后取消选区，效果如左下图所示。选择椭圆选框工具，按住 Shift 键在条形下面绘制一个正圆，按下 Alt + Delete 快捷键，填充前景色，效果如右下图所示。

绘制直线

绘制圆点

选择横排文字工具，根据图像效果，在画面中添加一些文字，如下图所示。

添加文字

新建“图层 12”图层，设置前景色为黄色（R252、G255、B0），选择自定形状工具，在选项栏中单击“填充像素”按钮，选择形状为“环形框架”和“箭头 2”，在画面下面创建一个图像，如左下图所示。然后在图像中绘制一个黑色的矩形条，如右下图所示。

绘制图像

添加黑条

根据画面效果，在黑色的矩形上添加文字，如下图所示。

添加文字

新建“图层 13”图层，选择矩形选框工具，在画面黑边框上创建选区，选择渐变工具，设置渐变色从左到右为 R152、G11、B14，R40、G3、B4，从上到下拖动添加渐变，如左下图所示。然后复制得到 3 个“图层 13”图层的副本，并适当调整其长度，如右下图所示。

填充渐变

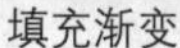

复制图像

根据画面效果，在矩形条上添加适当的文字，如下图所示。至此，本例制作完成。

添加最后的文字

11.4 制作技术网站

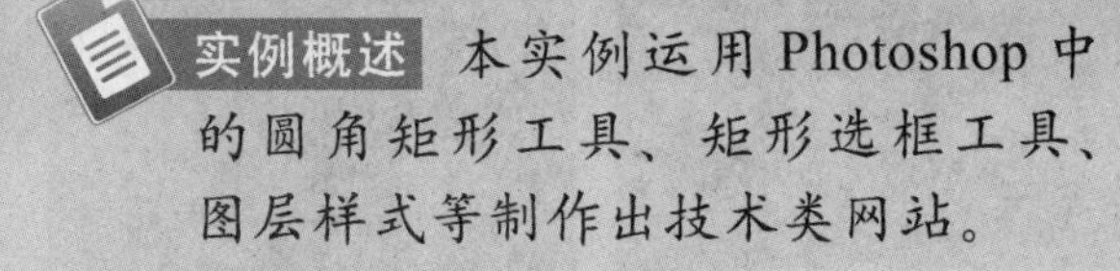

实例概述 本实例运用 Photoshop 中的圆角矩形工具、矩形选框工具、图层样式等制作出技术类网站。

关键提示 在制作过程中，难点在于矩形框的制作，重点在于体现网站的风格和主题。

应用点拨 本实例的制作方法可用于各种旅游网站和技术类网站的首页制作。

光盘路径：第 11 章 \Complete\ 制作技术网站 .psd

步骤 01 新建图像文件

执行“文件 > 新建”命令，在弹出的“新建”对话框中设置如下图所示的参数。完成后单击“确定”按钮，新建一个图像文件。

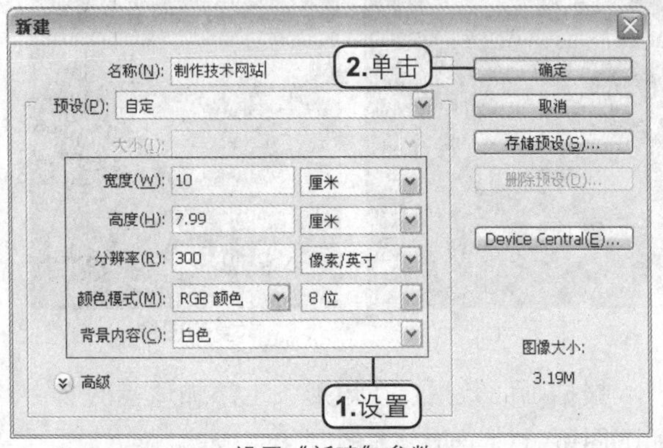

设置“新建”参数

步骤 02 制作背景

新建“图层 1”图层，设置前景色为 R219、G217、B220，并将其填充为前景色，效果如左下图所示。新建“图层 2”图层，选择矩形选框工具，创建选区并将选区填充为黑色，取消选区后的效果如右下图所示。

填充背景　　填充选区

步骤 03 添加花朵

新建“图层 3”图层，设置前景色为 R128、G181、B211，选择圆角矩形工具，在选项栏中单击“填充像素”按钮，并设置半径为 30 px，在画面上方创建圆角矩形，效果如左下图所示。新建“图层 4”图层，将前景色设置为 R162、G204、B226，用相同的方法创建新的圆角矩形，如右下图所示。

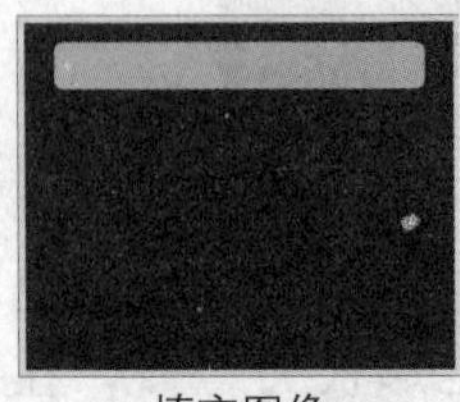

填充图像　　填充图像

打开本书配套光盘中第 11 章 \media\012.psd 文件，如左下图所示。将 1 图层和 2 图层中的图像拖移至“制作技术网站 .psd”图像窗口中，并适当调整其位置和大小，效果如右下图所示。

打开的图像文件

拖入图像

将1图层和2图层，创建为"图层4"图层的剪贴蒙版，如左下图所示。新建"图层5"图层，使用相同的方法，在下方创建一个白色的圆角矩形，复制该图层并进行自由变换，缩小移动到相应位置上，效果如下图所示。

创建剪贴蒙版

创建白色矩形

复制得到两个"图层5"图层的副本，并适当调整其位置和大小，如下图所示。

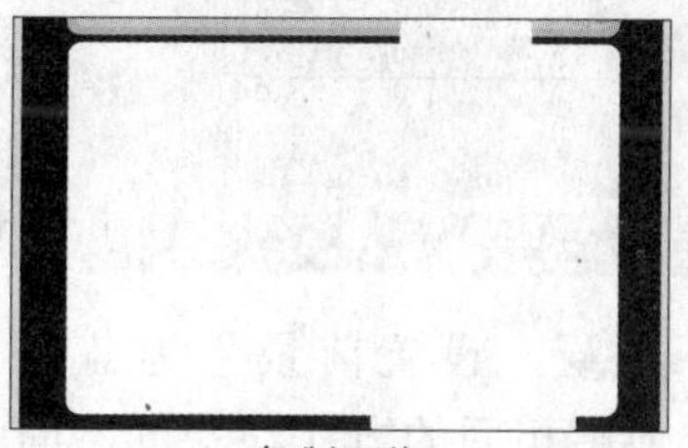
复制图像

双击"图层5副本2"图层，在弹出的对话框中选中"投影"复选框，并设置如左下图所示的参数，并设置投影颜色为蓝色R0、G23、B122，效果如右下图所示。

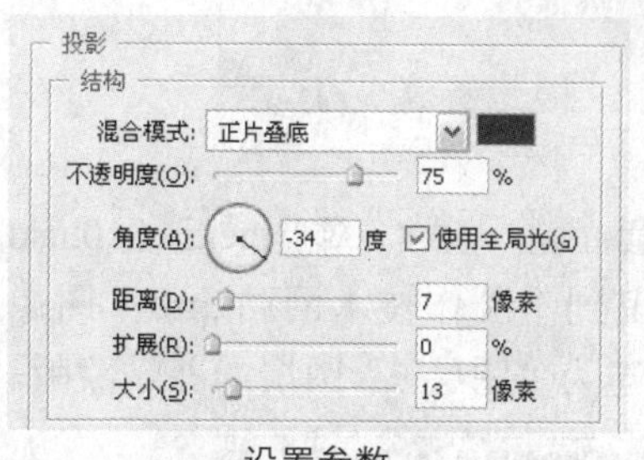

设置参数

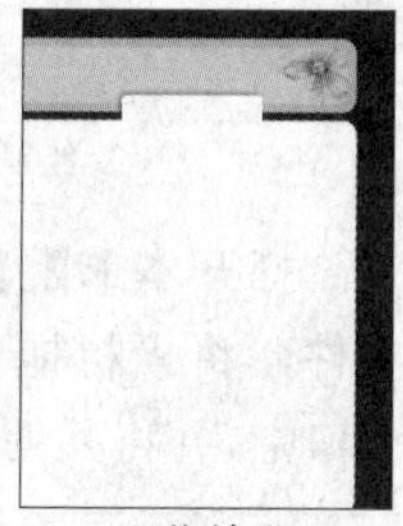
图像效果

新建"图层6"图层，设置前景色为白色。选择自定形状工具，在选项栏上单击"填充像素"按钮，选择形状为"生叶装饰3"和"花似的装饰2"，在白框的角上创建图案，如下图所示。

添加图案

步骤04 制作方块

新建"图层7"图层，使用相同的方法创建圆角矩形，选择魔棒工具，将圆框创建为选区，切换到渐变工具，设置渐变色从左向右依次为R81、G170、B211，R154、G225、B255，R125、G219、B255，在图像中从上到下进行渐变填充，效果如下图所示。

制作方框

选择矩形选框工具，选取右边部分，按下Delete键删除，然后创建选区，按住Shift键进行加选。设置渐变色从左到右依次为R22、G84、B130，R40、G115、B161，R61、G148、B194，在图像中使用渐变填充。按下Ctrl + D快捷键取消选区，效果如左下图所示。选择画笔工具，设置画笔大小为5 px，在"图层7"图层上根据色块分布，按住Shift键，在图像中绘制出白色直线，增加层次效果，效果如右下图所示。

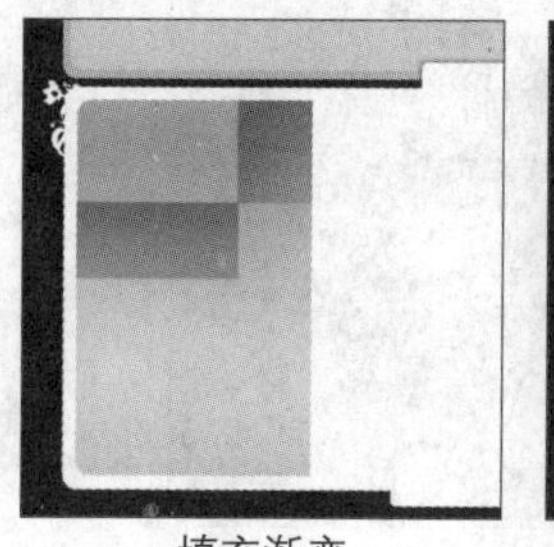
填充渐变

绘制白线

新建"图层8"图层，设置前景色为黄色（R240、G235、B217），使用相同的方法，绘制圆角矩形。选择画笔工具，绘制白色直线条，效果如下图所示。

绘制右边

步骤05 添加元素

选择素材012.psd图像窗口中所有花图像，并拖移到"制作技术网站.psd"图像窗口中，并根据画面效果需要，移动到相应的位置上，然后将所有花所在的图层创建为"图层8"图层的剪贴蒙版，效果如图所示。

添加花图像

选择3图层，设置图层的混合模式为"正片叠底"，设置"不透明度"为50%，效果如下图所示。

设置不透明度

选择8图层，单击"添加图层蒙版"按钮，再选择画笔工具，使用黑色的画笔，在图层蒙版上擦除深色的小花，用同样的方法处理7图层中的多余枝叶，效果如下图所示。

编辑蒙版

打开本书配套光盘中第11章\media\013.psd文件，将素材拖曳到"制作技术网站.psd"图像窗口中，再缩小移动到相应位置如下图所示。

添加图像

步骤06 制作标头

新建"图层9"图层，设置前景色为蓝色R66、G136、B203，使用相同的方法在花的上面创建一个蓝色的半圆角矩形，效果如下图所示。

绘制蓝色矩形

打开本书配套光盘中第11章\ media\010.psd文件，将素材拖曳到"制作技术网站.psd"图像窗口中，并将其创建为"图层9"图层的剪贴蒙版。

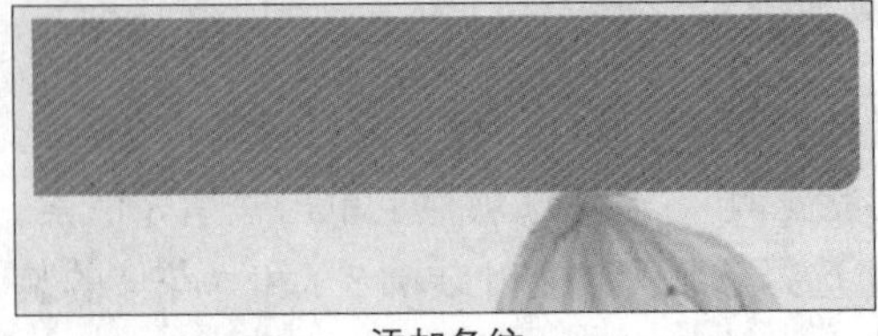

添加条纹

新建“图层 11”图层，选择钢笔工具，绘制一个 S 形的路径，并转换成选区。选择渐变工具，设置渐变色从左向右依次为 R134、G217、B253，R240、G217、B238，从上向下拖动添加渐变，效果如左下图所示。双击该图层，在弹出的“图层样式”对话框中选中“投影”复选框，设置如右下图所示的参数。完成后单击“确定”按钮。

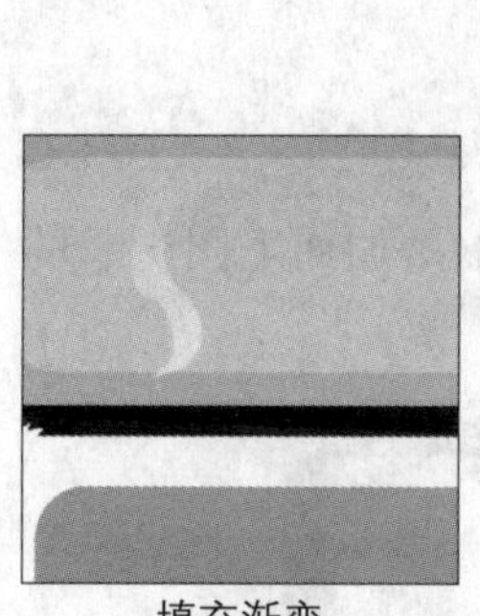
填充渐变

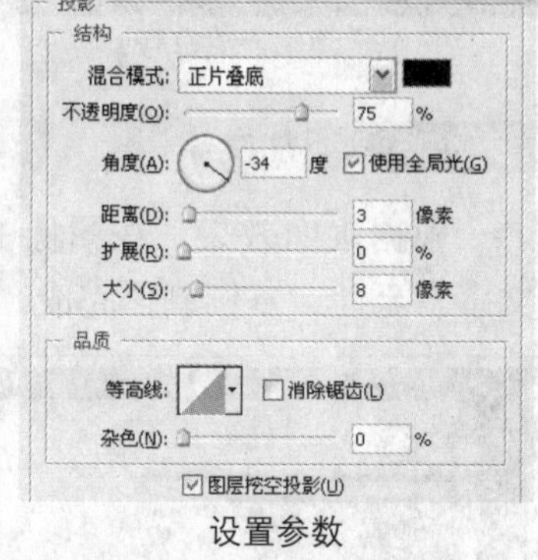

设置参数

通过前面的操作，为图像添加了投影效果，如下图所示。

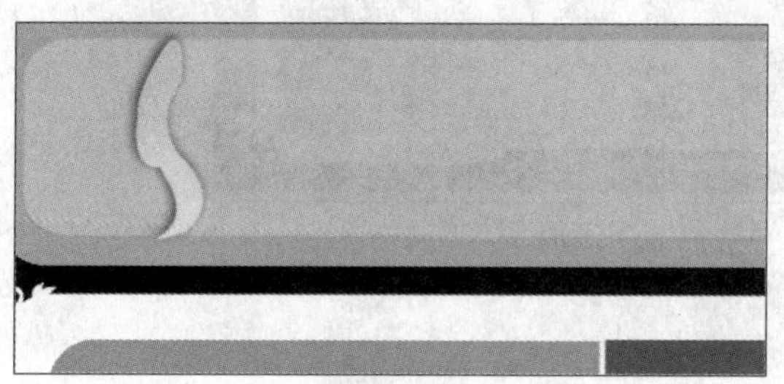
投影效果

打开本书配套光盘中第 11 章 \media\011.psd 文件，将素材拖曳到“制作技术网站 .psd”图像窗口中，得到“图层 12”图层，如下图所示。复制得到“图层 12”图层的副本，为图层添加“投影”和“外发光”图层样式，完成后复制得到 3 个“图层 12”图层的副本，分别调整其位置和大小，参数设置和效果如下图所示。

添加素材

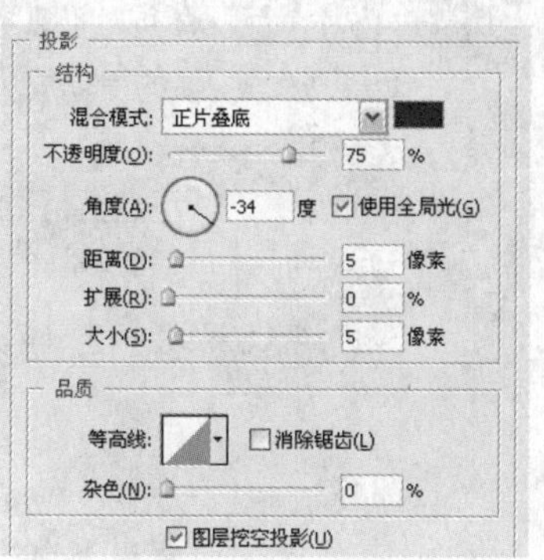

设置“投影”参数

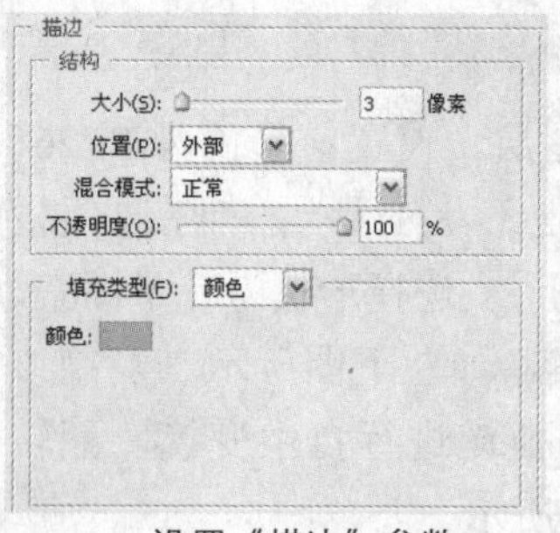

设置“描边”参数

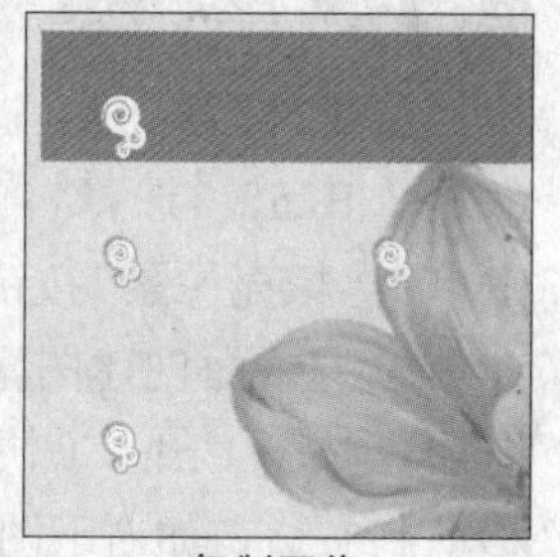
复制图像

打开本书配套光盘中第 11 章 \media\ 花瓶 .psd 文件，将素材拖移到“制作技术网站 .psd”图像窗口中，如下图所示。

拖入图像

复制得到“花瓶”图层的副本，移动到左边并添加图层蒙版，使用黑色的画笔在蒙版中擦除叠加部分，效果如下图所示。

复制图像

新建“图层 13”图层，选择画笔工具，设置前景色为 R67、G137、B203，绘制圆点，将前景色设置为 R240、G217、B238，使用较柔的画笔，在圆点上再次进行绘制，如左下图所示。然后复制得到“图层 13”图层的副本，并适当对其进行平移，如右下图所示。

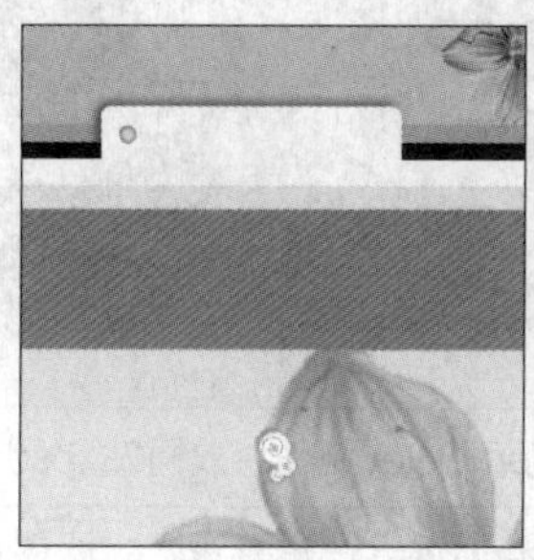

绘制圆点

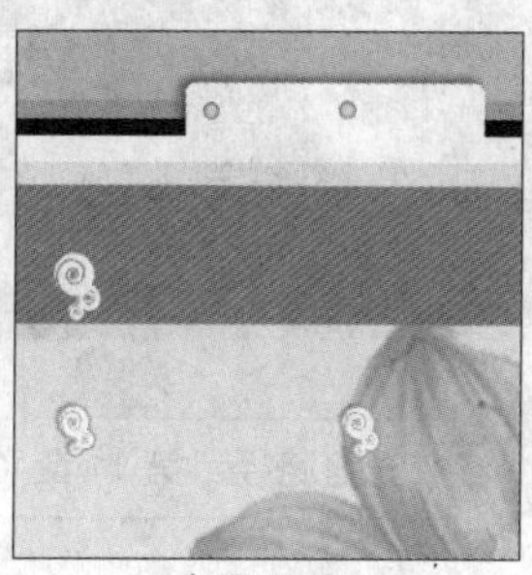
复制圆点

步骤 07 添加标志

新建“图层 14”图层，设置前景色为 R126、G220、B255，选择自定形状工具，在选项栏上单击“填充像素”按钮，选择形状为叶子图案，在白框的下面创建图案，如左下图所示。复制该图层，按下 Ctrl + T 快捷键进行自由变换，翻转移动到右边，如右下图所示。

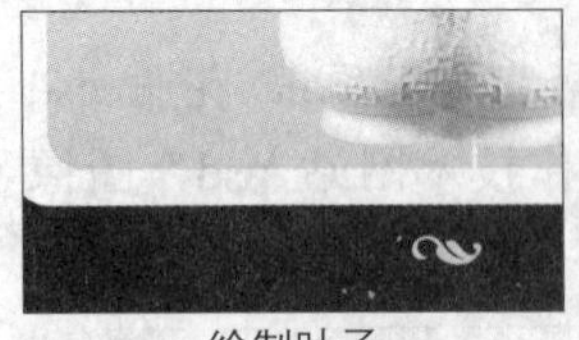
绘制叶子

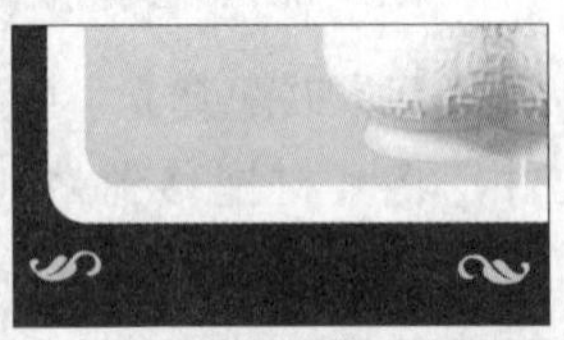
复制图像

新建“图层 15”图层，选择矩形选框工具，在叶子中间创建选区，设置前景色为 R8、G110、B154，并将其填充为前景色，取消选区后的效果如左下图所示。新建“图层 16”图层和“图层 17”图层，根据画面效果，使用相同的方法在画面中绘制两个矩形，如右下图所示。

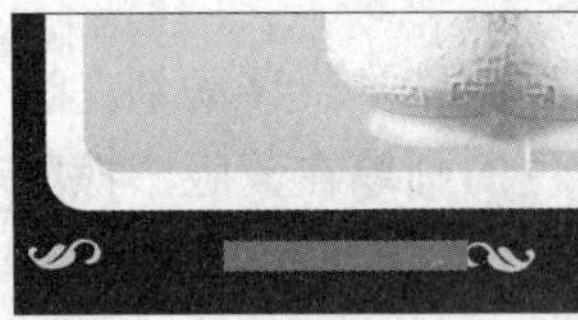
绘制矩形

添加矩形

新建“图层 18”图层，设置前景色为白色，选择自定形状工具，在选项栏中单击“填充像素”按钮，选择形状为箭头图案，在白框的下面绘制箭头图案，如下图所示。

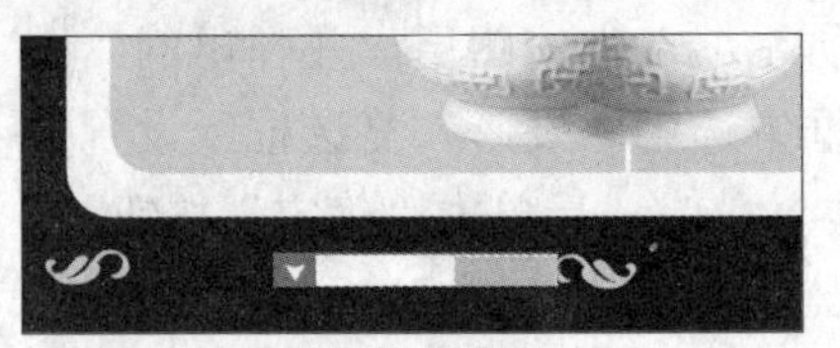
添加箭头符号

步骤 08 添加文字

根据画面效果，在图像中添加如下图所示的文字。至此，本例制作完成。

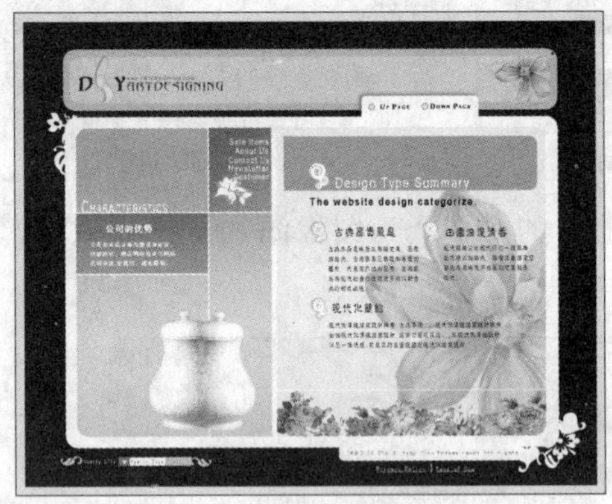

添加文字

11.5 制作游戏网站

光盘路径：第 11 章 \Complete\ 制作游戏网站 .psd

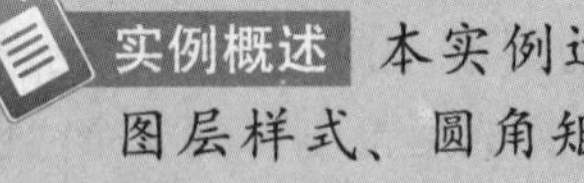
实例概述 本实例运用 Photoshop 中的图层样式、圆角矩形工具、蒙版、填充或调整图层等制作出游戏类网站。

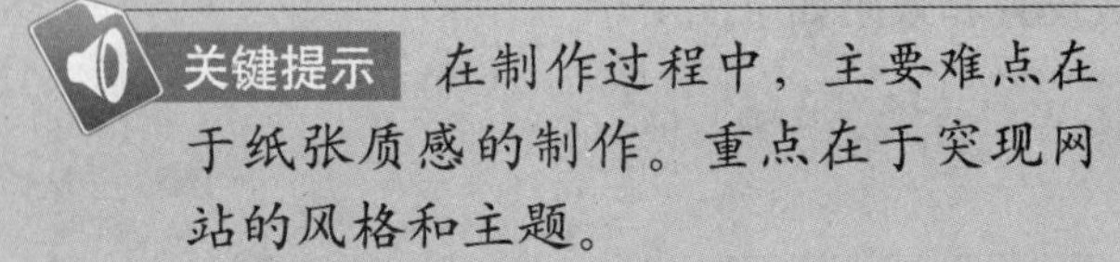
关键提示 在制作过程中，主要难点在于纸张质感的制作。重点在于突现网站的风格和主题。

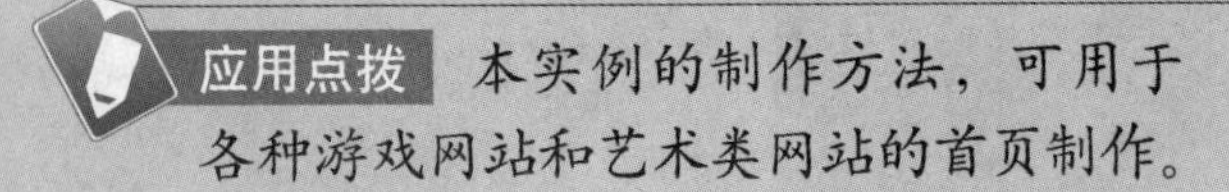
应用点拨 本实例的制作方法，可用于各种游戏网站和艺术类网站的首页制作。

步骤 01　新建图像文件

执行“文件 > 新建”命令，在弹出的“新建”对话框中设置如下图所示的参数。完成后单击“确定”按钮，新建一个图像文件。

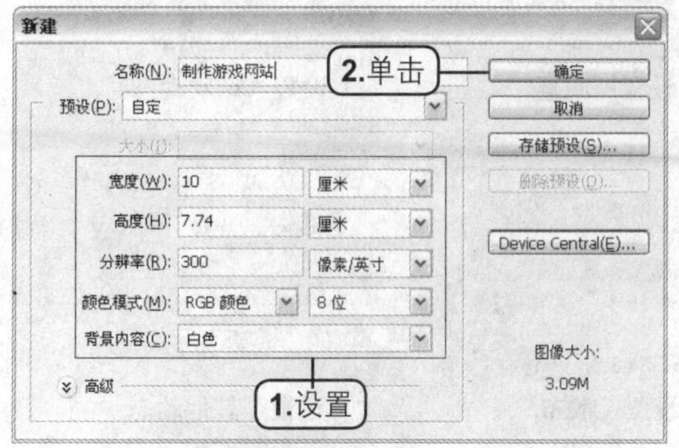

设置“新建”参数

步骤 02　添加星球效果

新建“图层 1”图层，执行“滤镜 > 渲染 > 云彩”命令，添加云彩效果，如左下图所示，然后打开本书配套光盘中第 11 章 \media\009.psd，将 1 图层中的图像拖曳至“制作游戏网站 .psd”图像窗口中，完成效果如右下图所示。

制作云彩效果

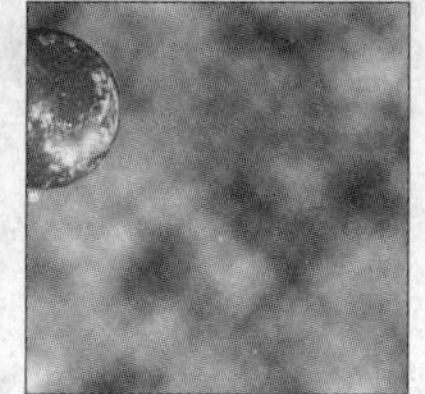

添加素材

双击 1 图层，在弹出的“图层样式”对话框中选中“外发光”复选框，设置如左下图所示的参数，其中颜色为 R0、G205、B229，完成后单击“确定”按钮，效果如右下图所示。

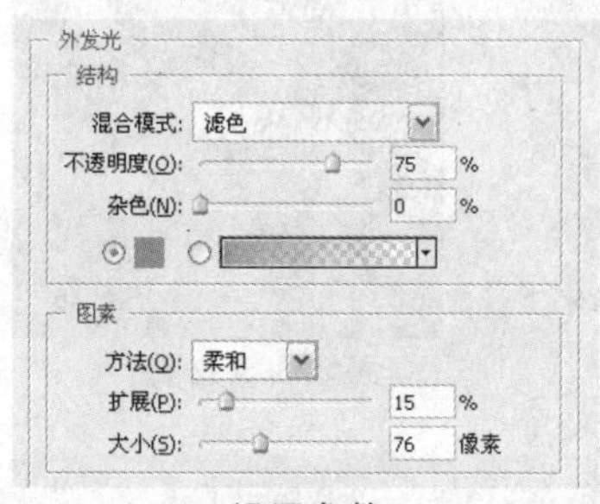

设置参数

外发光效果

复制得到 1 图层的副本，适当调整其位置和大小，再为该图层添加“外发光”图层样式，参数如左下图所示。完成后单击“确定”按钮。效果如右下图所示。

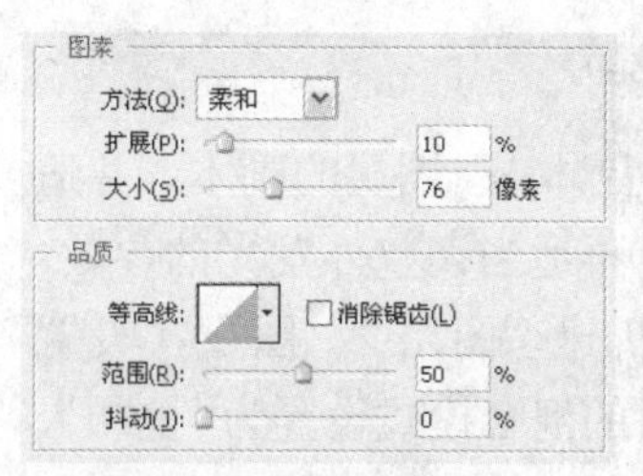

调整参数

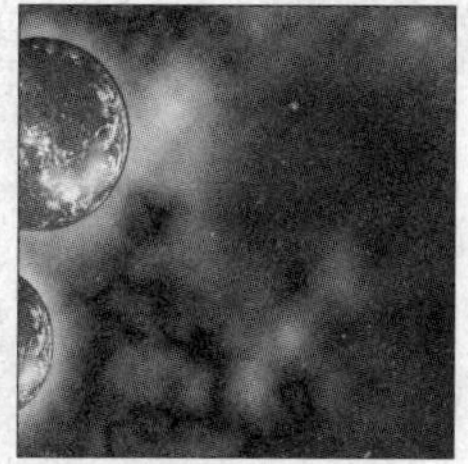

图像效果

使用相同的方法复制得到 4 个 1 图层的副本，根据画面效果，调整“外发光”的“大小”，效果如下图所示。

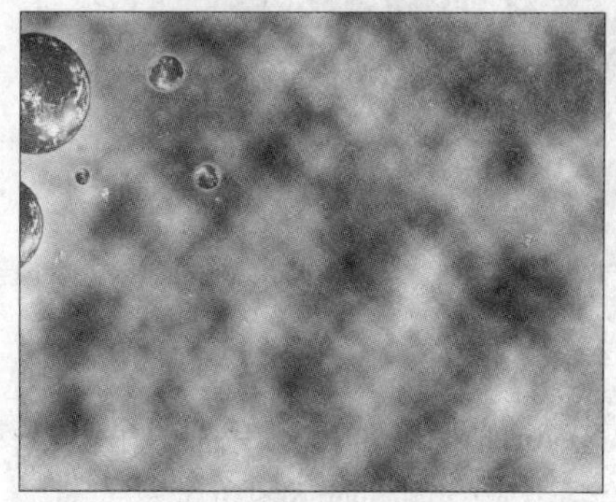

复制图像

复制得到第 5 个 1 图层的副本，隐藏图层样式，执行“图像 > 调整 > 色相 / 饱和度”命令，在弹出的“色相 / 饱和度”对话框中设置如左下图所示的参数，完成后单击“确定”按钮，调整星球的颜色。效果如右下图所示。

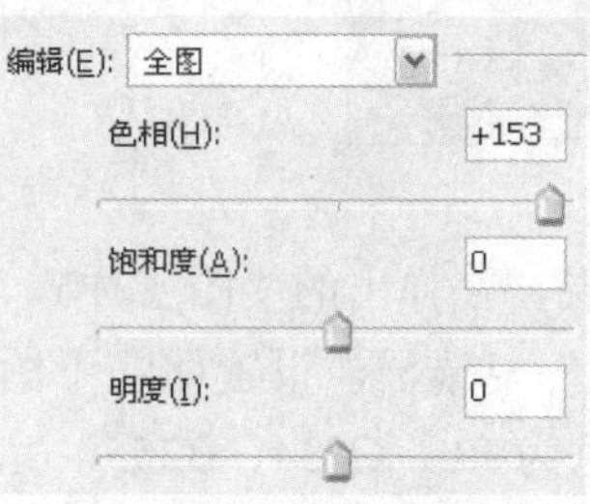

设置参数

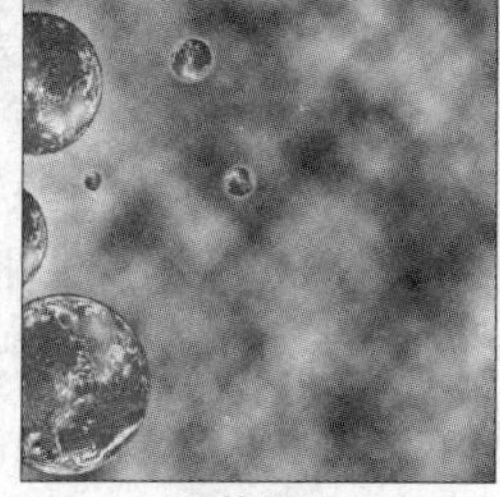

调整颜色

双击“1 副本 5”图层，打开“图层样式”对话框，选中“外发光”复选框，再修改对话框中的参数，其中颜色为 R255、G255、B190，如左下图所示。效果如右下图所示。

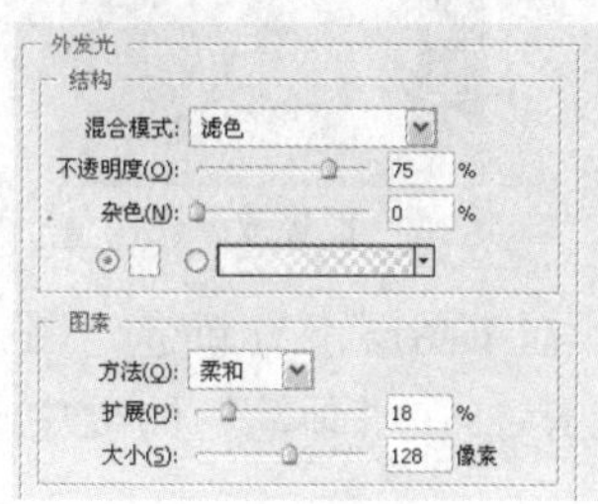

设置参数

图像效果

步骤 03 添加星光效果

复制得到 4 个“1 副本 5”图层的副本，并适当调整其位置和大小，再适当调整外发光的参数。效果如左下图所示。新建“图层 2”图层，设置前景色为白色将该图层的混合模式设置为“叠加”，选择画笔工具，选择柔角画笔，在星球上绘制高光效果，效果如右下图所示。

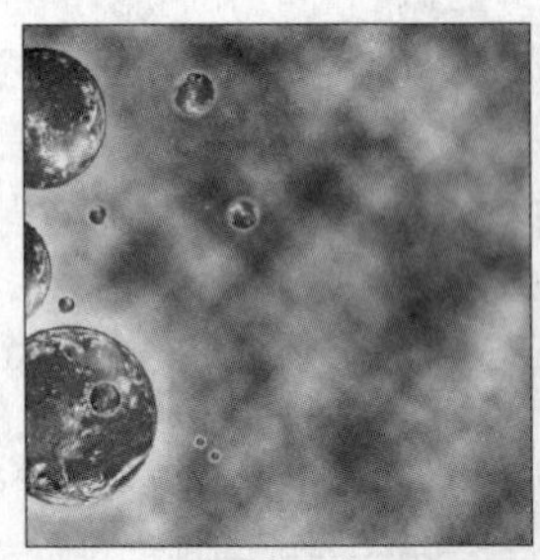

复制图像

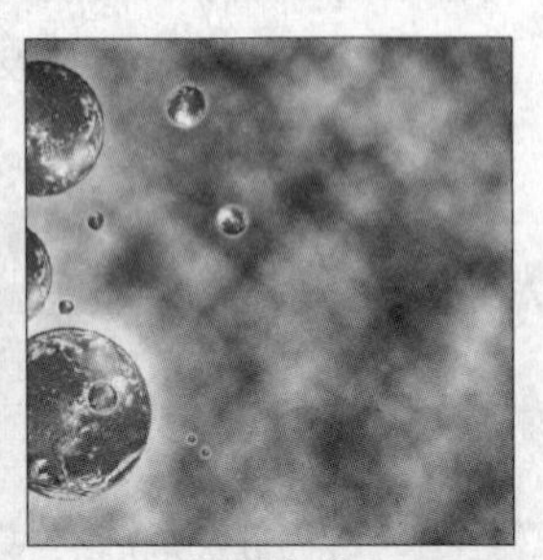

绘制高光

新建“图层 3”图层，载入本书配套光盘中第 11 章 \media\10.abr 画笔文件，然后选用星星画笔，在图像中绘制星光效果，如下图所示。

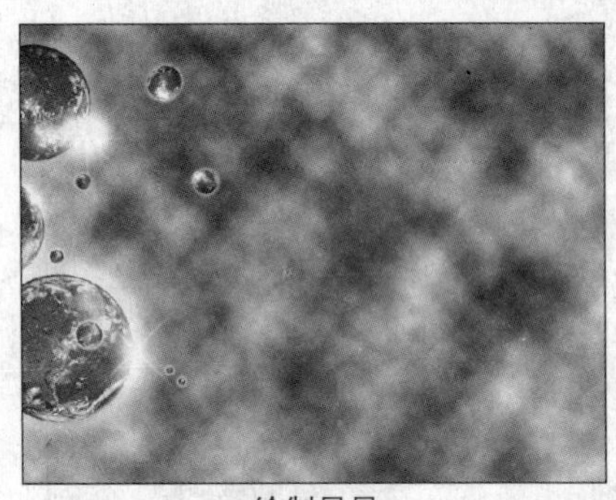

绘制星星

双击“图层 3”图层，在弹出的“图层样式”对话框中选中“外发光”复选框，设置如左下图所示的参数，其中颜色为 R0、G234、B255，完成后单击“确定”按钮，效果如右下图所示。

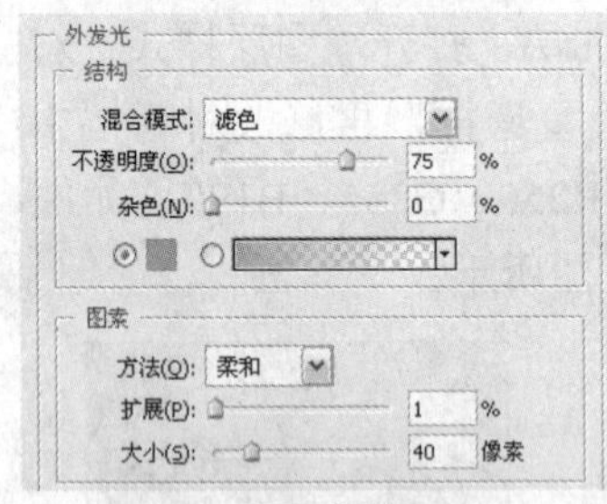

设置参数

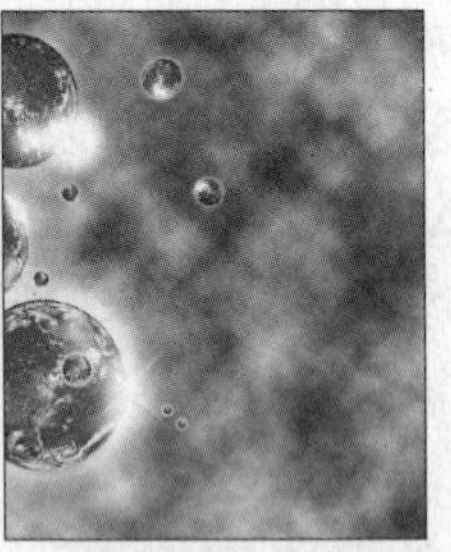

图像效果

设置前景色为白色，在 1 图层下方新建“图层 4”图层，选择画笔工具，在“画笔”面板中设置如下图所示的参数。

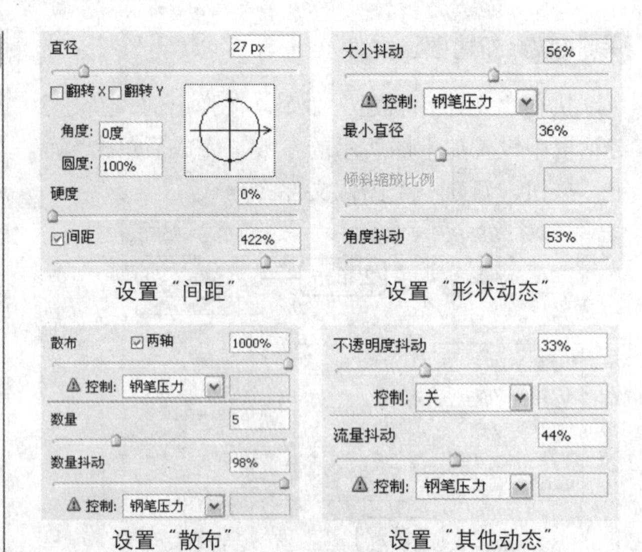

设置“间距”　设置“形状动态”

设置“散布”　设置“其他动态”

完成上述操作后，得到如下图所示的效果。

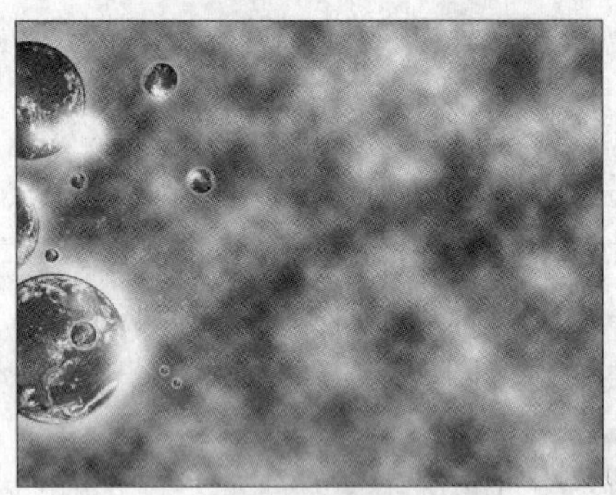

绘制星星

双击“图层 4”图层，在弹出的“图层样式”对话框中选中“外发光”复选框，设置如左下图所示的参数，其中颜色为 R255、G255、B190。为图像中的星星添加发光效果，如右下图所示。完成后，将除“背景”图层以外的图层创建为图层组“银河”。

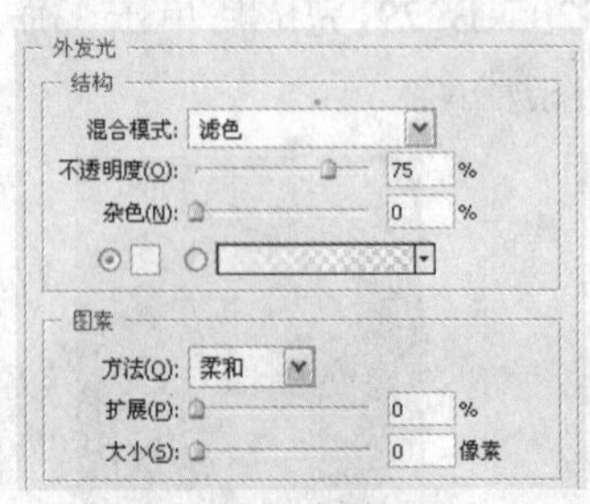

设置参数

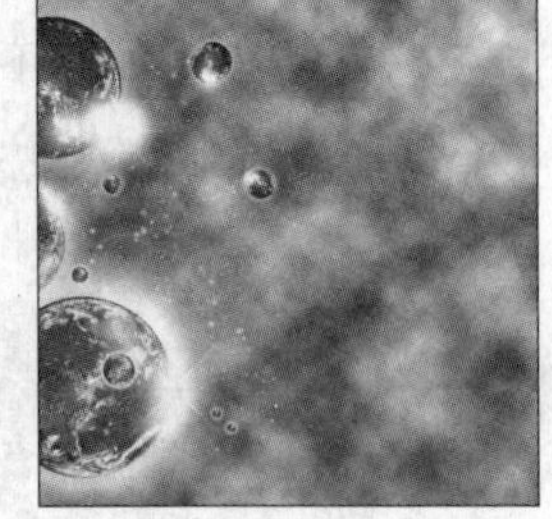

图像效果

步骤 04 制作纸张

新建“图层 5”图层，选择圆角矩形工具，在选项栏上设置半径为 0.2 px，在画面右边绘制矩形，设置前景色为 R93、G3、B30，用前景色填充。如下图所示。

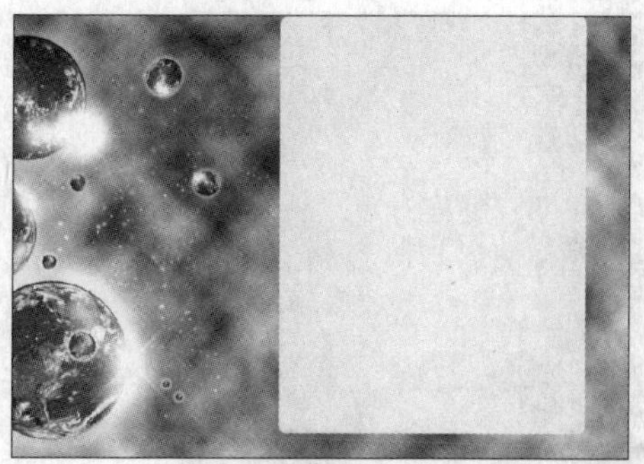

绘制矩形框

选择画笔工具，设置前景色为R226、G185、B92，设置不透明度为50%，选择柔角画笔进行适当的绘制，再选择“喷溅”画笔，设置前景色为R196、G147、B65，在图像上绘制一些纹理效果，效果如下图所示。

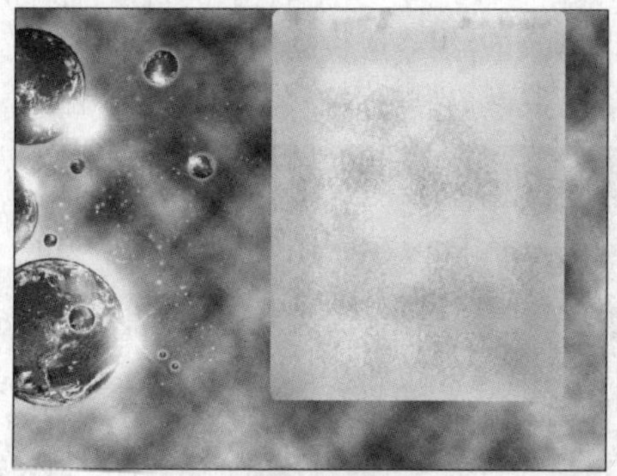

添加纹理

双击“图层5”图层，在弹出的“图层样式”中选中“内阴影”、“斜面和浮雕”、“描边”、“图案叠加”和“光泽”复选框，再设置参数，完成后单击“确定”按钮。参数和效果如下图所示。

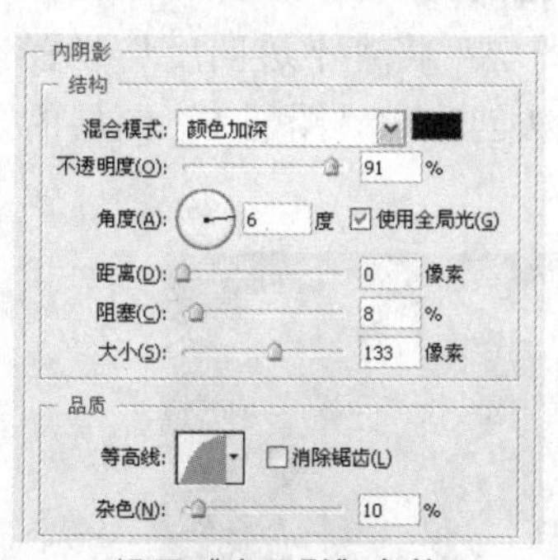

设置“内阴影”参数

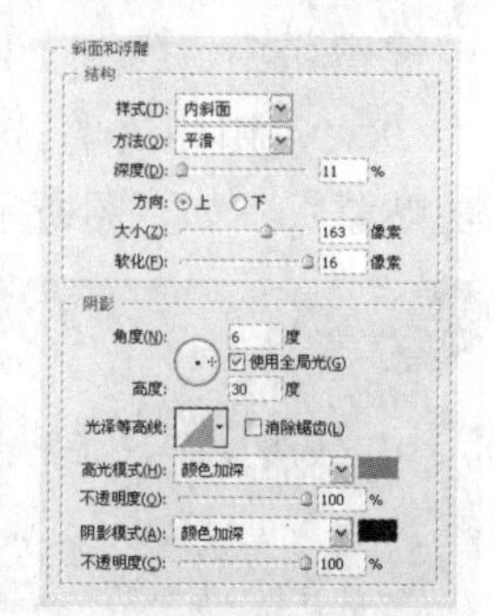

设置“斜面和浮雕”参数

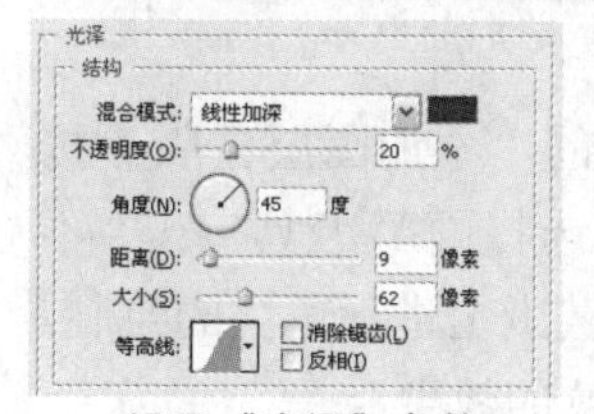

设置“光泽”参数

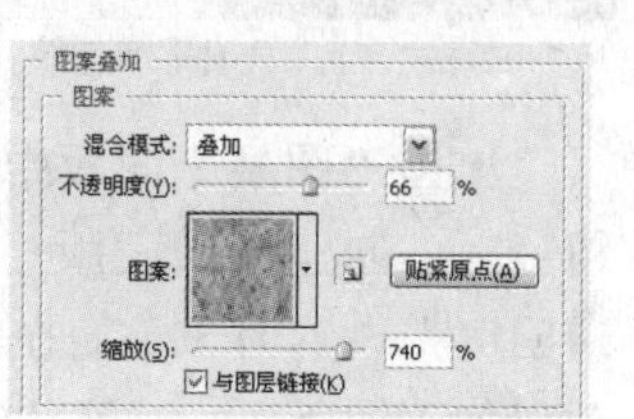

设置“图案叠加”参数

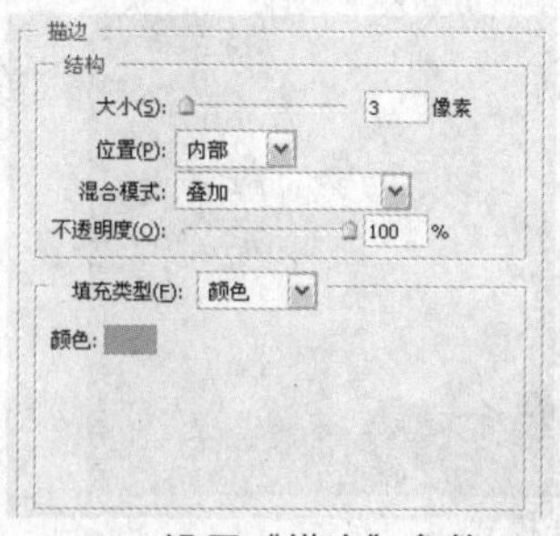

设置“描边”参数

图像效果

步骤05 强化纸张效果

新建“图层6”图层，设置前景色为R199、G144、B4，在图像边缘绘制长条，再设置前景色为R184、G176、B27，使用柔角画笔，在左边绘制边缘。效果如左下图所示。设置“图层6”图层的混合模式为“颜色加深”，且创建为“图层5”图层的剪贴蒙版，效果如右下图所示。

绘制边框

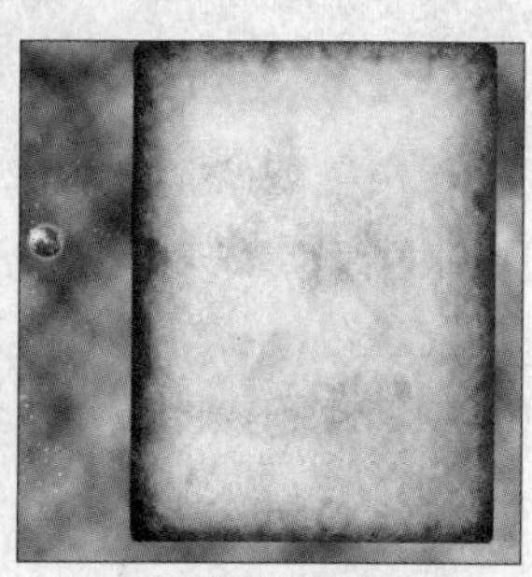

剪贴蒙版效果

选中图层组“银河”中的“图层1”图层，执行“滤镜 > 渲染 > 分层云彩”命令，选择画笔工具，设置前景色为黑色，在画面上适当绘制，增强星系效果，如下图所示。

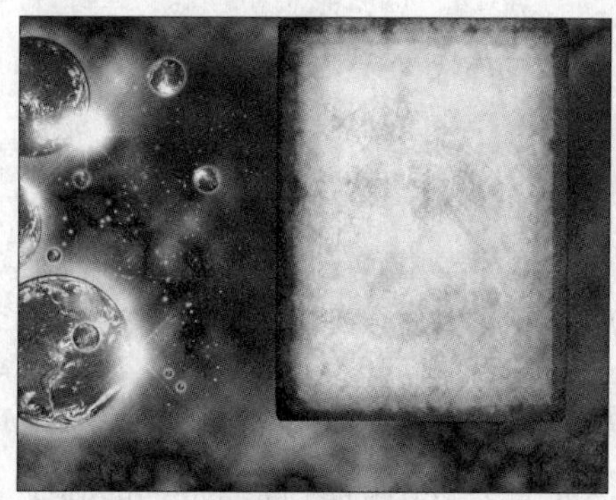

强化星云效果

选择“图层6”图层，新建“图层7”图层，设置前景色为R155、G96、B6，选择画笔工具，选择“喷溅”画笔，在画面上绘制条状，然后将“图层7”图层的混合模式设置为“叠加”，效果如下图所示。

调整混合模式

为“图层 7”图层添加蒙版，使用画笔工具 在蒙版上绘制条状边缘。效果如下图所示。

绘制边缘

双击“图层 7”图层，在弹出的“图层样式”中选中“外发光”、“图案叠加”和“内阴影”复选框，再设置参数，其中“外发光”颜色为 R100、G33、B0，再单击“确定”按钮。参数和效果如下图所示。

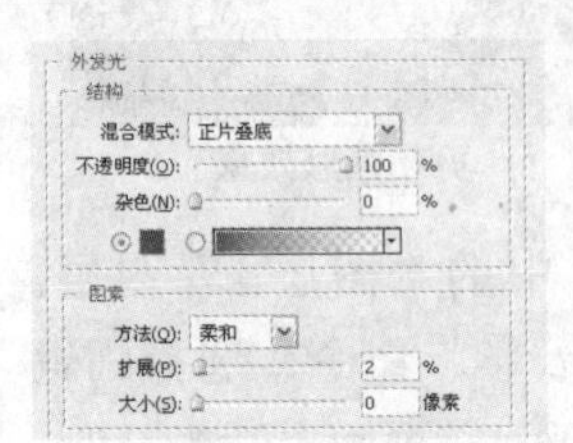

设置“外发光”参数

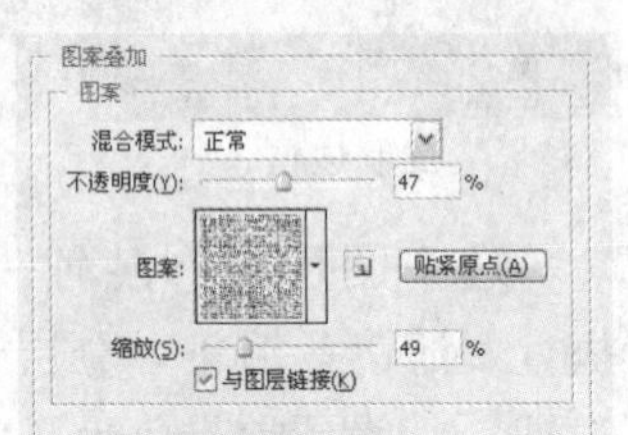

设置“图案叠加”参数

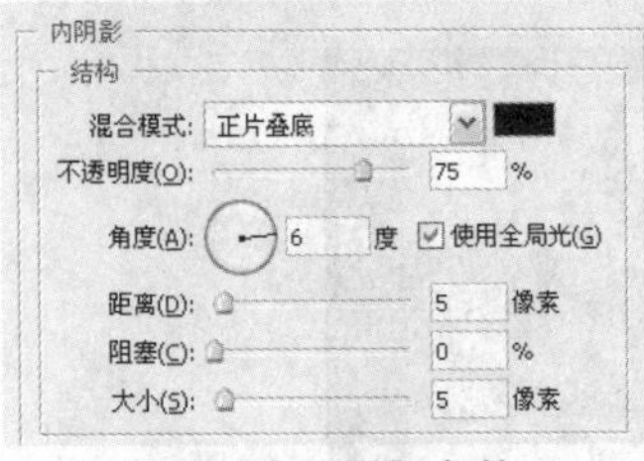

设置“内阴影”参数

图像效果

步骤 06 添加装饰

打开本书配套光盘中的第 11 章 \media\004.psd 文件。将素材图像拖曳到“制作游戏网站 .psd”图像窗口中，得到“褶皱”图层，将其创建为“图层 5”图层的剪贴蒙版，设置图层的混合模式为“线性加深”，设置“不透明度”为 50%，效果如下图所示。

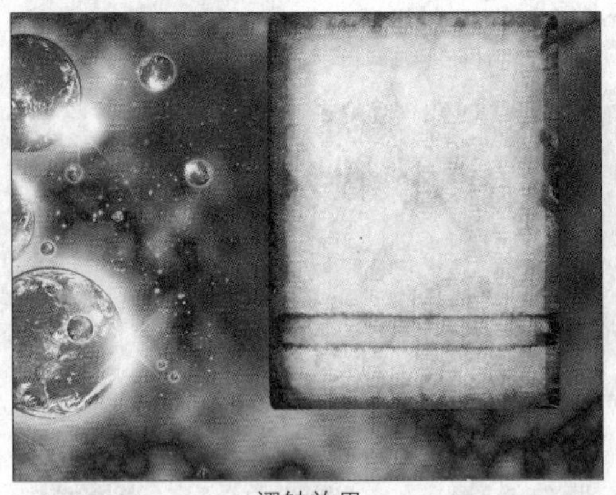

褶皱效果

复制得到“褶皱”图层的副本，再向右移动，设置图层的混合模式为“线性光”，设置“不透明度”为 30%，复制得到“褶皱副本”图层的副本，再向下移动，设置图层的混合模式为“线性加深”，设置“不透明度”为 30%，将这两个图层同样创建为“图层 5”图层的剪贴蒙版，效果如下图所示。

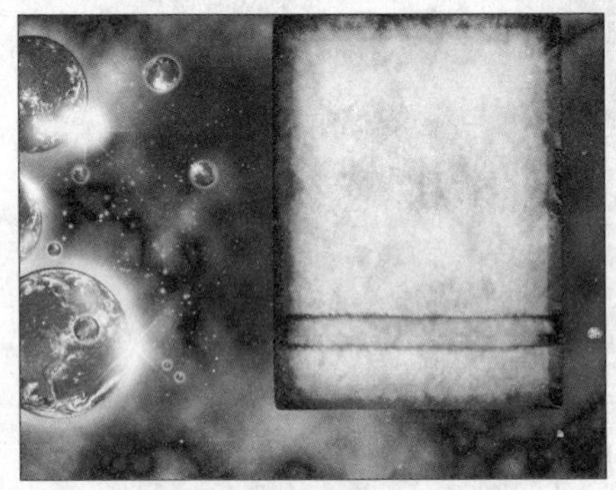

添加褶皱

打开本书配套光盘中的第 11 章 \media\005.psd 文件。将素材图像拖曳到“制作游戏网站 .psd”图像窗口中，得到 2 图层，将“不透明度”设置为 78%，用相同的方法创建为“图层 5”图层的剪贴蒙版，如下图所示。

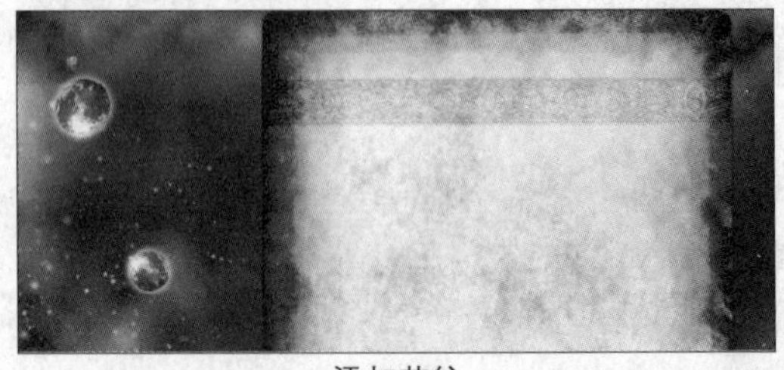

添加花纹

单击“图层”面板中的“添加图层蒙版”按钮 ，创建图层蒙版，选择画笔工具 ，“不透明度”设置为 50%，在蒙版上进行适当的绘制，效果如下图所示，减淡花纹的效果。

减淡花纹的效果

新建“图层 8”图层，选择画笔工具，选择“喷溅”画笔，设置前景色为 R155、G96、B6，在 2 图层的图像上方进行绘制，然后将图层的混合模式设置为“颜色加深”。效果如下图所示。

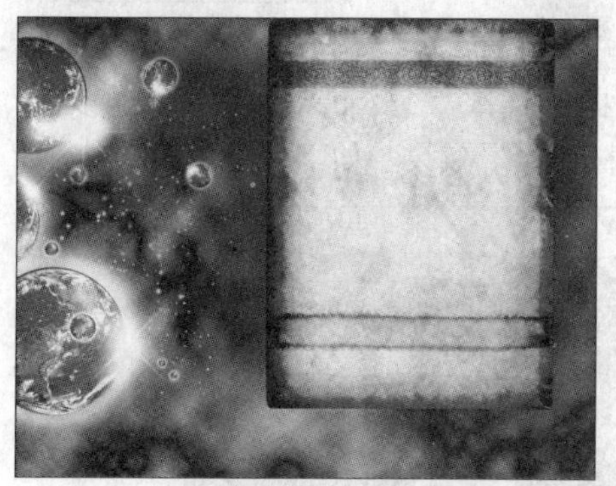

加强花纹的颜色

在“图层 7”图层下方新建“图层 9”图层，选择画笔工具，设置前景色为 R255、G223、B146，在条状边框边缘进行绘制，效果如下图所示。

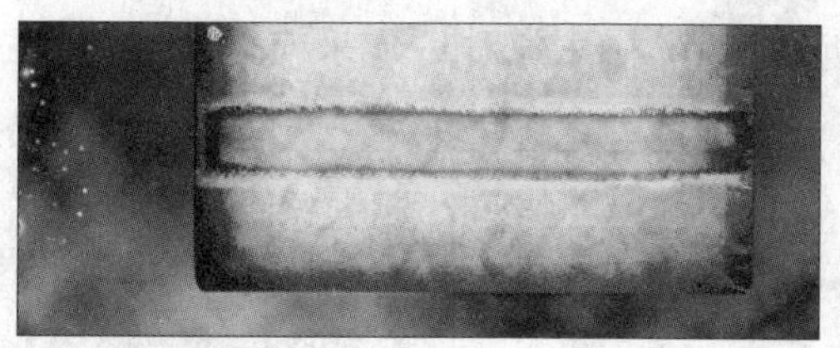

绘制边缘

将素材 009.psd 中的星球图像再次拖移到“制作游戏网站”图像窗口中。创建为“图层 5”图层的剪贴蒙版并重命名为 3 图层，设置图层的混合模式为“叠加”，设置“不透明度”为 50%，复制该图层，再缩小移动到左上方，效果如下图所示。

添加星球

打开本书配套光盘中的第 11 章 \media\006.psd 文件，将素材图像拖曳到“制作游戏网站 .psd”图像窗口中，得到“血”图层和“符号”图层，再创建为“图层 5”图层的剪贴蒙版，效果如左下图所示。设置前景色为黑色，画笔大小为 2px，选择“符号”图层，选择钢笔工具 ，绘制一条路径，右击路径，在弹出的快捷菜单中执行“描边路径”命令，在弹出的对话框中选中“模拟压力”复选框，完成后单击“确定”按钮。效果如右下图所示。

添加星球

绘制直线

新建“图层 10”图层，设置图层的混合模式为“颜色加深”，设置前景色为 R105、G73、B8，选择画笔为“喷溅”，设置“不透明度”为 50%，在画面的条状上绘制，再执行“滤镜 > 杂色 > 添加杂色”命令，在弹出的对话框中设置如左下图所示的参数，完成后单击“确定”按钮，效果如右下图所示。

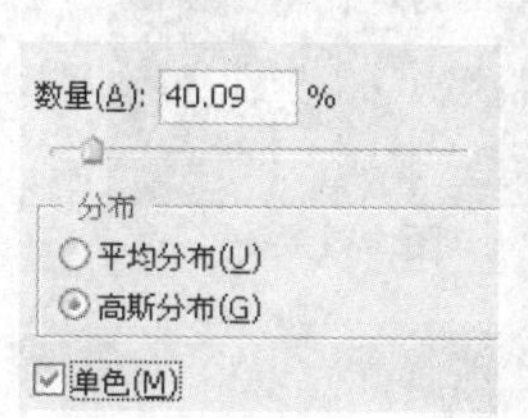

设置参数

图像效果

打开本书配套光盘中的第 11 章 \media\007.psd 文件。将素材图像拖曳到“制作游戏网站 .psd”图像窗口中，得到“条”图层，移动到画面的条状图像上方，复制得到两个“条”图层，并向右平移，效果如下图所示。

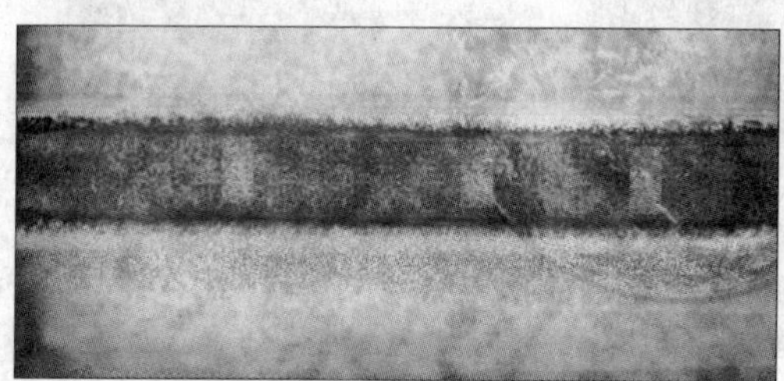

添加条纹

步骤 07 调整图像

单击“图层”面板中的“创建新的填充或调整图层”按钮，在弹出的菜单中执行“色相/饱和度”命令，然后在弹出的对话框中设置“饱和度”为 -43，如左下图所示。降低图像的饱和度，效果如右下图所示。

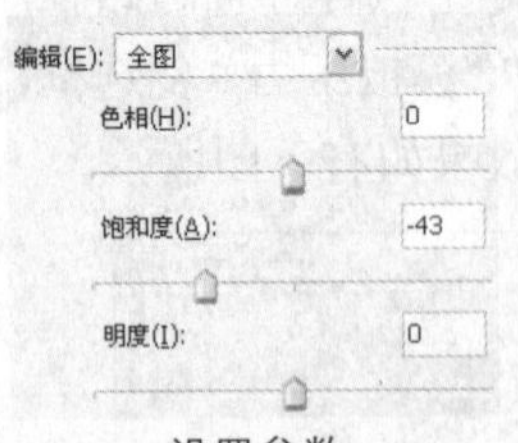

设置参数

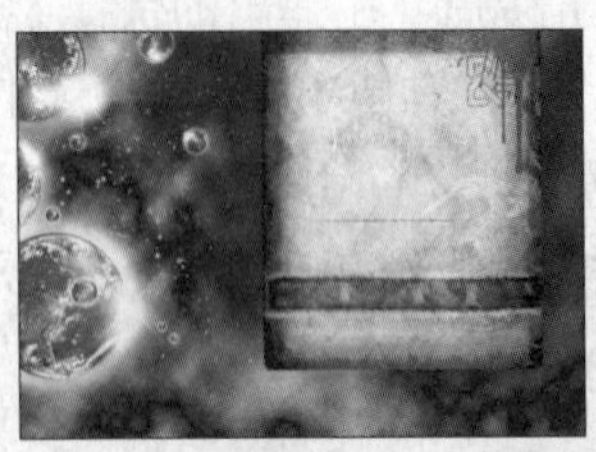
图像效果

新建“图层 11”图层，设置该图层的混合模式为“正片叠底”，选择画笔工具，选择柔角画笔，设置前景色为 R184、G169、B69，在条状边缘的图像上进行绘制。执行“滤镜 > 杂色 > 添加杂色”命令，在弹出的对话框中设置如左下图所示的参数，完成后单击“确定”按钮。效果如右下图所示。最后将“图层 5”图层至“图层 11”图层创建为图层组“左页”。

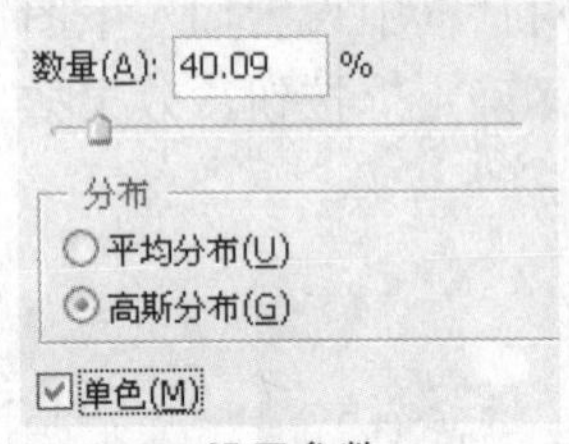

设置参数

图像效果

步骤 08 添加文字

根据画面效果，利用横排文字工具在图像中添加适当的文字，如下图所示。

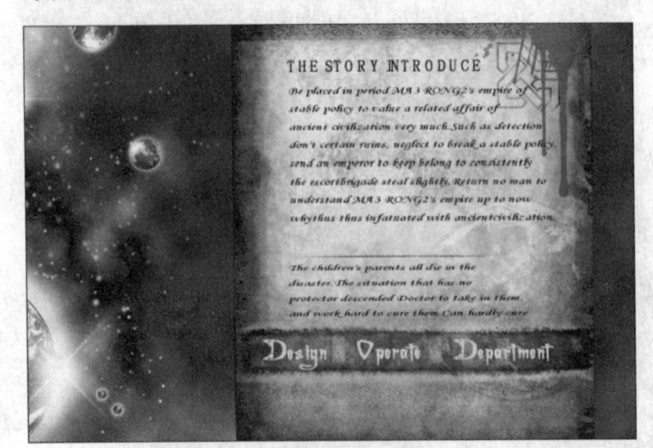

文字效果

双击 Department 文字图层，在弹出的“图层样式”对话框中选中“投影”复选框，然后设置如左下图所示的参数。完成后单击“确定”按钮。效果如右下图所示。

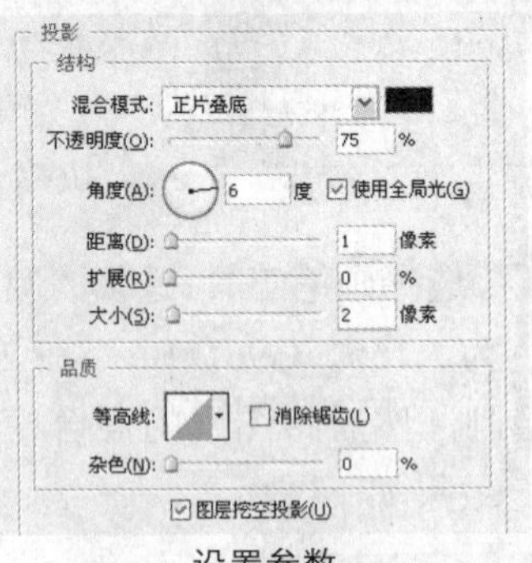

设置参数

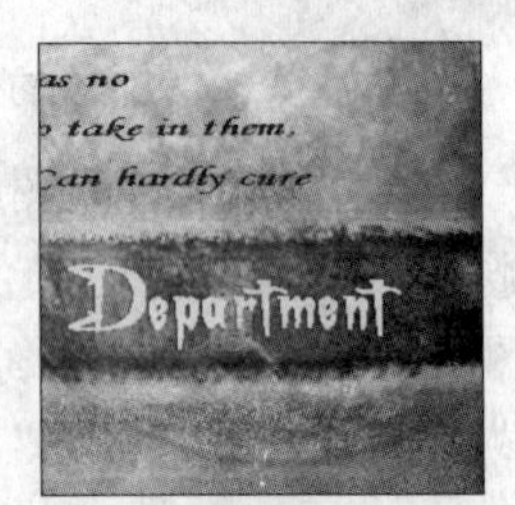

图像效果

复制该图层样式，为 Operate 和 Design 文字图层添加同样的投影效果，如下图所示。

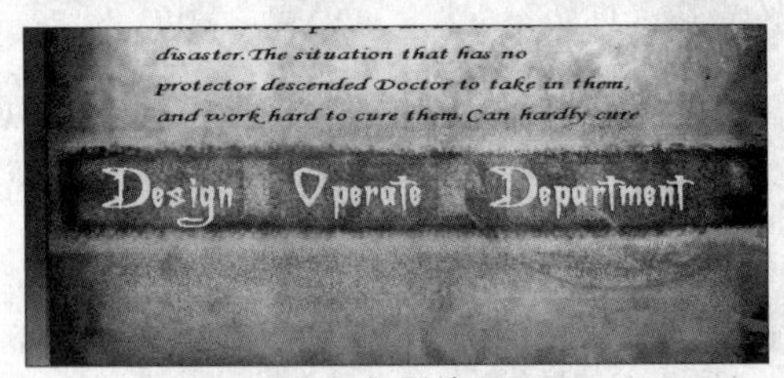

添加投影效果

双击较长文字所在的图层，在弹出的“图层样式”对话框中选中“投影”复选框，并设置如左下图所示的参数，其中颜色为 R149、G15、B15。完成后单击“确定”按钮。效果如右下图所示。

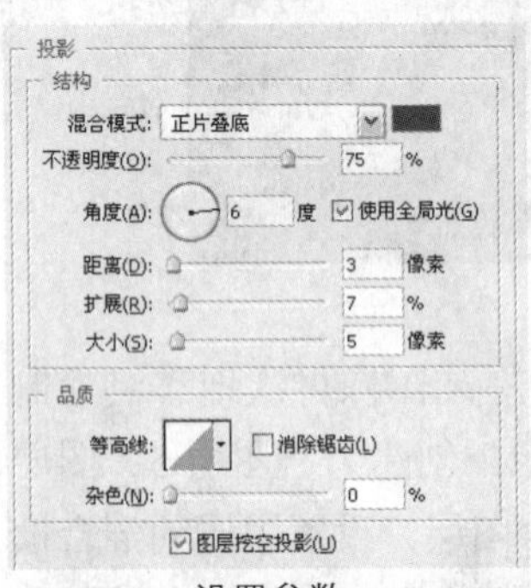

设置参数

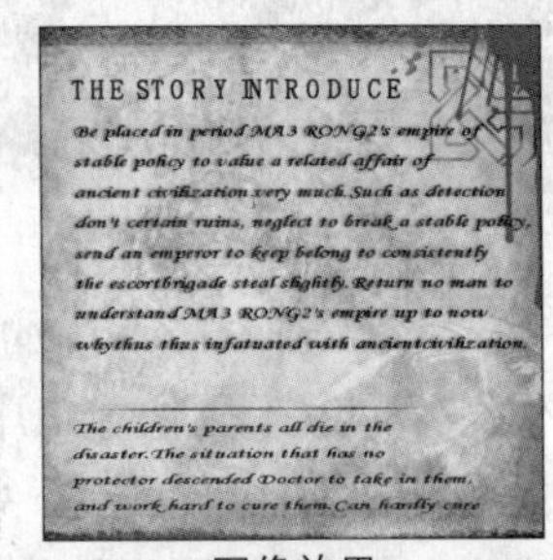

图像效果

复制该图层样式，并将其粘贴于下方较长的文字图层中，效果如下图所示。

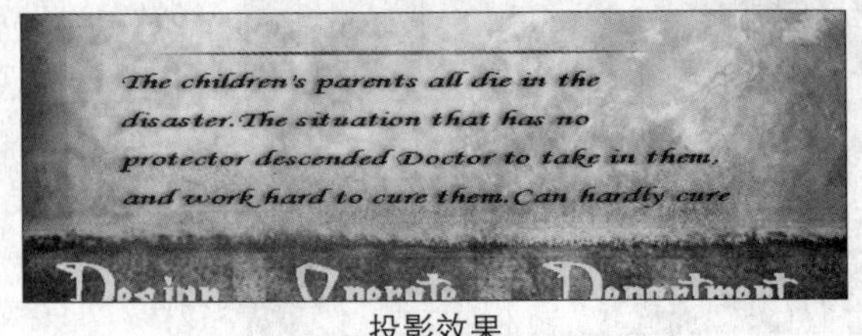

投影效果

在弹出对话框中设置如左下图所示的参数，完成后单击“确定”按钮。对“6 副本”图层执行相同的操作，效果如右下图所示。

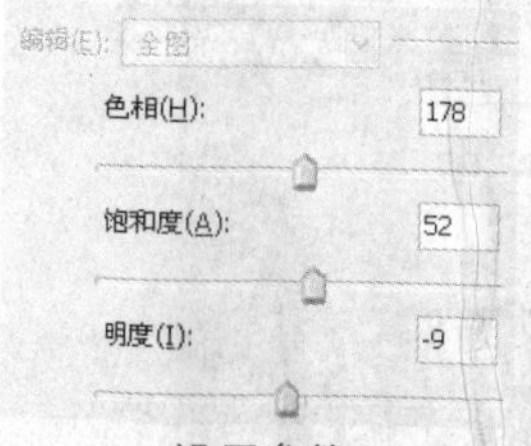
设置参数

图像效果

将 009.psd 图像窗口中的 5 图层中的图像拖入“制作游戏网站 .psd”图像窗口中，并命名为 7 图层。然后复制该图层，移动到画面的 3 个边角上，然后选中复制的图层，并按下 Ctrl + E 快捷键，合并图层，效果如下图所示。

图像效果

分别为 6 图层和 7 图层添加“外发光”图层样式，参数如左下图和右下图所示。

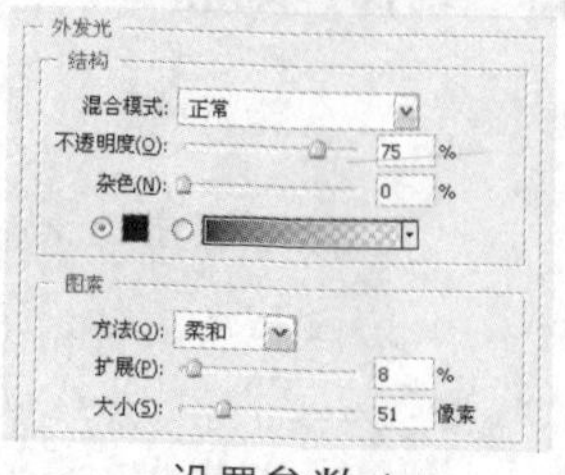
设置参数 1

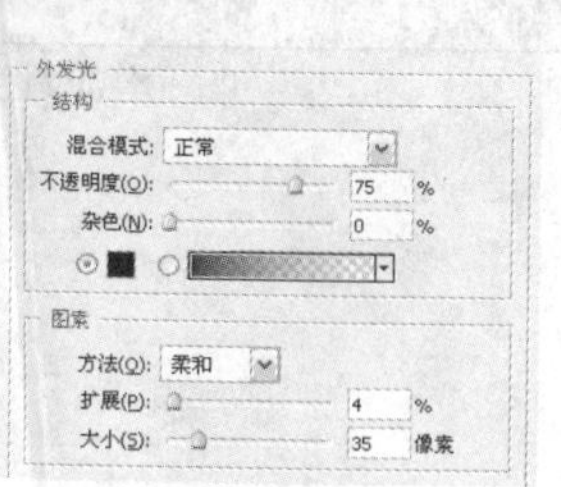
设置参数 2

完成上述操作后，得到如下图所示的效果。

外发光效果

新建“图层 17”图层，并将该图层设置为 6 图层的剪贴蒙版，设置前景色为黑色，选择画笔工具，设置为“喷溅”画笔，为图像添加旧的铁器效果。用相同的方法为 7 图层和“6 副本”图层添加剪贴蒙版，并绘制同样的效果，如下图所示。

添加陈旧效果

步骤 14 增加闪电效果

新建“图层 18”图层，拖曳至 7 图层之下，选择画笔工具，设置前景色为黑色，绘制黑色裂纹，效果如下图所示。

绘制黑色裂纹

将素材 009.psd 中的 6 图层中的图像拖入“制作游戏网站 .psd”图像窗口中，并命名为 8 图层，复制该图层，并移动到画面的上方，然后参照前面的方法，分别为 8 图层和“8 副本”图层添加陈旧效果。效果如下图所示。

添加素材

新建“图层 19”图层，选择画笔工具，设置前景色为白色，在 8 图层的图像上方绘制白色闪电，然后为其添加“外发光”图层样式，参数如下图所示。

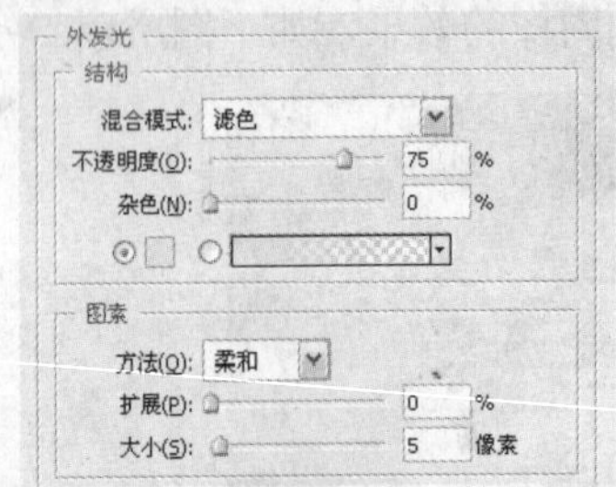

设置参数

完成上述操作后，复制该图层，再将复制的图像移到图像上方，使其与 8 图层中的图像匹配，效果如下图所示。

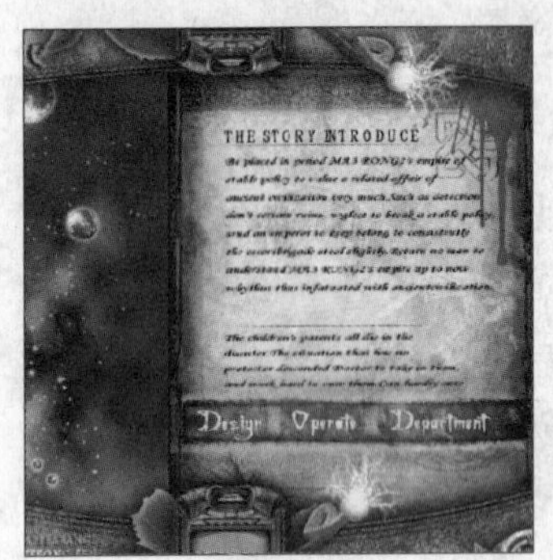

图像效果

新建“图层 20”图层，设置前景色为 R45、G98、B229，在闪电图像下方添加光晕，复制“图层 20”图层，将复制得到的图像移动到画面上方的闪电位置。效果如下图所示。完成后，将 6 图层至 20 图层创建为图层组“铁器”。

添加光晕

步骤 15 调整画面颜色

新建“图层 21”图层，将该图层的混合模式设置为“颜色加深”，选择画笔工具，再选择柔角画笔选择多种颜色，进行适当的绘制，效果如下图所示，至此，本例制作完毕。

增加颜色